JN411854

영양소 대사와 기능으로 배우는

고급영양학

영양소 대사와 기능으로 배우는

고급영양학

초판 발행 2026년 3월 3일

지은이 변기원, 이보경, 권종숙, 김경민, 김숙희, 이윤나, 김미현, 김주혜, 이애진
펴낸이 류원식
펴낸곳 교문사

편집팀장 성혜진 | **책임진행** 윤지희 | **디자인·본문편집** 신나리

주소 10881, 경기도 파주시 문발로 116
대표전화 031-955-6111 | **팩스** 031-955-0955
홈페이지 www.gyomoon.com | **이메일** genie@gyomoon.com
등록번호 1968.10.28. 제406-2006-000035호

ISBN 978-89-363-2727-9 (93590)
정가 30,000원

Advanced
Nutrition
영양소 대사와 기능으로 배우는
고급영양학
변기원 · 이보경 · 권종숙 · 김경민 · 김숙희
이윤나 · 김미현 · 김주혜 · 이애진 지음
교문사

머리말

오늘날 우리는 매스컴과 인터넷을 통해 건강 정보가 범람하는 시대에 살고 있습니다. 그러나 역설적으로 가공식품 섭취 증가와 신체활동 감소에 따른 영양 불균형은 비만율을 높이고 생활습관병의 발생을 가속화하고 있습니다. 더욱이 우리 사회가 초고령사회로 진입함에 따라 만성 퇴행성 질환을 비롯한 노인 건강 문제는 개인의 삶을 넘어 국가적 현안으로 대두되었습니다. 이처럼 사회 변화와 함께 건강 문제의 양상이 끊임없이 변화하는 상황에서, 국민 건강 증진을 위해 올바른 식생활 지침을 제시하는 영양학의 역할은 그 어느 때보다 중요해졌습니다.

영양학은 영양소가 소화, 흡수, 대사 과정을 거쳐 체내에서 수행하는 기능을 규명하고, 섭취 부족이나 과다가 인체에 미치는 영향까지 폭넓게 다루는 학문입니다. 따라서 건강 유지와 질병 예방을 위한 바람직한 식생활 계획을 세우기 위해서는 각 영양소의 급원식품과 필요량, 그리고 영양소 간의 상호작용에 대한 깊이 있는 이해가 필수적입니다.

본서는 각 영양소의 기능을 더욱 정확하고 심층적으로 파악할 수 있도록 열량 영양소의 대사 과정을 생화학적 측면에서 상세히 기술하였습니다. 1장에 에너지 대사의 개요를 배치하여 인체 영양소 대사의 전반적인 흐름을 먼저 파악하도록 하였으며, 각 장마다 풍부한 그림과 도표를 활용하여 대사 기전에 대한 이해를 돕고자 했습니다. 또한 영양소별로 최신

'한국인 영양소 섭취기준'과 급원식품 자료를 수록하여 실질적인 식생활 계획 수립에 활용할 수 있도록 하였습니다. 이와 더불어 운동 영양, 수분과 전해질, 알코올 등 다양한 주제를 포함하여 영양학을 입체적으로 이해할 수 있도록 구성하였습니다.

본서는 기존《영양소 대사의 이해를 돕는 고급영양학》의 체계적인 대사 이론을 계승하고, 최신 영양학적 이슈를 반영하여 현장 실무에서의 활용도를 높이는 데 중점을 두어 집필하였습니다. 이 책이 출간될 수 있도록 정성을 다해주신 교문사 관계자 여러분과, 변함없는 지지와 격려를 보내준 가족들에게 깊은 감사의 마음을 전합니다.

2026년 2월

저자 일동

차 례

머리말 4

CHAPTER 1 에너지 대사

1. 영양소 16

2. 영양소 대사 18

1) 에너지 대사 18 | 2) 대사와 관련된 비타민과 무기질 22
3) 섭식상태와 금식상태의 대사 비교 23 | 4) 에너지 적정 섭취비율 25

CHAPTER 2 탄수화물

1. 탄수화물의 분류 30

1) 단당류 30 | 2) 이당류 33 | 3) 올리고당류 35 | 4) 다당류 36 | 5) 식이섬유 37

2. 탄수화물의 소화 38

1) 구강에서의 소화 38 | 2) 위에서의 소화 38 | 3) 소장에서의 소화 39 | 4) 대장에서의 소화 40

3. 탄수화물의 흡수와 운반 40

1) 흡수 40 | 2) 운반 46

4. 탄수화물 대사 46

1) 포도당 대사 46 | 2) 과당과 갈락토오스 대사 63 | 3) 혈당 조절 65

5. 탄수화물의 체내 기능 67

1) 에너지 공급 67 | 2) 단백질 절약작용 67 | 3) 케톤증 예방 67 | 4) 단맛 제공 69

6. 식이섬유의 체내 기능 71

1) 불용성 식이섬유 72 | 2) 수용성 식이섬유 72

7. 탄수화물의 섭취와 건강 75

1) 탄수화물 섭취와 관련된 질환 75 | 2) 탄수화물의 섭취실태 77 | 3) 탄수화물의 섭취기준과 급원식품 77

CHAPTER 3 지질

1. 지질의 분류 88

1) 단순지질 88 | 2) 복합지질 97 | 3) 유도지질 99

2. 지질의 소화와 흡수 100

1) 지질의 소화 100 | 2) 지질의 흡수 105

3. 지질의 운반 107

1) 혈청 지단백질의 종류와 특성 107 | 2) 지단백질의 이동 경로 108

4. 지질 대사 112

1) 중성지방의 대사 113 | 2) 콜레스테롤의 합성과 대사 123 | 3) 케톤체의 합성과 대사 124

5. 지질의 체내 기능 127

1) 중성지방 127 | 2) 인지질 129 | 3) 콜레스테롤 130 | 4) 필수지방산 131

6. 지질의 섭취와 건강 136

1) 지질 섭취와 관련된 질환 136 | 2) 식용 기름의 지방산 조성 139 | 3) 지질의 섭취실태 141
4) 지질의 섭취기준과 급원식품 141 | 5) 지질 대용품 156

CHAPTER 4 단백질

1. 단백질의 분류 160

1) 화학적 분류 160 | 2) 영양적 분류 162 | 3) 생리적 기능에 따른 분류 163

2. 단백질의 구성단위 164

1) 아미노산의 구조 164 | 2) 아미노산의 종류 164

3. 단백질의 구조 168

1) 펩타이드 결합 168 | 2) 단백질의 구조 168 | 3) 단백질의 변성 169

4. 단백질의 기능 170

1) 체조직의 성장과 보수_구조적, 기계적 기능 171 | 2) 효소와 호르몬 합성 171 | 3) 면역기능 171
4) 수분평형 172 | 5) 산 · 염기 평형 173 | 6) 영양소 운반 173 | 7) 에너지와 포도당의 급원 173

5. 단백질의 소화와 흡수 174

1) 단백질의 소화 174 | 2) 아미노산의 흡수와 운반 176

6. 단백질 및 아미노산 대사 178

1) 단백질 전환 178 | 2) 아미노산풀 179 | 3) 아미노산의 분해대사 180
4) 조직 간 아미노산 대사의 상호작용_주요 조직에서의 아미노산 대사 186 | 5) 단백질 합성 188

7. 아미노산의 생리활성물질 생성 190

8. 단백질의 질 190

1) 단백질의 질 평가방법 191 | 2) 단백질의 질 보완 194

9. 단백질 결핍증과 과잉증 196

1) 단백질 부족_단백질 에너지 영양불량 196 | 2) 단백질 과잉 섭취 198

10. 단백질의 권장섭취기준 199

1) 단백질 섭취량의 추정_질소평형 199 | 2) 단백질의 필요량과 권장섭취량 200

11. 단백질 함유식품 203

CHAPTER 5 에너지와 운동영양

1. 에너지의 근원과 전환 210

1) 식품에너지와 대사에너지 211 | 2) 인체 에너지의 이용과 저장 212

2. 인체 에너지 대사량 212

1) 기초대사량과 휴식대사량 212 | 2) 신체활동대사량 213 | 3) 식사성 발열효과 214 | 4) 적응대사량 214

3. 에너지 측정 방법 217

1) 식품에너지 측정법 217 | 2) 인체에너지 대사량 측정법 218
3) 에너지 소비량 계산 221 | 4) 에너지 섭취기준 223

4. 에너지 섭취 불균형 227

1) 에너지 섭취 부족 228 | 2) 에너지 섭취 과다 229

5. 운동과 에너지 231

1) 운동 중 사용하는 에너지 체계 231 | 2) 에너지 섭취와 운동 233 | 3) 탄수화물과 운동 234
4) 지질과 운동 236 | 5) 단백질과 운동 236 | 6) 비타민과 운동 237
7) 무기질과 운동 237 | 8) 수분 섭취와 운동 238

CHAPTER 6 지용성 비타민

1. 비타민의 개요 242

1) 비타민의 분류와 이름 243 | 2) 지용성 비타민과 수용성 비타민의 비교 244
3) 비타민 전구체와 항비타민제 245

2. 비타민A 246

1) 구조와 성질 246 | 2) 흡수와 대사 247 | 3) 생리적 기능 249 | 4) 결핍증 252
5) 과잉증 253 | 6) 영양상태 평가와 섭취기준 254 | 7) 급원식품 255

3. 비타민D 258

1) 구조와 성질 258 | 2) 흡수와 대사 259 | 3) 생리적 기능 260 | 4) 결핍증 261
5) 과잉증 261 | 6) 영양상태 평가와 섭취기준 262 | 7) 급원식품 264

4. 비타민E 265

1) 구조와 성질 265 | 2) 흡수와 대사 266 | 3) 생리적 기능 267 | 4) 결핍증 269
5) 과잉증 269 | 6) 영양상태 평가와 섭취기준 269 | 7) 급원식품 271

5. 비타민K 272

1) 구조와 성질 272 | 2) 흡수와 대사 273 | 3) 생리적 기능 274 | 4) 결핍증 275
5) 과잉증 275 | 6) 영양상태 평가와 섭취기준 275 | 7) 급원식품 277

CHAPTER 7 수용성 비타민

1. 티아민 283

1) 구조와 성질 283 | 2) 흡수와 대사 284 | 3) 생리적 기능 285 | 4) 결핍증 286
5) 영양상태 평가와 섭취기준 287 | 6) 급원식품 289

2. 리보플라빈 290

1) 구조와 성질 290 | 2) 흡수와 대사 291 | 3) 생리적 기능 291 | 4) 결핍증 293
5) 영양상태 평가와 섭취기준 293 | 6) 급원식품 295

3. 니아신 296

1) 구조와 성질 296 | 2) 흡수와 대사 297 | 3) 생리적 기능 298 | 4) 결핍증 299
5) 과잉증 300 | 6) 영양상태 평가와 섭취기준 300 | 7) 급원식품 300

4. 판토텐산 303

1) 구조와 성질 303 | 2) 흡수와 대사 304 | 3) 생리적 기능 304 | 4) 결핍증 306
5) 영양상태 평가와 섭취기준 306 | 6) 급원식품 306

5. 비오틴 310

1) 구조와 성질 310 | 2) 흡수와 대사 310 | 3) 생리적 기능 311 | 4) 결핍증 312
5) 영양상태 평가와 섭취기준 312 | 6) 급원식품 314

6. 비타민B_6 316

1) 구조와 성질 316 | 2) 흡수와 대사 316 | 3) 생리적 기능 317 | 4) 결핍증 318
5) 과잉증 319 | 6) 영양상태 평가와 섭취기준 319 | 7) 급원식품 319

7. 엽산 322

1) 구조와 성질 322 | 2) 흡수와 대사 323 | 3) 생리적 기능 323 | 4) 결핍증 325
5) 영양상태 평가와 섭취기준 327 | 6) 급원식품 329

8. 비타민B_{12} 330

1) 구조와 성질 330 | 2) 흡수와 대사 331 | 3) 생리적 기능 332 | 4) 결핍증 333
5) 영양상태 평가와 섭취기준 334 | 6) 급원식품 334

9. 비타민C 337

1) 구조와 성질 337 | 2) 흡수와 대사 338 | 3) 생리적 기능 339 | 4) 결핍증 341
5) 과잉증 341 | 6) 영양상태 평가와 섭취기준 342 | 7) 급원식품 342

10. 비타민 유사물질들 345

1) 콜린 345 | 2) 이노시톨 347 | 3) 카르니틴 347 | 4) 타우린 347 | 5) 리포산 348

CHAPTER 8 다량 무기질

1. 칼슘 355

1) 흡수와 대사 355 | 2) 생리적 기능 359 | 3) 결핍증 363 | 4) 과잉증 366
5) 영양섭취기준 366 | 6) 영양상태 평가 366 | 7) 급원식품 368

2. 인 370

1) 체내 분포 370 | 2) 흡수와 대사 371 | 3) 생리적 기능 372 | 4) 결핍증 373
5) 과잉증 374 | 6) 영양섭취기준 374 | 7) 영양상태 평가 376 | 8) 급원식품 376

3. 마그네슘 378

1) 체내 분포 378 | 2) 흡수와 대사 378 | 3) 생리적 기능 379 | 4) 결핍증 380
5) 과잉증 380 | 6) 영양섭취기준 381 | 7) 영양상태 평가 381 | 8) 급원식품 381

4. 나트륨 384

1) 체내 분포 384 | 2) 흡수와 대사 385 | 3) 생리적 기능 385 | 4) 결핍증 387
5) 과잉증 387 | 6) 영양섭취기준 388 | 7) 급원식품 390

5. 칼륨 391

1) 체내 분포 391 | 2) 흡수와 대사 391 | 3) 생리적 기능 392 | 4) 결핍증 393
5) 과잉증 393 | 6) 영양섭취기준 393 | 7) 급원식품 395

6. 염소 396

1) 흡수와 대사 396 | 2) 생리적 기능 397 | 3) 결핍증 397 | 4) 영양섭취기준과 급원식품 397

7. 황 397

1) 체내 분포 397 | 2) 흡수와 대사 398 | 3) 생리적 기능 398
4) 결핍증과 영양섭취기준 399 | 5) 급원식품 399

CHAPTER 9 미량 무기질

1. 철 404

1) 체내 분포 405 | 2) 흡수와 대사 405 | 3) 배설 408 | 4) 생리적 기능 409
5) 결핍증 411 | 6) 과잉증 413 | 7) 영양섭취기준 414 | 8) 급원식품 416

2. 아연 417

1) 체내 분포 417 | 2) 흡수와 대사 418 | 3) 생리적 기능 420 | 4) 결핍증 421
5) 과잉증 422 | 6) 영양섭취기준 422 | 7) 급원식품 422

3. 구리 425

1) 체내 분포 425 | 2) 흡수, 운반 및 대사 426 | 3) 생리적 기능 426 | 4) 결핍증 427
5) 과잉증 427 | 6) 영양섭취기준 428 | 7) 급원식품 429

4. 요오드 430

1) 체내 분포 430 | 2) 흡수와 대사 431 | 3) 생리적 기능 431 | 4) 결핍증 432
5) 과잉증 433 | 6) 영양섭취기준 435 | 7) 급원식품 436

5. 불소 438

1) 체내 분포 438 | 2) 흡수와 대사 438 | 3) 생리적 기능 438 | 4) 결핍증 439
5) 과잉증 439 | 6) 영양섭취기준 440 | 7) 급원식품 441

6. 셀레늄 442

1) 체내 분포 442 | 2) 흡수와 대사 442 | 3) 생리적 기능 442 | 4) 결핍증 444
5) 과잉증 444 | 6) 영양섭취기준 444 | 7) 급원식품 446

7. 망간 448

1) 체내 분포 448 | 2) 흡수와 대사 448 | 3) 생리적 기능 448 | 4) 결핍증 448
5) 과잉증 449 | 6) 영양섭취기준 449 | 7) 급원식품 451

8. 몰리브덴 452

1) 생리적 기능 452 | 2) 결핍증과 과잉증 453 | 3) 영양섭취기준과 급원식품 453

9. 크롬 456

1) 체내 분포 456 | 2) 흡수와 대사 457 | 3) 생리적 기능 457 | 4) 결핍증 457
5) 영양섭취기준과 급원식품 457

10. 코발트 459

1) 체내 분포, 흡수와 대사 459 | 2) 생리적 기능 459 | 3) 결핍증과 과잉증 459 | 4) 급원식품 459

CHAPTER 10 수분과 전해질

1. 수분 464

1) 체내 분포 465 | 2) 생리적 기능 466 | 3) 수분평형 468
4) 결핍증과 과잉증 472 | 5) 영양섭취기준과 급원식품 474

2. 전해질 477

1) 산 · 염기 평형 477 | 2) 혈액의 pH 조절 478

CHAPTER 11 알코올과 영양

1. 알코올의 정의와 특성 485

2. 알코올 대사 486

1) 알코올 탈수소효소에 의한 대사 486 | 2) 마이크로좀 에탄올 산화계에 의한 대사 487 | 3) 숙취 현상 488

3. 알코올과 영양 489

1) 비타민 489 | 2) 무기질 490 | 3) 열량 영양소 대사 490

4. 알코올이 신체 기관에 미치는 영향 491

1) 뇌와 신경계 491 | 2) 간 492 | 3) 소화기계 492 | 4) 심장 혈관계 493
5) 체중 494 | 6) 태아 알코올 증후군 494

부록 495
참고문헌 510
찾아보기 512

CHAPTER 1

에너지 대사

1. 영양소
2. 영양소 대사

CHAPTER 1 에너지 대사

1. 영양소

영양소는 에너지를 공급하거나 인체를 구성 또는 조절하는 여러 물질을 통칭하여 일컫는 말이다. 영양소는 체내에서 합성되기도 하지만 대개는 식품의 섭취를 통해 얻게 된다. 필수 영양소는 체내에서 고유의 역할을 수행하며, 인체는 체내에서 필요로 하는 영양소를 모두 충분히 합성할 수 없으므로 식품을 통해서 반드시 섭취해야 하는 영양소이다.

> 식사로 영양소를 충분히 섭취하지 못하면 성장부진, 질병 발병 등 각종 부작용이 생긴다. 이때 적절한 조치를 하지 않으면 이러한 부작용으로 신체가 영구적으로 손상될 수 있다.

식품에 함유되어 있는 영양소는 여섯 종류가 있다. 식품의 주된 구성성분이면서 에너지를 생성하는 당질, 지질, 단백질과 식품에 소량 함유돼 있으며 에너지를 제공하지는 않으나 체내 대사조절에 필요한 비타민, 무기질이 있다. 물은 인체를 구성하는 주요 성분이다(표 1-1).

표 1-1 **필수영양소의 종류**

구분		종류
탄수화물		포도당(포도당으로 전환되는 탄수화물)
지질		리놀레산 리놀렌산
단백질 (아미노산)		라이신 메티오닌 발린 류신 이소류신 페닐알라닌 트립토판 트레오닌 히스티딘
비타민	수용성 비타민	티아민 리보플라빈 니아신 판토텐산 비오틴 비타민B_6 엽산 비타민B_{12} 비타민C
	지용성 비타민	비타민A 비타민D 비타민E 비타민K
무기질	다량 무기질	칼슘 인 마그네슘 황 나트륨 칼륨 염소
	미량 무기질	철 아연 구리 불소(플루오린) 요오드(아이오딘) 셀레늄 코발트 크롬(크로뮴) 망간(망가니즈)
물		물

이들 여섯 종류의 영양소를 기능에 따라 구분하면 주로 에너지를 제공하는 영양소(당질·지질·단백질), 신체를 구성함으로써 신체의 성장 및 유지에 중요한 영양소(단백질·무기질·지질·물), 신체기능을 조절하는 영양소(비타민·무기질)로 구분된다.

기능에 따른 영양소의 분류

에너지 영양소: 에너지를 내는 영양소 (탄수화물 · 지질 · 단백질)
구성 영양소: 신체의 성장과 유지에 중요한 영양소 (단백질 · 지질 · 무기질 · 물)
조절 영양소: 체내 기능을 조절하는 영양소 (비타민 · 무기질)

2. 영양소 대사

1) 에너지 대사

에너지는 일을 하는 데 필요하다. 체내에서 세포는 식품의 에너지 영양소(탄수화물·단백질·지질)와 알코올로부터 화학에너지ATP를 생성하며 이는 체내에 유용한 형태로 전환된다. 식품과 음료 중의 에너지는 태양에너지에서 온 것이다.

> **에너지 보존 법칙**
>
> • 특정 시스템에서 에너지 총량은 항상 일정하다.
> • 에너지의 형태와 위치가 변하더라도 시스템은 에너지를 얻거나 잃지 않는다.

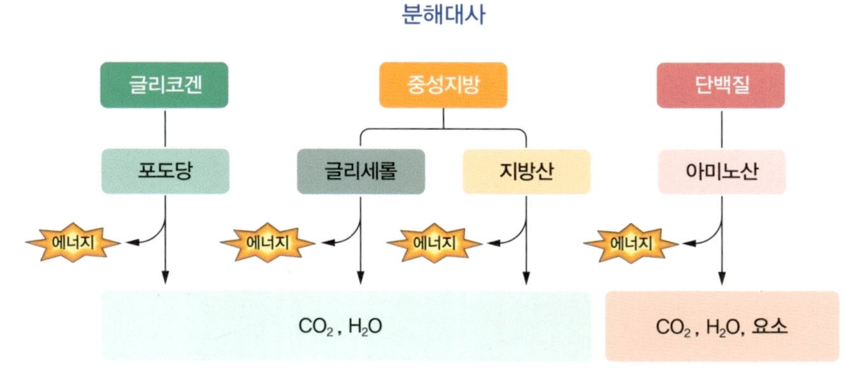

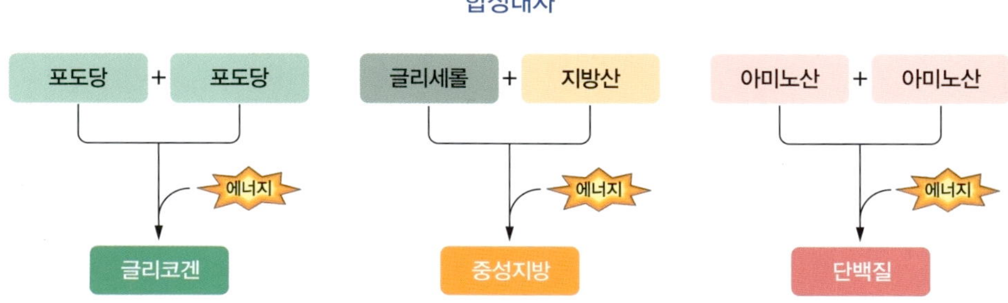

그림 1-1 **에너지 영양소의 분해대사와 합성대사**

섭취한 식품 중의 탄수화물·지질·단백질은 소화 과정을 통해 탄수화물은 포도당으로, 지질은 지방산과 모노글리세라이드로, 단백질은 아미노산으로 최종 분해된 후 체내 흡수된다. 흡수된 이들 영양소는 간으로 이동해 체내의 필요에 따라 합성대사나 분해대사를 진행한다.

분해대사는 화합물을 작은 단위로 분해하면서 에너지를 생성하는 반응이다. 합성대사는 화합물을 합성하는 반응으로 에너지를 필요로 한다.

에너지 대사에 관여하는 물질로 ATP, NADH, $FADH_2$와 NADPH가 있다.

ATP는 세포기능 수행에 사용되는 기본적인 화학 에너지로 신체의 에너지 통화단위이다. NADH와 $FADH_2$는 전자전달계에서 ATP합성을 위한 에너지 운반체이고, NADPH는 지방산과 스테로이드 등 지질의 생합성에 필요한 에너지 제공 운반체이다.

에너지 영양소인 탄수화물, 지질, 단백질은 체내에서 상호 전환되어 이용된다.

먼저 이들 영양소의 분해대사를 살펴보면, 탄수화물은 포도당의 해당과정, 피루브산의 아세틸CoA로의 전환, TCA회로, 전자전달계 등 4개의 주요 경로를 통해 에너지를 생성한다. 해당과정은 세포질에서 진행되므로 산소를 필요로 하지 않는 반면, TCA회로와 전

ATP
adenosine triphosphate
(아데노신 삼인산)

NADH
NAD^+의 환원형
nicotinamide adenine dinucleotide(reduced form)
니코틴아마이드 아데닌 다이뉴클레오타이드(환원형)

$FADH_2$
FAD의 환원형
flavin adenine dinucleotide
플라빈 아데닌 디뉴클레오타이드(환원형)

NADPH
$NADP^+$의 환원형
nicotinamide adenine dinucleotide phosphate(reduced form)
니코틴아마이드 아데닌 다이뉴클레오타이드 인산(환원형)

피루브산 pyruvic acid

CoA
coenzyme A 조효소 A

TCA회로
tricarboxylic acid cycle
트라이카르복실산회로
=구연산회로
=시트르산회로

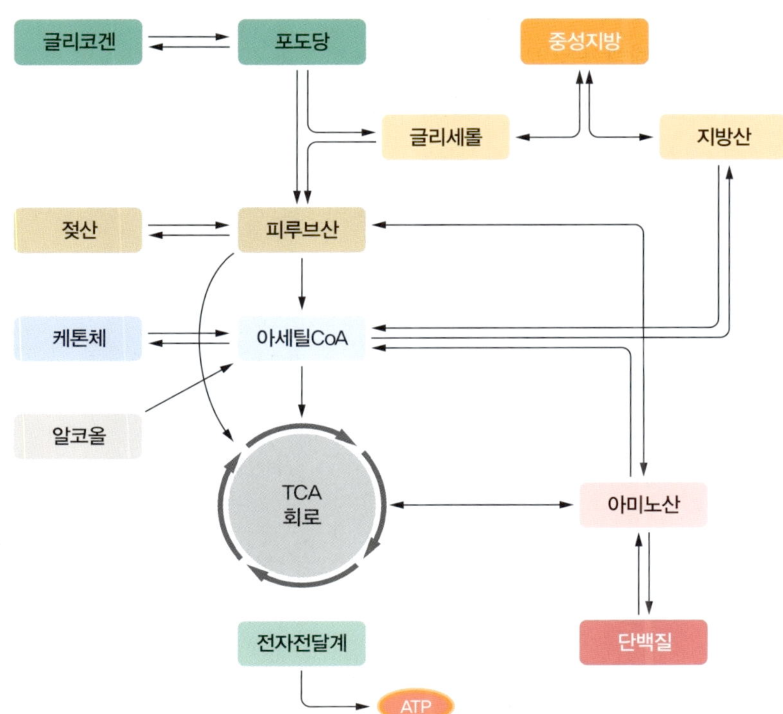

그림 1-2 **탄수화물·지질·단백질의 상호관계 및 대사경로**

미토콘드리아 mitochondria

글리세롤 glycerol

자전달계는 각각 미토콘드리아의 기질과 내막에 존재하므로 산소를 필요로 한다. 전자전달계는 다른 분해경로보다 더 많은 ATP를 생성한다.

지질은 중성지방이 글리세롤과 지방산으로 분해된 후, 글리세롤은 3탄당을 거치고 지방산은 베타산화에 의해 아세틸CoA, NADH, $FADH_2$를 생성한다. 이어 아세틸CoA는 TCA회로로 들어가 더 많은 NADH, $FADH_2$를 생성하며, 이들은 전자를 전자전달계에 전달하여 ATP를 생성한다.

단백질은 아미노산으로 분해된 후, 아미노산은 탈아미노 반응deamination에 의해 아미노기가 떨어져 나온다. 남은 탄소골격은 구조에 따라 피루브산, 아세틸CoA, TCA회로 중간물질 등의 분해경로로 들어가며, TCA회로와 전자전달계를 통해 ATP를 생성한다. 떨어져 나온 아미노기는 질소산물인 요소를 생성한다.

옥살로아세트산 oxaloacetic acid

α-케토글루타르산 α-ketoglutaric acid

합성대사를 살펴보면, 대부분의 아미노산은 TCA회로나 탄수화물, 지질대사의 중간대사물을 통해 포도당과 지방산을 합성한다. 탄수화물도 3탄당에서 글리세롤을, 아세틸CoA에서 지방산을 생성하여 지질을 합성한다. 또한 TCA회로 대사물인 옥살로아세트산이나 α-케토글루타르산은 아미노기 전이반응에 의해 아미노산으로 전환되어 단백질 합성에 이용된다. 이들의 체내 대사경로는 호르몬, 효소, 세포 내 반응 장소 등에 의해 조절된다.

이상의 합성 및 분해대사를 보면, TCA회로는 탄수화물·지질·단백질의 생합성과 분해가 이루어지는 중요한 장소임을 알 수 있다. 그러나 필수 아미노산과 필수 지방산은 체내에서 합성되지 않으므로 반드시 음식물로 섭취해야 한다.

에너지 영양소의 에너지 생성 및 다른 영양소로의 전환 여부는 표 1-2와 같다.

표 1-2 **에너지 생성과 에너지 영양소, 알코올 간의 상호전환**

영양소	에너지 생성	포도당으로 전환	아미노산과 단백질로 전환	지방으로 전환
탄수화물(포도당, 과당, 갈락토오스)	○	○	○ 아미노기가 공급될 때	○
지방(중성지방)				
지방산	○ 다량	×	×	○
글리세롤	○ 소량	○ 소량	○	
단백질(아미노산)	○ 많지 않음	○ 당질이 충분하지 않을 경우	○	○ 일부 아미노산에서 가능
알코올(에탄올)	○	×	×	○

에너지 생성 여부를 보면 탄수화물, 지질, 단백질, 알코올은 모두 에너지를 만들어 낼 수 있다.

포도당과 관련해 탄수화물은 포도당으로의 전환이 가능하다. 지질의 경우 지방산은 포도당을 생성할 수 없지만 글리세롤에서 소량의 포도당이 생성된다. 아미노산에서도 당질이 충분하지 않은 경우 포도당 합성이 가능하다. 알코올은 포도당을 전혀 생성하지 않는다.

또한 탄수화물은 아미노기가 존재하면 아미노산이나 단백질로의 전환이 가능하며, 지질은 글리세롤에서 단백질이 생성될 수 있다. 반면 알코올은 단백질을 전혀 생성할 수 없다.

탄수화물, 지질, 알코올은 과량 섭취하고 남은 에너지를 모두 지방으로 전환한다. 단백질의 경우 일부 아미노산은 직접 지방으로 전환된다. 체내에서 에너지 섭취량이 많으면 지방산 합성과정을 통해 긴사슬지방산을 합성할 수 있다. 아세틸CoA로부터 지방산합성이 이루어진다. 이때 아세틸CoA는 탄수화물, 지방산, 케톤성 아미노산, 알코올로부터 공급된다.

식품으로 섭취하고 남은 에너지는 중성지방으로 저장된다. 식품으로부터 에너지를 과량 섭취하면 인체는 체지방을 장기적인 에너지 저장고로 사용한다. 필요 이상의 지방을 과량 섭취하면 지방산은 바로 저장지방으로 전환된다. 체조직 생성에 필요한 단백질을 과잉 섭취해도 필요 이상의 단백질은 체지방으로 전환된다. 그러나 필요 이상의 탄수화물은 쉽게 지방으로 전환되지 않는다. 정상인의 경우 탄수화물을 과량 섭취하더라도 탄수화물에서 최소량의 지방산만 합성됐다는 보고가 있다. 이는 필요 이상의 남는 탄수화물이 지방합성 쪽으로 빨리 진행되지 않음을 의미한다. 다시 말해서 인체가 에너지 연료로 가장 먼저 사용하는 것이 탄수화물이며, 지방은 필요에 따라 나중에 사용함을 의미한다. 따라서, 당질을 많이 먹으면서 섭취하는 지방은 에너지 생성을 위해 분해되지 않고 바로 체지방으로 축적된다.

체중 70kg인 남성이 기관별로 이용 가능한 에너지(kcal)는 표 1-3과 같다. 혈당은 뇌, 중추신경계, 적혈구의 주된 에너지원이다. 휴식하는 동안 뇌는 신체가 소비하는 에너지의 60%를 소모한다. 뇌는 포도당을 거의 저장하지 않아서 단지 2g(8kcal) 정도를 저장한다. 혈액 내 순환(15g)하거나 지방조직(20g)에 저장되는 포도당은 약 35g(140kcal)이다. 체내 당질의 저장형태인 글리코겐은 근육에 약 250g(1,000kcal), 간에 약 100g(400kcal)이 저장된다.

표 1-3 **체중 70kg인 남성의 기관별 이용 가능 에너지 형태**

기관	포도당과 글리코겐		중성지방		단백질	
	g	kcal	g	kcal	g	kcal
혈액	15	60	5	45	0	
간	100	400	50	450	100	400
뇌	2	8	0		0	
근육	250	1,000	50	450	6,000	24,000
저장지방	20	80	15,000	135,000	10	40

자료: Berg JM, Tymoczko JL, Stryer L. Biochemistry, 5th ed. New York, WH Freeman, 2002

2) 대사와 관련된 비타민과 무기질

체내에서 에너지, 탄수화물, 지질, 단백질 대사에는 각종 효소의 조효소와 보조인자가 필요하다. 비타민은 이러한 대사에 관여하는 조효소로, 무기질은 보조인자로 작용한다. 이들이 관여하는 부분은 그림 1-3과 같다.

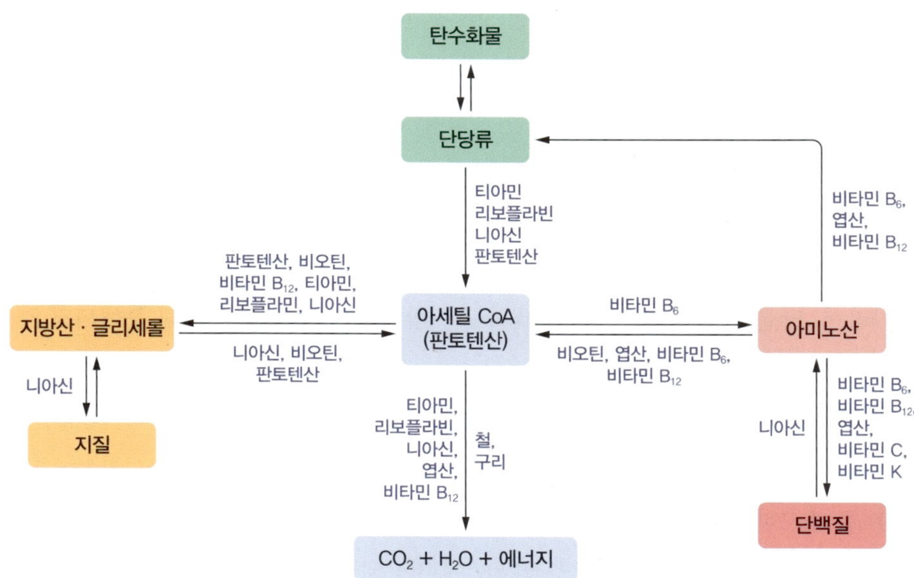

그림 1-3 **대사와 관련된 각종 비타민과 무기질**

3) 섭식상태와 금식상태의 대사 비교

(1) 섭식상태에서의 에너지 대사

음식 섭취 후에 체내의 각 기관에서 진행되는 영양소들의 대사는 다음과 같다.

소장에서는 식품 내 탄수화물, 지방, 단백질이 소화과정을 통해 흡수될 수 있는 작은 입자로 분해된다. 따라서 소장 안에 포도당, 아미노산, 지방산의 농도가 증가한다. 이 중 수용성 물질은 문맥을 통해 간으로 이동하므로 문맥 내 포도당, 아미노산 농도가 증가한다.

혈중 포도당, 아미노산의 농도가 증가하면 췌장의 베타세포에서 인슐린의 분비를 증가시키고 글루카곤의 분비를 감소시킨다. 인슐린 분비의 증가로 간에서는 글리코겐, 지방산, 중성지방, VLDL의 합성이 증가한다.

지방조직에서는 중성지방의 합성이 증가하고, 또한 지방세포 내로 포도당의 유입이 증가한다. 근육에서도 포도당의 유입이 증가하고 글리코겐과 단백질의 합성이 증가한다. 뇌에서는 유입된 포도당을 완전히 산화시켜 에너지를 생성한다.

글루카곤 glucagon

VLDL
very low density lipoprotein
초저밀도 지단백질

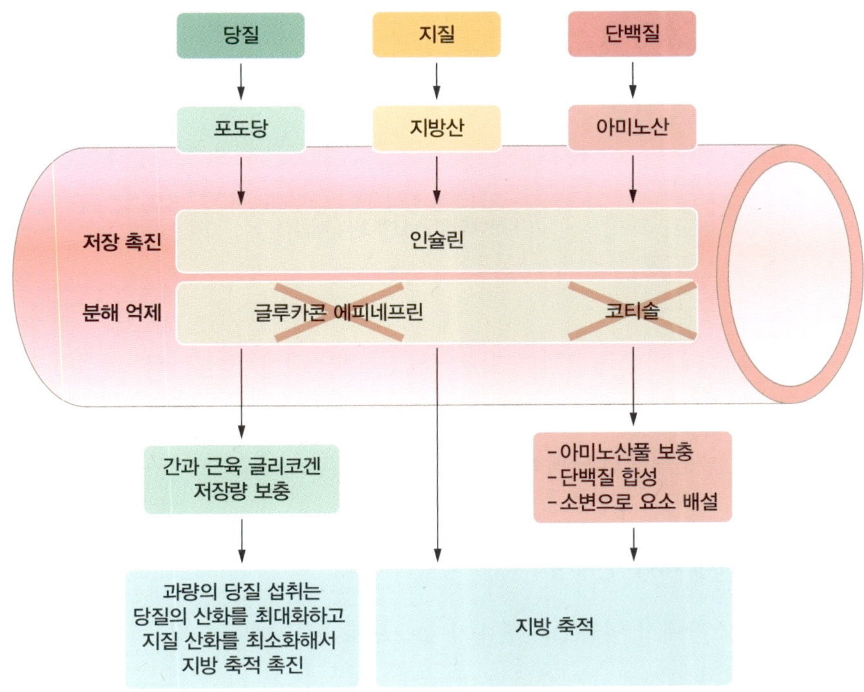

그림 1-4 **섭식상태에서 에너지 영양소의 대사**

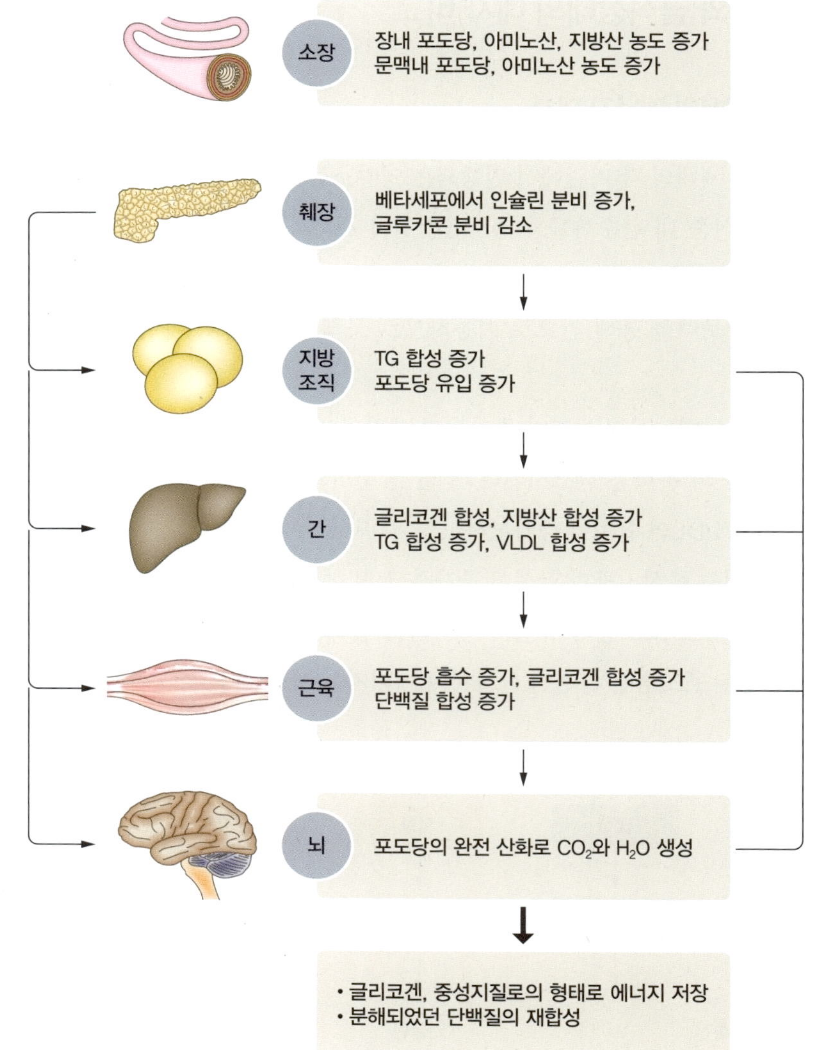

그림 1-5 **섭식상태에서 기관별 에너지 대사**

음식 섭취 후의 체내 반응을 요약하면 간, 근육, 지방조직에서는 물질의 합성대사(동화작용)가 진행되어 고분자화합물인 글리코겐, 중성지방의 형태로 에너지를 저장하며, 식사와 식사 사이에는 분해됐던 단백질의 보충이 이뤄진다.

(2) 금식상태에서의 에너지 대사

금식상태에서는 소장에서 영양소의 흡수가 없으므로 혈액 내 포도당, 아미노산 농도가 감소하고, 이에 따라 췌장에서 인슐린 분비는 감소하고 혈중 글루카곤 농도가 증가한다.

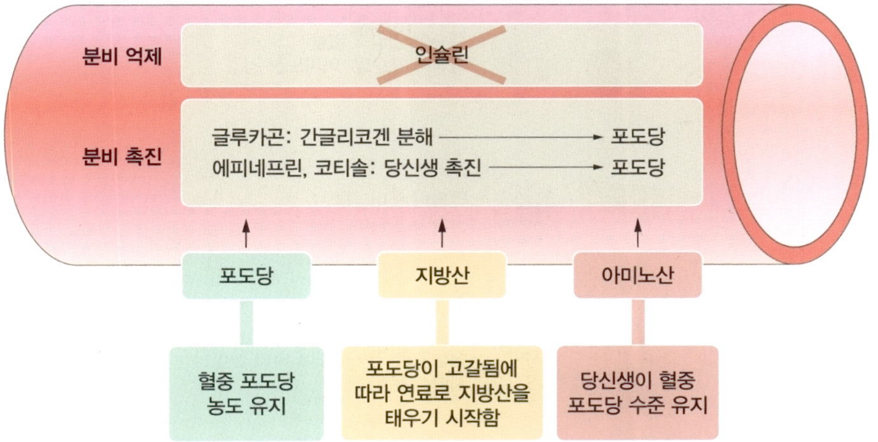

그림 1-6 **단기간 금식상태에서 에너지 영양소의 대사**

이로 인해 지방조직에서 중성지방을 가수분해하여 지방산 분비를 증가시킨다. 간에서는 글리코겐의 분해와 당신생을 통해 포도당을 생성하며 케톤체 합성이 증가한다. 근육에서는 지방산과 케톤체의 이용이 증가하고 근육 단백질의 분해로 아미노산 생성이 증가한다. 뇌에서는 포도당과 케톤체를 완전히 산화시켜 에너지를 생성한다.

케톤체 ketone body

단기간 굶으면 세포는 먼저 간글리코겐을 분해하여 혈중 포도당 수준을 유지한다. 또한 세포는 지방산을 연소하고 아미노산에서 포도당의 생성을 증가시킨다.

금식상태에서 일어나는 반응을 요약하면 간은 뇌와 포도당을 이용하는 조직에 포도당을 제공하며 간과 지방조직은 포도당을 필요로 하지 않는 조직의 에너지원으로 지방산과 케톤체를 제공한다.

4) 에너지 적정 섭취비율

2025 한국인 영양섭취기준에 따르면 성인은 탄수화물, 지질, 단백질로부터 얻는 에너지 비율이 각각 50~65%, 15~30%, 10~20% 비율이 되도록 섭취하길 권장하고 있다. 1~2세의 경우 지질 비율 20~35%, 3세 이상은 지질 비율 15~30%를 권장하고 있다.

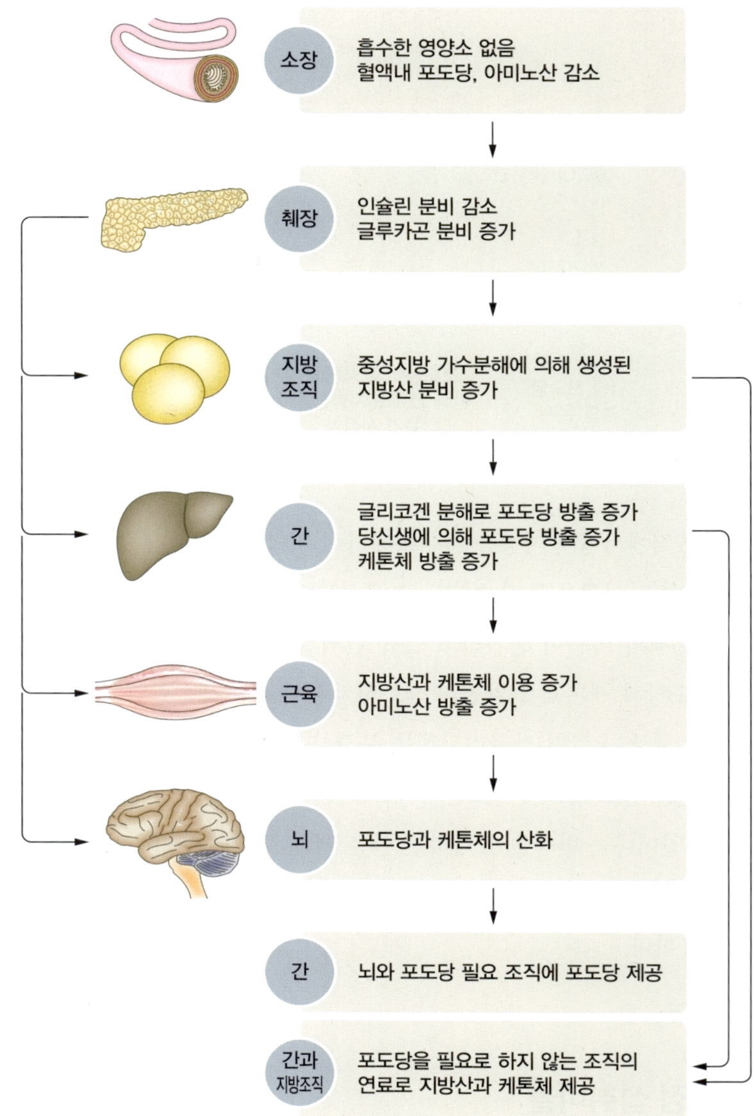

그림 1-7 **단기간 금식상태에서 기관별 에너지 대사**

표 1-4 **한국인 영양섭취 기준: 에너지 적정비율**

영양소	1~2세	3~18세	19세 이상
탄수화물	50~65%	50~65%	50~65%
단백질	10~20%	10~20%	10~20%
지질	20~35%	15~30%	15~30%
콜레스테롤	–	–	300mg/일 미만(만성질환위험감소섭취량) 권고

자료: 보건복지부·한국영양학회. 2025 한국인 영양소 섭취기준

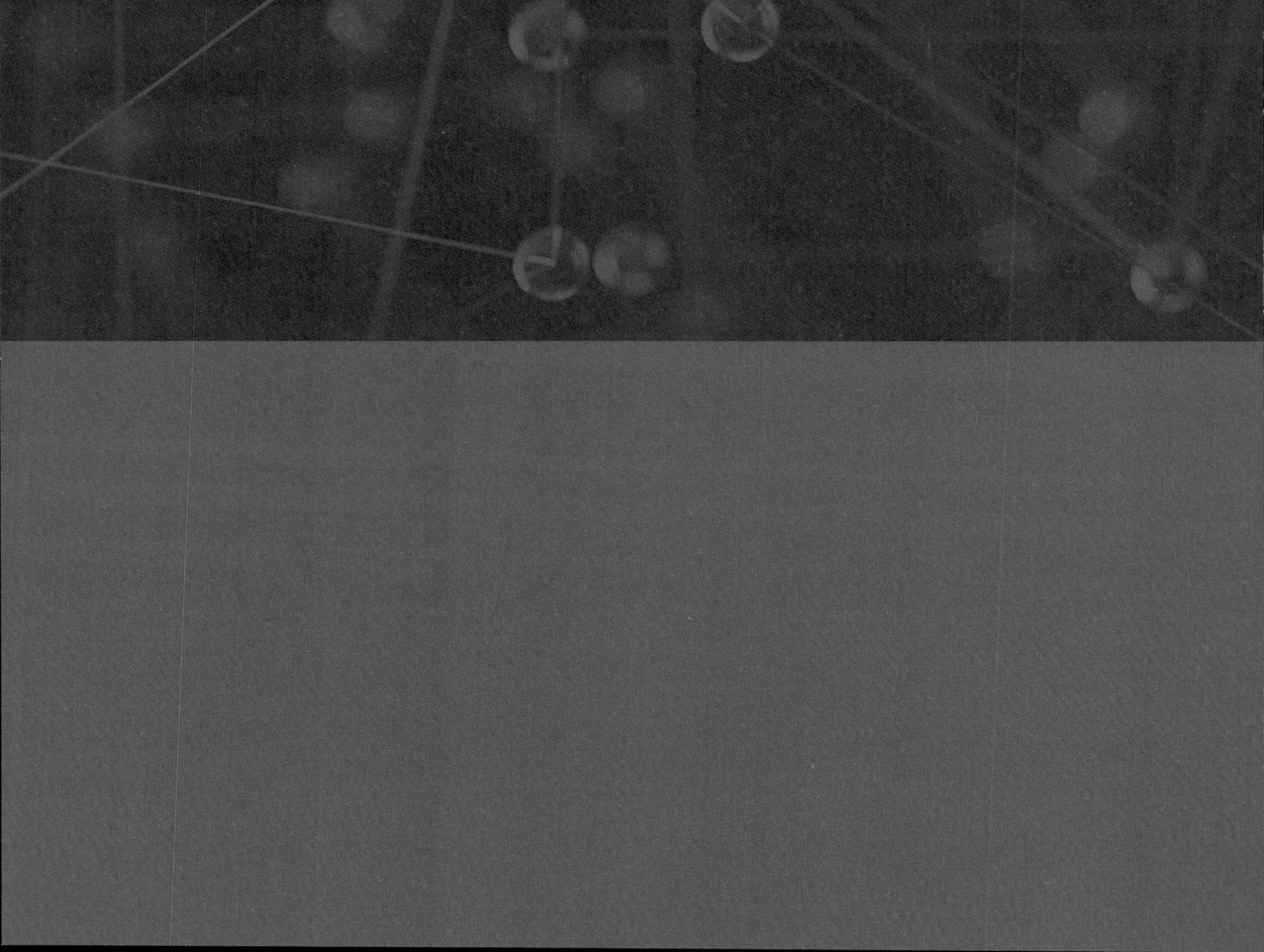

CHAPTER 2

탄수화물

1. 탄수화물의 분류
2. 탄수화물의 소화
3. 탄수화물의 흡수와 운반
4. 탄수화물 대사
5. 탄수화물의 체내 기능
6. 식이섬유의 체내 기능
7. 탄수화물의 섭취와 건강

CHAPTER 2 **탄수화물**

1. 탄수화물의 분류

탄수화물은 탄소, 수소, 산소로 구성되며 $(CH_2O)_n$의 구조식을 이룬다. 탄수화물은 에너지를 제공하는 당질과 생리적 역할을 하는 식이섬유를 포함한다. 탄수화물의 구성단위는 단당류monosaccharide이며 단당류가 모여서 이당류disaccharide, 올리고당류oligosaccharide, 다당류polysaccharide를 이룬다.

1) 단당류

갈락토오스 galactose
만노오스 mannose
리보오스 ribose
디옥시리보오스 deoxyribose
아라비노오스 arabinose
자일로오스 xylose

식품에 가장 흔한 단당류는 육탄당hexose으로 포도당glucose, 과당fructose, 갈락토오스, 만노오스가 있고 오탄당pentose에는 리보오스, 디옥시리보오스, 아라비노오스, 자일로오스가 있다. 이들 단당류는 자연계에서 사슬모양과 고리모양의 두 가지 형태를 이루나 생체 내에서는 주로 고리모양으로 존재한다. 광학활성도에 따라 D-형과 L-형의 두 가지 이성질체가 있으나 생체 내에서 대사되는 단당류는 D-형이다. 생체 내에서 대사되지 않아 에너지를 생성하지 않는 L-형은 대체 감미료로 이용된다.

(1) 육탄당

포도당, 과당, 갈락토오스는 분자식이 모두 $C_6H_{12}O_6$로서 분자량이 같지만, 산소와 수소의 위치에 차이가 있어서 모양이 약간 다르고 맛도 조금씩 다르다(그림 2-1, 표 2-1). 포도당과 갈락토오스는 4번 탄소에 결합된 수산기(-OH)가 서로 반대방향에 위치하고 있어서 소화·흡수 및 생리기능에 차이를 보인다.

① 포도당

포도당은 혈당의 급원이자 체내 당대사의 중심 물질로서 세포에 ATP를 제공하는 주요 에너지 급원이다. 또한 포도당은 체내에서 일부 아미노산으로 전환되어 단백질을 합성

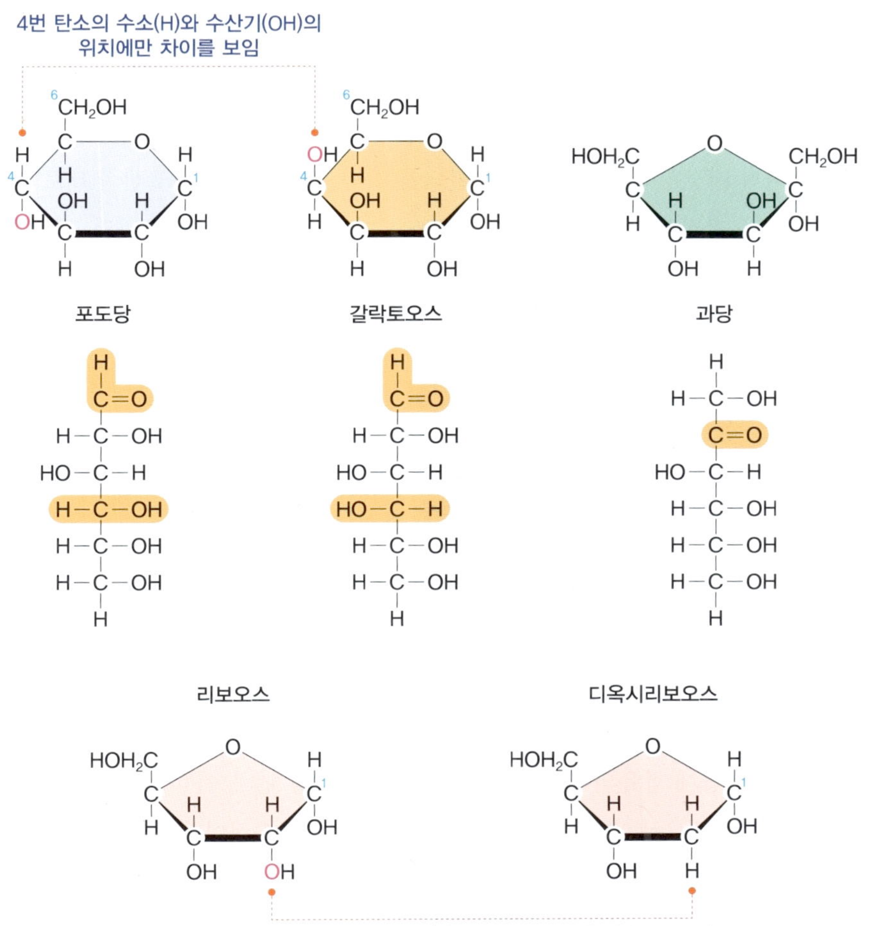

그림 2-1 **육탄당, 오탄당의 구조**

표 2-1 **단당류**

분류	형태	특징
육탄당	포도당	•혈당의 급원 •과일·꿀 등에 함유되며 전분의 가수분해 산물임
	과당	•단맛이 가장 강함 •과일, 채소, 꿀, 고과당 옥수수시럽 등에 함유됨 •다당류 형태인 이눌린은 돼지감자, 더덕, 도라지, 우엉 등에 함유됨
	갈락토오스	•유즙에 함유되어 있는 유당 성분으로 갈락토오스 자체로는 존재하지 않음 •다당류 형태인 갈락탄은 해조류에 함유됨 •단백질이나 지질과 결합하여 뇌조직을 구성함
	만노오스	•포도당과 결합한 만난은 다당류 형태로서 곤약에 함유됨
오탄당	리보오스	•인산과 결합한 형태로 핵산(RNA)의 기본 틀을 이룸
	디옥시리보오스	•인산과 결합한 형태로 핵산(DNA)의 기본 틀을 이룸
	아라비노오스 자일로오스	•대부분 다당류 형태로 식물의 줄기, 잎, 과피 등의 세포막을 구성함

알데히드 aldehyde
알도오스 aldose

하거나, 에너지 저장형태인 지방으로 전환되기도 하며, 일부는 글리코겐 형태로 전환된다. 포도당은 화학적으로 알데히드기(-CHO)를 가지는 알도오스로서 과일, 꿀 등에 함유되어 있다.

② 과당

이눌린 inulin
케토오스 ketose

채소, 과일, 꿀 등에 함유되어 있는 과당은 단맛이 가장 강해 설탕과 함께 감미료로 사용된다. 옥수수에서 추출한 고과당 시럽은 탄산음료나 과일주스에 사용되는 주요 감미료이다. 이눌린은 과당의 다당류 형태로서 돼지감자, 더덕, 도라지, 우엉, 고들빼기, 달리아의 뿌리 등에 함유되어 있다. 과당은 화학적으로 케톤기(–C=O)를 가지는 케토오스이다.

③ 갈락토오스

유당 lactose
갈락탄 galactan

갈락토오스는 유즙에 함유되어 있는 유당의 성분이다. 생체 내, 특히 뇌에서 당단백질과 당지질의 성분이 되므로 뇌 발달이 왕성한 영유아에게 필수적이다. 갈락토오스는 포도당처럼 화학적으로 알데히드기를 가지는 알도오스 형태이다. 해조류에는 갈락토오스의 다당류 형태인 갈락탄이 다량 함유되어 있다.

④ 만노오스

만노오스는 식품 중에서 주로 포도당과 결합하여 만난이라는 다당류의 형태로 존재하며 특히 곤약에 많다. 생체 내에서는 주로 단백질과 결합된 형태를 이룬다.

만난 mannan

(2) 오탄당

리보오스와 디옥시리보오스는 핵산의 구성성분으로서, 리보오스는 RNA ribonucleic acid를 구성하고 디옥시리보오스는 DNA deoxyribonucleic acid를 구성한다(표 2-2). 리보오스는 화학적으로 알데히드기를 가지는 알도오스로서 리보오스에서 산소원자 하나가 제거된 것이 디옥시리보오스이다.

인체 내에서 거의 이용되지 못하는 아라비노오스와 자일로오스는 주로 다당류 형태로 식물의 세포막을 구성하는데, 초식동물은 이들을 에너지원이나 비타민 B_2의 전구체로 이용한다.

표 2-2 **핵산의 특성**

핵산	특성
RNA	•(리보오스 + 염기 + 인산)이 여러 개 모인 폴리뉴클레오타이드
DNA	•(디옥시리보오스 + 염기 + 인산)이 여러 개 모인 폴리뉴클레오타이드 •염기에는 퓨린과 피리미딘이 있으며, 염기의 순서는 유전정보로서 아미노산의 종류를 결정하고 아미노산의 순서는 단백질의 종류와 특성을 결정함

폴리뉴클레오타이드 polynucleotide
퓨린 purine
피리미딘 pyrimidine

2) 이당류

이당류는 두 개의 단당류가 글리코사이드 결합에 의해 연결된 것으로 맥아당 maltose, 서당 sucrose, 유당 lactose이 있으며 모두 포도당을 포함하고 있다(그림 2-2).

글리코사이드 glycoside

① 맥아당

맥아당은 두 개의 포도당이 α-1,4 결합한 환원당으로 주로 전분이 가수분해되어 생성되고 엿기름에 많다. 알파(α)와 베타(β)는 결합의 방향성을 의미한다.

환원당

알도오스(포도당, 갈락토오스)와 케토오스(과당)가 고리모양을 형성하면서 생긴 알도오스 1번 탄소와 케토오스 2번 탄소의 수산기(-OH)는 다른 탄소에 결합된 수산기와는 달리 반응성이 큰 환원력을 가진다. 이러한 환원성을 가진 당을 환원당(Reducing sugar)이라 한다. 2개의 포도당이 결합한 맥아당이나 포도당과 갈락토오스가 결합한 유당에는 1번 탄소의 수산기가 남아 있어서 환원성을 유지한다. 하지만 서당은 포도당의 1번 탄소의 수산기와 과당의 2번 탄소의 수산기가 모두 결합에 참여하므로 더 이상 환원성이 없다.

② 서당

서당은 포도당과 과당이 α-1,2 결합한 비환원당으로 주로 설탕으로 이용된다. 과즙이나 사탕수수, 사탕무에 많은데, 사탕수수나 사탕무의 즙에서 추출한 황갈색의 당밀을 정제한 것이 서당이다.

③ 유당

유당은 α결합을 가진 다른 이당류와는 달리 포도당과 갈락토오스가 β-1,4 결합한 환원당으로 단맛이 약하고 물에 잘 녹지 않는다. 유즙에 함유되어 있는 유당은 장내 유익한 세균인 유산균의 발육을 촉진한다. 과량 섭취했을 때 또는 유당분해 효소인 락테이즈가 부족하거나 활성이 저하되었을 때 소화에 어려움이 있다.

락테이즈 lactase

전화당

서당은 산이나 효소에 의해 포도당 1분자와 과당 1분자로 가수분해된다. 이러한 현상을 전화라 하고, 이때 가수분해되어 나온 포도당과 과당이 섞인 혼합물을 전화당이라 한다. 단맛이 가장 강한 과당이 함유되므로 서당보다 달다.

꿀

포도즙

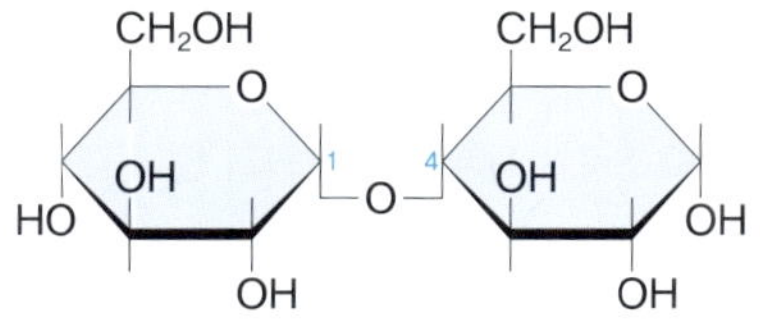

맥아당 : 포도당 + 포도당
(α–1,4 결합)

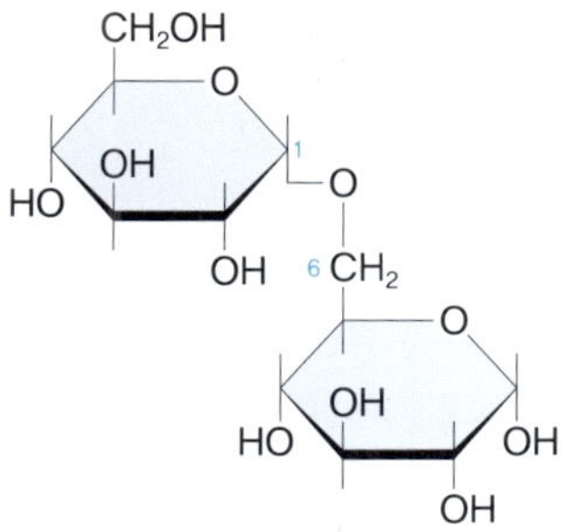

이소맥아당 : 포도당 + 포도당
(α–1,6 결합)

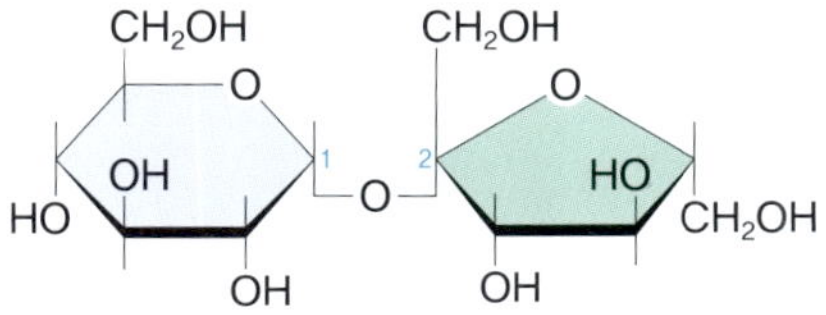

서당 : 포도당 + 과당
(α–1,2 결합)

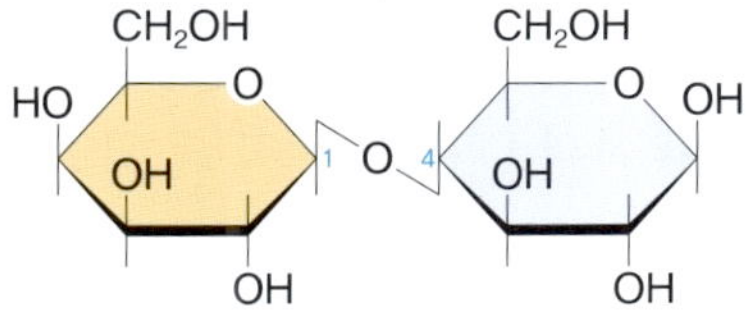

유당 : 갈락토오스 + 포도당
(β–1,4 결합)

그림 2-2 **이당류의 구조**

3) 올리고당류

3~10개의 단당류로 구성된 올리고당류에는 콩이나 팥에 함유되어 있는 라피노오스와 스타키오스 등이 있다. 라피노스는 갈락토오스 - 포도당 - 과당으로 연결된 삼당류이고, 스타키오스는 갈락토오스 - 갈락토오스 - 포도당 - 과당으로 연결된 사당류로서 대두, 완두, 밀기울, 통곡에 다량 함유되어 있다. 일부 올리고당은 소화관에서 다당류가 분해되는 과정 중에 생성되며 콩이나 팥 외에 양파, 바나나, 돼지감자, 치커리 뿌리, 마늘 등에도 함유되어 있다. 올리고당은 구성단당류의 결합방식이 소장 내 소화효소에 의해 가수분해되지 않는 형태이므로 에너지를 거의 생성하지 않는다. 프락토올리고당은 β-1,2 결합을 포함하고 갈락토올리고당은 β-1,4 결합이나 β-1,6 결합을 포함하고 있다. 다만 대장에서 박테리아에 의해 분해되어 일부 짧은사슬지방산이 되면서 대장 벽세포의 에너지원이 되기도 하는데, 그 양은 단당류에서 얻는 에너지보다 훨씬 적다.

라피노오스 raffinose
스타키오스 stachyose

올리고당의 기능성

- 프락토올리고당(fructo-oligosaccharide), 갈락토올리고당(galacto-oligosaccharide), 자일로올리고당(xylo-oligosaccharide) 등은 인체 내 소화효소로는 대부분 분해되지 않고 대장 내 박테리아 중 유산균의 일종인 비피더스균(bifidobacteria)에 의해 발효된다. 따라서 비피더스균의 증식을 자극하고 활성화하여 장내 환경을 청결하게 유지하고 변비를 방지하는 등 장 건강에 유익한 기능을 하므로 기능성 올리고당이라 한다.
- 모유에는 유선에서 합성된 100여 종류의 올리고당이 있는데, 임신기간이나 수유기간에 따라 다양하고 유전적인 영향도 있다. 이들 올리고당은 모유를 먹는 영아의 배변을 돕고 영아의 소장에서 질병을 유발하는 병원균과 결합함으로써 질병으로부터 영아를 보호하는 면역체계의 일부로 작용한다.
- 설탕보다 감미도가 적고 인슐린 분비를 촉진하지 않아 혈당치를 개선하며, 혈청 콜레스테롤 수준을 저하시키므로 당뇨병 환자에게 도움이 된다.
  따라서 이들 기능성 올리고당은 기능성 식품소재로서 쓰인다.

4) 다당류

다당류는 포도당이 10개 이상부터 수천 개까지(보통 3,000개 이상) 연결된 포도당 중합체로서 복합당질이라고도 하며 전분starch, 글리코겐, 식이섬유dietary fiber가 있다.

(1) 전분

아밀로오스 amylose
아밀로펙틴 amylopectin

식물의 뿌리나 열매에 저장되어 있는 전분은 생체의 주된 에너지 공급원으로 포도당의 연결방식에 따라 아밀로오스와 아밀로펙틴으로 나눠진다. 아밀로오스는 α-1,4 결합으로만 연결되어 긴 사슬모양을 이루고, 아밀로펙틴은 α-1,4 결합과 함께 가지부분에 α-1,6 결합을 가지므로 긴 사슬에 많은 가지를 친 모양을 이룬다(그림 2-3). 전분은 곡류, 감자류, 두류 등에 많은데, 아밀로오스와 아밀로펙틴의 함유비율이 보통 1:4 정도다. 전분은 조리과정을 통해 소화되기 쉬운 끈끈한 겔 형태로 호화되어 소화효소의 작용을 쉽게 받는다.

(2) 글리코겐

동물의 저장 다당류로서 동물성 전분으로 불리며 간과 근육에 저장되어 있다. 글리코겐은 전분의 아밀로펙틴과 유사한 구조를 가지고 있지만 α-1,6 결합이 많아서 아밀로펙틴보다 가지 부분이 많은 촘촘한 구조를 가진다. 아밀로펙틴을 나무tree라고 한다면 글리코겐은 나무보다 가지가 더욱 많은 덤불bush에 비유한다.

5) 식이섬유

주로 식물의 세포벽에 존재하면서 식물의 형태를 유지하는 식이섬유는 전분에서 포도당의 α결합과는 달리 포도당이 β-1,4 결합으로 연결되어 있어서 인체의 소화효소로는 소화되지 않는다. 식이섬유는 용해성에 따라 분류되는데, 물속에서 용해되어 팽창하는 수용성 식이섬유와 용해되거나 팽창하지 않는 불용성 식이섬유 두 종류가 있다. 불용성 식이섬유가 많은 당근과 수용성 식이섬유가 많은 귀리를 오랜 시간 물에 담가두면 당근은 그대로지만 귀리는 부드러운 풀처럼 변한다.

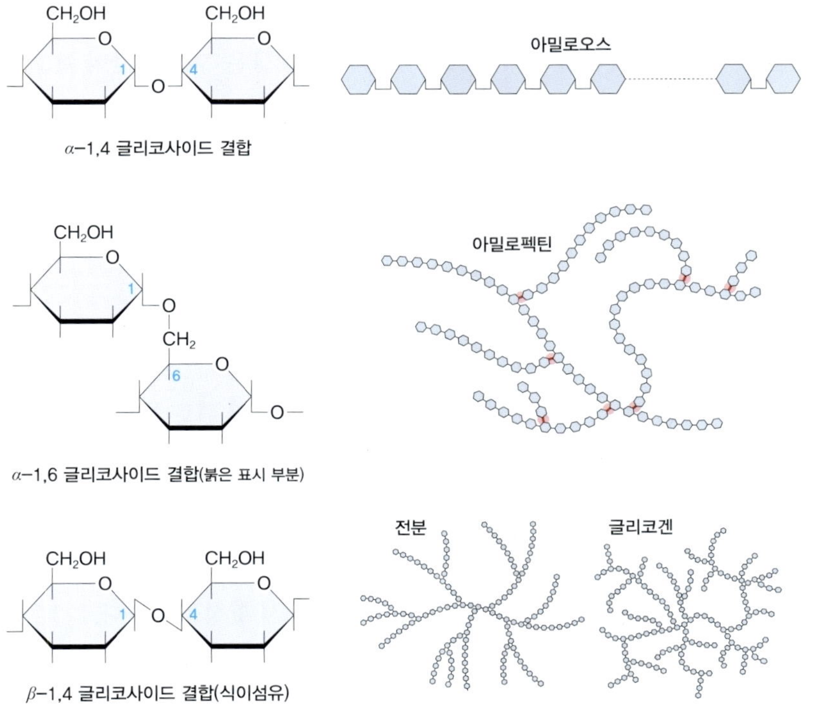

그림 2-3 **다당류의 결합형태와 모양**

2. 탄수화물의 소화

우리가 일상식에서 섭취하는 탄수화물에는 주식인 밥·빵·면류 등에 많은 전분, 채소·과일·전곡에 많은 식이섬유, 엿기름이나 식혜 등의 맥아당, 설탕의 서당, 유즙의 유당 등이 있다. 식이섬유를 제외한 나머지는 각 소화기관을 거치면서 당질 소화효소에 의해 소화된 뒤 흡수되기 쉬운 단당류가 된다. 식이섬유는 소화되지 않은 채 장내에 남아서 중요한 생리기능을 한다.

1) 구강에서의 소화

아밀레이즈 amylase
덱스트린 dextrin

식품의 맛과 향으로 타액 분비가 촉진되고, 치아의 저작 작용으로 음식물이 잘게 부서져 타액과 잘 혼합된다. 타액에는 타액 아밀레이즈(최적 pH 6.6)라는 전분 분해효소가 있어서 전분의 α-1,4 결합을 절단해 덱스트린이나 맥아당으로 분해할 수 있다. 저작 시간이 길어지면 전분은 맥아당으로까지 분해되나, 보통 입안의 음식물은 저작 시간이 짧고 저작된 후 곧 삼켜지므로 이러한 효소의 작용은 크지 않다. 전분의 5%만이 구강에서 분해된다고 한다.

2) 위에서의 소화

음식물은 식도를 따라 이동해 식도 하부의 분문괄약근을 통과하면 위로 들어온다. 위 근육의 수축작용과 위의 강산은 음식물을 반 액체 상태인 유미즙으로 만들어 소장에서의 효소작용이 효과적으로 이뤄지도록 한다. 위에는 당질 분해효소가 없지만 음식물이 위액과 완전히 혼합되는데 약 15~20분이 걸리므로 이 시간 동안 음식물에 섞인 타액 아밀레이즈가 작용할 수 있다. 그러나 위산으로 인해 pH 4 부근에서 활성을 잃는다.

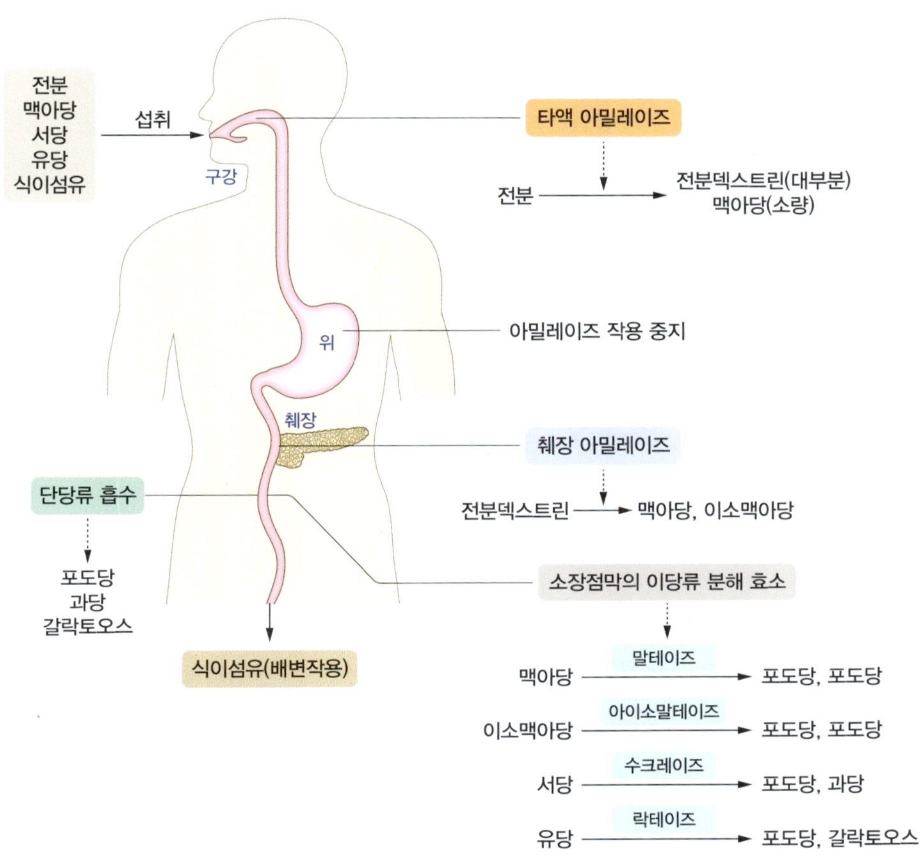

그림 2-4 **탄수화물의 소화과정**

3) 소장에서의 소화

위에서 형성된 유미즙이 유문괄약근으로부터 천천히 소량씩 십이지장으로 내려오면 세크레틴과 콜레시스토키닌이 알칼리성의 췌액과 담즙 분비를 촉진해 산성의 유미즙을 중화한다. 이를 통해 십이지장 벽을 산으로부터 보호하고 췌장 효소들의 활성에 알맞은 산도로 만든다. 췌장 아밀레이즈(최적 pH 7.1)는 전분의 α-1,4 결합을 절단해 더욱 작은 입자인 맥아당과 이소맥아당(α-1,6 결합가짐)으로 분해한다.

세크레틴 secretin
콜레시스토키닌 cholecystokinin

전분 소화로 만들어진 맥아당과 이소맥아당, 그리고 설탕의 서당, 유즙의 유당, 엿기름·식혜의 맥아당은 이당류 분해효소(수크레이즈, 락테이즈, 말테이즈, 아이소말테이즈: 장점막 융모의 상피세포에서 생성되어 흡수표면에 존재함)에 의해 포도당, 과당, 갈락토오스의 단당류로 분해되어 당질의 소화를 완료한다. 그림 2-4는 탄수화물이 소화관을 경유하면서 분해되는 과정을 나타낸다.

수크레이즈 sucrase
락테이즈 lactase
말테이즈 maltase
아이소말테이즈 isomaltase

4) 대장에서의 소화

소장에서 소화되지 못한 식이섬유는 대장에서 박테리아에 의해 분해되어 젖산, 초산, 프로피온산, 부티르산 등의 유기산과 가스를 생성한다. 불용성 식이섬유와 기타 소화흡수되지 못한 물질들은 직장으로 이동해 대변으로 배설된다.

3. 탄수화물의 흡수와 운반

1) 흡수

탄수화물 소화가 완료되어 나온 포도당, 과당, 갈락토오스는 장점막세포막을 통과해 세포 안으로 이동하는데, 이를 흡수라 한다. 흡수면적은 소장점막의 주름, 융모, 미세융모로 인해 훨씬 넓어진다(그림 2-5).

(1) 흡수 부위

포도당, 과당, 갈락토오스는 주로 공장의 상부에서 흡수된다. 그림 2-6에서 제시하였듯이 구강이나 식도에서 영양소 흡수는 없고, 위에서는 수분과 소량의 알코올이 일부 흡수되며 대부분의 영양소는 소장에서 주로 흡수된다. 영양소는 그 종류에 따라 흡수 부위에 차이가 있으며 흡수 기전도 다르다. 주로 십이지장과 일부 공장 상부에서 나트륨(Na), 칼륨(K), 염소(Cl)를 제외한 대부분의 무기질이 흡수되고 공장에서는 주로 단당류, 수용성 비타민, 아미노산이 흡수되며, 공장 하부와 회장 상부에서는 지방, 지용성 비타민, 콜레스테롤이 흡수된다. 비타민 B_{12}와 담즙산은 주로 회장 하부에서 흡수된다.

(2) 흡수기전

단당류의 흡수는 단순확산, 촉진확산, 능동수송에 의해 이루어진다. 소장관강에 단당류가 농축되어 있는 경우에는, 즉 융모의 상피세포 내부보다 세포 외부인 소장관강에서 영

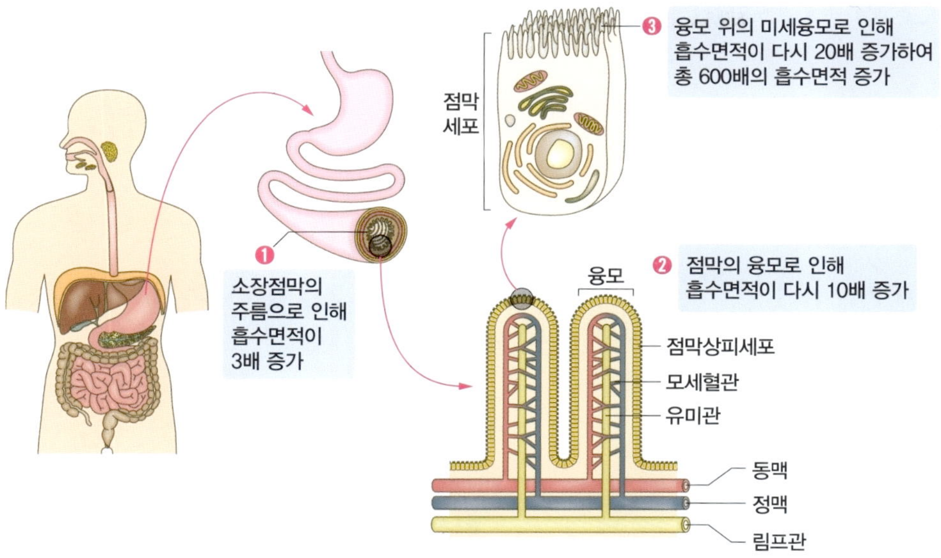

그림 2-5 **소장 융모의 구조**

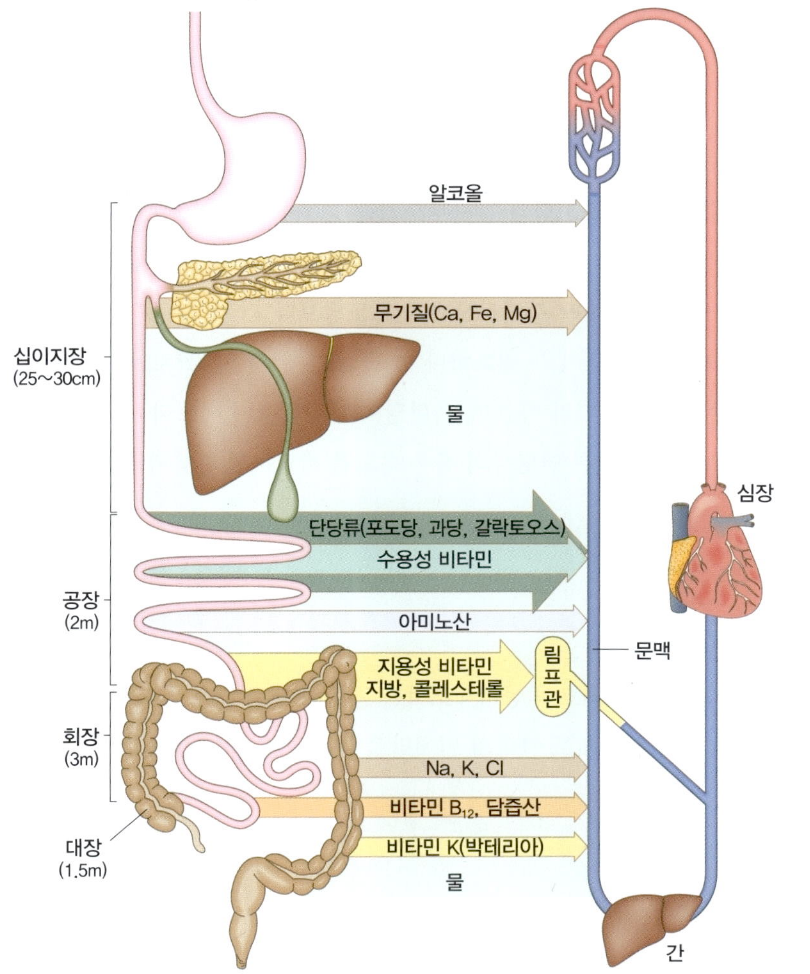

그림 2-6 **영양소의 흡수부위**

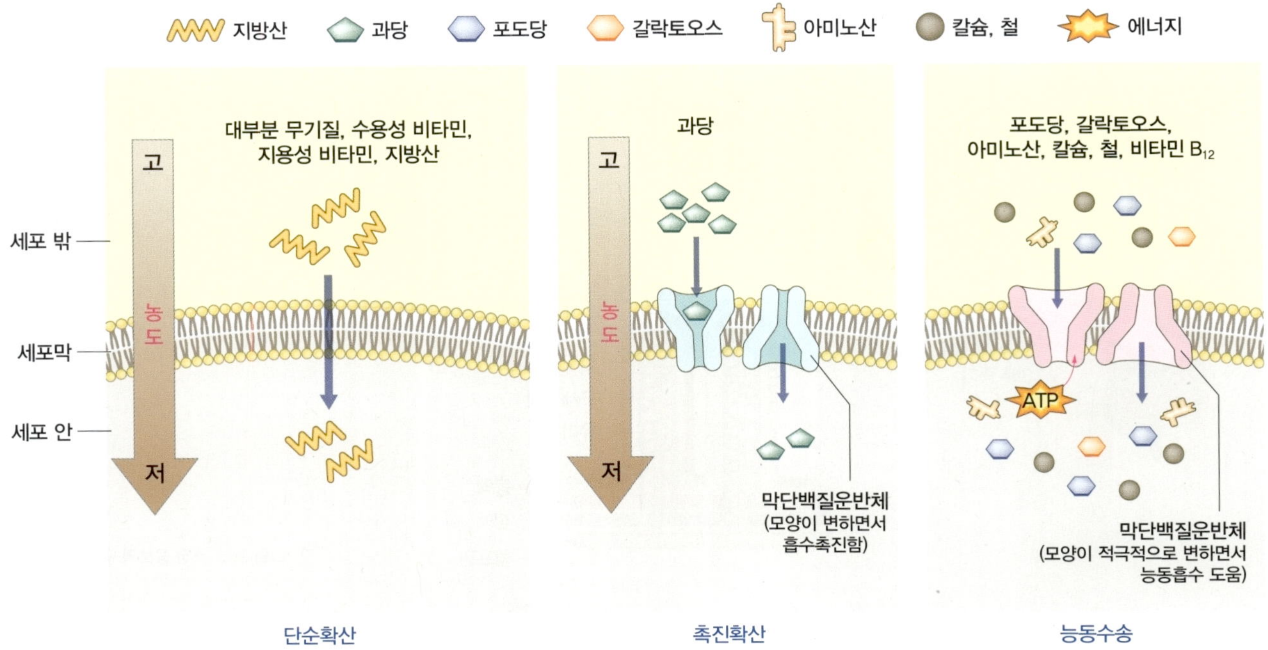

그림 2-7 **영양소의 흡수기전**

양소 농도가 높을 때에는 상당량이 농도 차이에 의한 단순확산에 의해 상피세포 내부로 들어오지만, 일반적으로 포도당과 갈락토오스는 능동수송에 의존한다. 능동수송은 에너지를 소모하는 나트륨-칼륨 펌프Na^{+}, K^{+}-pump에 의해 이뤄진다. 이 과정에서 포도당과 갈락토오스는 서로 경쟁하지만 갈락토오스가 포도당보다 더 빨리 흡수된다. 과당이나 자일로오스의 흡수에도 운반체가 필요하나 농도 차이에 의존하므로 촉진확산에 의한다. 흡수 속도는 당의 종류에 따라 다르며, 육탄당이 오탄당보다 빠르다. 포도당의 흡수 속도를 기준(100)으로 하여 다른 단당류의 흡수 속도를 비교하면 다음과 같다.

갈락토오스 110 > 포도당 100 > 과당 43 > 만노오스 19 > 자일로오스 15 > 아라비노오스 9

이러한 흡수 기전으로 융모의 상피세포막을 통과해 세포 내부로 들어온 단당류는 대부분 촉진확산에 의해 상피세포 안쪽의 기저막을 통과한 뒤 융모 내의 모세혈관으로 들어감으로써 흡수는 완료된다.

흡수기전

소장 융모의 상피세포에서 이뤄지는 영양소의 흡수는 단순확산, 촉진확산, 능동수송 기전에 의한다. 상피세포 막에는 수송체 기능을 하는 막단백질이 있어서 막의 내부로 영양소가 흡수되는 것을 돕는다. 막단백질은 단순한 통로나 적극적인 운반체의 역할을 한다.

(1) 단순확산

- 영양소 농도가 높은 소장관강(융모의 상피세포 밖)으로부터 영양소 농도가 낮은 상피세포 내부로 영양소가 이동하는 흡수기전임
- 상피세포 안팎의 농도 차이에 의하므로 세포막운반체(단백질)의 도움이 필요없음
- 세포 안팎의 농도차가 클수록, 즉 세포 밖인 소장관강에서의 영양소 농도가 높을수록 빠르게 흡수됨
- 수용성 물질로서 수용성 비타민, 대부분의 무기질, 글리세롤, 미립자의 지방 및 지방산, 지용성 비타민의 흡수가 이에 해당됨

(2) 촉진확산

- 융모의 상피세포 안팎의 농도 차이에 의한 흡수로 단순확산과 비슷하지만, 막단백질 운반체의 도움을 받는 것이 단순확산과 다른 점
- 영양소를 상피세포 밖에서 받아들이고 세포 내부로 내보낼 때 막단백질 운반체의 모양이 변화하면서 흡수를 도우므로 흡수속도는 단순확산보다 빠름
- 운반체 때문에 소장관강에서 영양소의 농도가 낮을 때 더 효과적으로 흡수가 이루어지고 높은 농도에서는 운반체가 포화되므로 흡수속도는 저하됨
- 단당류 가운데 과당이나 자일로오스의 흡수가 이에 해당됨

(3) 능동수송

- 인체의 필요에 따라 융모의 상피세포 안팎의 영양소 농도 차이와는 역행하여 농도가 낮은 소장 관강으로부터 농도가 높은 상피세포 내부로 영양소가 이동하는 흡수기전임
- 촉진확산처럼 세포막에 흡수를 도와주는 운반체가 있고, 운반체의 모양도 흡수에 도움을 주기 위해 적극적으로 변하므로 흡수속도가 촉진확산보다 빠름
- 영양소의 농도가 낮은 쪽에서 높은 쪽으로 이동하므로 에너지(ATP)가 필요함
- 포도당, 갈락토오스, 아미노산, 칼슘, 철, 비타민 B_{12}의 흡수가 이에 해당됨

나트륨-칼륨 펌프

Na은 세포 밖에, K은 세포 안에서 높은 농도를 유지한다. 따라서 농도차에 의한 확산으로 Na과 K은 세포 안팎의 농도가 같아질 때까지 끊임없이 이동하려고 한다. 즉 Na은 세포 밖에서 세포 안으로, K은 세포 안에서 세포 밖으로 이동한다. 그러나 세포 안팎의 Na, K 농도는 원래대로(Na은 세포 밖, K은 세포 안에서 높은 농도) 항상 유지되어야 하므로 확산에 의해 세포 안으로 들어온 Na은 다시 세포 밖으로, 세포 밖으로 나간 K은 다시 세포 안으로 이동해야 한다. 이 때 작용하는 기전이 나트륨-칼륨 펌프(Na-K pump)이고 여기에는 에너지, 운반체, 효소 등이 필요하다. 이와 같이 나트륨-칼륨 펌프(Na을 세포 안에서 밖으로 보냄)에 의해 세포 안팎의 Na 농도 차이가 형성되고, 이 농도차에 힘입어 포도당과 갈락토오스는 Na과 함께 운반체에 결합하여 소장 내강으로부터 소장 점막세포 내로 운반된 뒤 운반체로부터 떨어져 나와 모세혈관으로 흡수된다. 이러한 흡수기전을 능동수송이라 한다.

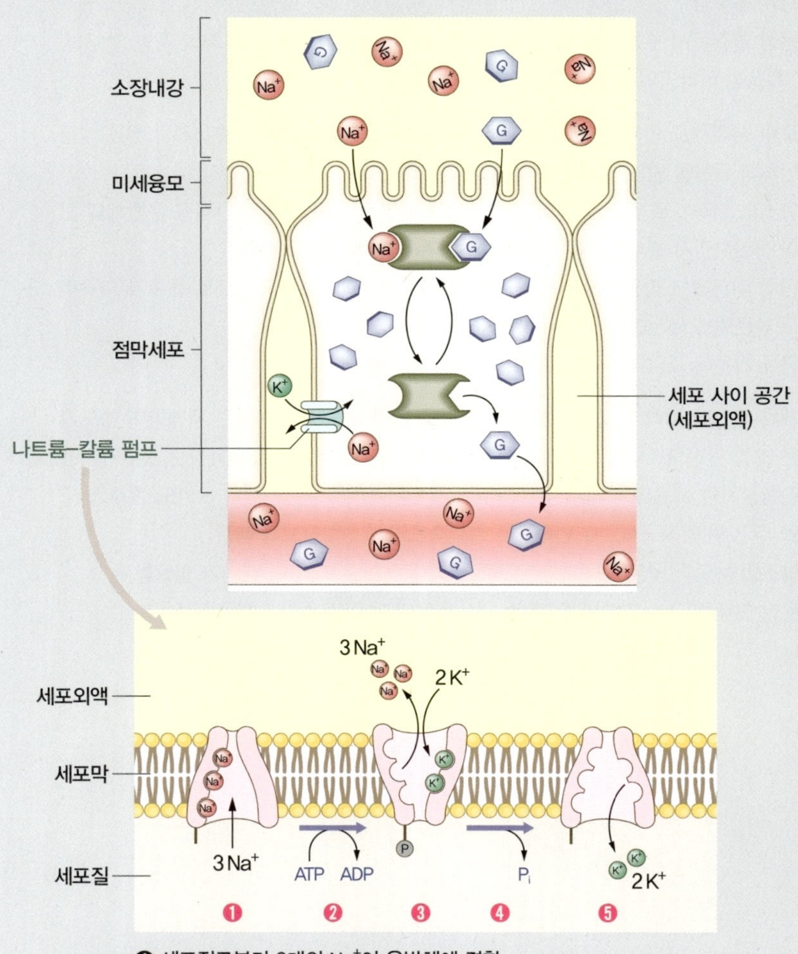

❶ 세포질로부터 3개의 Na^+이 운반체에 결합

❷ 운반체는 ATP를 소모하면서(인산화) 모양이 ❸의 운반체로 변함

❸ 3개의 Na^+이 운반체에서 떨어져 세포 밖으로 나가고, 세포 밖에 있던 2개의 K^+이 운반체에 결합

❹ 운반체는 탈인산화되면서 원래의 모양으로 돌아옴

❺ 2개의 K^+은 운반체로부터 떨어져 세포 안으로 들어옴

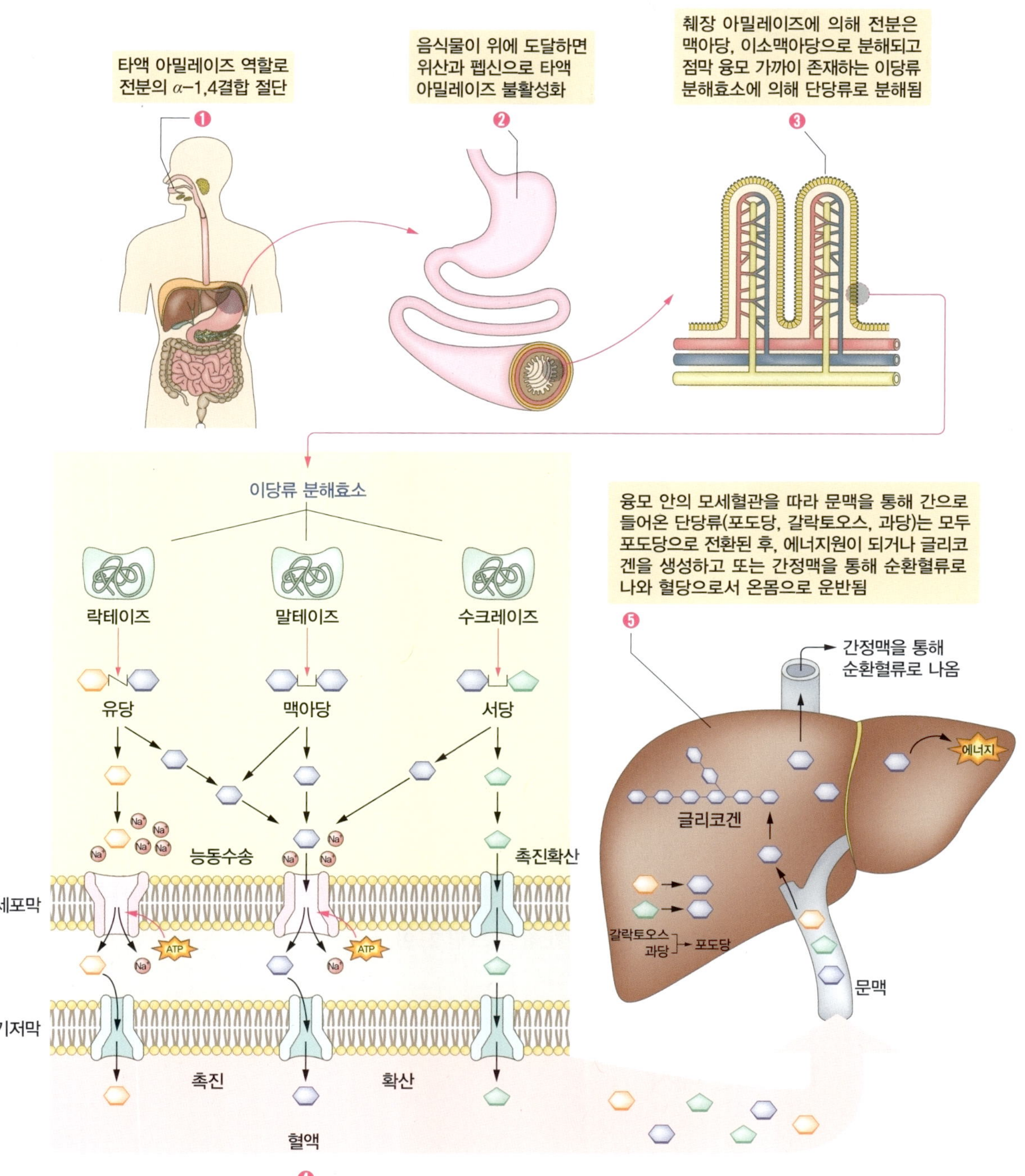

그림 2-8 **영양소의 흡수와 운반경로**

2) 운반

소장 융모의 상피세포막을 통과해 흡수된 단당류는 상피세포 안쪽의 기저막을 촉진확산으로 통과한 뒤 모세혈관으로 들어간다. 이후 장간막에 퍼져 있는 정맥을 통해 간문맥을 지나 간으로 운반된다(그림 2-8).

순환계를 통한 운반

- 문맥 순환: 수용성 영양소들은 융모의 상피세포를 통과하여 융모 내의 모세혈관으로 들어가 문맥을 통해 간으로 간다.
- 림프관 순환: 지용성 영양소들은 융모의 상피세포를 통과하여 융모 내의 유미관으로 들어가 림프관과 흉관을 거쳐 대정맥을 통해 결국 혈류에 합류한다.

4. 탄수화물 대사

소화 흡수된 단당류가 문맥을 따라 간으로 운반되면 과당과 갈락토오스는 간에서 효소에 의해 포도당으로 전환되어 대사된다. 따라서 탄수화물 대사는 포도당 대사라고 할 수 있다. 혈당은 포도당이며, 세포는 혈액으로부터 포도당을 받아서 대사에 이용한다. 체내에서의 포도당 이용은 다음과 같다(그림 2-9).

1) 포도당 대사

혈액을 따라 운반되어온 포도당은 세포 내로 들어온 뒤 이화대사나 동화대사 과정을 거친다. 이화대사(그림 2-10)는 포도당을 분해하여 ATP 형태의 에너지를 생성하고 이산화탄소와 물로 완전 분해되는 과정으로서 해당과정과 TCA회로가 있다. 동화대사에는 글리코겐 합성과 포도당신생이 있으며 ATP를 소모하는 과정이다. 그 외 포도당은 코

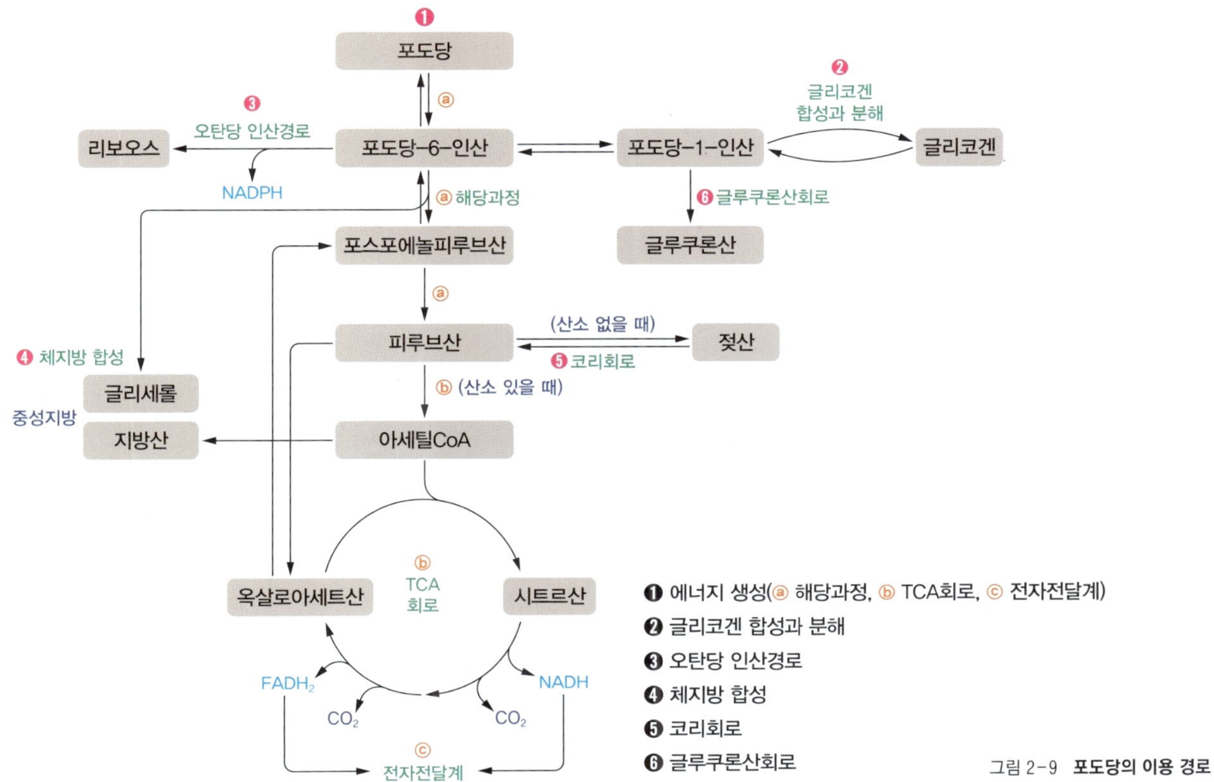

그림 2-9 **포도당의 이용 경로**

리회로cori-cycle, 포도당-알라닌회로glucose-alanine cycle, 오탄당 인산경로pentose phosphate pathway, 체지방합성lipogenesis 등의 과정을 거친다.

(1) 해당과정

산소가 없어도 진행되는 혐기적 반응으로서 세포질에서 이뤄진다. 해당과정은 대표적인 이화작용이므로 전체적으로는 ATP를 생산하는 경로이지만, 후반부에서 많은 ATP를 생산하기 위해서는 전반부에서 ATP 투자가 필요하다. 1분자의 포도당(6탄당)은 10단계(전반부 5단계: ATP 투자, 후반부 5단계: ATP 수확)로 이뤄진 해당과정을 거쳐 2분자의 피루브산pyruvate(3탄소 유기산)으로 분해된다(그림 2-11). 이 과정에서 포도당 1분자당 2개의 ATP가 소모되면서 4개의 ATP가 생성되므로 결국 2개의 ATP가 생성된다고 볼 수 있다. 또한 2분자의 NADH가 생성되어 미토콘드리아의 호기적 전자전달계를 거치면서 ATP가 생성된다.

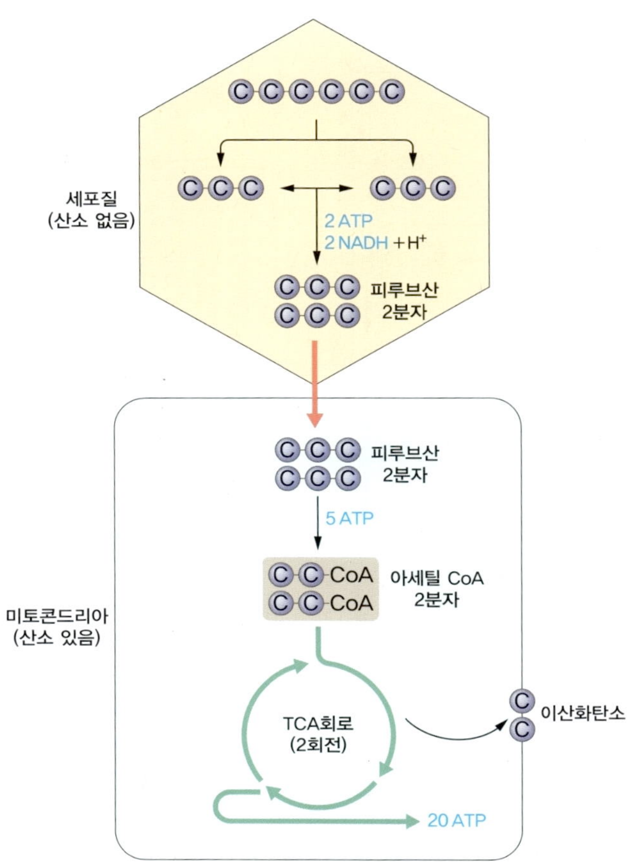

그림 2-10 **포도당의 이화대사**

1 포도당 + 2 NAD^+ + 2 ADP + 2 Pi → 2 피루브산 + 2 NADH + 2 H^+ + 2 ATP + 2 H_2O

말산-아스파르트산 셔틀
malate-asparate shuttle

간, 신장, 심장세포에서 이용

글리세롤인산 셔틀
glycerolphosphate shuttle

골격근, 뇌세포에서 이용

즉, 산소가 충분히 공급되는 경우에는 세포질에서 생성된 NADH가 최종 에너지 생성 단계인 미토콘드리아의 전자전달계로 들어가야 하는데, NADH는 미토콘드리아 내막을 통과할 수 없으므로 두 가지 진입경로(말산-아스파르트산 셔틀, 글리세롤인산 셔틀)를 통해 전자와 수소를 전달한다. 이 두 진입경로의 차이에 의해 1분자 NADH당 2.5ATP, 또는 1.5ATP를 생성한다(전자전달계 참조).

산소가 부족할 때에는 해당과정에서 2개의 ATP만이 생성되지만, 산소가 충분할 때에는 해당과정에서 생성된 2개의 ATP 이외에도 2분자의 NADH로부터 3~5개의 ATP가 추가되므로 총 5~7개의 ATP가 생성되는 셈이다.

해당과정에서 포도당이 분해되는 속도는 정밀하게 조절되는데, 주요 속도조절 단계는

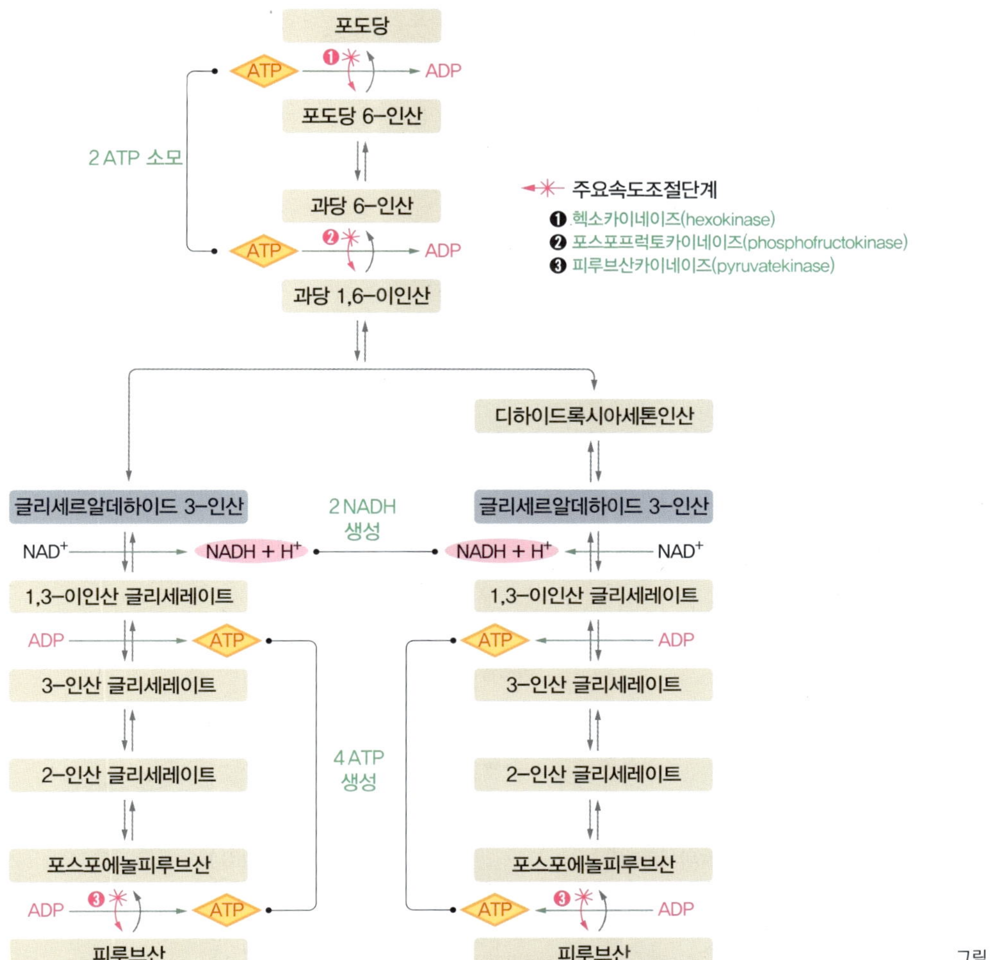

그림 2-11 **해당과정**

ATP

ATP(adenosinetriphosphate)는 아데노신(아데닌+리보오스)에 인산이 3개 결합된 화합물로 고에너지 인산결합을 가지고 있는 에너지 저장물질이며 생체 에너지 대사에서 중요한 역할을 한다. ATP는 빨리 생성되고 분해되므로 필요할 때마다 ATP를 합성하고 이를 가수분해하여 에너지를 얻는다.

아데노신 이인산(ADP) + 무기인산(P_i)

↓

아데노신 삼인산(ATP)

인산 ~ 인산 ~ 인산

삼인산

아데닌

리보오스

아데노신

과당 6-인산이 과당 1,6-이인산이 되는 단계로, 과당-인산 인산화효소가 관여한다. 속도를 조절하는 목적은 ATP 농도를 일정하게 유지하고 생합성에 필요한 해당과정의 중간대사물을 적절하게 공급하기 위함이다.

(2) TCA회로와 전자전달계

① TCA회로

TCA tricarboxylicacid

TCA란 카르복실기를 3개 가지고 있는 구연산을 말하므로 TCA회로는 구연산 회로citric acid cycle라고도 한다. TCA회로가 진행되기 위해서는 산소가 필요하므로 세포질에서 산소 없이 포도당으로부터 분해되어 나온 피루브산은 호기적 상태에서 산소가 충분한 미토콘드리아로 들어간 뒤 다음 두 단계의 과정을 거친다(그림 2-12).

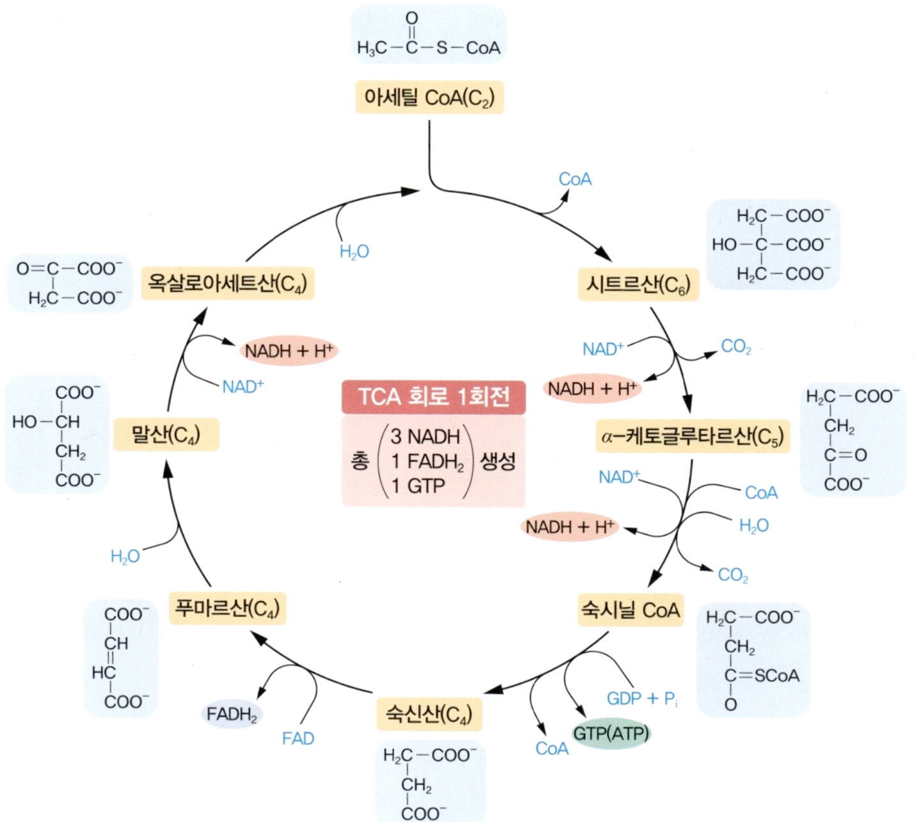

그림 2-12 **TCA회로**

(i) 피루브산은 미토콘드리아 안으로 들어가 아세틸CoA로 산화된다.

2 피루브산 + 2 NAD^+ + 2 CoA-SH → 2 아세틸CoA + 2 NADH + 2 H^+ + 2 CO_2

이 반응에서 3개의 탄소를 가진 피루브산은 탄소 하나를 CO_2로 떼어내고 2개의 탄소를 가진 아세틸CoA로 전환된다. 이 반응을 촉진하는 효소는 피루브산탈수소효소 복합체pyruvate dehydrogenase complex로서 조효소로 5개의 비타민(티아민·리보플라빈·니아신·판토텐산·리포산)이 필요하다. 즉, 조효소인 티아민 피로인산thiamine pyrophosphate(TPP) 안에 티아민(비타민 B_1)이 존재하고, FAD 안에 리보플라빈(비타민 B_2)이, NAD^+ 안에 니아신이, 조효소Acoenzyme A(CoA) 안에는 판토텐산이 존재한다. 또한 유사비타민인 리포산은 조효소로서, Mg^{2+}은 보조인자로서 필요하다. 티아민의 조효소 형태인 TPP(비타민 B_1+2분자의 인산)는 CO_2를 떼어내는 탈탄산반응을 도와주고, 니아신의 조효소 형태인 NAD^+는 탈수소반응을 도와 NADH가 된다. 이렇게 생성된 2 NADH는 호기적 전자전달계를 거치면서 5 ATP를 생성한다.

티아민 섭취가 부족하거나 체내에서 티아민이 과도하게 사용되는 경우(예: 알코올 중독자), 이 반응의 진행이 어려워져 피루브산이나 젖산이 체내에 축적된다.

(ii) 이어서 탄소 2개의 아세틸CoA는 탄소 4개의 옥살로아세트산과 결합하면서 CoA가 빠지고 탄소 6개의 구연산을 생성하며 이 반응을 시작으로 8단계의 반응을 거치면서 TCA회로를 진행한다(그림 2-12). TCA회로에 필수적인 옥살로아세트산은 피루브산으로부터 합성되고 피루브산은 포도당으로부터 유래되므로 TCA회로의 진행을 위해서는 탄수화물 섭취가 반드시 필요하다.

옥살로아세트산 oxaloacetate

TCA회로는 아세틸CoA의 아세틸 부분을 이산화탄소(CO_2)로 산화시키고 조효소인 NAD^+와 FAD는 각각 NADH와 $FADH_2$로 환원시킨다. 1회전의 TCA회로를 통해 3분자의 NADH, 1분자의 $FADH_2$, 1분자의 GTP, 2분자의 CO_2가 생성되고, 마지막으로 옥살로아세트산이 재생산되어 다시 새로운 아세틸CoA와 결합하여 구연산을 생성함으로써 TCA회로는 반복된다.

이 회로에서 생성된 NADH와 $FADH_2$의 전자는 전자전달계의 여러 복합체를 거쳐 최종 전자수용체인 산소에 전달되는 산화적 인산화에 의해 ATP를 생성하게 된다.

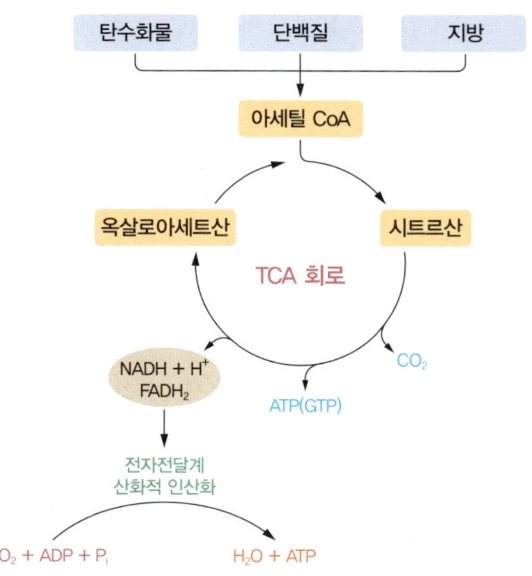

그림 2-13 **대사에서 TCA회로의 위치**

TCA회로는 탄수화물뿐만 아니라 지질과 단백질이 산화될 때에도 거치는 공통의 이화작용 경로다(그림 2-13). 동시에 TCA회로의 중간 산물은 포도당, 지방산, 아미노산을 합성하는 기질이 되기도 하므로 동화작용 경로가 되기도 한다.

② 전자전달계

세포는 탄수화물뿐 아니라 지방, 단백질, 알코올 대사를 통해 NADH와 $FADH_2$를 생산하여 이를 ATP로 전환하는데, 이 과정을 전자전달계라 한다. 이 경로는 미토콘드리아에서 일어나며 산소가 꼭 필요하다. 미토콘드리아는 회선형의 막을 가지는데, 이는 내막과 외막으로 나뉜다. 전자전달계는 미토콘드리아 내막을 관통하는 복합체들(Ⅰ, Ⅲ, Ⅳ)로 구성되고 각 복합체는 여러 가지 단백질과 보조인자로 구성된다(그림 2-14, 2-15, 표 2-3). 복합체 Ⅱ는 숙신산 탈수소효소 복합체(숙신산-CoQ 산화환원효소)로서 주로 미토콘드리아의 내막과 기질에 묻혀 있으며 기질에서 진행되는 TCA회로 중 숙신산이 푸마르산이 되면서 생성된 $FADH_2$의 전자를 내막에 있는 CoQ(조효소Q, UQ, 유비퀴논)에 전달하고 CoQ는 다시 전자를 복합체 Ⅲ에 전달하게 된다.

NADH와 $FADH_2$가 전자전달계의 복합체로 들어가면, 먼저 NADH와 $FADH_2$로부터 전자(e-)와 수소이온(H^+)이 제거되고 NAD^+와 FAD가 생성된다. 이때 제거된 전자는 다음 단계의 복합체로 넘겨지면서 복합체들을 따라 이동하는데, 마지막 단계에서 전자는 수소이온(H^+)과 결합하여 수소를 만들고 이 수소분자는 산소(O_2)와 결합하여 물(H_2O)이 된다.

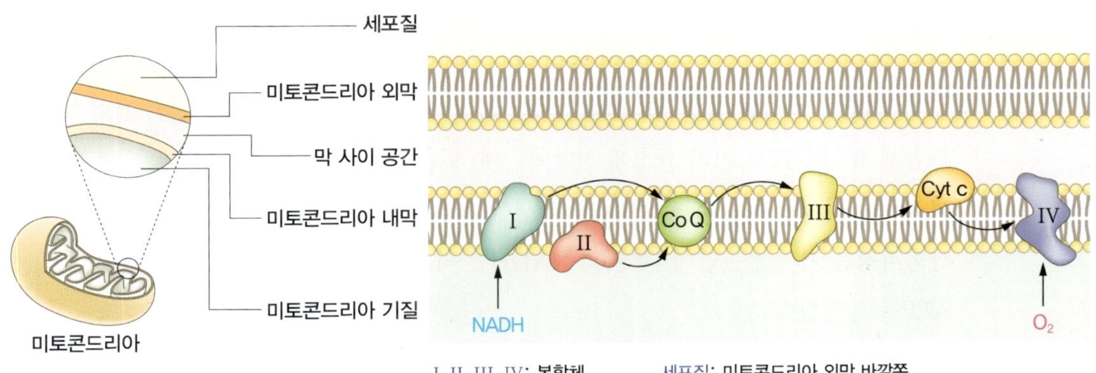

그림 2-14 **미토콘드리아의 외막·내막과 복합체에서의 전자의 흐름**

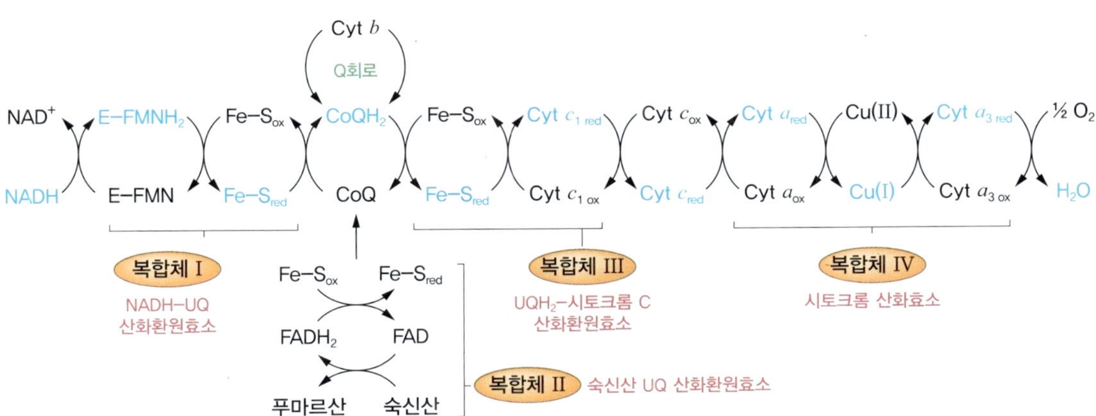

그림 2-15 **전자전달계 복합체 구성요소들의 연결순서**

표 2-3 **복합체의 종류와 기능**

복합체		기능
I	NADH 탈수소효소 복합체 (NADH-CoQ 산화환원효소)	전자를 NADH로부터 CoQ(조효소Q, UQ, 유비퀴논)까지 전달함
II	숙신산 탈수소효소 복합체 (숙신산-CoQ 산화환원효소)	전자를 숙신산에서 CoQ까지 전달함
III	CoQ-시토크롬c 산화환원효소	전자를 환원형의 $CoQH_2$로부터 시토크롬c로 전달함
IV	시토크롬a 산화환원효소	전자를 시토크롬c로부터 시토크롬a를 거쳐 산소(O_2)에 이동시켜 물(H_2O)을 생성함

ATP 생성에 필요한 에너지는 분자당 7.3Kcal인데, 복합체 Ⅰ·Ⅲ 그리고 Ⅳ에서 일어나는 산화환원반응에서 에너지가 방출되고, 이 에너지를 이용하여 ADP에 인산기(Pi)를 붙여 ATP를 생성한다. NADH의 전자는 복합체 Ⅰ·Ⅲ·Ⅳ를 거치고 $FADH_2$의 전자는 복합체 Ⅱ·Ⅲ·Ⅳ를 거쳐 산소에 전달되는데, 복합체 Ⅰ을 거치는 동안에 1 ATP, 복합체 Ⅲ과Ⅳ를 거치는 동안에는 1.5 ATP를 생성하게 된다. 그러므로 전자전달계와 산화적 인산화과정을 거치는 동안에 1분자의 NADH는 약 2.5 ATP를 생성하고, $FADH_2$는 약 1.5 ATP를 생성한다.

- 미토콘드리아 내막은 NADH에 대한 투과성이 없으므로 세포질에서 생성된 NADH는 미토콘드리아 내막을 통과할 수 없다. 따라서 동물은 조직에 따라 두 가지 셔틀 시스템[말산-아스파르트산 셔틀(malate-aspartate shuttle), 글리세롤인산 셔틀(glycerolphosphate shuttle)]을 이용해 세포질에서 생성된 NADH의 전자가 미토콘드리아 내막을 통과할 수 있도록 한다.
- **간 · 신장 · 심장에서는** 세포질에서 생성된 NADH의 전자를 옥살로아세트산에 이동시켜 말산으로 전환시키고, 미토콘드리아 내막에 있는 말산운반체를 이용해 미토콘드리아 내막을 통과시킨 뒤, 전자는 이어서 복합체 Ⅰ · Ⅲ · Ⅳ를 거치므로 2.5 ATP를 생성한다.
- 한편, **골격근과 뇌에서** 작용하는 글리세롤인산 셔틀은 해당과정의 중간대사물인 디하이드록시아세톤인산(dihydroxyacetonephosphate)이 NADH의 전자를 받아서 글리세롤 3-인산이 되고, 미토콘드리아 내막에 존재하는 글리세롤 3-인산 탈수소효소에 의해 다시 산화되어 디하이드록시아세톤인산이 되는 과정에서 전자를 조효소 FAD에 전달하여 FAD는 $FADH_2$로 환원되고, 이어서 전자는 복합체 Ⅲ와 Ⅳ를 거치므로 1.5 ATP를 생성한다.

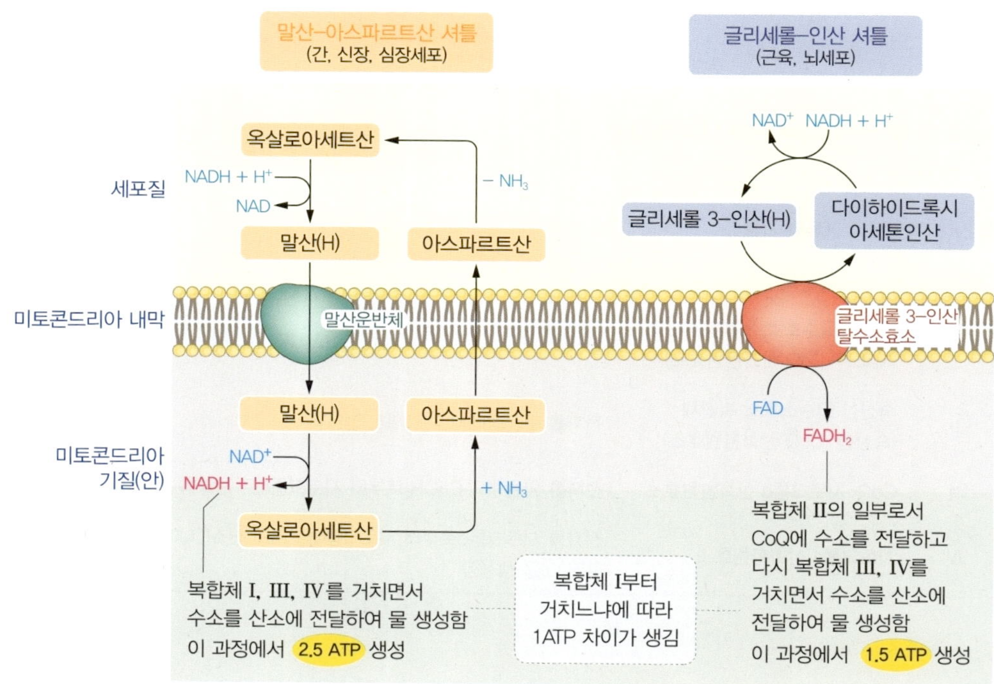

기질수준 인산화와 산화적 인산화 과정

해당과정, 지방산의 β-산화과정, TCA회로 등의 이화과정에서 생성된 에너지 중 일부는 이들 반응 중에 직접 ATP 형태가 되기도 하는데, 이를 기질수준의 인산화라 한다. 예를 들어 해당과정 중 두 곳(1,3-이인산 글리세레이트→3인산 글리세레이트, 포스포에놀피루브산→피루브산)이나 TCA회로 중 한 곳(숙시닐CoA→숙신산)에서는 ADP나 GDP에 인산기를 붙여 ATP나 GTP를 생성한다. 그러나 이러한 기질수준의 인산화 과정은 실제로 세포의 대사과정에서는 많이 일어나지 않으므로 에너지 생성의 주된 과정은 아니다.

이들 이화과정에서 생성된 대부분의 에너지는 NADH나 $FADH_2$의 형태로 전환된 뒤, 전자전달계로 전자를 전달하는 **산화적 인산화 과정**을 통해 ATP를 생성한다. 즉, TCA회로와 전자전달계, 그리고 산화적 인산화 과정은 밀접하게 연결되어 상호조절되면서 ATP를 생성한다. 전자전달계와 산화적 인산화 과정이 서로 밀접하게 연결되어 있지 않다면 전자는 ATP를 생성하는 데 사용되지 못하고 열로 손실되는데, 이런 현상은 갈색지방조직 등에서 볼 수 있다.

경로	경로에서 생성된 ATP	전자전달계를 통해 생성된 ATP	총
해당과정(1 포도당 → 2 피루브산) 2 ATP(생성 4개 - 소모 2개) 2 NADH ·········	 2 ·········→	 3(2×1.5ATP) ~ 5(2×2.5ATP)	 5~7 ATP
2 피루브산 → 2 아세틸CoA 2 NADH ·········	 ·········→	 5(2×2.5ATP)	 5 ATP
TCA회로(총 2회전) 1회전에서 1 GTP(ATP) 1 $FADH_2$ ········· 3 NADH ········· 또, 1회전에서 1 GTP(ATP) 1 $FADH_2$ ········· 3 NADH ·········	 1 ·········→ ·········→ 1 ·········→ ·········→	 1.5 7.5(3×2.5ATP) 1.5 7.5(3×2.5ATP)	 10 ATP 10 ATP
계	4 ATP	26~28 ATP	30~32 ATP

그림 2-16 **포도당 1분자의 완전연소에 의한 ATP 생성**

TCA회로 1회전에서 생성된 NADH와 $FADH_2$가 전자전달계를 거치는 동안 1분자당 각각 2.5 ATP와 1.5 ATP가 생성되므로 3분자의 NADH로부터는 7.5 ATP, 1분자의 $FADH_2$로부터는 1.5 ATP가 생성되고, 1분자의 GTP는 1 ATP로 전환되어 TCA회로 1회전을 통해 10 ATP가 생성됨을 알 수 있다. 그런데 포도당 1분자에서 아세틸CoA는

2분자가 생성되므로 결국 TCA회로 2회전을 통해 20 ATP가 생성됨을 알 수 있다. 이와 같이 포도당 1분자는 해당과정, TCA 회로, 전자전달계를 통해 6분자의 CO_2와 H_2O로 완전 연소되면서 총 30~32 ATP를 생성한다(그림 2-16).

$$C_6H_{12}O_6 + 6\ O_2 \rightarrow 6\ CO_2 + 6\ H_2O + 30\sim32\ ATP$$

(3) 글리코겐 합성과 분해

글리코겐 합성과 분해는 세포질에서 일어나며 간과 근육에서 왕성하다. 글리코겐 합성과 분해의 조절은 각각 글리코겐 합성효소와 글리코겐 가인산분해효소의 활성조절을 통해 이뤄지는데 글루카곤, 에피네프린 및 인슐린에 의해 상반적으로 조절된다.

글루카곤 glucagon
에피네프린 epinephrine

① 글리코겐 합성

에너지를 생성하고 남은 여분의 포도당은 글리코겐 합성효소의 도움으로 간과 근육에서 글리코겐으로 전환되어 저장된다. 여분의 포도당은 UTPuridine triphosphate를 사용하여 UDP-포도당(활성포도당)이 되고, UDP-포도당은 기존의 글리코겐(포도당 n개)에 결합되어 포도당 1분자가 더 많아진 글리코겐(포도당 n+1개)을 합성한다(그림 2-17).

글리코겐 합성효소는 글리코겐 합성과정의 조절효소로서 호르몬의 제2차 전령인 cAMPcyclic-AMP에 의해 활성이 억제된다. 펩타이드계 호르몬(예: 인슐린, 글루카곤, 에피네프린 등)은 세포막을 통과할 수 없으므로 c-AMP를 통해 세포 내에서의 기능을 수행한다. 식후에 혈당이 상승하여 췌장으로부터 인슐린 분비가 촉진되면 인슐린은 ATP로부터 c-AMP를 합성하는 효소를 억제한다. 이로써 c-AMP 합성이 감소되면 글리코겐

표 2-4 **정상 성인 남자(70kg)의 체내 탄수화물 저장형태**

장소	글리코겐	포도당
간 (1,800g)	100g (4%)	
근육 (35kg)	250g (0.7%)	
세포외액 (10L)		10g (0.1%)
소계	350g	10g
합계	360g	

합성효소는 활성이 증가되어 글리코겐 합성이 촉진된다.

> c-AMP는 글리코겐 합성효소를 활성형에서 불활성형으로 만드는 반면, 글리코겐 가인산분해효소를 불활성형에서 활성형으로 만든다.

간의 글리코겐 저장량은 간 중량의 4~6% 정도로서 식후에는 6%까지 되기도 하나 12~18시간 금식 후에는 글리코겐이 혈당으로 거의 소모된다. 근육에는 1% 정도의 글리코겐이 있으나 근육량이 많으므로 총 저장량은 간보다 훨씬 많다. 총 글리코겐 저장량의 3/4 정도가 근육 글리코겐이다(표 2-4). 그러나 글리코겐 저장량은 제한적이어서 공복이나 격렬한 운동 시에는 빨리 고갈된다. 운동 직후 글리코겐이 고갈된 상태에서 탄수화물이 많은 식사를 하면 근육 글리코겐 함량을 증가시킬 수 있다. 일부 운동선수들은 이러한 방법으로 근육 글리코겐 양을 증가시킨다. 특히 마라톤 선수들의 경우 근육 글리코겐 저장량을 늘려 장시간 경주하는 동안 산소가 부족한 상태에서도 근육 글리코겐의 혐기적 해당과정을 통해 에너지를 계속 공급할 수 있도록 함으로써 경기력과 지구력을 향상시킨다.

② 글리코겐 분해

간과 근육에서 일어나는 글리코겐 분해는 글루카곤이나 에피네프린, 노르에피네프린 등 호르몬의 영향을 받는다. 이들 호르몬이 많이 분비되면 세포막에서 c-AMP 합성을 증가시켜 글리코겐을 분해하는 가인산분해효소를 활성화함으로써 글리코겐 분해를 촉진한다(그림 2-17). 이 효소는 글리코겐 분해속도를 조절하는 효소로서 포도당 간의 α-1,4 결합을 분해하여 포도당 1-인산을 유리시킨다. 글리코겐을 분해하는 효소는 글리코겐 말단 부분부터 포도당을 하나씩 분해하기 때문에 가지가 많은 글리코겐은 많은 말단이 있으므로 이들 말단에서 포도당이 한꺼번에 떨어져 나와 혈당조절에 유리하다.

공복 시 저혈당으로 글루카곤 분비가 촉진되면 글루카곤은 ATP로부터 c-AMP를 합성하는 효소를 활성화한다. 이로써 c-AMP 합성이 증가하면 글리코겐 가인산분해효소phosphorylase의 활성이 증가되어 글리코겐 분해를 촉진한다.

간 글리코겐은 신속하게 분해되어 혈중으로 방출됨으로써 혈당을 보충할 수 있으나, 근육 글리코겐은 분해 마지막 단계인 포도당 6-인산에서 포도당 6-인산 가수분해효소가 없어서 포도당으로 전환되지 못하므로 혈당원이 될 수 없다. 따라서 포도당 6-인산은

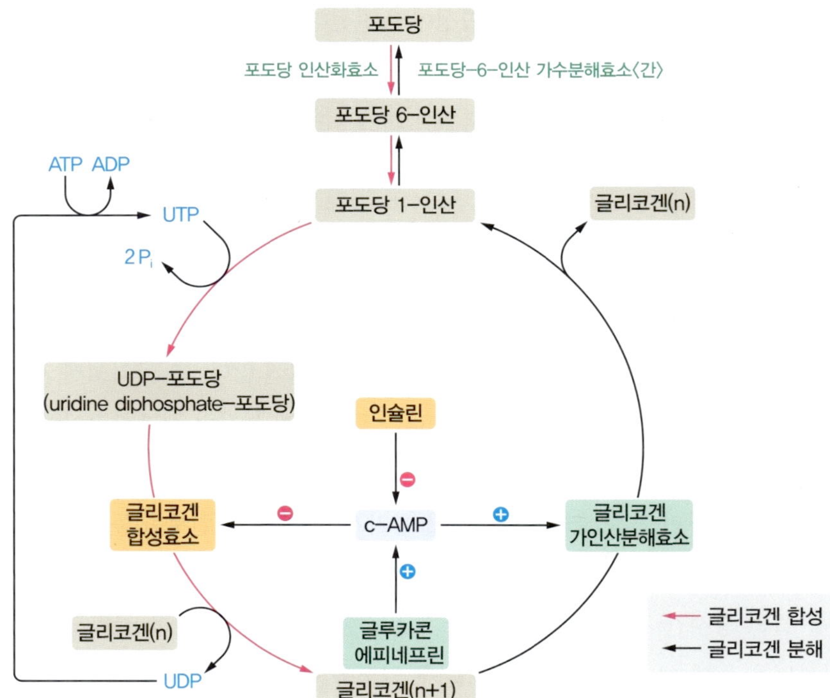

그림 2-17 **글리코겐 합성과 분해**

근육에서 곧바로 해당과정을 통해 에너지원으로 이용된다. 고강도 운동이나 운동 개시 단계에서와 같이 산소가 부족한 상황에서 지방산으로부터 에너지를 생산할 수 없을 때에 근육 글리코겐은 부신수질로부터 분비된 에피네프린의 작용으로 신속하게 분해되어 근육수축의 에너지원이 된다. 심리적 스트레스 상황에서도 에피네프린의 작용으로 간과 근육 글리코겐이 분해되어 다량의 포도당을 공급하여 스트레스를 극복할 수 있는 에너지를 제공한다.

(4) 포도당신생

대부분 세포들은 포도당과 지방산을 에너지급원으로 사용한다. 그러나 뇌와 중추신경계는 포도당을 우선으로 사용하고 적혈구는 포도당만을 사용한다. 뇌는 휴식하는 동안 온몸이 사용하는 포도당의 60% 가량(매일 120g)을 소모하지만 포도당을 저장하지 못한다. 적혈구에는 미토콘드리아가 없으므로 에너지급원으로 지방산을 사용하지 못하고 포도당만을 사용할 수 있다. 그 외에 정소, 신장의 수질, 망막, 수정체, 태아에서도 포도당이 유일하거나 주된 에너지 급원이다.

포도당신생의 기질

탄수화물 · 지방 · 단백질 대사과정 가운데 해당과정이나 TCA회로의 중간대사산물(특히, 옥살로아세트산을 공급할 수 있는 물질)은 포도당신생의 기질로서 포도당으로 전환될 수 있다. 중성지방 분해로 나온 글리세롤은 글리세롤 인산이 된 뒤 해당과정의 중간대사산물인 다이하이드록시아세톤인산을 거쳐 포도당으로 전환되지만 지방산은 β-산화로 생성된 아세틸CoA가 피루브산으로 전환될 수 없으므로 포도당신생의 기질이 되지 못한다. 대부분의 아미노산들은 분해되어 해당과정이나 TCA회로의 중간대사산물(α-케토글루타르산, 숙시닐CoA, 푸마르산, 옥살로아세트산)을 통해 포도당으로 전환되는 포도당생성 아미노산이고, 포도당으로 전환되지 못하는 아미노산은 류신과 라이신 단 두 가지뿐이다.

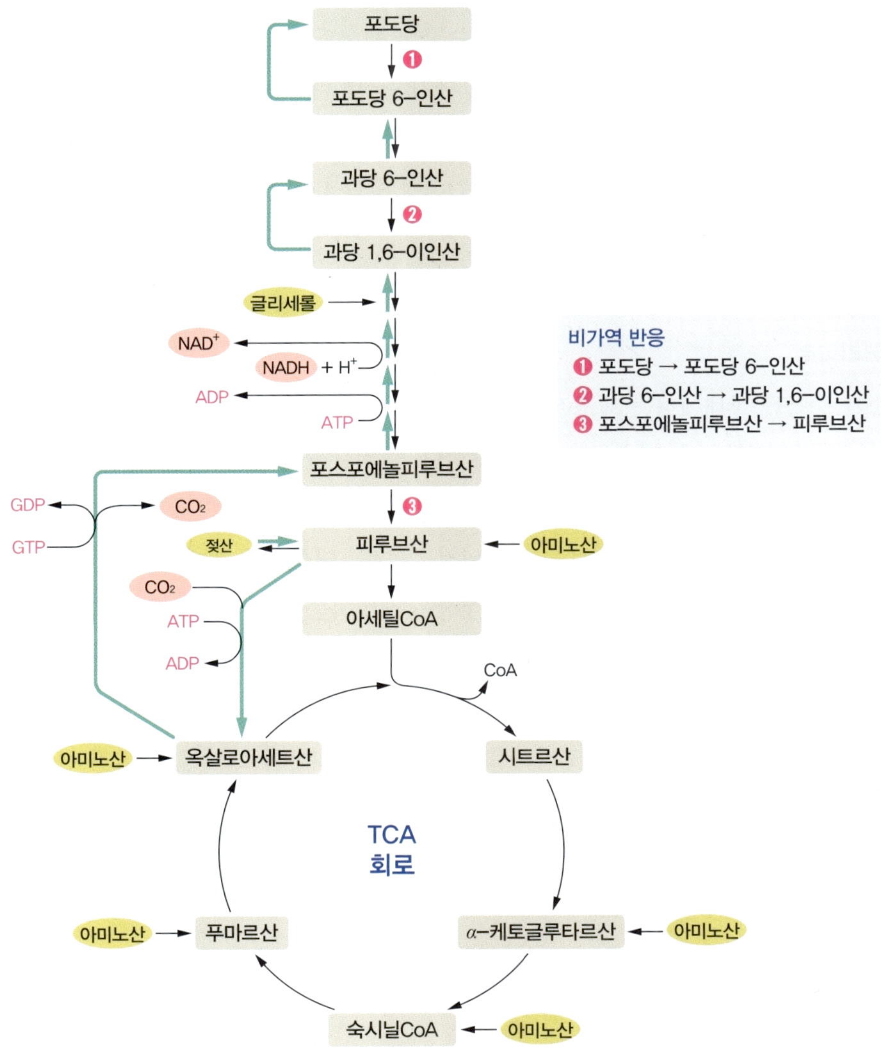

그림 2-18 **포도당신생**(→)

이런 조직에 포도당을 계속적으로 공급하기 위해 포도당은 간과 근육에 글리코겐으로 소량 저장된다. 식사와 식사 사이에는 저장된 글리코겐을 분해하여 포도당을 공급하지만, 아침식사 전이나 격렬한 운동 후 또는 오랜 금식 후에는 글리코겐 저장량이 많지 않으므로 글리코겐이 쉽게 고갈될 수 있다. 글리코겐 저장량의 고갈로 포도당이 충분히 공급되지 못하면 피루브산·젖산·글리세롤과 대부분 아미노산들이 포도당으로 전환되는데, 이를 포도당신생이라고 한다. 대부분 아미노산들은 근육 단백질이 분해되어 나온 것이다. 저열량식이나 기아상태에서 포도당신생이 오래 지속되면 근육 외에 간·신장·심장 등에서도 단백질이 아미노산으로 분해되어 나오므로 체조직 단백질이 급격히 손실되고 몸이 쇠약해진다.

포도당신생은 글루카곤과 코르티솔에 의해 촉진되며 인슐린에 의해 억제된다. 포도당신생은 주로 간에서 일어나고(90%), 일부는 신장에서도 일어난다(10%). 포도당 신생합성 과정은 해당과정과 대부분 공유하지만, 단지 3군데 비가역 반응에서 우회하여 포도당을 생성한다(그림 2-18). 아미노산은 종류에 따라 포도당신생합성을 시작하는 경로가 다르며 시작 경로에 따른 아미노산의 종류는 4장 그림 4-15에 제시하였다.

(5) 코리회로와 포도당-알라닌회로

① 코리회로

산소가 충분한 상태에서는 세포질에서 생성된 피루브산은 미토콘드리아로 들어가 호기적 반응인 TCA회로와 전자전달계를 진행한다. 그러나 운동 개시 직후나 고강도 운동 중인 근육에서와 같이 산소 공급이 불충분한 혐기적 상태이거나 적혈구와 같이 미토콘드리아가 없는 경우에는 TCA회로는 진행되지 않는다. 대신 세포질에서 피루브산은 해당과정에서 생성된 NADH를 소모하면서 젖산을 생성하는 혐기적 반응을 계속한다. 이렇게 생성된 젖산이 축적되면 근육은 피로와 통증을 느끼게 되는데, 젖산은 이들 조직으로부터 혈액을 통해 간으로 운반되어 다시 포도당으로 전환(포도당신생)된 후 필요한 조직으로 보내어진다. 이 과정을 코리회로Cori cycle, 또는 젖산회로lactic acid cycle라 한다(그림 2-19).

해당과정에 이어서 TCA회로와 전자전달계가 진행되지 못하므로 ATP 생성량이 적지만, 미토콘드리아가 없는 세포에서 또는 미토콘드리아가 있는 세포에서도 산소가 부족한 경우에는 코리회로를 통해 신속하게 에너지를 공급한다.

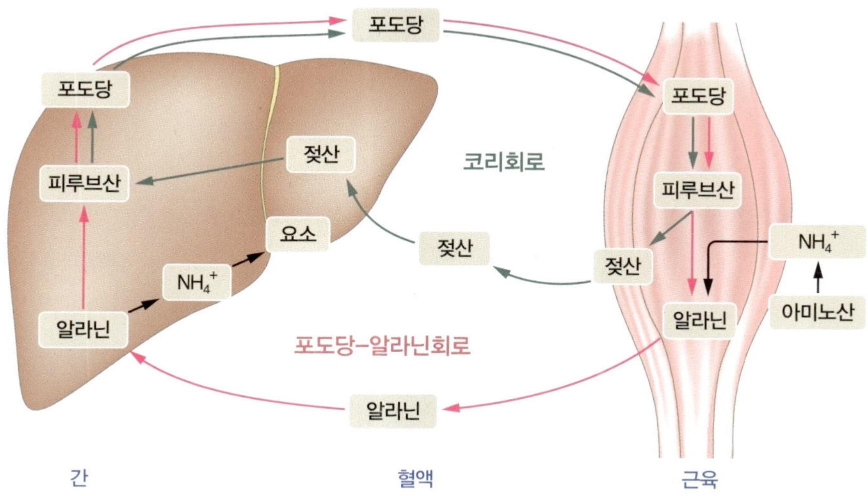

그림 2-19 **코리회로와 포도당-알라닌회로**

② **포도당-알라닌회로**

격렬한 운동 시 근육에서는 골격근 단백질에 많은 곁가지 아미노산(발린, 류신, 이소류신)이 분해되어 탄소골격(α-케토산)과 아미노기를 유리한다. 탄소골격은 TCA회로에 들어가 에너지를 생산하고, 아미노기는 피루브산에 결합하여 알라닌을 형성한다. 알라닌은 혈액을 통해 근육으로부터 간으로 이동해 다시 피루브산과 아미노기로 분해된 뒤, 피루브산은 포도당으로 전환(포도당신생)되어 필요한 조직에서 이용되고, 아미노기는 요소로 전환(요소회로)되어 신장을 통해 배설된다. 이러한 일련의 과정을 포도당-알라닌회로glucose-alanine cycle라 한다(그림 2-19).

(6) 오탄당 인산경로

포도당은 세포질에서 해당과정 이외에 오탄당 인산경로pentose phosphate pathway를 통해 대사되기도 하는데, 해당과정과는 달리 ATP를 생성하지 않는다. 오탄당 인산경로는 육탄당 일인산 경로hexose monophosphate shunt, HMP shunt라고도 한다. 이 과정에서 NADPH가 생성되어 지방산과 스테로이드 호르몬 합성에 이용되고, 또한 리보오스가 생성되어 핵산 합성에 이용된다(그림 2-20). 따라서 이 경로는 지방합성이 활발하게 일어나는 곳(주로 간, 유선조직, 피하지방조직 등)이나 스테로이드 호르몬 합성이 왕성한 곳(주로 부신피질, 성선 등), 그리고 세포분열이 왕성하게 일어나는 곳(골수, 피부, 소장점막 등)에서 중요한 역할을 한다. 그 외 적혈구와 갑상선 등에서도 활발하게 일어난다.

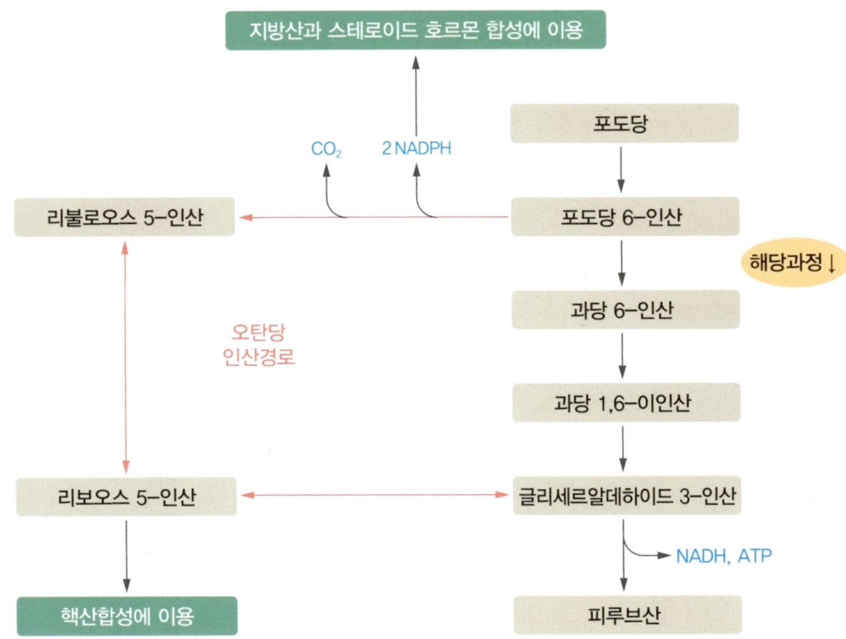

그림 2-20 **오탄당 인산경로와 해당과정의 공유**

(7) 체지방 합성과정

탄수화물을 과량 섭취하면 포도당은 우선 에너지를 내고, 남은 포도당은 간과 근육에 글리코겐으로 소량 저장된다. 그리고 남은 포도당은 중성지방으로 전환되어 저장되는데, 소량 저장할 수 있는 글리코겐보다는 중성지방으로 저장하는 것이 훨씬 많은 양의 에너지를 저장할 수 있는 효율적인 방법이다. 남은 포도당은 피루브산을 거쳐 아세틸CoA가 된 후, 아세틸CoA가 모여 지방산을 합성한다. 이렇게 합성된 지방산 3분자가 해당과정 중간경로를 통해 합성된 글리세롤 1분자에 에스테르 결합함으로써 중성지방이 합성되고, 이 중성지방이 피하나 복강 등 지방조직에 저장된다. 지방조직의 80~90%가 중성지방이다.

(8) 글루쿠론산 회로

글루쿠론산 glucuronic acid

포도당으로부터 포도당 6-인산과 포도당 1-인산을 거쳐 글루쿠론산을 생성하는 과정으로서 글루쿠론산은 간에서 화학물질이나 독성물질과 결합하여 배설되는 등 해독과정에 관여한다.

2) 과당과 갈락토오스 대사

포도당 외에 과당과 갈락토오스도 체내에서 혈당을 공급하거나 분해되어 에너지원이 되는 등 중요한 역할을 하는 단당류이다.

(1) 과당 대사

당질급원으로 주로 과당을 섭취하여 포도당 섭취가 부족하다면 과당은 과당 1-인산을 거쳐 과당 1,6-이인산이 된 뒤 다시 포도당 6-인산을 거쳐 포도당이 된다. 그러나 포도당 섭취량이 적당하다면 과당은 포도당으로 전환되기보다는 지방산이나 중성지방을 합성한다. 과당은 과당 1-인산이 된 뒤 과당인산 인산화효소phosphofructokinase(해당과정의 반응속도 조절효소)에 의한 속도조절 단계(과당 6-인산을 과당 1,6-이인산으로 전환하

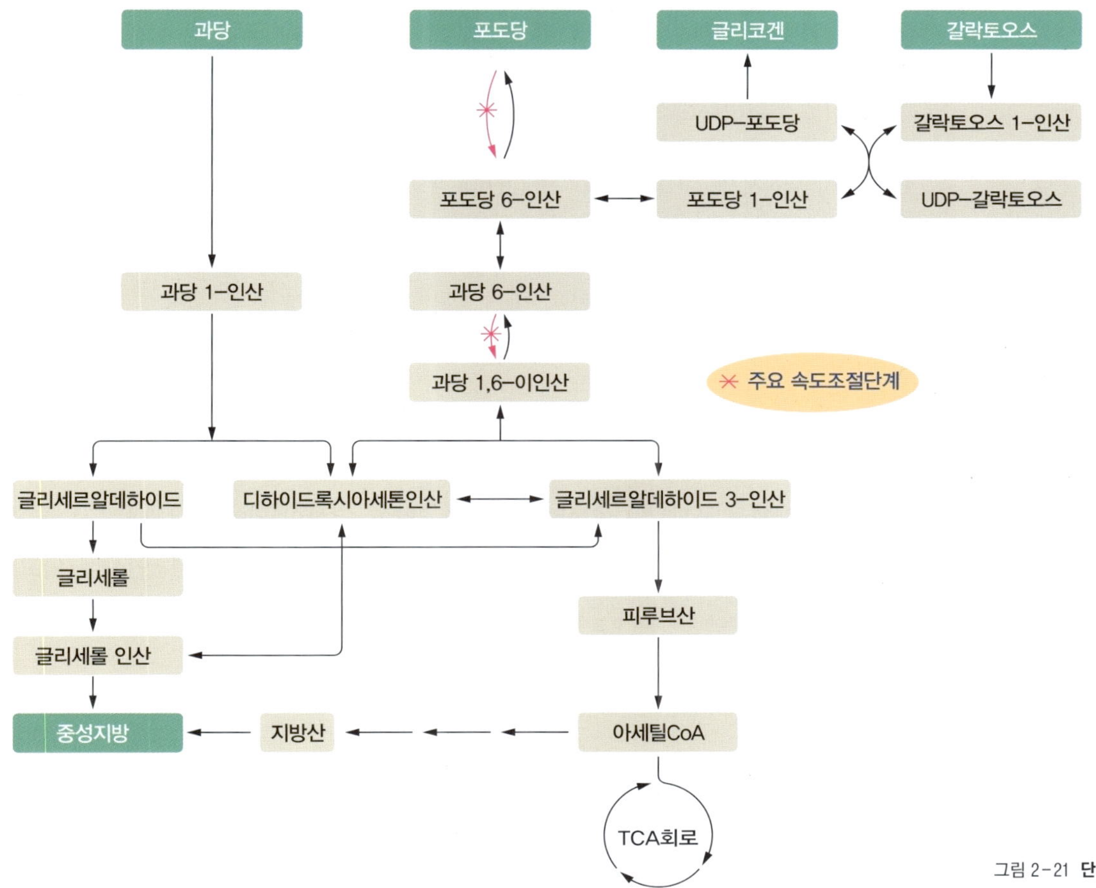

그림 2-21 **단당류 대사**

는 단계)를 거치지 않고, 바로 글리세롤과 디하이드록시아세톤인산으로 전환된다. 이후 디하이드록시아세톤인산은 피루브산을 거쳐 아세틸CoA를 합성한다. 이와 같이 과당은 포도당보다 아세틸CoA로 빨리 전환되어 지방산을 합성하며 글리세롤과 함께 중성지방을 합성한다(그림 2-21).

과당을 함유한 과일은 단맛에도 불구하고 혈당지수가 높지 않아서 췌장에서 인슐린 분비를 촉진시키지 않는다. 또한 과당은 포도당과 달리 인슐린 도움 없이도 세포 내로 운반된다는 장점이 있다. 이러한 이유로 당뇨병 환자에게 포도당이나 설탕 대신 과당을 이용하는데, 과량 섭취하면 인슐린 저항성과 혈중 중성지방 및 혈압을 올릴 수 있으므로 과량 섭취는 피하는 것이 좋다.

액상과당

액상과당(High Fructose Corn Syrup, HFCS)은 옥수수 전분을 효소처리하여 만든 액상 형태의 감미료로 포도당과 과당이 자유 형태로 혼합된 형태이다. 설탕보다 당도가 높으면서 가격이 저렴하고 액상 형태로 혼합이 더 쉬워 가공식품 제조에 널리 쓰인다. 설탕이 포도당과 과당이 결합된 이당류인 반면, 액상과당은 포도당과 과당이 자유 형태로 혼합되어 있어 분해과정 없이 흡수될 수 있다. 과당은 독특한 대사과정으로 인해 혈당을 급격히 올리지는 않지만, 중성지방 합성에 이용되므로 비알코올성 지방간 및 혈중 중성지방 상승 위험을 증가시킬 수 있으며, 포도당과 달리 인슐린 분비를 자극하지 않고 식욕억제 호르몬의 분비를 유도하지 않아 인슐린 저항성 증가와 과잉섭취 및 비만 위험을 증가시킬 수 있다는 점에 관심이 높아지고 있다. 유해 영향이 설탕과 다를 바 없다는 의견과 더 위험하다는 의견이 모두 있지만, 가공식품 및 가당음료 등을 통해 액상과당을 과잉섭취하는 경우 건강에 유해한 영향을 미칠 수 있다는 점에는 주목할 필요가 있다.

(2) 갈락토오스 대사

갈락토오스는 간에서 포도당 1-인산을 거쳐 포도당 6-인산이 되어 해당과정으로 들어가 대사된다(그림 2-21). 갈락토오스는 우선 인산화되어 갈락토오스 1-인산이 되고, UDP-갈락토오스$_{\text{uridine diphospho galactose}}$와 UDP-포도당$_{\text{uridine diphospho glucose}}$을 거쳐 글리코겐으로 합성되거나 포도당 1-인산으로 전환된다.

3) 혈당 조절

건강한 성인의 공복 시 혈당치는 70~100mg/dL에서 유지된다. 식후에는 140mg/dL까지 오르지만 식후 1~2시간이 경과되면 정상치로 내려가고 공복 기간이 길어지더라도 50~60mg/dL 이하로는 쉽게 떨어지지 않는다. 식후에 혈당치가 오르면 간과 근육에서의 글리코겐 합성과 세포에서의 포도당 이용이 촉진되어 혈당치가 낮아진다. 반면에 공복이 길어져 혈당치가 떨어지면 간에서의 글리코겐 분해와 포도당 신생합성이 진행되어 혈당치는 오른다.

혈당 농도 조절에 관여하는 호르몬은 인슐린·글루카곤(췌장 호르몬), 에피네프린(부신수질 호르몬), 당질코르티코이드$_{glucocorticoid}$(부신피질호르몬)가 있고, 그 외에 갑상선 호르몬과 성장호르몬이 있다. 인슐린은 식후에 혈당치가 오르면 췌장에서 즉시 분비되어 혈당을 근육세포와 지방세포 안으로 이동시키고, 간과 근육에서 글리코겐 합성을 촉

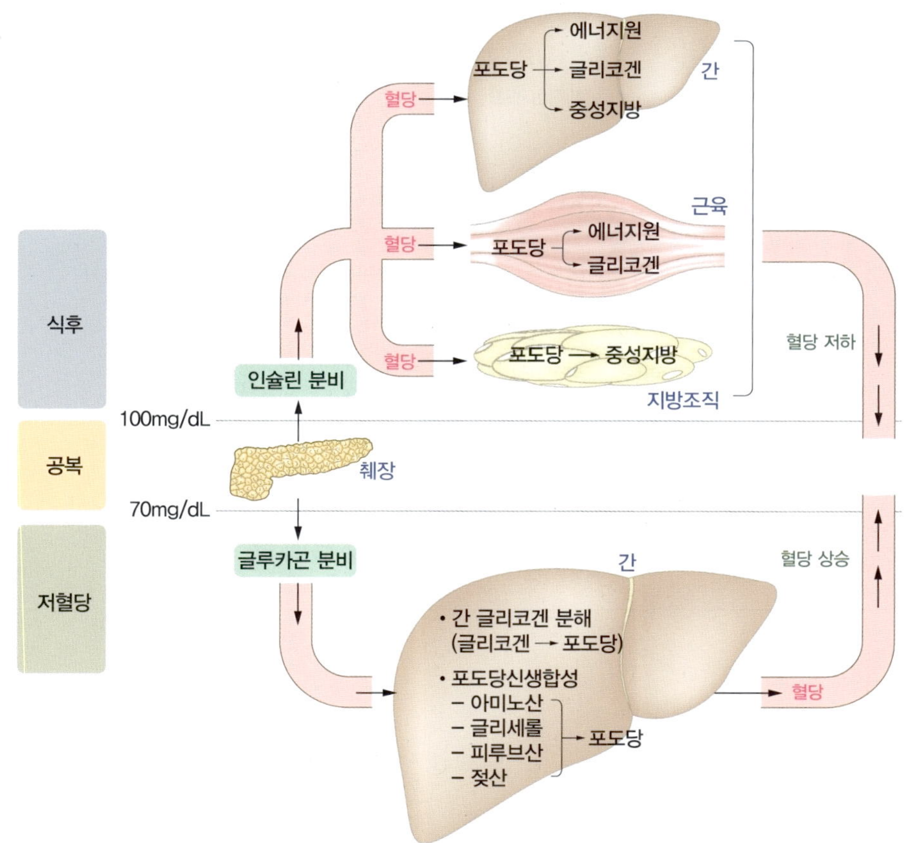

그림 2-22 **혈당의 조절기전**

진하고 지방으로 전환하여 혈당치를 낮춘다. 반면에, 글루카곤은 혈당치가 떨어질 때 췌장에서 분비되어 간 글리코겐 분해를 촉진하여 혈중으로 포도당이 방출되도록 함으로써 혈당치를 올린다. 당질코르티코이드, 갑상선호르몬, 성장호르몬도 혈당 상승과 관련된다. 이와 같이 호르몬의 조절에 의해 혈당치는 정상범위에서 유지된다(그림 2-22).

그러나 이러한 조절기전의 장애로 인해 혈당치가 170mg/dL 이상으로 오르면(고혈당증) 소변을 통해 당이 배설되기 시작하므로 공복과 갈증이 따르고, 이런 상태가 오래 지속될 때 체중이 현저히 감소한다. 반면에 혈당치가 40~50mg/dL 이하로 떨어지면(저혈당증) 뇌와 신경세포와 같은 중추신경계에 포도당 공급이 정지되면서 기능장애를 가져와 전신무력감, 발한, 불안, 구토, 두통 등이 나타난다. 이 같은 저혈당증이 지속되면 의식장애와 경련이 일어나 결국은 사망하게 된다.

혈당 조절에 관여하는 이들 호르몬의 기능은 표 2-5로 정리했다.

표 2-5 **혈당 조절에 관여하는 호르몬의 종류와 기능**

혈당치	호르몬	분비기관	기능
저하	인슐린	췌장(β세포)	•간, 근육, 지방조직으로 혈당의 유입 촉진 → 간, 근육 글리코겐 합성 촉진 → 지방조직에서 지방합성 촉진 •간의 포도당신생합성 억제
상승	글루카곤	췌장(α세포)	•간 글리코겐 분해 촉진 → 혈당 방출 증가 •간의 포도당신생합성 촉진
	에피네프린	부신수질	•간 글리코겐 분해 촉진 → 혈당 방출 증가 •간의 포도당신생합성 촉진
	글루코코르티코이드	부신피질	•간의 포도당 신생합성 촉진 •근육의 포도당 이용 억제
	갑상선호르몬	갑상선	•간 글리코겐 분해 촉진 → 혈당 방출 증가 •간의 포도당신생합성 촉진
	성장호르몬	뇌하수체 전엽	•간의 혈당 방출 증가 •근육으로 혈당의 유입 억제 •체지방 이용 촉진

5. 탄수화물의 체내 기능

1) 에너지 공급

신체는 음식물로부터 활동에 필요한 에너지를 지속적으로 공급받아야 하는데, 주된 에너지 공급원이 바로 탄수화물이다. 탄수화물 1g은 체내에서 산화되어 4kcal를 제공하며, 소화흡수율은 평균 98%로서 섭취한 탄수화물의 대부분이 흡수되어 체내에서 이용된다. 지질이나 단백질도 에너지를 공급하는 기능이 있으나 뇌, 적혈구, 신경세포는 포도당을 주된 에너지원으로 이용하므로 이들 세포의 기능유지를 위해 탄수화물 섭취는 필수적이다. 그 외에 근육 등 다른 세포에서도 식후에 혈당치가 오르면 포도당을 에너지원으로 이용한다.

2) 단백질 절약작용

혈당이 낮아지고 탄수화물 섭취가 중단되었을 때에는 뇌, 적혈구, 신경세포 등의 주요 에너지원인 포도당을 공급하기 위해 혈당치를 올려야 한다. 이 때 단백질 등으로부터 포도당을 새로 합성하는 포도당신생합성이 이루어진다. 주로 간과 신장에서 체조직 단백질은 아미노산으로 분해되고, 아미노산으로부터 포도당을 생성한다. 따라서 탄수화물을 적절히 섭취해 혈당을 유지하면 에너지 공급이 원활하여 체단백질의 분해는 억제되므로 단백질을 절약할 수 있다.

3) 케톤증 예방

탄수화물 섭취가 부족하거나 당뇨병, 기아, 만성 알코올 중독과 같이 탄수화물 이용이 어려운 경우에는 세포는 주로 체지방이나 체단백질을 분해하여 에너지원으로 사용한다. 체지방을 주된 에너지원으로 사용할 때 다량의 아세틸CoA가 생성되는 반면, 뇌와 적혈구의 에너지원으로 포도당을 공급하기 위해 옥살로아세트산으로부터 포도당을 신생합

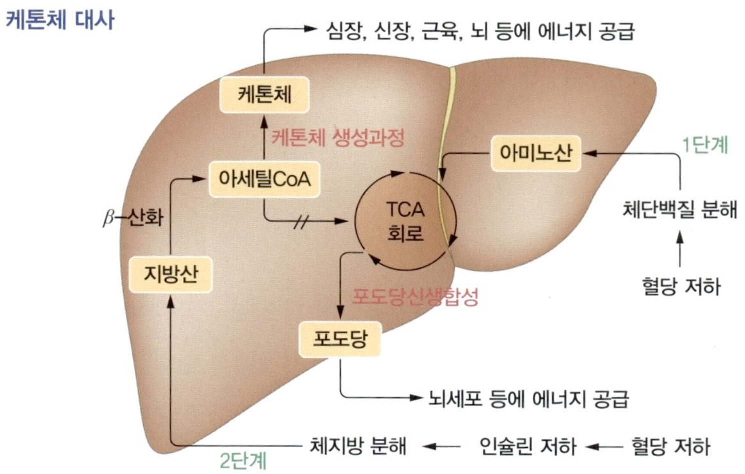

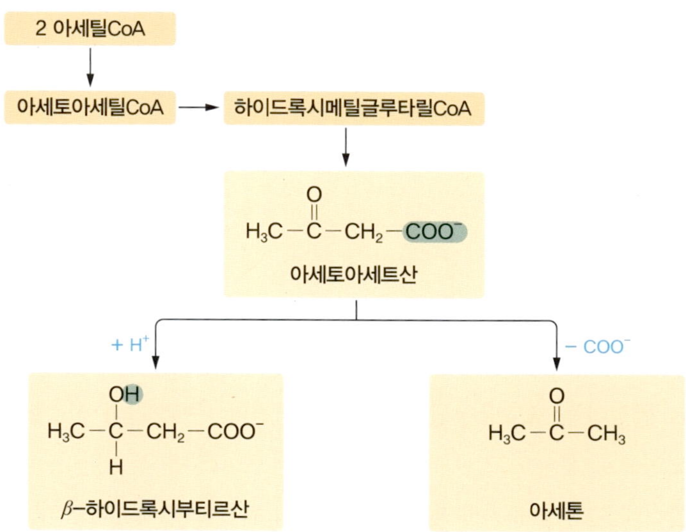

그림 2-23 **케톤체 대사와 생성**

성하므로 옥살로아세트산은 거의 고갈되고, 이로 인해 TCA회로는 원활히 진행될 수 없다. 따라서 아세틸CoA는 TCA회로로 들어가는 대신 축합하여 케톤체를 과량 생성한다(그림 2-23). 케톤체는 3~4개의 탄소로 구성된 케톤기 물질로서 아세토아세트산과 여기서 생성된 β-하이드록시부티르산 및 아세톤이다. 주로 간에서 글루카곤에 의해 케톤체 생성이 촉진되며 포도당신생과 케톤체 생성은 동시에 일어난다. 케톤체는 혈류를 따라 뇌·심장·근육·신장 등으로 이동하여 에너지로 사용되므로 포도당을 절약하고 근육 손실을 방지한다. 조직에서는 케톤체가 지방산보다 이용하기 쉬운 에너지 형태이다. 그러나 케톤체 생성량이 많아 혈액 중에 그 양이 증가하면 케톤증이 유발되어 식욕부진을 비롯한 다양한 합병 증세를 보인다. 혈액이 산성으로 기울어지는 산혈증(산독증)이 나타나고 호흡곤란과 대사이상 등의 증세를 보이다가 결국 혼수상태에 빠지게 된다.

이러한 케톤증을 예방을 위해서는 하루에 최소한 50~100g의 탄수화물 섭취가 필요하다. 밥 1공기(210g)에는 탄수화물이 69g 함유되어 있으므로 비교적 쉽게 섭취할 수 있다.

4) 단맛 제공

단맛의 강도는 당류의 종류에 따라 차이가 있다. 설탕의 단맛을 1.0으로 봤을 때 다른 당류의 단맛 강도를 비교하면 과당 1.7, 전화당 1.3, 포도당 0.7, 맥아당 0.4, 유당 0.2 정도이다. 이들 당류는 식품제조나 조리에 감미료로서 첨가될 수 있어서 단맛을 제공할 뿐만 아니라 식품의 물리적 성질의 향상을 위해서도 널리 이용되어 식품 수용도를 높여준다.

상대적인 단맛의 강도 비교

과당 1.7 > 전화당 1.3 > 설탕 1.0 > 포도당 0.7 > 맥아당 0.4 > 유당 0.2

인공 감미료

인공 감미료는 설탕을 대신해 단맛을 내는 식품첨가물의 한 종류로 고감미(합성) 감미료와 당알코올류, 그리고 천연 유래 감미료가 있다. 당알코올류에 속하는 솔비톨, 만니톨, 자일리톨은 설탕의 반 정도의 에너지를 내고 충치를 예방하는 효과가 있어서 무가당 껌이나 혈당 조절이 어려운 당뇨병 환자용 사탕에 이용하고 있다. 설탕보다 수백 배 더 달아 아주 적은 양으로도 단맛을 낼 수 있는 고감미 감미료에는 아스파탐, 아세설팜칼륨, 수크랄로오스, 사카린나트륨, 네오탐 등이 있는데, 당도는 설탕보다 훨씬 높지만 에너지는 거의 없거나 매우 낮아 제로 음료 등에 주로 쓰이며, 체중을 줄이려는 사람들이 이용하고 있다. 인공 감미료 사용이 급격히 증가함에 따라 최근에는 식물에서 추출한 스테비아, 감초추출물(글리실리진산이나트륨), 토마틴 등 천연추출물 유래 감미료도 판매되고 있다. 이에 따라 인공 감미료를 지칭하는 용어도 초기 '비영양감미료(non-nutritive sweetener, NNS)'라는 용어를 사용하다가 '저에너지 감미료(low-calorie sweetener, LCS)'라는 용어가 사용되었으며, 2023년 세계보건기구는 이를 모두 포괄하는 용어로 '비당류감미료(non-sugar sweetener, NSS)'를 정의하고 비당류 감미료를 체중조절이나 비감염성질환의 위험 감소 목적으로는 권장하지 않는다는 가이드라인을 발표하였다.

최근 체중이나 건강에 대한 관심이 높아지면서 다양한 감미료가 사용되고 있어 오히려 이로 인한 잠재적 영향이 우려되고 있다. 일부 연구에서는 감미료가 장내미생물 조성에 변화를 일으켜 혈당 반응에 영향을 미치거나, 구강뿐 아니라 소장에 존재하는 미각수용체를 통해 체내 대사반응에 관여한다는 것이 보고되고 있다. 즉, 단 · 중기적으로는 가당음료를 인공감미음료로 대체하는 것은 체중 및 체성분 개선에 도움이 될 수 있으나, 장기적으로는 가당음료와 인공 감미료 모두 대사질환 및 사망위험 증가와 관련이 있다고 보고된다. 인공 감미료는 식품첨가물이므로 1일 섭취 허용량(Acceptable Daily Intake, ADI)이 설정되어 있다.

분류	감미료 이름	상대적 당도 (설탕 대비)	칼로리 (kcal/g)	주요 활용 식품	비고
고감미 감미료	수크랄로스	약 600배	0	제로 음료, 껌, 잼	열에 강함. 가열 조리에 적합. 끝맛이 설탕과 가장 유사함
	아세설팜 칼륨	약 200배	0	제로 음료, 과자	열에 강함. 보통 단독보다는 수크랄로스 등과 혼합하여 단맛의 완성도를 높임
	아스파탐	약 200배	4	막걸리, 제로 콜라	열에 매우 약함. 가열 시 단맛이 사라짐. 페닐케톤뇨증(PKU) 환자 주의
	사카린 나트륨	약 300배	0	단무지, 어묵, 장아찌	열에 강함. 끝에 특유의 쓴맛이 남을 수 있으나 가성비가 매우 뛰어남
	네오탐	약 7,000~13,000배	0	음료, 껌, 과자류	매우 높은 당도. 아스파탐과 비슷하지만 열에 더 강하며, 극소량으로도 강한 맛을 냄
당알코올류	에리스리톨	약 0.7배	0~0.2	제로 에이드, 시럽	혈당 영향 거의 없음. 당알코올 중 소화기 부작용이 가장 적으나 과다 섭취 시 설사 유발
	자일리톨	약 1배	2.4	껌, 사탕, 구강관리	충치 예방 효과. 입안에서 시원한 느낌을 줌
	소비톨	약 0.6배	2.6	어묵, 햄, 맛살	보습 효과. 식품의 식감을 부드럽게 유지함. 과량 섭취 시 복부 팽만감과 설사 우려가 큼

(계속)

분류	감미료 이름	상대적 당도 (설탕 대비)	칼로리 (kcal/g)	주요 활용 식품	비고
당알코올류	말티톨	약 0.9배	2.1	무설탕 초콜릿, 쿠키	설탕과 맛이 가장 비슷함. 혈당을 상당히 올리므로 당뇨 환자는 주의 필요
천연 유래	스테비올 배당체	200~ 300배	0	스테비아 토마토, 소주	열에 강함. 천연 감미료로 인기가 높지만 특유의 쓴맛이 있음
	효소처리 스테비아	200~ 300배	0	커피, 음료, 간장	스테비아의 단점인 쓴맛을 기술적으로 줄여 식품 전반에 더 널리 쓰임
	토마틴	약 2,000~ 3,000배	4	가공유, 빙과류, 젤리	서아프리카 식물에서 추출한 단백질. 단맛이 천천히 나타나 오래 지속되며 풍미 증진 효과가 있음

6. 식이섬유의 체내 기능

식이섬유는 불용성 식이섬유와 수용성 식이섬유의 두 종류가 있으며 이들은 생리적 기능이 서로 다르다. 일반적으로 식품에는 수용성과 불용성 식이섬유가 모두 포함되어 있으며 그 종류와 양에 차이가 있다. 식이섬유의 종류별 급원과 생리기능은 표 2-6과 같다.

표 2-6 **식이섬유의 분류**

분류	종류	생리기능	급원식품
불용성 식이섬유	셀룰로오스, 헤미셀룰로오스, 리그닌	• 배변량 증가 • 배변 촉진 • 분변시간 단축	• 모든 식물의 세포벽, 채소의 잎, 줄기, 뿌리 (특히 셀러리, 아욱, 양배추, 당근, 브로콜리, 무청 등) • 곡류의 겨층, 특히 현미, 통밀, 호밀, 보리, 콩 등 • 과일의 껍질, 특히 사과 • 리그닌은 당근 심, 억센 고사리 줄기, 브로콜리의 단단한 줄기에 많음
	키틴, 키토산	• 혈중 콜레스테롤 저하 • 혈압 상승 억제 • 면역력 증가	• 키틴은 새우나 게 등 갑각류, 곰팡이와 버섯 등의 세포벽 구성
수용성 식이섬유	펙틴, 검, 알긴산, 한천	• 위, 장 통과 지연(만복감) • 포도당 흡수 억제(혈당 상승 억제) • 콜레스테롤 흡수 억제(혈중 콜레스테롤 저하)	• 과일(과육), 특히 사과, 감귤, 딸기, 바나나 등 • 해조류(미역, 김, 다시마 등)
	뮤실리지, 헤미셀룰로오스 일부		• 보리, 귀리, 두류 등

1) 불용성 식이섬유

셀룰로오스 cellulose
헤미셀룰로오스 hemicellulose
리그닌 lignin
키틴 chitin
키토산 chitosan

불용성 식이섬유에는 셀룰로오스, 헤미셀룰로오스, 리그닌, 키틴, 그리고 키토산 등이 있으며 이들의 특성은 다음과 같다.

- 물과 친화력이 적어 겔 형성이 어렵다.
- 긴 사슬의 셀룰로오스는 서로 겹쳐져 매우 강한 망상구조를 만든다.
- 셀룰로오스, 헤미셀룰로오스, 리그닌은 장내 박테리아에 의해서도 분해되지 않고 그대로 남아서 배변량을 증가시키고 분변시간을 단축시켜 변비를 완화한다.
- 키틴과 키토산은 혈중 콜레스테롤 저하, 혈압 상승 억제, 면역력 증가 등의 작용을 나타낸다. 키토산은 키틴의 탈아세틸화 형태이다.

2) 수용성 식이섬유

수용성 식이섬유에는 펙틴, 검(아라비아검·구아검·로커스트빈검), 뮤실리지, 알긴산, 한천 등이 있으며 이들의 특성을 살펴보면 다음과 같다.

- 물에 쉽게 용해되거나 팽윤되어 흡착력이나 점성이 있는 겔을 형성한다.

- 당, 콜레스테롤, 무기질 등 여러 영양소들을 흡착해 흡수를 지연시킨다. 또한 담즙산과 결합하여 회장에서의 담즙산 재흡수를 방해함으로써 콜레스테롤 배설량을 증가시킨다. 따라서 수용성 식이섬유는 혈중 콜레스테롤 수준을 낮추고 심혈관 질환의 위험을 줄인다고 볼 수 있다.
- 결장 박테리아에 의해 발효되어 초산, 프로피온산, 부티르산 등 짧은사슬지방산을 합성한다. 이들 짧은사슬지방산은 결장세포의 영양분이 되거나 유익한 박테리아의 성장을 촉진하는 한편, 병원성 박테리아의 성장은 억제하는 역할을 한다. 특히 부티르산은 결장세포의 에너지 공급원으로서 평균 3kcal/g를 공급하는 것으로 알려져 있다.
- 펙틴은 과일과 채소에서 세포와 세포 사이의 접착제로서 보수성이나 점성을 가지므로 잼, 젤리, 마말레이드 등의 겔화제로 이용된다.
- 구아검은 갈락토오스 1에 만노오스 2의 비율로 구성된 갈락토만난으로 젤리, 면류, 스프 등에서 유화안정제나 증점제로 이용된다.
- 알긴산은 미역, 다시마 등의 갈조류에서, 한천은 우뭇가사리 등의 홍조류에서 추출한 다당류로서 증점제로 이용된다.

갈락토만난 galactomannan

체내 각 기관에서의 식이섬유의 역할은 그림 2-24와 같으며, 식이섬유와 관련된 질환에서의 식이섬유의 역할을 표 2-7에 정리했다.

식이섬유를 과량 섭취할 때의 문제점

식이섬유의 충분섭취량은 12g/1,000kcal로서 하루에 성인 여성은 20g, 남성은 30g이다. 만성 변비,게실염, 당뇨병 등에서는 하루 25~50g의 고식이섬유 식사를 권장한다. 그러나 하루 60g 정도의 식이섬유가 함유된 식사를 한다면 다량의 수분섭취가 필요하고, 수분이 부족하면 단단한 분변으로 배변이 어려워진다. 또한 박테리아에 의한 분해로 메탄이나 수소가스를 다량 생성하고 식이섬유 덩어리인 피토베조르(phytobezoars)를 만들어 장의 흐름을 막을 수도 있다. 이러한 현상은 과량의 식이섬유를 섭취한 당뇨환자나 노인에게서 종종 볼 수 있다.

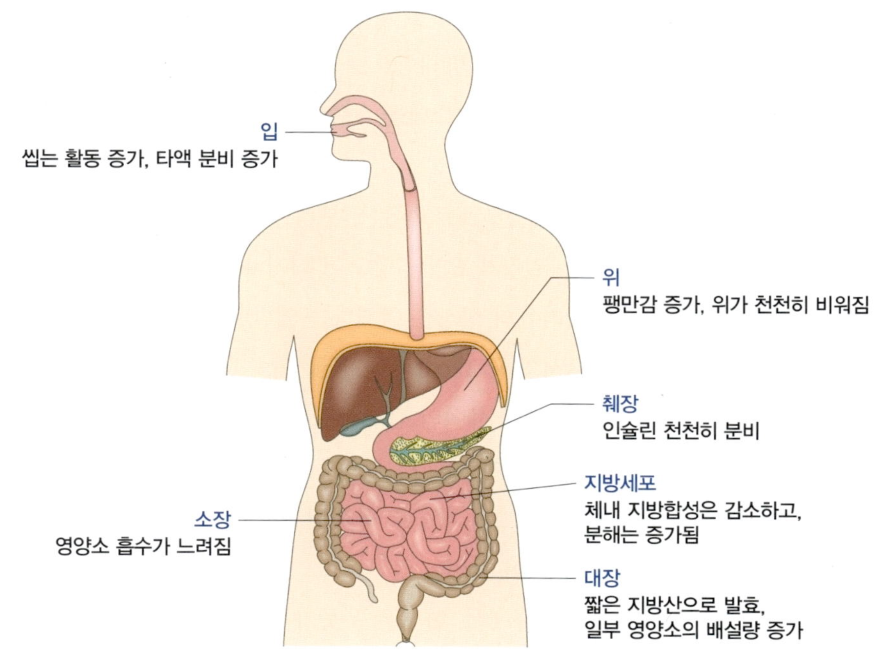

그림 2-24 **체내 각 기관에서 식이섬유의 역할**

표 2-7 **식이섬유와 관련된 질환에서의 식이섬유의 역할**

질환	식이섬유의 역할
고지혈증 동맥경화증	•소장에서의 콜레스테롤의 흡수 억제 •소장에서 담즙산과 결합하여 담즙산의 재흡수 억제 → 콜레스테롤 배설 촉진 → 혈청 콜레스테롤 수준 감소
변비 게실증	•부드러운 대변량 증가 •장점막 자극하여 연동운동 촉진 •대변의 통과시간 단축 및 배변 원활
대장암	•식이섬유의 함유 수분에 의해 발암물질 희석 •발암물질과 대장 벽 접촉 방해 •발암물질의 대장 통과속도 증가 및 배설 촉진
당뇨병	•소장에서의 당질 소화 흡수 지연 및 억제 •공복 혈당치 저하 및 포만감 유지
비만	•포만감 유지 및 소화 흡수 억제 •체내 영양소 이용률 저하로 상대적인 에너지 섭취 감소 효과 •소화물의 대장 통과시간 단축

7. 탄수화물의 섭취와 건강

1) 탄수화물 섭취와 관련된 질환

(1) 충치

백설탕 외에 꿀, 시럽, 단 음료, 케이크 등의 단 음식은 설탕을 많이 함유한다. 설탕은 에너지 외에 다른 영양소는 거의 가지고 있지 않으므로 빈 칼로리 식품이라고 불린다. 입안에 서식하는 박테리아는 설탕을 덱스트란으로 만들어 플라그를 형성하고 산을 생성하여 치아 표면의 pH는 4까지 떨어진다. 충치는 치아 표면의 pH가 5.5 이하일 때 시작된다. 따라서 설탕 섭취량이 많을수록 충치 발생률은 높아진다. 충치를 예방하려면 양치와 치실 사용을 생활화해야 한다. 또 식후나 간식 후에 15~20분간 무설탕 껌을 씹으면 도움이 된다.

자일리톨이란?

자일리톨(xylitol)은 채소 중에 있는 천연 소재의 감미료로서 설탕과 비슷한 단맛을 내며 뛰어난 청량감을 준다. 자일리톨은 충치의 원인균의 성장을 억제하고, 치아 표면의 세균막인 플라그 형성을 감소시키며, 플라그 내에서의 산 생성을 감소시킴으로써 충치 예방 기능을 한다.

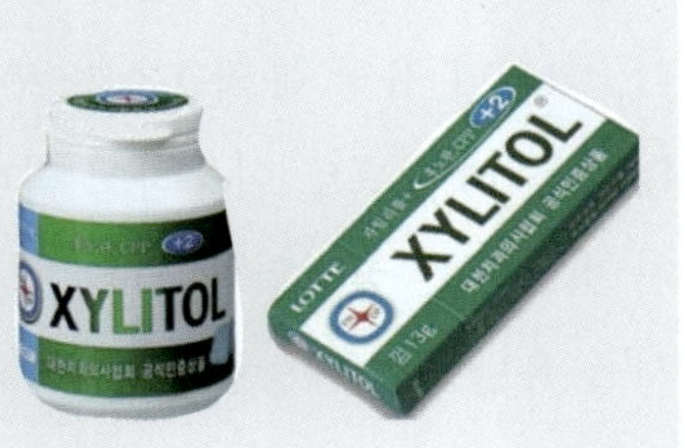

(2) 고지혈증

에너지를 과잉 섭취하고 고탄수화물식을 섭취했을 때 에너지를 생성하고 남은 과잉의 혈당은 중성지방 합성에 이용되어 혈중 중성지방 농도를 올린다. 또한 설탕의 분해산물인 과당은 대사경로가 포도당보다 단순해 지방산을 쉽게 합성하여 혈중 중성지방의 농도를 증가시킨다. 따라서 탄수화물의 과식으로 인한 고지혈증은 고중성지방혈증이다.

(3) 당뇨병

당뇨병은 인슐린을 분비하는 췌장의 기능 이상으로 인해 인슐린 분비량이 절대적으로 부족한 경우 또는 유전적 요인을 가진 사람이 비만·과식·스트레스·운동부족 등 환경 요인의 영향을 받아 인슐린이 효과적으로 작용하지 못하는 경우에 발생한다.

세포는 혈액으로부터 포도당을 세포 안으로 끌어와 이용하는데, 인슐린이 이를 도와준다. 따라서 인슐린 분비량이 부족하거나 효과적으로 작용하지 않을 때 혈당이 세포 내로 들어가지 못하고 혈액에 축적되므로 고혈당이 된다. 이 경우 세포는 포도당 대신 지방을 분해하여 에너지원으로 이용한다.

당뇨병이 되면 혈당이 만성적으로 170mg/dL 이상으로 높아서 혈당이 소변으로 빠져나오고, 체지방을 주된 에너지원으로 이용하므로 체중이 감소한다. 케톤증이 유발되어 혼수상태에 빠지기도 한다. 당뇨병에서는 혈당의 상승을 억제하기 위해 과식을 피하고 단순 당보다는 복합 당이나 식이섬유를 많이 섭취하여 당의 흡수를 지연시켜야 한다.

(4) 유당불내증

유당은 소장 점막의 유당 분해효소에 의해 포도당과 갈락토오스로 분해된 뒤 흡수된다. 그러나 유당 분해효소가 부족하거나 활성이 저하되었을 때 유당은 가수분해되지 않은 채 대장으로 이동하고 박테리아에 의해 발효되어 유기산과 다량의 가스를 생성하며 높아진 삼투압에 의해 수분을 장 내로 끌어들여 복부팽만, 장 경련, 복통 및 설사를 유발하는 유당불내증이 나타난다. 유당불내증은 일종의 소화불량증으로 선천적(영아의 경우), 후천적(성인의 경우), 이차적(장 절제시)으로 나타날 수 있다. 우유를 조금씩, 천천히, 따뜻하게, 다른 음식과 함께 마신다면 어느 정도 유당불내증을 막을 수 있고 유당에 대한 내성이 증가하기도 한다. 또한 유당을 유산으로 발효시킨 요구르트나 치즈 등을 이용하는 것도 좋은 방법이며 우유나 유제품을 전혀 소화시키지 못하는 경우에는 대체식품으로서 두유 등을 이용할 수 있는데, 이때에는 칼슘과 리보플라빈을 보충해줘야 한다.

(5) 게실증

게실(憩室: 곁주머니)

장기의 벽 일부가 밖으로 불거져 나와 주머니 모양의 빈 공간을 이룬 곳

식이섬유의 섭취가 부족하면 대변량이 적어지고, 대변량이 적으면 대장의 지름이 감소한다. 대장 폭이 줄어든 상태에서 배설하면 대장의 연동작용은 대장 벽에 압력을 가하

게 된다. 압력은 대장 벽 일부를 부풀려 주머니 모양의 게실을 형성하고(게실증, 그림 2-25), 그 안에 대변이 머물면서 여러 가지 염증을 일으켜 게실염이 된다. 게실증을 예방하기 위해서는 섬유소를 섭취해야 하지만 일단 게실증이나 게실염이 있을 때에는 섬유소 섭취가 게실을 악화시킬 수 있으므로 초기에는 식이섬유를 제한하고 점차 적응 정도를 보면서 그 양을 늘리는 것이 좋다.

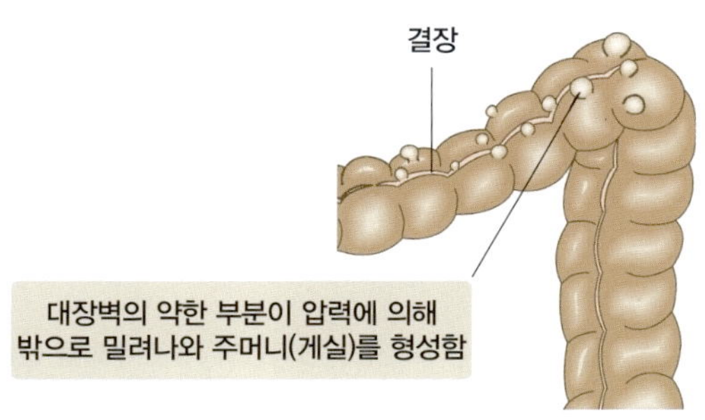

그림 2-25 **게실증**

2) 탄수화물의 섭취실태

과거에는 탄수화물로부터의 에너지 섭취비율이 80% 정도로 상당히 높았으나 점차 줄어서 2018~2022년 국민건강영양조사 결과, 1세 이상 국민의 탄수화물 에너지비는 58.6%였다. 곡류 에너지비도 과거의 70~80%로부터 점차 줄어서 50% 미만으로 감소하였고, 곡류 가운데 백미는 가장 많이 섭취되는 식품이지만 역시 점차 감소하는 추세이다.

우리나라 국민의 당류 섭취량 관련 통계는 2016년부터 제시되고 있는데, 2016년 당류 섭취량 67.9g에 비해 2018~2022년에는 58.6g으로 감소한 것으로 보고된다. 식품을 통한 당류 섭취량은 1일 평균 총 에너지 섭취량의 약 12.4% 수준이다.

2018~2022년 우리나라 국민의 식이섬유 섭취량은 평균 22.8g이며, 약 65%가 충분섭취량 미만으로 섭취하고 있는 것으로 보고된다. 특히 청소년은 약 80% 이상, 19~29세 성인은 70% 이상이 식이섬유를 충분섭취량 미만으로 섭취하고 있다.

3) 탄수화물의 섭취기준과 급원식품

2025년 한국인 영양섭취기준에서 탄수화물은 생후 1년 이내의 영아의 경우, 0~5개월은 55g/일, 6~11개월은 85g/일의 충분섭취량을 설정하였고 1세 이후에는 평균필요량과 권장섭취량을 설정하였다(표 2-8). 탄수화물의 평균필요량은 케토시스를 방지하고 근육손실을 방지하는 등 체내에 필요한 포도당을 공급하는 것을 근거로 하고 있다. 탄수화물의 에너지 적정비율은 만성질환 예방, 지질과 단백질 섭취량과 연계하여 2020년 한국인 영양섭취기준까지는 전 연령층에 대하여 55~65%로 권장해왔으나, 2025년 한국인 영양섭취기준에서는 탄수화물 섭취와 사망률과의 관련성 분석 결과를 고려하여 탄수화물 에너지 적정비율을 50~65%로 제시하였다.

표 2-8 **한국인의 1일 탄수화물 섭취기준**

성별	연령	탄수화물(g/일)				
		평균필요량	권장섭취량	충분섭취량	상한섭취량	에너지 적정비율(%)
영아	0~5(개월)			55		
	6~11			85		
유아	1~2(세)	100	130			50~65
	3~5	100	130			50~65
남자	6~8(세)	100	130			50~65
	9~11	100	130			50~65
	12~14	100	130			50~65
	15~18	100	130			50~65
	19~29	100	130			50~65
	30~49	100	130			50~65
	50~64	100	130			50~65
	65~74	100	130			50~65
	75 이상	100	130			50~65
여자	6~8(세)	100	130			50~65
	9~11	100	130			50~65
	12~14	100	130			50~65
	15~18	100	130			50~65
	19~29	100	130			50~65
	30~49	100	130			50~65
	50~64	100	130			50~65
	65~74	100	130			50~65
	75 이상	100	130			50~65
임신부		+35	+45			50~65
수유부		+55	+70			50~65

2025 한국인 영양소 섭취기준 – 당류

총당류 섭취량을 총 에너지 섭취량의 20% 이내로 제한하고, 특히 식품의 조리 및 가공 시 첨가된 첨가당은 총 에너지 섭취량의 10% 이내로 제한한다. 첨가당에는 설탕, 액상과당, 물엿, 당밀, 꿀, 시럽, 농축과일주스 등이 포함되며, 특히 주요 급원인 가당음료의 섭취는 가능한 줄인다.

자료: 보건복지부·한국영양학회. 2025 한국인 영양소 섭취기준

탄수화물 급원식품은 대부분 식물성 식품이며 단당류는 과일과 채소에 함유되어 있다. 탄수화물 대부분은 전분 형태로 섭취하는데 곡류 및 곡류제품, 감자와 같은 서류 등에 함유되어 있다. 우리나라 국민의 탄수화물 섭취량에 대한 주요 기여 식품은 백미, 식빵, 국수, 떡, 사과, 고구마, 과자, 라면, 탄산음료, 밀가루의 순으로 나타났으며(표 2-9), 탄수화물 주요 급원식품의 1회 분량당 함량은 그림 2-26에 제시하였다.

표 2-9 **탄수화물 주요 급원식품(100g당 함량)**[1)]

급원식품 순위	급원식품	함량 (g/100g)	기여율 (%)	급원식품 순위	급원식품	함량 (g/100g)	기여율 (%)
1	백미	75	37.64	16	메밀 국수, 말린 것	74	1.13
2	빵, 식빵	48	4.34	17	찹쌀	78	1.07
3	국수, 말린 것	74	3.97	18	고추장	52	1.04
4	떡	49	2.86	19	설탕	100	0.96
5	사과	14	2.75	20	양파	7	0.81
6	고구마	34	2.41	21	물엿	83	0.79
7	과자	66	2.24	22	바나나	20	0.74
8	라면(조리 전후 통합)	42	1.97	23	두유	10	0.68
9	탄산음료	12	1.89	24	가당음료(과일 음료 포함)	9	0.67
10	밀가루	77	1.78	25	옥수수	36	0.64
11	현미	74	1.56	26	귤	10	0.60
12	보리	75	1.53	27	요구르트(호상)	10	0.59
13	우유	5	1.46	28	감	14	0.57
14	김치, 배추김치	6	1.39	29	고춧가루	61	0.53
15	감자	16	1.15	30	어묵	21	0.49

1) 2022년 국민건강영양조사의 식품별 섭취량과 식품별 탄수화물 함량(국가표준식품성분표 DB 10.2) 자료를 활용하여 탄수화물 주요 급원식품 상위 30위 산출

자료: 보건복지부·한국영양학회. 2025 한국인 영양소 섭취기준

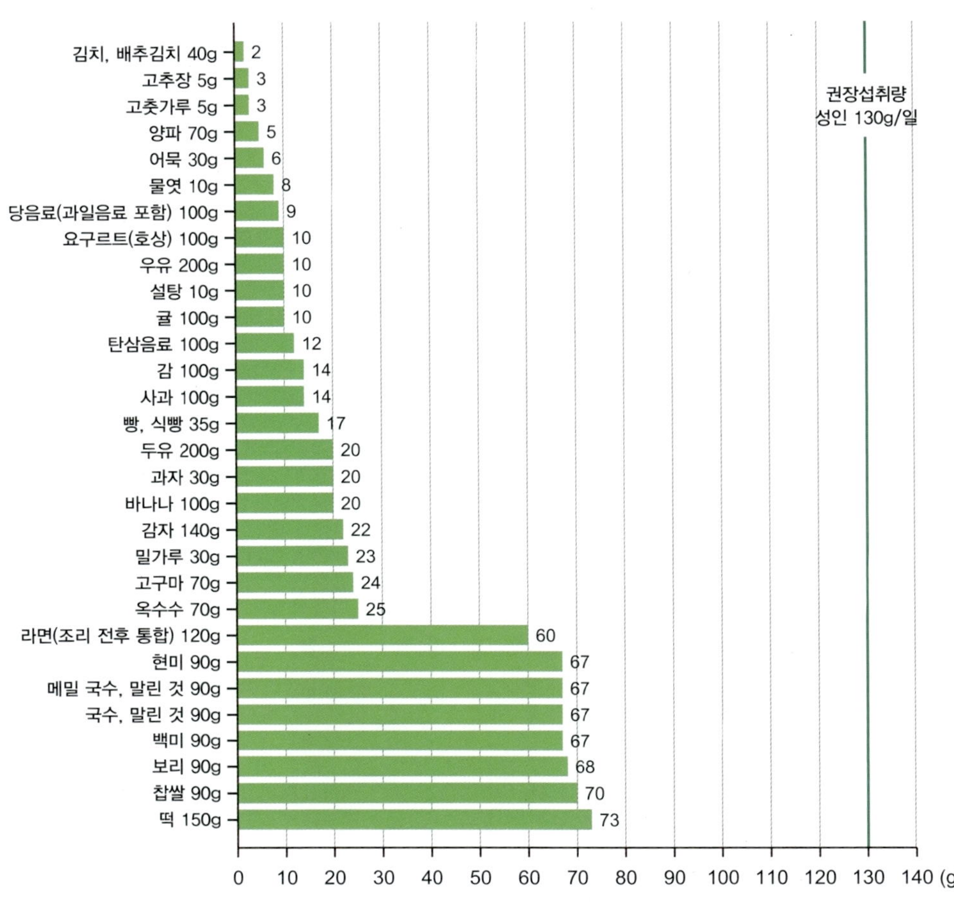

그림 2-26 **탄수화물 주요 급원식품(1회 분량당 함량)**[1]

1) 2022년 국민건강영양조사의 식품별 섭취량과 식품별 탄수화물 함량(국가표준식품성분표 DB 10.2) 자료를 활용하여 탄수화물 주요 급원식품 상위 30위 산출 후 1회 분량(2020 한국인 영양소 섭취기준)을 적용하여 1회 분량당 함량 산출. 19~29세 성인 권장섭취량 기준(2025 한국인 영양소 섭취기준)과 비교

자료: 보건복지부·한국영양학회. 2025 한국인 영양소 섭취기준

총당류와 첨가당의 섭취기준은 만성질환 예방을 주요 목표로 설정된다. 당류 과잉 섭취 예방 및 에너지 섭취 조절과 만성질환 예방을 위해 2025년 한국인 영양섭취기준의 총당류 섭취기준은 에너지의 20% 이내로 제시하고 있다. 또한 첨가당 과잉 섭취의 건강위해성이 지속적으로 보고되고 있으므로 첨가당은 총 에너지의 10% 이내로 제한하도록 하는 섭취기준을 제시하고 있다. 또한 첨가당의 주요 급원인 가당음료의 섭취는 가능한 줄이도록 권장하고 있다.

한국인의 당류 주요 급원식품은 사과, 탄산음료, 우유, 설탕, 빵, 고구마의 순으로 나타났다(표 2-10). 당류 고함량 식품은 표 2-11에, 당류 주요 급원식품의 1회 분량당 함량은 그림 2-27에 제시하였다.

표 2-10 **당류 주요 급원식품(100g당 함량)**[1)]

급원식품 순위	급원식품	함량 (g/100g)	기여율 (%)	급원식품 순위	급원식품	함량 (g/100g)	기여율 (%)
1	사과	11.1	10.39	16	배	9.8	1.75
2	탄산음료	10.7	8.07	17	참외	9.1	1.68
3	우유	4.8	7.01	18	두유	4.7	1.57
4	설탕	99.7	4.67	19	포도	11.9	1.46
5	빵, 식빵	7.9	3.44	20	복숭아	9.3	1.27
6	고구마	9.8	3.40	21	초콜릿	46.2	1.19
7	양파	5.7	3.40	22	샤베트	21.8	1.12
8	김치, 배추김치	2.7	2.95	23	수박	5.1	1.09
9	바나나	14.4	2.59	24	아이스크림	17.3	1.05
10	가당음료(과일음료 포함)	7.0	2.53	25	물엿	22.1	1.02
11	요구르트(호상)	8.5	2.52	26	과일청	58.8	0.93
12	귤	8.0	2.31	27	당근	6.2	0.91
13	고추장	21.8	2.13	28	시리얼	35.1	0.89
14	감	10.5	2.12	29	양배추	4.8	0.87
15	케이크	22.9	1.82	30	토마토케첩	20.8	0.82

1) 2022년 국민건강영양조사의 식품별 섭취량과 식품별 당류 함량(국가표준식품성분표 DB 10.2) 자료를 활용하여 당류 주요 급원식품 상위 30위 산출

자료: 보건복지부·한국영양학회. 2025 한국인 영양소 섭취기준

표 2-11 **당류 고함량 식품(100g당 함량)**

함량 순위	식품	함량 (g/100g)	함량 순위	식품	함량 (g/100g)
1	설탕	99.7	16	고기양념	28.2
2	꿀	74.7	17	데리야끼 소스	26.3
3	시럽	60.5	18	바비큐 소스	26.0
4	과일청	58.8	19	쥐치, 조미하여 말린 것	25.8
5	코코아, 분말	55.7	20	대추	24.3
6	과일잼	52.3	21	율무차	23.5
7	연유	51.9	22	케이크	22.9
8	젤리	50.0	23	돈까스 소스	22.3
9	초콜릿	46.2	24	물엿	22.1
10	사탕	42.8	25	고추장	21.8
11	양갱	41.9	26	샤베트	21.8
12	영유아분유	38.6	27	쌈장	21.1
13	분유	38.6	28	토마토케첩	20.8
14	시리얼	35.1	29	굴 소스	20.6
15	녹차라떼, 가루	28.9	30	겨자	19.5

자료: 국가표준식품성분표 DB 10.2

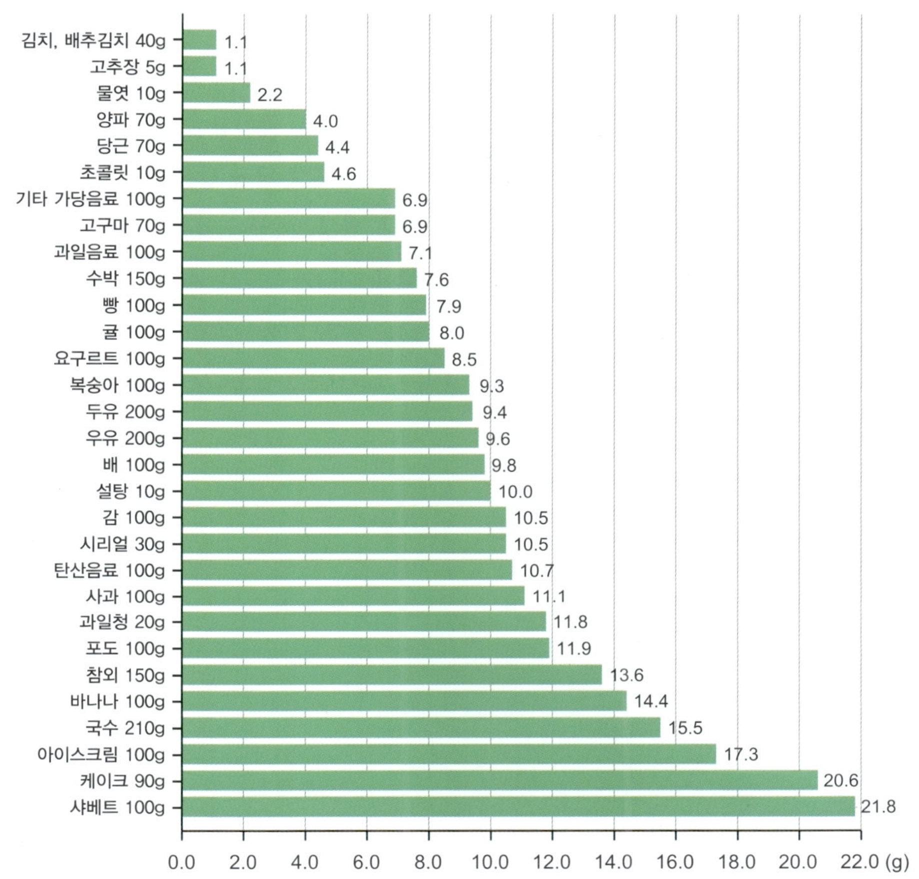

그림 2-27 **당류 주요 급원식품 (1회 분량당 함량)**[1)]

1) 2022년 국민건강영양조사의 식품별 섭취량과 식품별 당류 함량(국가표준식품성분표 DB 10.2) 자료를 활용하여 당류 주요 급원식품 상위 30위 산출 후 1회 분량(2020 한국인 영양소 섭취기준)을 적용하여 1회 분량당 함량 산출

자료: 보건복지부·한국영양학회. 2025 한국인 영양소 섭취기준

2025년 한국인 영양섭취기준에서 식이섬유의 기준치는 1,000kcal당 12.5g을 기준으로 충분섭취량을 제시하되, 50세 이상 성인의 경우 만성질환 예방을 위해 과거보다 상향 조정하여 기준치를 발표하였다. 식이섬유의 충분섭취량은 남자의 경우 19세 이상 성인은 30g/일, 여자의 경우 19~49세는 20g/일, 50세 이상은 25g/일이다. 우리나라 국민의 식이섬유 주요 급원식품은 배추김치, 고춧가루, 사과, 감, 백미, 두부 순이다.

한국인을 비롯한 동양인의 주식인 곡류 및 전분류는 탄수화물의 가장 주된 식품으로서 쌀, 보리 등의 곡류와 감자, 고구마 등의 서류 및 밀가루 등이 있으며, 그 외에 채소 및 과일류, 우유 및 유제품, 당류도 탄수화물을 함유한다. 채소 및 과일류에는 식이섬유의 함량이 많고 과일에는 과당의 함량이 많다. 우유 및 유제품은 유당을 함유하고 설탕, 물엿, 사탕 등의 당류는 단순당의 급원이며 꿀에는 포도당, 과당, 서당이 함유되어 있다. 심혈관 질환이나 당뇨병의 위험을 줄이기 위해서는 식이섬유를 충분히 섭취하는 것이 좋으므로 복합탄수화물 섭취를 권장한다. 도정률이 낮은 쌀의 이용을 높이고 잡곡, 감자류, 채소 및 과일류, 콩류, 해조류 등의 섭취량을 늘려야 한다(표 2-12, 그림 2-28).

표 2-12 **식이섬유 주요 급원식품(100g당 함량)**[1)]

급원식품 순위	급원식품	함량 (g/100g)	기여율 (%)	급원식품 순위	급원식품	함량 (g/100g)	기여율 (%)
1	배추김치	3.4	9.78	16	미역, 말린 것	35.6	1.45
2	고춧가루	37.7	4.23	17	고추장	5.2	1.34
3	사과	1.7	4.18	18	양배추	2.7	1.29
4	감	6.4	3.41	19	라면(조리 전후 통합)	2.1	1.24
5	백미	0.5	3.23	20	무	1.1	1.23
6	두부	2.9	3.22	21	귤	1.8	1.22
7	빵	2.5	2.88	22	당근	1.1	1.19
8	대두	20.8	2.88	23	김치, 깍두기	1.6	1.17
9	보리	11	2.88	24	옥수수	3.1	1.11
10	양파	1.7	2.65	25	김치, 열무김치	2.7	1.09
11	고구마	2	1.83	26	과자	4.9	1.08
12	토마토	2.6	1.62	27	바나나	2.7	1.04
13	감자	1.7	1.55	28	시금치	2.5	1.00
14	복숭아	4.3	1.55	29	현미	2.2	0.94
15	국수, 말린 것	2.2	1.50	30	된장	3.2	0.93

1) 2022년 국민건강영양조사의 식품별 섭취량과 식품별 식이섬유 함량(국가표준식품성분표 DB 10.2) 자료를 활용하여 식이섬유 주요 급원식품 상위 30위 산출
자료: 보건복지부·한국영양학회. 2025 한국인 영양소 섭취기준

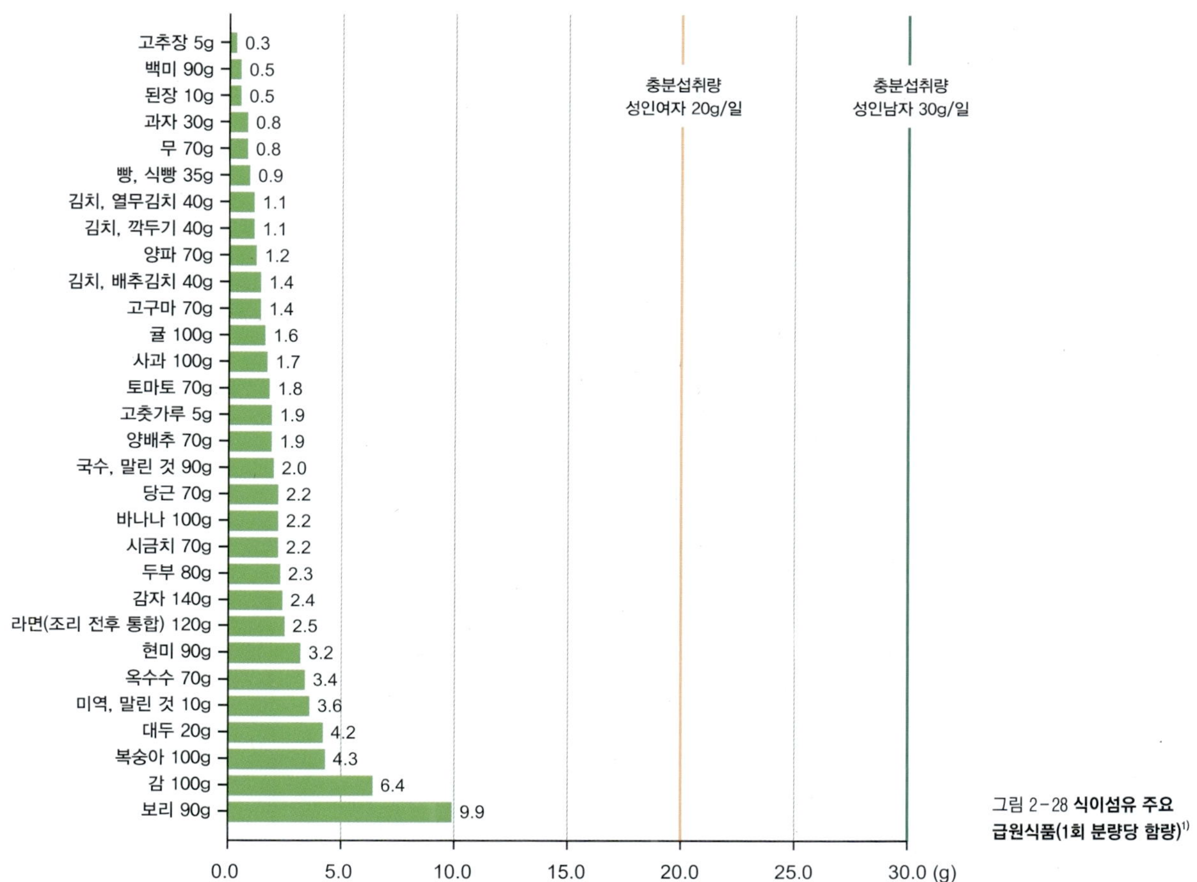

그림 2-28 **식이섬유 주요 급원식품(1회 분량당 함량)**[1]

1) 2022년 국민건강영양조사의 식품별 섭취량과 식품별 식이섬유 함량(국가표준식품성분표 DB 10.2) 자료를 활용하여 식이섬유 주요 급원식품 상위 30위 산출 후 1회 분량(2020 한국인 영양소 섭취기준)을 적용하여 1회 분량당 함량 산출, 19~29세 성인 충분섭취량 기준(2025 한국인 영양소 섭취기준)과 비교

자료: 보건복지부·한국영양학회, 2025 한국인 영양소 섭취기준

CHAPTER 3

지질

1. 지질의 분류
2. 지질의 소화와 흡수
3. 지질의 운반
4. 지질 대사
5. 지질의 체내 기능
6. 지질의 섭취와 건강

CHAPTER 3 **지질**

1. 지질의 분류

지질lipid은 탄소, 수소, 산소로 구성된 유기화합물로서 지방fat과 기름oil이 있다. 상온에서 고체인 지질은 지방이라고 하고, 액체인 지질은 기름이라 한다. 지질은 물에 녹지 않고 상대적으로 에테르, 알코올, 벤젠 등의 유기용매에 잘 녹는다. 지질은 구성성분에 따라 크게 단순지질, 복합지질, 유도지질로 구분한다.

1) 단순지질

식품이나 체지방의 98~99%는 단순지질로서 대부분이 중성지방 형태이고, 단순지질의 다른 종류로서 왁스wax(밀랍)가 있다.

(1) 중성지방

글리세롤 1분자에 지방산 3분자가 에스테르ester 결합한 것으로서 식품이나 체지방의 95%는 중성지방 형태이다. 에스테르결합은 글리세롤의 수산기hydroxy(−OH)와 지방산의 카르복실기carboxyl(- COOH) 사이에 물 한 분자가 빠짐으로써 이뤄진다(그림 3-1). 글리세롤 1분자에 1개의 지방산이 결합한 것을 모노글리세라이드, 2개의 지방산이 결합한 것을 다이글리세라이드, 3개의 지방산이 결합한 것을 트라이글리세라이드라고 하고 이 트라이글리세라이드가 중성지방이며 자연계에 존재하는 대부분의 지질 형태이다. 일반

모노글리세라이드 monoglyceride

다이글리세라이드 diglyceride

트라이글리세라이드 triglyceride

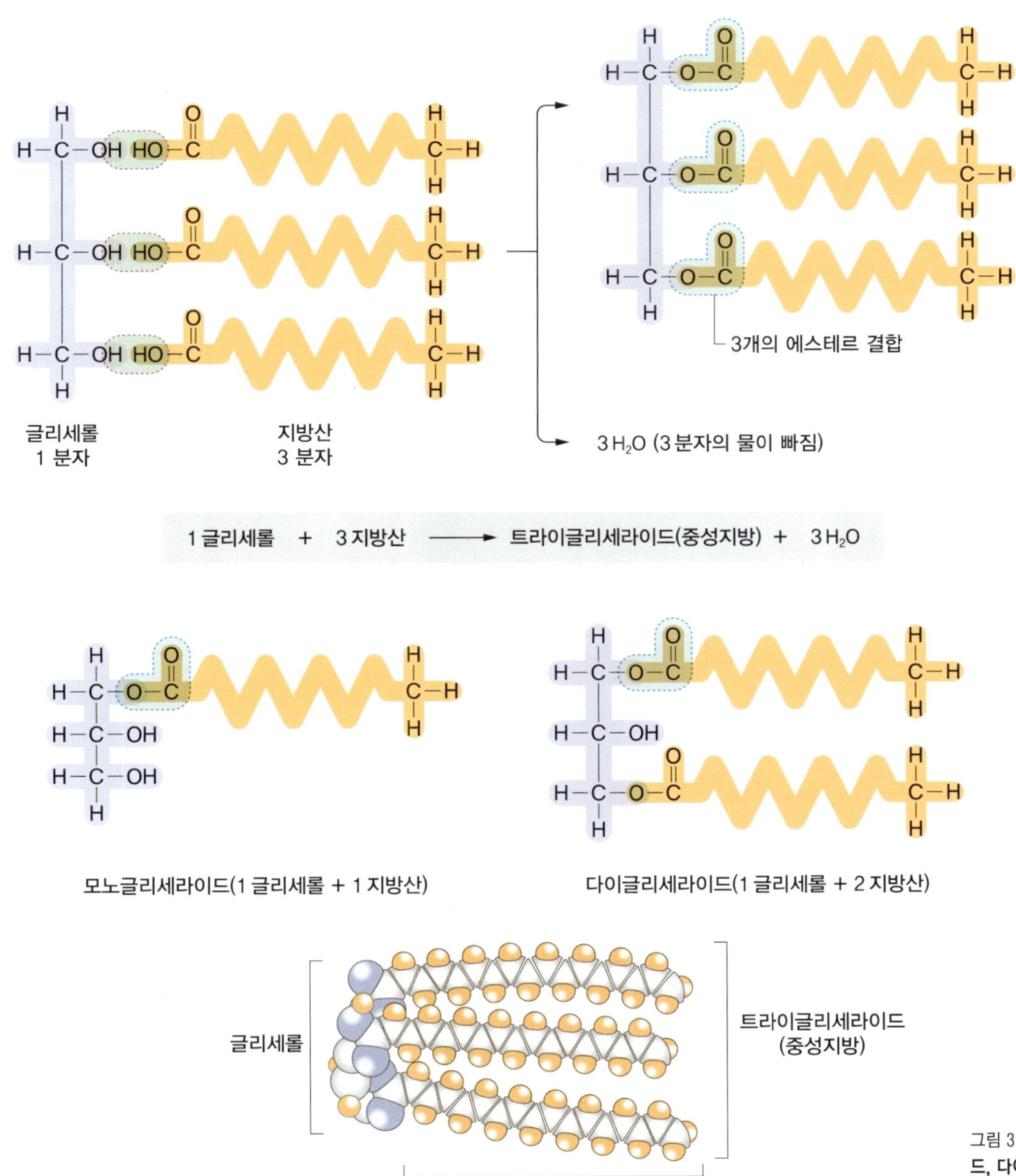

그림 3-1 **트라이글리세라이드, 다이글리세라이드, 모노글리세라이드의 구조**

적으로 글리세롤의 3개의 수산기 중 1번과 3번 위치에는 포화지방산이, 2번 위치에는 불포화지방산이 결합한다. 다이글리세라이드나 모노글리세라이드는 중성지방이 소화되는 과정에서 생성된다.

(2) 지방산

지방산은 중성지방의 구성성분으로서 한쪽 끝은 카르복실기(−COOH), 다른 쪽 끝은 메틸기(−CH_3), 가운데 부분은 긴 탄소사슬에 수소들이 결합되어 있는 탄화수소로 구성된다(그림 3-2). 지방산의 시작부분인 카르복실기는 친수성이지만 가운데의 탄화수소와 마지막의 메틸기 부분은 사슬길이가 길어질수록 소수성이 커진다. 탄소번호는 카르복실기의 탄소에서 1번으로 시작하여 탄화수소의 탄소로 번호가 계속되다가 메틸기의 탄소가 마지막 번호가 된다. 또한 카르복실기 옆의 탄소는 α탄소(2번 탄소)이고, 그 옆의 탄소는 β탄소(3번 탄소)이며 메틸기의 마지막 탄소가 ω(오메가)탄소이다. 오메가 탄소는 마지막 탄소이므로 (n)탄소로도 표시한다. 일반적인 화학 구조식은 $CH_3(CH_2)_n$ COOH로서 R - COOH로 표시하기도 하며 R-CO를 아실기라고 한다. 자연계에 존재하는 지방산은 탄소수가 4~22개의 짝수이며, 탄소 수와 탄소사슬 안의 결합방식 및 모양에 따라 그 종류가 다양하다.

① 탄소수

지방산은 탄소수에 따라서 짧은사슬지방산short-chain fatty acid, 중간사슬지방산medium-chain fatty acid, 긴사슬지방산long-chain fatty acid으로 나뉘는데, 탄소수 4~6개인 지방산은 짧은사슬지방산, 8~12개는 중간사슬지방산, 14개 이상은 긴사슬지방산이라 한다(표 3-1). 탄소수가 많을수록 지방산의 사슬길이가 길어지고 소수성이 커져 물에 쉽게 용해되지 않는다. 우유의 유지방은 짧은사슬지방산을 함유하고 코코넛유는 중간사슬지방산을 함유하는데, 이들 지방산들은 탄소수가 적어서 긴사슬지방산보다 친수성이 크다. 중간사슬지방산은 식품에 함유된 지방산의 4~10%를 차지한다. 일상식의 대부분 지질은 소수성으로서 긴사슬지방산을 함유하며 대부분 생체내 지방산도 14~22개의 탄소수를 갖는다. 긴사슬지방산은 짧은사슬지방산에 비해 녹는점과 끓는점이 높아서 상온에서 고체 상태다. 반면에 짧은사슬지방산은 녹는점과 끓는점이 상대적으로 낮아서 상온에서 액체 상태이다.

표 3-1 **탄소수에 따른 지방산의 종류**

종류	탄소수
짧은사슬지방산	4~6개
중간사슬지방산	8~12개
긴사슬지방산	14개 이상

짧은사슬지방산으로 구성된 중성지방은 짧은사슬지방SCT, short chain triglyceride, 중사슬지방산으로 구성된 중성지방은 중간사슬지방MCT, medium chain triglyceride, 긴사슬지방산으로 구성된 지질은 긴사슬지방LCT, long chain triglyceride이라 한다.

② 이중결합 수

탄소는 원자가가 4가로서 이웃하는 원자 4개와 결합할 수 있다. 지방산 말단의 카르복실기(–COOH)와 메틸기(–CH_3)의 탄소를 제외한 가운데 부분, 즉 사슬 내의 탄소가 인접 탄소 2개 및 수소 2개와 결합하고 있으면 포화saturated되었다고 하고, 인접 탄소들이 수소원자 한 개씩을 잃어버리고 이중결합을 형성하고 있으면 불포화unsaturated되었다고 한다.

- **포화지방산**: 지방산 사슬 내의 탄소와 탄소 사이에 이중결합이 없이 단일결합(–C–C–)만으로 이루어진 지방산으로서 포화지방산이 많은 지방은 녹는점이 높아 실온에서 고체이다. 포화지방산의 예로서 팔미트산(16:0), 스테아르산(18:0) 등이 있으며 이는 쇠고기나 돼지고기의 등심, 안심, 갈비 등의 흰 기름부분이나 닭고기 껍질 밑의 노란 기름부분 등 동물성 기름에 많이 함유되어 있다. 식물성 기름에는 이러한 포화지방산 함량이 적은데, 예외로 코코넛유, 팜유, 마가린 등은 식물성이지만 포화지방산이 다량 함유되어 있다. 코코넛유와 팜유는 팔미트산을 비롯한 포화지방산 함량이 각각 80%, 50% 정도로 높다.
- **불포화지방산**: 이중결합이 1개인 지방산을 단일불포화지방산monounsaturated fatty acid, 이중결합이 2개 이상인 지방산을 다불포화지방산polyunsaturated fatty acid이라 한다. 단일불포화지방산은 올리브유에 많은 올레산(18:1)이 대표적이며 스테아르산(18:0)으로부터 체내 합성된다. 다불포화지방산은 리놀레산(18:2)이 대표적이며 옥수수기름, 콩기름, 홍화기름, 참기름 등 대부분의 식물성 기름에 많이 존재하는데, 이중결합이 많을수

팔미트산 palmitic acid
스테아르산 stearic acid

올레산 oleic acid
리놀레산 linoleic acid

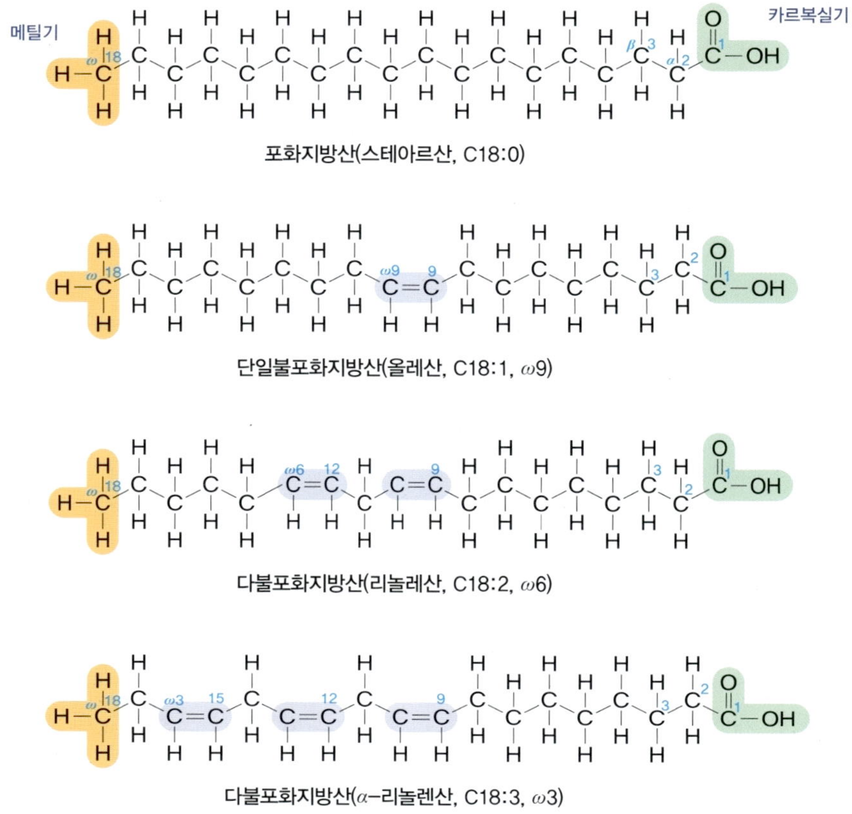

그림 3-2 **지방산의 구조**

록 녹는점이 낮아서 실온에서 액체 상태이다.

③ 이중결합 위치

지방산의 마지막 부분인 메틸기에서 가장 가까운 이중결합을 이루는 탄소의 위치에 따라 오메가-3(ω-3), 오메가-6(ω-6), 오메가-9(ω-9) 지방산으로 나눈다.

- 오메가-3 지방산
  - **알파-리놀렌산**α-linolenic acid(18:3, Δ9,12,15): 이중결합이 3개인 다불포화지방산으로 카르복실기로부터 15번째 탄소의 이중결합은 메틸기의 18번 오메가 탄소로부터는 3번째 탄소에 위치하므로 오메가-3 계열이다. 들기름, 카놀라유(유채씨유), 아마씨유에 다량 함유되어 있으며 옥수수기름보다는 콩기름에 많다.
  - **아이코사펜타에노산**eicosapentaenoic acid(EPA, 20:5, Δ5,8,11,14,17): 이중결합이

5개인 다불포화지방산으로 카르복실기로부터 17번째 탄소의 이중결합은 메틸기의 20번 오메가 탄소로부터는 3번째 탄소에 위치하므로 역시 오메가-3 계열이다. 연어, 고등어, 정어리와 같은 등푸른생선에 다량 함유되어 있으며 리놀렌산으로부터 합성될 수 있다.

- **도코사헥사에노산**docosahexaenoic acid(DHA, 22 : 6, Δ4,7,10,13,16,19): 이중결합이 6개인 다불포화지방산으로 카르복실기로부터 19번째 탄소의 이중결합은 메틸기의 22번 오메가 탄소로부터는 3번째 탄소에 위치하므로 역시 오메가-3 계열이다. EPA와 같이 등푸른생선에 다량 함유되어 있으며 EPA와의 전환이 가능하다. 플랑크톤에도 오메가-3계 지방산이 많다.

• 오메가-6 지방산

- **리놀레산**linoleic acid(18 : 2, Δ9,12): 이중결합이 2개인 다불포화지방산으로 카르복실기로부터 12번째 탄소의 이중결합은 메틸기의 18번 오메가 탄소로부터는 6번째 탄소에 위치하므로 오메가-6 계열이다. 참기름, 옥수수유, 포도씨유, 해바라기씨유, 면실유, 잇꽃유 등 식물성 기름에 많다.
- **감마-리놀렌산**γ-linolenic acid(18 : 3, Δ6,9,12): 이중결합이 3개인 다불포화지방산으로 이중결합이 2개인 리놀레산과 비교하여 카르복실기로부터 6번째 탄소에 이중결합이 추가된 형태이다. 카르복실기로부터 12번째 탄소의 이중결합은 메틸기의 18번 오메가 탄소로부터는 6번째 탄소에 위치하므로 오메가-6 계열이다. 달맞이꽃 종자유에 다량 함유되어 있다.
- **다이호모 감마-리놀렌산**dihomo γ-linolenic acid(20 : 3, Δ8,11,14): 이중결합이 3개인 다불포화지방산으로 이중결합이 4개인 아라키돈산과 비교해 카르복실기로부터 5번째 탄소에 이중결합이 제외된 형태이다. 카르복실기로부터 14번째 탄소의 이중결합은 메틸기의 20번 오메가 탄소로부터는 6번째 탄소에 위치하므로 오메가-6 계열이다.
- **아라키돈산**arachidonic acid(20 : 4, Δ5,8,11,14): 이중결합이 4개인 다불포화지방산으로 카르복실기로부터 14번째 탄소의 이중결합은 메틸기의 20번 오메가 탄소로부터는 6번째 탄소에 위치하므로 역시 오메가-6 계열이다. 육류, 가금류, 난황에 소량 함유되고 리놀레산으로부터 합성될 수 있다.

표 3-2 지방산의 종류와 급원식품

분류		지방산 이름	기호	화학식 또는 이중결합 위치	급원식품
짧은사슬 지방산	포화	Butyric acid	4:0	$CH_3(CH_2)_2COOH$	버터
		Caproic acid	6:0	$CH_3(CH_2)_4COOH$	버터, 코코넛유
중간사슬 지방산		Caprylic acid	8:0	$CH_3(CH_2)_6COOH$	코코넛유, 팜유, 버터
		Capric acid	10:0	$CH_3(CH_2)_8COOH$	코코넛유, 팜유, 버터
		Lauric acid	12:0	$CH_3(CH_2)_{10}COOH$	코코넛유, 팜유
긴사슬 지방산		Myristic acid	14:0	$CH_3(CH_2)_{12}COOH$	대부분의 동·식물성 기름, 팜유
		Palmitic acid	16:0	$CH_3(CH_2)_{14}COOH$	대부분의 동·식물성 기름, 팜유
		Stearic acid	18:0	$CH_3(CH_2)_{16}COOH$	대부분의 동물성 기름
	단일 불포화	Oleic acid	18:1(ω9)	Δ9	올리브유
	다불포화	Linoleic acid	18:2(ω6)	Δ9,12	대부분의 식물성 기름(옥수수유, 참기름, 포도씨유, 면실유, 해바라기씨유 등)
		α–linolenic acid	18:3(ω3)	Δ9,12,15	들기름, 콩기름, 카놀라유, 아마씨유
		Arachidonic acid	20:4(ω6)	Δ5,8,11,14	육류, 가금류, 난황
		EPA	20:5(ω3)	Δ5,8,11,14,17	어유, 등푸른생선
		DHA	22:6(ω3)	Δ4,7,10,13,16,19	어유, 등푸른생선

표 3-3 식용으로 사용하는 기름의 주요 지방산 조성(%)

지방산 종류 / 기름 종류	포화지방산		불포화지방산			리놀레산(ω6)/리놀렌산(ω3)
			단일불포화지방산	다불포화지방산		
	팔미트산	스테아르산	올레산(ω9)	리놀레산(ω6)	리놀렌산(ω3)	
올리브유	12.1	2.7	71.8	10.2	0.8	12.8
카놀라유	4.3	1.6	59.9	23.0	6.8	3.4
포도씨유	7.0	4.0	16.0	72.0	0.5	144.0
해바라기씨유	6.1	5.6	19.3	67.0	0.1	670.0
옥수수유	9.4	1.9	25.5	55.2	1.6	34.5
콩기름	9.5	4.9	21.9	52.6	7.9	6.7
참기름	9.1	4.9	38.0	45.2	1.2	37.7
잣기름	4.9	1.5	24.5	48.8	14.7	3.3
들기름	7.0	2.0	16.7	16.5	56.6	0.3
아마씨유	7.0	4.0	20.0	15.4	53.6	0.3
팜유	43.7	4.5	39.3	10.1	0.2	50.5
쇠기름	25.5	21.6	38.7	2.2	0.6	3.7
돼지기름	24.8	12.3	45.1	9.9	0.3	33.0

이중결합 중심으로 가까이 위치하는 2개의 수소는 서로 밀어내어 탄소사슬이 구부러짐

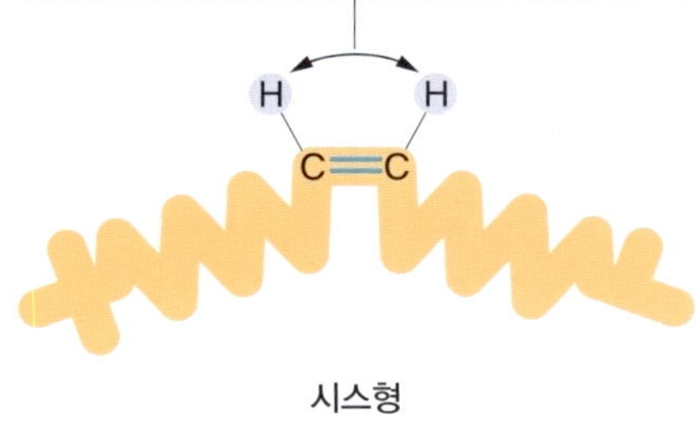

시스형

이중결합 중심으로 2개의 수소는 서로 멀리 반대 방향에 위치하므로 구부러짐 없이 반듯함

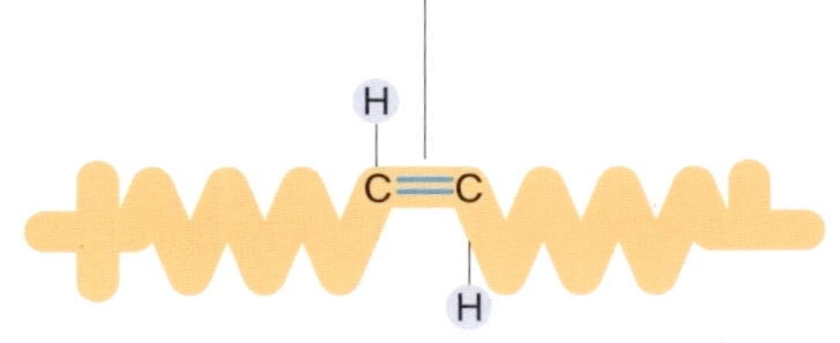

트랜스형

그림 3-3 **시스, 트랜스지방산의 사슬모양**

- 오메가-9 지방산
  - **올레산**oleic acid(18:1, Δ9): 이중결합이 1개인 단일불포화지방산. 카르복실기로부터 9번째 탄소의 이중결합은 메틸기의 18번 오메가 탄소로부터도 9번째 탄소에 위치하므로 오메가-9 계열이다. 올리브유, 카놀라유에 많다(표 3-2).

시스 cis
트랜스 trans

④ **시스형, 트랜스형**

불포화지방산은 이중결합을 중심으로 좌우 탄소사슬의 모양에 따라 시스형과 트랜스형으로 나뉜다(그림 3-3).

- **시스형**: 이중결합을 이루는 탄소 2개에 결합된 수소원자 2개가 같은 방향에 있으면서 서로 밀어내는 성질 때문에 지방산의 탄소사슬은 이중결합을 중심으로 구부러진 모양을 이룬다. 따라서 이중결합이 2개인 지방산이라면 두 군데에서 구부러진다. 대부분의 자연식품에 포함된 불포화지방산들은 시스형이다.
- **트랜스형**: 이중결합을 이루는 탄소 2개에 결합된 수소원자 2개가 서로 다른 반대 방향에 있어서 시스형과는 달리 지방산의 탄소 사슬이 구부러지지 않고 똑바른 모양을 하므로 포화지방산과 비슷한 물리적 성질을 지닌다. 대부분의 트

올레산(시스형)

엘라드산(트랜스형)

수소 첨가

스테아르산(포화)

그림 3-4 **단일불포화지방산(시스형, 트랜스형)과 포화지방산의 사슬모양**

랜스지방산은 단일불포화이고 일부만이 이중결합 2개를 갖는다. 트랜스지방산은 다불포화지방산을 함유한 액체의 식물성 기름에 부분적으로 수소를 첨가하여 쇼트닝과 마가린 같은 고체의 경화유를 만드는 과정에서 생기는 지방산이다(그림 3-4). 마가린과 쇼트닝은 재료가 식물성 기름이지만 수소첨가 과정을 거쳐 트랜스지방산과 포화지방산을 다량 함유한다. 조리할 때 식물성 기름 대신 마가린이나 쇼트닝을 사용하면 독특한 질감을 주고 실온에서 일정한 형태를 유지하며 쉽게 산화되지 않으므로 품질 향상을 위해 제과·제빵 등에 이용하고 있다.

(3) 왁스

왁스(밀랍)는 긴사슬지방산에 글리세롤 대신 알코올이 결합된 물질로서 동물의 피부·털·날개, 식물의 줄기나 잎, 사과껍질 등에서 방수(防水)의 특성을 나타낸다.

- 포화지방산의 탄소사슬은 양옆으로는 탄소끼리 결합하고 탄소의 위아래는 수소에 둘러싸인 구조(포화)로서 이중결합이 없으므로 구부러지지 않고 가지런히 쌓을 수 있다. 이로 인해 경직성을 나타내므로 포화지방산은 상온에서 고체 상태이다.
- 그러나 이중결합을 갖는 불포화지방산은 이중결합을 중심으로 구부러지므로 포화지방산처럼 가지런히 쌓을 수 없고 흐트러지므로 상온에서 경직성이 적은 액체 상태가 된다.
- 이중결합이 하나인 단일불포화지방산은 포화지방산과 다불포화지방산 중간정도의 경직성을 가지므로 상온에서 걸쭉한 액체이거나 부드러운 고체 형태이다. 단일불포화지방산을 많이 함유한 올리브유가 걸쭉한 액체 상태인 것이 좋은 예이다.

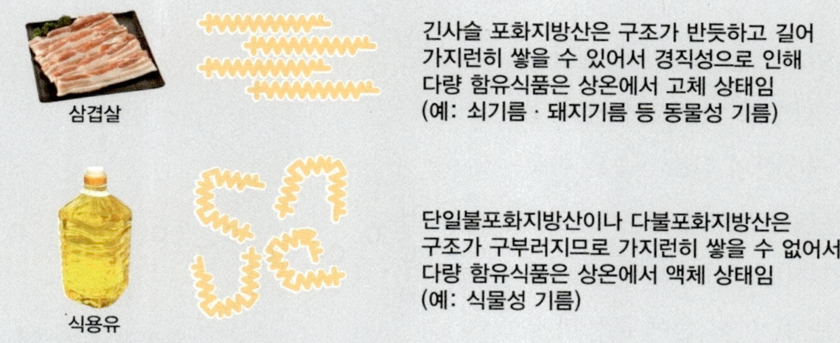

지질의 산패

- 식물성 기름에 다량 함유되어 있는 다불포화지방산은 자외선, 공기, 열, 화합물 등에 의해 이중결합이 쉽게 산화분해되어 산패물을 생성한다. 산패물이 생성되면 식물성 기름은 맛과 향이 변해 불쾌한 냄새를 내고 색도 변해 질이 떨어지며 인체에 해롭다.
- 다불포화지방산의 이중결합에 수소를 첨가해 부분적으로 포화지방산으로 만들면 산패를 어느 정도 줄일 수 있으나, 포화지방산은 혈중 콜레스테롤 농도를 올리므로 과량 섭취 시 인체에 해롭다. 포화지방산은 불포화지방산에 비해 녹는점이 높아 포화지방산을 다량 함유한 식품은 실온에서 고체 상태이다. 따라서 액체인 식물성 기름은 수소첨가 과정을 통해 마가린과 쇼트닝 같은 고체의 경화유가 된다.
- 그 외에 식물성 기름에 BHA, BHT와 같은 항산화제를 첨가하여 산패를 억제하기도 하는데, BHA나 BHT 역시 인체에 해롭다. 비타민E는 지방산의 산패를 억제하는 천연 항산화제로서 식물성 기름에 포함되어 있지만 신선하지 않은 식물성 기름은 산패물을 다량 함유한다.

2) 복합지질

복합지질은 단순지질 성분인 글리세롤·지방산 대신 인산, 염기, 스핑고신, 당 등이 들어간 것으로 인지질과 당지질이 있다.

스핑고신 sphingosine

(1) 인지질

① 인지질의 구조

글리세롤의 첫 번째와 두 번째 수산기에 지방산이 결합하고, 세 번째 수산기에는 인산기(PO_4^-)와 염기가 결합되어 있는 형태를 인지질이라 한다(그림 3-5). 인산기에 결합한 염기의 종류에는 콜린, 에탄올아민, 세린, 이노시톨 등이 있으며 염기의 종류에 따라 포스파티딜콜린(레시틴), 포스파티딜에탄올아민(세팔린), 포스파티딜세린, 포스파티딜이노시톨 등이 있다. 세포막에서 발견되는 인지질 중 가장 중요한 것은 레시틴으로 특히 뇌와 신경조직에 다량 함유되어 있다. 세팔린은 레시틴의 콜린 대신 에탄올아민이 결합된 것으로, 역시 뇌에 다량 함유되어 있고 간과 부신에서도 발견된다. 식품으로는 동물의 내장과 난황, 콩, 땅콩에 함유되어 있다.

콜린 choline
에탄올아민 ethanolamine
세린 serine
이노시톨 inositol
포스파티딜콜린 phosphatidylcholine
포스파티딜에탄올아민 phosphatidylethanolamine
포스파티딜세린 phosphatidylserine
포스파티딜이노시톨 phosphatidylinositol

② 인지질의 특성

인지질의 머리부분에 있는 인산기는 친수성이므로 인지질의 외부로 향하여 물과 상호작용하고, 인지질의 꼬리 부분에 있는 지방산은 소수성이므로 인지질의 내부로 모인다. 이와 같이 친수기와 소수기를 다 가지는 인지질은 물과 기름에 잘 섞이므로 유화제로 작용

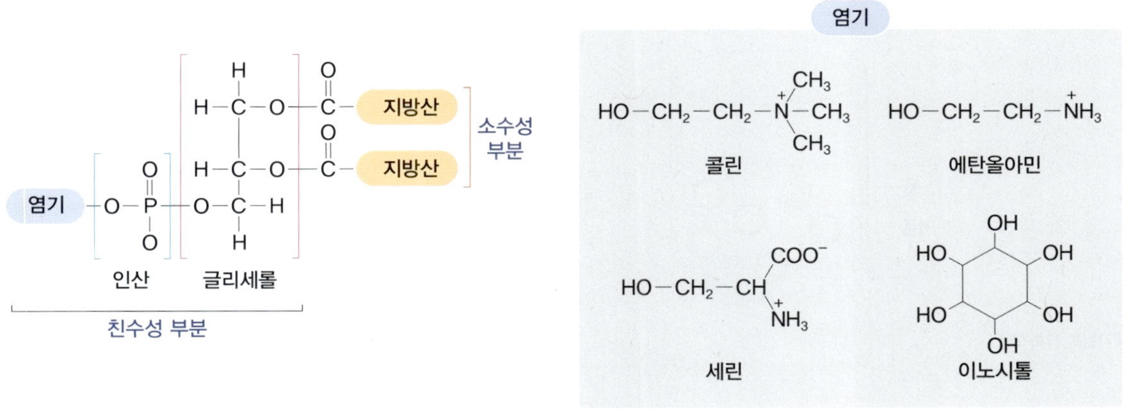

그림 3-5 **인지질의 구조**

한다(그림 3-6).

미셀 micelle

인지질이 있으면 소수성 지질은 덩어리로 모이지 않고 인지질에 둘러싸여 있는 작은 미립자로 분산되어 유화상태의 미셀이 된다. 좋은 예로, 소수성의 샐러드유와 친수성의 식초는 섞이지 않지만 이때 난황을 넣으면 난황에 함유된 인지질이 샐러드유의 덩어리를 작은 미립자로 만들어 식초와 잘 섞이게 함으로써 유화상태의 마요네즈로 만들어준다.

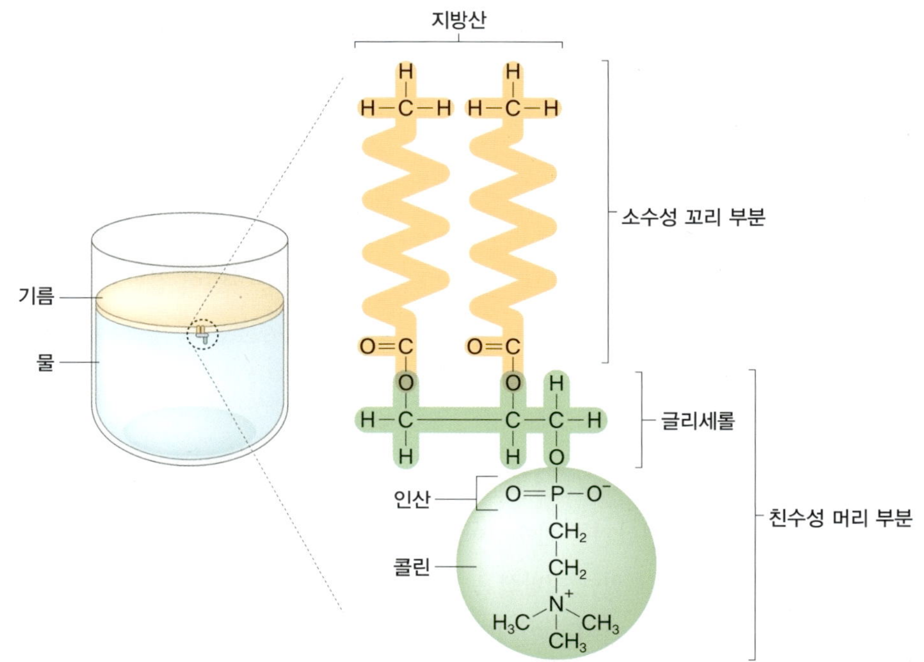

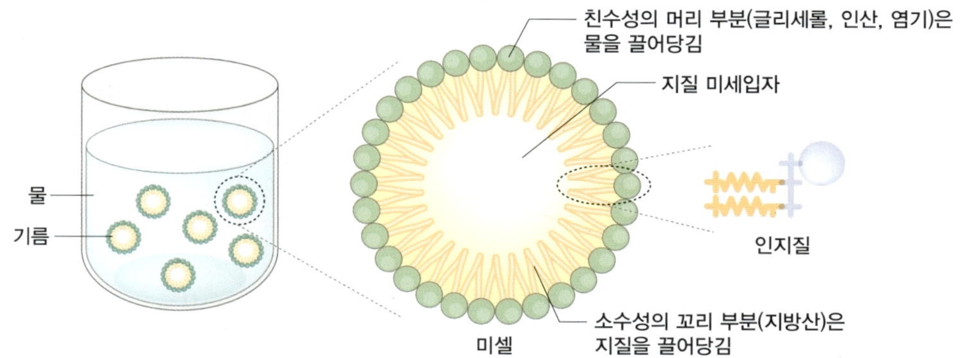

그림 3-6 **레시틴과 유화작용**

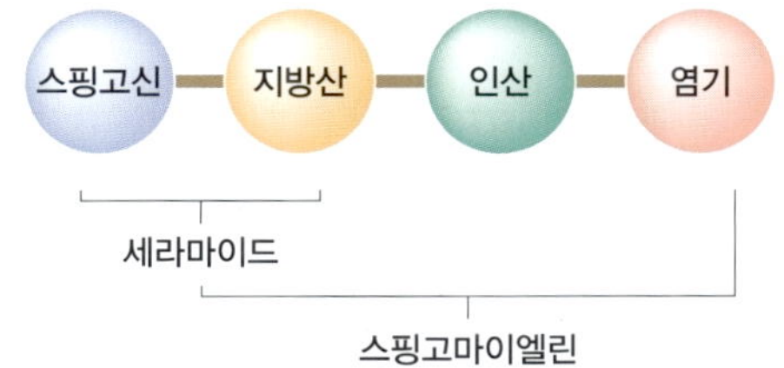

세레브로사이드(세포막에 존재)

당
- 포도당: 글루코세레브로사이드
- 갈락토오스: 갈락토세레브로사이드(뇌, 신경세포막에 다량 함유)
- 복합당: 강글리오세레브로사이드

그림 3-7 **스핑고지질**

(2) 스핑고지질

글리세롤 대신 스핑고신(아미노알코올)이 들어가고, 여기에 지방산이 아마이드 결합한 세라마이드를 스핑고지질이라 한다(그림 3-7). 이와 같은 스핑고신-지방산 세라마이드에 인산과 염기가 결합한 것이 스핑고마이엘린이고, 신경세포의 축삭을 둘러싸 절연시키는 작용을 하는 마이엘린에 많이 함유되어 있다.

스핑고신-지방산 세라마이드에 당이 결합한 것은 세레브로사이드라 하는데, 포도당이 결합한 것은 글루코세레브로사이드, 갈락토오스가 결합한 것은 갈락토세레브로사이드라 한다. 이들은 조직의 세포막에 존재하는데, 특히 갈락토세레브로사이드는 뇌와 신경세포막에 많이 존재한다. 강글리오사이드는 여러 개의 복합 당이 결합한 것으로 신경자극 전달에서 중요한 역할을 한다. 세레브로사이드는 당지질로 분류되기도 한다.

스핑고지질 sphingolipid
세라마이드 ceramide
마이엘린 myelin
세레브로사이드 cerebroside
글루코세레브로사이드 glucocerebroside
갈락토세레브로사이드 galactocerebroside
강글리오사이드 ganglioside

3) 유도지질

단순지질로부터 유도되어 생성된 것으로 스테롤과 카로틴 색소 등이 있다.

스테롤 sterol
카로틴 carotene

(1) 콜레스테롤

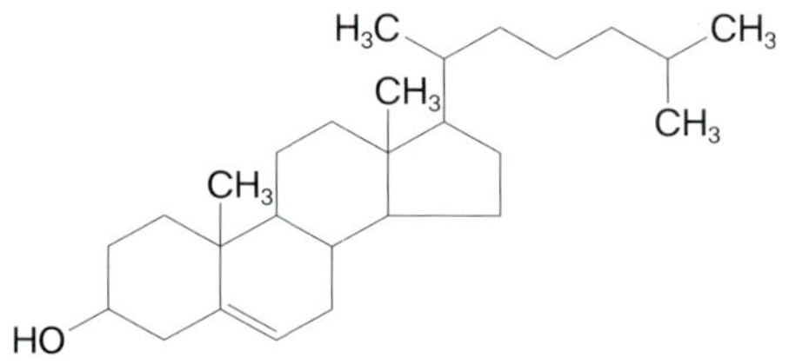

그림 3-8 **콜레스테롤의 구조**

탄소가 네 개의 고리 모양을 하고 있는 콜레스테롤은 소수성의 대표적 스테롤로서 동물성 식품에만 함유되어 있다(그림 3-8). 체내에서 콜레스테롤은 일부 유리 형태로도 존재하나 대부분은 지방산과 결합되어 있는 에스테르형으로서, 혈중 지단백질에 함유되고 부신피질, 혈장, 소장의 림프, 간, 특히 뇌와 신경조직에 다량 존재한다. 콜레스테롤에스테르는 유리 콜레스테롤에 비해 소수성이 강하다. 콜레스테롤과 콜레스테롤에스테르는 세포막의 구성성분으로 세포막의 유동성을 유지하는 데 도움을 준다. 체내에 있는 콜레스테롤은 동물성 식품으로 섭취로부터 온 콜레스테롤과 체내(주로 간, 소장)에서 합성된 것으로 구성된다.

콜레스테롤에스테르 cholesterol ester

(2) 에르고스테롤

파이토스테롤 phytosterol
에르고스테롤 ergosterol

식물성 식품에 들어 있는 스테롤을 파이토스테롤이라 한다. 파이토스테롤의 일종인 에르고스테롤은 효모, 곰팡이, 버섯, 이스트에 함유되어 있다. 에르고스테롤은 흡수 시 콜레스테롤과 경쟁하므로 콜레스테롤 흡수를 방해한다.

2. 지질의 소화와 흡수

1) 지질의 소화

(1) 구강, 위에서의 소화

라이페이즈 lipase
가스트린 gastrin

섭취한 지질 중 중성지방은 설선(혀밑샘)에서 분비되는 타액 라이페이즈와 위에서 분비되는 위 라이페이즈의 작용에 의해 10~30% 정도가 소화된다. 음식이 위에 들어오면 호르몬 가스트린 분비가 촉진되고 가스트린은 위의 주세포chief cell에서 위 라이페이즈의 분비를 촉진한다. 위 라이페이즈는 산성 pH에서 안정적이다. 타액이나 위 라이페이즈는 주로 탄소수 12개 이하의 짧은사슬이나 중간사슬 중성지방의 소화에 관여하며, 글리세롤 3번 위치의 에스테르결합을 우선 가수분해하여 지방산을 유리하고 지방산과 1, 2번 위치에서 에스테르결합을 하고 있는 다이글리세라이드를 생성한다. 그러나 음식물이 입안에 머무는 시간은 짧아서 입안에서는 소량만 소화되고 대부분 중성지방 형태로 넘어간다. 또한 일상식에서 흔히 섭취하는 지질은 소수성의 긴사슬 중성지방으로서 구강과 위에서는 분해되지 않으므로 위에서 형성된 수용성의 유미즙에 섞이지 않고 덩어리를 이룬 채 십이지장으로 넘어간다.

다이글리세라이드 diglyceride

중성지방 triglyceride

그러나 모유나 우유에 포함되어 있는 유지방은 짧은사슬이나 중간사슬지방을 다량 함유하므로 유즙에 의존하는 영아의 경우에는 구강과 위에서 라이페이즈의 작용이 중요하다. 영아는 췌장 라이페이즈 활성이 낮은 대신, 타액 라이페이즈 분비량이 많다.

(2) 소장에서의 소화

위의 산성 유미즙이 십이지장에 도달하면 호르몬 세크레틴이 분비된다. 세크레틴은 췌장을 자극하여 췌액 중 알칼리(중탄산나트륨 $NaHCO_3$) 분비를 촉진하고 산성 유미즙을 중화함으로써 십이지장 벽을 산으로부터 보호하며 췌장 소화효소들이 작용하기에 적당한 약 알칼리성 환경을 만든다. 또한 긴사슬 중성지방이 십이지장에 도달하면 콜레시스토키닌이라는 호르몬이 분비된다. 콜레시스토키닌은 담낭을 수축하여 담즙 분비를 촉진하고 또한 췌장을 자극하여 췌장 라이페이즈의 분비를 촉진함으로써 긴사슬 중성지방은 본격

세크레틴 secretin

콜레시스토키닌 cholecystokinin

표 3-4 **소화 호르몬의 특성**

호르몬	분비 자극	분비 장소	역할
가스트린	• 위의 유문부에 음식물(특히 단백질, 그 외 카페인, 향신료, 알코올 등 자극적 성분) 접촉	위의 유문부	• 위세포에서 생산되는 위의 지질분해효소인 라이페이즈 분비 촉진 • 위산분비와 펩시노겐 생성 자극으로 단백질 소화 촉진
세크레틴	• 위에서 내려온 유미즙의 산이 십이지장 벽에 접촉	소장	• 가스트린 역할 방해하여 위액분비와 위운동 억제 • 췌액의 중탄산염 분비를 자극하여 십이지장으로 넘어온 산성 유미즙 중화
콜레시스토키닌	• 위에서 넘어온 긴사슬 중성지방과 단백질이 십이지장 벽에 접촉	소장	• 위액분비, 위운동 억제 • 담낭 수축하여 담즙분비 촉진 • 췌액의 소화효소 분비 촉진
GIP	• 유미즙의 산, 지방과 포도당이 십이지장 벽에 접촉	소장	• 위액분비, 위운동 억제 • 위의 내용물의 십이지장 유입 지연 • 인슐린 분비 촉진

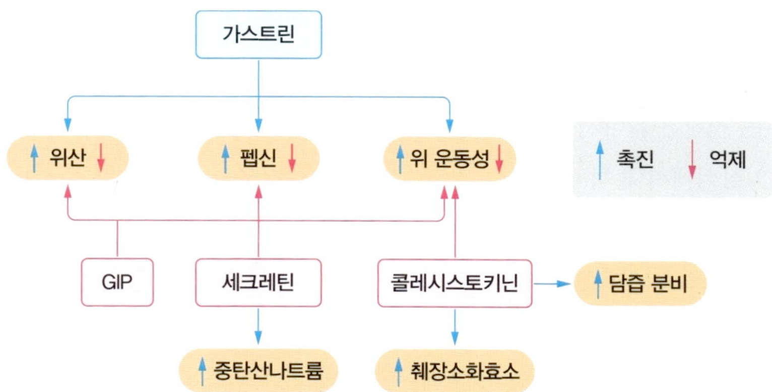

그림 3-9 **소화 호르몬의 상호작용**

적으로 소화되기 시작한다. 한편, GIPgastric inhibitory peptide, 세크레틴, 콜레시스토키닌은 위액분비를 감소시키고 위운동을 억제하는 호르몬으로 유미즙이 십이지장으로 들어오는 속도를 낮춘다(표 3-4, 그림 3-9).

① **중성지방의 소화**

중성지방은 탄소사슬의 길이에 따라 소화에 관여하는 분해효소와 분해과정이 다르다(그림 3-10).

- **짧은사슬, 중간사슬 중성지방**: 유즙의 유지방이나 코코넛유와 같이 짧은사슬이나 중간사슬 중성지방은 소장점막에 있는 지방분해효소인 라이페이즈에 의해 글리세롤과 유리지방산으로 쉽게 가수분해된다.
- **긴사슬 중성지방**: 일상식에서 흔히 섭취하는 소수성의 긴사슬 중성지방은 수용성의 유미즙에 섞이지 않고 덩어리를 이루고 있으므로 표면적이 적어서 췌장 라이페이즈의 분해작용이 어렵다. 따라서 지방 덩어리가 미세입자로 나뉘어져야 하는데, 담즙성분 가운데 담즙산과 레시틴은 유화제로서 친수기와 소수기를 다 가지는 양성물질이므로 지방 덩어리를 소량씩 떼어 내어 감싸므로써 여러 개의 미세입자로 나눌 수 있고, 이런 상태가 되어야 비로소 췌장 라이페이즈에 의한 분해작용이 시작된다. 유화과정을 통해 지방 덩어리가 여러 개의 지방 미세입자가 되었을 때 표면적이 1,000배로 늘어난다. 그러나 지방입자를 둘러싼 담즙산 때문에 라이페이즈가 지방에 쉽게 다가갈 수 없으므로 보조 라이페이즈(지방분해 조효소)의 도움이 필요하다. 췌장에서 분비되는 보조 라이페이즈는 약 100개의 아미노산으로 구성된 단백질로 소장에서 췌장 트립신에

레시틴 lecithin

보조 라이페이즈 colipase
트립신 trypsin

의해 활성화된다. 활성화된 보조 라이페이즈가 라이페이즈와 복합체를 이룬 후에 지방입자에 다가가면 긴사슬 중성지방의 가수분해가 시작된다. 췌장 라이페이즈는 긴사슬 중성지방의 1번과 3번의 에스테르결합(1차적 에스테르결합)만을 가수분해하여 2-모노글리세라이드(2-MG)를 만든다. 2-MG가 완전히 가수분해되려면 1차적 에스테르로 전환되어야 하는데, 이 과정은 비교적 서서히 일어나므로 소장에서 긴사슬 중성지방의 주된 소화생성물은 2-MG와 긴사슬지방산이다. 긴사슬 중성지방의 약 20%만이 유리지방산과 글리세롤로 완전히 가수분해되어 흡수된다.

② 인지질의 소화

인지질은 일부 소화되지 않은 채 흡수되기도 하지만, 대부분의 인지질은 췌액 중 인지질분해효소인 포스포라이페이즈 A_2에 의해 분해된다. 췌장 인지질분해효소는 인지질의 2번 위치에 있는 지방산의 에스테르결합을 가수분해하여 라이소인지질과 유리지방산을 생성한다(그림 3-10).

포스포라이페이즈 phospholipase

라이소인지질 lysophospholipid

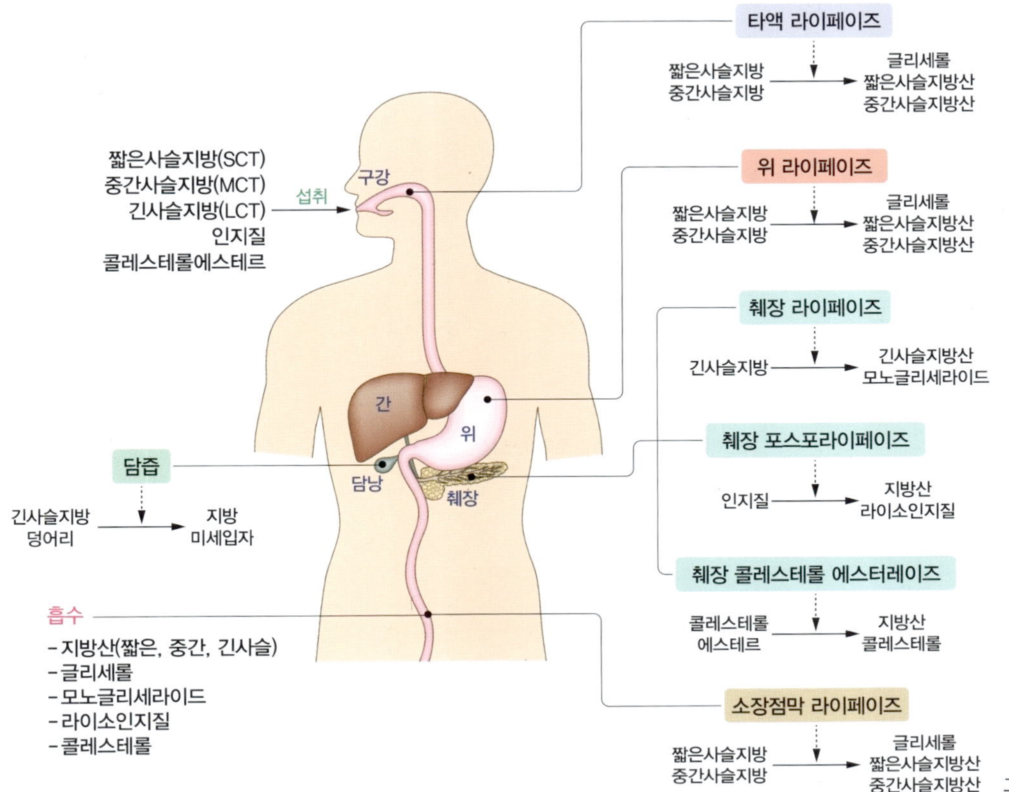

그림 3-10 **지질의 소화**

③ 콜레스테롤의 소화

음식 중의 콜레스테롤은 대부분 에스테르형으로서 지방산과 결합되어 있다. 콜레스테롤 에스테르는 췌액 중 콜레스테롤에스테르 가수분해효소에 의해 유리 콜레스테롤과 유리 지방산으로 분해된다(그림 3-10).

이와 같은 과정에 의해 소화가 완료된 지질의 분해산물인 글리세롤, 지방산, 모노글리세라이드, 콜레스테롤, 라이소인지질은 담즙과 함께 복합미셀을 형성한 후, 소장벽을 덮고 있는 물 층을 통과하여 소장 융모의 점막세포 안으로 흡수된다.

한편, 십이지장으로 분비된 담즙산은 유화역할을 한 후 대부분(97~98%) 회장에서 재흡수되어 문맥을 통해 간으로 돌아간다. 이를 장간순환이라 한다(그림 3-11).

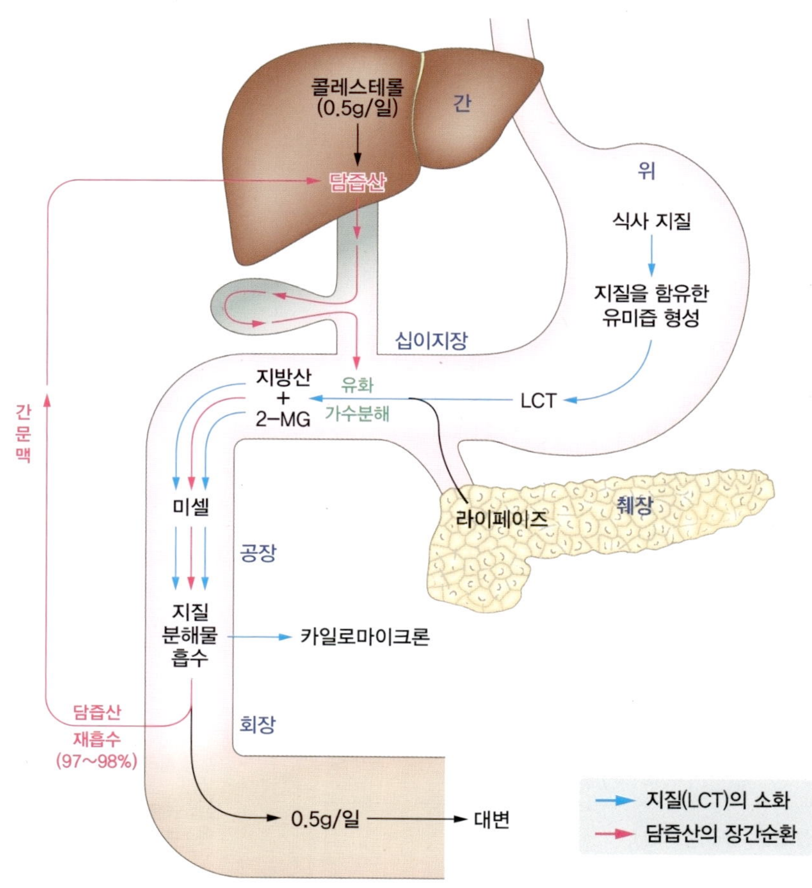

그림 3-11 **지질의 소화와 담즙산의 장간 순환**

2) 지질의 흡수

가수분해되어 생성된 글리세롤, 유리지방산, 모노글리세라이드, 콜레스테롤 등 지질 가수분해물은 담즙과 함께 혼합미셀 형태로서 소장 융모의 점막세포 가까이 이동하고, 그 후 세포 안팎의 농도 차에 의한 단순확산을 통해 세포 내로 흡수된다. 지질은 주로 소장의 공장과 회장의 상부에서 흡수되며, 지질의 소화와 흡수는 매우 효율적이어서 섭취한 지질의 약 95%가 흡수된다. 흡수되는 경로는 지방산의 사슬길이에 따라 다르다(그림 3-12).

(1) 짧은사슬, 중간사슬지방산(탄소수 12개 이하)

짧은사슬지방산과 중간사슬지방산은 수용성이므로 카일로마이크론chylomicron을 형성하지 않고, 수용성인 글리세롤과 함께 대부분 융모 안의 모세혈관으로 들어와 간문맥을 통해 간으로 직접 운반된다.

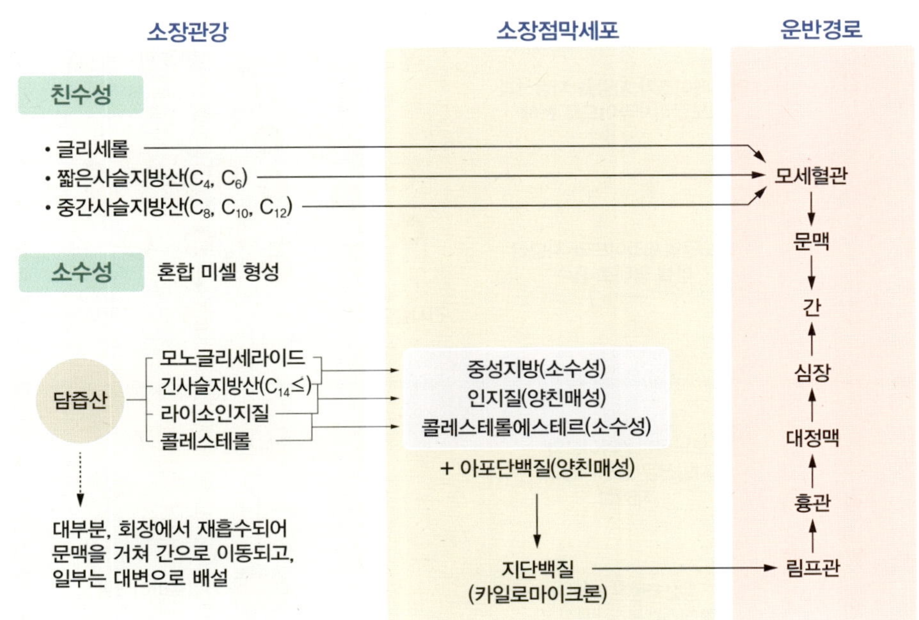

그림 3-12 **지질의 흡수**

(2) 긴사슬지방산(탄소수 14개 이상)

아실CoA acyl-coenzyme A

흡수된 긴사슬지방산은 융모의 점막세포 안에서 긴사슬 중성지방으로 재합성되는데, 그 경로에는 두 가지가 있다. 하나는 흡수된 지방산이 아실CoA로 활성화된 후, 2-모노글리세라이드(2-MG)에 결합하여 중성지방을 합성하는 것이고, 다른 하나는 해당과정을 통해 포도당으로부터 생성된 글리세롤 3-인산에 긴사슬지방산이 결합하여 중성지방을 합성하는 것이다. 이와 같이 융모의 점막세포 안에서 재합성된 긴사슬 중성지방과

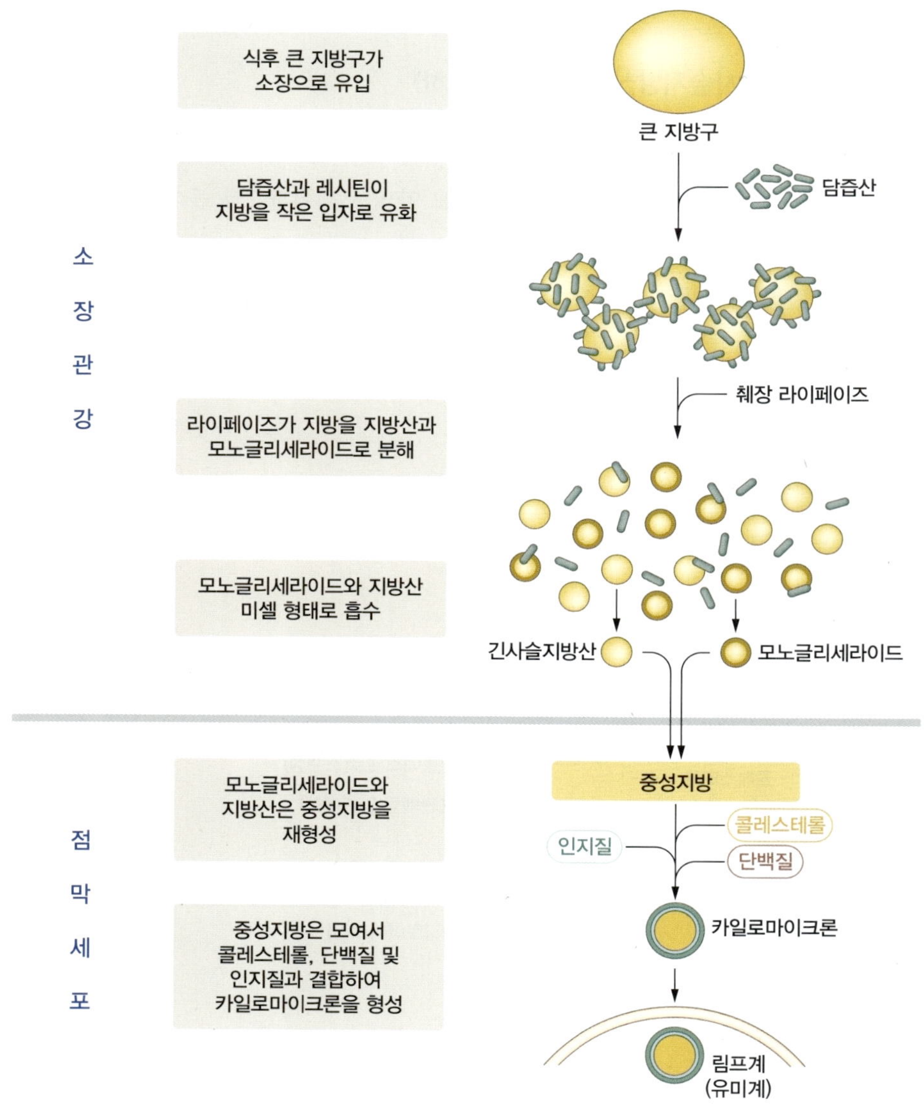

그림 3-13 **긴사슬 중성지방의 흡수**

콜레스테롤에스테르는 소수성이어서 혈액을 따라 운반되는데 어려움이 있으므로 친수기와 소수기를 다 가지는 인지질과 아포단백질이 이들 소수성 지질들을 둘러싸, 지단백질 형태인 카일로마이크론을 형성한다. 카일로마이크론은 융모 내의 림프관과 목 부근의 흉관을 지나 대정맥을 통해 혈류에 합류되면서 함유된 지질을 원하는 세포로 운반한다. 지질 섭취 후 1~2시간 후에 혈액에 지방이 나타나는데, 이 지방이 카일로마이크론이다. 지질 섭취 후 3~5시간이 지나면 혈중 지질농도는 가장 높고, 지질 섭취 10시간 후에는 혈액에서 대부분 사라진다.

(3) 인지질과 콜레스테롤

융모의 점막세포 안에서 라이소인지질도 다시 지방산과 결합하여 인지질을 합성하고 대부분의 콜레스테롤 역시 지방산과 결합하여 콜레스테롤에스테르를 합성하여 소화흡수되기 전의 형태로 돌아간다. 콜레스테롤에스테르는 앞에서 설명한 바와 같이 긴사슬 중성지방과 함께 카일로마이크론에 포함된다.

3. 지질의 운반

1) 혈청 지단백질의 종류와 특성

식사로부터 섭취하거나 체내에서 합성된 지질은 모두 소수성이므로, 지질이 혈액을 따라 운반되기 위해서는 지단백질lipoprotein과 같은 특별한 형태를 만들어 물에 잘 섞일 수 있도록 하는 것이 필요하다. 지단백질의 내부는 중성지방triglycerides과 콜레스테롤에스테르cholesterol ester와 같은 소수성 물질로 구성되어 있고 표면은 친수기와 소수기를 둘 다 가지고 있는 인지질phospholipids과 친수성인 아포단백질apoproteins로 둘러싸여 있어 혈액 내에서 운반될 수 있다(그림 3-14).

지단백질은 밀도가 작은 순서에 따라 카일로마이크론, 초저밀도 지단백질(VLDL)very low density lipoprotein, 저밀도 지단백질(LDL)low density lipoprotein, 고밀도 지단백질(HDL)high

카일로마이크론 chylomicron

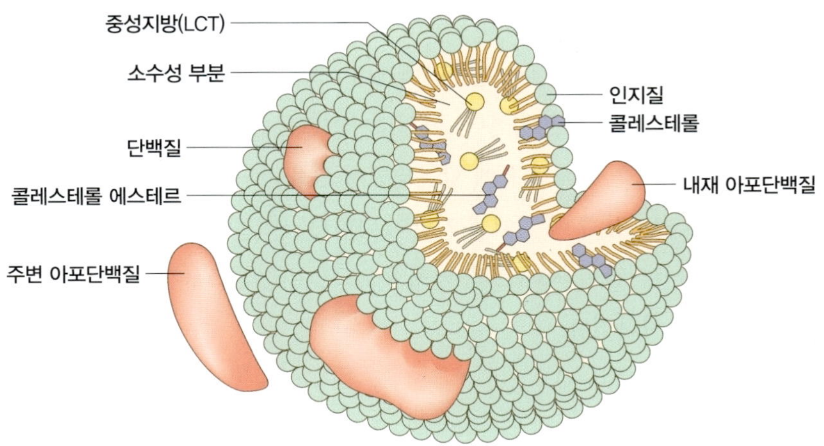

그림 3-14 **지단백질의 구조**

density lipoprotein의 네 종류로 나뉘는데, 지단백질의 밀도는 중성지방 함량이 많을수록 작고 아포단백질의 함량이 클수록 크다. 크기는 밀도와 반대로 카일로마이크론 > VLDL > LDL > HDL 순서이다. 지단백질은 여러 종류의 지질들을 운반하는데, 지질의 구성 비율을 보면 카일로마이크론과 VLDL에는 중성지방이 많고, LDL과 HDL에는 콜레스테롤이 많다(그림 3-15). 지단백질을 구성하는 아포단백질도 여러 종류가 있는데, 아포단백질B가 함유되어 있지 않은 유일한 지단백질인 HDL은 지질을 간 이외의 조직 쪽으로 운반하지 않는다(표 3-5).

2) 지단백질의 이동 경로

혈중 지질은 지단백질인 카일로마이크론, VLDL, LDL, HDL에 포함되어 각 조직으로 이동되어 이용된다(그림 3-16).

(1) 카일로마이크론에 의한 지질의 운반

식사로 섭취한 중성지방은 소화과정을 거쳐 지방산과 모노글리세라이드, 글리세롤 등으로 분해되어 소장벽으로 들어온 후에 소장 점막세포 안에서 다시 에스테르 결합을 하여 중성지방으로 합성되고, 콜레스테롤도 콜레스테롤에스테르 형태로 전환된다. 소장벽에서 재합성된 중성지방과 콜레스테롤에스테르 그리고 지용성 비타민은 인지질과 아포단

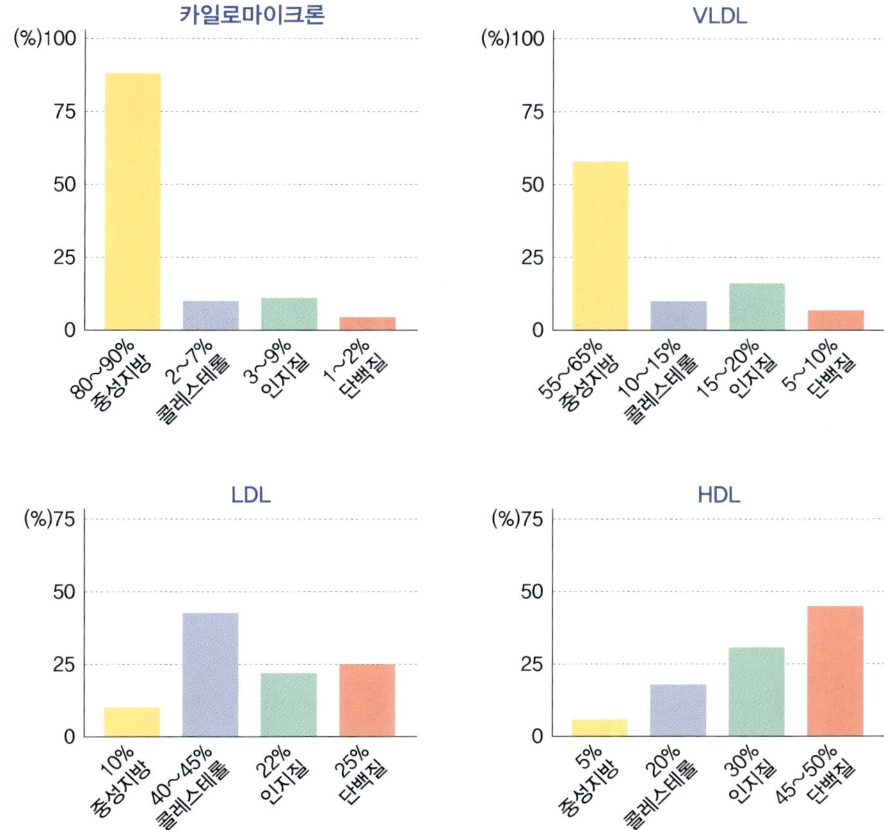

그림 3-15 **혈청 지단백질의 종류**

표 3-5 **혈청 지단백질의 특징**

특징	카일로마이크론	VLDL	LDL	HDL
지름(nm)	100~1,000	30~90	20~25	7.5~20
밀도(g/mL)	<0.95	0.95~1.006	1.019~1.063	1.063~1.210
주된 생성장소	소장	간	혈중에서 VLDL로부터 전환	간
주요 지질	음식으로 섭취한 중성지방(식사성)	간에서 합성된 중성지방(내인성)	음식으로 섭취하거나 간에서 합성된 콜레스테롤에스테르(식사성+내인성)	각 조직세포에서 사용하고 남은 콜레스테롤에스테르
역할	식사성 중성지방을 근육과 지방조직으로 운반	내인성 중성지방을 근육과 지방조직으로 운반	콜레스테롤을 간 및 말초조직으로 운반	사용하고 남은 과잉의 콜레스테롤을 말초조직으로부터 간으로 운반
아포단백질	AI, AII, B48	C, E, B100	B100	AI, AII, C, E

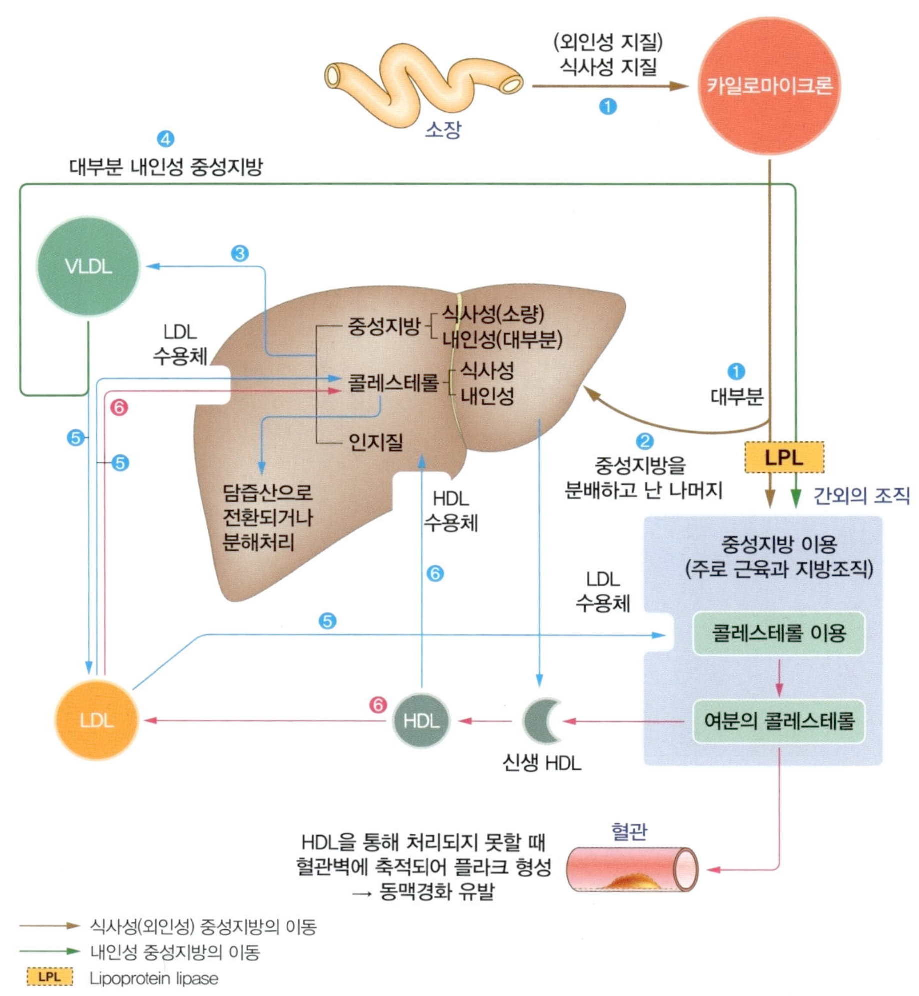

그림 3-16 **지단백질의 이동경로**

백질과 결합하여 카일로마이크론을 형성한다. 카일로마이크론은 크기가 커서 모세혈관으로 들어가지 못하고 융모의 림프관lymphatic duct으로 흡수되어 흉관을 거쳐 대정맥으로 들어가 심장이 분출하는 혈류를 따라 근육과 지방조직으로 운반된다. 카일로마이크론에 함유되어 있는 중성지방은 간 외의 조직 세포(주로 근육세포나 지방세포 등)에서 지단백질 지질분해효소lipoprotein lipase에 의해 분해되어 유리지방산을 방출한다. 조직 세포로 들어간 지방산은 산화되어 에너지원으로 이용되고 남은 것은 중성지방 형태로 전환되어 지방조직에 저장된다(①). 근육과 지방조직에서 대부분의 중성지방이 제거되고 남은 소량의 중성지방과 식사성 콜레스테롤, 인지질은 카일로마이크론 잔존물 형태로서 간으로 운반된다(②). 간으로 들어온 소량의 식사성 지방은 에너지원으로 이용되거나 간에서 중성지방을 합성한다.

지단백질 지질분해효소

카일로마이크론과 VLDL에 함유되어 있는 중성지방을 2개의 지방산과 1개의 모노글리세라이드로 분해하여 조직세포로 들어가도록 돕는 효소다. 보조 인자로 아포단백질C-II가 필요하다. 지방조직, 심장, 근육조직의 세포막에 분포하고 있다.

(2) VLDL에 의한 지질의 운반

간은 에너지원이나 글리코겐 합성에 이용하고 남은 여분의 포도당으로부터 중성지방을 합성하고(내인성), 주로 포화지방산으로부터는 콜레스테롤을 합성한다. 내인성 중성지방endogenic triglycerides은 콜레스테롤과 인지질 등과 함께 VLDL을 형성하여 혈액으로 방출된다(③). 혈중 VLDL에 함유되어 있는 내인성 중성지방은 근육이나 지방조직에서 지단백질 지질분해효소에 의해 지방산으로 분해되어 조직세포 안으로 들어가 에너지원으로 이용되거나 지방조직에 저장된다(④). 이 과정을 거치면서 VLDL은 점차 크기가 작아지고 밀도가 커지면서 LDL로 바뀐다(⑤).

(3) LDL에 의한 지질의 운반

VLDL로부터 중성지방이 제거되고 남은 지단백질은 콜레스테롤 함량이 많아진 LDL 형태가 되어 세포막에 있는 LDL 수용체LDL receptor를 통해 콜레스테롤을 간과 간 이외의 조직으로 운반한다(⑤). 간과 간 이외의 말초 조직 세포에서는 콜레스테롤로부터 호르몬 등 여러 물질을 합성하여 이용한다. 한편, 혈액 내의 LDL 농도가 너무 높아지면 LDL이 수용체를 통하지 않은 수용체 비의존성 경로에 의해 처리되는데, 이 경우 손상된 혈관조직 등의 대식세포가 산화 LDL을 받아들여 세포 내에 콜레스테롤이 축적되고, 거품세포로 변형되어 플라크를 형성하여 혈관이 좁아지고 탄력성이 저하되며 굳어지는 동맥경화atherosclerosis를 유발한다.

(4) HDL에 의한 지질의 운반

간과 소장에서 만들어진 신생 HDL은 내부가 비어 있어서 처음에는 납작한 동전모양으로 혈액으로 방출된다. 간과 간 이외의 조직에서 이용하고 남아 혈액으로 방출된 여분의 콜레스테롤이 레시틴 콜레스테롤 아실전이효소lecithin cholesterol acyl transferase, LCAT에 의해 콜레스테롤에스테르가 되어 HDL 내부로 들어오면 HDL은 점차 커지면서 둥근 형태로 된다. 이 경로를 통하여 여분의 콜레스테롤은 HDL에 실려서 운반되고, HDL 수용체를 통하여 간으로 들어가서 운반되어 담즙bile juice을 형성하여 체외로 배설된다(⑥). 일부는 다시 LDL에 포함된 후 간의 LDL 수용체를 통하여 간으로 운반되어 들어가(⑥) 간에서의 콜레스테롤 합성을 조절한다. 이와 같이 HDL은 말초조직의 콜레스테롤을 간으로 전송하여 배설하도록 하는 역할을 하므로 동맥경화를 예방하는 콜레스테롤 수송체이다.

레시틴 콜레스테롤 아실전이효소

유리 콜레스테롤을 소수성을 지닌 콜레스테롤에스테르로 전환시키는 효소로 HDL과 LDL에 붙어 있다. 이 효소에 의해 콜레스테롤로부터 전환된 콜레스테롤에스테르는 지단백질의 내부로 들어가 구형의 HDL을 생성한다.

4. 지질 대사

지질 대사는 간과 체지방조직에서 주로 일어나는데, 간에서는 지질과 콜레스테롤의 합성과 분해가 활발하게 이루어지고 체지방 조직에서는 지질 대사가 활발히 이루어진다. 식사 후 인슐린의 농도가 높아지면 여분의 에너지원이 지질과 콜레스테롤을 합성하는 동화작용anabolism이 촉진되고, 공복 시나 운동 시에는 간의 지질이 에너지원으로 사용되고 이어서 지방조직의 중성지방이 분해되어 지방산을 방출하는 이화작용catabolism이 촉진된다. 공복이 지속되면 지방산 분해가 가속화되어 케톤체를 형성하여 뇌와 근육조직에서 에너지원으로 사용된다.

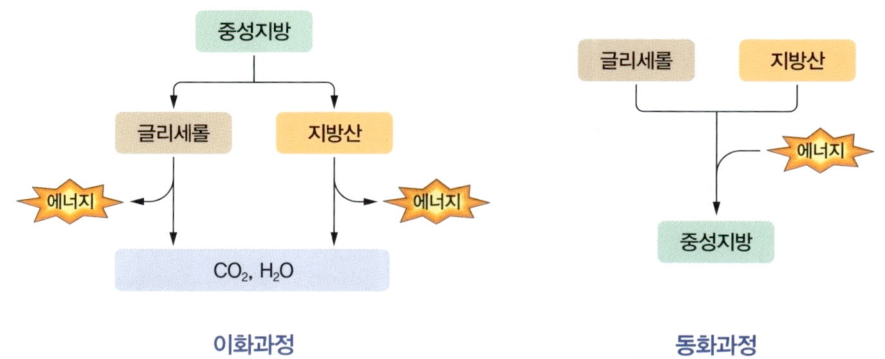

그림 3-17 **지질의 이화과정과 동화과정**

1) 중성지방의 대사

중성지방의 대사는 저장되어 있던 중성지방이 분해되어 에너지를 생산하는 경우인 이화작용과 에너지로 사용되고 남은 여분의 물질로부터 중성지방을 합성하여 저장하는 경우인 동화작용이 있다(그림 3-17). 이화작용과 동화작용은 단순히 반대방향으로 진행되는 것이 아니라 세포 내에서 일어나는 장소가 다르고 관여하는 효소도 다르다.

(1) 지질의 분해

체내 저장되어 있는 중성지방의 분해lipolysis는 공복 시나 운동 시에 간이나 지방조직에서 일어난다. 공복 시에는 간 글리코겐이 거의 다 소모되어 혈당 수준이 낮아져 글루카곤의 분비가 증가되고, 운동 시에는 근육에 지속적으로 에너지를 공급할 필요가 생겨 에피네프린의 분비가 증가된다. 이들 호르몬은 조직 세포의 호르몬 민감성 지질분해효소를 활성화하여 간이나 지방조직(피하, 복강, 장기 주변 등)에 저장되어 있는 중성지방을 글리세롤과 지방산으로 분해한다. 글리세롤은 수용성이므로 혈액을 통해 간으로 이동하고, 지방산은 혈중 알부민과 결합하여 일종의 지단백질 형태로 간과 근육 등의 조직 세포로 운반되어 산화된다(그림 3-18).

호르몬 민감성 지질분해효소
hormone sensitive lipase

① 글리세롤의 산화

간으로 이동한 글리세롤은 세포질에서 글리세롤 3-인산으로 전환되어 해당과정glycolysis 중간 경로로 들어가 에너지원으로 대사되거나 포도당신생gluconeogenesis을 통해 포도당을 합성한다.

글리세롤 3-인산
glycerol 3-phosphate

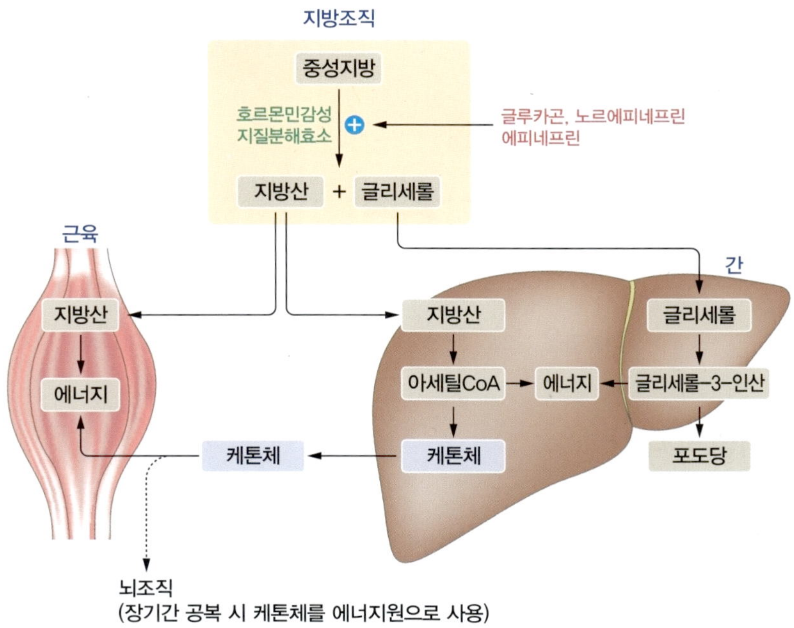

그림 3-18 **공복 시나 저탄수화물 식사 시 저장된 중성지방의 이용**

② **지방산의 산화**

미토콘드리아 mitochondria
아실CoA acyl coenzyme A
카르니틴 carnitine

지방산의 산화는 간과 체조직(뇌와 적혈구는 제외)의 미토콘드리아에서 진행되어 에너지를 생성한다. 지방산의 산화는 세포질로부터 미토콘드리아로 들어가는 과정과 미토콘드리아에서 산화되는 과정을 거친다(그림 3-19, 그림 3-20).

- **지방산의 활성화**: 중성지방이 분해되어 세포 내로 들어온 지방산은 세포질로부터 미토콘드리아로 이동하여 산화되기 위하여 지방산이 CoA와 결합하여 아실CoA로 활성화되는 과정이 필요하다. 이는 에너지가 필요한 과정으로 1분자의 ATP가 분해되어 1분자의 AMP adenosine mono phosphate와 피로인산 pyrophosphate(2개의 인산 PPi)이 된다. 1분자의 ATP가 분해되지만 피로인산은 2개의 고에너지 인산 결합 high energy phosphate bond을 가지고 있으므로, 결국은 2분자의 ATP를 소모하는 것과 같다(그림 3-19).
- **카르니틴에 의한 운반**: 활성화된 지방산은 카르니틴의 도움으로 미토콘드리아 내부로 이동한다(그림 3-21). 그러므로 카르니틴이 부족하면 지방산 산화가 억제되고 결과적으로 지방의 산화속도가 늦추어진다.

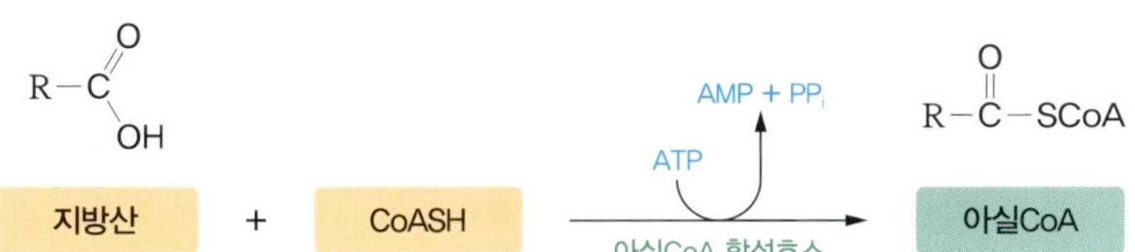

그림 3-19 **아실CoA 합성효소의 반응과정**

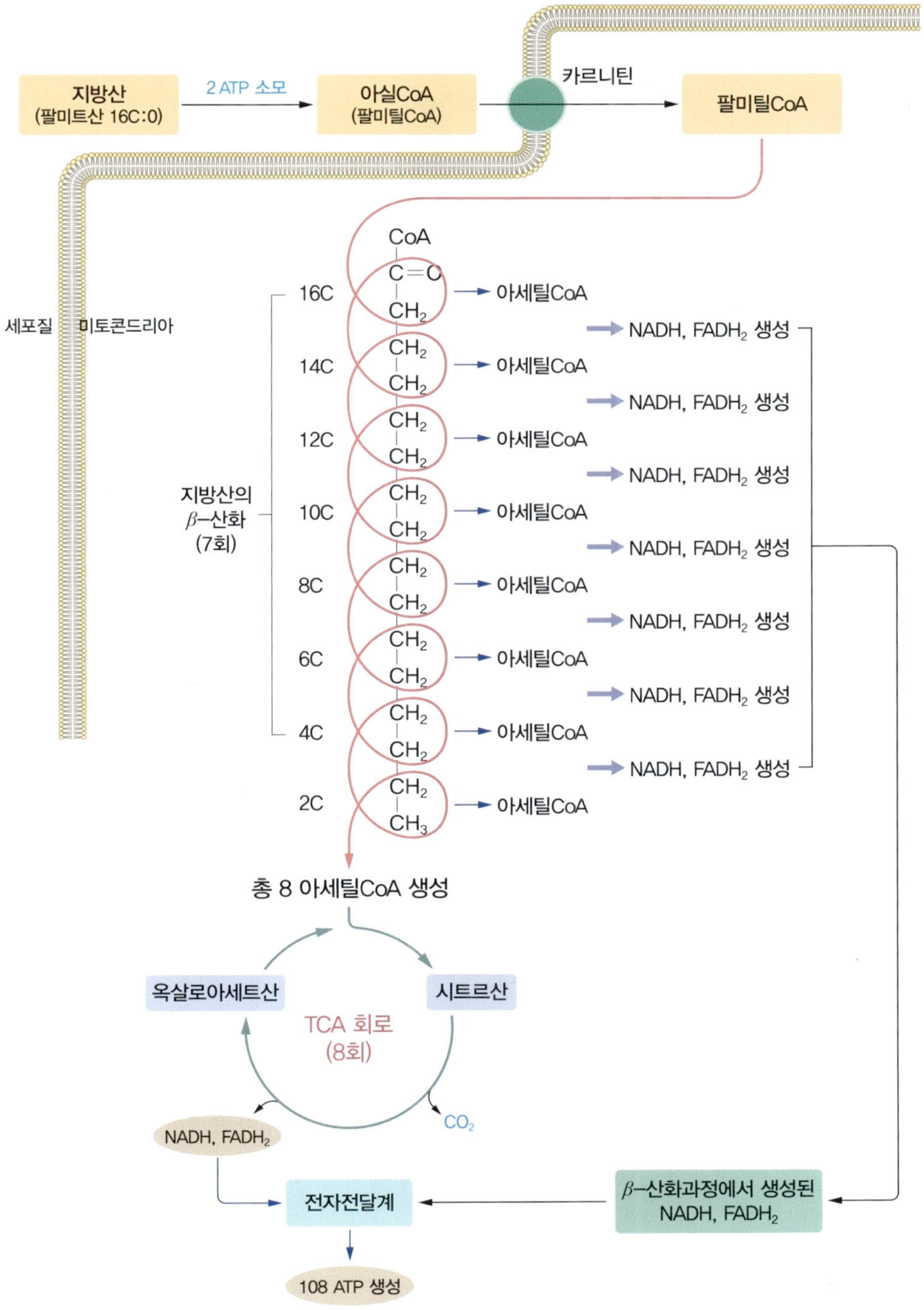

지방산 (팔미트산 16C:0)
2 ATP 소모
아실CoA (팔미틸CoA)
카르니틴
팔미틸CoA
세포질
미토콘드리아
지방산의 β-산화 (7회)
16C CoA C=O CH2 → 아세틸CoA
NADH, FADH2 생성
14C CH2 CH2 → 아세틸CoA
NADH, FADH2 생성
12C CH2 CH2 → 아세틸CoA
NADH, FADH2 생성
10C CH2 CH2 → 아세틸CoA
NADH, FADH2 생성
8C CH2 CH2 → 아세틸CoA
NADH, FADH2 생성
6C CH2 CH2 → 아세틸CoA
NADH, FADH2 생성
4C CH2 CH2 → 아세틸CoA
NADH, FADH2 생성
2C CH2 CH3 → 아세틸CoA
총 8 아세틸CoA 생성
옥살로아세트산
시트르산
TCA 회로 (8회)
NADH, FADH2
CO_2
전자전달계
β-산화과정에서 생성된 NADH, FADH2
108 ATP 생성

그림 3-20 **지방산(팔미트산)의 β-산화**

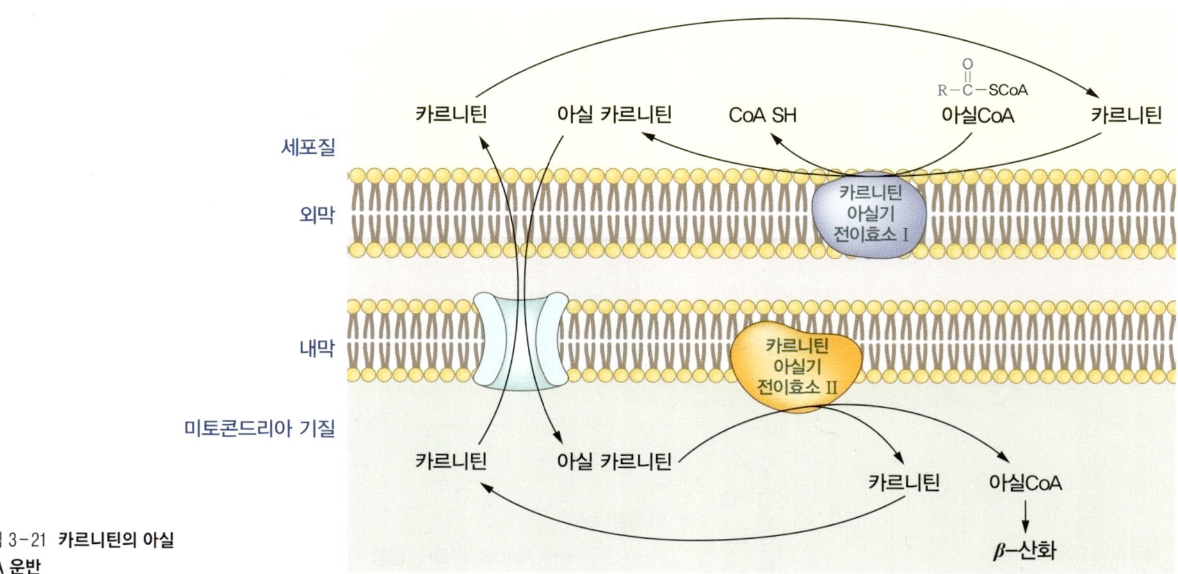

그림 3-21 **카르니틴의 아실 CoA 운반**

카르니틴

아미노산인 라이신과 메티오닌의 수산화반응에 의하여 합성되며, 세포질에서 활성화된 지방산을 미토콘드리아로 운반하여 β-산화과정을 거치도록 하는 물질이다. 이 과정에서 비타민C가 수산화효소를 활성화시킨다.

- **지방산의 β-산화과정**: 미토콘드리아로 이동한 아실CoA는 β-산화과정β-oxidation을 거쳐 여러 개의 아세틸CoA를 생성한다.

β-산화과정은 탄소번호 3번인 β 위치의 탄소가 지속적으로 산화되는 과정으로서 이 과정을 통해 탄소가 2개인 아세틸기가 떨어져 나오게 된다. 그 결과로 원래의 아실CoA보다 탄소수가 2개 적은 새로운 아실CoA(n-2)가 생성되고, 떨어져 나온 아세틸기는 아세틸CoA를 만든다. 이러한 과정이 되풀이되어 β-산화과정이 종료되면 지방산으로부터 여러 개의 아세틸CoA가 생성된다. 이때 각 과정마다 전자가 전달되어 각각 1개씩의 $FADH_2$와 $NADH + H^+$가 생성된다. 마지막 4개의 탄소를 가진 아실CoA가 남은 경우에는 한 번의 β-산화가 일어나면서 2개의 아세틸CoA 로 각각 분해된다(그림 3-22).

탄소가 16개인 팔미트산은 총 7번의 β-산화를 거쳐 각각 7개씩의 $FADH_2$와 $NADH + H^+$를 생성하고 8개의 아세틸CoA로 분해된다.

$$\text{팔미틸CoA} + 7\ FAD + 7\ NAD^+ + 7\ H_2O + 7\ CoASH \rightarrow 8\ \text{아세틸CoA} + 7\ FADH_2 + 7\ NADH + 7\ H^+$$

불포화지방산은 이중결합 때문에 β-산화과정에서 관여하는 효소가 작용하지 못하므로 다른 효소의 도움을 받아 산화된다. 불포화지방산은 이중결합의 앞부분에 있는 탄소에 이성질화효소isomerase가 작용하여 이중결합을 이동시켜 트랜스에노일CoA가 된 후에 포화지방산과 마찬가지로 β-산화과정이 진행된다. 이 과정에서 불포화지방산에

트랜스에노일CoA
trans-enoyl CoA

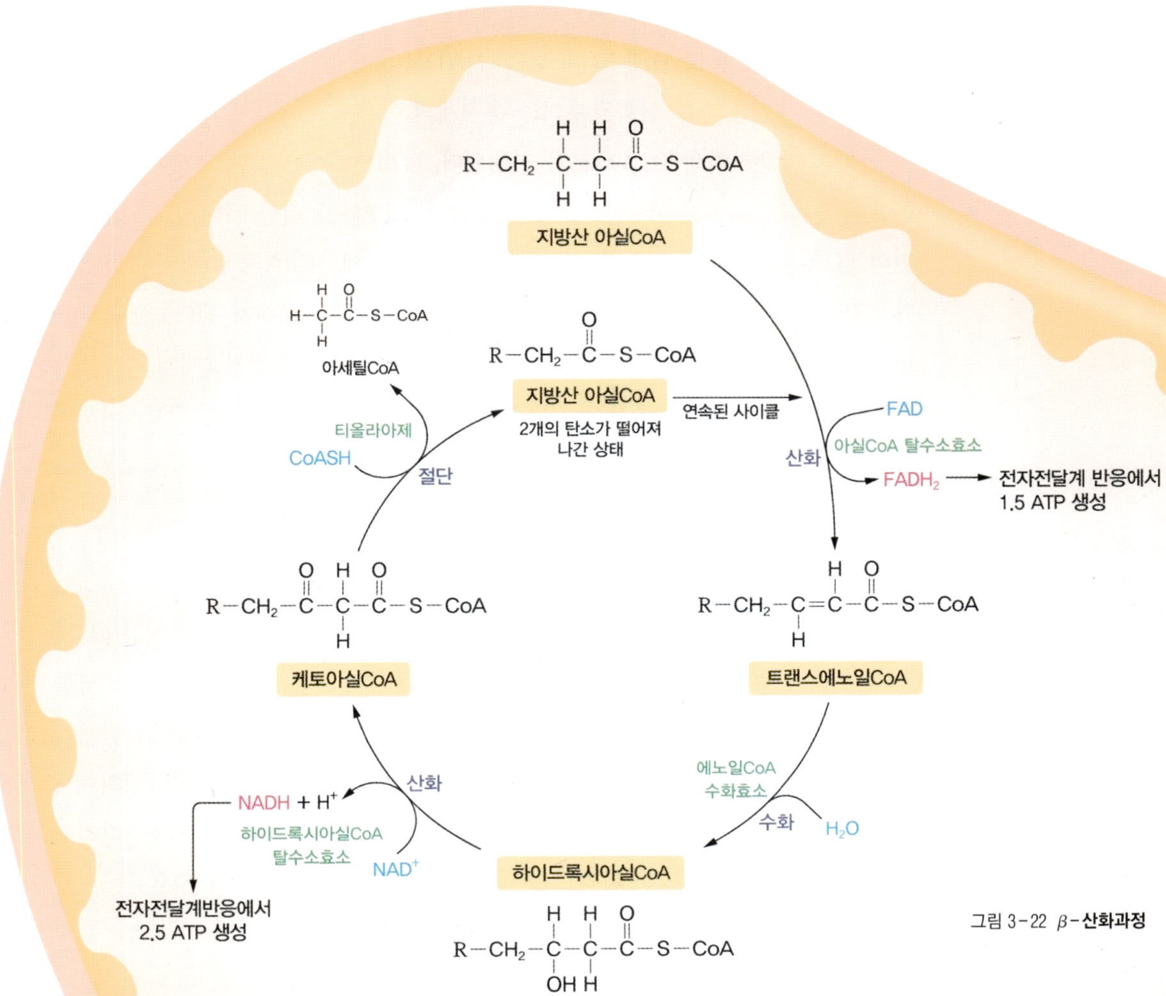

그림 3-22 β-산화과정

원래 있던 이중결합 때문에 이중결합의 수만큼 $FADH_2$의 생성이 줄어들게 되어 포화지방산에 비해 적은 수의 ATP가 생성된다.

- **TCA회로와 전자전달계**: β-산화에 의해 생성된 여러 개의 아세틸CoA는 다음 단계로 TCA회로와 전자전달계electron transport를 거치면서 다량의 ATP를 생성한다. 지방산의 탄소 길이에 따라 β-산화 횟수가 달라지고 아세틸CoA의 생성량이 달라지므로 TCA회로의 진행 횟수와 전자전달계로 들어가는 $FADH_2$와 NADH의 수가 달라져 합성되는 ATP량도 다르다.

스테아르산 stearic acid

탄소수가 18개인 스테아르산은 총 8번의 β-산화를 거치는 과정에서 각각 8개씩의 $FADH_2$와 NADH를 생성하고, 이들이 전자전달계로 들어가면 $FADH_2$는 개당 1.5 ATP를 생성하고 NADH는 개당 2.5 ATP를 생성하므로 이들로부터 총 32개의 ATP를 합성한다. 아세틸CoA가 TCA회로를 거치면 TCA회로 1회당 각각 1개의 GTPguanine tri phosphate와 1개의 $FADH_2$ 그리고 3개 NADH를 생성하므로 총 10개의 ATP가 생성된다. 스테아르산의 β-산화로부터는 총 9개의 아세틸CoA가 생성되므로 스테아르산이 산화되면 총 9회의 TCA회로가 진행된다. GTP는 ATP와 같은 고에너지 인산결합high energy phosphatic linkage을 하므로 1 GTP는 1 ATP와 동일한 에너지로 간주하므로, 9번의 TCA회로와 전자전달계를 거친 결과 9개의 아세틸CoA는 90개의 ATP를 합성한다. 그러므로 이들 과정을 거치면서 합성된 ATP는 총 122개가 된다. 한편, 지방산이 미토콘드리아로 들어오기 위하여 지방산이 활성화되는 과정에서 2개의 ATP가 소모되었으므로, 스테아르산 1분자가 지방산의 활성화과정, β-산화과정, TCA회로 그리고 전자전달계를 거쳐 합성한 ATP의 최종량은 120개이다(표 3-6).

(2) 지질의 합성

케톤원성 아미노산 ketogenic amino acid

식사로 섭취한 탄수화물은 혈액에서 포도당으로 순환되며, 세포 내로 들어가 해당과정과 TCA회로를 통해 에너지원으로 이용된다. 그러나 에너지원으로 사용하고도 남을 정도로 고탄수화물식을 섭취했거나 과식을 한 경우에는 남은 포도당의 일부가 간과 지방조직에서 지방산을 생합성하고 글리세롤 3-인산과 결합하여 중성지방을 합성하여 중성지방 형태로 저장된다. 케톤원성 아미노산이나 알코올로부터 합성된 지방산, 그리고 식이지방으로부터 유래한 지방산 자체도 중성지방을 합성하여 체내에 저장된다.

표 3-6 **팔미트산(C16:0)과 스테아르산(C18:0)이 산화될 때 생성되는 ATP**

팔미트산이 활성화되는 과정	ATP → AMP	−2 ATP	스테아르산이 활성화되는 과정	ATP → AMP	−2 ATP
활성화된 팔미트산이 7회의 β-산화과정 거침	7개의 $FADH_2$ 생성 (7×1.5 ATP) 7개의 NADH 생성 (7×2.5 ATP) **8개의 아세틸CoA 생성**	10.5 ATP 17.5 ATP	활성화된 스테아르산이 8회의 β-산화과정 거침	8개의 $FADH_2$ 생성 (8×1.5 ATP) 8개의 NADH 생성 (8×2.5 ATP) **9개의 아세틸CoA 생성**	12 ATP 20 ATP
8개의 아세틸CoA가 TCA회로를 통해 대사됨	8×1개의 $FADH_2$ 생성 (8×1.5 ATP) 8×3개의 NADH 생성 (24×2.5 ATP) 8×1개의 GTP 생성	12 ATP 60 ATP 8 ATP	9개의 아세틸CoA가 TCA회로를 통해 대사됨	9×1개의 $FADH_2$ 생성 (9×1.5 ATP) 9×3개의 NADH 생성 (27×2.5 ATP) 9×1개의 GTP 생성	13.5 ATP 67.5 ATP 9 ATP
총 생성되는 에너지		106 ATP	총 생성되는 에너지		120 ATP

① 지방산 생합성

지방산 생합성의 주요 시작물질은 아세틸CoA이며 케톤원성 아미노산, 알코올, 지방산 그리고 탄수화물로부터 유래한다. 이 과정은 산소 없이 진행되는 반응이므로 주로 세포질에서 일어나며 에너지가 필요한 과정이다.

대사과정에서 생기는 대부분의 아세틸CoA는 미토콘드리아에서 생성되므로, 세포질에서 일어나는 지방산 합성과정을 위해서는 아세틸CoA가 미토콘드리아로부터 세포질로 이동해야 한다. 아세틸CoA는 미토콘드리아를 통과하지 못하므로 주로 아세틸CoA와 옥살로아세트산이 합쳐져 시트르산이 된 상태로 미토콘드리아 막을 통과하여 밖으로

옥살로아세트산 oxaloacetic acid
시트르산 citric acid

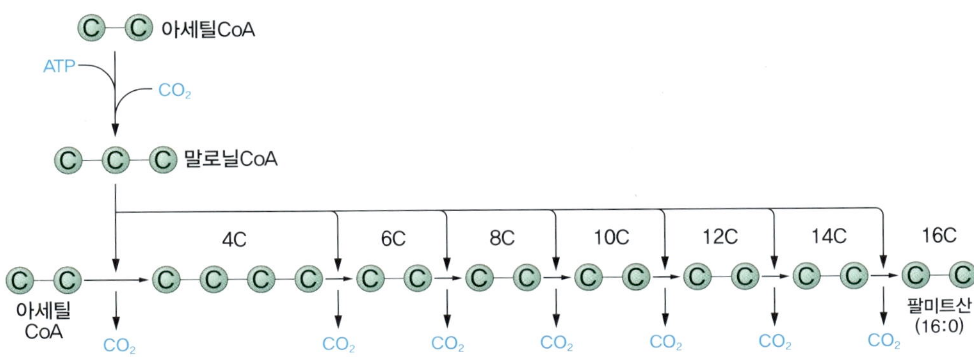

그림 3-23 **지방산의 생합성의 개요**

비오틴 biotin

아세틸CoA 카르복실화 효소 acetyl CoA carboxylase

말로닐CoA malonyl CoA

부티르산 butyric acid

나온다. 그러나 일부는 아세틸CoA가 카르니틴과 결합한 형태로 미토콘드리아 밖인 세포질로 나온 후 아세틸CoA가 떨어져 나와 지방산 합성에 이용되기도 한다.

지방산 합성 과정의 첫 번째 단계에서는 비오틴을 조효소로 하는 아세틸CoA 카르복실화 효소에 의해 탄소 2개의 아세틸CoA에 탄소 1개가 첨가되어 탄소 3개의 말로닐CoA를 생성한다. 이때 ATP 형태로 에너지가 필요하다.

$$\text{아세틸CoA} + CO_2 + \text{ATP} \xrightarrow{\text{비오틴}} \text{말로닐CoA} + \text{ADP} + \text{Pi}$$

다음 단계에서는 지방산 합성효소fatty acid synthase의 작용에 의해 아세틸CoA와 말로닐CoA가 아실 운반단백질acyl carrier protein, ACP과 결합하여 각각 아세틸ACP와 말로닐ACP가 된 후, 이 두 물질이 결합하면서 이산화탄소 형태로 탄소 1개가 떨어져 나가 탄소 4개의 부티르산을 합성한다. 여기에 다시 말로닐ACP로부터 탄소 3개가 첨가되고 이산화탄소 형태로 탄소 1개가 떨어져 나가면서 결국은 탄소가 2개씩 증가하는 과정이 몇 차례 반복하여 긴사슬 포화지방산인 팔미트산(16:0)이 합성된다. 이 과정에는 NADPH(오탄당 인산경로에서 합성)와 지방산 합성효소가 필요한데, 지방산 합성효소는 여러 효소가 모여서 구성한 복합체 구조이다(그림 3-24).

아실 운반단백질

지방산 합성효소에 함유되어 있는 지방산 운반 단백질로 지방산 합성 과정에서 지방산 말단에 붙어 지방산 사슬을 증가시키는 작용을 한다.

NADPH의 공급원

지방산 합성 과정에서 에너지원으로 사용되는 NADPH는 오탄당 인산화회로에서 공급되거나 말산이 피루브산으로 전환되는 과정에서 생성되어 지방산과 콜레스테롤 합성에 공급한다. 그러므로 탄수화물의 섭취가 증가하면 NADPH의 공급이 증가되어 지질 합성이 촉진된다.

지방산 합성효소의 작용에 의해 팔미트산이 생성되는 과정은 7회의 연속된 사이클 과정을 거친다.

아세틸CoA + 7 말로닐CoA + 14 NADPH + 14 H^+
→ 팔미트산 + 7 CO_2 + 8 CoA-SH + 14 $NADP^+$ + 6 H_2O

지방산의 합성은 세포질에서 지방산합성효소에 의해 탄소수가 16개인 팔미트산이 합성되는 것이 기본이고, 팔미트산보다 더 긴 지방산들은 여기에 탄소 2개씩을 더하는 반응에 의하여 만들어진다. 지방산 사슬 연장 반응은 긴사슬화효소elongase의 작용에 의하

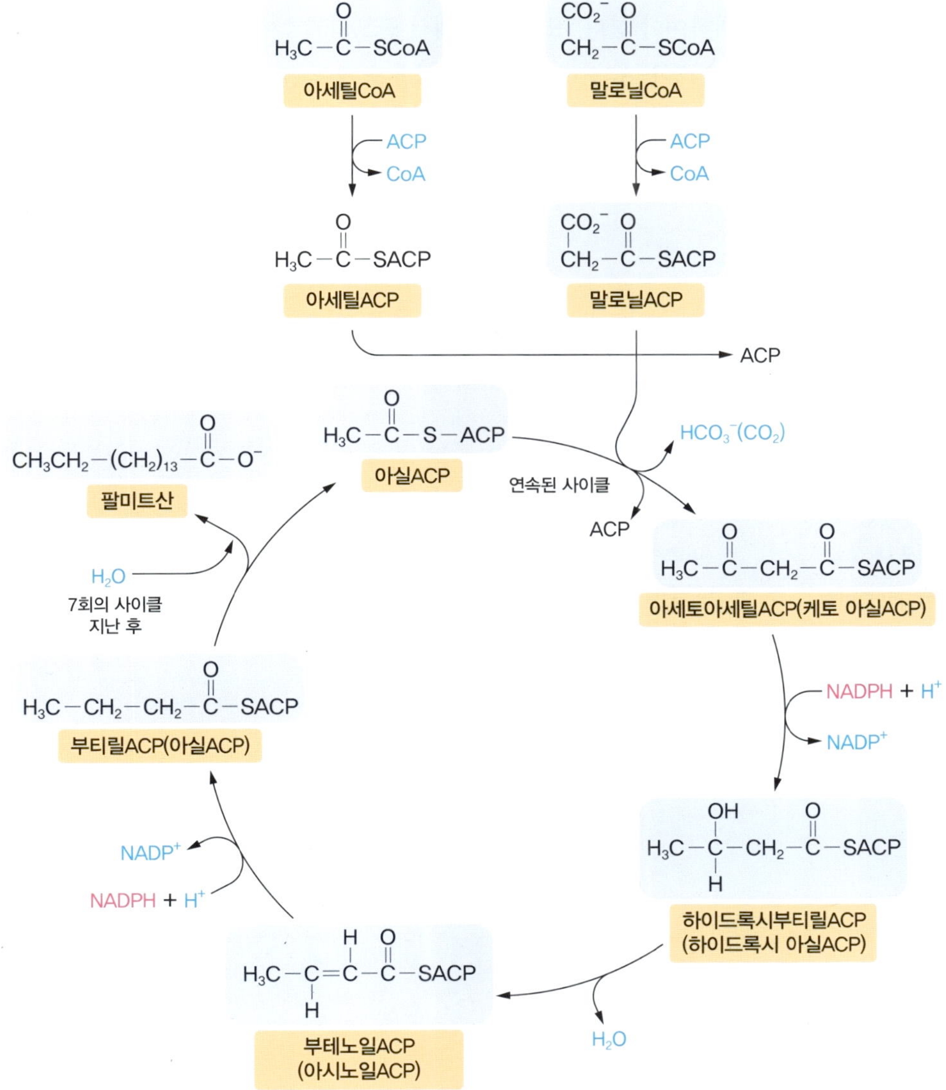

그림 3-24 **지방산 합성효소 작용에 의한 지방산(팔미트산)의 생합성**

는데 말로닐CoA가 더해지고 이산화탄소가 떨어지면서 탄소 2개씩이 늘어나는 반응이다. 이 반응에 의하여 지방산은 탄소수 22개까지 연장될 수 있다.

체내에서 일부 불포화지방산은 불포화효소$_{\text{desaturase}}$에 의해 포화지방산으로부터 합성될 수 있다. 불포화효소는 C9, C6, C5, C4 탄소 위치에서 이중결합을 만들며 C9 위치 이후에는 이중결합을 만들 수 없다. 예를 들면 올레산(18:1)은 스테아르산(18:0)으로부터 9번 불포화효소에 의해 합성될 수 있다. 그러나 이중결합이 9번과 12번에 있는 리놀레산(18:2)은 12번 탄소에서 이중결합을 만드는 불포화효소가 존재하지 않으므로 체내에서 합성되지 않는다. 이러한 이유로 인해 인체 내에서는 필수지방산들을 합성할 수가 없어 반드시 음식으로 섭취하여야 한다. 또한 체내에서 불포화효소에 의하여 이중결합이 늘어날 때에 오메가-9, 오메가-6, 오메가-3 등의 지방산 계열 간에는 상호 전환이 되지 않아 아무리 불포화도가 늘어나도 오메가 계열은 변하지 않는다. 체내에서는 이와 같은 지방산 사슬 연장과 불포화현상이 번갈아가며 일어나 C22 : 6까지 합성할 수 있다.

② 글리세롤과의 결합

합성된 지방산은 해당과정의 중간산물인 글리세롤 3-인산과 결합하여 중성지방을 합성한다. 이 반응은 세포 내의 소포체에서 일어난다.

표 3-7 **지방산의 산화와 합성 비교**

구분	지방산의 β-산화	지방산의 합성
세포 내 장소	미토콘드리아	세포질
아실기 운반체	CoA	ACP
필요한 조효소	FAD, NAD^+	NADPH
탄소 2개 단위의 전달체	아세틸CoA의 형태로 떨어져 나옴	말로닐CoA로부터 전달됨
에너지 방향	에너지 생성	에너지 소모

2) 콜레스테롤의 합성과 대사

(1) 콜레스테롤의 합성

체내 콜레스테롤은 체내에서 합성된 콜레스테롤 80% 정도와 음식으로 섭취한 콜레스테롤 20% 정도로 구성된다. 음식으로 섭취하는 양은 하루 500mg 정도인데, 섭취한 양의 15~20%가 소장에서 흡수되고 나머지는 대변을 통해 배설된다. 체내에서 합성되는 콜레스테롤의 양은 하루 500~1,000mg 정도인데 간에서 50%, 소장에서 25%, 나머지는 부신, 정소 및 난소 조직에서 합성된다.

콜레스테롤은 포도당, 지방산, 아미노산으로부터 생성된 아세틸CoA로부터 NADPH를 소모하며 세포질에서 합성되는데, 콜레스테롤의 합성 속도는 HMG CoA 환원효소에 의해 조절된다. HMG CoA 환원효소는 3개의 아세틸CoA로부터 합성한 HMG CoA를 메발론산으로 환원하는 과정에 관여하는 효소로 콜레스테롤 합성의 속도조절단계 과정에 관여하는데, 이 과정의 다음 단계들은 별다른 대사적 조절 없이 진행된다.

HMG CoA 환원효소 hydroxymethylglutaryl–CoA reductase

메발론산 mevalonic acid

음식으로 섭취한 콜레스테롤의 양에 따라 주로 간에서 콜레스테롤 합성이 조절되는데, 식이 콜레스테롤 양이 증가하면 음성 되먹임저해작용negative feedback inhibition에 의하여 HMG CoA 환원효소의 활성이 감소함과 함께 효소의 합성이 저하되므로 콜레스테롤의 합성이 감소하게 된다. 효소의 활성을 증가시켜 콜레스테롤 합성을 촉진하는 요인으로는 세포 내 콜레스테롤 농도 감소와 인슐린 등이 있다. 그러므로 과식을 하거나 포화지방산이 많은 동물성 지방의 섭취로 아세틸CoA가 많아지면 체내 콜레스테롤 합성이 촉진되고, 콜레스테롤 섭취량이 많으면 체내 콜레스테롤 합성은 억제된다.

이와 같이 콜레스테롤 섭취를 제한하더라도 혈중 콜레스테롤 수준은 약간 감소될 뿐 큰 영향은 받지 않아, 식이 콜레스테롤 함량이 100mg 증가할 때 혈중 콜레스테롤은 5mg 정도 증가한다고 한다. 따라서 혈중 콜레스테롤 수준을 낮추고자 한다면, 음식으로 섭취하는 콜레스테롤 양을 줄이는 것도 필요하지만, 체내 콜레스테롤 합성을 억제하는 것이 중요하다.

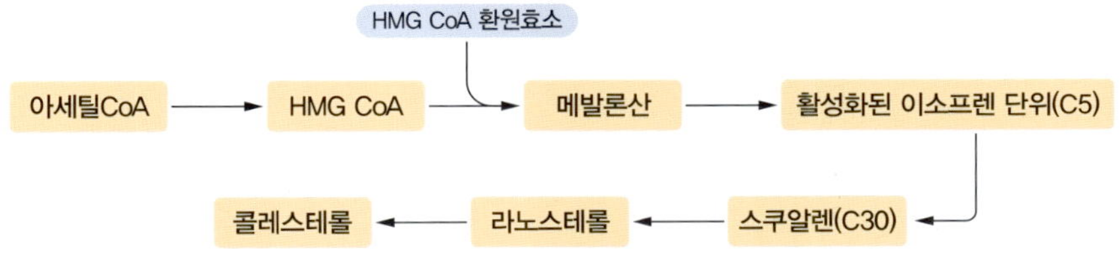

그림 3-25 **콜레스테롤 합성 단계**

스타틴계 약물

스타틴계 약물은 HMG CoA 환원효소를 억제하여 콜레스테롤의 생성을 억제하는 작용을 하므로 고지혈증치료제 약물로 사용된다. HMG CoA 환원효소 억제 시에 콜레스테롤 합성 및 콜레스테롤 생합성경로의 다른 생성물을 감소시킬 우려가 있으므로 간질환 환자나 임산부 또는 수유부에게는 적용하지 않는다. 근육통과 근육약화 등의 부작용도 보고되었다.

(2) 콜레스테롤의 대사

글루코코르티코이드 glucocorticoid
알도스테론 aldosterone
테스토스테론 testosterone
프로게스테론 progesterone
에스트로겐 estrogen

콜레스테롤은 모든 스테로이드 호르몬의 전구물질로 부신에서는 부신피질호르몬인 글루코코르티코이드와 알도스테론을 합성하고, 정소와 난소 등의 성선에서는 성호르몬인 테스토스테론, 프로게스테론, 에스트로겐을 합성한다. 또한 피부 세포막의 콜레스테롤은 자외선에 노출되면 비타민D로 전환된다(그림 3-26).

사용하고 남은 콜레스테롤은 간에서 주로 담즙산으로 대사되어 배설된다. 체내에서 콜레스테롤의 30~60%가 담즙산으로 전환되는데, 생성된 담즙산은 글라이신이나 타우린과 결합하여 담즙산염bile salt을 형성한다. 담즙산염은 유화제로서 담즙에 포함되어 담낭gall bladder을 통해 십이지장으로 분비되어 긴사슬지방을 유화하여 지질의 소화흡수를 돕는다. 하루에 15~30g의 담즙산염이 십이지장으로 분비되는데, 분비된 담즙산의 97~98%는 소장의 말단 부분인 회장에서 재흡수되어 문맥을 통해 간으로 돌아가고 약 2~3%만이 대변으로 배설된다. 간으로 들어온 담즙산은 새로 합성된 담즙 성분과 함께 다시 십이지장으로 분비되는데, 이를 담즙의 장간순환enterohepatic circulation이라 한다.

3) 케톤체의 합성과 대사

케톤체keton body는 오랜 기간 공복이 지속되는 경우나 심한 당뇨병 환자에게 응급 시에 에너지를 공급하는 역할을 하는데, 특히 뇌와 신경계에 에너지를 공급한다. 뇌는 포도당 이외에 케톤체를 에너지원으로 사용할 수 있다. 그러나 다량의 케톤체가 생성되어 케톤산증이 심하게 나타나는 경우에는 산독증acidosis에 의한 혼수상태나 사망에 이를 수도 있다.

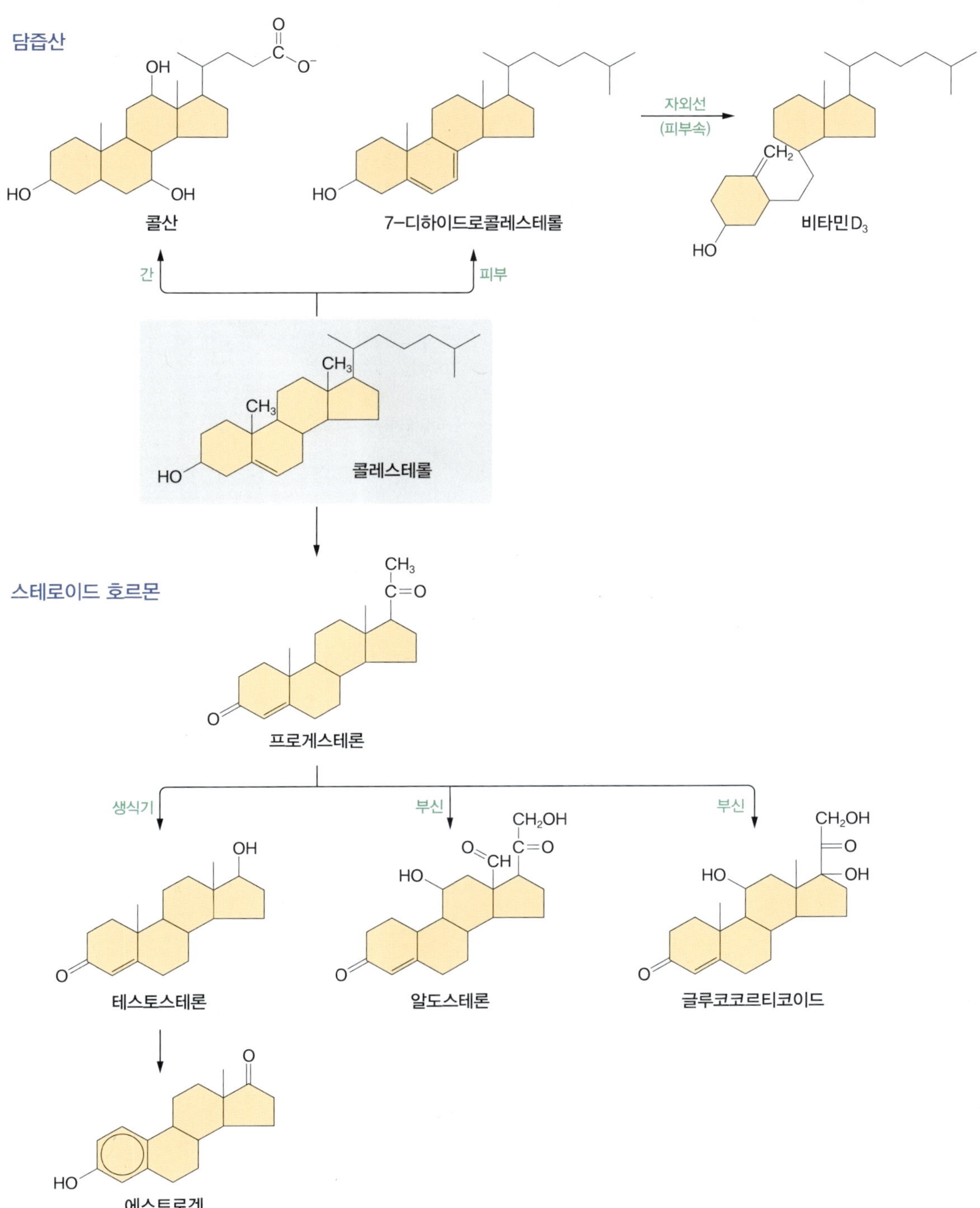

그림 3-26 **콜레스테롤을 전구체로 하는 생체내 물질들**

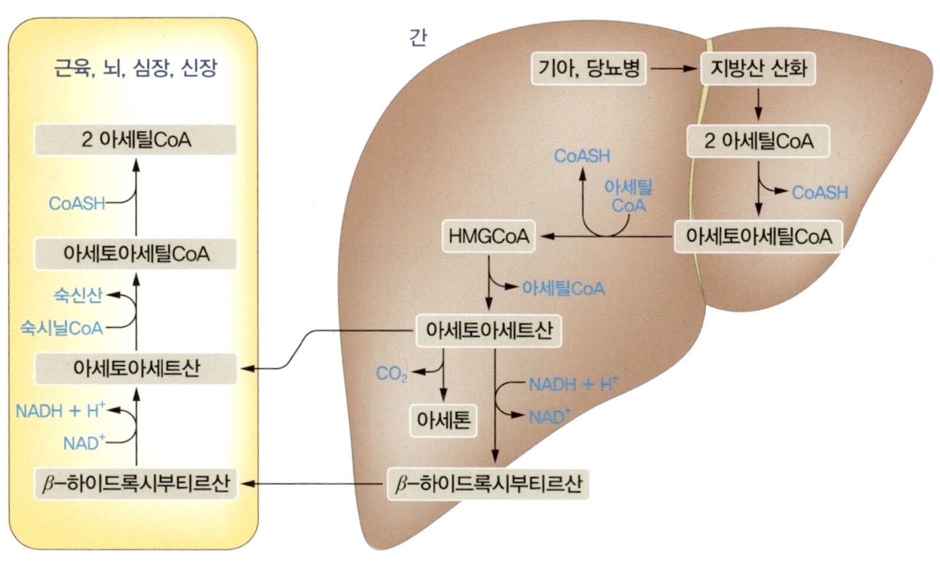

그림 3-27 **케톤체의 생성과 이용**

(1) 케톤체의 합성

오랜 공복 시와 저당질식, 또는 심한 제1형 당뇨병 환자에게 인슐린의 공급을 제대로 하지 못했을 경우에 인체는 체지방을 분해하여 에너지를 공급하게 된다. 체내 중성지방의 분해가 가속화되면 지방산의 β-산화가 급속도로 진행되어 아세틸CoA가 다량 생성된다. 그러나 탄수화물로부터 공급되는 옥살로아세트산의 상대적인 부족으로 인해 아세틸CoA가 모두 TCA회로로 들어가지 못하게 되면 아세틸CoA는 체내에 축적된다. 축적된 아세틸CoA는 간에서 축합반응을 통해 아세토아세트산, β-하이드록시부티르산, 그리고 아세톤의 3가지 형태인 케톤체를 합성한다(그림 3-27). 이들 중 아세토아세트산과 β-하이드록시부티르산이 산성이므로 케톤산이라고도 하며, 아세톤이 강한 향을 가지고 있어 케톤증의 경우 호흡에서 손톱 매니큐어 제거제와 같은 냄새가 나기도 한다. 산성의 케톤체가 혈액에 과다 존재하면 케톤증이 나타난다. 고지방식과 저당질식을 함께하는 경우 증상이 더욱 심해지므로 케톤증을 예방하기 위해서는 하루에 50~100g 이상의 탄수화물 섭취가 필요하다. 탄수화물을 섭취하면 옥살로아세트산의 공급이 증가하여 TCA회로가 원활이 진행되어 에너지를 발생하므로 지방산의 β-산화도 감소된다.

옥살로아세트산 oxaloacetic acid
아세토아세트산 acetoacetic acid
β-하이드록시부티르산 β-hydroxy butyric acid
아세톤 aceton

(2) 케톤체의 대사

간이 아세틸CoA로부터 케톤체를 형성하면, 케톤체는 혈액을 통하여 체내조직으로 운반되어 간 이외의 조직, 특히 뇌와 근육에서 다시 아세틸CoA로 전환되어 TCA회로와 전자전달계를 통하여 에너지를 발생한다(그림 3-27). 여분의 케톤체는 호흡과 소변을 통해서 배설되는데, 배설되는 양에 비해 생성되는 양이 많으면 체액이 산성화되는 산독증인 케톤증이 된다.

5. 지질의 체내 기능

1) 중성지방

(1) 고효율의 에너지급원

지질은 1g당 9kcal의 농축 에너지 급원으로서 1g당 4kcal의 에너지를 내는 탄수화물이나 단백질에 비해 에너지 저장량이 훨씬 많다. 이는 지질이 탄수화물이나 단백질에 비해 탄소와 수소 함량이 많고 산소 함량은 적기 때문이다. 사용하고 남은 에너지는 중성지방 형태로 체내 저장되는데, 만약에 탄수화물이나 단백질 형태로 저장한다면 체중 증가량이 훨씬 많아진다. 피하나 복강에 저장된 체지방은 효율적인 에너지 저장고로서 식품지방과는 달리 1g당 7.7kcal를 낸다. 인체를 구성하는 모든 세포는 약간의 지방을 저장할 수 있으나 지방세포는 지방을 저장하기 위해 특별히 분화되어 지방세포의 약 85~90%를 지방구로 채울 수 있다(그림 3-28).

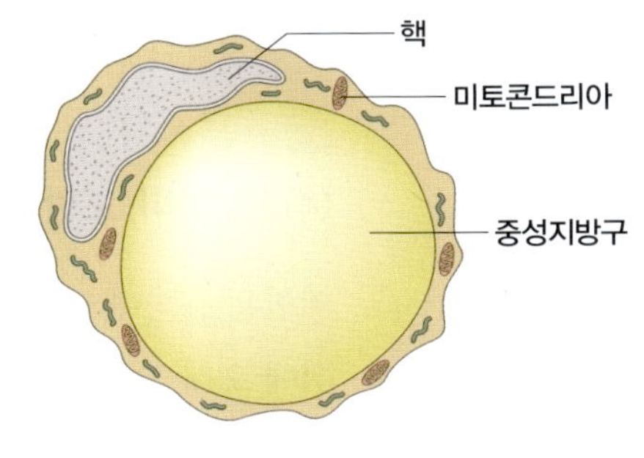

그림 3-28 **백색지방세포**

체지방 비율은 연령과 에너지 섭취상태에 따라 달라지는데, 일반적으로 젊은 남녀의 경우, 각각 평균 15%, 25%로서 여자의 체지방 비율이 더 높고 체지방이 축적되는 부위에도 남녀 간에 약간의 차이가 있다(그림 3-29).

(2) 지용성 비타민 흡수 촉진

지용성 비타민은 지질에 용해되어 카일로마이크론에 포함되어 지질과 함께 흡수되므로

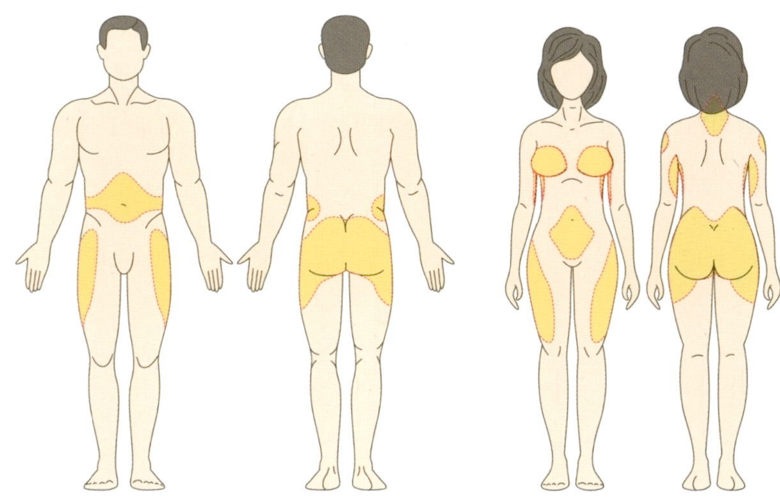

그림 3-29 **성인 남녀의 체지방 축적부위**

지질 섭취량이 적거나 흡수불량증과 같이 지질흡수에 장애가 있으면 지용성 비타민의 흡수량도 저하된다.

(3) 필수지방산 공급

필수지방산은 인체의 성장 및 생명유지를 위해 필수적이지만 체내에서 합성되지 않으므로 음식으로 반드시 섭취해야 한다. 특히 식물성 기름에는 필수지방산의 함량이 높다.

(4) 맛, 향미, 포만감 제공

지질은 음식에 맛과 향미를 주고, 당질이나 단백질에 비해 위를 통과하는 속도가 느려서 위에 오래 머물므로 포만감을 준다.

(5) 체온 조절 및 장기 보호 기능

체지방의 반 정도는 피부 밑에 존재하는 피하지방인데, 추운 환경에서 피부로부터 열손실을 줄여 체온저하를 막는 역할을 한다. 피하지방이 너무 적으면 열손실이 많아 추위에 적응하기 어렵고, 피하지방이 너무 많으면 반대로 열방출이 어려워 더위에 쾌적한 체온 유지가 힘들어진다. 또한 복강의 내장지방은 자궁·난소·정소 등의 생식기관과 신장 등을 감싸고 있고, 흉강의 심부지방은 심장·폐 등을 감싸고 있어서 이들 주요 장기의 올바른 위치를 지지하면서 외부의 물리적 충격으로부터 보호하는 완충역할을 한다.

2) 인지질

(1) 세포막 구성

세포막은 인지질이 서로 마주 보는 이중층으로 구성되어 있고, 여기에 단백질이 세포막을 관통하거나 박혀 있다. 인지질 가운데 특히 레시틴은 세포막의 주성분인데, 인지질의 친수성 머리 부분은 세포막의 외부로 향하여 바깥쪽 표면에서 혈액과 접하고 안쪽 표면에서는 세포내액과 접하고 있으며, 인지질의 소수성 꼬리 부분은 세포막의 내부로 향하고 있다. 세포막에 소수성 부분이 없이 친수성 부분만 있다면 세포막은 혈액에 용해되어 세포막이라는 장벽을 형성할 수 없을 것이다. 반면에 세포막에 친수성 부분이 없이 소수성 부분만 있다면 혈액과 세포 사이에는 소통이 불가능할 것이다. 그러나 세포막은 친수성 부분과 소수성 부분을 모두 가지고 있는 양성물질인 인지질로 구성되어 있으므로 세포내외의 소통이 가능해진다. 이와 같이 세포막이 구조적으로 완전할 때 세포막을 경계로 막의 내부와 외부의 모든 물질이 동적평형 상태를 이루게 되고, 결과적으로 항상성을 유지할 수 있게 된다.

막관통 단백질은 이온이나 포도당 등의 수용성 물질을 혈액으로부터 세포 내로 운반해 주는 수송체 역할을 하고, 주변 단백질은 호르몬 수용체나 효소들이다(그림 3-30).

(2) 세포막의 유동성과 투과성

세포막의 인지질 이중층은 고정되어 있지 않고 같은 층에서 옆에서 옆으로 자유롭게 움직일 수 있는 유동성이 있다. 적혈구는 자신의 지름보다 좁은 모세혈관을 통과할 때 구부러지거나 길쭉해지는 등 모양을 변형시킬 수 있는데, 이는 적혈구 세포막의 유동성 때문

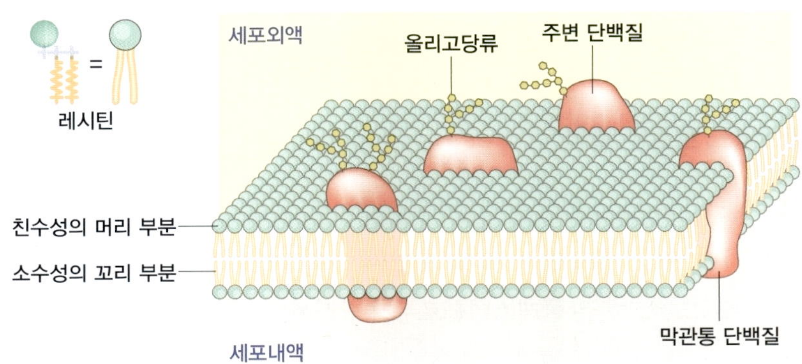

그림 3-30 **세포막**

에 가능하다. 또한 세포막은 특정 물질만을 선택적으로 투과시켜 외부환경의 변화로부터 세포 내 환경을 보호하는 선택적 투과성이 있다.

이러한 유동성과 투과성은 세포막의 인지질을 구성하는 지방산의 조성에 따라 달라지는데, 이는 식사로 섭취한 지방산의 종류와 환경요인의 영향을 받는다. 불포화지방산은 세포막의 유동성과 투과성을 증가시키고 포화지방산은 이를 감소시킨다. 그러므로 세포막에 적절한 유동성과 투과성이 유지되려면 인지질을 구성하는 불포화지방산과 포화지방산이 적정비율로 포함되어야 하므로 식사에서의 지방산 조성이 중요하다. 또한 환경요인을 보면, 바다에 사는 물고기의 경우 세포막의 인지질을 구성하는 지방산으로 융점이 낮은 불포화지방산, 특히 오메가-3 지방산이 많아 저온의 바다에서도 세포막의 유동성과 투과성을 유지할 수 있다. 포스파티딜에탄올아민, 포스파티딜세린은 인체의 대뇌피질 세포막을 구성하는 인지질로서 여기에 결합된 지방산의 1/3이 DHA이다.

포스파티딜에탄올아민 phosphatidylethanolamine

포스파티딜세린 phosphatidylserine

3) 콜레스테롤

(1) 세포막 성분

콜레스테롤은 세포막의 성분으로서 인지질 층 사이에 위치하여 세포막의 유동성을 조절한다. 특히, 간, 신장, 뇌, 신경조직에는 콜레스테롤을 다량 함유하므로 성장이 왕성한 유아, 소아들에게 콜레스테롤은 필수 성분이다.

(2) 담즙산 합성

긴사슬 중성지방의 소화와 흡수에서 유화제로서 역할을 하는 담즙산(콜린산)을 합성한다.

(3) 스테로이드 호르몬 합성

글루코코르티코이드glucocorticoid, 무기질코르티코이드mineralocorticoid 등의 부신피질호르몬(코르티코이드)이나 에스트로겐, 프로게스테론(황체호르몬), 테스토스테론 등의 성호르몬과 같은 스테로이드 호르몬은 콜레스테롤로부터 합성된다.

코르티코이드 corticoid
에스트로겐 estrogen
프로게스테론 progesterone
테스토스테론 testosterone

스테로이드 호르몬 steroid hormone

(4) 비타민D의 전구체 합성

비타민D의 전구체인 7-디하이드로콜레스테롤을 합성하여 칼슘의 흡수를 돕는다.

디하이드로콜레스테롤 dehydrocholesterol

4) 필수지방산

신체의 정상적인 성장, 유지 및 생리기능에 필수적이지만 체내에서 합성되지 않거나 합성되는 양이 부족해 식사로 반드시 섭취해야 하는 지방산을 필수지방산이라 한다. 오메가-6 지방산인 리놀레산과 아라키돈산, 오메가-3 지방산인 α-리놀렌산이 필수지방산으로 간주되고 있다. 아라키돈산은 체내에서 리놀레산으로부터 합성되기는 하나 그 양이 부족한 데 비해 아라키돈산의 역할이 중요하므로 필수지방산으로 본다.

리놀레산 linoleic acid
아라키돈산 arachidonic acid
α-리놀렌산 α-linolenic acid

체내에서 리놀레산과 α-리놀렌산은 이중결합을 만드는 불포화반응$_{\text{unsaturation}}$과 탄소사슬의 길이를 늘이는 사슬연장$_{\text{elongation}}$ 반응에 의해 더 많은 이중결합과 더 길어진 탄소사슬의 아라키돈산, EPA, DHA 등의 지방산을 합성한다(그림 3-31). 그러나 리놀레산과 α-리놀렌산은 구조의 유사성으로 인해 Δ6-불포화효소$_{\text{unsaturase}}$의 작용에 서로 경쟁하므로 어느 한쪽의 지방산이 과잉으로 공급되면 다른 쪽 지방산의 불포화반응은 감소되어 아라키돈산, EPA, DHA 등의 지방산 합성에 지장을 주게 된다. 따라서 오메가-3와 오메가-6 지방산은 각기 고유의 기능이 있으므로 지방산 섭취에서 지방산의 총량뿐만 아니라 지방산 간의 균형도 중요하다.

성인의 지방조직에는 필수지방산이 저장되어 있어서 지질흡수불량이나 이와 관련된 질환을 가지고 있는 경우를 제외하고는 필수지방산 부족은 잘 나타나지 않는다.

필수지방산의 기능은 다음과 같다.

(1) 성장 증진과 피부병 예방

필수지방산은 성장 증진과 피부의 정상적인 기능유지에 필수적이다. 필수지방산이 결핍되면 성장이 지연되고 피부가 건조해지고 벗겨지며 피부에 염증이 생기고 습진이 발생한다. 저지방식사로 발생한 성장저하나 피부염 치료에 리놀레산, α-리놀렌산 및 아라키돈산 모두가 효과를 보였다.

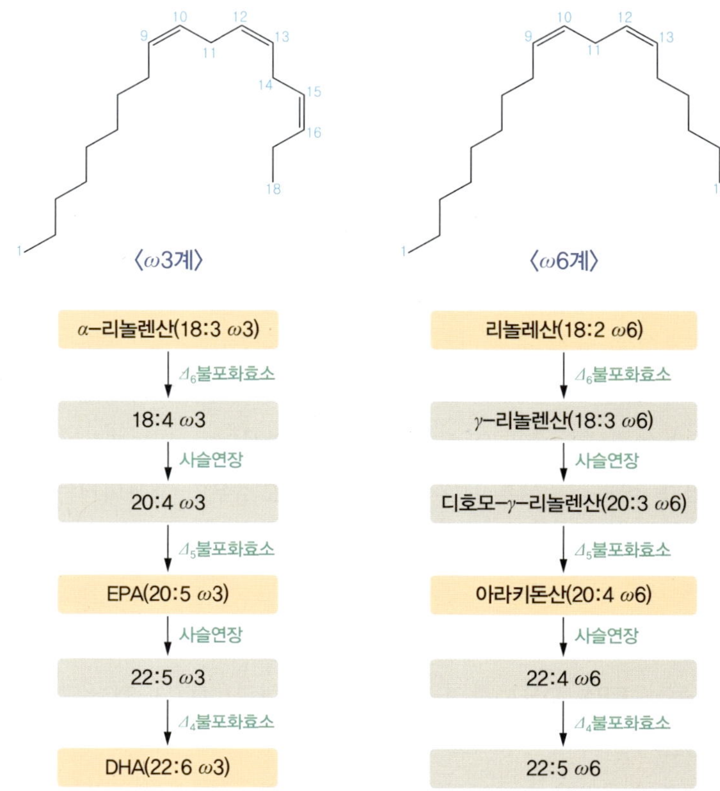

그림 3-31 **오메가-3와 오메가-6계 지방산의 불포화와 탄소사슬 연장**

(2) 면역 및 생식기능 유지

필수지방산 부족으로 면역기능이 손상될 수 있어서 쉽게 감염되고 상처가 생기면 치료가 어려울 수 있다. 또한 생식기의 발달과 기능 유지에도 관여한다.

(3) 세포막의 구조적 완전성 유지

올레산 oleic acid

아이코사트리엔산 eicosatrienoic acid

세포막은 인지질의 이중층으로서 지방산은 세포막의 가운데 부분에 있는데, 이곳에 포화지방산과 불포화지방산이 일정비율로 존재해야 세포막에 적당한 유동성과 투과성이 가능하다. 필수지방산은 세포막을 구성하는 인지질의 β위치(2번 탄소)에 에스테르 결합되어 있으면서 세포막에 적당한 유동성을 부여해주는데, 필수지방산이 부족하면 올레산(18:1, ω-9)에서 합성된 아이코사트리엔산(20:3, ω-9)이 인지질의 β위치에 결합되고 이로 인해 세포막의 구조가 변하고 유동성과 투과성도 상실한다. 세포의 동화와 이화가 계속되는 한, 새로운 세포막 구성과 기능을 정상적으로 유지하기 위해 필수지방산은 지속적으로 공급되어야 한다.

(4) 두뇌발달과 시각기능 유지

뇌는 다른 조직에 비해 탄소수 18개 이상인 긴사슬 다불포화지방산으로 구성된 인지질이 많다. 뇌 세포막의 인지질을 구성하는 지방산의 50% 이상이 DHA인데, DHA는 식품으로부터 직접 섭취되거나 α-리놀렌산 또는 EPA로부터 합성된다. 따라서 이들 α-리놀렌산, EPA, DHA 등의 오메가-3 지방산은 인지기능이나 학습능력과 관련됨을 알 수 있다. 또한 망막도 인지질을 구성하는 지방산의 50% 이상이 DHA이므로 시각기능과도 관련된다고 볼 수 있다. 그러므로 성장기에 오랜 기간 오메가-3 지방산이 부족하면 인지기능, 학습능력 및 시각기능이 저하될 수 있다. 뇌는 태아기와 영아기에 급속히 성장하여 1세경에 인지질 함량이 최고에 달하므로 이 시기에 긴사슬 다불포화지방산 공급은 매우 중요하다. 그러나 영아는 성인과 달리 체내에서 긴사슬 다불포화지방산 합성능력이 약하다. 따라서 이 시기에 긴사슬 다불포화지방산 함량이 많고 필수지방산 함량이 전체 에너지의 10~12%를 차지하는 모유의 섭취는 무엇보다도 중요하다.

(5) 혈중 콜레스테롤 저하

필수지방산은 조직에서 사용하고 남은 여분의 콜레스테롤이 HDL에 의해 간으로 운반되어 처리되는 과정에서 중요한 역할을 한다. 즉, 조직에서 방출된 유리 콜레스테롤은 HDL을 구성하는 인지질의 β위치의 다불포화지방산(주로 필수지방산)에 결합되어 간으로 운반된 후 담즙산으로 전환되어 십이지장으로 분비된다. 대부분의 담즙산은 유화제로서 역할을 한 뒤 회장에서 재흡수되어 다시 간으로 돌아가지만, 하루에 0.5g 정도의 담즙산은 대변을 통해 체외로 배설되는데 이 경로가 콜레스테롤의 주요 배설경로이다(그림 3-11). 따라서 필수지방산은 혈중 콜레스테롤 저하에 중요한 역할을 한다.

(6) 아이코사노이드 합성

탄소수 18개 지방산인 리놀레산과 α-리놀렌산으로부터 불포화도가 증가하고 사슬길이가 길어지면서 오메가-6, 오메가-3 계열의 여러 지방산들이 합성된다.

아이코사노이드는 세포막 인지질의 2번(β) 탄소 위치에 결합되어 있는 탄소수 20개의 지방산, 즉 아라키돈산(20:4 ω-6), 다이호모 감마-리놀렌산(20:3, ω-6) 및 EPA(20:5

아이코사노이드 eicosanoid
다이호모 감마-리놀렌산 dihomo-γ-linolenic acid

인지질분해효소A_2 phospholipase A_2

고리산소화효소 cyclooxygenase

프로스타노이드 prostanoid

리폭시제네이즈 lipoxygenase

류코트리엔 leukotriene

프로스타글란딘 prostaglandin

프로스타사이클린 prostacyclin

트롬복산 thromboxane

ω-3)로부터 합성되는 생리활성 물질이다. 아이코사노이드의 기질로 쓰이는 이들 탄소 20개의 지방산들은 필요할 때 인지질분해효소A_2(포스포라이페이즈A_2)에 의해 세포막 인지질로부터 떨어져 나온 후, 고리산소화효소에 의해 프로스타노이드로 전환되고 지질산소화효소(리폭시제네이즈)에 의해 류코트리엔(LT)으로 전환된다. 다이호모 감마-리놀렌산에서는 프로스타노이드 1계열과 LT 3계열, 아라키돈산에서는 프로스타노이드 2계열과 LT 4계열, EPA에서는 프로스타노이드 3계열과 LT 5계열의 아이코사노이드가 합성된다(그림 3-32). 프로스타노이드에는 프로스타글란딘(PG), 프로스타사이클린(PGI) 및 트롬복산(TXA)이 있는데, 필요할 때 신속하게 합성되어 합성된 장소와 가까운 곳에서 국소 호르몬처럼 작용한다.

오메가-6계 지방산인 리놀레산, 감마-리놀렌산, 다이호모 감마-리놀렌산, 아라키돈산에서 생성된 아이코사노이드의 역할보다 오메가-3계 지방산인 α-리놀렌산이나 EPA에서 생성된 아이코사노이드의 역할이 인체에 더 유익하다. 다이호모 감마-리놀렌산이나 아라키돈산에서 생성된 아이코사노이드는 동맥경화증을 비롯한 심장순환계 질환을 유발하고 관절염·천식 등을 악화시키는 등 부정적인 역할을 하는 반면에, EPA에서 생성된 아이코사노이드는 이들 질환을 예방하고 면역기능을 강화하는 등 유익한 역할을 하

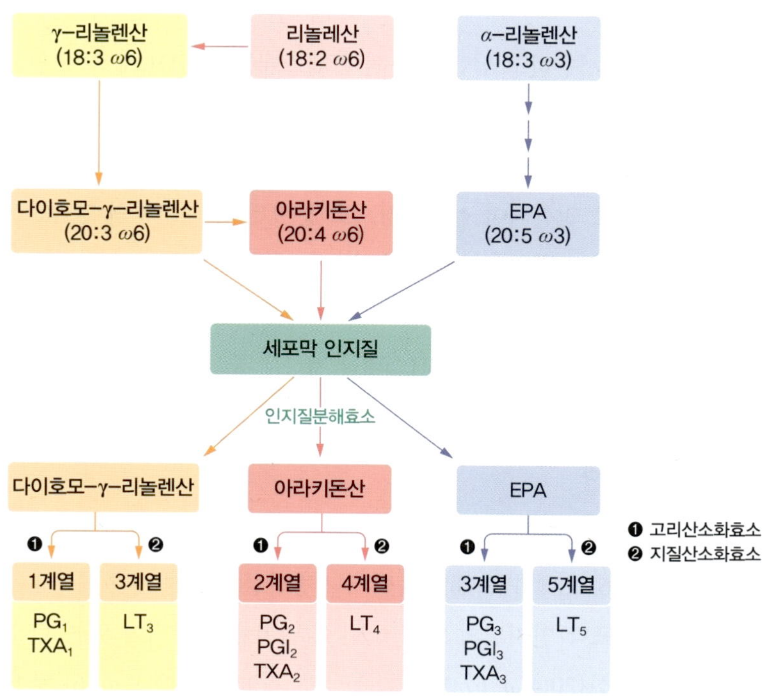

그림 3-32 **아이코사노이드 합성**

표 3-8 **아이코사노이드의 종류와 기능**

아이코사노이드		기능
프로스타노이드	프로스타글란딘 (PG)	•생물학적 활성 강함 •위궤양의 예방, 치료 •수정란 착상 방지, 유도분만, 임신중절 •평활근 수축, 이완 •염증, 고혈압, 천식, 비염 치료
	프로스타사이클린 (PGI)	•혈관벽에서 합성 •트롬복산과 반대: 혈관이완(혈압저하), 혈소판 응집(혈액응고) 억제
		•PGI_2(아라키돈산으로부터 생성)의 기능 = PGI_3(EPA로부터 생성)의 기능
	트롬복산 (TXA)	•혈소판에서 합성 •프로스타사이클린과 반대: 혈관수축(혈압상승), 혈소판 응집(혈액응고) 촉진
		TXA_2(아라키돈산으로부터 생성)의 기능 > TXA_3(EPA로부터 생성)의 기능 혈압↑ 혈소판 응집↑ / 혈압↓ 혈소판 응집↓
루코트리엔 (LT)		•백혈구, 혈소판, 대식세포에서 합성 •평활근 수축, 천식·관절염 유발, 염증·알레르기 반응 촉진
		LT_4(아라키돈산으로부터 생성)의 기능 > LT_5(EPA로부터 생성)의 기능 평활근 수축↑ 천식, 관절염↑ 염증, 알레르기 반응↑ / 평활근 수축↓ 천식, 관절염↓ 염증, 알레르기 반응↓

는 것으로 알려져 있다(표 3-8).

EPA는 아라키돈산에 비해 프로스타사이클린의 작용(혈관이완, 혈소판 응집억제)은 비슷하고, 트롬복산의 작용(혈관수축, 혈소판 응집촉진)은 약해서 혈압을 올리거나 혈전을 생성하는 작용이 상대적으로 약하다. 또한 EPA에서 생성된 3계열의 아이코사노이드(PG_3, PGI_3, TXA_3)는 세포막 인지질로부터 아라키돈산이 유리되는 것을 억제하여 아라키돈산에서 생성되는 2계열의 아이코사노이드(PG_2, PGI_2, TXA_2)의 합성을 감소시킨다. 결과적으로 EPA를 많이 섭취하면 혈소판 응집, 즉 혈전 생성이 적으므로 심장병을 비롯한 혈관계 질환 발병률이 낮다. EPA를 함유한 생선기름을 많이 섭취하는 그린란드 에스키모인들은 심장병 발병률이 낮다.

그러나 혈소판 응집과 항응집 작용 모두 인체에 중요하므로 EPA를 과잉 섭취하는 것은 바람직하지 않으며 아라키돈산 섭취와 균형을 이루는 것이 중요하다.

또한 EPA에서 생성된 5계열의 루코트리엔(LT_5)은 아라키돈산에서 생성된 4계열의 LT_4 보다 천식이나 관절염을 일으키는 염증반응이나 알레르기 반응이 약하다.

6. 지질의 섭취와 건강

지질은 섭취하는 종류와 양에 따라 고지혈증, 동맥경화증, 고혈압, 심장병 등의 심혈관계 질환 및 암 등 만성퇴행성 질환의 발생에 미치는 영향이 다르다. 따라서 지질의 섭취기준을 알아보고 이에 따른 올바른 지질의 섭취가 이들 질환을 예방하고 치료하는 데 매우 중요하다.

1) 지질 섭취와 관련된 질환

(1) 심혈관계 질환

혈액 중에 중성지방이나 콜레스테롤이 많으면 혈액의 점도가 커져서 혈류는 느려지고 혈관 벽에 이러한 물질들이 축적된다. 특히 동맥벽에 이러한 현상이 많이 나타나는데, 동맥 내벽에 콜레스테롤 플라크가 축적되면 동맥벽이 두꺼워지고 단단해져서 탄력성을 잃게 되는 동맥경화가 발생하고 혈압이 상승하는 고혈압도 따른다(그림 3-33). 동맥경화가 심해지면 혈전이 생성되어 혈류를 심하게 방해하고 플라크는 더욱 축적되어 악화되는데 이러한 현상이 심장혈관인 관상동맥에 일어나면 관상동맥경화증이라 하고 뇌혈관에 일어나면 뇌졸중(중풍)이라 한다. 그러나 혈관 내벽이 70~80% 좁아질 때까지 대부분 아무런 증상이 없다가 갑자기 심장마비나 뇌출혈을 일으킬 수 있으므로 평소 혈액검사 등을 통해 고지혈증을 미리 진단하고 예방해야 한다. 혈중 LDL-콜레스테롤 농도는 정상범위보다 높고, HDL-콜레스테롤 농도는 정상범위보다 낮으면, 심혈관계 질환의 발

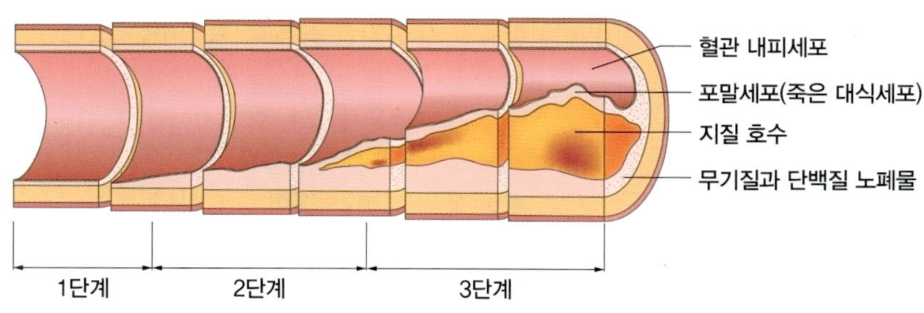

그림 3-33 **동맥경화의 진행**
(동맥 내벽에 섬유성 플라크가 침착되면서 내강이 점차 좁아져 정상적인 혈류에 장애를 일으킴)

표 3-9 **한국인의 이상지질혈증 분류 기준**

LDL콜레스테롤(mg/dL)		총콜레스테롤(mg/dL)		HDL 콜레스테롤(mg/dL)		중성지방(mg/dL)	
매우 높음	≥190	높음	≥240	낮음	〈40	매우높음	≥500
높음	160~189	경계	200~239	높음	≥60	높음	200~499
경계	130~159	적정	〈200			경계	150~199
정상	100~129					적정	〈150
적정	〈100						

자료: 한국지질·동맥경화학회. 이상지질혈증 진료지침 제5판. 2022

생과 밀접하게 관련된다(표 3-9).

① 총 콜레스테롤 농도

혈중 콜레스테롤은 콜레스테롤 함유식품의 섭취를 통해서 온 것과 과잉의 아세틸CoA로부터 체내 합성된 것의 두 가지가 있으며 체내 합성된 것이 더 많다. 따라서 혈중 콜레스테롤 농도를 낮추려면 콜레스테롤이 함유된 식품을 제한하는 것도 필요하지만 아세틸CoA의 과잉생성을 억제해야 한다.

먼저 에너지 섭취를 제한하여 과식을 피하고, 지방과 포화지방산 섭취를 줄이며, 콜레스테롤 섭취도 줄여야 한다. 아세틸CoA를 다량 생성하는 포화지방산이 많은 동물성 지방 섭취를 줄이는 것이 중요한데, 포화지방산으로는 팔미트산(16:0)과 스테아르산(18:0)이 대표적이다. 스테아르산은 체내에서 불포화되어 올레산(18:1)으로 전환될 수 있는데, 단일불포화지방산인 올레산은 혈중 콜레스테롤 농도를 낮추므로 포화지방산 가운데 스테아르산보다는 팔미트산이 혈중 콜레스테롤 농도를 높이는 것과 밀접한 관련이 있다. 한편, 리놀레산(18:2), α-리놀렌산(18:3) 등의 다불포화지방산은 혈중 총 콜레스테롤 농도를 낮춘다. 동물성 기름보다는 올리브유나 식물성 기름을 자주 이용하는 것이 좋으나 불포화지방산은 쉽게 산패되어 해로우므로 신선한 상태로 이용하는 것이 중요하다. 단일불포화지방산은 포화지방산에 비해 혈중 총 콜레스테롤 농도를 낮추는 효과가 있으면서 이중결합이 하나로서 다불포화지방산의 이중결합보다 적어 산패가 적게 일어나므로 올리브유를 자주 이용하는 것도 좋다. 지중해 연안국가들 사람들 사이에 지질 섭취량이 비교적 많은데도 불구하고 심혈관계 질환으로 인한 사망률이 낮은 것은 올레산이 풍부한 올리브유의 섭취가 많기 때문인 것으로 알려졌다. 또한 수용성 식이섬유의 섭취도 늘려서 혈중 콜레스테롤 농도를 낮추도록 한다.

② LDL-콜레스테롤 농도

음식 중 포화지방산이 많고 불포화지방산이 적은 경우, 즉 식물성 지질보다 동물성 지질 섭취량이 많으면 혈중 LDL-콜레스테롤 농도는 증가하게 된다. LDL-콜레스테롤은 혈중 콜레스테롤의 2/3를 함유하고 있어서 LDL-콜레스테롤의 증가는 혈중 총 콜레스테롤 농도의 증가를 의미한다.

혈중 LDL-콜레스테롤 농도를 낮추려면 다불포화지방산이 많은 식물성 기름이나 등푸른생선, 단일불포화지방산이 많은 올리브유를 섭취하는 것이 좋다. 또한 수용성 식이섬유도 혈중 LDL-콜레스테롤 농도를 낮춘다.

③ HDL-콜레스테롤 농도

혈중 HDL-콜레스테롤 농도를 높이려면 규칙적인 운동량을 늘리도록 한다. 1주일에 4회, 최소 45분간 운동을 할 때 HDL-콜레스테롤 농도가 5mg/dL 정도 상승한다고 한다. 또한 체중조절 및 금연도 도움이 된다. 금연은 혈중 총 콜레스테롤 농도를 낮추기도 하는 등 혈중 지질 농도 개선에 바람직한 결과를 준다.

한편, 식물성 기름에 많은 오메가-6계 지방산은 LDL-콜레스테롤과 HDL-콜레스테롤 농도를 모두 낮추어 혈중 총 콜레스테롤의 농도를 낮춘다. 오메가-3계 지방산은 혈전 생성을 억제하여 동맥경화증의 예방과 치료에 효과가 크다. 단일불포화지방산은 LDL-콜레스테롤의 농도는 낮추면서 HDL-콜레스테롤의 농도는 증가시킨다.

④ 중성지방 농도

혈중 중성지방 농도는 식사에 의해 가장 쉽게 변하는데 과식, 특히 당질 섭취를 줄이고 금주하며 규칙적인 운동으로 체중조절을 한다면 혈중 중성지방 농도를 낮출 수 있다.

(2) 암

우리나라 사람들의 사망원인 가운데 1위가 암이며 암에 의한 사망률은 증가추세에 있다. 지질의 과잉섭취는 주로 유방암, 자궁암, 대장암 등의 발생과 관련성이 크다. 여성은 지방조직에서도 에스트로겐이 생성되기 때문에 지질의 과잉섭취로 인한 비만일 때 에스트로겐 생성량이 더욱 많아져 유방암과 자궁암이 발생한다. 또한, 동물성 지질을 과잉섭취하면 다량 함유된 포화지방산으로 인해 담즙산 분비가 증가되고 결장 박테리아는 과잉의 담즙산을 발암물질로 만들어 대장암을 유발하기도 한다. 따라서 포화지방산을 다량 함유한 동물성 지질보다는 소수성이 적어서 담즙산 분비량이 상대적으로 적은 불포화지방산을 많이 함유한 식물성 지질을 섭취하려는 경향이 있다. 그러나 불포화지방산은 쉽게 산화되어 발암물질인 과산화지질을 생성하므로 가능하면 신선한 상태의 식물성 지질을 이용하는 것이 중요하다.

2) 식용 기름의 지방산 조성

다불포화지방산 중 오메가-6계 지방산인 리놀레산은 해바라기씨유, 면실유, 옥수수기름, 콩기름에 많고, 오메가-3계 지방산인 알파-리놀렌산은 들기름, 땅콩기름에 많으며 채종유, 콩기름에도 비교적 많이 함유되어 있다. 등푸른 생선에는 EPA와 DHA가 풍부하다. 단일불포화지방산은 올리브유, 채종유에 많으며 포화지방산은 동물성 기름과 코코넛유와 팜유에 많이 함유되어 있다(그림 3-34).

다불포화지방산
polyunsaturated fatty acid

단일불포화지방산
monounsaturated fatty acid

포화지방산
saturated fatty acid

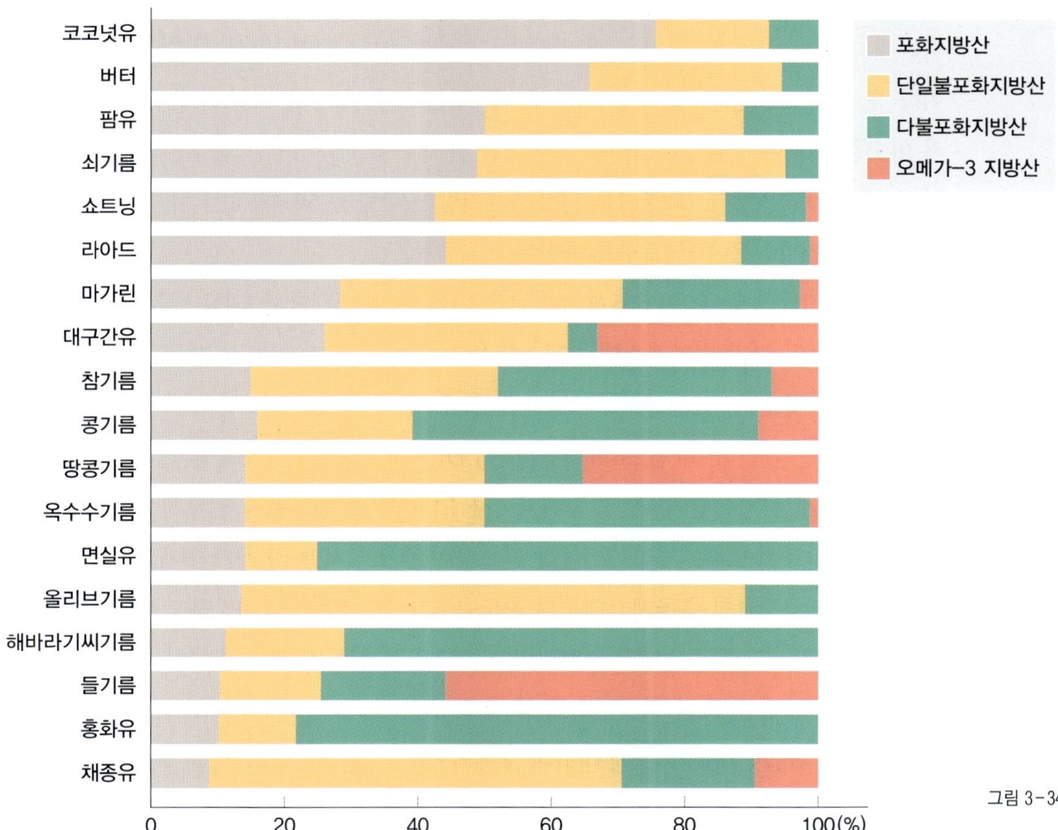

그림 3-34 **식용기름의 지방산 조성**

표 3-10 식물성 기름 외 지방급원식품의 지방산 조성(%)과 P/M/S 비

식품명	포화지방산 (S)	단일불포화지방산 (MUFA)	다불포화지방산 (PUFA)	P/M/S
쇠기름	45.5	46.2	3.4	0.07/1.02/1
라아드	39.5	45.5	10.3	0.26/1.15/1
닭고기(날개)	29.3	52.2	18.5	0.63/1.78/1
달걀	34.5	48.0	17.6	0.51/1.39/1
고등어	29.4	40.0	30.6	1.04/1.36/1
갈치	34.3	42.5	23.2	0.68/1.24/1
오징어	35.9	7.7	56.4	1.57/0.21/1
백미	31.7	23.4	41.6	1.31/0.74/1
밀가루(중력분)	27.7	10.8	61.5	2.22/0.39/1

식물성 기름 외에 주요 식품의 지방산 조성을 살펴보면(표 3-10), 쇠기름과 라아드는 포화지방산 함량이 40% 내외 수준으로 높으면서 단일불포화지방산 함량도 40% 이상을 나타내고 있는 반면, 닭고기는 쇠기름이나 라아드보다 포화지방산 함량은 적어서 30% 이하 수준이고 단일불포화지방산은 50%를 넘는 높은 함량을 나타낸다. 달걀은 라아드와 비슷한 정도이고 등푸른생선인 고등어는 갈치보다 포화지방산 함량은 적고 단일불포화지방산 함량은 많다. 오징어는 다불포화지방산 함량은 56.4%로서 아주 많으며 대신 단일불포화지방산은 아주 소량 함유한다.

다불포화지방산 중 오메가-6계 지방산은 LDL-콜레스테롤과 HDL-콜레스테롤 농도를 모두 낮추어 혈청 총콜레스테롤의 농도를 낮추고, 오메가-3계 지방산은 혈청 중성지방의 농도를 낮춘다. 단일불포화지방산은 LDL-콜레스테롤 농도는 낮추고 HDL-콜레스테롤 농도는 높인다. 반면, 포화지방산은 LDL-콜레스테롤 농도를 높인다.

오메가-3계 지방산인 알파-리놀렌산이나 EPA는 혈전 생성을 억제하여 동맥경화증의 예방과 치료에 효과가 크므로 섭취 필요성이 강조되지만, 오메가-6계의 리놀레산이나 아라키돈산도 혈청 총콜레스테롤의 농도를 낮추고 피부염도 예방하므로 결핍되지 않도록 해야 한다. 그러나 오메가-6계 지방산을 과잉섭취하면 혈전 생성이 증가하여 심혈관계 질환의 발생을 촉진하는 것으로 알려져 있고, 오메가-3계 지방산도 과잉섭취하면 생리 물질을 만들어내는 효소에 대하여 오메가-6계 지방산과 공유하고 경쟁하기 때문에

오메가-6계 지방산의 작용이 억제된다. 따라서 이들 지방산의 균형섭취가 매우 중요하다. 오메가-6/오메가-3 비율은 지질의 에너지 적정비율의 변화로 다소 변화를 보이지만 일반적으로 4~10:1 정도가 바람직한 것으로 여겨진다. 오메가-3계 지방산 섭취량을 늘리기 위해서는 등푸른생선을 주 2회 정도 섭취하고 들깨나 들기름을 많이 이용하며 생선 통조림은 가공 시에 오메가-6계 지방산을 다량 함유한 면실유를 이용하므로 섭취에 주의한다.

3) 지질의 섭취실태

우리나라 국민건강영양조사 결과에 의하면 한국인의 지질 에너지 섭취 비율은 1969년 이래 꾸준히 증가하는 추세를 보이고 있으며, 2015~2024년도 지방 에너지 섭취비율은 연령별로 다르지만 21~25% 범위로 꾸준한 증가를 보이고 있다. 지질 섭취량에 대한 식품군별 기여도는 육류, 곡류, 유지류 순으로 육류 소비량의 증가가 지질 섭취량을 증가시키는 가장 큰 요인이었다. 그 외에 패스트푸드나 식물성 기름의 섭취량 증가도 영향을 준 것으로 나타났다. 육류 가운데, 돼지고기, 특히 삼겹살은 포화지방산을 다량 함유하고, 라면 등의 패스트푸드는 가공 시 포화지방산이 많은 팜유를 이용하므로 섭취에 주의해야 한다. 최근에는 동물성 지질보다는 식물성 지질이나 올레산 함량이 많은 올리브유의 섭취량을 늘리려는 등 지질 섭취에 대한 관심이 높아지고 있다.

4) 지질의 섭취기준과 급원식품

2025년 한국인 영양소 섭취기준에서는 지질의 에너지 적정비율과 포화지방산, 트랜스지방산, 그리고 콜레스테롤에 대한 권장섭취 비율을 설정하여 제시하고 있다(표 3-11). 그리고 리놀레산과 알파-리놀렌산, EPA와 DHA는 충분섭취량이 설정되어 있다(표 3-12).

표 3-11 지질의 에너지 적정비율, 지방산과 콜레스테롤 섭취기준

구분	한국인의 영양소 섭취기준
지질의 에너지 적정비율	1세 미만: 25g/일(충분섭취량) 1~2세: 20~35% 3세 이상: 15~30%
포화지방산	3~18세: 8% 미만 19세 이상: 7% 미만
콜레스테롤	19세 이상: 300mg/일 미만
트랜스지방산	3세 이상: 1% 미만

자료: 보건복지부·한국영양학회. 2025 한국인 영양소 섭취기준

표 3-12 한국인의 1일 지질 섭취기준

성별	연령	충분섭취량				
		지방 (g/일)	리놀레산 (g/일)	알파-리놀렌산 (g/일)	EPA+DHA (mg/일)	DHA (mg/일)
영아	0~5(개월)	25	4	0.4		100
	6~11	25	6	0.6		150
유아	1~2(세)		6	0.6	150	
	3~5		6	0.6	200	
남자	6~8(세)		7	0.8	200	
	9~11		9	1.0	200	
	12~14		11	1.2	200	
	15~18		11	1.3	200	
	19~29		11	1.2	250	
	30~49		10	1.2	250	
	50~64		8	1.0	250	
	65~74		6	0.8	250	
	75 이상		4	0.6	250	
여자	6~8(세)		6	0.7	200	
	9~11		7	0.8	200	
	12~14		8	0.9	200	
	15~18		8	0.8	200	

(계속)

성별	연령	충분섭취량				
		지방 (g/일)	리놀레산 (g/일)	알파-리놀렌산 (g/일)	EPA+DHA (mg/일)	DHA (mg/일)
여자	19~29		8	0.9	250	
	30~49		7	0.9	250	
	50~64		6	0.8	250	
	65~74		4	0.5	250	
	75 이상		2	0.4	250	
임신부			+0	+0	300	200
수유부			+0	+0	300	200

자료: 보건복지부·한국영양학회. 2025 한국인 영양소 섭취기준

(1) 지질의 에너지 적정비율

지질의 에너지 적정비율은 1~2세 영아는 20~35%, 3세 이후의 모든 연령층에서는 15~30%이며, 생후 1년 이내의 영아의 경우에는 지질 섭취기준을 25g/일로 설정하였다(표 3-11). 우리나라 국민이 섭취하는 지질의 주요 급원식품은 표 3-13과 그림 3-35와 같다.

표 3-13 **지질 주요 급원식품(100g당 함량)[1)]**

급원식품 순위	급원식품	함량 (g/100g)	기여율 (%)	급원식품 순위	급원식품	함량 (g/100g)	기여율 (%)
1	돼지고기(살코기)	12.8	12.70	11	두부	4.6	2.11
2	소고기(살코기)	20.6	11.00	12	라면(조리 전후 통합)	7.8	1.94
3	콩기름	100.0	8.07	13	고등어	22.4	1.66
4	달걀, 생것	8.5	7.45	14	치즈, 체다	21.3	1.64
5	우유	3.9	6.07	15	케이크	18.9	1.62
6	마요네즈	72.6	4.83	16	두유	3.8	1.35
7	과자	22.8	4.04	17	김, 조미김, 구운 것	49.2	1.16
8	빵, 식빵	6.2	2.90	18	오리고기	19.0	1.04
9	참기름	99.8	2.80	19	요구르트(호상)	3.2	1.03
10	백미	0.9	2.38	20	만두	9.8	1.00

(계속)

급원식품 순위	급원식품	함량 (g/100g)	기여율 (%)	급원식품 순위	급원식품	함량 (g/100g)	기여율 (%)
21	올리브유	100.0	0.97	26	아몬드	51.3	0.82
22	크림, 생크림	37.8	0.96	27	깨, 흰깨	45.1	0.73
23	초콜릿	32.5	0.91	28	닭고기(살코기)	1.0	0.69
24	대두	15.4	0.87	29	김치, 배추김치	0.5	0.64
25	땅콩	46.2	0.85	30	유채씨기름	99.9	0.63

1) 2022년 국민건강영양조사의 식품별 섭취량과 식품별 지질 함량(국가표준식품성분표 DB 10.2) 자료를 활용하여 지질 주요 급원식품 상위 30위 산출
자료: 보건복지부·한국영양학회. 2025 한국인 영양소 섭취기준

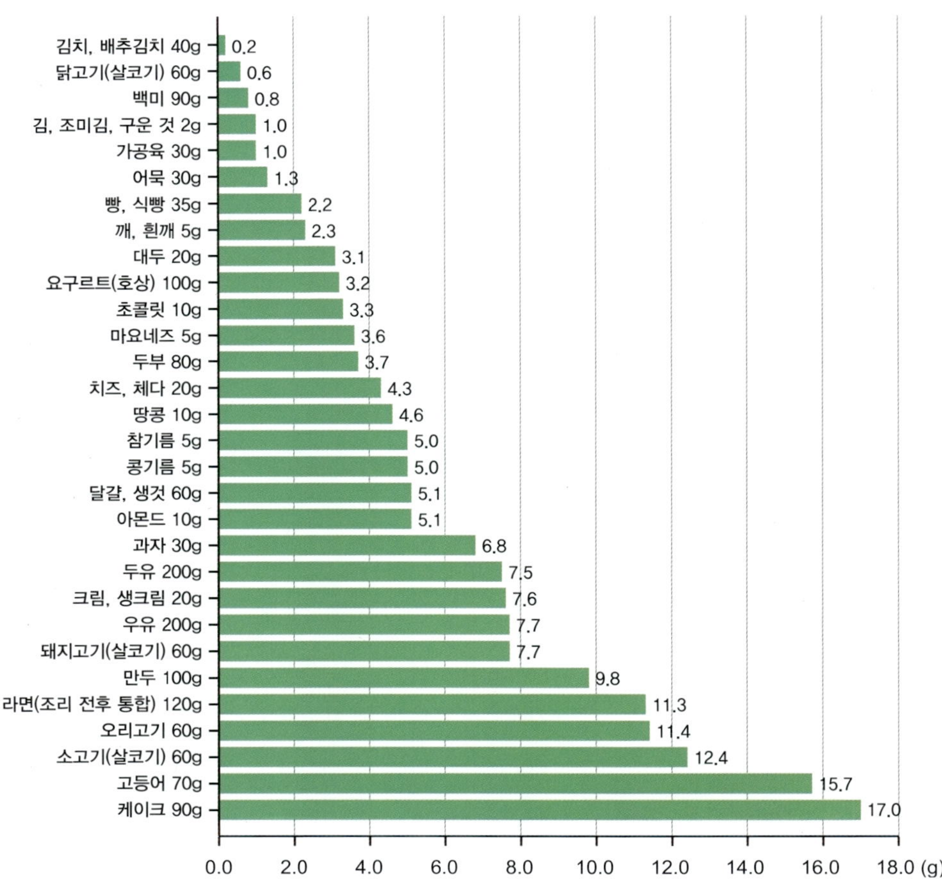

그림 3-35 **지질 주요 급원식품 (1회 분량당 함량)**[1]

1) 2022년 국민건강영양조사의 식품별 섭취량과 식품별 지질 함량(국가표준식품성분표 DB 10.2) 자료를 활용하여 지질 주요 급원식품 상위 30위 산출 후 1회 분량(2020 한국인 영양소 섭취기준)을 적용하여 1회 분량당 함량 산출
자료: 보건복지부·한국영양학회. 2025 한국인 영양소 섭취기준

(2) 포화지방산

포화지방산은 동물성 기름에 많은데, 코코넛유와 팜유는 식물성이지만 포화지방산 함량이 많다(그림 3-34). 2025년 한국인 영양소 섭취기준에서는 포화지방산의 섭취 권장 기준을 3~18세에서는 8% 미만, 19세 이상에서는 7% 미만으로 설정하였다(표 3-11). 우리나라 국민이 섭취하는 포화지방의 주요 급원식품은 표 3-14와 그림 3-36과 같다.

표 3-14 **포화지방산 주요 급원식품(100g당 함량)[1)]**

급원식품 순위	급원식품	함량 (g/100g)	기여율 (%)	급원식품 순위	급원식품	함량 (g/100g)	기여율 (%)
1	돼지고기(살코기)	4.8	15.04	16	고등어	5.9	1.36
2	우유	2.2	10.74	17	참기름	14.9	1.31
3	소고기(살코기)	6.1	10.24	18	두유	1.2	1.31
4	달걀, 생것	2.8	7.70	19	버터	47.5	1.09
5	빵, 식빵	3.5	5.11	20	아이스크림	5.3	1.08
6	과자	6.8	3.77	21	오리고기	6.2	1.06
7	콩기름	14.8	3.75	22	두부	0.7	1.00
8	치즈, 체다	14.5	3.49	23	만두	3.0	0.96
9	케이크	11.4	3.09	24	닭고기(살코기)	0.4	0.82
10	라면(조리 전후 통합)	3.7	2.89	25	가공육	1.3	0.71
11	백미	0.3	2.41	26	아이스밀크	4.6	0.60
12	마요네즈	10.4	2.18	27	돼지 부산물(간)	2.4	0.49
13	크림, 생크림	25.2	2.01	28	땅콩	8.5	0.49
14	요구르트(호상)	2.0	2.00	29	올리브유	15.0	0.46
15	초콜릿	19.4	1.70	30	대두	2.4	0.42

1) 2022년 국민건강영양조사의 식품별 섭취량과 식품별 포화지방산 함량(국가표준식품성분표 DB 10.2) 자료를 활용하여 포화지방산 주요 급원식품 상위 30위 산출

자료: 보건복지부·한국영양학회. 2025 한국인 영양소 섭취기준

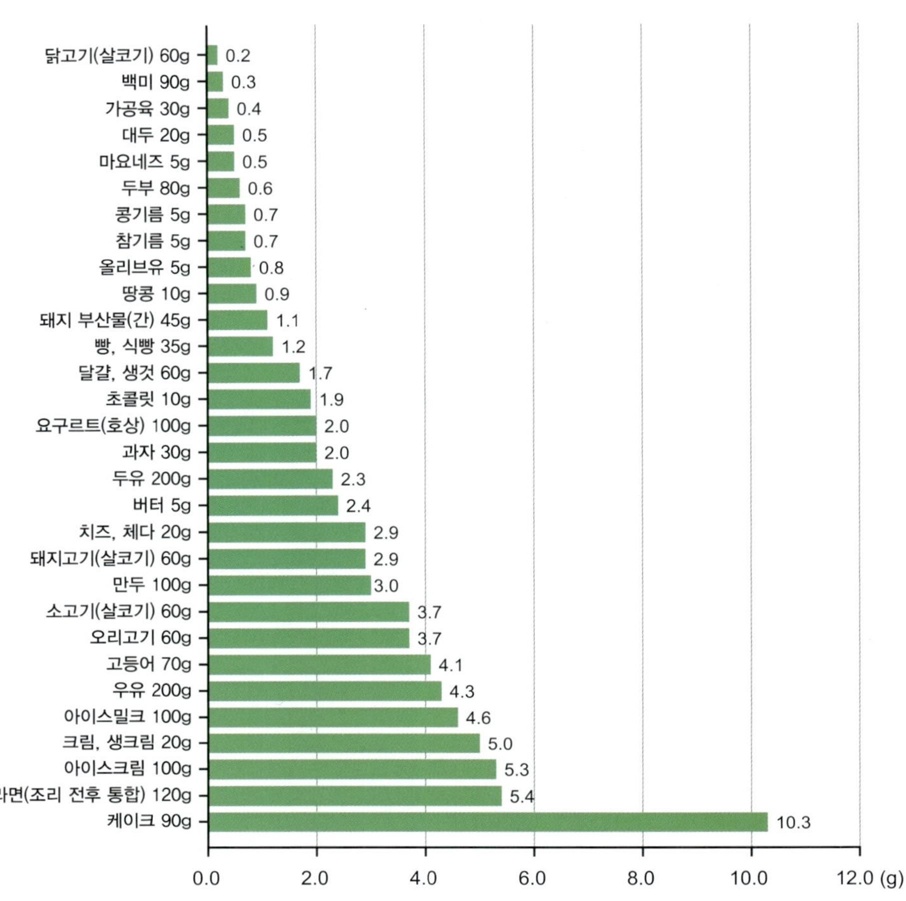

그림 3-36 **포화지방산 주요 급원식품(1회 분량당 함량)**[1)]

1) 2022년 국민건강영양조사의 식품별 섭취량과 식품별 포화지방산 함량(국가표준식품성분표 DB 10.2) 자료를 활용하여 포화지방산 주요 급원식품 상위 30위 산출 후 1회 분량(2020 한국인 영양소 섭취기준)을 적용하여 1회 분량당 함량 산출

자료: 보건복지부·한국영양학회. 2025 한국인 영양소 섭취기준

(3) 콜레스테롤

콜레스테롤은 동물성 식품에만 포함되며 육류의 간이나 내장, 달걀, 어류 알, 새우와 같은 해산물 그리고 크림이나 버터를 사용하여 만든 제과 제빵 제품에 많다. 우리나라 콜레스테롤 섭취량은 1일 150~350mg 정도인데, 2024년 국민건강영양조사 자료에 의하면 10세에서 59세의 남자인 경우 1일 평균섭취량이 300mg 이상이었다. 콜레스테롤을 전혀 섭취하지 않아도 영양상의 별다른 문제는 없으나 콜레스테롤이 함유되지 않은 식단을 짜게 되면 단백질 및 미량영양소 섭취가 매우 저조할 수 있으므로 콜레스테롤을 섭취는 하되, 가능한 적게(300mg/일 미만) 섭취하도록 19세 이상의 성인에게 권고한다. 우리나라 국민이 섭취하는 콜레스테롤의 주요 급원식품은 표 3-15과 그림 3-37과 같다.

표 3-15 **콜레스테롤 주요 급원식품(100g당 함량)**[1)]

급원식품 순위	급원식품	함량 (mg/100g)	기여율 (%)	급원식품 순위	급원식품	함량 (mg/100g)	기여율 (%)
1	달걀, 생것	388	50.21	16	치즈, 체다	65	0.73
2	돼지고기(살코기)	63	9.24	17	미꾸라지	220	0.64
3	닭고기(살코기)	56	5.89	18	빵, 식빵	9	0.63
4	멸치, 삶아서 말린 것	497	5.01	19	요구르트(호상)	12	0.58
5	소고기(살코기)	61	4.79	20	크림, 생크림	107	0.40
6	돼지 부산물(간)	370	3.66	21	오징어	21	0.39
7	새우	240	2.64	22	어묵	20	0.36
8	소 부산물(간)	396	2.60	23	순대	34	0.34
9	우유	10	2.36	24	아이스크림	29	0.28
10	명태	86	1.49	25	닭 부산물(간)	522	0.27
11	가공육	52	1.32	26	문어	150	0.21
12	메추라기알	401	0.95	27	마요네즈	21	0.21
13	케이크	68	0.87	28	버터	190	0.20
14	고등어	79	0.86	29	조기	53	0.20
15	오리고기	91	0.74	30	넙치(광어)	41	0.19

1) 2022년 국민건강영양조사의 식품별 섭취량과 식품별 콜레스테롤 함량(국가표준식품성분표 DB 10.2) 자료를 활용하여 콜레스테롤 주요 급원식품 상위 30위 산출

자료: 보건복지부·한국영양학회. 2025 한국인 영양소 섭취기준

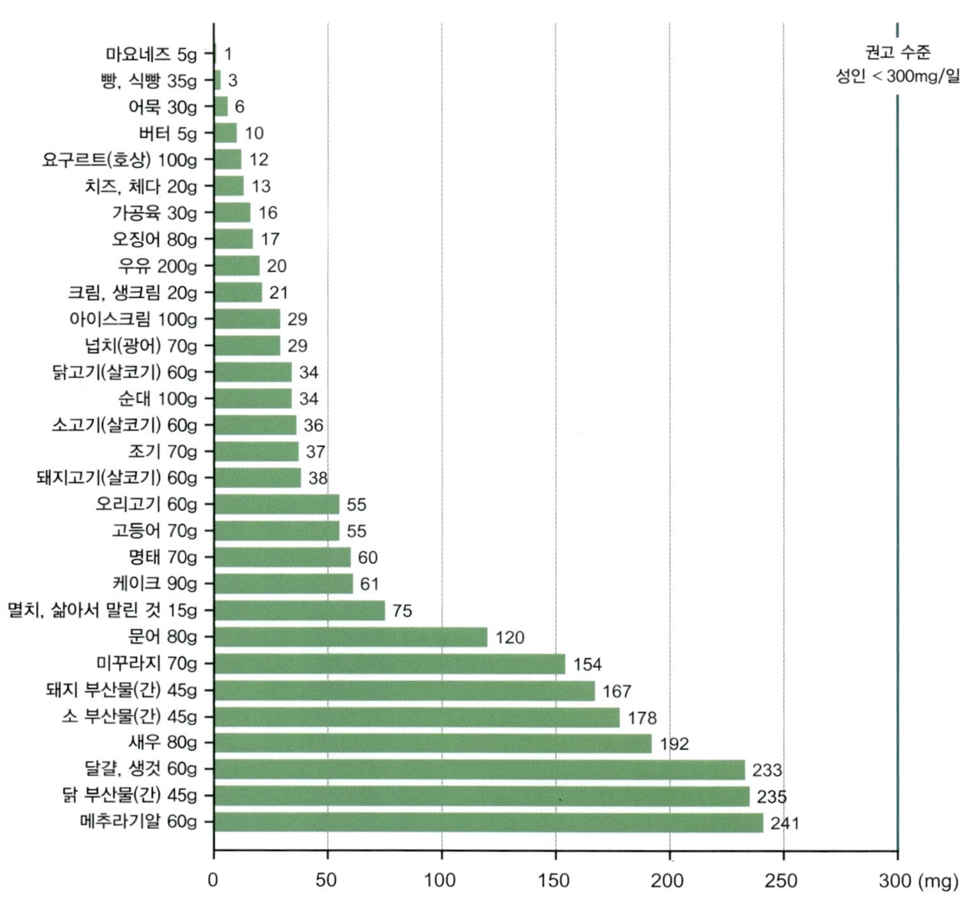

그림 3-37 **콜레스테롤 주요 급원식품(1회 분량당 함량)**[1)]

1) 2022년 국민건강영양조사의 식품별 섭취량과 식품별 콜레스테롤 함량(국가표준식품성분표 DB 10.2) 자료를 활용하여 콜레스테롤 주요 급원식품 상위 30위 산출 후 1회 분량(2020 한국인 영양소 섭취기준)을 적용하여 1회 분량당 함량 산출, 권고 수준(2025 한국인 영양소 섭취기준)과 비교

자료: 보건복지부·한국영양학회. 2025 한국인 영양소 섭취기준

(4) 지방산

우리나라 국민이 섭취하는 리놀레산의 주요 급원식품은 표 3-16과 그림 3-38과 같고, 알파-리놀렌산의 주요 급원식품은 표 3-17과 그림 3-39와 같다. 그리고 우리나라 국민이 섭취하는 EPA와 DHA의 주요 급원식품은 표 3-18과 그림 3-40과 같다.

표 3-16 **리놀레산 주요 급원식품(100g당 함량)[1)]**

급원식품 순위	급원식품	함량 (g/100g)	기여율 (%)	급원식품 순위	급원식품	함량 (g/100g)	기여율 (%)
1	콩기름	50.7	24.67	16	빵, 식빵	0.5	1.55
2	마요네즈	37.1	14.88	17	어묵	2.1	1.53
3	돼지고기 (살코기)	1.5	8.83	18	김, 조미김, 구운 것	10.5	1.49
4	참기름	40.7	6.87	19	고춧가루	5.2	1.45
5	두부	2.4	6.54	20	라면(조리 전후 통합)	0.9	1.38
6	과자	5.7	6.13	21	아몬드	12.5	1.21
7	달걀, 생것	1.2	6.07	22	국수, 말린 것	0.7	1.11
8	백미	0.3	4.78	23	오리고기	3.2	1.06
9	두유	1.5	3.26	24	만두	1.7	1.05
10	대두	7.7	2.62	25	소고기(살코기)	0.3	0.97
11	김치, 배추김치	0.3	1.79	26	케이크	1.6	0.83
12	땅콩	17.1	1.89	27	유채씨기름	19.8	0.76
13	깨, 흰깨	18.1	1.77	28	콩나물	0.8	0.74
14	호두	41.4	1.73	29	포도씨유	69.5	0.73
15	된장	3.4	1.60	30	닭고기 (살코기)	0.2	0.72

1) 2022년 국민건강영양조사의 식품별 섭취량과 식품별 리놀레산 함량(국가표준식품성분표 DB 10.2) 자료를 활용하여 리놀레산 주요 급원식품 상위 30위 산출

자료: 보건복지부·한국영양학회. 2025 한국인 영양소 섭취기준

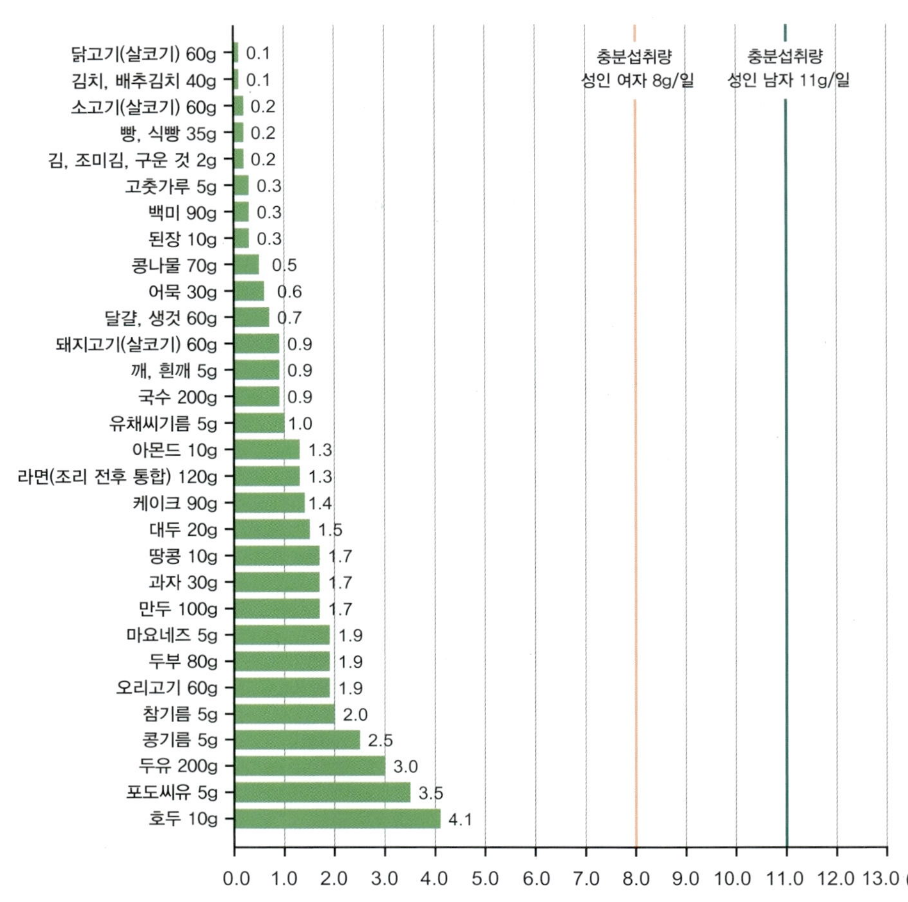

그림 3-38 **리놀레산 주요 급원식품(1회 분량당 함량)**[1)]

1) 2022년 국민건강영양조사의 식품별 섭취량과 식품별 리놀레산 함량(국가표준식품성분표 DB 10.2) 자료를 활용하여 리놀레산 주요 급원식품 상위 30위 산출 후 1회 분량(2020 한국인 영양소 섭취기준)을 적용하여 1회 분량당 함량 산출, 19~29세 성인 충분섭취량 기준(2025 한국인 영양소 섭취기준)과 비교

자료: 보건복지부·한국영양학회. 2025 한국인 영양소 섭취기준

표 3-17 **알파-리놀레산 주요 급원식품(100g당 함량)[1)]**

급원식품 순위	급원식품	함량 (g/100g)	기여율 (%)	급원식품 순위	급원식품	함량 (g/100g)	기여율 (%)
1	콩기름	5.65	20.08	16	어묵	0.24	1.29
2	들기름	57.88	16.06	17	백미	0.01	1.28
3	마요네즈	4.98	14.60	18	시금치	0.21	1.16
4	두부	0.39	7.78	19	상추	0.16	0.94
5	들깨	23.08	7.74	20	달걀, 생것	0.02	0.92
6	돼지고기 (살코기)	0.10	4.32	21	고춧가루	0.36	0.73
7	김, 조미김, 구운 것	3.84	3.97	22	케이크	0.18	0.70
8	호두	11.46	3.50	23	유부	2.09	0.67
9	대두	1.31	3.28	24	빵, 식빵	0.03	0.66
10	유채씨기름	11.32	3.17	25	키위	0.37	0.60
11	두유	0.18	2.81	26	들깻잎	0.25	0.58
12	김치, 배추김치	0.04	2.02	27	쌈장	0.33	0.55
13	된장	0.57	2.00	28	우유	0.01	0.53
14	콩나물	0.19	1.35	29	치즈, 체다	0.14	0.49
15	과자	0.17	1.33	30	김치, 열무김치	0.07	0.48

1) 2022년 국민건강영양조사의 식품별 섭취량과 식품별 알파-리놀렌산 함량(국가표준식품성분표 DB 10.2) 자료를 활용하여 알파-리놀렌산 주요 급원식품 상위 30위 산출

자료: 보건복지부·한국영양학회. 2025 한국인 영양소 섭취기준

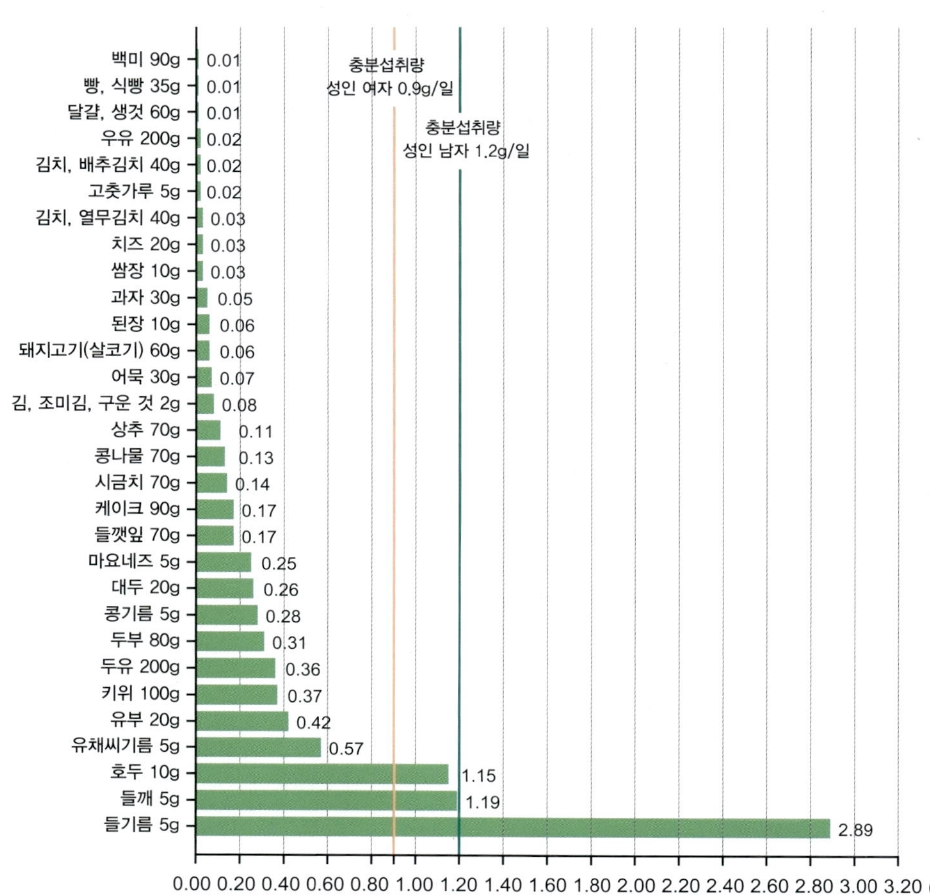

그림 3-39 **알파-리놀렌산 주요 급원식품(1회 분량당 함량)**[1)]

1) 2022년 국민건강영양조사의 식품별 섭취량과 식품별 알파-리놀렌산 함량(국가표준식품성분표 DB 10.2) 자료를 활용하여 알파-리놀렌산 주요 급원식품 상위 30위 산출 후 1회 분량(2020 한국인 영양소 섭취기준)을 적용하여 1회 분량당 함량 산출, 19~29세 성인 충분섭취량 기준(2025 한국인 영양소 섭취기준)과 비교

자료: 보건복지부·한국영양학회. 2025 한국인 영양소 섭취기준

표 3-18 EPA+DHA 주요 급원식품(100g당 함량)[1)]

급원식품 순위	급원식품	함량 (mg/100g)	기여율 (%)	급원식품 순위	급원식품	함량 (mg/100g)	기여율 (%)
1	고등어	2,400	32.25	16	삼치	1,001	1.84
2	오징어	779	18.01	17	볼락	562	1.35
3	멸치, 삶아서 말린 것	1,145	14.18	18	과자	37	1.20
4	명태	509	10.87	19	낙지	244	1.18
5	달걀, 생것	54	8.56	20	임연수어	1,700	1.12
6	김, 조미김, 구운 것	1,220	5.21	21	대구	409	1.09
7	어묵	187	4.21	22	바지락	212	1.07
8	조기	851	3.97	23	게	276	1.04
9	꽁치	3,300	3.86	24	새우	68	0.92
10	넙치(광어)	623	3.44	25	쥐치, 조미하여 말린 것	620	0.47
11	다랑어	1,397	2.92	26	굴	149	0.46
12	미역, 말린 것	858	2.61	27	돼지 부산물(간)	30	0.36
13	방어	2,900	2.60	28	치즈, 체다	22	0.31
14	돔	1,660	2.30	29	어패류알젓	450	0.25
15	연어	750	1.93	30	케이크	16	0.25

1) 2022년 국민건강영양조사의 식품별 섭취량과 식품별 EPA+DHA 함량(국가표준식품성분표 DB 10.2) 자료를 활용하여 EPA+DHA 주요 급원식품 상위 30위 산출

자료: 보건복지부·한국영양학회. 2025 한국인 영양소 섭취기준

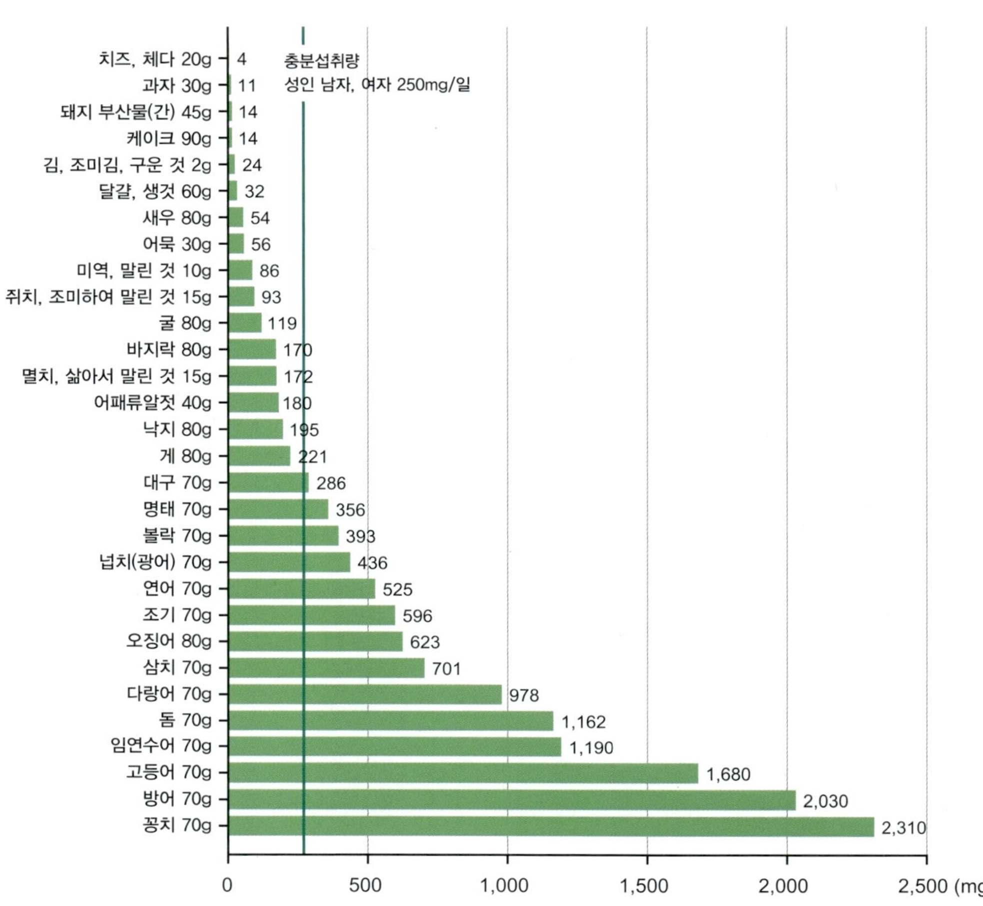

그림 3-40 **EPA+DHA 주요 급원식품(1회 분량당 함량)[1)]**

1) 2022년 국민건강영양조사의 식품별 섭취량과 식품별 EPA+DHA 함량(국가표준식품성분표 DB 10.2) 자료를 활용하여 EPA+DHA 주요 급원식품 상위 30위 산출 후 1회 분량(2020 한국인 영양소 섭취기준)을 적용하여 1회 분량당 함량 산출. 19~29세 성인 충분섭취량 기준(2025 한국인 영양소 섭취기준)과 비교

자료: 보건복지부·한국영양학회. 2025 한국인 영양소 섭취기준

(5) 트랜스지방산

세포막을 구성하는 레시틴에 트랜스지방산이 포함되면 시스형 지방산이 포함된 경우보다 세포막이 단단해져 막에 존재하는 수용체나 효소의 작용을 방해한다. 세포막에 있으면서 혈중 LDL-콜레스테롤을 말초조직 세포 내로 받아들이는 LDL-수용체의 기능이 감소되면 혈중 LDL-콜레스테롤 농도가 증가된다. 이와 같이 트랜스지방산은 혈중 LDL 콜레스테롤 농도를 높이는 반면에, HDL 콜레스테롤 농도를 낮추어 관상동맥경화를 비롯한 심혈관계 질환이나 암 등 여러 질병의 발생을 촉진하는 것으로 알려져 있다. 세계보건기구에서는 트랜스지방산 섭취량을 하루 섭취에너지의 1% 이내(2,000kcal 기준 2.2g 이하)로 권장하고 있고 한국인 영양섭취기준에서도 3세 이상을 대상으로 트랜스지방산 섭취량을 하루 섭취 에너지의 1% 미만으로 유지할 것을 제안하고 있다(표 3-11). 최근 우리나라에서는 가공식품에 트랜스지방산 함량표시를 의무화하고 있는데, 이는 트랜스지방산이 청소년이나 어린이들이 간식으로 즐겨먹는 가공식품에 주로 함유되어 있기 때문에 트랜스지방산 섭취를 줄이려는 정책의 일환이다. 대부분의 식이 트랜스지방산은 옥수수기름과 같은 액체 기름을 마가린과 같은 고체 지방으로 화학적으로 전환시키는 부분 경화과정을 통하여 상업적으로 생산된것이다. 크래커, 패스트리, 빵류, 쇼트닝, 마가린이 트랜스지방산의 주요 급원이다(표 3-19).

표 3-19 가공식품 및 외식 음식의 트랜스지방산 함량(%)

식품명	트랜스지방산
라아드	0.70~3.31
마요네즈	2.19~3.38
쇼트닝	2.44~10.20
마가린	0.84~25.24
햄버거류	0.82~8.42
튀김류	4.85~10.02
닭튀김	0~14.6
케이크류	8.75~16.92
감자튀김	5.22~18.82
파이, 쿠키	14.49~25.04
패스트리	25.66
피자	3.43~44.83

5) 지질 대용품

미국이나 서구 여러 나라에서는 지질 섭취량을 줄이고자 하나 그 독특한 풍미나 질감 때문에 지질을 선호하는 식습관을 쉽게 바꾸지 못하고 있다. 따라서 지질의 풍미를 즐기면서 지질과 에너지 섭취량은 줄이기 위한 지질 대용품을 개발하였다.

지질 대용품

물과 우유 단백질을 혼합하여 만든 심플리스(simplesse)는 마요네즈와 비슷한 맛과 질감이 있지만 에너지는 지질의 1/7 정도에 불과하다. 그러나 열에 약하므로 고온 조리에는 이용할 수 없고 차가운 아이스크림이나 샐러드유 제조에 적합하다. 설탕과 기름을 혼합하여 만든 올레스트라(olestra)는 체내에서 소화되지 않으므로 에너지가 전혀 없고 열에 강하므로 튀김과 같은 고온조리에 이용될 수 있다. 그러나 지용성 비타민의 흡수를 억제하므로 올레스트라를 첨가한 제품에는 지용성 비타민을 강화하고 있다.

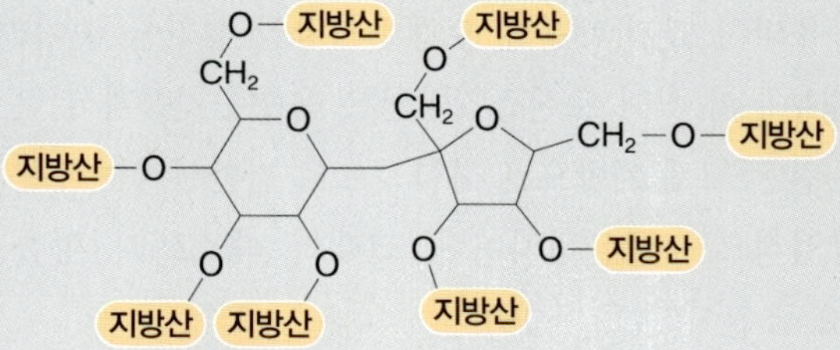

올레스트라

CHAPTER 4

단백질

1. 단백질의 분류
2. 단백질의 구성단위
3. 단백질의 구조
4. 단백질의 기능
5. 단백질의 소화와 흡수
6. 단백질 및 아미노산 대사
7. 아미노산의 생리활성물질 생성
8. 단백질의 질
9. 단백질 결핍증과 과잉증
10. 단백질의 권장섭취기준
11. 단백질 함유식품

CHAPTER 4 단백질

1. 단백질의 분류

단백질protein은 탄수화물, 지질을 구성하는 탄소, 수소, 산소 외에 질소를 함유한다. 단백질을 구성하는 기본단위는 아미노산이다. 단백질은 구성성분, 영양적 기능, 생리적 기능에 따라 분류할 수 있다.

1) 화학적 분류

일반적으로 단백질은 단백질 부분에 결합된 비단백질성분에 따라 단순단백질, 복합단백질 및 유도단백질로 분류된다.

(1) 단순단백질

단순단백질simple protein은 순수하게 아미노산으로만 이뤄져서 가수분해에 의해 단순 아미노산을 생성한다. 알부민, 글로불린, 글루텔린, 프롤라민, 알부미노이드, 프로타민이 있

표 4-1 **단순단백질의 종류**

종류	특성	예
알부민	물, 묽은 염류, 산, 염기에 녹음	알부민(달걀, 혈청), 류코신(밀), 레구멜린(완두콩)
글로불린	물에 녹지 않으며 묽은 염류, 산, 염기에 녹음	오보글로불린(난백), 락토글로불린(유즙), 혈청글로불린(혈액), 글리시닌(콩), 레구민(완두콩), 투베린(감자), 아라킨(땅콩)
글루텔린	묽은 산, 염기에 녹음	오리제닌(쌀), 글루테닌(밀)
프롤라민	묽은 산, 염기, 70% 알코올에 녹음	글리아딘(밀), 제인(옥수수), 호르데인(보리)
알부미노이드	강산, 강알칼리에 녹으나 변질됨	콜라겐(뼈), 케라틴(모발), 엘라스틴(힘줄)
프로타민	핵산과 결합	살민(연어 정액), 클루페인(정어리 정액)
히스톤	핵산과 결합	히스톤(흉선), 글로빈(혈액)

알부민 albumin
글로불린 globulin
글루텔린 glutelin
프롤라민 prolamine
알부미노이드 albuminoid
프로타민 protamine
히스톤 histone

다. 단순단백질은 녹는 성질에 따라 구분하는데 물, 염기, 70% 알코올에 녹기도 하고, 불용성을 갖기도 한다(표 4-1).

(2) 복합단백질

복합단백질conjugated protein은 단순단백질에 단백질 이외의 물질이 결합된 것으로 가수분해에 의해 아미노산과 그 외의 물질을 생성한다(표 4-2).

표 4-2 **복합단백질의 종류**

종류	비단백질성분	예
핵단백질	핵산	뉴클레오히스톤(흉선), 뉴클레오프로타민(어류의 정액), DNA, RNA
당단백질	당질 또는 그 유도체	뮤신(점액), 오보뮤코이드(난백)
인단백질	핵산 및 레시틴 이외의 인산	카세인(우유), 오보비텔린(난황)
지단백질	지질	킬로미크론, VLDL, LDL, HDL, 리포비텔린과 리포비텔레닌(난황)
색소단백질	헴, 클로로필(엽록소), 카로티노이드, 플래빈	헤모글로빈(혈액), 미오글로빈(근육), 로돕신, 플래빈단백질
금속단백질	철, 구리, 아연 등	페리틴(Fe), 헤모시아닌(Cu), 인슐린(Zn), 클로로필(Mg)

(3) 유도단백질

유도단백질derived protein은 단순단백질 또는 복합단백질이 산, 알칼리, 효소의 작용이나 가열에 의해 변성된 것을 말하며, 변화 정도에 따라 제1차 유도단백질과 제2차 유도단백질로 나뉜다(표 4-3).

표 4-3 **유도단백질의 종류**

종류	예
제1차 유도단백질	젤라틴, 파라카세인(우유), 응고단백질
제2차 유도단백질	제1차 유도단백질의 가수분해 산물(프로테오스, 펩톤, 펩타이드)

프로테오스 proteose
펩톤 peptone
펩타이드 peptide

2) 영양적 분류

영양적 분류는 오스본Osborne과 멘델Mendel이 동물의 성장실험으로 밝혀낸 것을 토대로 단백질의 질에 따라 분류한 것으로 완전단백질, 부분적 불완전단백질, 불완전단백질로 나뉜다.

(1) 완전단백질_생명유지, 성장

완전단백질은 모든 필수아미노산을 충분히 함유하고 있어 체내 단백질 합성에 적합한 비율로 조성된 단백질을 말한다. 동물의 정상적인 성장을 돕고 체중을 증가시키며 생리적 기능을 도우므로 생물가가 높다. 젤라틴을 제외한 모든 동물성 단백질(우유의 카세인과 락트알부민, 달걀의 오보알부민)이 이에 해당된다. 식물성의 대두단백질은 동물성 단백질보다 시스테인 함량이 적지만 체내에 필요한 양을 충분히 제공하는 완전단백질로 대두의 글리시닌이 이에 해당된다.

카세인 casein
락트알부민 lactalbumin
오보알부민 ovalbumin
시스테인 cysteine
글리시닌 glycinin

(2) 부분적 불완전단백질_생명유지

부분적 불완전단백질은 1개 혹은 그 이상의 필수아미노산이 부족하여(제한아미노산) 체내 필요량을 충분히 제공하지 못하는 단백질이다. 성장을 돕지는 못하지만 체중을 유지시키는 작용을 한다. 대두 단백질을 제외한 식물성 단백질이 부분적 불완전단백질이다. 이에 해당하는 단백질에는 밀의 글리아딘, 보리의 호르데인, 귀리의 프롤라민이 있다. 부족한 아미노산이 풍부한 다른 단백질의 섭취로 보강이 가능하다.

글리아딘 gliadin
호르데인 hordein
프롤라민 prolamine

(3) 불완전단백질_성장지연

불완전단백질은 필수아미노산이 1개 이상 결핍된 단백질이다. 단백질 급원으로 이것만을 섭취하였을 때 성장이 지연되고 근육 소모로 체중이 감소하며, 이 상태가 장기간 지속되면 사망한다. 이에 해당하는 단백질에는 젤라틴과 옥수수의 제인이 있다. 그러나 불완전단백질에 다른 단백질을 보충해 줌으로써 단백질의 이용 효과를 높일 수 있다.

3) 생리적 기능에 따른 분류

단백질을 생리적 기능에 따라 분류하면 표 4-4와 같다.

표 4-4 단백질의 생리적 기능에 따른 분류

기능	예
효소단백질	소화효소(펩신, 트립신, 라이페이즈, 펩티데이즈), 대사효소(포도당 인산화효소, 아미노기 전이효소)
운반단백질	지단백질(지질운반), 헤모글로빈(산소운반), 세포막단백질(영양소운반)
구조단백질	콜라겐(결합조직), 케라틴(머리카락), 엘라스틴(인대)
방어단백질	면역글로불린, 항체(면역작용), 피브리노겐(혈액응고)
운동단백질	액틴, 미오신(수축운동)
조절단백질	호르몬(인슐린, 성장호르몬, 글루카곤)
영양단백질	우유(카세인), 달걀(알부민), 철저장단백질(페리틴)

2. 단백질의 구성단위

1) 아미노산의 구조

프롤린 proline
아미노기 amino group
카르복실기 carboxyl group
펩타이드 결합 peptide bond, peptide linkage

포도당이 탄수화물의 기본단위인 것처럼 아미노산은 단백질을 구성하는 기본단위로 탄소(C), 수소(H), 산소(O), 질소(N)로 구성된다. 프롤린을 제외한 모든 아미노산은 공통적인 구조를 가진다. 공통적인 구조로 α-탄소에 아미노기(−NH_2) 와 카르복실기(−COOH)가 결합되어 있으며, 여기에 수소원자와 곁가지 R부분이 결합되어 있다.

아미노산은 곁가지 R부분에 따라 모양, 크기, 성분, 전하, pH가 달라서 20여 개의 아미노산이 존재한다. 이들 아미노산이 펩타이드 결합이라는 독특한 구조로 연결되어 인체와 동식물 내에 필요한 수만 가지의 단백질을 만든다. 체내에서 발견되는 아미노산은 프롤린을 제외하곤 α-아미노산이며, 모두 L-형으로 존재한다.

2) 아미노산의 종류

(1) 화학적 분류_R기에 의한 분류

곁가지 R부분은 서로 다른 화학적 특성을 가지므로 이에 따라 중성, 염기성, 산성 아미노산으로 분류된다.

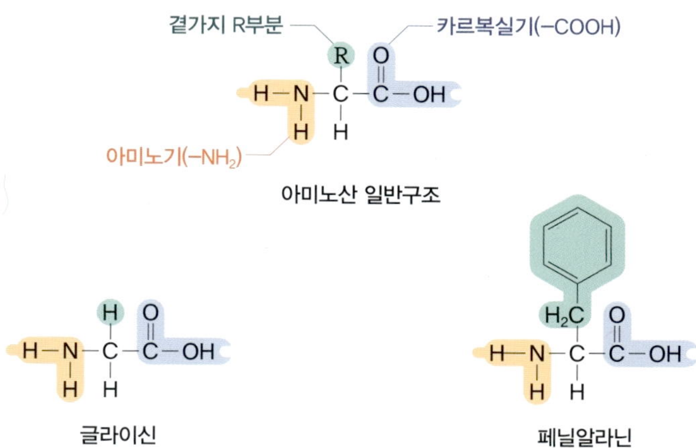

그림 4-1 **아미노산의 구조**

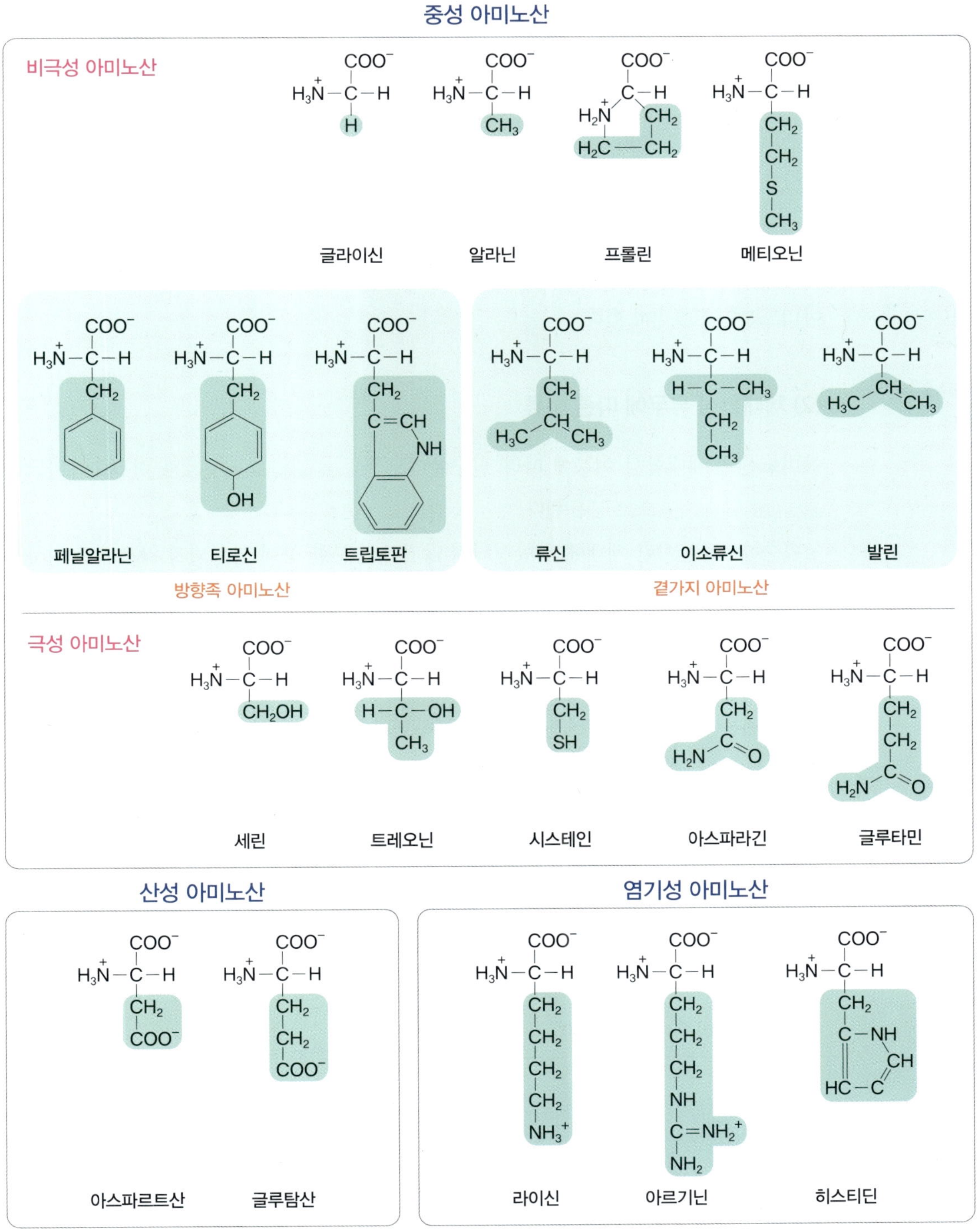

중성 아미노산

비극성 아미노산

글라이신 알라닌 프롤린 메티오닌

페닐알라닌 티로신 트립토판

방향족 아미노산

류신 이소류신 발린

곁가지 아미노산

극성 아미노산

세린 트레오닌 시스테인 아스파라긴 글루타민

산성 아미노산

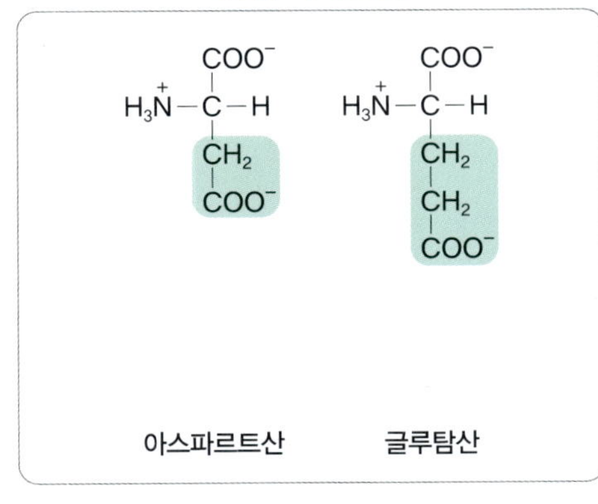

염기성 아미노산

라이신 아르기닌 히스티딘

그림 4-2 **아미노산의 종류**

글루탐산 glutamic acid
아스파르트산 aspartic acid
라이신 lysine
아르기닌 arginine
히스티딘 histidine
페닐알라닌 phenylalanine
티로신 tyrosine
트립토판 tryptophan
류신 leucine
이소류신 isoleucine
발린 valine
메티오닌 methionine
시스테인 cysteine
세린 serine
트레오닌 threonine
글라이신 glycine
프롤린 proline

산성 아미노산에는 글루탐산, 아스파르트산이 있다. 곁가지 R부분에 카르복실기를 갖고 있어 산성으로 작용한다.

염기성 아미노산엔 라이신, 아르기닌, 히스티딘이 있으며 곁가지 R기에 질소를 함유하고 있어 염기성을 띤다.

그 외 방향족 아미노산인 페닐알라닌, 티로신, 트립토판, 곁가지 아미노산인 류신, 이소류신, 발린, 황을 함유하는 아미노산인 메티오닌, 시스테인이 있다. 또한 수산기(-OH)를 함유한 세린, 트레오닌, 부제탄소가 없는 글라이신, 아미노기를 고리에 포함하는 환상의 아미노산인 프롤린이 있다.

(2) 체내합성 유무에 따른 분류

아미노산은 체내합성 여부에 따라 필수아미노산indispensable amino acids과 비필수아미노산dispensable amino acids으로 분류된다.

필수아미노산이란 체내에서 합성되지 않거나 충분한 양이 합성되지 않으므로 식사를 통해 반드시 섭취해야 하는 아미노산으로 9개가 있다. 필수아미노산이 부족하면 성장기에는 성장이 지연되고, 성인기에는 근육감소에 의해 체조직의 보수 및 유지가 정상적으로 이뤄지지 않아 체중이 감소한다.

나머지는 질소, 탄소, 수소, 산소가 충분하면 체내에서 합성이 가능한 비필수아미노산이다(표 4-5). 비필수아미노산은 포도당 대사 중간대사물질의 탄소골격과 아미노기를 활용해서 체내에서 합성이 가능하다. 히스티딘은 체내에서 합성되지만 그 양이 부족하므로 성장기에는 필수아미노산에 해당된다.

글루타민 glutamine

때론 비필수아미노산이 필수아미노산이 될 수 있는데 이를 '조건적 필수아미노산'이라고 한다. 다른 아미노산에서 합성되는 비필수아미노산이나 특수한 생리적인 상황으로 인해 합성이 제한될 경우에 해당된다. 티로신, 시스테인, 글루타민, 아르기닌(글라이신, 프롤린, 타우린) 등이 있다.

티로신은 PKU(페닐케톤뇨증, Phenylketonuria) 환자의 경우 필수아미노산에 해당된다. 글루타민은 세포분열이 빨리 진행될 때 주된 에너지원이며, 다른 기관에 질소를 운반하는 주요한 역할을 수행하므로 트라우마(trauma) 후에나 심각한 질환으로 체내 요구가 증가할 때는 필수아미노산이 된다. 아르기닌은 장내 대사 기능장애나 심한 생리적인 스트레스 시에는 필수아미노산이 된다.

필수아미노산 외우기 팁

TV TILL HAPM
Grandma watches TV TILL HAPM(하품). 할머니는 하품날 때까지 TV를 보신다.

T 트레오닌 V 발린 T 트립토판 I 이소류신 L 류신 L 라이신
H 히스티딘 A 아르기닌 P 페닐알라닌 M 메티오닌

체내 단백질 합성을 위해서는 필수아미노산과 비필수아미노산이 모두 필요하므로 둘 다 중요하다. 다만 필수아미노산은 식품으로 반드시 섭취를 하여야 한다는 점이 비필수아미노산과 다르다.

표 4-5 **필수/비필수아미노산 및 조건적 필수아미노산**[1)]

필수아미노산	비필수아미노산	조건적 필수아미노산[2)]
메티오닌	알라닌	아르기닌
류신	아스파르트산	시스테인
이소류신	아스파라긴	티로신
발린	글루탐산	글루타민
라이신	세린	글라이신
페닐알라닌		프롤린
히스티딘		타우린
트레오닌		
트립토판		

1) 메티오닌: methionine, 류신: leucine, 이소류신: isoleucine, 발린: valine, 라이신: lysine, 페닐알라닌: phenylalanine, 히스티딘: histidine, 트레오닌: threonine, 트립토판: tryptophan, 알라닌: alanine, 아스파르트산: aspartic acid, 아스파라긴: asparagine, 글루탐산: glutamic acid, 세린: serine, 아르기닌: arginine, 시트룰린: citrulline, 오르니틴: ornithine, 시스테인: cysteine, 티로신: tyrosine, 글루타민: glutamine, 글라이신: glycine, 프롤린: proline, 타우린: taurine, 콜린: choline
2) 조건적 필수아미노산: 합성이 그 대사적 요구를 충족시키지 못할 경우 식이를 통한 공급이 필요한 아미노산

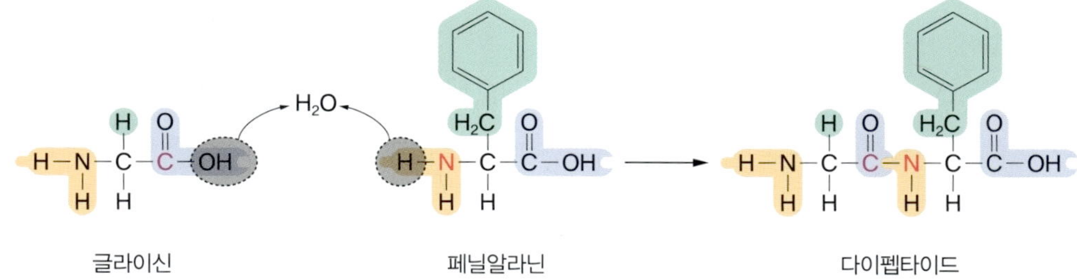

그림 4-3 **펩타이드 결합**

3. 단백질의 구조

1) 펩타이드 결합

단백질은 매우 거대한 분자이다. 연결된 아미노산 사슬이 접히고, 뒤틀리고, 감기면서 독특한 형태를 이루며, 구성하는 아미노산의 종류와 결합 순서에 따라 무한히 다양한 단백질이 체내에서 합성되므로 단백질은 탄수화물이나 지방보다도 종류가 더 다양하다.

수백 수천 개의 아미노산이 펩타이드 결합으로 연결되어 단백질을 형성한다. 펩타이드 결합이란 한 아미노산의 카르복실기(-COOH)와 다른 아미노산의 아미노기($-NH_2$)가 물(H_2O) 한 분자를 떼어내고 결합(CO-NH)한 형태를 말한다.

다이펩타이드 dipeptide
트라이펩타이드 tripeptide
올리고펩타이드 oligopeptide
폴리펩타이드 polypeptide

2개의 아미노산이 결합되면 다이펩타이드, 3개의 아미노산이 결합되면 트라이펩타이드, 4~10개 아미노산이 결합되면 올리고펩타이드라고 하고, 폴리펩타이드는 10개 이상의 아미노산으로 이루어진 형태를 말한다. 체내 단백질과 식이 단백질은 대부분 수백 개의 아미노산으로 이루어진 긴 폴리펩타이드이다.

2) 단백질의 구조

고유의 유전 정보에 따라 수많은 아미노산이 펩타이드 결합으로 연결되어 특정한 서열을 갖는 사슬 구조를 단백질의 1차 구조라고 하며, 폴리펩타이드 사슬 내에 또는 사슬 간에 수소결합이나 이황화결합에 의해 α-나선구조$_{helix}$와 β-병풍구조$_{pleated\ sheet}$를 형성하는 것을 단백질의 2차 구조라고 한다. 단백질의 3차 구조는 곁가지 R기 사이에 약한 결

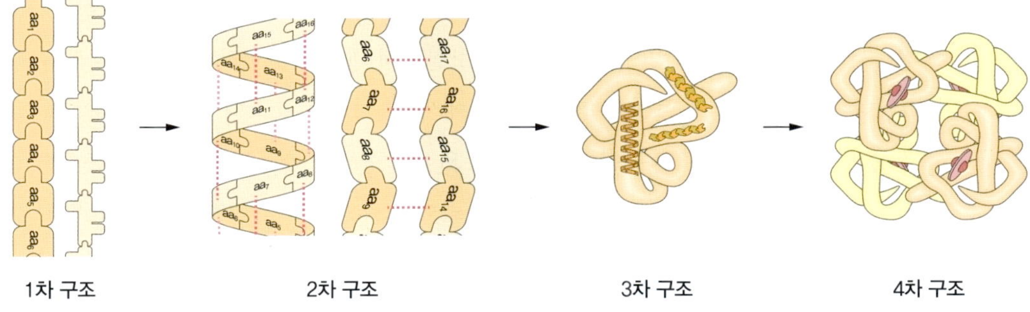

그림 4-4 **단백질의 구조**

합이나 R기와 주변 액체 환경 간에 약한 상호작용에 의해 형성된 3차원적 입체 구조로 섬유형 단백질과 구형 단백질 구조가 있다. 섬유형 단백질은 세포와 조직의 기본구조를 이루는 불용성 단백질로 근육 단백질인 미오신, 결체조직의 콜라겐 등이 있으며, 구형 단백질로는 비교적 물에 잘 녹는 혈장 단백질인 알부민 외에 미오글로빈, 각종 효소 등이 있다. 단백질의 4차 구조는 3차 구조의 폴리펩타이드가 2개 또는 여러 개가 중합되어 이룬 것으로 특정 기능을 수행한다. 4개의 폴리펩타이드사슬($\alpha_2\beta_2$)로 이루어진 헤모글로빈이 이에 해당된다.

미오신 myosin
미오글로빈 myoglobin

3) 단백질의 변성

단백질의 변성이란 열, 산, 염기 또는 기계적 작용으로 인해 안정된 단백질의 3차 구조가 변화되어 그 기능을 상실하게 되는 것을 말한다. 가열에 의해 달걀 단백질 중 알부민이 굳어지는 것, 달걀흰자를 저어줌에 따라 거품을 형성하는 것, 우유에 산을 첨가하면 카세

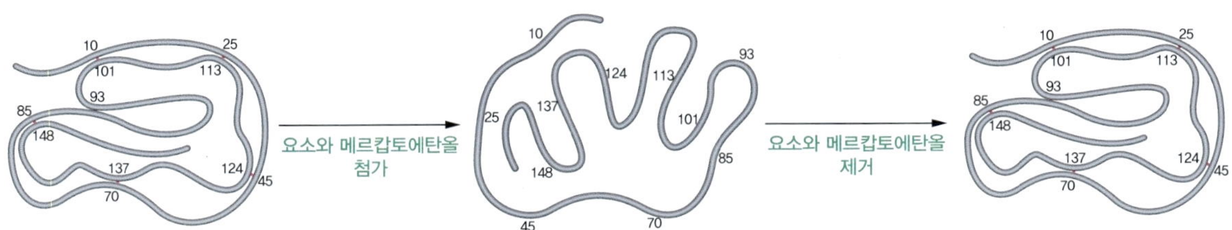

그림 4-5 **단백질의 변성과 재생**

인이 응고되는 것 등이 단백질의 변성에 해당된다. 단백질의 구조가 기능을 결정하므로 체내에서 단백질이 변성되면 생리적 기능이 소실되어 대단히 위험하다.

그러나 식품 단백질의 변성은 영양적 측면에서 볼 때 소화효소의 작용을 수월하게 하여 식품 단백질의 이용률을 높여주기 때문에 오히려 유익한 경우가 많다. 위산은 단백질을 변성시켜 단순한 아미노산 순서로 구조를 풀어서 소화효소가 쉽게 분해할 수 있게 하며, 달걀을 날로 먹으면 흰자의 아비딘이 소화관 내에서 비오틴과 결합해 비오틴의 흡수를 방해하지만 달걀을 익히면 아비딘이 변성되어 비오틴의 체내 흡수가 쉬워진다.

아비딘 avidin
비오틴 biotin

4. 단백질의 기능

단백질은 체내에서 근육이나 내장을 구성함은 물론, 효소와 호르몬의 합성, 영양소의 운반, 인체 방어작용을 수행하고 체액 및 산·염기 평형에도 관여한다.

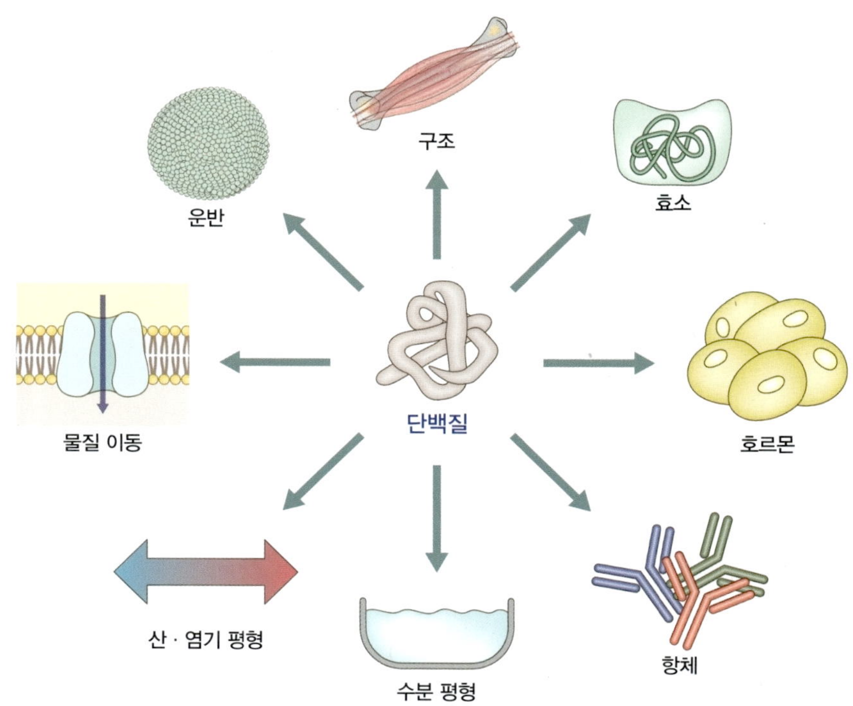

그림 4-6 **단백질의 기능**

1) 체조직의 성장과 보수_구조적, 기계적 기능

단백질은 근육과 세포막의 구성성분이며 뼈, 피부, 결체조직 등의 조직을 형성하므로 신체조직의 성장과 유지에 대단히 중요하다.

임신기, 수유기, 성장기 등 새로운 조직이 합성되는 시기에는 단백질의 요구량이 증가하므로 단백질을 충분히 섭취해야 한다. 특히 체조직 구성에 필수적인 필수아미노산의 제공을 위해 1일 단백질 권장섭취량의 1/3~1/2 이상은 양질의 단백질로 섭취해야 한다.

콜라겐은 포유동물에 가장 풍부한 단백질로 피부와 뼈에 탄력성을 부여하며, 케라틴은 머리카락과 손톱을 구성한다. 운동단백질(motor protein)은 저장된 에너지를 사용해서 근육의 수축에 관여한다.

2) 효소와 호르몬 합성

단백질은 체내에서 물질의 합성과 분해 또는 전환에 관여하는 효소와 호르몬을 합성한다.

효소는 화학반응에는 전혀 관여하지 않고 반응을 촉매하는 단백질로 체내에 무수히 많이 존재하며 각기 고유의 역할을 수행한다. 이를테면 소화효소는 소화과정에서 탄수화물, 단백질, 지질이 각각 단당류, 아미노산, 지방산으로 분해하는 데 관여한다.

호르몬은 체내 특정부위(분비선)에서 생성되고 혈액을 따라 작용부위까지 이동해서 세포에 신호를 전달해 세포반응을 조절한다. 부신피질호르몬과 성호르몬을 제외한 모든 호르몬은 단백질이나 펩타이드이고, 특정 아미노산에서 만들어지기도 한다. 췌장호르몬인 인슐린과 글루카곤은 단백질이며, 부신수질호르몬인 에피네프린과 노르에피네프린, 그리고 갑상선호르몬은 아미노산인 티로신으로부터 합성된다.

에피네프린
epinephrine

노르에피네프린
norepinephrine

3) 면역기능

항체는 외부에서 침입하는 각종 독성물질이나 세균 등 항원에 대항하기 위해서 체내 면역세포에서 만들어지는 단백질이다. 세균이나 바이러스에 대한 생체의 방어작용을 면역

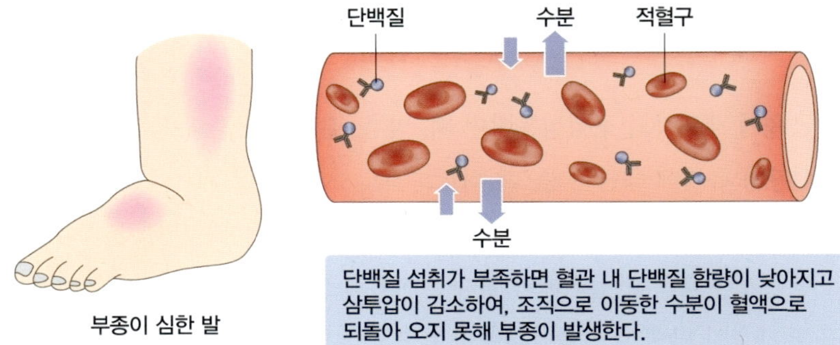

그림 4-7 **단백질의 수분평형**

이라고 하는데, 단백질은 여러 항원에 대응해서 다양한 감마-글로불린 항체를 합성하여 인체의 면역작용에 관여한다. 그러므로 단백질 섭취량이 부족하면 체내에서 항체가 잘 만들어지지 않아 질병에 대한 저항력이 떨어지게 된다.

4) 수분평형

혈장 단백질인 알부민, 글로불린, 피브리노겐은 간에서 합성되어 혈액에서 중요한 생리 기능을 수행한다.

혈액성분 중 혈장은 혈압에 의해 혈관에서 빠져나와 조직세포 사이로 끊임없이 이동한다. 이때, 혈장 단백질인 알부민이 혈장의 삼투압을 유지해서 수분을 혈관 안으로 재이동시킴으로써 혈장과 조직세포 간의 수분평형을 유지한다. 그러므로 혈장 단백질인 알부

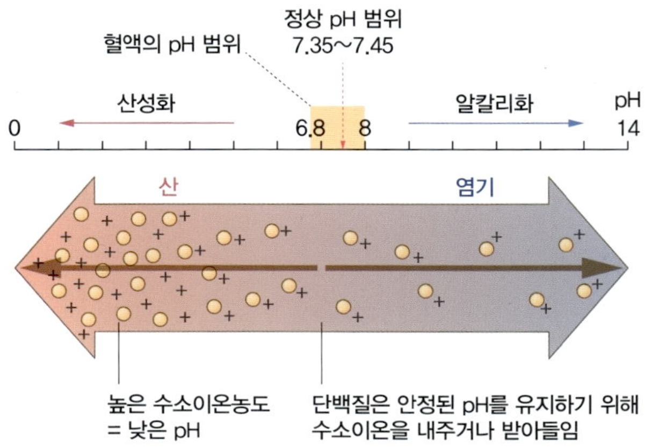

그림 4-8 pH **범위**

민이 부족하게 되면 혈장의 삼투압이 감소하여 조직세포의 수분이 혈관 내로 원활히 회수되지 못하기 때문에 조직세포 사이에 수분이 그대로 있어 부종이 생기게 된다.

5) 산·염기 평형

단백질을 구성하는 아미노산은 염기성기(아미노기)와 산성기(카르복실기)를 둘 다 갖고 있어서 산이나 염기로 다 작용할 수 있다(양쪽성 이온). 단백질은 안정된 pH를 유지하기 위해 수소이온을 제공하거나 받아들인다. 산성조건에서는 여분의 수소를 받아들이고, 염기성조건에서는 수소이온을 방출함으로써 일정한 체액의 산도(pH 7.4)를 유지시킨다.

양쪽성 이온 zwitterion

6) 영양소 운반

혈장단백질인 알부민이나 글로불린은 지질, 레티놀, 철, 구리 등의 영양소를 필요한 조직으로 운반하는 역할을 하며, 단백질은 지단백질의 구성성분으로 혈액 내에서 중성지방과 콜레스테롤의 운반을 돕는다. 또한 세포막에서 단백질은 물질이동 통로$_{\text{channel}}$나 Na^+-K^+ 펌프$_{\text{sodium-potassium pump}}$를 형성하여 세포 내외로 물질의 이동을 돕는다.

레티놀 retinol
콜레스테롤 cholesterol

7) 에너지와 포도당의 급원

뇌, 신경조직, 적혈구 세포들은 포도당만을 에너지원으로 이용하므로 항상 혈당을 일정하게 유지시켜야 한다. 탄수화물이 제한된 식사를 지속하게 되면 체단백질이 분해되고 간이나 신장에서 포도당을 새로 합성하는 포도당신생이 진행되어 혈당을 유지시킨다.

또한 단백질은 1g당 4kcal의 에너지를 제공한다. 하루 에너지 소비량의 15% 정도를 공급하는데, 분해과정에서 질소가 떨어져 나와 요소를 생성할 때 에너지의 일부를 사용하므로 탄수화물이나 지방에 비해 에너지 효율이 낮다.

5. 단백질의 소화와 흡수

1) 단백질의 소화

식품 중의 단백질은 위액, 췌장액 그리고 소장액의 소화효소에 의해 분해되어 아미노산 형태로 소장에서 흡수된다.

(1) 위에서의 소화

가스트린 gastrin
펩시노겐 pepsinogen
글루탐산 glutamic acid
아스파르트산 aspartic acid

구강에는 단백질 소화효소가 없어 소화가 이루어지지 않으므로 단백질의 소화는 위에서부터 시작된다. 위에 음식물이 들어오면 위 근육의 수축으로 기계적 소화가 이루어지고, 위점막에서 호르몬인 가스트린이 분비되어 위 세포에서 염산(HCl)과 불활성형의 단백질 소화효소인 펩시노겐의 분비를 촉진한다. 위액의 염산이 펩시노겐을 활성형 효소인 펩신으로 전환시키면 이 펩신의 작용에 의해 단백질이 펩톤으로 분해된다.

펩신은 단백질 중에서도 글루탐산이나 아스파르트산 같은 산성 아미노산의 카르복실

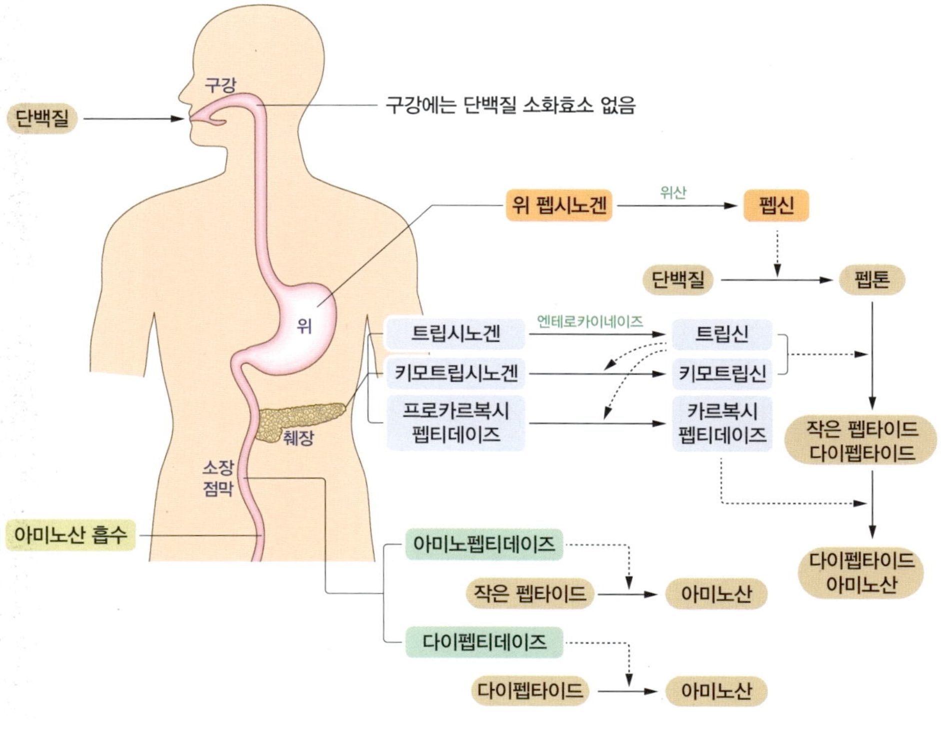

그림 4-9 **단백질의 소화**

단백질의 소화효소가 위와 장을 분해시키지 않는 이유

모든 체내 조직은 그 자체가 단백질로 되어 있으므로, 이 조직을 분해시키지 않고 식이에서 섭취한 단백질만을 분해해야 한다. 체내 조직에서는 체단백질의 분해를 방지하기 위한 자연적 보호 메커니즘이 존재한다.
대부분의 단백질분해효소는 음식이 없을 때에는 활성을 갖지 않은 상태의 불활성 효소로 존재하여 소화기관의 자가소화를 막아준다. 즉, 단백질 식품이 섭취되면 그 식품의 자극으로 활성화되어 분해할 수 있는 능력을 갖게 된다.
또한 위벽세포와 장벽세포가 분비하는 점성 물질인 점액 다당류가 위벽과 장벽을 둘러싸고 있어서 단백질분해효소의 작용을 받지 못하도록 보호하고 있다.

기(–COOH)나 방향족 아미노산인 페닐알라닌과 티로신의 아미노기($-NH_2$) 사이의 펩타이드결합을 분해한다.

(2) 소장에서의 소화

십이지장으로 펩톤이 들어오면 십이지장 벽에서 호르몬인 세크레틴과 콜레시스토키닌이 분비되어 약알칼리성인 췌액분비를 촉진한다. 췌장액의 단백질 분해효소인 트립시노겐은 소장에서 분비되는 엔테로카이네이즈에 의해 트립신으로 활성화되며, 활성형의 트립신은 키모트립시노겐과 프로카르복시펩티데이즈를 각각 키모트립신과 카르복시펩티데이즈로 활성화한다. 트립신과 키모트립신은 위에서 생성된 펩톤을 더욱 작은 펩타이드와

페닐알라닌 phenylalanine
세크레틴 secretin
콜레시스토키닌 cholecystokinin
트립시노겐 trypsinogen
엔테로카이네이즈 enterokinase
키모트립시노겐 chymotrypsinogen
키모트립신 chymotrypsin
카르복시펩티데이즈 carboxypeptidase

Phe 페닐알라닌
Trp 트립토판
Tyr 티로신
Leu 류신
Glu 글루탐산
Gln 글루타민
Lys 라이신
Arg 아르기닌

표 4-6 단백질의 소화효소

분류	역할	효소	효소원	활성화물질	분비장소	펩타이드결합 특이성
내부펩타이드 분해효소	사슬내부	펩신	펩시노겐	염산	위	Phe, Trp, Tyr, Leu, Glu, Gln
		트립신	트립시노겐	엔테로카이네이즈	췌장	Lys, Arg
		키모트립신	키모트립시노겐	트립신	췌장	Phe, Trp, Tyr
외부펩타이드 분해효소	말단의 펩타이드 결합 분해 한번에 1개의 아미노산 분리	카르복시펩티데이즈	프로카르복시펩티데이즈	트립신	췌장	카르복시말단 잔기를 1개씩 절단
		아미노펩티데이즈			소장	아미노기말단 잔기를 1개씩 절단
		다이펩티데이즈			소장	다이펩타이드

아미노산으로 분해한다.

췌장에서 분비되는 효소들은 특이성이 높아서 트립신과 키모트립신은 펩타이드 내부의 각각 특정한 펩타이드결합을 분해한다. 트립신은 염기성 아미노산인 라이신이나 아르기닌의 카르복실기로 형성된 펩타이드결합에 작용하고, 키모트립신은 방향족 아미노산인 티로신·페닐알라닌·트립토판 등의 카르복실기 사이의 펩타이드결합에 작용한다.

이외의 단백질 분해효소로 췌장에서 분비되는 카르복시펩티데이즈와 소장에서 분비되는 아미노펩티데이즈가 있는데, 이들은 외부 가수분해효소로 각각 폴리펩타이드 사슬의 카르복실기 말단과 아미노기 말단에 있는 아미노산의 펩타이드결합을 분해하여 매번 1개씩 아미노산을 생성한다. 이외에 소장에서 분비되는 다이펩티데이즈는 다이펩타이드를 분해한다.

아미노펩티데이즈 aminopeptidase
다이펩티데이즈 dipeptidase
프로레닌 prorennin
레닌 rennin
카세인 casein
파라카세인 paracasein

한편 영유아의 위액에서는 불활성의 프로레닌이 분비되고 위산에 의해 레닌으로 활성화된다. 레닌은 유즙의 카세인에 작용하여 칼슘에 의해 파라카세인으로 응고시켜서 위에 머무는 시간을 길게 만들어 줌으로써 펩신의 작용이 충분히 이뤄지도록 한다.

2) 아미노산의 흡수와 운반

단백질 소화의 최종산물은 거의 대부분 소장상부에서 흡수된다. 소장 점막세포에는 중성, 염기성, 산성 등 아미노산의 종류에 따라 특이성을 지니는 에너지 의존성 아미노산 운반체들이 존재한다. 중성 아미노산이나 염기성 아미노산은 능동수송으로 흡수되고, 산성 아미노산은 촉진확산에 의해 흡수된다. 흡수속도는 아미노산의 종류에 따라 달라서 중성 아미노산이 염기성 아미노산보다 흡수속도가 빠르다. 또한 장점막세포의 세포질에는 다이펩티데이즈가 있어서 다이펩타이드를 아미노산으로 분해시킨다. 장점막세포 내 아미노산들은 촉진확산에 의해 모세혈관으로 흡수되어 문맥을 거쳐 간으로 간 뒤 일부는 단백질 합성에 쓰이고, 나머지는 혈액을 따라 전신으로 보내진다.

단백질의 흡수율은 평균 92%이며, 동물성 단백질은 97%, 식물성 단백질은 78~85%의 흡수율을 나타낸다.

대부분은 아미노산까지 분해되지만 일부는 펩타이드형으로 주로 소장의 점막세포에 흡수된다. 그러나 장점막에 이상이 있으면 소량이긴 하지만 단백질 분자 그대로 흡수되는 경우가 있어 알레르기항원(allergen)이 되기도 한다.

능동수송

펩타이드와 중성, 염기성 아미노산은 나트륨 펌프를 통해 능동수송으로 운반된다. 먼저 세포 내 나트륨이 에너지의 도움으로 세포 밖으로 이동한 후 세포 내 운반단백질에 결합하여 장점막세포 내로 다시 들어갈 때 아미노산과 함께 들어간다.
아미노산은 R기 특성에 따라 운반단백질이 존재한다.

촉진확산

일부 산성 아미노산은 촉진확산을 통해 직접 장점막세포로 흡수된다. 이때 에너지의 도움은 필요 없으며 세포막 운반단백질에 의해 아미노산이 흡수된다.
장점막세포 내로 들어온 모든 아미노산은 촉진확산에 의해 혈액으로 흡수된다.

펩티데이즈

장점막세포 내에서 펩티데이즈는 남아 있는 다이펩타이드 · 트라이펩타이드의 펩타이드 결합을 분해하여 유리아미노산으로 만든다.

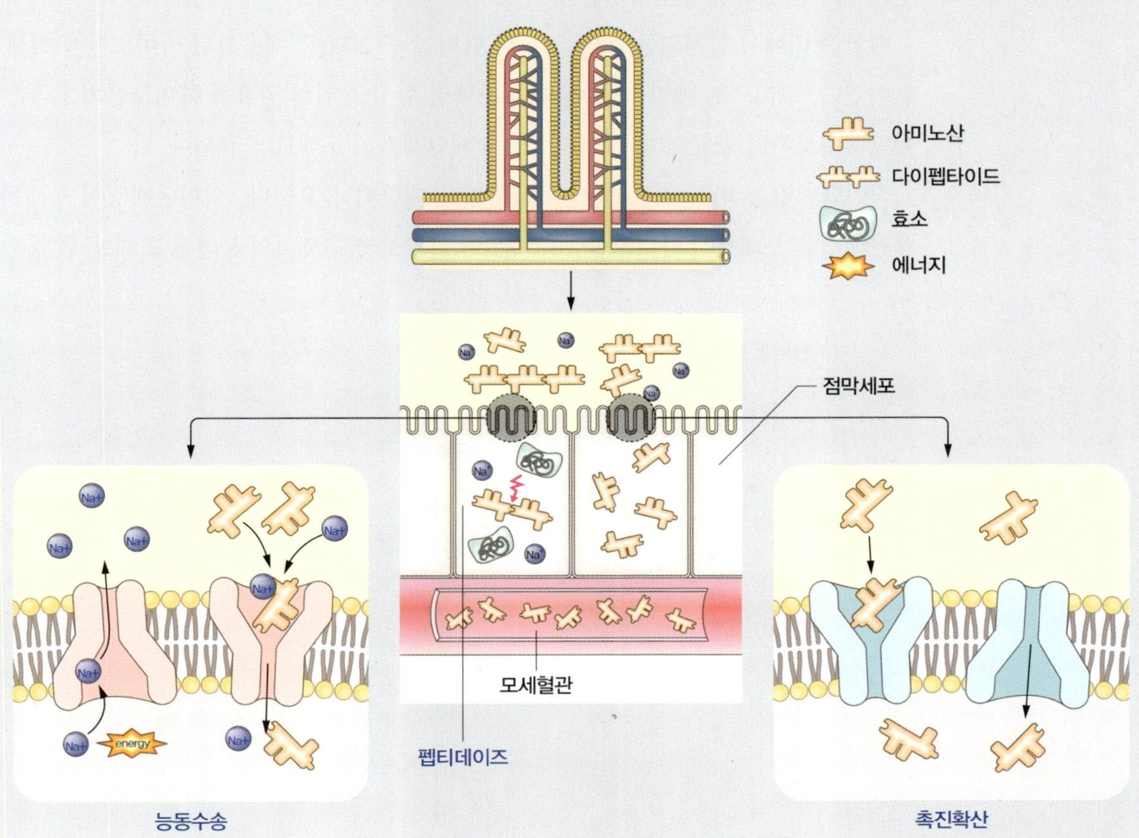

6. 단백질 및 아미노산 대사

1) 단백질 전환

체내에서 세포는 끊임없이 그리고 자발적으로 단백질을 합성하고 분해한다. 체내에서 이러한 단백질의 꾸준한 재순환을 단백질 전환protein turnover이라 한다. 매일 식이로 섭취한 아미노산보다 더 많은 아미노산이 재순환된다(그림 4-10).

체중이 70kg인 성인 남자의 신체구성과 하루 단백질 섭취량과 분배 및 배설량 등이 그림 4-10에 요약되어 있다. 하루 단백질 섭취량이 100g이고 장점막세포와 효소 등 내인성 단백질이 70g정도일 때 대변으로 배설되는 10g 정도를 제외하면 단백질의 흡수량은 약 160g이 된다. 체내 단백질 전환량은 약 250g이며 근육, 간조직 및 혈액 등에서 아미노산의 재이용이 활발히 진행됨을 알 수 있다.

매일 체내에서 합성되는 300g 정도의 단백질 중 200g은 재순환된 아미노산에 의해 만들어진다. 그러므로 매일 약 300g의 체단백질 합성을 위해 필요한 아미노산의 1/3은 식이단백질로부터 공급되며, 나머지 2/3는 체단백질의 분해로 공급된다.

식이단백질은 비록 적은 양이 필요하지만 대단히 중요하다. 식이단백질이 부족하면 체단백질을 분해해서 아미노산풀을 채워야 하므로 필수조직의 분해를 초래할 수 있다.

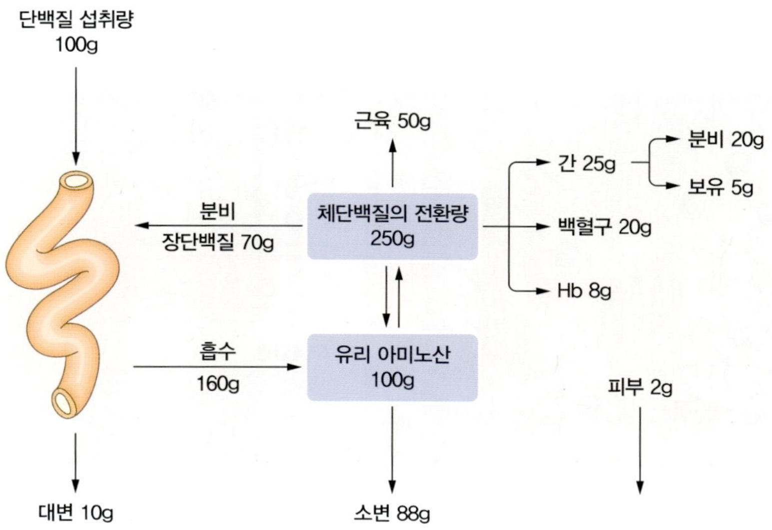

그림 4-10 **단백질의 전환(1일)**

따라서 충분한 단백질을 제공하기 위해서는 음식물을 섭취해야 한다. 하지만 필요량보다 많이 섭취하면 과량은 에너지로 사용되거나 지방으로 축적된다.

단백질 전환율은 간에서는 단백질 분해율이, 근육 등 다른 조직에서는 단백질 합성률이 중요한 조절요인으로 작용한다.

- 스트레스를 받으면 단백질 전환율이 증가한다. 가벼운 스트레스의 경우엔 단백질 합성률이 감소하고, 심한 스트레스를 받으면 단백질 분해율이 증가한다.
- 모유영양아는 인공영양아보다 단백질 전환율이 더 높아서 조직의 발달과 성숙이 더 빠르게 나타난다.

2) 아미노산풀

세포의 단백질이 분해되면 그 단백질의 아미노산은 혈액으로 방출된다. 체조직과 혈액 속에서 발견되는 이런 이용 가능한 아미노산의 총집합을 아미노산풀이라고 한다. 아미노산풀은 식사로 섭취한 단백질이 소화·흡수된 아미노산, 체조직 단백질의 분해로 생

아미노산풀 amino acid pool

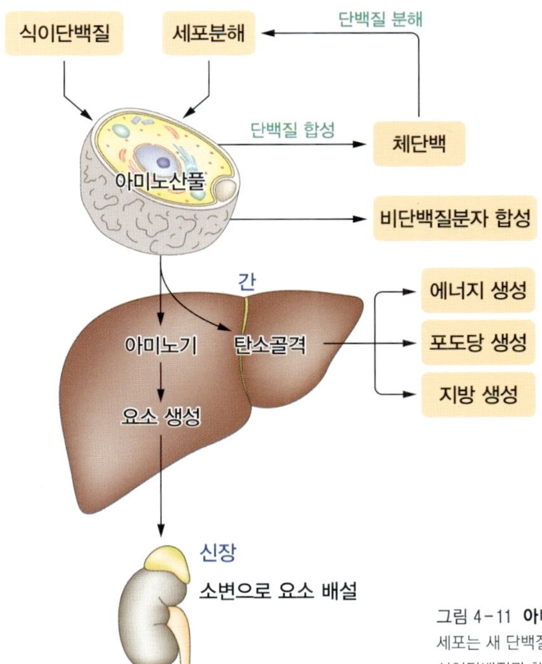

그림 4-11 **아미노산풀과 아미노산 대사**
세포는 새 단백질 합성을 위해 아미노산풀을 만든다. 이 작은 풀은 회전률이 매우 빠르다. 식이단백질과 체단백질의 분해로 생성된 아미노산으로 새롭게 채워진다.

성된 아미노산, 체내에서 합성된 아미노산 등으로 이뤄진다. 아미노산풀은 회전률이 매우 빨라서 부족하면 식이단백질과 체단백질의 분해로 생성된 아미노산으로 채워지며, 필요에 따라 단백질 합성에 쓰이거나 아미노기를 제거한 후 에너지나 포도당 합성에 사용된다.

3) 아미노산의 분해대사

아미노산의 분해는 아미노산 구조에서 α-탄소에 결합되어 있는 아미노기(α-아미노기)가 떨어져 나오는 것에서 시작된다. α-아미노기의 제거는 산화적 탈아미노 반응과 아미노기 전이반응에 의해 이루어진다.

떨어져 나온 아미노기는 생리적 pH에서 암모늄이온(NH_4^+)으로 존재하며 농도가 증가하면 독성효과를 나타내므로 사람의 경우 간으로 이동하여 요소urea로 전환된 후 신장으로 배설된다.

α-아미노기가 떨어져 나가고 남은 탄소 골격은 α-탄소에 산소가 결합하여 케톤기를 가지는 α-케토산을 생성한다.

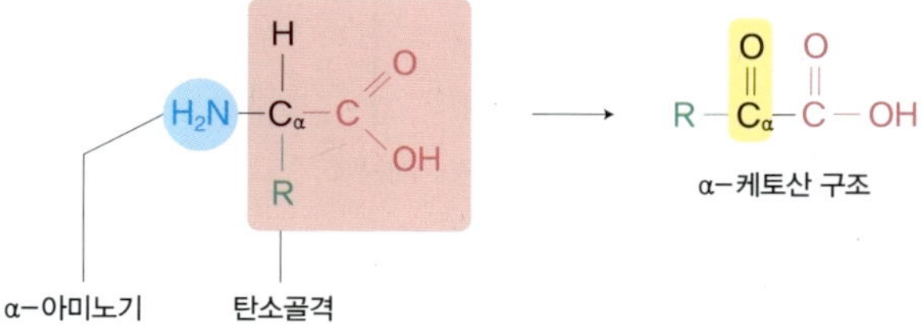

그림 4-12 **아미노산의 분해**

(1) 산화적 탈아미노반응

산화적 탈아미노반응

아미노산의 아미노기가 암모니아 형태로 떨어져 나옴에 따라 아미노기를 잃은 아미노산이 α-케토산이 되는 반응을 말한다.

산화적 탈아미노반응은 아미노산 산화효소amino acid oxidase의 작용으로 아미노산의 아미노기가 유리되어 암모니아로 떨어져 나가는 반응이다.

글루탐산은 글루탐산 탈수소효소glutamate dehydrogenase에 의해 산화적 탈아미노반응이 일어난다. 이 반응은 산화반응으로 전자 또는 수소 수용체로 NAD^+를 조효소로 필요로 한다.

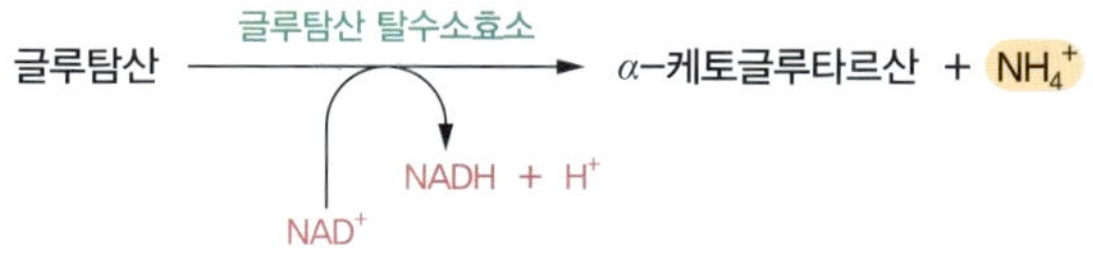

글루탐산 —(글루탐산 탈수소효소; NAD^+ → $NADH + H^+$)→ α-케토글루타르산 + NH_4^+

그림 4-13 **산화적 탈아미노반응**

(2) 아미노기 전이반응

아미노기 전이반응은 아미노기전이효소aminotransferase에 의해 일어나는 반응으로, 한 아미노산의 α-아미노기를 다른 α-케토산에 전달하여 새로운 비필수 아미노산을 생성하는 반응이다. 가장 흔한 아미노기 전이반응은 다른 아미노산의 아미노기를 α-케토글루타르산에 전달하여 글루탐산을 생성하는 반응이다.

아미노기 전이반응
한 아미노산의 아미노기를 α-케토산으로 전달하여 새로운 비필수아미노산을 형성하는 반응이며, 조효소로 비타민 B_6를 필요로 한다.

체내에는 대표적인 아미노기 전이효소로 아스파르트산 아미노기 전이효소(aspartate aminotransferase, AST 또는 GOT)와 알라닌 아미노기 전이효소(alanin aminotransferase, ALT 또는 GPT)가 있다.

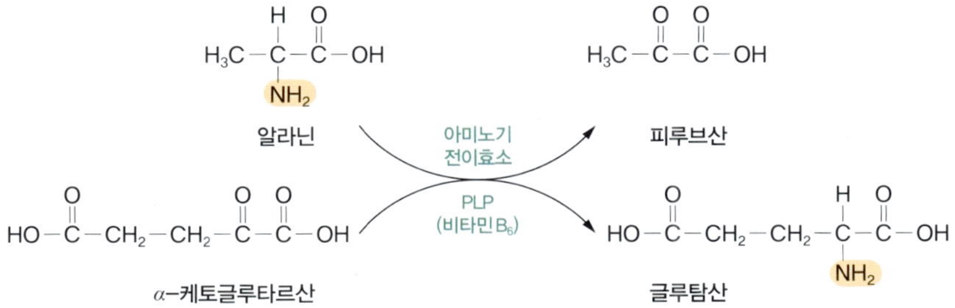

알라닌 ($H_3C-CH(NH_2)-COOH$) + α-케토글루타르산 ($HO-CO-CH_2-CH_2-CO-COOH$) —(아미노기 전이효소; PLP (비타민 B_6))→ 피루브산 ($H_3C-CO-COOH$) + 글루탐산 ($HO-CO-CH_2-CH_2-CH(NH_2)-COOH$)

그림 4-14 **아미노기 전이반응**

(3) 아미노산 탄소골격의 산화와 이용

탄소골격인 α-케토산은 아세틸CoA로 전환되거나 TCA회로의 여러 단계로 들어가 산화되어 에너지원이 된다. 또한 α-케토산은 특성에 따라 다른 경로를 통해 포도당 또는 지방산 대사에 합류된다. 피루브산이나 TCA회로로 들어간 대부분의 아미노산의 α-케토산은 간에서 포도당신생합성과정을 거쳐 포도당을 생성한다. 이와 같이 포도당을 생성하는 아미노산을 당생성 아미노산이라 한다. 일부 아미노산의 α-케토산은 아세토아세틸CoA나 아세틸CoA로 전환되어 케톤체를 생성하거나 지방산을 합성한다. 이러한 아미노산을 케톤생성 아미노산이라 한다. 이 가운데 라이신과 류신은 케톤체나 지방산을 합성

아세토아세틸CoA
acetoacetyl-CoA

표 4-7 **포도당 생성 및 케톤 생성 경로로 가는 아미노산**

분류	아미노산 종류
케톤 생성	류신, 라이신
케톤 생성 및 포도당 생성	이소류신, 페닐알라닌, 티로신, 트립토판
포도당 생성	알라닌, 세린, 글라이신, 시스테인, 아스파르트산, 아스파라긴, 글루탐산, 글루타민, 아르기닌, 히스티딘, 발린, 트레오닌, 메티오닌, 프롤린

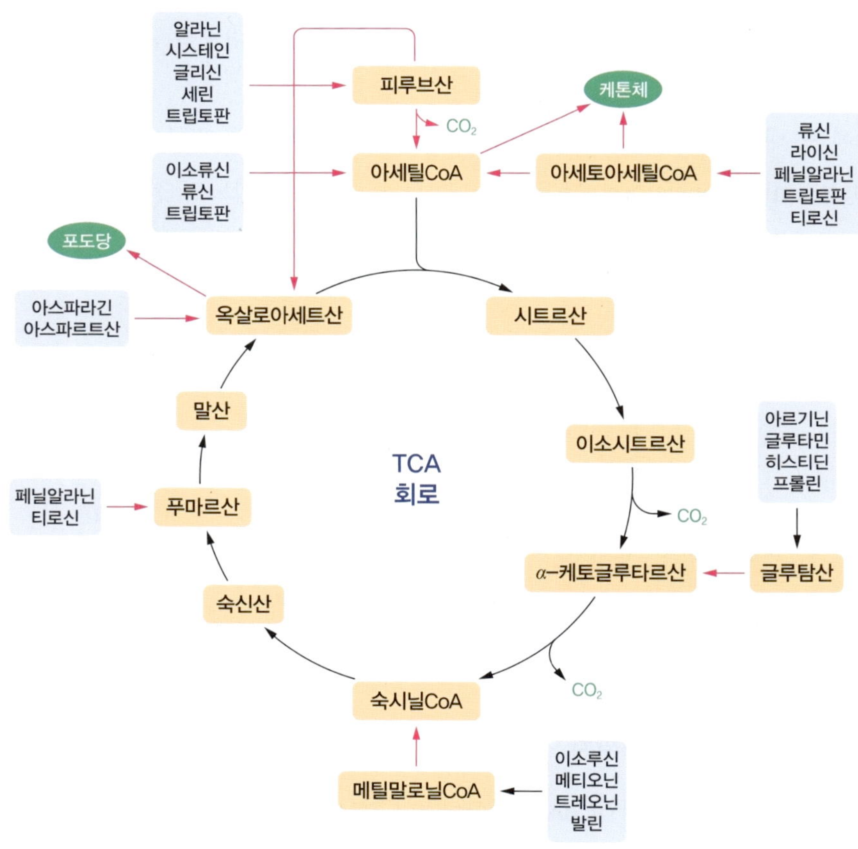

그림 4-15 **아미노산의 이화대사**

하는 경로로만 들어가 이용되며, 나머지 아미노산은 케톤체나 지방산 합성 외에 포도당 생성도 가능하다.

(4) 아미노기의 대사_요소회로

탈아미노반응으로 아미노산에서 떨어져 나온 아미노기(-NH_2)는 불안정해서 빠르게 암모니아로 전환된다. 그러나 암모니아는 독성이 매우 강하므로 독성이 없는 화합물인 요소로 전환되어 배설되는 과정을 거치게 된다.

① 암모니아의 운반

각 조직에서 아미노기는 알라닌이나 글루타민의 형태로 되어 혈액을 통해 간으로 운반된다.

- **알라닌 형태로 운반(포도당-알라닌 회로)**: 근육에서 주로 일어나는 경로로 아미노기 전이반응에 의해 피루브산이 아미노기를 전달받아 알라닌이 된 후 혈액을 통해 간으로 운반된다. 간에서 알라닌은 아미노기전이효소에 의해 아미노기를 α-케토글루타르산에 전달하여 글루탐산을 생성하고, 남은 탄소골격인 피루브산은 포도당 신생 경로를 거쳐 포도당을 생성한 후 혈액으로 방출되어 근육으로 되돌아간다(포도당-알라닌 회로). 글루탐산의 아미노기는 산화적 탈미노반응에 의해 유리되어 암모니아를 생성한다.
- **글루타민 형태로 운반**: 근육 외 조직에서는 글루타민 합성효소$_{\text{glutamine synthetase}}$에 의해 암모니아와 글루탐산이 결합하여 글루타민이 되고, 혈액을 통해 간으로 운반된 후 글루타민 분해효소$_{\text{glutaminase}}$에 의해 글루타민에서 아미노기가 유리되어 암모니아를 생성한다.

② 요소회로

요소회로 반응은 미토콘드리아에서 시작되어 세포질에서 완성된다. 요소 생성을 위해 간에서 유리된 암모니아(NH_3)는 미토콘드리아에서 이산화탄소(CO_2)와 반응하여 카바모일 인산을 생성한 후 오르니틴과 반응하여 시트룰린이 된다. 시트룰린은 세포질로 나와 아스파르트산과 반응하여 아르기노숙신산이 생성되고, 아르기노숙신산에서 푸마르산이 분리되어 아르기닌이 생성된다. 아르기닌은 아르기닌 가수분해효소에 의해 요소와 오르니틴으로 분해된다(그림 4-16).

카바모일 인산 carbamoyl phosphate
오르니틴 ornithine
시트룰린 citrulline
아스파르트산 aspartic acid
아르기노숙신산 arginosuccinic acid
푸마르산 fumaric acid
아르기닌 가수분해효소 arginase

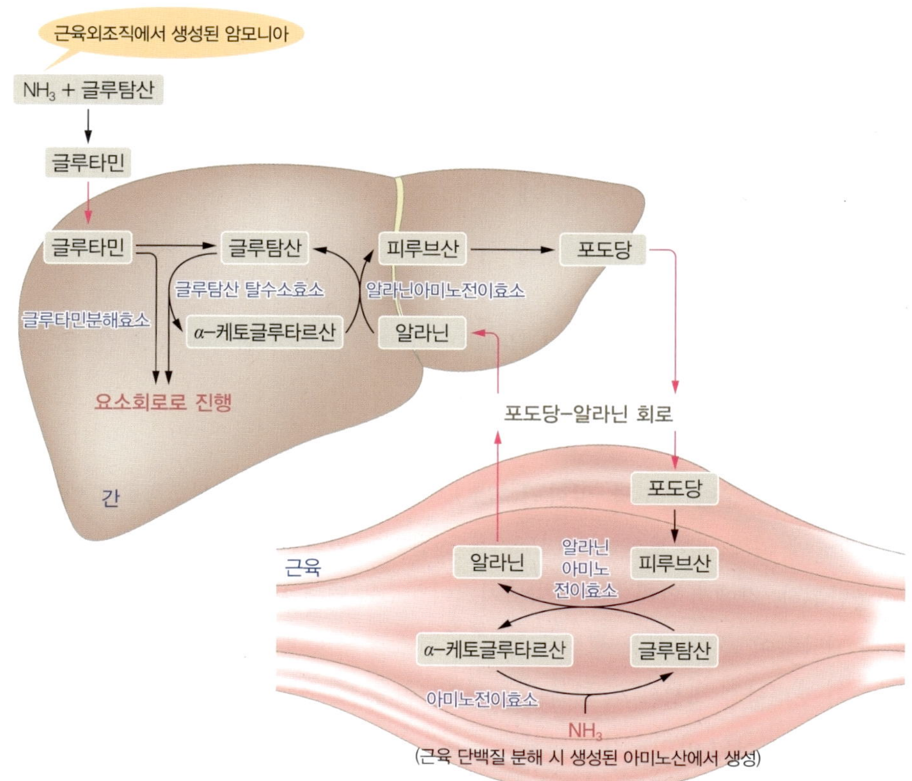

그림 4-16 조직에서 생성된 암모니아의 간으로 운반경로

요소의 질소 원자 또는 탄소 원자는 아스파르트산, 암모늄이온(NH_4^+)과 CO_2에서 비롯된다. 요소회로에서 탄소 원자와 질소 원자의 운반체 역할을 하는 화합물은 오르니틴이며, 아르기닌은 요소의 전구체이다.

간 기능이 손상되어 암모니아가 요소로 전환되지 못하면 암모니아가 혈중에 축적되어 중추신경계에 장애를 일으켜 간성혼수를 유발할 수 있다. 간성혼수일 때에는 체내에 암모니아가 축적된 것이므로 저단백질 식사를 해야 한다. 그러나 간경변증이 있어도 암모니아 배설능력이 있는 경우에는 조직의 회복을 위해 고단백질 식사를 제공해야 한다.

크레아티닌 creatinine

소변의 주된 질소 성분은 요소이다. 소변 중 총질소와 요소 배설량은 단백질 섭취량에 따라 다르며 고단백 식사를 한 경우가 저단백 식사 때보다 현저히 높다. 상대적으로 소변 중 암모니아, 크레아티닌 질소량은 단백질 섭취량에 따라 크게 변하지 않으며, 기아 시에는 질소량이 현저히 감소한다.

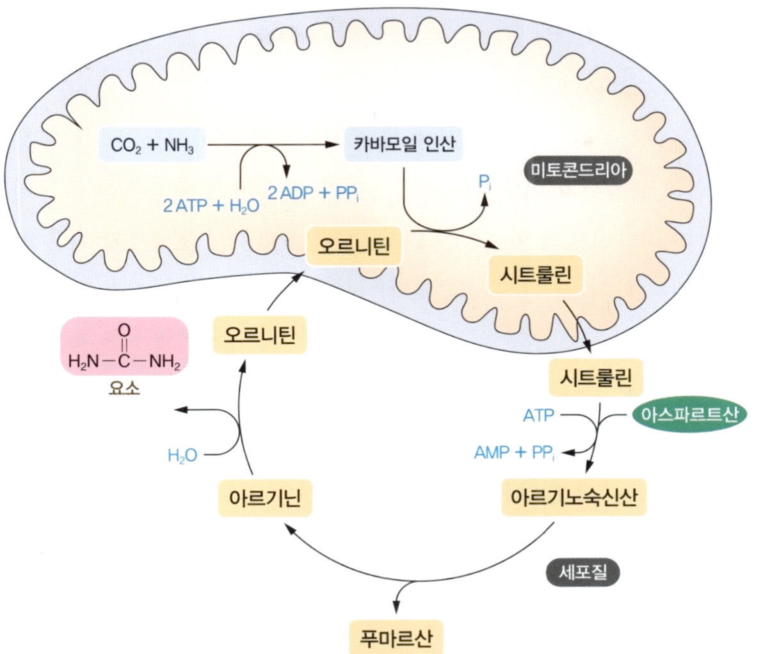

그림 4-17 **요소회로**

요산의 생성

핵산을 구성하는 염기에는 퓨린과 피리미딘이 있다. 이중 퓨린염기인 아데닌과 구아닌은 탈아미노화되면 요산(uric acid)을 생성하며, 요산은 퓨린의 최종 대사산물이다. 영장류 · 조류 · 파충류는 단백질 대사에 의해서 생기는 질소의 대부분을 요산으로 배설하는데, 포유동물에서는 요산이 요소에 해당된다.

크레아틴과 크레아티닌

크레아틴은 신장에서 아르기닌, 글라이신, 메티오닌 등에 의해 합성되며, 근육으로 운반되어 크레아틴 인산의 형태로 저장된다. 크레아틴인산은 근육 수축시 ADP를 인산화시켜 근수축을 위한 ATP를 재생성하여 공급한다. 크레아티닌은 크레아틴의 최종분해산물로 소변으로 배설된다. 크레아티닌은 총근육량에 비례하므로 소변내 배설량이 일정하다.

퓨린 purine
피리미딘 pyrimidine
아데닌 adenine
구아닌 guanine
크레아틴 creatine

(5) 비필수아미노산의 합성

인체는 간에서 탄수화물과 지방의 탄소 골격으로부터 비필수아미노산을 합성한다. 비필수아미노산은 탄소골격인 α-케토산에 다른 아미노산의 아미노기 전이반응이나 탈아미노 반응에 의해 생성된 아미노기를 붙임으로써 합성된다. 이 과정에서 아미노기 전이효소가 필요하며 비타민 B_6의 활성형인 피리독살인산(PLP)이 조효소로 작용한다. 이렇게 인체에서 합성되는 아미노산은 음식으로 꼭 섭취할 필요가 없으므로 비필수아미노산이라고 한다.

피리독살인산
pyridoxal phosphate

4) 조직 간 아미노산 대사의 상호작용_주요 조직에서의 아미노산 대사

(1) 소장

소장에서 흡수된 아미노산은 문맥을 통해 간으로 이동하며 이후 필요에 따라 여러 조직에서 사용된다. 인체의 각 장기는 주로 대사하는 아미노산의 종류가 각기 다르기 때문에 식사 중의 아미노산 조성과 소장을 통과해서 간으로 유입되는 아미노산의 조성이 같지 않다. 소장은 글루타민을 에너지원으로 사용하므로 아미노기는 알라닌 형태로 배출한다. 따라서 소장을 통과하면서 글루타민 함량은 줄고 알라닌 함량은 높아진다.

(2) 간

방향족 아미노산은 간에서 주로 대사된다. 소장을 통과했을 때는 흡수되기 전과 조성이 유사하지만 간세포를 통과한 후에는 크게 감소한다. 트립토판은 뇌로 이동하여 세로토닌 합성의 전구체로 사용된다.

곁가지 아미노산인 발린, 류신과 이소류신은 간에서 거의 대사가 되지 않고 말초조직, 특히 근육에서 주로 분해되므로 간세포에는 매우 적은 양이 존재한다. 육류를 섭취한 후에 간에서 방출되는 아미노산의 70%가 곁가지 아미노산이다.

근육에서 혈액을 통해 간에 유입된 알라닌은 포도당신생과 요소 합성의 기질로 사용되며, 포도당신생과정을 거쳐 생성된 포도당은 혈당으로 재방출되어 근육으로 이동하여 흡수된다(포도당-알라닌회로).

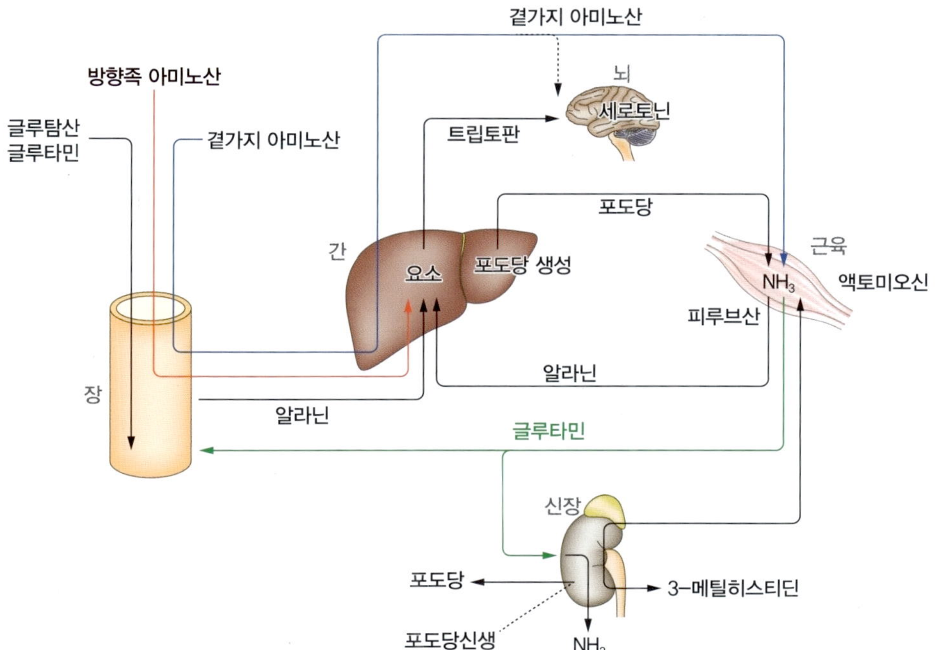

그림 4-18 **주요 조직에서의 아미노산 대사의 상호작용**

(3) 근육

곁가지 아미노산인 발린, 류신과 이소류신은 일상생활에서 섭취하고 있는 필수아미노산의 약 50%를 차지하며, 근육이나 뇌 등 일반 조직에서 에너지원으로 분해되어 이용된다.

근육은 단백질의 합성과 분해가 활발하게 진행되며, 이 과정에서 암모니아가 많이 발생한다. 암모니아는 알라닌 형태로 간으로 이동되는데, 근육조직의 알라닌 함량은 7~10%를 넘지 않으므로 근육에서 유리되는 알라닌은 모두 근육 단백질의 구성성분이 아니라 아미노기 전이반응에 의해 생성된 알라닌이다. 또한 근육에서 일부 암모니아는 글루타민 형태로 신장이나 장으로 이동된다.

(4) 신장

간과 함께 신장은 글루타민에서 암모니아를 유리하여 체내의 산-염기 평형에 중요한 역할을 하며, 글라이신을 세린으로 전환시켜 말초조직에 공급한다.

글라이신 glycine

(5) 뇌

글루타민 glutamine
글루탐산 glutamic acid

뇌조직은 암모니아에 대단히 예민하므로 뇌에서 생성된 암모니아는 독성이 없는 형태로 신속하게 전환되어야 한다. 뇌조직에 많이 존재하는 글루타민 합성효소는 글루탐산이 암모니아를 받아 글루타민을 합성하는 과정을 촉매하여 뇌조직의 암모니아를 안전하게 제거한다. 뇌에서 생성된 글루타민은 간이나 신장으로 운반되어 처리된다.

간으로 운반된 글루타민은 글루타민 분해효소에 의해 암모니아를 유리하고 유리된 암모니아는 요소합성에 쓰인다. 신장으로 운반된 글루타민은 암모니아를 유리하여 체내의 산-염기 균형에 중요한 역할을 한다.

5) 단백질 합성

아미노산은 세포와 조직에서 필요한 특정 단백질을 합성하기 위해 간에서 인체의 각 부분으로 이동된다.

단백질 합성protein synthesis을 위해서는 반드시 모든 종류의 필수아미노산이 충분량 조직에 공급되어야 한다. 필수아미노산이 한 개라도 부족하면 단백질 합성은 진행되지 않는다. 다시 말해서 단백질 합성을 위해서는 필수아미노산뿐만 아니라 비필수아미노산 모

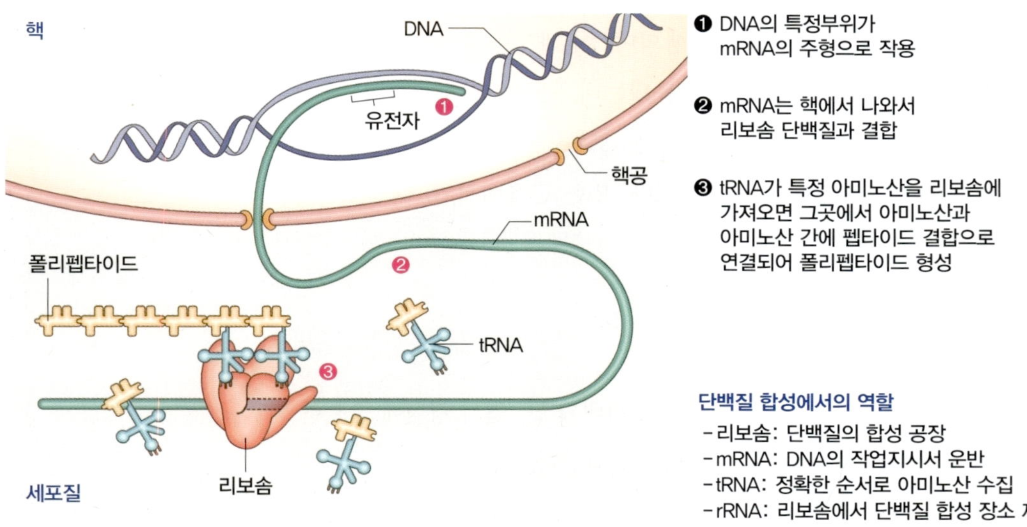

그림 4-19 **단백질 합성**

> 자동차 부품 한 개가 없으면 자동차 조립이 멈추는 것처럼 아미노산 한 개가 없어도 세포 내에서 해당 단백질 합성이 멈추게 된다. 이때 비필수아미노산이 한 개 부족하면 그 아미노산을 체내에서 만들거나 간에서 혈류를 통해 조달되어 단백질 합성이 진행될 수 있다. 하지만 필수 아미노산이 한 개 부족하면 그 아미노산을 공급하기 위해 체조직단백질을 분해하거나, 아예 공급이 불가능하면 단백질 합성은 멈추게 되고 일부 완성된 단백질은 다시 각각의 아미노산으로 분해되어 체내 다른 곳에서 사용된다.

두 충분히 공급되어야만 체내에 필요한 단백질의 합성이 가능하다. 그러므로 영양소로서 아미노산과 단백질의 섭취는 대단히 중요하다. 특정 단백질 합성에 필요한 비필수아미노산은 혈액에서 세포로 직접 공급되기도 하고, 세포에서 합성되기도 한다.

모든 필수 아미노산이 충분할 때, 체조직 단백질의 합성은 생체의 필요에 의해 세포핵의 DNA에 간직된 유전정보가 mRNA에 전사되어 단백질 합성장소인 세포질의 리보솜에 전달되면서 진행된다. 전달된 유전정보에 따라 세포질에 있는 아미노산풀에서 선택된 아미노산들은 아미노산 고유의 tRNA와 결합하여 리보솜으로 운반되고 이 아미노산들이 차례로 연결됨으로써 폴리펩타이드 사슬을 만들어 단백질을 합성한다.

리보솜 ribosome

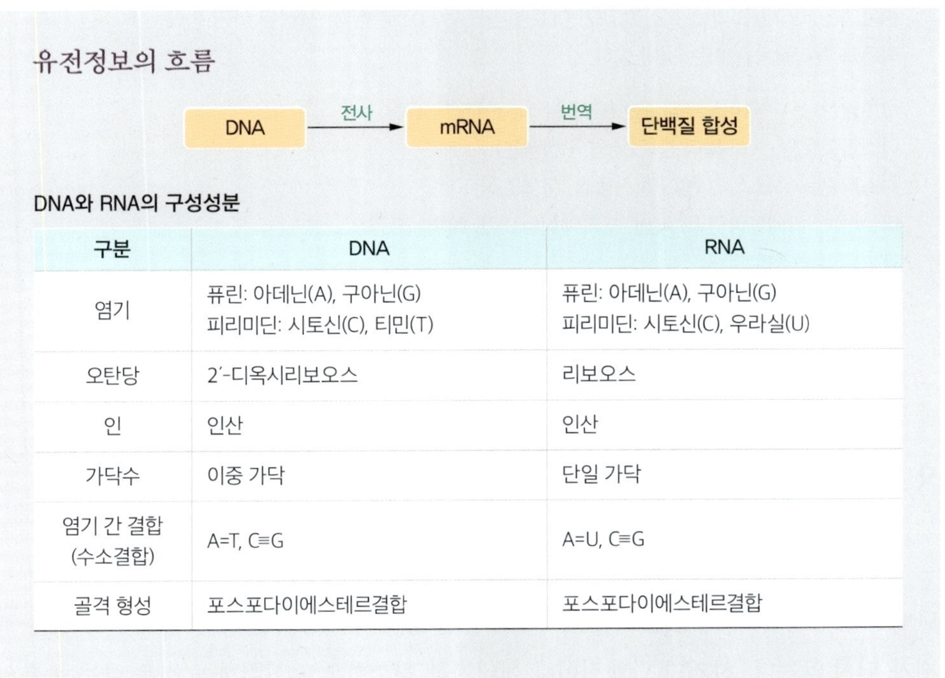

DNA와 RNA의 구성성분

구분	DNA	RNA
염기	퓨린: 아데닌(A), 구아닌(G) 피리미딘: 시토신(C), 티민(T)	퓨린: 아데닌(A), 구아닌(G) 피리미딘: 시토신(C), 우라실(U)
오탄당	2′-디옥시리보오스	리보오스
인	인산	인산
가닥수	이중 가닥	단일 가닥
염기 간 결합 (수소결합)	A=T, C≡G	A=U, C≡G
골격 형성	포스포다이에스테르결합	포스포다이에스테르결합

7. 아미노산의 생리활성물질 생성

세로토닌 serotonin
카테콜아민 catecholamine
도파민 dopamine
노르에피네프린 norepinephrine
히스타민 histamine
글라이신 glycine
시스테인 cysteine
글루타티온 glutathione
타우린 taurine
크레아틴 creatine
헴 heme

아미노산의 일부는 생리활성물질을 합성하는 데도 이용된다.

트립토판은 신경전달물질neurotransmitter인 세로토닌을 생성하여 체내에서 신경세포의 신호를 체내 다른 부분으로 전달하고, 티로신은 부신수질 호르몬인 카테콜아민(도파민, 노르에피네프린, 에피네프린)과 갑상선호르몬을 생성하여 인체대사를 조절한다. 또한 히스티딘은 히스타민을 생성하여 강력한 혈관확장제로 작용하거나 알레르기 반응을 일으킨다.

그 외 글라이신, 시스테인, 글루탐산에서 합성된 글루타티온과 시스테인에서 합성된 타우린은 혈구 내 항산화작용을 하고 산화환원작용을 조절한다. 글라이신은 비단백 생리활성물질인 크레아틴, 헴 등의 합성에 전구체로 작용한다.

아민 amine
글루탐산 glutamate
γ-아미노부티르산 γ-aminobutyric acid

탈탄산반응

탈탄산반응(decarboxylation)은 아미노산의 카르복실기가 CO_2로 제거되어 아민을 생성하는 반응으로 동물조직, 특히 간 · 신장 · 뇌에서 주로 일어나지만 세균류에서도 흔히 일어나는 반응이다. 반응에는 비타민 B_6의 조효소 형태인 PLP를 반드시 필요로 한다. 생성된 아민 중에는 특수한 생리작용과 약리작용을 하는 것이 많다.

글루탐산 → γ-아미노부티르산 (GABA, 뇌, 신경전달물질)
아스파르트산 → β-알라닌 (CoA의 구성성분)
히스티딘 → 히스타민 (혈관확장물질, 동물조직)
티로신 → 카테콜아민 (도파민, 노르에피네프린, 에피네프린)
트립토판 → 세로토닌

8. 단백질의 질

단백질을 합성할 때 다양한 식품들이 단백질을 충분히 제공하면 식품 단백질의 질은 문제가 되지 않는다. 하지만 단백질이나 에너지를 최소한으로 섭취하는 경우 한두 종류의 식물성 식품이 주된 단백질 급원이 된다면 단백질의 질은 매우 중요하다.

식품 단백질은 함유된 필수아미노산의 조성에 따라서 완전단백질, 부분적 불완전단백질, 불완전단백질로 분류된다. 체내에 모든 필수아미노산을 필요한 비율 이상 제공하는 식품을 완전 단백질 혹은 양질의 단백질이라고 하고, 한 개 혹은 그 이상의 필수아미노산이 적절한 양보다 부족한 경우 부분적 불완전단백질 또는 불완전단백질이라고 한다.

특히 양질의 단백질은 모든 필수아미노산을 체내에 필요한 양을 충분히 제공할 뿐만 아니라 다른 아미노산도 충분히 함유하고 있어 비필수아미노산 합성에 필요한 질소를 제공하며 소화하기 쉬운 단백질을 말한다.

1) 단백질의 질 평가방법

단백질의 질을 평가하는 방법에는 식품 단백질의 필수아미노산 조성을 화학적으로 분석하는 화학적 방법과 동물의 성장속도나 체내 질소보유정도를 측정하는 생물학적 방법이 있다.

(1) 화학적인 방법

① 화학가

화학가는 식품 단백질의 질을 측정하는 가장 간단한 방법으로 특정 아미노산을 기준 아

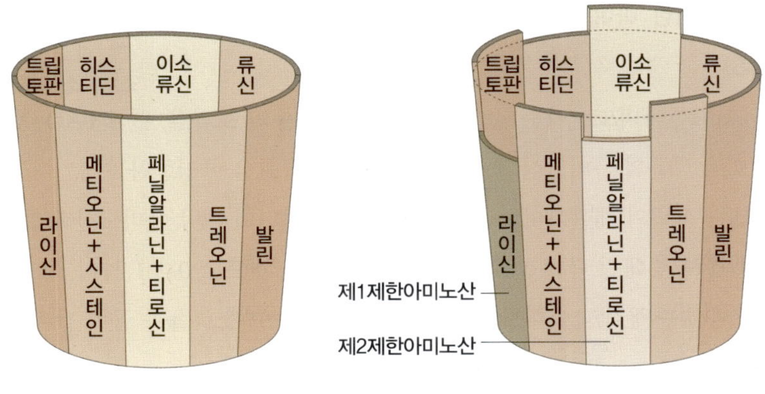

그림 4-20 **단백질의 화학적 평가법**

$$\text{화학가}(\%) = \frac{\text{식품 단백질 g당 제1제한아미노산의 함량(mg)}}{\text{달걀단백질 g당 위와 같은 아미노산의 함량(mg)}} \times 100$$

미노산 패턴의 해당 아미노산과 비교하는 방법이다. 주로 완전단백질인 달걀이나 우유 단백질의 아미노산 조성을 기준으로 평가하는 방법으로 다른 단백질의 아미노산 조성을 비교하여 산출한다. 달걀 단백질은 필수아미노산 조성이 인체가 필요로 하는 필수아미노산의 함량과 거의 일치하므로 달걀 단백질을 기준 단백질로 삼아 다른 식품의 단백질의 질을 비교 평가한다.

식품 1g 중에 들어 있는 9개의 필수아미노산에 대해 각각의 아미노산의 함량(mg)을 알고, 달걀단백질 중 해당 아미노산의 mg으로 나눈 후 100을 곱해 퍼센트로 표현한다. 이때 가장 낮은 값을 나타내는 아미노산을 제한아미노산이라 하며, 이 제한아미노산의 값을 해당 식품단백질의 화학가라고 한다.

② **아미노산가**

아미노산가란 세계보건기구WHO가 단백질 필요량에 근거해 제정한 이상적인 필수 아미노산 표준 구성을 기준 단백질로 설정해 산출한 값이다. 식품 1g 중에 들어 있는 9개의 필수아미노산에 대해 각각의 아미노산의 함량(mg)을 알고 WHO 기준 단백질 중 해당 아미노산의 mg으로 나눈 후 100을 곱해 퍼센트로 표현한다. 이때 가장 낮은 값을 그 식품 단백질의 아미노산가라고 한다.

$$\text{아미노산가(\%)} = \frac{\text{식품 단백질 g당 제1제한아미노산의 함량(mg)}}{\text{WHO 기준 단백질 g당 위와 같은 아미노산의 함량(mg)}} \times 100$$

③ **소화율을 고려한 아미노산가**(Protein Digestibility Corrected Amino Acid Score, PDCAAS)

소화율을 고려한 아미노산가는 소화율 및 체내이용률의 보완을 위해 FAO/WHO에서 제시한 것으로 식품의 아미노산 조성과 단백질의 소화율을 반영한다.

PDCAAS는 식품의 제한아미노산의 함량을 기준 패턴의 해당 아미노산의 함량으로 나누고 100을 곱하는 대신 단백질 소화흡수율을 곱하는 것으로 0과 1 사이 값으로 표현된다. 다시 말해서 단백질의 아미노산가를 100으로 나누고 소화율을 곱한 값이다. 최댓값은 1이며, 1 이상도 1로 표현한다.

달걀 단백질은 유아기에 필요한 모든 아미노산을 제공하고 완전히 소화되므로 PDCAAS는 1.0이다. 분리대두단백질의 PDCAAS는 0.99이며, 쇠고기는 0.92, 통밀은 0.40이다.

$$\text{PDCAAS} = \frac{\text{아미노산가}}{100} \times \text{단백질 소화흡수율}(\%)$$

어떤 단백질 식품의 제한아미노산에 근거해 산출한 아미노산가를 100으로 나눈 값이 0.7이고, 그 단백질의 소화흡수율이 80%라면 PDCAAS는 0.7의 80%로 0.56이다.

(2) 생물학적인 방법

① 단백질 효율비(Protein Efficiency Ratio, PER)

단백질 효율비는 성장하는 동물(주로 흰쥐를 사용)의 체중증가에 기여하는 단백질을 기준으로 단백질의 질을 평가하는 방법으로 아미노산 조성, 소화율, 체내 이용률을 반영한다.

실험 단백질을 먹인 동물의 체중 증가량과 양질의 기준 단백질(예: 카세인)을 먹인 동물의 체중 증가량을 비교한다. 이는 체내에서 실험 단백질을 얼마나 잘 사용할 수 있는지를 측정하는데, 체중 증가는 체지방과도 관련이 있어 반드시 체내 단백질 보유량에 비례하지 않는다는 단점이 있다. 주로 영아용 식품의 식품 표시 기준을 설정할 때 이 방법이 사용된다.

표 4-8 **밀 아미노산 함량과 기준 아미노산 함량의 비교**

아미노산	아미노산 함량(g/100g 단백질)			화학가	아미노산가
	밀	달걀	FAO/WHO 기준	밀단백질과 달걀단백질의 비교	밀단백질과 FAO/WHO의 비교
페닐알라닌+티로신	8.1	10.1	7.3	80	110
히스티딘	1.9	2.4	1.7	79	112
트립토판	1.2	1.6	1.1	75	109
류신	6.3	8.8	7.0	72	90
황함유아미노산	3.5	5.5	2.6	64	135
이소류신	4.0	6.6	4.2	61	95
발린	4.3	7.4	4.8	58	90
트레오닌	2.7	5.0	3.5	77	77
라이신	2.4	6.4	5.1	38	47

* 밀의 제1제한아미노산은 라이신.
화학가 = 2.4 / 6.4 × 100 = 38, 아미노산가 = 2.4 / 5.1 × 100 = 47

$$\text{단백질 효율비(PER)} = \frac{\text{일정 사육기간의 체중 증가량(g)}}{\text{일정 사육기간의 단백질 섭취량(g)}}$$

표 4-9 각 식품의 생물가

식품	생물가
달걀	96
우유	90
쇠고기	76
치즈	73
밀	65
옥수수	54
쌀	75
밀가루	52

② 생물가(Biological Value, BV)

생물가는 동물 체내로 흡수된 질소의 체내 보유 정도를 나타내는 것으로서 흡수된 단백질이 얼마나 효율적으로 체조직 단백질로 전환되었는가를 측정하는 것이다.

특정 식품 단백질에서 흡수된 질소 중 성장과 유지를 위해 체내에 보유된 질소량을 측정한다. 달걀 단백질의 생물가가 100이라면 흡수된 달걀 단백질이 모두 실험동물의 성장과 유지를 위해 보유되었음을 의미하며, 옥수수의 생물가가 60이라면 흡수된 옥수수 단백질의 60%만이 체내에 보유됨을 의미한다. 생물가가 가장 높은 것은 달걀이며, 우유, 육류 등도 생물가가 높다. 반면, 식물성단백질은 생물가가 낮으나 쌀은 75로 높은 편이다.

$$\text{BV} = \frac{\text{보유된 질소량}}{\text{흡수된 질소량}} \times 100 = \frac{\text{식이N} - \text{대변N} - \text{소변N}}{\text{식이N} - \text{대변N}} \times 100$$

③ 단백질 실이용률(Net Protein Utilization, NPU)

단백질 실이용률은 총 섭취 질소 중에서 체내 보유된 질소의 비율로 생물가에 소화흡수율을 고려한 값이다. 이는 인체가 실제로 사용하는 식이 단백질의 양을 측정한 값이다.

시험 식품의 질소함량을 측정한 후 단독 단백질 급원으로 실험동물에게 먹이고 나서 동물의 질소 배설량을 측정하여 식품의 질소함량 중 동물 체내에 보유된 양을 산출한다. 동물이 식품의 질소를 많이 보유할수록 식품 단백질의 질이 더 높게 평가된다. 이는 식이 단백질이 체단백질 만드는 데 더 효율적으로 사용되었음을 나타낸다.

$$\text{NPU} = \frac{\text{보유된 질소량}}{\text{섭취한 질소량}} \times 100 = \text{생물가} \times \text{소화흡수율}$$

2) 단백질의 질 보완

단백질의 질을 보완하는 것은 동물성 단백질을 소량 혹은 전혀 섭취하지 않는 사람에게 대단히 중요하다. 이들은 식물성 단백질 급원을 다양하게 섭취함으로써 모든 필수아미노산을 적절하게 섭취할 수 있다. 단백질과 에너지가 충분하면 끼니마다 단백질 보완 계획을 수립할 필요가 없지만 영유아기에는 매 끼니 보완단백질을 적용해야 한다.

(1) 제한아미노산

식품에 들어 있는 필수아미노산 중 인체에 요구되는 양에 비해서 가장 적게 들어 있는 필수아미노산을 제한아미노산이라고 한다. 체조직을 합성하기 위해서는 필수아미노산이 모두 충분량 필요하여 이들 아미노산 중 한 가지만 부족해도 체조직 합성이 제한되기 때문에 제한아미노산이 그 단백질의 질을 결정한다. 제한아미노산 중 상대적으로 제일 부족한 필수아미노산을 제1제한아미노산이라고 한다. 쌀은 상당히 좋은 필수아미노산 조성을 가지지만 라이신(제1제한아미노산)과 트레오닌이 상대적으로 제일 부족하며, 동물성 단백질 가운데 젤라틴은 필수아미노산인 트립토판이 부족하여 이들이 각각 해당 식품의 제한아미노산이 된다.

(2) 단백질 상호보완효과

필수아미노산 조성이 다른 2개의 단백질을 함께 섭취하여 서로의 제한점을 보충하는 것을 단백질의 상호보완효과라고 한다. 콩밥의 경우, 쌀은 콩에 부족한 메티오닌을 보강해주고 콩은 쌀에 부족한 라이신을 제공해줌으로써 두 식품의 단백질을 모두 효율적으로 활용할 수 있게 된다.

일반적으로 곡류와 콩, 콩과 견과류의 조합을 통해 완전히 질적으로 우수한 단백질을 섭취할 수 있으며, 쇠고기덮밥, 달걀덮밥, 시리얼과 우유 등과 같이 소량의 동물성 식품의 첨가로도 식물성 식품의 단백질을 보완할 수 있다. 일상식에서 다양한 식품을 섭취할수록 단백질의 상호보완효과는 커진다.

표 4-10 식물성 식품에 부족한 아미노산과 단백질의 질 보충효과

식품	부족한 아미노산	단백질의 질 보충효과
곡류	라이신, 트레오닌	콩과 쌀밥
콩류	메티오닌	두부와 쌀밥
견과 및 종실류	라이신	콩과 참깨가루를 넣어 만든 미소된장, 땅콩과 완두 등의 콩을 섞은 샐러드
채소	메티오닌	나물과 쌀밥, 채소와 견과류를 섞은 샐러드
옥수수	트립토판, 라이신	옥수수와 달걀을 섞은 볶음밥

9. 단백질 결핍증과 과잉증

1) 단백질 부족_단백질 에너지 영양불량

에너지가 불충분한 식사는 체내에서 단백질이 체단백질 합성에 사용되는 것을 방해하므로 단백질 섭취와 에너지 섭취를 따로 분리하기가 어렵다.

단백질 결핍증은 단백질의 질과 양을 불충분하게 섭취했을 경우 발생한다. 식이 중 단백질이나 에너지 혹은 둘 다 부족한 결핍증을 단백질 에너지 영양불량(protein energy malnutrition, PEM)이라고 한다. PEM은 모든 연령대에서 발생하지만 성장이 빠른 시기에 단백질 필요량이 증가하므로 유아기를 비롯한 성장기 어린이들에게서 흔히 발생한다.

PEM은 아프리카, 남미, 중미, 동아시아, 동남아시아, 중동 지역 등 주로 개발도상국가에서 많이 발생하며, 선진국에서도 가장 빈곤한 지역, 노년기, 신경성 거식증, 암, 후천성면역결핍증(AIDS), 흡수불량증 등으로 병원에 입원한 환자에서 흔히 발생한다.

PEM에는 콰시오커kwashiorkor와 마라스무스marasmus 두 가지 형태가 있다. 예전에는 콰시오커는 단백질은 부족하지만 에너지는 충분한 경우에, 마라스무스는 단백질과 에너지가 둘 다 부족한 경우에 생긴다고 생각했지만, 현재는 두 질병간의 구분이 명확하지 않다. 에너지 섭취량이 적절하면 단백질 결핍증은 잘 나타나지 않는다.

콰시오커와 마라스무스

- 콰시오커는 급성 PEM에서 발생하는 반면 마라스무스는 만성 PEM에서 발생한다.
- 콰시오커는 PEM에 대한 비정상적인 적응인 반면, 마라스무스는 정상적인 적응이다.
- 감염 혹은 식중독 같은 경우에도 콰시오커나 마라스무스가 발생할 수 있다.

(1) 콰시오커

콰시오커는 '둘째 아이가 태어날 때 첫째 아이를 감염시키는 나쁜 영혼'으로 묘사되는 가나어이다. 여러 문화권에서 일반적으로 새 아이가 생기기 전까지 대부분 모유수유를 하다가 임신이 되면 큰 아이는 모유에서 이유식을 하게 되고 보통 죽식을 준다. 가난한 경우 죽식은 단백질이 부족하거나 섭취한 단백질이 쉽게 소화 또는 흡수가 되지 않는다.

콰시오커를 마라스무스와 구분하는 주된 증상은 부종으로 특히 발과 다리가 붓는다. 이는 혈액 단백질이 부족하면 혈액 내 수분 보유력이 감소하여 수분이 조직으로 빠져나가며, 지방 운반에 필요한 단백질이 부족해서 간에 지방이 쌓이고 부종과 합쳐져서 복부 팽만이 일어난다. 결핍 초기에는 성장이 감소하고, 신경이 예민해지며, 피부의 변화, 빈혈, 식욕부진, 저항력 약화 등이 나타나고, 더 진행되면 부종, 간비대증이 생긴다. 에너지 부족이 마라스무스 만큼 심하지 않기 때문에 체지방은 그대로 유지된다. 보통 이유식이 시작되는 18~24개월에 발생한다.

단백질 필요량의 증가는 감염이나 병에 의해서도 갑자기 발생할 수 있으므로, 외상 감염, 화상 등의 상황에서 단백질 요구량이 대단히 증가하여 식이 섭취량이 부족한 경우에도 콰시오커가 발생할 수 있다.

콰시오커는 우유나 양질의 고단백식을 제공하는 적절한 식사요법을 통해 치료가 가능하다.

(2) 마라스무스

마라스무스는 '소모하다'라는 뜻을 가진 그리스어로 증상이 콰시오커보다 천천히 나타나며, 만성 PEM에서 발생한다. 단백질과 에너지의 영양섭취량이 전반적으로 부적절하여 체내 저장 지방이 고갈되고, 심장 같은 활동성 기관을 포함해서 심한 근육 소모 등이 나타난다. 성장이 지연되거나 멈추고 나이에 비해 심하게 마른 증상이 나타나지만 피부나 간 기능은 정상이다. 대사가 천천히 진행되며 체온이 낮아지고, 에너지를 절약하기 위해 잘 반응하지 않으며, 울지도 않는다. 머리카락이 거칠고 쉽게 빠지며, 근육과 지방이 없어서 마치 애늙은이처럼 보인다. 마라스무스는 6~18개월 사이에 흔히 나타나며, 묽거나 부적절하게 혼합된 조제식을 먹은 경우에 발생한다. 특히 이 기간은 급속도로 뇌 발달이 진행되는 시기이므로, 영구적으로 뇌 발달이 지연되어 지적장애를 초래할 수 있다.

마라스무스는 성인의 경우 암이나 신경성 거식증의 기아상태에서도 발생할 수 있다. 고단백질, 고에너지식사로 회복이 가능하다.

성인의 경우 단백질 결핍증은 주로 알코올 과다섭취로 인해 식사를 소홀히 하는 경우에 나타나며, 간의 지방 축적이 높아져서 지방간이나 간경변증을 유발할 수 있다.

표 4-11 **콰시오커와 마라스무스**

특징	콰시오커	마라스무스
원인	단백질과 에너지가 부족한 편이나 특히 단백질 부족이 심함	단백질과 에너지가 모두 부족하며 특히 에너지 부족이 심함
발생시기	12~48개월(이유 후 어린이)	6~18개월
혈청 알부민	저하	정상
외모	약간 마름	피부와 뼈만 있음(노인 얼굴)
머리카락	건조, 변색	정상
부종	심함(둥글고 슬픈 얼굴)	없음
근육소모	흔함	약함
지방간	흔함	없음
체지방	정상	없음
식사요법	소화흡수에 장애를 보이므로 정맥을 통해 아미노산을 공급하고, 점차 구강을 통해 양질의 단백질을 충분히 공급함	에너지와 단백질을 보충하되 특히 에너지를 충분히 공급함
임상 사진	다리, 발의 부종과 복부팽만	연령대비 작고 마름, 주름

2) 단백질 과잉 섭취

단백질을 과잉 섭취하는 경우 단백질을 열량원으로 이용하여 지질이나 탄수화물의 연소를 감소시킴으로써 체지방이 축적된다. 또한 단백질을 과잉 섭취하는 경우 탄소골격은 열량원으로 이용하고 아미노기는 간에서 요소를 형성하여 소변으로 배설되므로 신장에 부담을 준다. 특히 동물성 단백질을 과잉으로 섭취할 경우 동물성 단백질에 풍부한 황 함유 아미노산의 대사로 산성 대사산물이 많아진다. 이를 중화시키기 위해 뼈에서 칼슘을 용해하고 소변을 통해 신체 밖으로 칼슘을 배설시켜 칼슘 손실이 많아진다. 따라서 동물성 단백질을 많이 섭취하는 사람이 칼슘을 충분히 섭취하지 않고 운동도 부족한 경우 골다공증이 발생할 위험이 높아진다.

선진국의 경우 단백질 부족보다는 단백질과 에너지의 과잉섭취가 더 큰 문제를 유발한다. 동물성 단백질이 풍부한 식사는 포화지방과 콜레스테롤이 많이 함유되어 이들의 과잉섭취는 동맥경화증과 고혈압 및 심장병 발병률을 높이며, 췌장, 대장, 전립선 부위의 암 발생률도 높인다. 이외에 통풍을 유발시킨다.

10. 단백질의 권장섭취기준

1) 단백질 섭취량의 추정_질소평형

체내 단백질이 충분한지를 평가하기 위해 질소평형을 사용할 수 있다. 질소평형은 질소의 섭취량과 배설량이 같은 상태를 말하며, 인체의 배설량만큼 식품 단백질을 섭취하는 것을 의미한다.

질소평형은 질소 섭취량과 질소 배설량 간의 차이를 비교해서 추정할 수 있다. 질소 섭취량과 질소 배설량이 같으면 질소평형이라 하고 건강한 성인이 이에 해당된다. 식이 단백질 섭취량이 체조직을 유지하고 보수하기에 적절함을 의미하며, 체단백질의 증가나 감소가 없고 단순히 식사로 지나치게 많이 섭취한 질소를 배설한다.

질소 섭취량이 질소 배설량을 초과하면 양의 질소평형이라고 한다. 몸 안에 새로운 조직이 형성될 때에는 질소를 보유하기 때문에 질소 섭취량이 배설량보다 많다. 성장기 아동, 임신부 그리고 단백질 부족이나 질병으로부터 회복기에 있는 환자의 경우에 해당한다.

이와 반대로 질소 배설량이 질소 섭취량을 초과하면 음의 질소평형이라고 한다. 체조직 단백질의 분해로 체내 단백질의 손실이 일어나고 있음을 의미한다. 굶거나 극단적인 체중 감량식을 하거나 발열, 심각한 질병, 감염의 경우가 이에 해당된다.

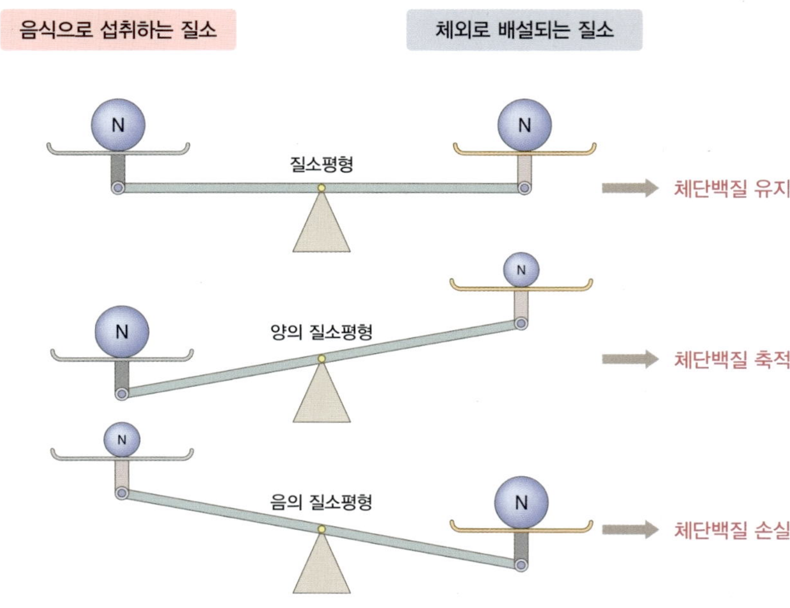

그림 4-21 **질소평형**

표 4-12 **질소평형**

양의 질소평형 질소 섭취량 > 질소 배설량	질소평형 질소 섭취량 = 질소 배설량	음의 질소평형 질소 섭취량 < 질소 배설량
• 성장, 임신, 질병으로부터 회복단계 • 운동의 훈련효과로 근육증가 • 성장호르몬, 인슐린, 남성호르몬의 분비 증가	• 건강한 성인	• 단백질 섭취부족, 에너지 섭취부족 • 기아, 발열, 화상, 감염, 소장의 질병 • 침상에 입원(수일간) • 필수아미노산 부족 • 단백질 손실 증가(신장병) • 갑상선호르몬, 코티솔 분비 증대

2) 단백질의 필요량과 권장섭취량

단백질의 필요량은 주로 질소평형 실험에 의해서 결정된다. 질소평형 실험에서는 단백질을 섭취하지 않을 때 배설되는 불가피한 질소 손실량을 측정하여 최소 필요량을 결정하고 여기에 단백질 이용효율과 안전율을 적용하여 권장량을 산정한다.

단백질 필요량은 적당한 신체활동 시 에너지 균형을 유지하면서 체내 단백질 합성과 분해가 평형을 이루어 질소평형을 유지하는 데 필요한 양을 말한다.

2025 한국인 영양소 섭취기준에 의한 우리나라의 성인 단백질 평균필요량은 질소균형 연구를 기초하여 남녀 구분 없이 0.73g/체중(kg)/일로 책정하였으며, 성인의 단백질 권장섭취량은 남녀의 평균필요량에 1.25배를 곱해 0.91g/체중(kg)/일로 책정했다.

성인 단백질 권장섭취량 = 성인 평균 단백질 필요량 × 개인 간 변이 계수에 의한 안전율
= 0.73g/kg/일 × 1.25 = 0.91g/kg/일

한국인 영양소 섭취기준 제정위원회에서는 체중 kg당 0.91g을 한국인 성인 단백질 권장량으로 산정하여, 하루 단백질 권장섭취량으로 성인 남자는 19~49세 65g, 50~64세 60g이고, 성인 여자는 19~29세 55g, 30~64세 50g으로 책정하였다.

단백질 필요량이 증가하는 경우

성장기, 질병, 수술, 영양불량상태 경우에 필요량이 증가하며, 근육량이 많을수록, 에너지 공급이 부족하거나 질 낮은 단백질 섭취량이 많아도 필요량이 증가한다.

운동선수의 단백질 섭취량(안전 및 훈련 적응력 증가를 위한 수준)

- 저강도 운동: 0.8g 단백질/kg/일 이상 필요하지 않음
- 훈련강도가 심한 지구력 운동선수: 1.2~1.4g 단백질/kg
- 저항운동 훈련 선수: 1.6~1.7g 단백질/kg
- 신체적으로 활발한 개인: 1.4~2.0g 단백질/kg

표 4-13 **한국인의 1일 단백질 섭취기준**

성별	연령	단백질(g/일)				
		평균필요량	권장섭취량	충분섭취량	상한섭취량	에너지 적정비율(%)
영아	0~5(개월)			10		-
	6~11	12	15			-
유아	1~2(세)	15	20			10~20
	3~5	20	25			10~20
남자	6~8(세)	30	35			10~20
	9~11	40	50			10~20
	12~14	50	60			10~20
	15~18	55	65			10~20
	19~29	50	65			10~20
	30~49	50	65			10~20
	50~64	50	60			10~20
	65~74	50	60			10~20
	75 이상	50	60			10~20
여자	6~8(세)	30	35			10~20
	9~11	40	45			10~20
	12~14	45	55			10~20
	15~18	45	55			10~20
	19~29	45	55			10~20
	30~49	40	50			10~20
	50~64	40	50			10~20
	65~74	40	50			10~20
	75 이상	40	50			10~20
임신부[1)]		+8	+10			10~20
		+25	+30			10~20
수유부[1)]		+20	+25			10~20

1) 임신부·수유부 부가량. 단, 단백질은 임신부 2, 3분기별 부가량
자료: 보건복지부·한국영양학회. 2025 한국인 영양소 섭취기준

11. 단백질 함유식품

단백질은 식물성 식품과 동물성 식품에 골고루 들어 있지만 곡류나 채소류에 비해 주로 어육류 및 난류, 유제품, 콩류에 단백질 함량이 많다.

질소계수

식품 중의 질소는 주로 단백질에 존재하며 그 양은 평균 16%로 단백질 100g 중 질소가 16g 함유되어 있음을 의미한다.

$$\frac{\text{단백질 양}}{\text{질소 양}} = \frac{100}{16} = 6.25 \qquad \text{단백질 양} = \text{질소 양} \times 6.25$$

따라서 질소함량을 정량한 후 여기에 6.25를 곱하면 단백질 양을 알 수 있다. 이를 조단백질(crude protein)이라고 하며, 이때 곱해주는 6.25를 질소계수라고 한다.

표 4-14 **단백질 주요 급원식품(100g당 함량)**[1)]

급원식품 순위	급원식품	함량 (g/100g)	기여율 (%)	급원식품 순위	급원식품	함량 (g/100g)	기여율 (%)
1	백미	9.3	14.4	14	김치, 배추김치	1.9	1.28
2	돼지고기(살코기)	19.5	11.26	15	새우	28.2	1.23
3	닭고기(살코기)	23	9.53	16	대두	36.1	1.2
4	달걀, 생것	12.9	6.59	17	돼지 부산물(간)	28.1	1.1
5	소고기(살코기)	17.9	5.58	18	고등어	25.2	1.09
6	우유	3.1	2.85	19	요구르트(호상)	4.5	0.85
7	두부	9.6	2.56	20	치즈, 체다	18.8	0.84
8	빵, 식빵	9.1	2.5	21	어묵	11.4	0.83
9	가공육	20.7	2.06	22	라면(조리 전후 통합)	5.4	0.78
10	멸치, 삶아서 말린 것	49.7	1.98	23	소 부산물(간)	29.1	0.76
11	국수, 말린 것	10.4	1.7	24	밀가루	10.3	0.74
12	명태	23.5	1.61	25	가다랑어	25.9	0.73
13	오징어	18.8	1.4	26	간장	9.2	0.71

(계속)

급원식품 순위	급원식품	함량 (g/100g)	기여율 (%)	급원식품 순위	급원식품	함량 (g/100g)	기여율 (%)
27	두유	3.2	0.67	29	메밀 국수, 말린 것	13.6	0.63
28	떡	3.7	0.67	30	된장	13.6	0.63

1) 2022년 국민건강영양조사의 식품별 섭취량과 식품별 단백질 함량(국가표준식품성분표 DB 10.2) 자료를 활용하여 단백질 주요 급원식품 상위 30위 산출
자료: 보건복지부·한국영양학회, 2025 한국인 영양소 섭취기준

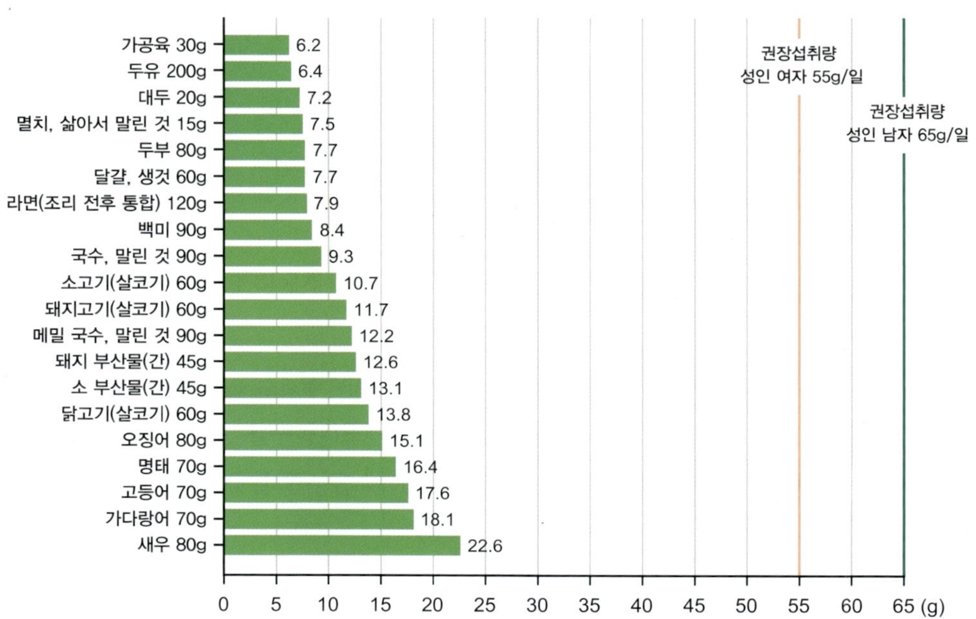

그림 4-22 **단백질 주요 급원식품 (1회 분량당 함량)**[1)]

1) 2022년 국민건강영양조사의 식품별 섭취량과 식품별 단백질 함량(국가표준식품성분표 DB 10.2) 자료를 활용하여 단백질 주요 급원식품 상위 30위 산출 후 1회 분량(2020 한국인 영양소 섭취기준)을 적용하여 1회 분량당 함량 산출, 19~29세 성인 권장섭취량 기준(2025 한국인 영양소 섭취기준)과 비교
자료: 보건복지부·한국영양학회, 2025 한국인 영양소 섭취기준

채식주의 식사

채식주의 식사형태

형태	섭취 가능한 동물성 식품	배제되는 식품
부분 채식주의 (Semi-vegetarian)	유제품, 난류, 닭고기, 생선	붉은색 육류(쇠고기, 돼지고기)
페스코 채식주의 (Pesco-vegetarian)	유제품, 난류, 생선	쇠고기, 돼지고기, 가금류
락토오보 채식주의 (Lacto-ovo-vegetarian)	유제품, 난류	일부 동물성 육류
락토 채식주의 (Lacto-vegetarian)	유제품	난류와 모든 동물성 육류
오보 채식주의 (Ovo-vegetarian)	난류	유제품과 동물성 육류
비건 (완전 채식주의, Vegan)	전혀 없음	모든 동물성 식품
프루테리언 (Fruitarian)	전혀 없음	생과일, 견과류, 녹색잎 채소를 제외한 모든 식품

채식주의 종교집단

종교집단	식사행태
불교	일반적으로 Vegan이나 일부지역은 Lacto-vegetarian
힌두교	일반적으로 Lacto-vegetarian이며, 가끔 양고기와 돼지고기를 섭취함
제7안식교	Lacto-ovo-vegetarian으로 전곡섭취를 강조하며, 술, 담배, 카페인 섭취는 금함

채식의 건강상 좋은 점과 나쁜 점

단백질 함량이 많은 식물성 식품은 일반적으로 비타민, 무기질, 식이섬유가 풍부하며, 콜레스테롤이 전혀 없고 포화지방함량이 낮을 뿐만 아니라, 단백질 함량이 많은 동물성 식품에 비해 값이 저렴하다.

건강상 좋은 점	• 일반식보다 지방, 포화지방, 콜레스테롤 함량이 적다. • 마그네슘, 엽산을 다량 함유한다. • 베타카로틴, 비타민 E, 비타민 C 같은 항산화제가 풍부하다. - 신선한 과일과 채소는 체내에서 세포와 조직의 손상을 막아준다. • 식이섬유와 피토케미칼을 다량 함유한다. ※ 평균적으로 채식주의자는 혈중 콜레스테롤 수치가 낮아 심장병 발병률이 비교적 낮다. ※ 특히 엄격한 채식주의자는 일반인보다 전립선, 대장암 발병률이 더 낮다.
건강상 나쁜 점	※ 채식주의 형태에 따라 영양상 문제가 발생한다. • 락토 오보 채식주의: 영양은 충분하지만 지방과 콜레스테롤이 많다. • 락토 채식주의 식단: 다량의 우유제품 식단으로 철 함량이 낮다. - 철이 풍부한 식품을 선택한다. 그러나 식물성 식품에는 비헴철의 형태로 흡수율이 낮기 때문에 철의 흡수를 돕는 비타민 C, 과일이나 채소와 함께 섭취한다. • 완전 채식 식단 - 아연, 칼슘, 비타민 D, 리보플라빈, 비타민 B_{12}가 부족되기 쉽다. 아연(붉은 살코기), 칼슘과 비타민 D, 리보플라빈(우유), 비타민 B_{12}(동물성식품)에 풍부하다. - 무기질의 흡수를 방해하는 물질이 함유되어 있다. 피트산(전곡, 브랜, 콩과류), 옥살산(시금치, 루바브, 초콜릿), 탄닌(차)에 함유되어 있다.

채식주의자를 위한 영양 가이드라인(캐나다 영양학회, The Academy of Nutrition and Dietetics and Dietitians of Canada)

1. 다양한 식품을 선택한다.
   - 전곡류, 채소류, 과일류, 콩류, 견과류, 씨앗류, 원한다면 우유와 달걀 등
2. 천연 그대로 혹은 덜 도정된 식품을 자주 선택하고, 매우 단 것, 기름진 것, 고도로 정제된 식품의 섭취를 피한다.
3. 다양한 과일과 채소를 선택한다.
4. 유제품과 난류의 동물성 식품을 사용할 경우 저지방 유제품을 선택하고, 난류와 유제품을 적절하게 사용한다(과량의 포화지방과 콜레스테롤 섭취 제한).
5. 비타민 B_{12}를 규칙적으로 섭취하고, 자외선 노출이 제한되면 비타민 D를 섭취한다.

CHAPTER 5

에너지와 운동영양

1. 에너지의 근원과 전환
2. 인체 에너지 대사량
3. 에너지 측정 방법
4. 에너지 섭취 불균형
5. 운동과 에너지

CHAPTER 5 에너지와 운동영양

인체가 사용하는 식품에너지의 원천은 식물이 태양에너지를 이용하여 광합성을 통해 생성한 탄수화물이다. 인체는 식품에너지를 체내에서 화학적, 기계적, 전기적, 열에너지 등으로 전환하여 신체활동, 생리적 기능 조절, 체세포 성장 및 유지에 사용하는데, 활동이나 운동의 종류와 강도에 따라 인체는 다른 에너지원을 이용하여 효율적으로 대사를 조절하며 생명을 유지한다.

1. 에너지의 근원과 전환

인체는 식품을 섭취하여 얻은 에너지$_{\text{energy}}$를 체내에서 ATP$_{\text{adenosine triphosphate}}$ 형태로 전환시키고 이를 이용하여 성장 및 유지, 신체활동, 체온조절 등을 한다. 인체에서 사용하고 남은 에너지는 주로 지방 형태로 체내에 저장되어 식품 공급이 되기 어려운 상황에서 에너지원으로 활용되는데, 과다한 에너지가 체내에 축적되는 비만의 경우 여러 합병증으로 인하여 건강에 해가 되기도 한다.

1) 식품에너지와 대사에너지

식품의 탄수화물, 지질, 단백질과 알코올에 저장되어 있는 식품에너지food energy는 소화와 흡수과정을 거쳐 체내로 들어온 후 대사되어, 세포에서 분해되고 미토콘드리아에서 전자전달계를 통과하며 화학적 에너지인 ATP로 전환된다. 이 과정에서 식품에너지의 일부만이 ATP로 전환되고 나머지는 식품이 소화, 흡수, 대사를 하는 동안 소비되거나 열로 발산되어 체온을 유지하는 데 이용된다.

식품에너지가 소화과정에서 손실되어 대변으로 배설되고 남은 에너지를 소화에너지digestible energy라고 한다. 소화에너지에서 소변과 땀으로 배설된 것을 제외하고 남은 에너지를 대사에너지metabolizable energy라고 하는데, 단백질은 에너지원으로 이용되는 과정에서 요소회로 등을 거치면서 소변으로 손실되는 에너지가 많기 때문에 소화에너지와 대사에너지의 차이가 탄수화물이나 지질에 비하여 크다. 탄수화물, 지질, 단백질의 대사에너지는 g당 각각 4kcal, 9kcal, 4kcal이다. 대사 에너지의 50% 정도는 이화과정이나 갈색지방조직의 열생산 등을 통해 열로 발산되어 체온유지에 이용되고, 10% 정도는 영양소의 소화, 흡수, 분해, 저장 등에 사용된다. 그러므로 실제로 체내에서 기초대사와 활동대사에 이용되고, 또한 이용 후 남아서 체내에 저장되는 에너지의 양은 식품에너지의 약 20~45% 정도이다.

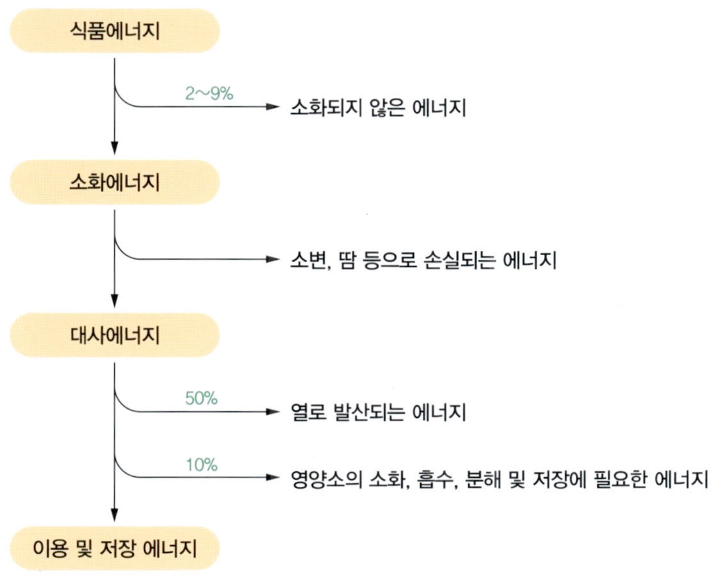

그림 5-1 **식품에너지의 이용경로**

2) 인체 에너지의 이용과 저장

인체는 식품으로부터 얻은 에너지를 이용하여 장기와 근육 활동을 하지만, 필요 이상의 에너지를 섭취하면 여분의 에너지가 체내에 저장된다. 포도당은 먼저 글리코겐으로 저장되고 여분의 아미노산, 지방산, 포도당은 모두 지방으로 전환되어 저장된다. 알코올은 7kcal를 발생시키므로 에너지원으로 사용되기도 하지만, 과잉 섭취 시 지방으로 전환되어 체내에 저장된다. 반면에 에너지 섭취량이 인체 필요량보다 적을 경우에는 저장되었던 에너지원이 분해되어 이용된다. 간이나 근육에 저장된 글리코겐은 포도당으로 분해되고 지방조직에 저장된 지방은 지방산과 글리세롤로 분해되며, 근육과 같은 체단백질은 아미노산으로 분해되어 에너지로 이용된다.

2. 인체 에너지 대사량

인체에서 소비되는 에너지를 인체 에너지 대사량energy metabolic expenditure이라고 하며, 기초대사량(또는 휴식대사량), 신체활동대사량, 식사성 발열효과 그리고 적응대사량이 있다.

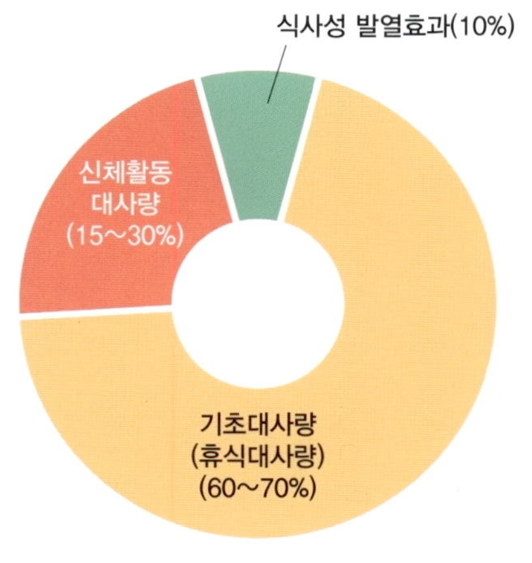

그림 5-2 **인체에너지 대사의 구분**

1) 기초대사량과 휴식대사량

(1) 기초대사량

기초대사량BEE, basal energy expenditure은 인체가 기본적인 생체 기능을 수행하기 위해서 소비하는 최소한의 에너지이다. 의식적인 근육 활동이 없는 휴식상태에서 체내의 항상성 유지, 신경 전달, 심장 박동, 혈액순환, 호흡운동, 체온 및 호르몬 활동 유지 등에 필요한 에너지로 1일 소모량의 60~70%에 해당된다. 기초대사량은 상온 조건에 아침 식전에 식품 이용을 위한 에너지 소모량의 영

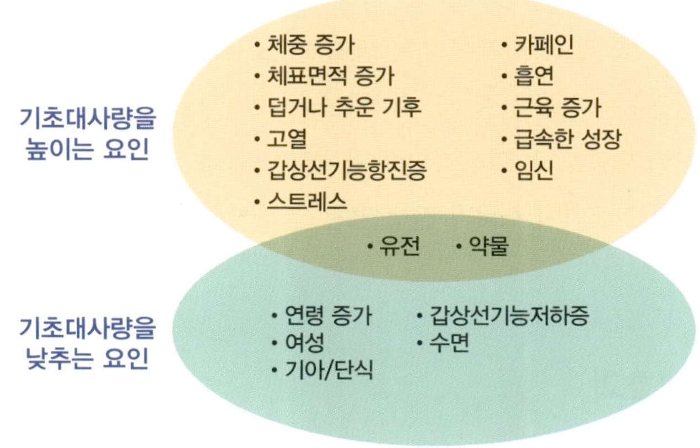

그림 5-3 **기초대사량에 영향을 주는 요인들**

향이 배제된 상태에서 누워서 간접열량계로 측정한다. 성인의 경우에 인체 기관 중 간이 소비하는 에너지는 기초대사량의 30% 정도이고, 뇌는 20%, 심장은 10%, 그리고 근육은 20%를 차지한다. 기초대사량의 간이 계산은 남자는 체중 1kg당 시간당 1kcal로, 여자는 0.9kcal로 한다. 기초대사량은 성별 이외에도 여러 가지 요인에 의해 영향을 받는데, 나이, 체표면적, 호르몬 상태, 영양상태 등에 의해 다르게 나타난다. 인체의 체온이 1℃ 상승하면 기초대사량은 13% 증가한다.

(2) 휴식대사량

기초대사량을 측정하기 위한 조건을 충족하기 어려운 경우가 많으므로 기초대사량 대신에 휴식대사량을 적용하는 경우가 많다. 휴식대사량REE, resting energy expenditure이란 식사 또는 운동 후 4~5시간 지나서 아무런 육체적 운동 없이 편안한 자세로 앉거나 누워 있는 상태에서 정상적인 신체기능과 체내 항상성을 유지하는 데 소비되는 에너지이다. 식품이용을 위한 에너지 소모량 일부와 근육 긴장 유지를 위한 에너지 소비가 필요하므로 기초대사량에 비해 약 5% 정도 많다. 하루 총 소비 에너지량의 65~75%를 휴식대사량이 차지한다.

2) 신체활동대사량

신체활동대사량PAEE, physical activity energy expenditure은 인체가 의식적인 근육활동을 할 때 소비하는 에너지를 말하며, 1일 에너지 소비의 15~30% 정도를 차지하는데 활동의 종류

뿐 아니라 활동 강도 및 활동 시간에 따라 달라진다. 체중과 체구성 성분에 의해 영향을 받는데 근육이 많을수록 활동을 할 때 에너지 소비량이 많아진다. 정신활동은 에너지 소비를 별로 증가시키지 않으나, 일상적인 생활에서 가볍게 움직이거나 자세를 꼿꼿이 유지하고 있는 경우에도 에너지 소비가 진행된다.

3) 식사성 발열효과

섭취한 식품이 장에서 소화, 흡수되는 과정과 각 영양소가 체내에서 운반, 대사되는 과정에서 소비되는 에너지TEF, thermic effect of food이다. 식사 후 1시간이 지난 후에 가장 높으며 5시간 정도 후에는 식사성 발열효과로 인한 에너지 소비가 없어지는데, 이 에너지는 열로도 발산되어 체온이 상승하는 효과가 있다. 혼합 식사를 하는 경우 총 에너지 소비의 10% 정도를 차지하는데 섭취하는 식사의 열량영양소 구성비에 따라 에너지 소모량이 달라 단백질 섭취의 경우 가장 높고 지질 섭취의 경우 가장 낮다. 단백질은 아미노기를 제거한 후 요소를 만드는 과정에서 탄수화물이나 지질에 비해 여분의 에너지를 필요로 하고, 지질이 체지방으로 전환되는 과정은 탄수화물이 글리코겐이나 지방으로 전환되는 과정에 비하여 에너지 소비량이 적기 때문이다. 과식을 하거나 강한 향신료를 사용한 음식을 먹었을 때에 식사성 발열효과가 증가되기도 한다.

표 5-1 **열량 영양소의 에너지 효율**

구분	탄수화물	지질	단백질	알코올	혼합식이
소화율(%)	98	95	92	100	
식사성 발열효과(%)	10~15	3~4	15~30	20	10

4) 적응대사량

적응대사량adaptive thermogenesis은 인체가 변화하는 환경에 적응하기 위해 소비하는 에너지로 추위에 노출되거나 과식, 부상, 스트레스 등의 상황에서 신경 및 호르몬 분비의 변화에 의해 열이 발생하여 소비되는 에너지이다. 총 에너지 소비의 10% 정도를 차지하지

표 5-2 **활동에 따른 에너지 대사량**

활동의 종류	에너지 대사량(kcal/kg/시간) (휴식대사량을 초과한 대사량)
앉아 있기, 식사	0.4
세면, 배변	0.5
운전	0.5
책상 사무	0.6
버스나 지하철에서 서 있기	1.0
세탁(세탁기 사용)	1.2
요리하기	1.6
보통 속도로 걷기	2.1
육아	2.3
자전거 타기	2.6
빠르게 걷기	3.5
에어로빅 댄스	4.0
탁구	5.0
계단 오르기	6.5
조깅	8.5

자료: 일본 후생성. 일본인의 영양소모량, 제4차 개정

만 실제 1일 에너지 필요량을 계산할 때에는 포함되지 않는다.

갈색지방조직brown adipose tissue은 열 생산이 필요할 때 활성화되는 지방조직으로, 적응 대사량에 관여한다. 갈색지방조직은 동물이 동면에서 깨어날 때, 추위에 노출되었을 때, 그리고 어린 동물에서 활성화되며, 인체 내에는 등부분, 견갑골 사이 그리고 겨드랑이에 주로 존재한다. 갈색지방조직은 백색지방조직white adipose tissue에 비하여 혈관 분포가 많고 세포 내에 미토콘드리아와 철 함유 효소인 시토크롬이 많아 갈색으로 보인다. 갈색지방조직의 미토콘드리아는 ATP 합성효소의 활성이 낮고, 짝풀림 단백질uncoupling protein이 있어 ATP 생성 대신 열을 발생한다. 신생아에게는 성인에 비하여 갈색지방조직이 많은데, 떨림에 의한 열 생산이 발달하지 않은 신생아가 추위에 노출되었을 때에 갈색지방조직의 작용으로 열을 발산하여 체온을 유지한다. 또한 스트레스를 받을 때 분비되는 노르에피네프린과 지방분해에 관련하는 호르몬인 갑상선호르몬thyroxine, 그리고 글루코코르티

시토크롬 cytochrome

노르에피네프린 norepinephrine

글루코코르티코이드 glucocorticoid

코이드와 성장호르몬growth hormone 등도 갈색지방조직의 열 생산을 촉진하는 것으로 알려져 있다. 비만의 경우에는 유전적으로 갈색지방조직이 발달하지 못하여 추위에 노출하거나 과식을 하였을 때에 열생산thermogenesis이 증가하지 못하여 에너지 소비가 정상인에 비하여 적다고 추정한다.

짝풀림 단백질

일반적인 세포에서는 전자전달계와 ATP 합성이 밀접하게 짝지어져 있어서 열생산이 최소한으로 일어나지만, 갈색지방 조직의 미토콘드리아 내막에는 짝풀림 단백질(uncoupling protein, UCP)이 있어서 전자전달에 의해 기질 밖으로 내보낸 양성자를 ATP 생성에 사용하지 않고 기질 안으로 되돌아가게 하여 에너지 합성 대신에 주로 열로 발산하게 한다.

지방 종류 / 특징	갈색지방	백색지방
존재장소	등부분, 견갑골 사이, 겨드랑이 밑	피하, 고환이나 장기 주위
지방구 형태	여러 개의 작은 지방구들이 분산되어 있음	하나의 큰 지방구
미토콘드리아	많음	적음
짝풀림 단백질	존재함	없음
ATP 합성효소	낮은 활성	높은 활성
산화적 인산화	ATP 생성 대신 열 발생	ATP 생성
세포 모식도	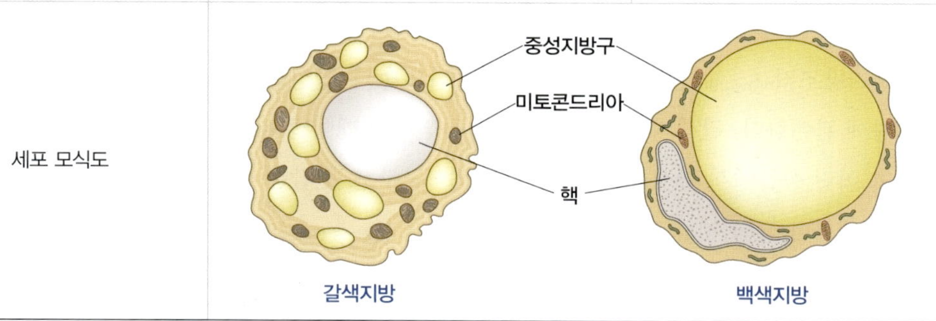	

그림 5-4 **백색지방 세포와 갈색지방세포의 비교**

3. 에너지 측정 방법

1) 식품에너지 측정법

식품의 에너지는 폭발열량계bomb calorimeter로 측정하는데, 식품이 연소할 때 발생하는 열을 물의 온도 변화를 이용하여 측정하여 식품에너지를 킬로칼로리(kcal)로 환산하는 방법이다. 1칼로리(cal)는 물 1mL를 섭씨 14.5℃에서 15.5℃로 상승시키는 데 필요한 열량인데 일반적으로 사용하는 식품에너지의 단위는 칼로리의 1,000배인 킬로칼로리(kcal)이다.

폭발열량계에 일정량의 식품을 놓고 그 식품을 태우면 열이 발생하면서 공간을 둘러싸고 있는 물의 온도를 올리게 된다. 그러므로 식품을 태우기 전과 후의 물의 온도차를 알아내어 식품이 연소하면서 발생하는 열을 계산한다. 폭발열량계로 식품의 열량을 측정하면 탄수화물은 1g에 4.15kcal, 지질은 9.45kcal, 단백질은 5.65kcal, 알코올은 7.1kcal의 연소열량이 계산되는데, 이것이 식품에너지이다. 폭발열량계에서 측정된 식품에너지에 탄수화물, 지질, 단백질의 소화흡수율인 0.98, 0.95, 0.92를 각각 곱해주면 소화에너지가 된다. 한편 단백질이 에너지원으로 이용될 때에는 아미노기 전이반응과 탈아미노기 반응에 의해 떨어져 나온 질소를 소변으로 배설하기 위하여 요소를 합성하는 과정이 필요하다. 이 경우 단백질 1g당 요소합성에 1.25kcal만큼의 에너지가 소비되므로 이를 빼주어야 한다. 이렇게 소화흡수율과 체내에서 손실되는 에너지를 감안하면 인체에서 이용되는 각 열량 영양소의 1g당 대사에너지는 탄수화물 4kcal, 지질 9kcal,

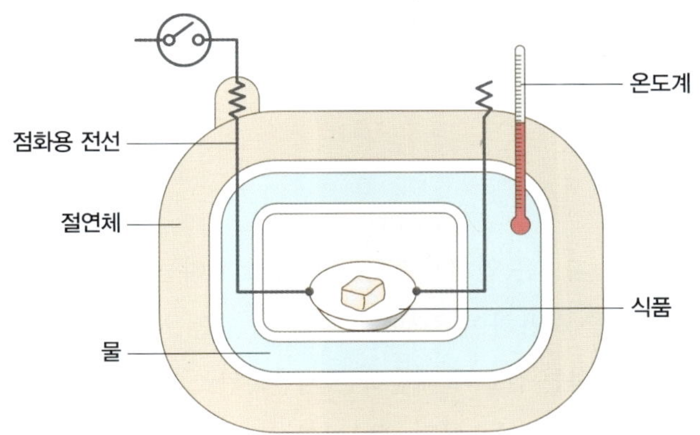

그림 5-5 **폭발열량계**

표 5-3 열량 영양소의 대사에너지

에너지 급원	식품에너지 (kcal/g)	소화흡수율 (%)	에너지 손실 (kcal/g)	대사에너지 식품에너지×소화흡수율−에너지 손실
탄수화물	4.15	98	0	4.0
지질	9.45	95	0	9.0
단백질	5.65	92	1.25 요소회로 작동	4.0
알코올	7.1	100	0.1 호흡 발산	7.0

단백질 4kcal, 그리고 알코올 7kcal가 된다.

폭발열량계에서 식품의 연소열을 계산하는 방법

완전히 건조한 식품 0.1g을 폭발열량계에서 연소하였을 때, 폭발열량계 내부의 물 100g의 온도가 15℃에서 21℃로 상승하였다면, 이 식품 1g은 6kcal를 함유하고 있는 것이다.

2) 인체에너지 대사량 측정법

(1) 직접열량측정법

인체가 소비하는 에너지를 직접적으로 측정하는 방법으로 식품 열량측정법인 폭발열량계의 원리와 같다. 인체가 소비한 에너지는 결국 열로 발산된다는 것을 이용한 것으로 열량계 안에서 대상자가 활동하는 동안 발산하는 열을 측정하여 계산한다. 직접열량측정법direct calorimetry은 규모가 큰 특수 설비가 필요하여 비용이 많이 들기 때문에 최근에는 거의 사용하지 않는 방법이다.

(2) 간접열량측정법

간접열량측정법indirect calorimetry은 인체가 활동할 때에 소비하는 산소의 양과 배출하는 이산화탄소의 양을 호흡계를 사용하여 측정함으로써 각 활동 시의 소비 에너지를 계산하는 방법이다. 인체가 소비하는 산소와 배출하는 이산화탄소의 양은 활동의 종류 및 정도에 따라 다른데, 이는 각 경우에 사용하는 에너지원의 종류가 다르기 때문이다.

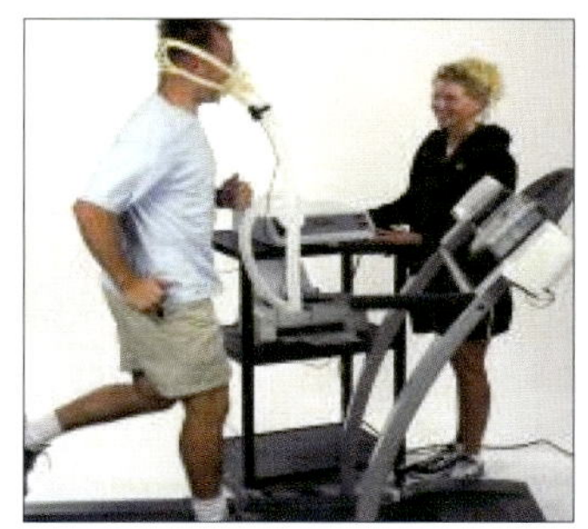
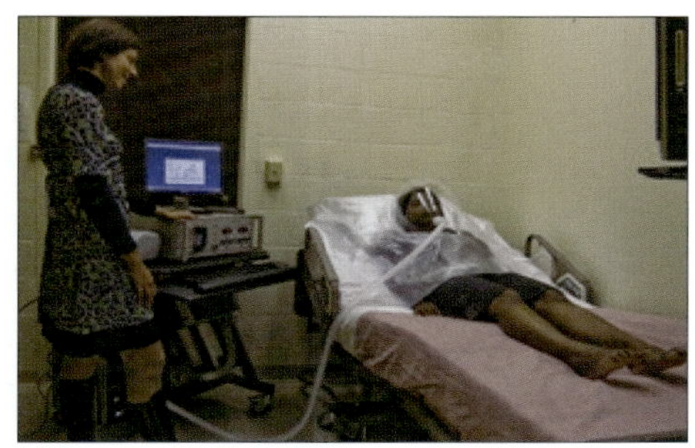

그림 5-6 **간접열량측정계**
자료: Imagefiesta.com

간접열량측정법으로 인체가 소비하는 에너지를 측정하기 위해서는 먼저 호흡상을 계산한 후 대사되는 열량 영양소의 조성비를 예측하여 소비 에너지를 계산한다. 호흡상 respiratory quotient, RQ은 소비한 산소에 대한 배출된 이산화탄소의 비율인데, 산화되는 영양소에 따라 다르다.

탄수화물이 산화될 때는 6분자의 산소가 필요하고 6분자의 이산화탄소가 발생하므로 호흡상은 1이다.

$C_6H_{12}O_6$(포도당) + 6 O_2 → 6 CO_2 + 6 H_2O 호흡상 = 배출한 이산화탄소/소비한 산소 = 6/6 = 1

지방은 탄수화물에 비해 분자 내 산소함유량이 적어 연소될 때 탄수화물보다 더 많은 산소가 필요하게 되므로 지방의 호흡상은 0.7이다.

2 ($C_{57}H_{110}O_6$) + 163 O_2 → 114 CO_2 + 110 H_2O (중성지방-스테아르산) 호흡상 = 배출한 이산화탄소/소비한 산소 =114/163 = 0.7

단백질은 원소 조성이 일정하지 않고 소변으로 배설되는 요소로 인한 에너지 손실이 있어 호흡상이 정확하지 않은데, 소변으로 배설되는 질소를 제외하고 계산하면 0.8 정도로 추정한다. 이와 같이 열량 영양소의 호흡상은 0.7에서 1 사이에 있으며, 0.7에 가까울수록 지방 산화가 많은 것이고 1에 가까울수록 탄수화물 산화가 많은 것이다. 예를 들어, 유산소운동인 걷기나 조깅을 하는 경우의 호흡상은 0.7에 가까우며, 무산소운동인 역기들기나 근력운동을 하는 경우에는 호흡상이 1에 가까워진다.

표 5-4 비단백호흡상 및 탄수화물과 지방의 산화비율

비단백호흡상	대사에 소모된 탄수화물(%)	대사에 소모된 지방(%)	산소 1L에 대한 에너지(kcal)
0.70	0.0	100	4.686
0.72	4.4	95.6	4.702
0.74	11.3	88.7	4.727
0.76	18.1	81.9	4.751
0.78	24.9	75.1	4.776
0.80	31.7	68.3	4.801
0.82	38.6	61.4	4.825
0.84	45.4	54.6	4.850
0.86	52.2	47.8	4.875
0.88	59.0	41.0	4.889
0.90	65.9	34.1	4.924
0.92	72.7	27.3	4.948
0.94	79.5	20.5	4.973
0.96	86.3	13.7	4.998
0.98	93.2	6.8	5.022
1.00	100.0	0.0	5.047

임상적으로 보면, 호흡상이 0.8보다 작으면 에너지 섭취가 부족하여 체지방이 분해되는 경우나 유산소 운동을 하는 경우이다. 0.7보다 작으면 오랜 기간 굶은 상태이거나 저탄수화물식사를 하는 경우이며, 1이상이면 체내에서 지방이 합성되고 있다는 의미이다. 일반식을 하여 대사하는 경우 호흡상은 0.85 정도인데, 단백질이 에너지 대사에 관여하는 비율은 낮으므로 단백질 대사는 고려하지 않는 비단백호흡상을 이용한다.

표 5-4는 비단백호흡상NPRQ, non-protein respiratory quotient에 따른 탄수화물과 지질의 산화비율과 산소 1L에 대한 에너지 소비량을 나타낸 것이다. 특정한 활동을 하면서 소비한 산소량과 배출된 이산화탄소량을 측정한 후, 표 5-4를 이용하여 에너지 소비량을 계산할 수 있다. 예를 들어 기초대사량을 측정하는 조건에서 성인 여자의 1시간 동안 신체의 산소 소비량이 11.0L, 이산화탄소 배출량이 9.5L이었다면 기초대사량을 다음과 같이 계산할 수 있다.

호흡상 계산

산소소비량: 11.0L / 시간

이산화탄소 배출량: 9.9L / 시간

→ 호흡상 = 9.9 / 11 = 0.90

인체에서 대사한 탄수화물과 지방의 비율은 66:34로 탄수화물을 더 많이 연소한 것이다.

기초대사량 계산

호흡상 = 0.90일 때
산소 1L당 에너지 소비량: 4.924kcal(표 5-4 참조) → 11.0L × 4.924kcal/L × 24시간 = 1299.9kcal/일

*소변으로 배설된 질소량은 고려하지 않았음

3) 에너지 소비량 계산

개인의 에너지 소비량은 기초대사량(또는 휴식대사량), 활동대사량, 식사성 발열효과를 더하는 방법을 사용하여 계산할 수 있다. 중등 정도의 활동을 하는 사람의 경우 기초대사량은 하루 소비 에너지의 60~70%를 차지하고 신체활동대사량은 15~30%를 차지하며, 식사성 발열효과는 총에너지 소비량의 10% 정도를 차지한다. 에너지 소비량 중 개인 간 또는 일별 차이가 가장 큰 것은 신체활동대사량으로 활동의 종류나 강도, 활동시간 등에 따라 다르게 나타난다.

(1) 기초(휴식)대사량 산출

성인의 기초대사량을 구하는 방법으로는 다음 세 가지 방법을 가장 많이 사용하는데, 한국인 영양소 섭취기준dietary reference intakes for Koreans, KDRIs에서 사용된 기초(휴식)대사량은 성별, 연령별, 체격별로 기초대사량을 구하는 산출 공식을 사용했다.

한국인 영양소 섭취기준: 20세 이상 성인의 기초대사량 산출공식

성인남자 기초(휴식)대사량 = 204 − (4 × 연령) + [450.5 × 신장(m)] + [11.69 × 체중(kg)]
성인여자 기초(휴식)대사량 = 255 − (2.35 × 연령) + [361.6 × 신장(m)] + [9.39 × 체중(kg)]

그 외에 해리스-베네딕트 공식harris-benedict equation과 미플린-세인트 지어 공식Mifflin-St Jeor equation 및 체중을 기준으로 한 간편 계산식을 사용하기도 한다.

해리스-베네딕트 공식

성인 남자 기초(휴식)대사량 = 66.5 + [13.8×체중(kg)] + [5×신장(cm)] − (6.8×연령)
성인 여자 기초(휴식)대사량 = 655.1 + [9.6×체중(kg)] + [1.8×신장(cm)] − (4.7×연령)

미플린-세인트 지어 공식

성인 남자 기초(휴식)대사량 = [10 × 체중(kg)] + [6.25 × 키(cm)] − (5 × 연령) + 5
성인 여성 기초(휴식)대사량 = [10 × 체중(kg)] + [6.25 × 키(cm)] − (5 × 연령) − 161

체중을 기준으로 한 간편 계산식

성인 남자 기초(휴식)대사량 = 1kcal/시간(h)/체중(kg) × 체중(kg) × 24시간
성인 여자 기초(휴식)대사량 = 0.9kcal/시간(h)/체중(kg) × 체중(kg) × 24시간

(2) 활동대사량 산출

활동대사량은 개인이 하루에 생활하면서 실시하는 활동을 분 단위로 기록한 후, 간접열량측정법을 사용하여 측정한 각 활동 시 소비하는 에너지를 적용·계산해 산출한다. 활동에 따른 에너지 대사량은 표 5-2에 제시되어 있다.

(3) 1일 에너지 소비량 산출

활동대사량을 이용한 1일 에너지 소비량은 다음과 같이 산출할 수 있다.

성인 여자의 1일 에너지 소비량 산출

- 나이: 23세
- 체중: 60kg
- 신장: 160cm

기초대사량(여자)

0.9kcal × 60kg × 24시간 = 1,296kcal

1일 활동 종류와 시간, 활동대사량(표 5-2 참조)

활동	시간	계산		
• 수면	8 시간			
• 사무직 업무	8 시간	0.6kcal × 60kg × 8시간	=	288kcal
• 식사, 휴식 및 기타	4 시간	0.4kcal × 60kg × 4시간	=	96kcal
• 운전	1.5 시간	0.5kcal × 60kg × 1.5시간	=	45kcal
• 세면, 화장	0.5 시간	0.5kcal × 60kg × 0.5시간	=	15kcal
• 요리	0.5 시간	1.6kcal × 60kg × 0.5시간	=	48kcal
• 걷기(보통 속도)	1 시간	2.1kcal × 60kg × 1시간	=	126kcal
• 걷기(빠른 속도)	0.5 시간	3.5kcal × 60kg × 0.5시간	=	105kcal
합계				723kcal

식사성 발열효과

기초대사량 + 활동대사량 = 1,296kcal + 723kcal = 2,019kcal

식사성 발열효과 = 2,019kcal × 10% = 202kcal

1일 총 에너지 소비량

기초대사량 + 활동대사량 + 식사성 발열효과 = 1,296kcal + 723kcal + 202kcal = 2,221kcal

4) 에너지 섭취기준

영양소 필요량에 안전율을 고려하여 더해주는 다른 영양소들의 권장기준과는 달리 한국인의 에너지 영양섭취 기준은 인구집단의 평균필요량에 해당하는 에너지 필요추정량estimated energy expenditure, EER으로 책정하고 있다. 에너지 섭취기준으로 권장섭취량을 적용하면 필요량을 초과하여 섭취하게 되어 비만을 초래할 수 있기 때문이다. 또한 에너지에는 상한섭취량도 설정하지 않았다. 에너지 필요추정량은 총 에너지 소비량 계산에 적용되는 기초(휴식)대사량, 신체활동대사량 및 식사성 발열효과를 고려하여 성별과 연령에 따른 평균필요량으로 제시했다. 한국 성인 남녀의 에너지 필요추정량 산출 공식은 다음과 같다.

성인 남자의 에너지 필요추정량

$$662 - (9.53 \times \text{연령}) + PA \times [\{15.91 \times \text{체중(kg)}\} + \{539.6 \times \text{신장(m)}\}]$$

PA = 1.0(비활동적), 1.11(저활동적), 1.25(활동적), 1.48(매우 활동적)

PA 신체활동수준별 계수

성인 여자의 에너지 필요추정량

$$354-(6.91\times\text{연령})+PA\times[\{9.36\times\text{체중(kg)}\}+\{726\times\text{신장(m)}\}]$$

PA = 1.0(비활동적), 1.12(저활동적), 1.27(활동적), 1.45(매우 활동적)

신체활동에 따른 에너지 소비량은 활동의 정도에 따라 다르므로 신체활동수준을 4단계로 구분해 적용했다. 신체활동수준PAL, physical activity level이란 총 에너지 소비량TEE, total energy expenditure을 기초대사량으로 나눈 값으로 비활동적sedentary, 저활동적low active, 활동적active, 매우 활동적very active으로 구분된다. 한국 성인의 신체활동수준은 운동선수와 특수 직업군(농업인 등)을 제외한 대부분이 1.6 미만의 저활동적 상태이므로, 우리나라 성인 남녀와 노인군의 에너지 필요추정량은 남녀 각각 저활동적 수준에 해당되는 신체활동 계수인 1.11과 1.12를 적용하여 산출했다(표 5-5). 비활동적 수준은 입원환자 등 활동이 극히 제한된 사람들의 활동 수준에 해당하며, 규칙적으로 운동하지 않고 지내는 일반 사무직 종사자들은 대부분 저활동적 수준에 해당된다.

임신·수유부의 에너지 필요추정량은 비임신수유부 여성의 에너지 필요량에 임신 및 수유로 인한 에너지 소비량 증가분을 더하였고, 영아, 유아, 아동 및 청소년의 에너지 필요추정량은 성인과 다른 산출 공식을 사용하였다. 영아, 유아, 아동 및 청소년의 에너지 필요추정량은 이들의 에너지 소비량에 성장에 필요한 추가 필요량을 합산하여 산출하였다.

2025 한국인 영양소 섭취기준의 연령, 체위기준과 에너지 섭취기준은 표 5-6과 같다.

표 5-5 에너지 필요추정량 산출공식에 적용되는 신체활동단계별 계수

신체활동단계	신체활동수준	신체활동단계별 계수(PA)			
		아동 및 청소년		성인	
		남	여	남	여
비활동적	1.00~1.39	1.00	1.00	1.00	1.00
저활동적	1.40~1.59	1.13	1.16	1.11	1.12
활동적	1.60~1.89	1.26	1.31	1.25	1.27
매우 활동적	1.90~2.50	1.42	1.56	1.48	1.45

자료: IOM. 2002; Trumbo et al. 2002

표 5-6 한국인의 연령, 체위기준과 에너지 섭취기준

성별	연령	신장 (cm)	체중 (kg)	체질량지수 (kg/m^2)	에너지 필요추정량 (kcal/일)
영아	0~5(개월)	58.3	5.5	16.2	500
	6~11	70.3	8.4	17.0	600
유아	1~2(세)	85.8	11.7	15.9	900
	3~5	105.4	17.6	15.8	1,400
남자	6~8(세)	124.6	25.6	16.7	1,700
	9~11	141.7	37.4	18.7	2,000
	12~14	161.2	52.7	20.5	2,500
	15~18	172.4	64.5	21.9	2,700
	19~29	174.8	69.1	22.6	2,600
	30~49	173.4	68.0	22.6	2,500
	50~64	169.2	64.7	22.6	2,200
	65~74	166.5	62.7	22.6	2,000
	75 이상	163.5	60.4	22.6	1,900
여자	6~8(세)	123.5	25.0	16.4	1,500
	9~11	142.1	36.6	18.1	1,800
	12~14	156.6	48.7	20.0	2,000
	15~18	160.3	53.8	21.0	2,000
	19~29	161.5	55.9	21.4	2,000
	30~49	160.0	54.8	21.4	1,900
	50~64	156.7	52.5	21.4	1,700
	65~74	153.0	50.1	21.4	1,600
	75 이상	146.9	46.2	21.4	1,500
임신부[1]					+0 +340 +450
수유부					+340

1) 1, 2, 3분기별 부가량

자료: 보건복지부·한국영양학회. 2025 한국인 영양소 섭취기준

에너지 필요추정량은 개인차가 크며, 제시된 추정식에 각 개인이나 집단의 신장, 체중 그리고 신체활동수준을 적용하여 계산한 추정량을 영양상담 및 영양중재시 개인 및 집단을 위한 적절한 식사계획 및 평가에 적용할 수 있다. 또한 에너지 필요추정량은 에너지 섭취량의 영향을 받는 영양소들의 필요량을 결정할 때에도 기준이 될 수 있다.

표 5-7 **에너지 주요 급원식품(100g당 함량)**[1)]

급원식품 순위	급원식품	함량 (kcal/100g)	기여율 (%)	급원식품 순위	급원식품	함량 (kcal/100g)	기여율 (%)
1	백미	331	23.43	16	밀가루	375	1.22
2	돼지고기(살코기)	203	5.37	17	마요네즈	682	1.21
3	소고기(살코기)	269	3.84	18	두부	97	1.18
4	빵, 식빵	284	3.58	19	김치, 배추김치	37	1.17
5	달걀, 생것	140	3.28	20	탄산음료	48	1.05
6	우유	67	2.82	21	현미	343	1.01
7	국수, 말린 것	368	2.75	22	보리	343	0.98
8	과자	494	2.34	23	맥주	46	0.87
9	닭고기(살코기)	106	2.01	24	두유	86	0.83
10	콩기름	921	1.99	25	메밀 국수, 말린 것	372	0.79
11	소주	127	1.85	26	요구르트(호상)	86	0.73
12	떡	213	1.75	27	감자	70	0.70
13	라면(조리 전후 통합)	259	1.71	28	찹쌀	363	0.70
14	사과	53	1.43	29	참기름	920	0.69
15	고구마	141	1.41	30	케이크	280	0.64

1) 2022년 국민건강영양조사의 식품별 섭취량과 식품별 에너지 함량(국가표준식품성분표 DB 10.2) 자료를 활용하여 에너지 주요 급원식품 상위 30위 산출

자료: 보건복지부·한국영양학회. 2025 한국인 영양소 섭취기준

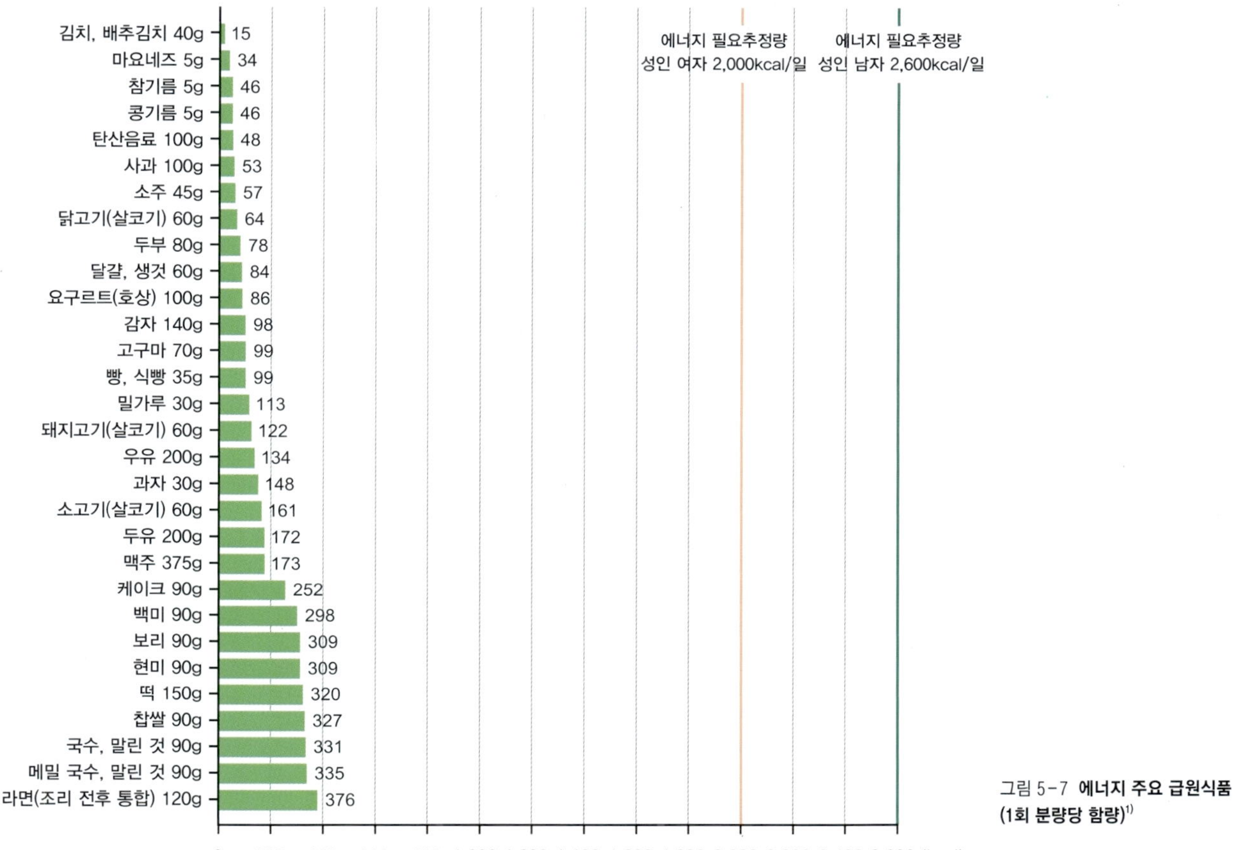

그림 5-7 **에너지 주요 급원식품 (1회 분량당 함량)**[1)]

1) 2022년 국민건강영양조사의 식품별 섭취량과 식품별 에너지 함량(국가표준식품성분표 DB 10.2) 자료를 활용하여 에너지 주요 급원식품 상위 30위 산출 후 1회 분량(2020 한국인 영양소 섭취기준)을 적용하여 1회 분량당 함량 산출, 19~29세 성인 에너지 필요추정량 기준(2025 한국인 영양소 섭취기준)과 비교

자료: 보건복지부·한국영양학회. 2025 한국인 영양소 섭취기준

4. 에너지 섭취 불균형

에너지 균형energy balance은 에너지 섭취량과 소비량이 평형을 이룰 때 일정하게 유지되며 에너지 대사의 불균형energy imbalance은 성인의 체중의 변화와 함께 건강문제를 초래할 수 있다. 에너지 섭취 부족은 심리적 불안정, 활동력과 감염에 대한 저항력 감소 등을 유발하고, 에너지 섭취과다는 비만obesity을 유발하고 각종 대사질환metabolic disease 발생 등의 건강문제를 나타낸다.

펩타이드 peptide
렙틴 leptin
세로토닌 serotonin

식이 섭취를 유발하는 공복감hunger과 식욕appetite은 시상하부 호르몬, 신경전달물질, 장이나 지방조직에서 발견되는 여러 펩타이드들의 상호작용으로 조절된다. 식후 여러 시간이 지나 혈당이 저하되면 공복감을 느끼게 되고, 그로 인해 음식물을 섭취하게 되면 위장관의 팽창이 일어나고 음식과 장 점막의 기계적 접촉은 장 펩타이드를 분비시켜 포만감satiety을 유발하고 식욕을 억제시킨다. 또한 소화호르몬이 분비되면 시상하부의 포만중추satiety center가 자극을 받아 포만감을 느끼게 되어 식품 섭취를 조절하게 된다. 이 외에도 렙틴이나 세로토닌 같은 신경전달 물질은 포만감을 유발해 식품의 섭취를 감소시키는 것으로 알려졌다.

GLP-1 계열 비만치료제

우리 몸의 장과 뇌는 GLP-1(Glucagon-like peptide-1)이라는 호르몬을 통해 식사 후 포만감을 느끼고, 위에서 음식이 내려가는 속도를 조절한다. GLP-1 계열 유사체로 이루어진 비만치료제들은 GLP-1 호르몬의 작용을 모방해 식욕을 줄이고, 포만감을 오래 유지하며, 혈당을 안정시키는 효과가 있다. GLP-1 계열 약물로는 리라글루티드(Liraglutide; 삭센다), 세마글루티드(Semaglutide; 위고비), 터제파타이드(Tirzepatide; 마운자로)등이 있으며, 해당 약물들은 전문의약품이므로 반드시 의사의 처방을 받은 후 약사의 조제 및 복약지도에 따라 사용해야 한다.

자료: 식품의약품안전처. 비만치료제 안전하게 사용하기 리플릿. https://www.mfds.go.kr/brd/m_227/view.do?seq=33373

1) 에너지 섭취 부족

장기간의 에너지 섭취부족은 체질량지수가 18.5 이하 또는 표준체중에 대한 현재 체중의 비가 80% 미만인 저체중underweight을 유발할 수 있다. 저체중의 경우에는 체지방 감소뿐 아니라 체단백질 감소도 동반되므로 호르몬의 기능 감소와 면역력 저하를 유발하여 사망 위험이 증가한다. 저체중의 경우에는 소화기계와 호흡계 질환에 의한 사망률이 높은 것으로 알려져 있다.

저체중은 유전적인 요인만 아니라 에너지 소비량보다 에너지 섭취량이 적은 경우, 섭취식품의 흡수와 이용 불량, 소모성 질환에 의한 대사속도 증가 등에 의해 유발된다. 에너지 섭취량 감소는 기아, 체중 조절을 위한 절식, 식도 연하곤란증, 또는 스트레스에 의한 식욕부진 등으로 인한다. 섭취식품의 흡수와 이용불량은 위장질환에 의한 흡수 저하 또는 변비약의 남용에 의한 경우도 포함된다. 갑상선 항진증과 암 등에 의한 신진대사의 이상 항진과 당뇨병에 의한 영양소 상실, 그리고 고열이나 내분비 장애에 의해 에너지 소비량이 증가하는 경우에도 저체중이 유발된다.

2) 에너지 섭취 과다

장기간 동안 에너지 섭취량이 소비량보다 많으면 소비하고 남은 에너지가 체내 지방조직에 과다하게 축적되어 비만을 유발한다. 남자의 경우에는 체지방 비율이 25% 이상, 여자의 경우에는 30% 이상을 비만이라고 하며, 체지방 비율은 정상이지만 운동으로 인해 근육량이 증가하여 체중이 많이 나가는 경우는 과체중overweight이라고 한다. 비만인은 정상인에 비해 고혈압, 제2형 당뇨병, 암, 관절염, 담낭질환, 호흡기 장애 등 다양한 질병을 일으킬 위험이 높으므로 정상체중을 유지하는 것이 건강을 지키는 중요한 요인이다.

(1) 비만의 판정

비만의 판정에는 체격지수, 체지방량 측정법 및 체지방 분포조사 등이 사용된다.

체격지수 중 체질량지수BMI, body mass index는 비만판정에 가장 널리 사용되고 있는 방법으로 체중(kg)을 신장의 제곱(m^2)으로 나누어 구한다. 아시아인의 경우에는 체질량지수

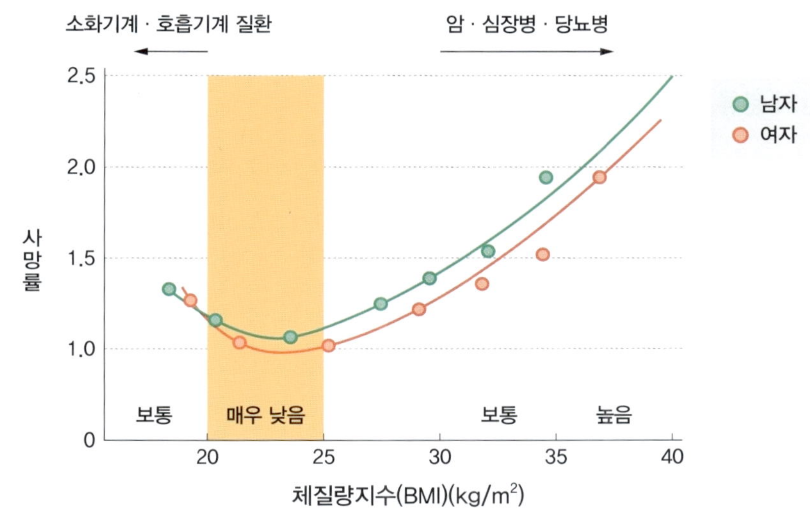

그림 5-8 **체질량지수와 사망률과의 관계**

표 5-8 **비만판정법**

방법	판정 기준
체질량지수(BMI) 체중(kg)/ 신장(m^2)	경증 비만: 25~30 중증 비만: 30~35 고도 비만: 35 이상
체지방량 측정 피부두겹집기(피하지방 두께), 생체전기저항분석법	남자: 체중의 25% 이상 여자: 체중의 30% 이상
체지방 분포 측정(상체 비만 판정) 허리둘레	허리둘레: 남 90cm 이상, 여 85cm 이상

18.5~22.9를 정상으로 25 이상을 비만으로 판정한다. 체질량지수가 25 이상인 경우에 암, 심장병, 제2형 당뇨병의 발생률이 증가한다고 보고됐다.

체지방량 측정법은 피하지방 두께skinfold thickness를 측정하거나 전기저항을 이용하여 신체 총 체지방량을 측정하는 방법이다. 피하지방 두께는 캘리퍼caliper로 복부, 상완, 허벅지 등을 측정해 기준치와 비교하여 판정하는데, 이 방법은 측정상의 오차가 있을 수 있고 내장지방은 측정하기 어려운 단점이 있다. 전기저항법electrical impedance analysis은 체내의 지방이 많으면 전류가 흐르기 어려워 전기저항이 높아진다는 원리를 이용하여 체지방량을 측정하는 방법으로 최근 가장 많이 사용하고 있는 비만 판정법이다.

체지방 분포조사는 허리와 엉덩이 둘레를 측정하여 비만을 판정하는 방법으로 남자 허리둘레 90cm, 여자 허리둘레 85cm 이상일 때 복부비만abdominal obesity이라 한다. 복부비만의 경우 대사 장애에 의한 합병증이 나타나기 쉽다.

(2) 비만의 분류

비만의 유형 중에서 지방세포의 수가 증가한 경우를 지방세포 증식형 비만hyperplastic obesity이라 하고, 지방세포의 크기가 증가한 경우를 지방세포 비대형 비만hypertrophic obesity이라 한다. 생애주기 중 임신 후반기의 태아, 소아기, 사춘기 등에서는 지방세포의 수가 증가할 수 있고, 이 시기에 과식이나 운동부족으로 인해 비만이 되면 지방세포의 수가 늘어나게 되어 정상화시키는 것이 어려워져 비만의 치료가 힘들어진다. 성인기 이후에 과다 섭취한 에너지는 주로 지방세포의 크기를 증대시킨다.

지방분포가 주로 상반신에 축적된 남성형 비만 또는 복부 비만(상체 비만)의 경우에 주로 내장 주위에 지방세포가 쌓여 있기 때문에 비만에 의한 합병증인 당뇨병, 고지혈증 등의 발병이 더욱 증가한다. 지방이 주로 허벅지에 축적된 여성형 비만 또는 하체 비만의 경우에는 상대적으로 내분비계 합병증이 적다.

5. 운동과 에너지

적절한 강도의 운동을 규칙적으로 하는 경우에는 심혈관계 질환, 당뇨병, 고혈압, 골다공증, 비만 등 질병의 발생을 줄일 수 있고, 삶의 질이 상승되며 스트레스 상황을 잘 극복할 수 있다. 적절한 운동이란 강도, 지속력 그리고 유연성이 적절하게 조합된 운동을 말한다. 건강 유지를 위하여 매일 중간 강도의 운동을 30분 이상 실시하는 것이 좋으며, 비만 예방을 위해서는 60분 이상의 운동을 실시하는 것이 좋다. 한편, 운동수행 능력의 향상과 운동 후 체력 회복을 위하여 운동을 하는 동안 적절한 에너지와 영양소를 공급하는 것이 중요하다.

1) 운동 중 사용하는 에너지 체계

운동을 시작할 때, 운동 강도를 높일 때, 운동을 지속할 때 인체는 ATP-크레아틴인산, 젖산lactic acid, 그리고 미토콘드리아에서 산소를 이용하여 생성하는 에너지원을 단계별로 사용한다. ATP-크레아틴인산과 젖산을 이용하는 에너지 체계energy system는 주로 탄수화물을 에너지원으로 사용한다. 미토콘드리아에서 산소를 이용하여 에너지를 생성하는 경우에는 탄수화물과 지방을 사용하는데, 시간이 경과할수록 지방 이용이 증가한다. 인체는 단백질도 에너지원으로 이용하는데, 성인의 경우 단백질로 공급받는 에너지 비율은 5% 미만이다.

크레아틴인산
creatine phosphate
(phosphocreatine)

(1) ATP-크레아틴인산

운동을 시작하면서 근육을 수축시키는 1초 이내의 순간에 인체가 사용하는 에너지는 조직세포에 저장된 ATP이다. 동시에 근육세포 내에 저장된 크레아틴인산을 ATP로 전환

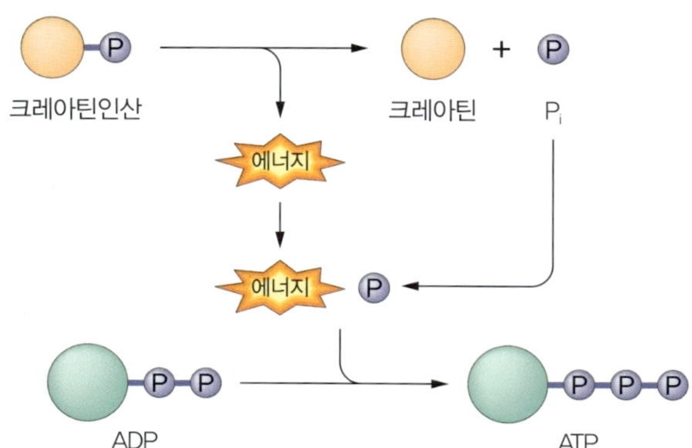

그림 5-9 **ATP-크레아틴인산 에너지 체계**

하는데, 보통 근육은 ATP의 4~6배에 해당하는 크레아틴인산을 함유하고 있다. ATP, 크레아틴인산 그리고 ATP-크레아틴인산에 의한 에너지 체계는 3~15초 지속되는데, 이 경우에는 산소 공급이 없이도 에너지가 발생된다. 운동을 지속하기 위해서는 간과 근육에 저장된 글리코겐을 분해하여 만든 포도당으로부터 ATP를 생성하기 시작한다.

(2) 젖산

인체가 운동을 시작하고 운동 강도를 점차 높이는 1~2분 동안에 인체는 빠른 속도로 포도당으로부터 ATP를 얻는다. 이를 젖산 에너지 체계lactic acid energy system라고 하는데, ATP-크레아틴인산과 마찬가지로 산소 공급 없이 에너지를 얻는 과정이다. 포도당은 크레아틴인산에 비해 많은 양이 체내에 저장되어 있으며, 이 과정에서 젖산이 부산물로 생성된다. 일부의 젖산은 피루브산pyruvic acid으로 전환되어 산소를 사용하여 에너지를 내기도 하지만, 대부분은 세포 내에 축적되어 조직세포를 산성화시키게 되어 포도당 분해를 저해하고 근육 피로를 느끼게 한다. 이러한 에너지 공급 체계 이후에도 운동을 지속하기 위해서는 인체는 산소를 사용하여 에너지를 발생하는 체계로 전환해야 한다.

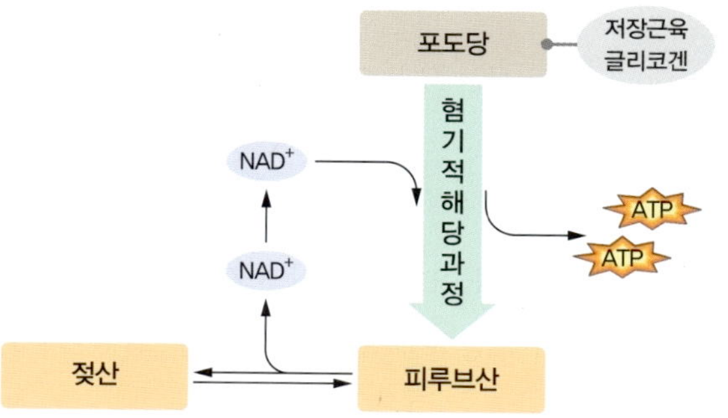

그림 5-10 **젖산 에너지 체계**

(3) 미토콘드리아의 유산소 반응

운동을 장기간 지속하는 경우에는 미토콘드리아에서 에너지원과 산소를 사용하는 유산소 반응oxygen energy system을 통해 ATP를 생성한다. 이 과정은 ATP-크레아틴인산과 젖산 에너지체계에 비해 많은 양의 ATP를 생성하며, 주로 포도당과 지방을 이용하여 에너지를 발생한다. 미토콘드리아의 에너지 발생체계로 에너지를 생성하기에는 비교적 긴 시간이 소요된다. 인체가 운동을 시작하고 2분 정도가 지나면 총 근육 에너지 필요량의 절반 정도가, 30분 경과하면 약 95%가, 2시간 이상 경과하면 98% 이상이 이 과정을 통해 에너지를 생성하게 된다.

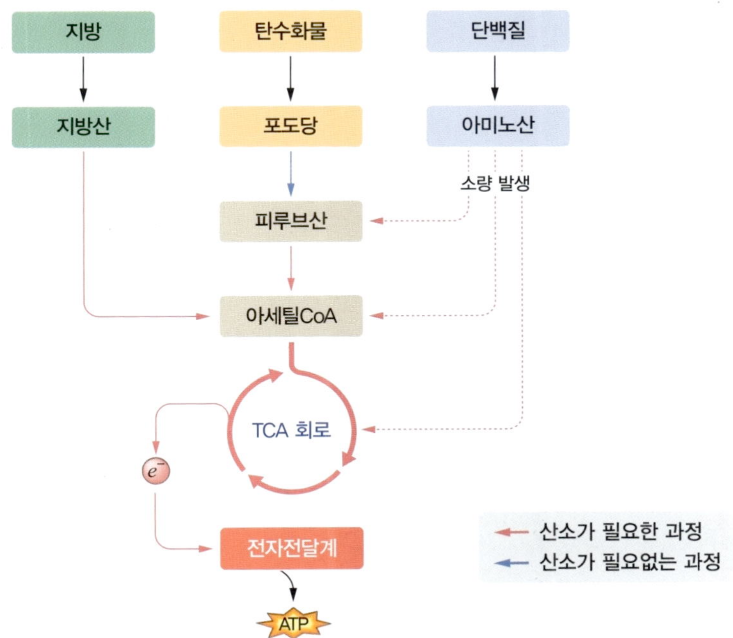

그림 5-11 **미토콘드리아 에너지 체계**

2) 에너지 섭취와 운동

운동선수가 필요한 에너지를 충분히 섭취하는 것은 운동수행 및 근육 유지를 위해 필수적이다. 강도가 높은 활동이나 운동을 하는 경우에 에너지와 3대 영양소의 필요량을 충족하는 것은 체중 유지, 글리코겐 저장량 유지 및 조직 보수를 위하여 매우 중요하다. 과식하기보다는 음식을 적은 양으로 나눠 자주 섭취하는 것이 다양한 영양소를 섭취할 수

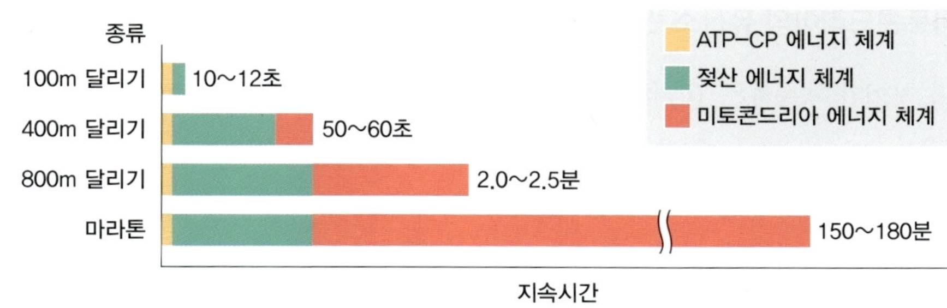

그림 5-12 **운동 종류에 따라 사용하는 에너지 체계**

있고 체성분 유지와 상해 예방에 더 유리하다. 체중에 따라 급수를 제한하는 운동인 유도, 태권도, 권투 등의 경우에 선수들이 체급 유지를 위해 에너지 섭취량을 조절하기도 하는데, 과도한 에너지 섭취 제한은 근육량 감소, 여성의 불규칙한 생리, 골밀도 감소, 부상 및 질병 유발을 초래하기도 한다.

3) 탄수화물과 운동

운동선수가 연습을 하는 동안에 글리코겐 저장량과 지구력을 증가하기 위해 고탄수화물식을 하는 경우가 있다. 지구력을 요하는 운동에는 에너지 섭취의 60% 이상을 탄수화물로 공급하도록 권장하고 있으며, 구기 운동에서는 근육피로 방지를 위해 고탄수화물식을 하도록 권장하고 있다. 에너지대사를 돕는 비타민B군과 철, 그리고 식이섬유가 풍부한 복합당질을 권장하고 있으나 에너지 공급량을 증가시키기 위해 단순당질이 포함된 식사를 공급하는 경우도 있다.

(1) 탄수화물 부하

마라톤과 같은 지구력을 요하는 경기endurance exercise에서 시합 전에 근육 글리코겐 저장량을 최대로 하여 경기력을 향상하기 위한 목적으로 탄수화물 섭취량과 운동내용 및 운동시간을 조정하는 과정을 탄수화물 부하carbohydrate loading 또는 글리코겐 부하glycogen loading라고 한다. 시합 전에 에너지 섭취의 60~70%를 탄수화물로 하고 운동 강도와 시간을 줄여 근육 글리코겐 저장량을 2배 이상 증가시키는 것이다. 탄수화물 부하는 지구력 향상에는 도움이 되나 근육에 1g의 글리코겐이 저장되는 경우에 3g의 물이 함께 저장되

표 5-9 **탄수화물 부하를 위한 지침**

수행일	연습시간 (강도: 산소 최대소모량의 70%)	식사조절(당질 섭취비) 당질(g)/체중(kg)
6일 전	90분	5
5일 전	40분	5
4일 전	40분	5
3일 전	20분	10
이틀 전	20분	10
하루 전	휴식	10
경기 당일	경기 진행	–

므로 체중 증가에 의한 불편함을 호소하는 경우가 있다. 그러므로 60~90분 이하의 경기를 하는 경우에는 탄수화물 부하의 장점이 별로 없다.

(2) 운동 과정 시의 탄수화물 섭취

운동을 시작하기 2~4시간 전에 탄수화물을 섭취하는 것은 글리코겐 저장을 보충하고 지구력을 향상하는 데에 도움을 준다. 운동 전에는 소화하기 쉬운 유동식 형태가 좋으며, 식사의 에너지 구성 비율은 단백질 10~15%, 지질 20% 정도로 단백질과 지질 비율을 줄이는 것이 소화에 도움을 준다. 경기를 1시간 이상 하는 경우에는 운동선수가 운동 강도를 유지하기 위하여 단순당질이 포함되어 있는 스포츠 음료를 통해 근육에 탄수화물을 공급할 수 있다.

경기 중에 소모된 글리코겐이 보충되려면 24~48시간이 소요되는데, 탄수화물의 종류와 공급시간에 따라 차이가 있다. 경기를 마치고 30분 이내에 체중 1kg당 1~1.5g(70~100g 정도)의 탄수화물을 공급하고, 2시간 이후에 추가로 체중 1kg당 1~1.5g의 탄수화물을 공급하는 것이 글리코겐 보충에 가장 좋은 방법이다. 적절한 포도당 보충은 체단백질의 손실을 예방하기 위해서도 중요하며, 당지수(GI)glycemic index가 높은 단순당질을 공급하는 것이 글리코겐 저장에 효과적이다.

4) 지질과 운동

인체가 주로 사용하는 에너지원은 운동강도에 따라 달라지는데, 저강도low-intensity exercise 또는 중간 강도의 운동moderate-intensity exercise인 유산소 운동aerobic exercise에서는 지방을 주 에너지원으로 사용하고, 고강도의 운동high-intensity exercise에는 탄수화물을 주 에너지원으로 사용한다.

고지방식은 소화되는 속도가 느리고 글리코겐 저장을 충족시키지 못하므로 운동선수에게 권장하지는 않지만, 고에너지식을 하는 경우에는 20~35%의 에너지를 지질로 공급한다. 포화지방섭취는 10% 미만으로 하고 단일불포화지방과 다가불포화지방의 섭취를 증가하도록 권장한다.

5) 단백질과 운동

운동선수들은 일반인보다 많은 양의 단백질이 필요하므로 단백질 보충제protein supplements가 필요하다고 생각하지만, 식사를 통해 충분한 양의 단백질을 섭취하는 것이 더욱 적절하다.

(1) 운동선수의 단백질 권장량

일반인의 단백질 권장량은 체중 kg당 0.83g인데, 마라톤과 같은 지구력 스포츠 운동선수endurance athletes의 단백질 권장량은 체중 kg당 1.2~1.4g이고, 역도와 같이 내구력을 요하는 운동선수strength athletes의 권장량은 체중 kg당 1.6~1.7g이다. 극한 스포츠extreme sports 경기에 참가하는 운동선수에게는 체중 kg당 2g 이내의 단백질이 권장된다. 단백질 분말protein powders이나 아미노산 보충제amino acid supplements보다는 양질의 단백질 식품인 콩류, 저지방 유제품, 난백, 살코기, 생선 등으로 공급하는 것을 권장하며 체중을 유지하는 범위에서 적절한 양의 탄수화물과 함께 공급하는 것이 효율적이다.

운동 후에는 단백질과 탄수화물의 혼합식을 하는 것이 탄수화물만을 섭취하는 것에 비해 글리코겐 합성과 체단백질 합성에 도움을 준다. 운동 후에는 탄수화물 10g당 단백질 4g을 함께 공급하는 것이 좋은데, 영양밀도가 높은 우유 같은 음료수를 공급하는 것이 좋다.

(2) 고단백질식의 위험성

식품이나 보충제를 통하여 고단백질식을 하게 되면 질소화합물이 과다하게 생성되고, 이를 배출하기 위해 이뇨현상이 나타나 탈수와 무기질 손실을 초래할 수 있다. 아미노산 보충제에 함유된 아미노산의 양은 일상적인 고단백질 식품에 함유된 양에 비해 적은 양에 불과하며, 특정 아미노산 보충제를 과다 섭취하는 경우에 다른 아미노산의 흡수를 방해하여 영양 불균형을 초래할 수 있다. 또한 고단백질식은 고지방, 특히 고포화지방산을 함유한 경우가 많아 비만, 골다공증, 심혈관계 질환을 유발하기도 한다.

6) 비타민과 운동

에너지 필요량이 많은 운동선수의 경우 비타민B군의 필요가 증가하지만 균형 잡힌 식사를 하는 경우에는 충분한 양의 비타민을 섭취하게 되므로 보충제를 별도로 공급할 필요는 없다. 채식주의자의 경우에는 비타민 B_{12} 섭취에 유의하는 것이 필요하다.

7) 무기질과 운동

칼슘은 근육기능과 골 강도 유지에 필수적이므로 적절한 칼슘 섭취는 연령 증가에 의한 근골격 감소와 골다공증을 예방에 중요하다. 칼슘 섭취 부족은 운동선수의 골절을 초래할 수 있으므로 저지방 유제품등 칼슘이 풍부한 식품을 충분히 섭취하는 것이 필수적이다.

철은 근육으로 산소를 공급하고, 에너지 생산을 증가시키기 위해 필수적인 영양소이다. 지구력 스포츠 운동선수는 발의 모세혈관에 상해가 생기기 쉽고 적혈구의 용혈이 일어나 철의 손실이 증가하게 되므로 일반인에 비해 철 섭취를 30~70% 증가시키는 것이 필요하다. 지구력 스포츠의 경우 혈장의 양이 증가해 헤모글로빈을 희석하게 되어 스포츠빈혈sports anemia을 초래하기도 하는데, 이는 며칠간 휴식을 취하면 정상으로 돌아온다.

지속적으로 운동을 하면 구리와 아연의 저장량이 감소되므로 이들 무기질을 충분히 섭취하는 것을 권장한다.

8) 수분 섭취와 운동

운동은 체내 열 발생을 15~20배 증가시키고 땀을 나게 하는데, 땀이 증발하면서 체열을 낮추어 체온 유지를 돕게 된다. 더운 날씨에 지구력스포츠를 하는 경우에는 시간당 1L가 넘는 땀이 발생하는데, 이때 적절한 수분 공급이 이뤄지지 않으면 탈수현상이 일어날 수 있다. 체중의 2%에 해당하는 수분이 탈수로 인해 손실되면 운동수행 능력이 저하되고 운동 중 심박동 증가, 피로감 상승, 운동수행 능력 감소, 무기력증 등이 나타난다. 특히 운동 중에는 갈증을 느끼는 감각이 저하되므로 수분 공급에 유의해야 한다.

운동 전후와 운동 중에는 수분과 함께 나트륨이나 칼륨과 같은 전해질 손실도 발생하므로, 수분과 전해질을 함께 보충하는 것이 탈수 예방에 좋다. 운동지속 시간이 1시간 이내의 경우에는 일반적으로 물을 공급하는 것이 땀 손실과 체온 유지에 도움이 된다. 운동이 1시간 이상 지속되는 경우에는 근육과 간 글리코겐 손실을 보충하기 위한 당질 공급이 필요하고, 피로 예방 및 적절한 수분보유를 위해 전해질 공급이 필요하므로 스포츠 음료 등을 통해 수분을 공급하는 것이 적절하다.

표 5-10 **수분 필요량(L/일)**

운동정도 \ 환경	서늘함	따뜻함
비활동적	2~3	3~5
활동적	3~6	5~10+

표 5-11 **스포츠 음료 기능 및 성분 조성**

기능	성분의 특징
에너지 공급원	운동 중에 시간당 60~70g의 당질 공급 당질(6~8%): 포도당, 과당, 말토덱스트린
전해질 공급원	3시간 이상 운동 시에 땀으로 손실되는 전해질 공급 나트륨(70~165mg/240mL), 칼륨(30~75mg/240mL)
흡수 증진	6~8% 당질이 흡수속도 증진 고농도의 당질은 위를 비우는 속도와 흡수 속도를 늦춤
기호성 증진	향과 전해질 첨가가 음료의 기호성과 맛을 증진

자료: Fink HH. Practical applications in sports nutrition, 2nd ed. Sudbury, MA: Jones& Bartlett, 2009

말토덱스트린 maltodextrin

CHAPTER 6

지용성 비타민

1. 비타민의 개요
2. 비타민A
3. 비타민D
4. 비타민E
5. 비타민K

CHAPTER 6 지용성 비타민

1. 비타민의 개요

탄수화물, 지방, 단백질과 같은 영양소는 우리 몸에서 에너지원으로 사용되거나 필요한 조직을 만드는 것과는 달리 비타민은 체내 대사를 조절하는 데 사용됨으로써 생명을 유지하는 데 필수적인 영양소로 작용한다. 비타민은 매우 적은 양이 필요하지만 체내에서 필요량만큼 충분히 합성되지 못하거나 전혀 합성되지 않아 음식으로부터 섭취하는 것이 매우 중요하다. 현재까지 13가지의 비타민이 음식으로부터 섭취하여야 한다고 알려져 있다.

비타민

비타민(vitamin)이라는 용어는 각기병(beriberi)의 영양결핍을 방지하는 데 필요한 생존에 필수적인(vital) 아민(amine)이라는 의미에서 명명되었다. 이후 다른 필수적인 유기화합물이 발견되었고 이들이 모두 '아민기'를 포함하고 있지는 않다는 것을 알게 되어 아민기의 '–e'를 없애게 되었다. '비타민'이라는 단어는 이름의 유래에서부터 '활기 있는 건강한 삶'을 떠올리게 하고 많은 사람들이 피곤을 느낄 때 비타민을 먹어야 한다고 생각한다. 비타민이 과일과 채소에 풍부하다는 것은 누구나 아는 사실이지만 최근 비타민을 섭취한다는 것은 음식이 아닌 보충제의 형태를 떠올리게 되었다. 비타민은 몸에 좋은 것이니 많이 섭취할수록 좋은 것 아닌가 하는 관점은 문제가 될 수 있는데 어떤 비타민은 과량 복용이 큰 문제가 없지만 어떤 것들은 문제가 될 수 있다.

1) 비타민의 분류와 이름

비타민은 지용성 비타민과 수용성 비타민으로 분류되며 지용성 비타민 4개, 수용성 비타민 9개가 지금까지 알려져 있다. 지용성 비타민에는 비타민 A, D, E, K가 있으며 과량섭취하면 간과 지방조직에 축적된다. 수용성 비타민에는 비타민 B군과 C가 있으며 과량섭취할 경우 필요량 이상은 소변으로 배설된다(표 6-1, 6-2).

표 6-1 **비타민의 분류**

구분	지용성 비타민	수용성 비타민
종류	비타민 A, D, E, K	비타민 B군, 비타민 C
성질	기름에 녹음	물에 녹음
구성성분	C, H, O	C, H, O, N 외에 S, Co도 함유함
섭취	필요량을 매일 섭취하지 않아도 됨	필요량을 매일 섭취해야 함
결핍증	결핍증세가 서서히 나타남	결핍증세가 급격히 나타남
과량 섭취	간과 지방조직에 축적됨	필요량의 초과분은 소변으로 배설됨

표 6-2 **비타민의 종류와 이름**

종류	표준 이름	다른 이름
지용성 비타민	비타민 A	레티놀
	비타민 D	콜레칼시페롤
	비타민 E	토코페롤
	비타민 K	필로퀴논
수용성 비타민	티아민	비타민 B_1
	리보플라빈	비타민 B_2
	니아신	–
	비오틴	–
	판토텐산	–
	비타민 B_6	피리독신
	엽산	폴라신
	비타민 B_{12}	코발아민
	비타민 C	아스코르브산

레티놀 retinol
콜레칼시페롤 cholecalciferol
토코페롤 tocopherol
필로퀴논 phylloquinone
티아민 thiamin
리보플라빈 riboflavin
니아신 niacin
비오틴 biotin
판토텐산 pantothenic acid
엽산 folate
피리독신 pyridoxine
폴라신 folacin
코발아민 cobalamin
아스코르브산 ascorbic acid

2) 지용성 비타민과 수용성 비타민의 비교

지용성 비타민과 수용성 비타민은 각각 지방과 물에 용해되는 성질에 따라 몸에서 흡수, 이동, 저장되는 경로를 달리한다(그림 6-1).

지용성 비타민은 소장에서 식사에 포함된 지방과 함께 흡수되는데 체내 필요량에 비해 섭취량이 증가하면 흡수 효율이 감소하게 되며 흡수율은 40~90% 정도다. 흡수된 지용성 비타민은 식사에 포함된 지질과 같은 경로로 지단백인 카일로마이크론(암죽미립)에 의해 림프와 혈관을 통해 이동된다. 카일로마이크론은 혈관을 통해 움직이며 세포들에게 대부분의 중성지질을 전달하고 지용성 비타민을 포함한 카일로마이크론 잔여물은 간에 이동되어 저장되거나 혈관을 통해 다른 조직으로 보내진다. 따라서 지방의 흡수나 대사 과정에 이상이 생기는 경우 지용성 비타민의 흡수나 대사에도 영향을 미칠 수 있다.

카일로마이크론 chylomicron

수용성 비타민은 식품의 수분에 용해되어 존재하며 소장에서 흡수된 후 직접 혈관으로 들어간다. 수용성 비타민은 지용성 비타민과 달리 지단백 운반체를 필요로 하지 않으

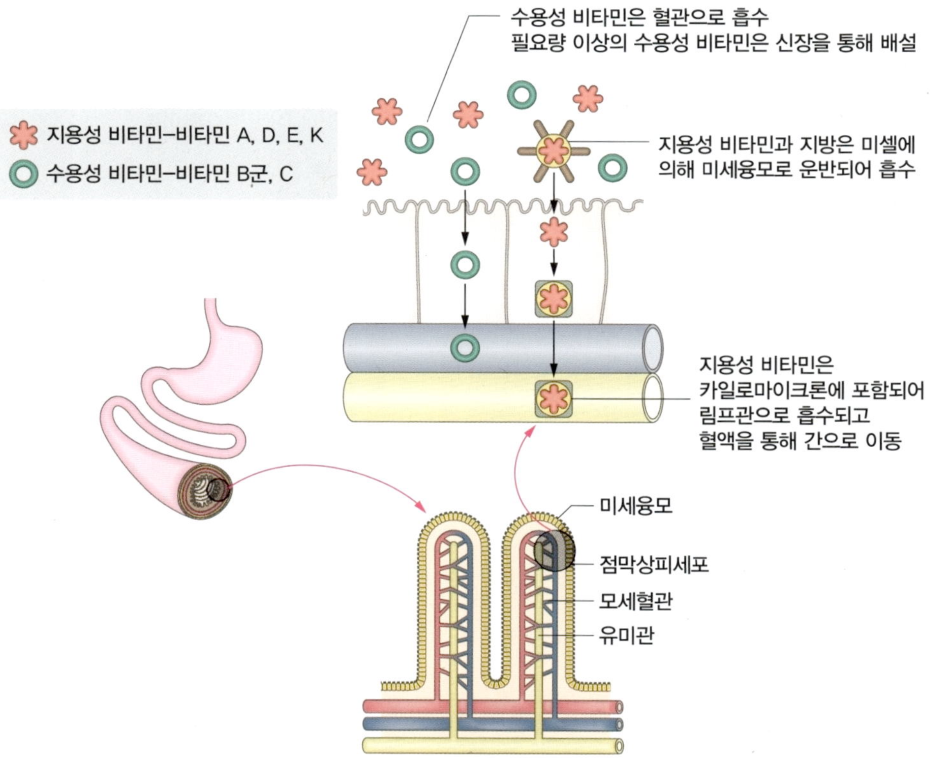

그림 6-1 **지용성 비타민과 수용성 비타민의 소화, 흡수**

며 과잉 섭취된 수용성 비타민은 신장을 통해 소변으로 배설된다. 예외적으로 수용성 비타민인 비타민B_{12}는 다른 수용성 비타민에 비해 저장되기 쉬우며 지용성 비타민인 비타민K는 다른 지용성 비타민에 비해 배설되기 쉽다.

지용성 비타민은 간과 지방조직에 저장되어 있다가 필요할 때 사용될 수 있으나 저장 가능한 양 이상의 비타민A와 비타민D는 독성을 나타낼 수 있다. 대부분의 수용성 비타민은 체내에 저장되지 않아 식사로 섭취해야 하며, 매일 섭취량이 어느 정도 달라지는 것은 크게 문제를 일으키지 않으나 비타민C의 경우 20~40일 정도 결핍되면 결핍증상이 나타난다.

3) 비타민 전구체와 항비타민제

(1) 비타민 전구체

체내에 직접 사용할 수 없는 비활성 형태로 식품에 존재하는 비타민들을 비타민 전구체 provitamin, vitamin precursor라고 한다. 비타민 전구체는 체내에서 활성을 지닌 비타민으로 전환된다. 대표적인 비타민 전구체는 과일과 채소에 존재하는 β-카로틴이다. β-카로틴은 체내 흡수된 뒤 활성이 있는 비타민A로 전환된다. 식물성 스테롤인 에르고스테롤은 비타민D_2로, 콜레스테롤로부터 형성된 7-디하이드로콜레스테롤은 비타민D_3로 전환된다. 또한 필수아미노산인 트립토판은 체내에서 수용성 비타민인 니아신으로 전환된다.

β-카로틴 β-carotene
에르고스테롤 ergosterol
7-디하이드로콜레스테롤 7-dehydrocholesterol
트립토판 tryptophan

(2) 항비타민제

항비타민은 비타민과 화학적 구조와 성질이 매우 유사하여 비타민의 정상적인 생리활성 반응을 저해하는 물질을 말하며, 비타민 길항제라고도 한다. 항비타민으로는 비타민K의 항비타민인 다이쿠마롤과 비오틴의 항비타민인 아비딘이 있다. 항비타민의 체내 흡수는 비타민 결핍증을 초래할 수 있다.

다이쿠마롤 dicumarol
아비딘 avidin

2. 비타민A

비타민A는 시각기능과 관련해 가장 잘 알려진 비타민이지만 그 외에도 정상적인 성장과 생식, 면역, 세포의 분화 등에 매우 중요한 역할을 담당한다. 또한 건강한 뼈와 피부 점막을 유지하는 데 도움을 준다. 따라서 비타민A의 부족은 시각기능뿐 아니라 전반적인 신체의 여러 기능에 영향을 줄 수 있다.

1) 구조와 성질

레티노이드 retinoid
레티놀 retinol
레티날 retinal
레티노산 retinoic acid
카로티노이드 carotenoid

비타민A의 활성형은 통틀어 레티노이드라고 하는 비타민A의 기본 구조를 가진 화합물을 말하며 레티놀, 레티날, 레티노산 등이 대표적인 물질이다. 레티놀은 이들 중 가장 중요한 역할을 담당하며 여러 형태의 비타민A 활성도를 나타내는 기준 단위(레티놀 활성당량retinol activity equivalent, μg RAE)로 삼고 있다.

비타민A는 동물성 식품 중에는 레티놀에 지방산이 결합한 레티닐 에스테르 형태로 존재한다. 노란색에서 주홍색을 나타내는 식물성 색소인 카로티노이드 600여 종 중 일부인 약 50여 종의 카로티노이드가 체내에서 비타민A 활성을 지니는 레티놀로 전환될 수 있으며 그 중 β-카로틴의 활성이 가장 높다. 비타민A와 비타민A 전구체는 열, 산, 알칼리에는 안정하나 산소와 자외선에는 불안정하여 쉽게 분해된다. 비타민A와 β-카로틴의 구조식은 그림 6-2와 같다.

비타민A의 활성을 나타내는 레티놀 활성당량

1 레티놀 활성당량(retinol activity equivalent, μg RAE)
= 1 μg (트랜스) 레티놀(all-trans-retinol)
= 2 μg (트랜스) β-카로틴 보충제(supplemental all-trans-β-carotene)
= 12 μg 식이 (트랜스) β-카로틴(dietary all-trans-β-carotene)
= 24 μg 기타 식이 비타민A 전구체 카로티노이드(other dietary provitamin A carotenoids)

비타민A의 상호전환

레티놀과 레티날은 상호전환되며 레티노산과는 상호전환되지 않는다.

레티놀 ⇄ 레티날 → 레티노산

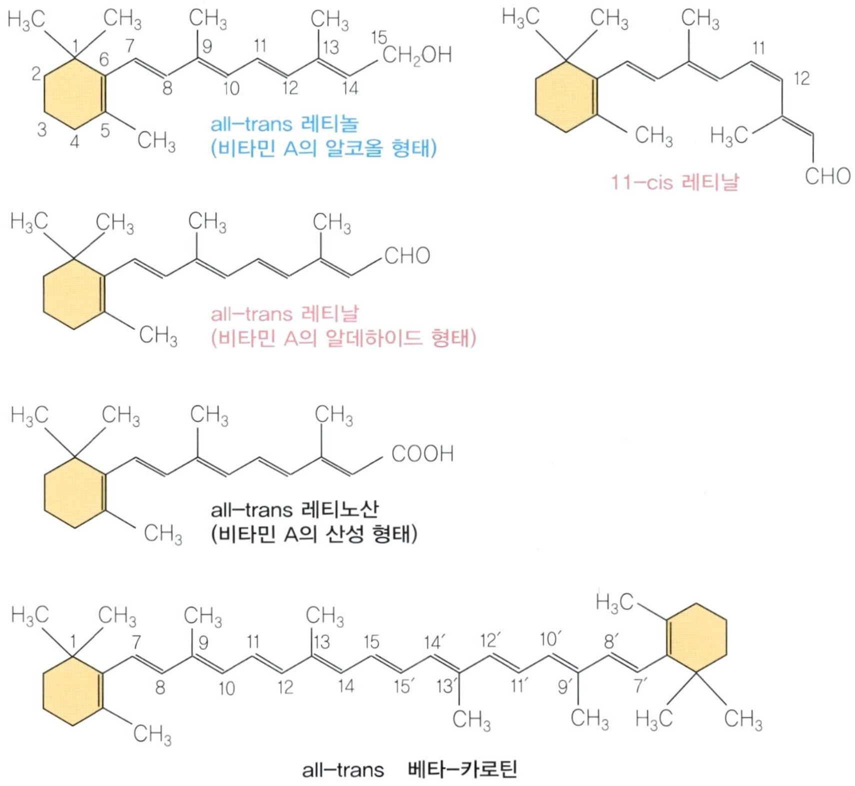

그림 6-2 **레티노이드와 β-카로틴의 구조**

2) 흡수와 대사

비타민A는 동물성 식품 내 레티닐 에스테르 형태로 존재하며 담즙의 도움을 받아 췌장 효소에 의해 레티놀과 지방산으로 가수분해된 후 소장에서 흡수된다. 흡수된 비타민A는 카일로마이크론에 의해 간으로 이동되어 주로 지방산과 결합된 레티닐 에스테르의 형태로 저장된다. 간은 체내 비타민A의 90% 이상을 저장하며 나머지는 지방조직, 폐,

β-카로틴의 대사

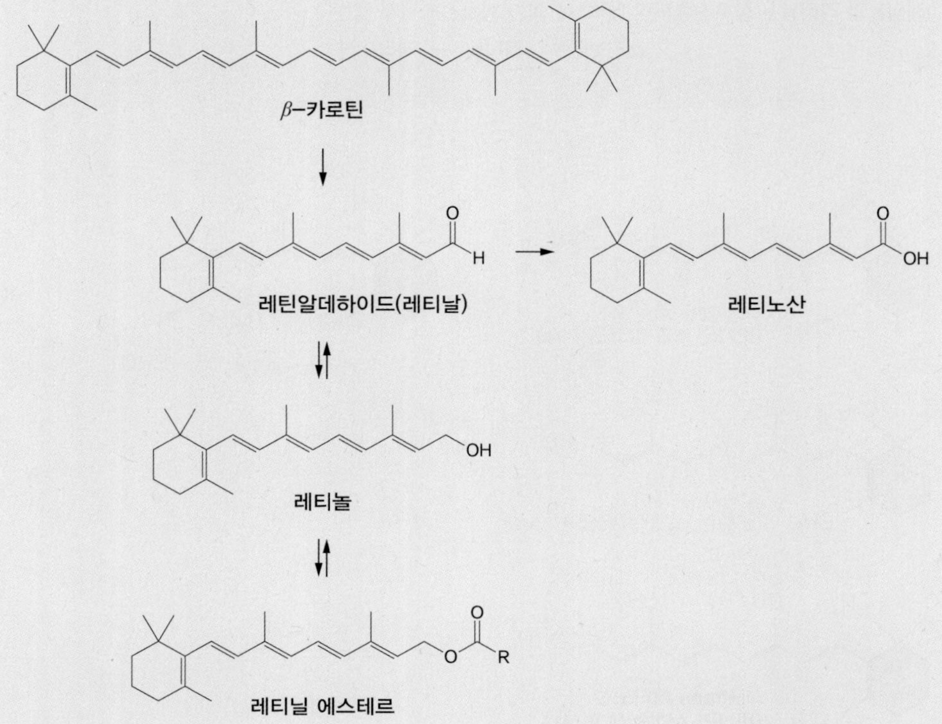

β-카로틴

레틴알데하이드(레티날)

레티노산

레티놀

레티닐 에스테르

신장에 저장된다. 건강한 간에는 비타민A를 1년 정도 공급할 수 있는 양을 저장할 수 있으나, 저장 용량 이상의 비타민A를 과잉 섭취한 경우 독성이 나타날 수 있다. 간에서 나온 레티놀은 레티놀결합 단백질RBP, retinol-binding protein에 의해 조직으로 운반된다. 레티놀결합 단백질이 세포에 레티놀을 전달해 주면 세포는 레티놀을 필요에 따라 레티날이나 레티노산으로 전환하여 사용한다. 레티놀결합 단백질을 형성하기 위해서는 아연과 단백질의 공급이 필요하다. β-카로틴은 소장점막 내에서 레티놀로 전환되고, 전환되지 못한 β-카로틴은 카일로마이크론에 합류되어 간으로 운반된다. 소장에서 미처 전환되지 못한 β-카로틴은 간에서 레티놀로 전환되고 지방산과 결합하여 레티닐 에스테르의 형태로 저장된다.

3) 생리적 기능

비타민A는 시각 기능에 필수적일 뿐 아니라 면역기능에 관여하는 상피세포의 건강을 유지하는 데 매우 중요하다. 또한 정상적인 세포의 합성, 생식, 뼈의 성장에 관여한다(그림 6-3).

(1) 시각회로

빛이 눈에 도달하면 각막을 지나 망막에 도달하게 된다. 망막에는 빛에 민감한 시각세포들인 간상세포와 원추세포를 포함하고 있다. 간상세포는 희미한 빛에 반응하여 명암을 감지하며 원추세포는 밝은 빛에 반응하여 색상을 감지한다. 원추세포와 간상세포를 통해 빛이 신경신호로 전환되어 뇌에 도달하면 시각을 느끼게 된다. 레티놀은 망막에 도달

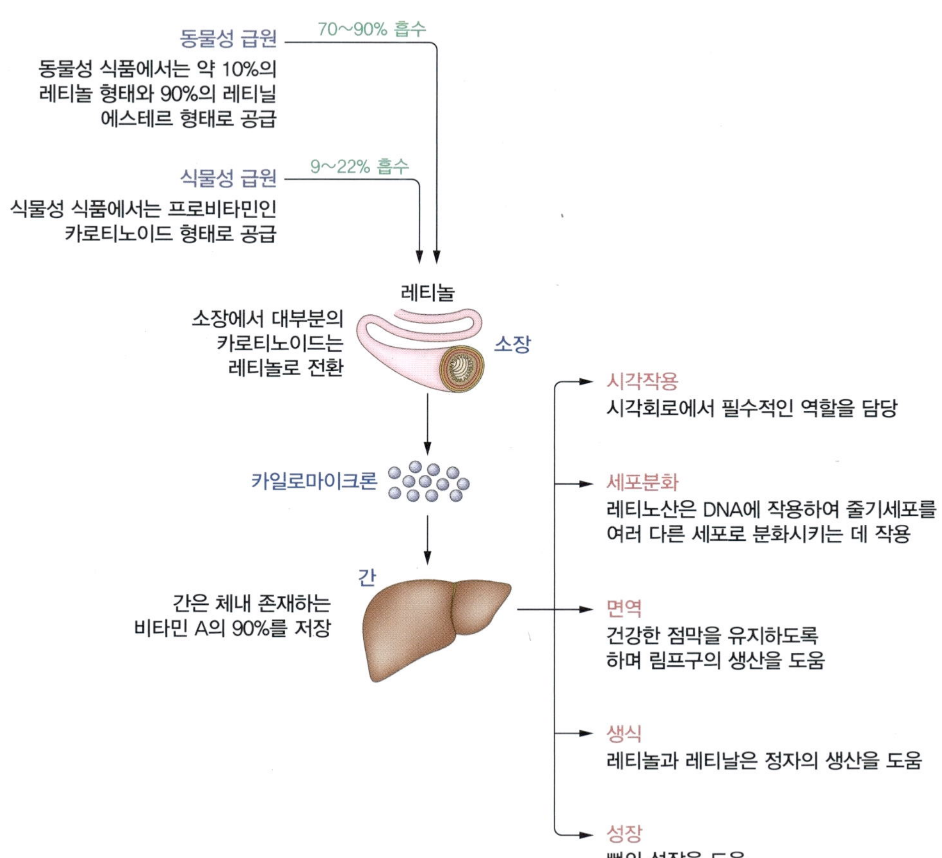

그림 6-3 **비타민A의 소화, 흡수 및 기능**

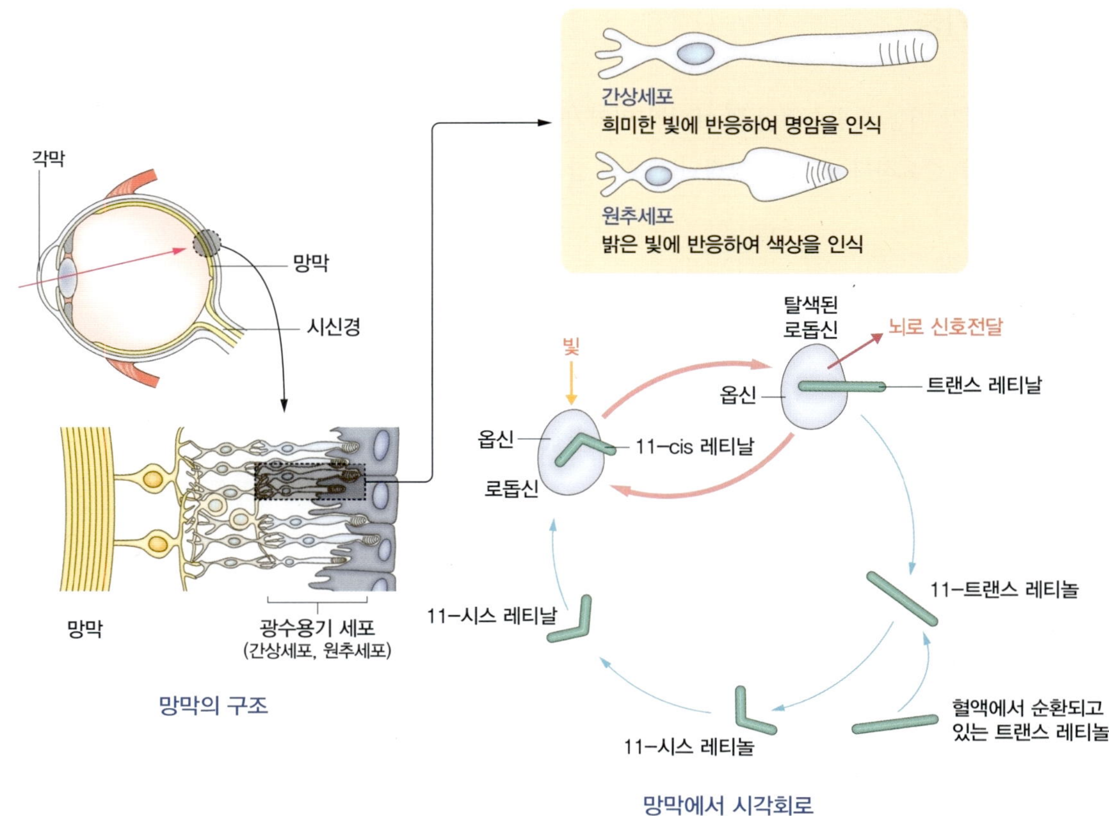

그림 6-4 **시각회로에서의 비타민A의 기능**

옵신 opsin
로돕신 rhodopsin
아이오돕신 iodopsin

하면 레티날로 전환되며 옵신 단백질과 결합하여 로돕신을 형성한다. 로돕신은 간상세포에 존재하여 어두운 곳에서 볼 수 있게 한다. 빛이 망막에 도달하면 레티날은 간상세포 내 옵신에서 분리되어 트랜스 구조로 바뀌게 된다. 옵신은 세포막의 활성을 변화시켜 전기적 신호를 만들고 이 신호는 뇌에 전달되어 명암을 구분할 수 있도록 한다. 이 과정에서 나온 레티날은 시스형 레티날11-cis-retinal로 변하고 옵신과 결합하여 로돕신을 형성하고 다음 회로가 진행된다. 어두운 곳에 들어가면 눈에서는 로돕신의 생성을 증가시켜 빛의 민감도를 높인다. 어두운 빛에 적응하는 속도를 의미하는 암적응은 로돕신을 재생성하는 비타민A의 양과 직접적으로 관련이 있다. 비타민A 결핍은 어두운 곳에서나 급작스럽게 밝은 빛에 노출되었을 때 적응이 어려운 야맹증을 초래한다. 눈에는 체내 비타민A의 0.01%만을 가지고 있기 때문에 체내 비타민A 수준에 매우 민감하다.

또한 비타민A는 원추세포에서 색을 감지하는 아이오돕신에도 관여하는데 비타민A

의 결핍은 원추세포에 영향을 주기 전에 간상세포에 작용하게 되어 색 감각을 상실하기 전 야맹증 증상이 먼저 나타난다.

(2) 세포분화와 상피조직의 유지

비타민A는 레티노산의 형태로 줄기세포가 특화된 세포로 발달하는 정상적인 세포분화에 관여한다. 레티노산은 세포 DNA의 수용체에 반응하여 줄기세포가 분화된 성숙한 세포로 전환되도록 한다. 레티노산이 관여하는 세포분화 과정은 상피세포에서 주로 나타난다. 상피세포는 점액분비세포나 피부세포 같은 다른 성숙한 세포로 분화되기도 한다. 상피세포는 피부나 점막 같은 상피조직을 형성하며 점막은 폐포나 소화관의 윤활작용을 돕는다. 상피세포는 매우 빠르게 교체되는 세포로 비타민A가 결핍되면 피부와 점막에 결핍증상이 빠르게 나타난다.

(3) 면역기능

비타민A는 세균이나 바이러스의 공격에 최전선에 있는 상피세포를 건강하게 유지시켜 면역에 관여한다. 또한 T림프구의 생성을 도와 외부 감염에 대항하는 면역시스템을 증진시킨다. 카로티노이드 역시 항산화작용, 세포막의 유동성 조절, 세포간의 소통에 영향을 주어 면역 기능에 도움을 줄 수 있다.

카로티노이드 carotenoid

(4) 생식

비타민A가 생식에 관여하는 기전에 관해서는 아직 잘 알려지지 않고 있으나 비타민A 중 레티놀과 레티날이 생식에 도움을 주는 것으로 알려져 있다. 남자의 경우 정자의 생성에 관여하며 여성생식관의 분비작용을 돕는다.

(5) 골격에 관한 기능

비타민A는 골격의 성장에 매우 필수적이다. 정확한 기전은 아직 밝혀지지 않았으나 비타민A의 결핍으로 인해 골격이 약해진다. 원인은 미성숙한 골격세포의 성장에 문제가 생기는 것으로 보이며 비타민A의 과량섭취도 골 손실을 증가시키는 것으로 나타나고 있다.

(6) 항산화 작용

β-카로틴을 비롯한 카로티노이드는 강력한 항산화제로 작용하여 유리라디칼로부터 세포막과 핵산을 보호하는 기능을 한다. 또한 카로티노이드가 풍부한 식사는 암, 동맥경화, 백내장, 황반 변성 등의 발병 위험률을 감소시키는 것으로 보고되고 있다.

4) 결핍증

비타민A의 결핍은 단백질, 에너지 영양결핍과 함께 나타날 수 있으며 알코올 중독이나 간질환 환자의 경우 간이 손상되면서 비타민A 결핍증상이 나타날 수 있다. 지질흡수에 영향을 주는 약물도 비타민A의 흡수에 영향을 미칠 수 있다.

(1) 눈

야맹증은 비타민A 결핍의 초기 증상으로 조기 치료로 좋아질 수 있다. 결핍이 악화됨에 따라 레티노산의 부족으로 상피세포의 분화가 제대로 이루어지지 않으면 점액을 분비하는 배상세포goblet cell의 생성이 적어지고 먼지나 세균의 침입을 막아주는 점액생성이 감소되어 각막, 안구를 덮고 있는 결막이 건조해지면서 감염이 되기 쉽다. 각막이 더욱 나빠지면 비토반점Bitot's spot이 생기고 각막에 손상이 오게 된다. 이런 손상은 안구건조증xerophthalmia, 각막연화증keratomalacia으로 악화되며 진행된다. 비타민A의 보충으로 회복 가능한 야맹증과 달리 각막의 건조증과 손상은 회복되기 어렵다.

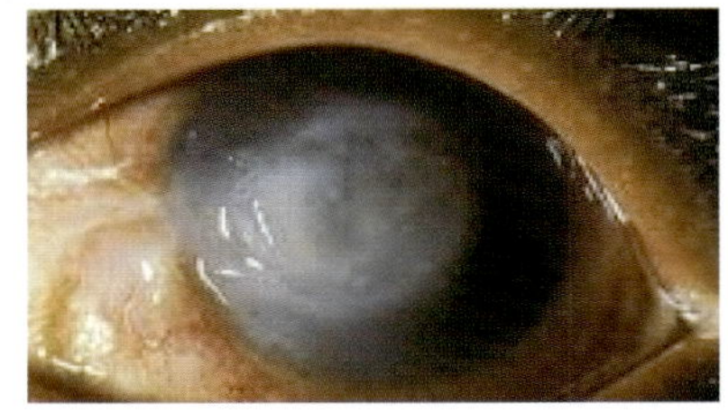

그림 6-5 **각막연화증**
자료: https://www.flickr.com/photos/community-eyehealth/7602662428

(2) 피부

비타민A가 부족하면 성숙한 상피세포로 분화되는 데 필요한 단백질을 만드는 유전자 활성이 잘 이뤄지지 못해 피부가 단단해지고 비늘모양이 증가하게 된다. 비타민A의 초기 결핍증상은 모낭각화증follicular hyperkeratosis이라고 하며 피부는 거칠고 매끄럽지 못하게 된다. 이런 증상은 팔꿈치, 무릎, 손목, 발목 등에 잘 나타난다. 각화증은 피부 외의 다른 상피세포에도 영향을 미치며 점액분비 기능이 손상된다. 특히 구강 호흡관, 비뇨기관, 여성 생식관, 눈의 분비샘 등에 영향을 미쳐 감염에 취약해진다.

(3) 면역

비타민A가 결핍되면 상피세포가 건조해지면서 손상이 생기기 때문에 호흡관이나 세포로 세균의 침입이 용이해진다. 또한 비타민A의 공급 부족은 T림프구의 숫자를 감소시켜 면역 기능에 영향을 준다. 아이들에게는 경미한 비타민A의 부족도 설사나 호흡기 감염으로 발전할 수 있다.

5) 과잉증

비타민A의 과잉 독성은 흔하지는 않으나 영양보충제로써 권장량의 10~15배 이상 농축된 레티놀을 과잉 섭취할 경우 독성이 나타날 수 있다. 지속적으로 어유나 간을 다량 섭취한 경우를 제외하고 식품 상태로 비타민A를 과량섭취하는 것은 매우 어렵다.

비타민A의 독성은 여러 증상으로 나타나는데 피로, 구토, 복통, 뼈와 관절 통증, 식욕부진, 피부이상, 두통, 흐릿한 시야, 간 손상으로 인한 황달 등이 나타난다. 과량의 비타민A 섭취로 태아에게서 구개파열, 심장이상, 뇌 기능이상 등의 기형이 나타나기도 한다. 임신에 앞서 2주간과 임신 첫 2개월 간의 비타민A의 과량섭취는 매우 위험한데 과량의 비타민A가 정상적인 세포 분화 기능을 방해하는 것으로 보인다. 따라서 임산부의 경우 레티놀 함유 영양제 섭취 시 의사와의 상의가 필요하다.

카로티노이드를 과잉 섭취하면 카로티노이드 색소가 손바닥, 발바닥 등의 피하조직에 침착되어 피부가 노랗게 된다. 이를 고카로틴혈증hypercarotenemia이라고 하며 위험하지는 않고 β-카로틴 함유식품의 섭취를 멈추면 2, 3개월 후엔 피부가 원래의 색으로 되돌아온다. 카로티노이드 보충제를 과량섭취한 경우 특정 사람에게서 경우 폐암 발생률이 높아질 수 있다는 보고가 있어 식품으로의 카로티노이드 섭취는 권장하나 따로 보충제를 섭취하는 것은 권장되지 않는다.

6) 영양상태 평가와 섭취기준

비타민A의 영양상태를 판정하는 방법으로는 혈청이나 간의 비타민A의 함량 측정, 투약 반응검사, 결막 상피조직의 민감성 조사, 암적응능력검사 등이 있다. 비타민A의 저장효율을 고려한 1일 권장섭취량은 성인 남자 19~29세 800μg RAE, 30~49세 800μg RAE이며 성인 여자는 19~29세, 30~49세 650μg RAE이며 상한섭취량은 성인 남녀 모두 3,000μg RAE로 설정했다(2025 한국인 영양소 섭취기준).

표 6-3 **한국인의 1일 비타민 A 섭취기준**

성별	연령	비타민 A(μg RAE/일)[1]				
		평균필요량	권장섭취량	충분섭취량	상한섭취량	만성질환 위험감소섭취량
영아	0~5(개월)			350	600	
	6~11			450	600	
유아	1~2(세)	190	250		600	
	3~5	230	300		750	
남자	6~8(세)	310	450		1,100	
	9~11	410	600		1,600	
	12~14	540	750		2,300	
	15~18	620	850		2,800	
	19~29	570	800		3,000	
	30~49	560	800		3,000	
	50~64	530	750		3,000	
	65~74	520	700		3,000	
	75 이상	500	700		3,000	
여자	6~8(세)	290	400		1,100	
	9~11	390	550		1,600	
	12~14	480	650		2,300	
	15~18	450	650		2,800	

(계속)

성별	연령	비타민 A(μg RAE/일)[1]				
		평균필요량	권장섭취량	충분섭취량	상한섭취량	만성질환 위험감소섭취량
여자	19~29	460	650		3,000	
	30~49	450	650		3,000	
	50~64	430	600		3,000	
	65~74	410	600		3,000	
	75 이상	410	600		3,000	
임신부[2]		+50	+70		3,000	
수유부[2]		+350	+490		3,000	

1) 1μg RAE=1μg 레티놀=2μg 보충제용 베타카로틴=12μg 식품유래 베타카로틴=24μg 기타 식이 프로비타민 A 카로티노이드 (알파카로틴, 베타크립토잔틴)
2) 임신부·수유부 부가량. 단, 상한섭취량은 임신부·수유부 부가량 아닌 총량
자료: 보건복지부·한국영양학회. 2025 한국인 영양소 섭취기준

7) 급원식품

식사로 섭취하는 절반 정도는 동물성 식품에서 비타민A의 주된 저장형태인 레티닐 에스테르를 포함한 레티노이드 형태로 얻게 되며 절반 정도는 과일과 채소에서 프로비타민A인 카로티노이드 형태로 섭취하게 된다. 레티노이드는 자연적으로 동물성 식품에 존재하며 비타민A의 10%는 레티놀로, 90%는 레티닐 에스테르 형태로 존재한다. 비타민A는 간, 생선간유에 매우 풍부하며 유지방과 비타민A 강화식품에도 포함되어 있다. 체내에서는 식이 레티놀과 레티닐 에스테르의 75% 정도를 흡수한다.

프로비타민A인 카로티노이드의 좋은 급원은 녹황색 채소인 시금치, 당근, 무청, 호박, 브로콜리 등이며 주황색 과일인 복숭아, 살구 망고 등에도 풍부하다. 혼합식사의 경우 β-카로틴은 총 비타민A의 1/3 정도를 공급하게 된다.

표 6-4 **비타민 A 주요 급원식품(100g당 함량)[1)]**

급원식품 순위	급원식품	함량 (μg RAE/ 100g)	기여율 (%)	급원식품 순위	급원식품	함량 (μg RAE/ 100g)	기여율 (%)
1	소 부산물(간)	9,442	23.89	16	김치, 열무김치	146	1.38
2	돼지 부산물(간)	5,075	19.31	17	김, 조미김, 구운 것	991	1.32
3	달걀, 생것	119	5.93	18	장어	1,050	1.25
4	우유	55	4.93	19	요구르트(호상)	59	1.07
5	시금치	588	4.29	20	수박	71	0.94
6	당근	460	4.12	21	채소음료	107	0.65
7	가당음료(과일 음료 포함)	110	2.85	22	케이크	131	0.64
8	닭 부산물(간)	13,453	2.65	23	부추	178	0.57
9	시리얼	1,605	2.49	24	빵, 식빵	21	0.56
10	들깻잎	630	1.94	25	미역, 말린 것	515	0.49
11	김치, 배추김치	27	1.81	26	토마토	32	0.47
12	고추장	291	1.74	27	아이스크림	117	0.44
13	고춧가루	614	1.61	28	닭고기(살코기)	10	0.40
14	고구마	75	1.60	29	돼지고기 (살코기)	7	0.39
15	상추	194	1.52	30	치즈, 체다	80	0.35

1) 2022년 국민건강영양조사의 식품별 섭취량과 식품별 비타민 A 함량(국가표준식품성분표 DB 10.2) 자료를 활용하여 비타민 A 주요 급원식품 상위 30위 산출

자료: 보건복지부·한국영양학회. 2025 한국인 영양소 섭취기준

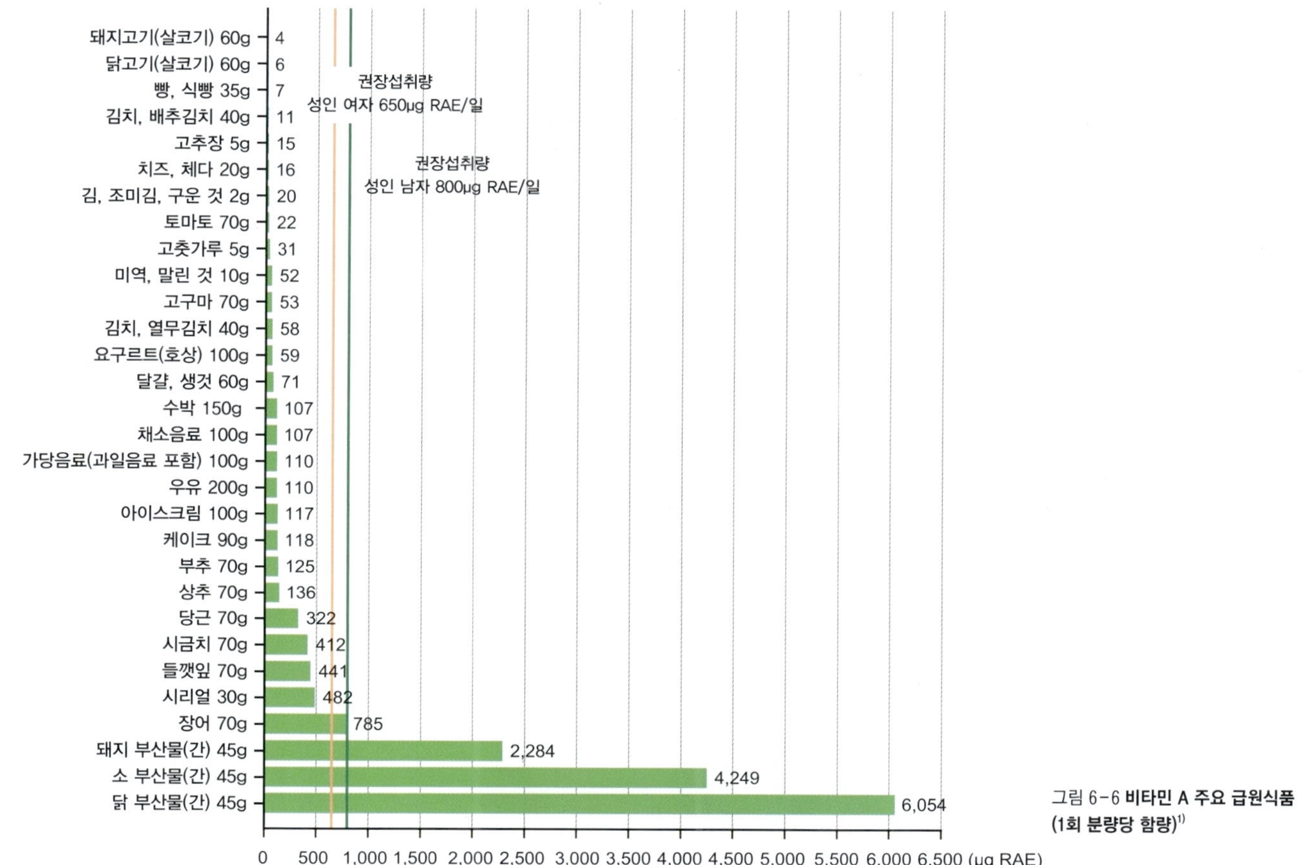

그림 6-6 **비타민 A 주요 급원식품 (1회 분량당 함량)**[1)]

1) 2022년 국민건강영양조사의 식품별 섭취량과 식품별 비타민 A 함량(국가표준식품성분표 DB 10.2) 자료를 활용하여 비타민 A 주요 급원식품 상위 30위 산출 후 1회 분량(2020 한국인 영양소 섭취기준)을 적용하여 1회 분량당 함량 산출, 19~29세 성인 권장섭취량 기준(2025 한국인 영양소 섭취기준)과 비교

자료: 보건복지부·한국영양학회, 2025 한국인 영양소 섭취기준

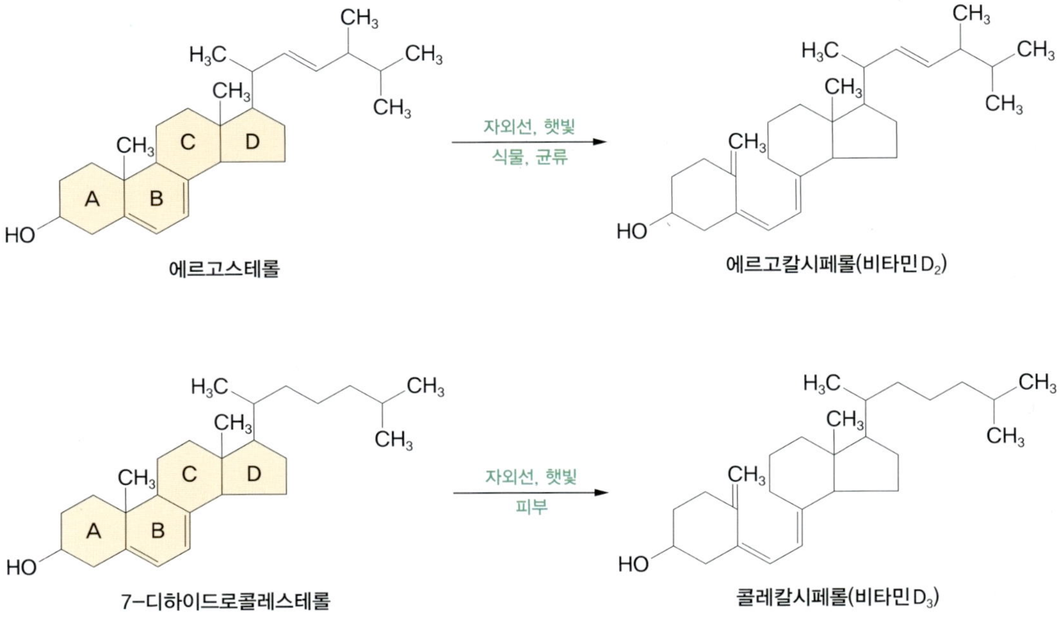

에르고스테롤 → (자외선, 햇빛 / 식물, 균류) → 에르고칼시페롤(비타민 D_2)

7–디하이드로콜레스테롤 → (자외선, 햇빛 / 피부) → 콜레칼시페롤(비타민 D_3)

그림 6-7 **비타민 D의 구조**

3. 비타민 D

1) 구조와 성질

비타민 D는 체내에서 호르몬처럼 합성되기 때문에 항상 식사를 통해 공급돼야 하는 것은 아니다. 자외선이 피부에 닿으면 콜레스테롤부터 생성된 전구체가 비타민 D로 변환된다. 비타민 D가 강화된 우유나 다른 식품으로부터 비타민 D를 공급할 수 있지만 햇빛에 규칙적으로 노출되는 한 충분한 비타민 D를 합성할 수 있다. 비타민 D는 뼈의 건강에 매우 중요하며 암 발생을 감소시키는 데 도움을 주는 것으로 알려져 있다. 아이들에게는 뼈의 성장을 촉진하고 성인에게는 뼈의 건강을 유지하며 골다공증을 예방한다. 비타민 D의 심각한 결핍은 잘 나타나지 않으나 지방흡수가 잘 되지 않는 환자나 햇빛에 노출이 적은 경우 비타민 D의 결핍 증상이 나타날 수 있다.

에르고칼시페롤 ergocalciferol

에르고스테롤 ergosterol

비타민 D는 두 종류로 비타민 D_2와 비타민 D_3가 있다. 비타민 D_2(에르고칼시페롤)는 식물성 식품에 함유된 형태이고 버섯과 효모에 들어 있는 에르고스테롤로부터 햇빛 또는 자외선에 의해 생성되며, 비타민 D_3(콜레칼시페롤)는 동물성 급원으로 동물의 피부에 들어 있는 7-디하이드로콜레스테롤7-dehydrocholesterol이 햇빛 또는 자외선에 노출될 때 형성된다. 체내에서는 비타민 D_2와 D_3 모두 유효하며, 이들은 간과 신장에서 활성화된다.

2) 흡수와 대사

식사로 섭취한 비타민D는 지질의 소화, 흡수와 유사한 과정을 거치게 되는데 담즙의 도움을 받아 미셀을 형성하고 소장에서 흡수된다. 담즙이 부족하거나 지질흡수 기능이 떨어지면 비타민D의 흡수가 방해된다. 소장에서 흡수된 비타민D는 카일로마이크론에 포함되어 림프관을 통해 혈액으로 들어가서 간으로 이동된다. 비타민D는 간에 주로 저장

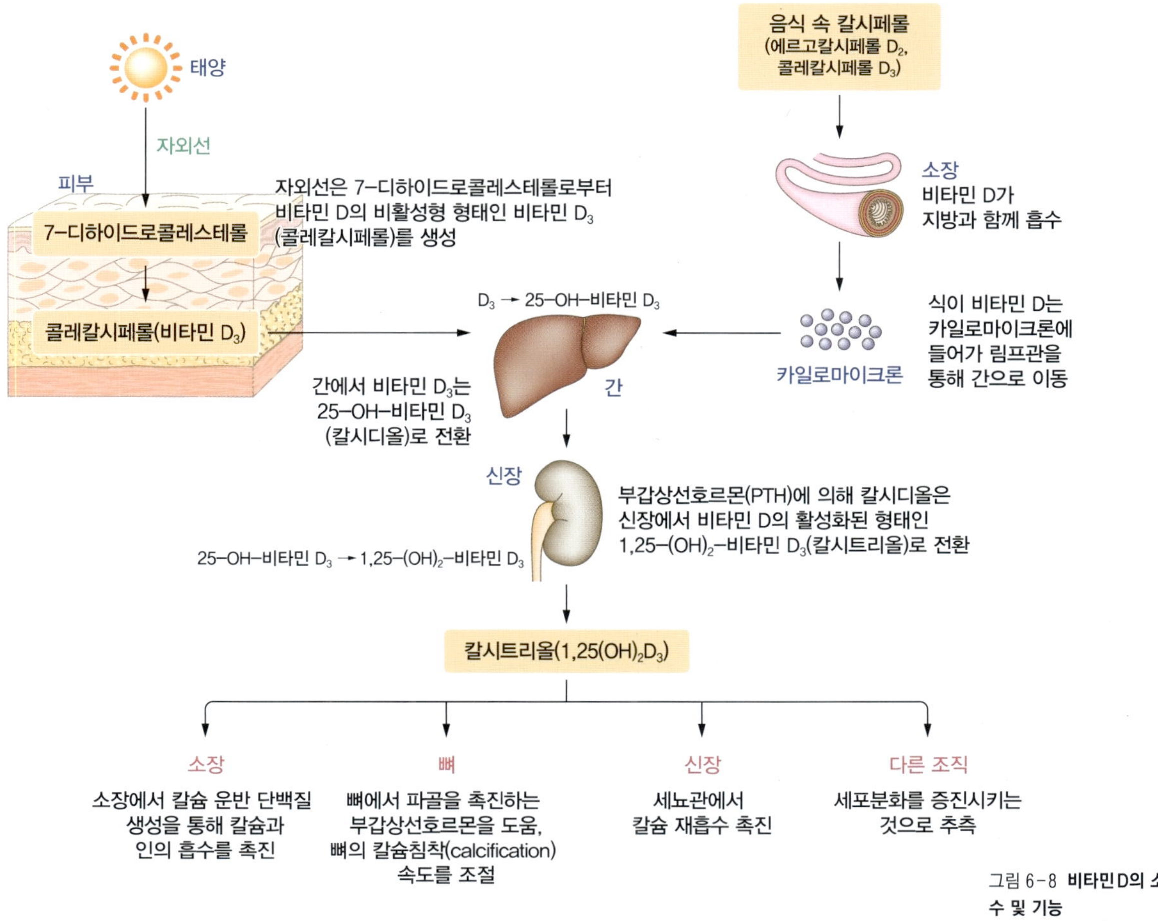

그림 6-8 **비타민D의 소화, 흡수 및 기능**

되며, 피부, 뇌, 비장 및 뼈에도 소량 저장된다.

식사로 섭취되거나 체내에서 합성된 비타민D는 활성형으로 대사돼야 사용될 수 있다. 비타민D_3는 간에서 수산화반응을 통해 25-OH-비타민D_3로 전환되고 신장에서 또 다른 수산화반응에 의해 활성형인 1,25-$(OH)_2$-비타민D_3로 전환된다. 혈액 내 칼슘 농도가 낮을 때 부갑상선호르몬이 분비되어 이 활성화 반응을 촉진시킨다(그림 6-8).

3) 생리적 기능

(1) 골격 형성

활성형인 1,25-$(OH)_2$-비타민D_3는 소장에서 칼슘과 인의 흡수를 촉진시키고, 신장에서의 칼슘과 인의 재흡수를 증가시켜 골격 형성에 중요한 역할을 한다.

또한 비타민D는 뼈의 파골세포를 통해 혈액으로 칼슘을 용출시키는 탈석회화를 촉진하여 새로운 골격 형성에 필요한 칼슘과 인을 공급한다.

(2) 혈중 칼슘의 항상성 유지

혈액 내 칼슘은 근육수축, 신경자극 전달 등 중요한 생리기능을 수행하기 위해 혈액 내 농도를 적절하게 유지하고 있다. 혈액 내 칼슘농도가 감소하면 부갑상선호르몬PTH이 분비되어 신장에서 칼슘의 재흡수를 증가시키고 1,25-$(OH)_2$-비타민D_3의 생성을 증가시킨다. 1,25-$(OH)_2$-비타민D_3는 소장에서 칼슘 흡수를 촉진시키고 신장에서 칼슘 배설을 감소시켜 혈액 내 칼슘농도를 증가시킨다. 식사로부터 비타민D의 섭취가 부족하거나 지방흡수가 잘 일어나지 않을 경우, 또는 햇빛을 충분히 받지 못할 경우 혈액 내 1,25-$(OH)_2$-비타민D_3 농도와 칼슘농도가 낮아지고, 칼슘농도가 낮아지면 부갑상선호르몬이 분비되어 1,25-$(OH)_2$-비타민D_3의 합성을 자극한다. 혈액에서 칼슘농도가 일정수준을 초과하면 갑상선에서 칼시토닌이 분비되어 칼슘을 다시 뼈로 이동시킨다. 따라서 혈액 내 칼슘은 1,25-$(OH)_2$-비타민D_3, 부갑상선호르몬, 칼시토닌에 의해 항상 일정한 수준이 유지된다.

칼시토닌 calcitonin

(3) 세포분화 조절

비타민D는 세포가 분화되어 성숙세포가 되는데 중요한 역할을 한다. 골격세포의 분화와 상피세포의 분화 과정을 도와 골격건강과 상피조직의 건강에 영향을 미친다. 또한 비타민D는 세포의 정상적인 분화과정에 관여하므로 대장암, 유방암, 전립선암 등 암의 예방과 관련이 있다고 보고되고 있다.

4) 결핍증

비타민D의 결핍은 소장에서의 칼슘흡수를 저하시키므로 골격형성에 충분한 칼슘을 공급하지 못하게 된다. 성장기 아동의 경우 비타민D의 섭취가 부족하면 골격형성에 이상이 생기거나 형태가 변형되어 머리, 흉곽, 관절이 커지고 다리가 굽는 구루병rickets이 나타난다. 보통 비타민D를 충분히 섭취하지 못하거나 햇볕에 노출이 적은 경우, 지질 흡수에 문제가 있는 질환을 가진 경우에 발생하게 된다. 성인의 경우 결핍 시 골연화증osteomalacia이 발생하는데 골연화증으로 인해 골절이 쉽게 일어나게 된다. 골연화증은 비타민D의 흡수와 활성에 영향을 주는 위, 신장, 간, 소장에 질병이 있는 경우 위험도가 높아진다. 비타민D의 결핍은 골연화증과 더불어 골다공증을 초래하는데 비타민D 섭취가 부적절한 여성이 계속적인 출산과 수유를 할 경우에 발생하기 쉽다.

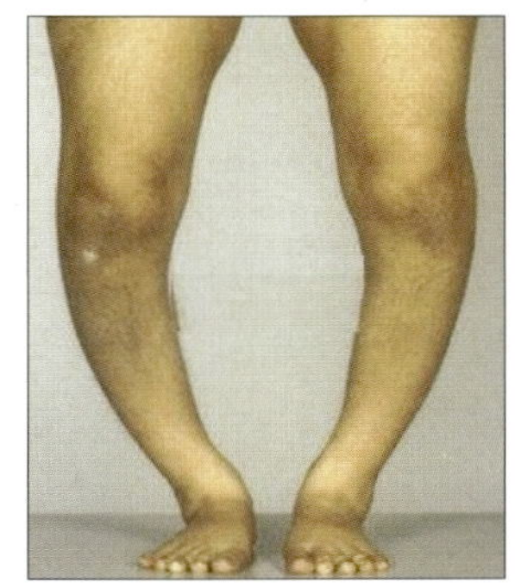

그림 6-9 **구루병**
자료: http://www.jkhealthworld.com

그 외에도 비타민D 결핍 증세로는 혈액 내 칼슘농도가 감소하여 발생하는 근육경련이 있는데, 이는 칼슘이 특정부위의 근육과 신경에 충분히 공급되지 않아서 발생한다.

5) 과잉증

햇빛에 노출되는 정도로는 비타민D의 독성이 나타나지 않으나 보충제로 너무 많은 양의 비타민D를 섭취할 경우 과잉증이 나타날 수 있다. 2025 한국인 영양소 섭취기준에서는 19세 이상 성인의 상한섭취량을 100μg으로 정하고 있으며 비타민D 권장량의 5배 이상을 장기 섭취하면 탈모, 체중감소, 설사, 메스꺼움, 식욕부진, 과다한 소변, 혈중 요소의 증가, 성장 지연 등이 나타난다. 비타민D의 과량섭취로 인해 혈액 내 비타민D가 증가되면 혈액 내 칼슘량이 증가되는 고칼슘혈증이 나타나고, 골손실이 일어날 수 있다. 또한 혈액에 있는 과잉의 칼슘은 신장, 혈관, 심장, 폐 등의 연조직에 석회화를 초래하게 되는데 여분의 칼슘이 혈관벽에 침착되어 혈관경화를 일으키거나 신장에서 신장결석을 형성한다.

6) 영양상태 평가와 섭취기준

비타민D의 영양상태는 계절, 햇볕에 노출되는 기간, 나이 등에 영향을 받는다. 비타민D의 영양상태를 판정하는 방법으로는 혈청 25-OH-비타민 D_3 농도, 골격 건강 지표(골밀도, 골질량, 골절 위험도 등), 혈중 부갑상선호르몬$_{PTH}$ 농도 등을 측정하는 방법이 있다. 혈청 25-OH-비타민 D_3 농도 측정은 비타민D의 영양상태를 판정하는 가장 좋은 지표로 많이 사용되고 있는 방법이다.

비타민D는 자외선에 의해 피부에 존재하는 전구체로부터 합성이 가능하므로 1일 충분섭취량으로 성인 남녀 모두 10μg, 골다공증 위험이 높아지는 65세 이후엔 15μg을 설정하였다(2025 한국인 영양소 섭취기준). 한편 비타민D의 과잉섭취는 고칼슘혈증을 일으킬 수 있으므로 이를 방지하기 위해서는 성인 1일 상한섭취량인 100μg을 초과 섭취하지 않도록 한다.

비타민D의 단위와 전환

1 IU(International Unit): 비타민D의 생물학적 활성도를 나타내는 국제단위

비타민 D_3 1 μg = 40 IU

1 IU = 0.025 μg 비타민 D_3

혈중농도 5 nmol/L = 1 ng/mL

표 6-5 **한국인의 1일 비타민 D 섭취기준**

성별	연령	비타민 D(μg/일)				
		평균필요량	권장섭취량	충분섭취량	상한섭취량	만성질환 위험감소섭취량
영아	0~5(개월)			5	25	
	6~11			5	25	
유아	1~2(세)			5	30	
	3~5			5	35	
남자	6~8(세)			5	40	
	9~11			5	60	
	12~14			10	100	
	15~18			10	100	
	19~29			10	100	
	30~49			10	100	
	50~64			10	100	
	65~74			15	100	
	75 이상			15	100	
여자	6~8(세)			5	40	
	9~11			5	60	
	12~14			10	100	
	15~18			10	100	
	19~29			10	100	
	30~49			10	100	
	50~64			10	100	
	65~74			15	100	
	75 이상			15	100	
임신부[1]				+0	100	
수유부[1]				+0	100	

1) 임신부·수유부 부가량. 단, 상한섭취량은 임신부·수유부 부가량 아닌 총량
자료: 보건복지부·한국영양학회. 2025 한국인 영양소 섭취기준

7) 급원식품

비타민D는 간, 난황, 고등어, 청어, 참치, 연어 등의 기름진 생선에 많이 들어 있으며 비타민D 강화우유와 마가린, 버섯 등이 비교적 좋은 급원이다.

표 6-6 **비타민 D 주요 급원식품(100g당 함량)[1)]**

급원식품 순위	급원식품	함량 (μg/100g)	기여율 (%)	급원식품 순위	급원식품	함량 (μg/100g)	기여율 (%)
1	달걀, 생것	1.0	19.55	16	꽁치	13.0	1.79
2	돼지고기(살코기)	0.5	10.83	17	볼락	4.6	1.30
3	연어	33.0	10.04	18	소 부산물(간)	1.2	1.14
4	고등어	4.9	7.78	19	어패류알젓	17.0	1.12
5	두유	1.0	7.32	20	돔	5.6	0.92
6	오징어	2.3	6.39	21	메추라기알	1.8	0.61
7	멸치, 삶아서 말린 것	4.1	6.04	22	방어	5.4	0.57
8	조기	8.4	4.64	23	임연수어	4.6	0.36
9	명태	1.3	3.28	24	대구	0.9	0.29
10	쥐치, 조미하여 말린 것	33.7	3.02	25	민어	3.3	0.18
11	넙치(광어)	4.3	2.82	26	정어리	14.0	0.18
12	소고기(살코기)	0.2	2.64	27	어패류 부산물	5.0	0.09
13	미꾸라지	5.5	2.33	28	아이스밀크	0.1	0.09
14	오리고기	2.0	2.31	29	목이버섯	0.4	0.08
15	시리얼	3.8	2.19	30	푸딩	1.4	0.05

1) 2022년 국민건강영양조사의 식품별 섭취량과 식품별 비타민 D 함량(국가표준식품성분표 DB 10.2) 자료를 활용하여 비타민 D 주요 급원식품 상위 30위 산출

자료: 보건복지부·한국영양학회. 2025 한국인 영양소 섭취기준

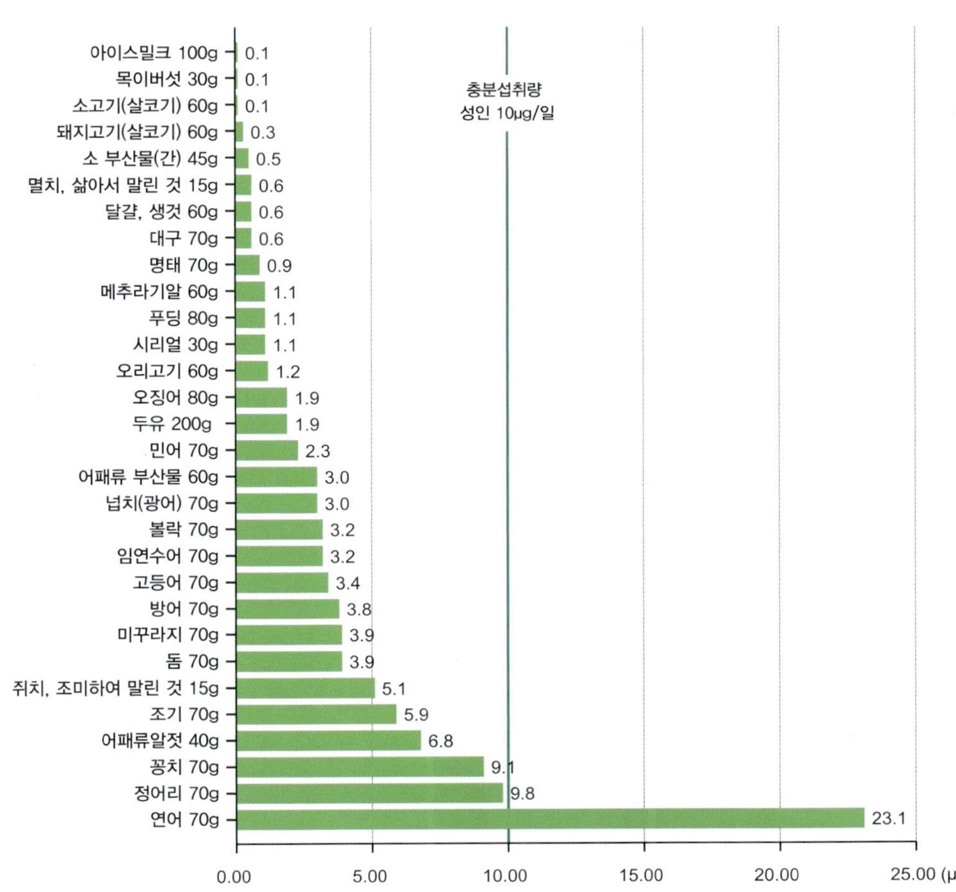

그림 6-10 **비타민 D 주요 급원 식품(1회 분량당 함량)**[1]

1) 2022년 국민건강영양조사의 식품별 섭취량과 식품별 비타민 D 함량(국가표준식품성분표 DB 10.2) 자료를 활용하여 비타민 D 주요 급원식품 상위 30위 산출 후 1회 분량(2020 한국인 영양소 섭취기준)을 적용하여 1회 분량당 함량 산출, 19~29세 성인 충분섭취량 기준(2025 한국인 영양소 섭취기준)과 비교

자료: 보건복지부·한국영양학회. 2025 한국인 영양소 섭취기준

4. 비타민 E

1) 구조와 성질

1922년 과학자들은 식물성 기름에서 쥐의 생식에 필요한 미지의 화합물을 발견하고 토코페롤tocopherol이라고 명명하였는데 그리스어로 tokos는 '출산'childbirth, phero는 '낳다'to bring forth의 의미를 가지고 있다. 비타민 E는 단일화합물이 아니며 비타민 E의 활성

토코트리에놀 tocotrienol

을 가지는 물질로서 복합고리 구조에 긴 포화 곁사슬로 이루어진 토코페롤 4종류(α, β, γ, δ)와 긴 불포화 곁사슬로 이루어진 토코트리에놀 4종류(α, β, γ, δ)가 있다. 천연식품 중에 가장 많으며 인체에 필요한 활성가가 가장 큰 것은 α-토코페롤이다.

비타민E는 열에 안정하지만 산화와 자외선에 의해 쉽게 파괴된다.

2) 흡수와 대사

식사로 섭취한 비타민E의 소화흡수 과정은 지방이나 지용성 물질들의 소화흡수 과정과 동일하다. 소장에서 담즙의 도움을 받아 유화되고 소화된 후에, 카일로마이크론의 형태로 림프관으로 흡수되어 간으로 운반된다. 이후 간에서 만들어지는 VLDL에 포함되어 다른 조직으로 운반된다. 비타민E의 흡수율은 30~50% 정도이며, 80%까지 흡수될 때도 있다. 비타민E 섭취량이 많을수록 흡수율은 감소한다. 비타민E는 흡수되는 과정에서 담즙과 췌장액의 도움을 받아야 하므로 담즙분비와 췌장에 이상이 있는 경우 흡수가 잘 이뤄지지 않을 수 있다. 여분의 비타민E는 90% 정도 지방조직에 저장되며 나머지는 조직의 모든 세포막에서 발견되고 간, 폐, 심장, 근육, 부신, 뇌에는 매우 소량 저장된다.

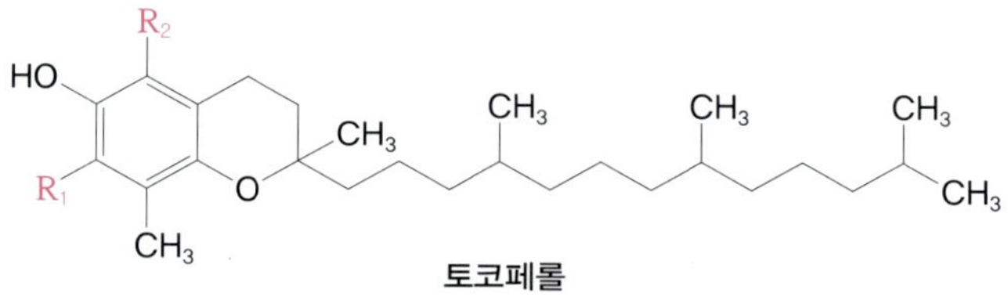

토코페롤/ 토코트리에놀	R_1	R_2
α−	CH_3	CH_3
β−	H	CH_3
γ−	CH_3	H
δ−	H	H

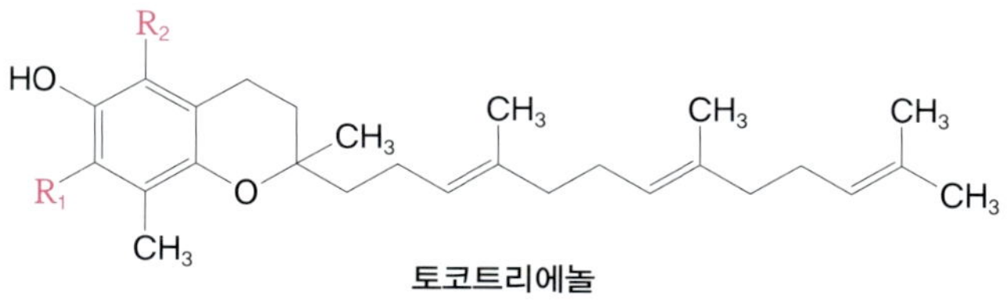

그림 6-11 **비타민E의 구조**

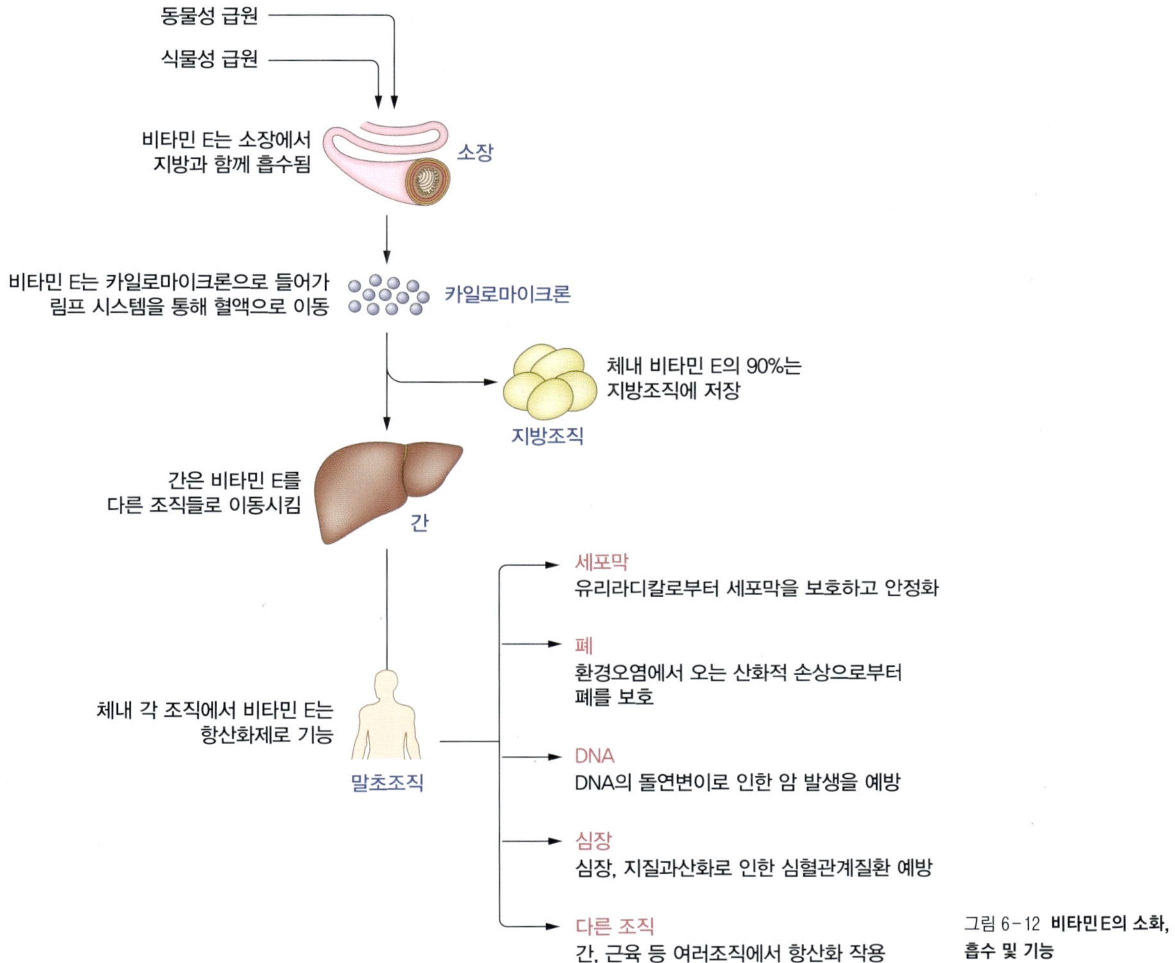

그림 6-12 **비타민 E의 소화, 흡수 및 기능**

3) 생리적 기능

비타민E의 주된 생리기능은 다른 물질의 산화반응을 막아주는 항산화 기능이다. 비타민E는 불포화지방산과 비타민A의 산화를 방지할 수 있는데 비타민E는 자신이 산화됨으로써 다른 물질의 산화에 필요한 산소를 제거하여 다른 물질의 산화를 막을 수 있다. 이러한 작용은 식품에서뿐만 아니라 체내 세포막 인지질에 존재하는 다불포화지방산을 산화작용으로부터 보호한다. 유리라디칼은 전자가 하나 부족한 불안정한 물질로 다른 물질로부터 전자를 얻으려고 하며 활성이 높아 정상적인 세포막을 공격할 수 있다. 비타

활성산소
oxygen free radical

산소가 체내 대사에서 이용되는 과정에서 생성되는 불안정한 물질로 산화력이 매우 강하다. 활성산소는 살균작용을 통해 병원체로부터 인체를 보호하는 작용을 하나, 과잉생성된 활성산소는 세포막, DNA 등을 손상시킬 수 있어 노화 및 각종 질병과 관련이 있다.

글루타티온 glutathione

민E는 유리라디칼과 결합하여 연쇄반응을 차단함으로써 세포막의 지질의 손상을 막는다(그림 6-13). 적혈구 막이 유리라디칼로 인해 손상되면 용혈현상이 일어날 수 있다. 비타민E는 비타민C에 의해 환원되어 재사용될 수 있으며 글루타티온과 같은 다른 항산화제와 함께 세포막의 과산화반응을 억제한다(그림 6-14). 이러한 세포막의 보호 작용을 통해 신경세포와 근육세포의 손상을 방지하고 T림프구의 기능을 도와 면역기능을 정상화함으로써 항암효과의 기능도 주목받고 있다.

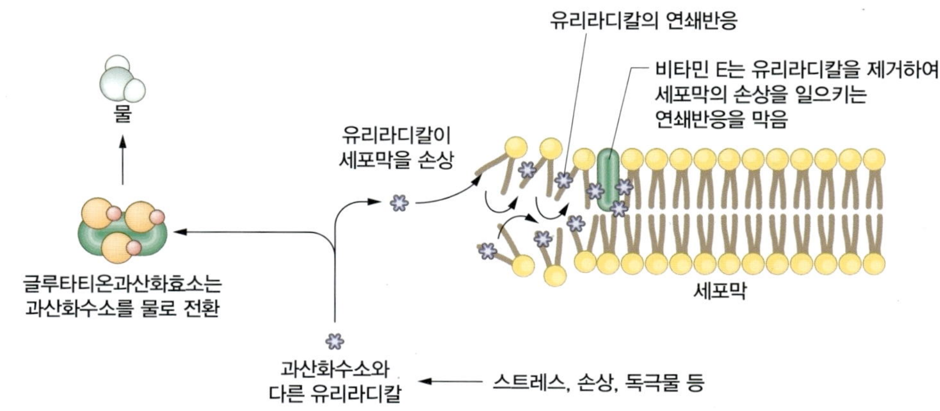

그림 6-13 **세포막에서 비타민E의 항산화작용**

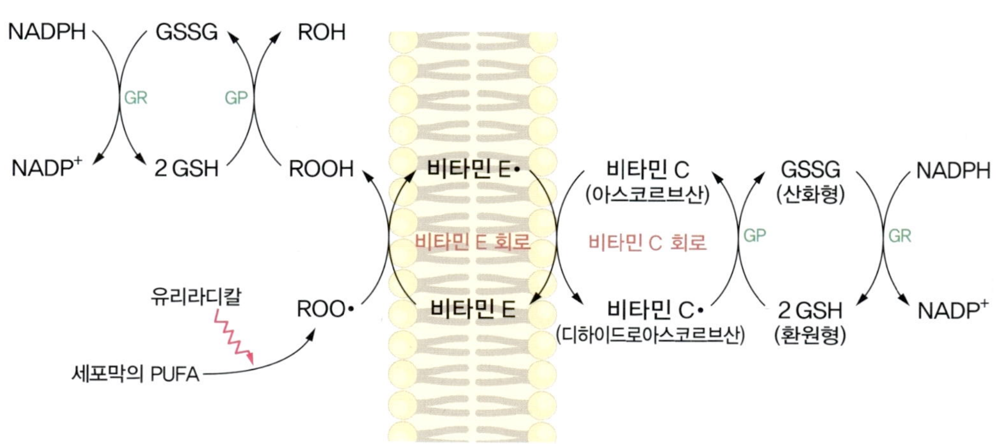

그림 6-14 **항산화체계에서 비타민E, 비타민C, 글루타티온의 상호관계**

4) 결핍증

비타민E의 결핍증상으로 동물에게서 생식불능, 근위축증, 빈혈 등이 나타나나 사람에게서는 유전적으로 토코페롤 결합단백질의 생성에 문제가 있거나 심한 영양불량의 경우 외에는 결핍증이 흔하게 나타나지 않는다. 미숙아는 비타민E 부족으로 인해 적혈구가 쉽게 파괴(용혈)되어 생기는 용혈성 빈혈이 발생될 수 있다.

5) 과잉증

비타민E는 비타민A, 비타민D와 비교할 때 상대적으로 독성이 낮다. 비타민E를 식품으로 과잉 섭취하기는 어려우나 보충제의 형태로 과량 섭취할 경우 문제가 될 수 있다. 비타민E를 과잉 섭취할 경우 비타민K의 혈액응고 과정을 방해하여 지혈이 지연될 수 있다.

6) 영양상태 평가와 섭취기준

비타민E의 체내 영양상태를 판정하는 지표로는 혈청 총 비타민E 농도, 토코페롤 농도, 조직 내의 비타민E, 적혈구의 용혈검사RBC hemolysis test 등이 이용된다. 일반적으로 적혈구 용혈작용과 혈중 비타민 E 농도를 측정하는 방법이 주로 이용된다. 비타민 E의 섭취 단위는 α-토코페롤 당량(α-TE)으로 표현하며, 1mg α-TE는 1mg α-토코페롤이 가지는 생물학적 활성도를 의미한다. 한국인 1일 성인 남녀의 비타민E 충분섭취량은 남녀 12mg α-TE이며, 1일 성인 남녀의 비타민E 상한섭취량은 540mg α-TE이다(2025 한국인 영양소 섭취기준).

표 6-7 **한국인의 1일 비타민 E 섭취기준**

성별	연령	비타민 E(mg α-TE/일)[1]				
		평균필요량	권장섭취량	충분섭취량	상한섭취량	만성질환 위험감소섭취량
영아	0~5(개월)			3		
	6~11			4		
유아	1~2(세)			5	100	
	3~5			6	150	
남자	6~8(세)			7	200	
	9~11			9	300	
	12~14			11	400	
	15~18			12	500	
	19~29			12	540	
	30~49			12	540	
	50~64			12	540	
	65~74			12	540	
	75 이상			12	540	
여자	6~8(세)			7	200	
	9~11			9	300	
	12~14			11	400	
	15~18			12	500	
	19~29			12	540	
	30~49			12	540	
	50~64			12	540	
	65~74			12	540	
	75 이상			12	540	
임신부[2]				+0	540	
수유부[2]				+3	540	

1) α-TE: 비타민 E 동족체 상대적 생물학적 활성 기준 산출(KDRI, 2025), α-TE=(α-토코페롤)+0.5(β-토코페롤)+0.1(γ-토코페롤)+0.01(δ-토코페롤)+0.3(α-토코트리에놀)
2) 임신부·수유부 부가량. 단, 상한섭취량은 임신부·수유부 부가량 아닌 총량
자료: 보건복지부·한국영양학회. 2025 한국인 영양소 섭취기준

7) 급원식품

비타민E는 식물성 기름에 풍부하게 포함되어 있으며 견과류, 종실류, 콩류, 전곡, 진한 녹색 잎채소 등에 포함되어 있다. 또한 비타민E는 육류, 가금류, 생선, 달걀 등에도 소량 들어 있다. 조리나 가공과정에서 비타민E가 손실될 수 있는데 곡류의 도정과정에서 비타민E가 풍부한 배아가 손실되므로 전곡을 섭취하는 것이 좋다. 비타민E는 산소, 빛, 열에 의해 산화되므로 보관 및 조리 시 주의가 필요하다.

표 6-8 **비타민 E 주요 급원식품(100g당 함량)[1)]**

급원식품 순위	급원식품	함량 (mg α-TE/100g)	기여율 (%)	급원식품 순위	급원식품	함량 (mg α-TE/100g)	기여율 (%)
1	고춧가루	27.6	19.55	16	소고기(살코기)	0.3	1.79
2	달걀, 생것	1.3	10.83	17	시리얼	6.1	1.30
3	김치, 배추김치	0.8	10.04	18	고등어	2.1	1.14
4	콩기름	11.8	7.78	19	대두	2.7	1.12
5	과자	4.1	7.32	20	아몬드	8.1	0.92
6	마요네즈	8.2	6.39	21	김, 조미김, 구운 것	5.4	0.61
7	두부	0.7	6.04	22	참기름	4.3	0.57
8	빵, 식빵	0.6	4.64	23	귤	0.4	0.36
9	고추장	2.6	3.28	24	닭고기(살코기)	0.0	0.29
10	백미	0.1	3.02	25	당근	0.7	0.18
11	라면(조리 전후 통합)	1.1	2.82	26	올리브유	10.4	0.18
12	돼지고기 (살코기)	0.3	2.64	27	두유	0.3	0.09
13	가당음료(과일 음료 포함)	0.6	2.33	28	샐러드드레싱	14.1	0.09
14	시금치	1.4	2.31	29	현미	0.8	0.08
15	새우	2.3	2.19	30	고구마	0.2	0.05

1) 2022년 국민건강영양조사의 식품별 섭취량과 식품별 비타민 E 함량(국가표준식품성분표 DB 10.2) 자료를 활용하여 비타민 E 주요 급원식품 상위 30위 산출

자료: 보건복지부·한국영양학회. 2025 한국인 영양소 섭취기준

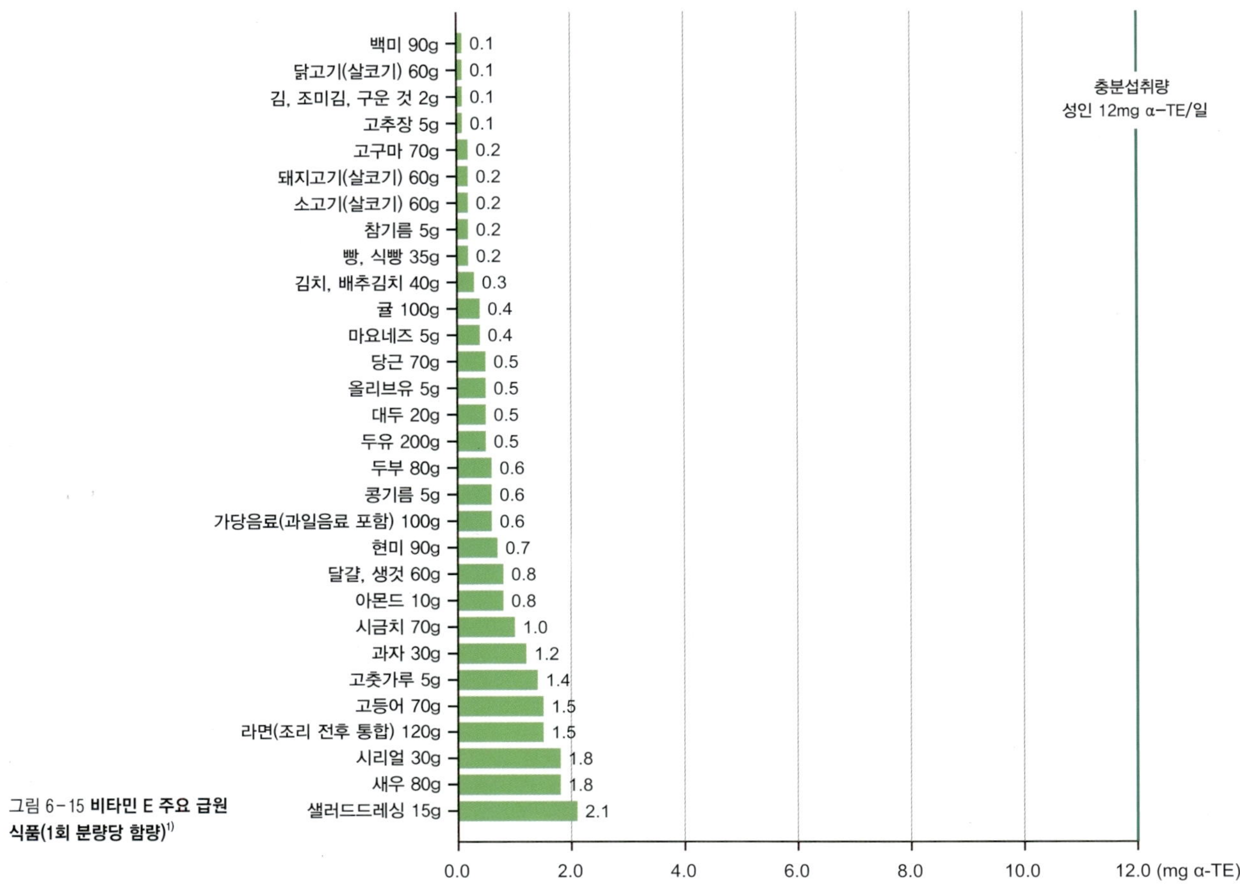

그림 6-15 **비타민 E 주요 급원 식품(1회 분량당 함량)**[1)]

1) 2022년 국민건강영양조사의 식품별 섭취량과 식품별 비타민 E 함량(국가표준식품성분표 DB 10.2) 자료를 활용하여 비타민 E 주요 급원식품 상위 30위 산출 후 1회 분량(2020 한국인 영양소 섭취기준)을 적용하여 1회 분량당 함량 산출, 19~29세 성인 충분섭취량 기준(2025 한국인 영양소 섭취기준)과 비교

자료: 보건복지부·한국영양학회. 2025 한국인 영양소 섭취기준

5. 비타민K

1) 구조와 성질

필로퀴논 phylloquinone
메나퀴논 menaquinone

비타민K는 혈액응고 과정에서 필수적인 역할을 담당하며, 혈액 응고를 뜻하는 'koagulation'으로부터 비타민K로 명명되었다. 비타민K는 퀴논류에 속하며 식물성 급원인 필로퀴논(비타민K_1)과 동물성 식품이나 장내 박테리아에 의해 합성되는 메나퀴논

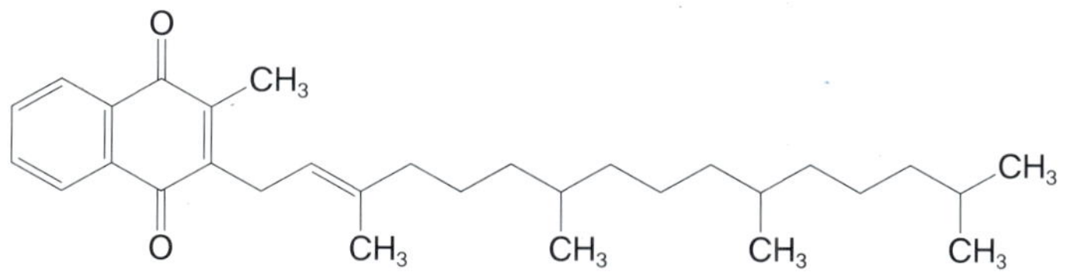

필로퀴논(비타민 K_1)

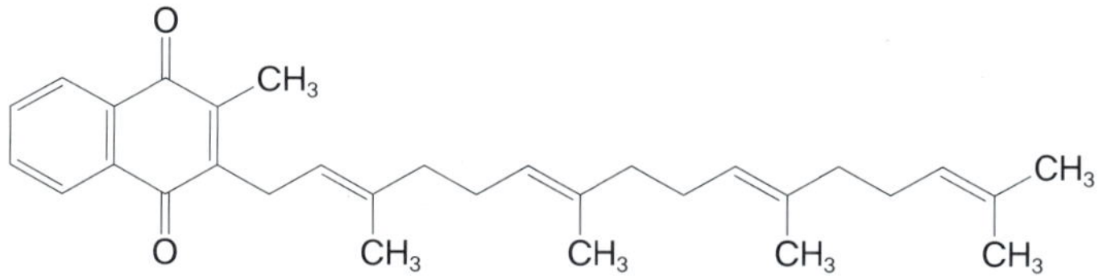

메니퀴논(비타민 K_2)

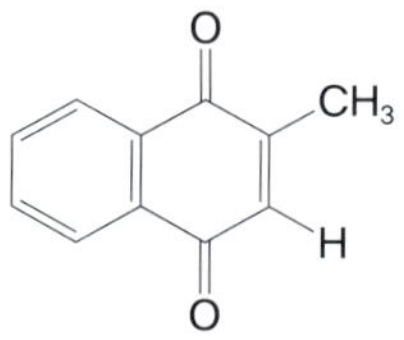

메나디온(비타민 K_3)

그림 6-16 **비타민K의 구조**

(비타민 K_2), 인공적인 합성물인 메나디온(비타민 K_3)으로 분류된다. 필로퀴논은 식사로부터 섭취되는 주요 형태이며 활성이 가장 높다.

메나디온 menadione

2) 흡수와 대사

식사로 섭취한 비타민K는 담즙의 도움을 받아 유화되고 효소에 의해 소화된 후에 카일로마이크론에 포함되어 림프관을 통해 간으로 이동된다. 간은 비타민K의 주된 저장소이지만 전환율이 매우 빠르다. 간에서 비타민K는 초저밀도 지단백질(VLDL)에 포함되어 혈액을 통해 여러 조직으로 운반되며, 부신, 폐, 골수, 신장, 림프절에 많이 존재한다. 비타민K와 대사산물은 주로 담즙으로 배설되지만 일부는 소변으로도 배설된다.

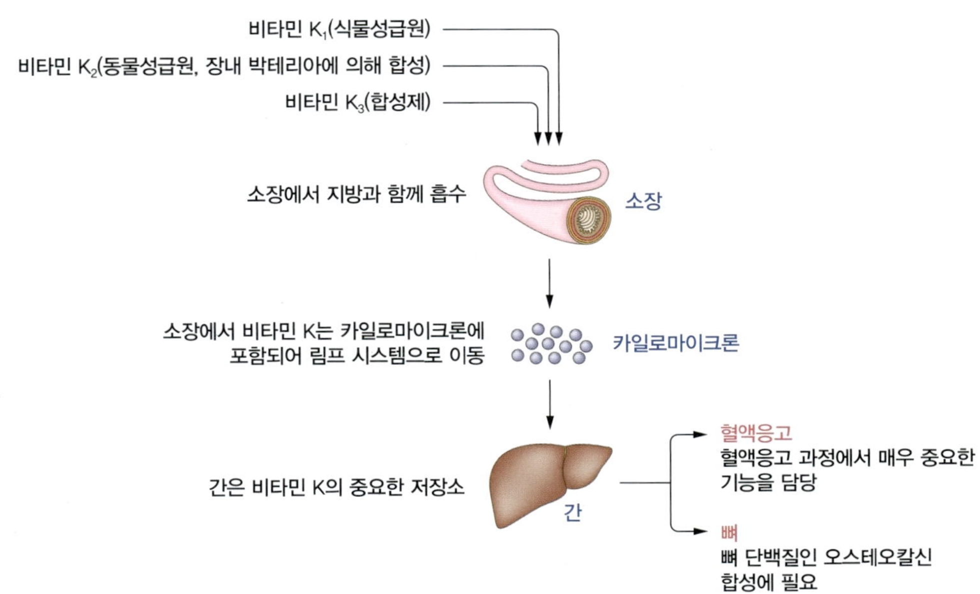

그림 6-17 **비타민K의 소화, 흡수 및 기능**

3) 생리적 기능

출혈 후 혈액응고가 일어나 지혈이 되는 일련의 반응 과정에는 여러 단백질을 필요로 한다. 혈액응고 과정에 관여하는 몇 개의 혈액응고인자들은 간에서 불활성형 단백질의 형태로 합성되므로 활성화되기 위해서는 비타민K가 반드시 필요하다. 특히 간에서 불활성형의 프리프로트롬빈(인자II)은 비타민K의 작용으로 γ-카르복실화 반응이 일어나 프로트롬빈으로 전환되어 혈액으로 방출된다. 프로트롬빈은 칼슘과 트롬보플라스틴에 의해 트롬빈으로 활성화되면서 다음 혈액응고 과정으로 진행되어 피브리노겐을 피브린으로 전환한다.

프로트롬빈 prothrombin

트롬보플라스틴 thromboplastin

트롬빈 thrombin

또한 비타민K는 골격형성을 돕는다. 비타민K는 뼈의 무기질화와 성숙에 필요한 뼈

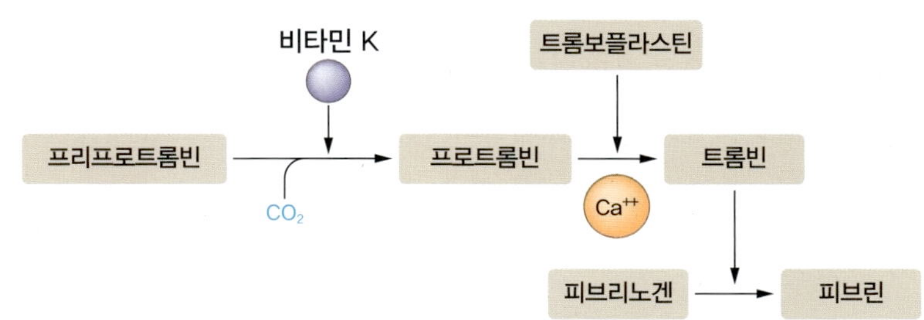

그림 6-18 **혈액응고 과정에서 비타민K의 역할**

단백질인 오스테오칼신의 카르복실화 과정에 매우 중요하며 이를 통해 칼슘결합 능력이 증가된다. 비타민K의 낮은 혈중 농도는 낮은 골밀도와 연관이 있는 것으로 알려져 있다.

오스테오칼신 osteocalcin

뼈와 상아질에서 발견되는 γ-카르복시글루탐산을 포함하는 단백질로 골아세포에서 생성되어 골격 형성에 관여하는 것으로 알려져 있다.

4) 결핍증

비타민K는 지혈과 관련하여 매우 중요하지만 매우 적은 양이 필요할 뿐 아니라 장내 세균에 의해 합성되므로 건강한 사람에게서는 결핍증이 잘 나타나지 않는다. 그러나 체내 담즙생성이 불가능한 경우, 지방 흡수가 불량한 경우, 비타민K의 대사를 방해하는 약물이나 항생제를 투여 받는 경우 결핍이 나타날 수 있다. 항생제는 장내 박테리아에 의해 생성되는 메나퀴논의 양을 감소시킬 수 있다. 비타민K가 결핍되면 저 프로트롬빈혈증이 나타나 혈액응고시간이 지연되거나 출혈이 나타난다. 신생아의 경우는 장내 세균이 존재하지 않으므로 장에서의 비타민K 합성이 부족해 신생아 출혈이 일어날 수 있다.

5) 과잉증

비타민K는 주로 간에 소량 저장되며 다른 지용성 비타민에 비해 배설이 빨라 식품형태의 비타민K의 섭취로는 과잉증이 나타나지 않지 않는다. 그러나 합성 메나디온의 과량 섭취로 용혈성 빈혈이 나타날 수 있다.

6) 영양상태 평가와 섭취기준

비타민K가 부족하거나 와파린 같은 비타민K의 길항제가 있을 경우 비타민K 의존성 카르복실화가 정상적으로 일어나지 못하므로 여러 형태의 불완전한 카르복실 화합물이 생성되고 이 단백질들은 비타민K의 영양 상태를 평가하는 데 사용된다. 비타민K의 1일 충분섭취량은 19~29세의 성인 남자의 경우 75μg, 여자는 65μg이다(2025 한국인 영양 섭취기준).

와파린 warfarin

표 6-9 **한국인의 1일 비타민 K 섭취기준**

성별	연령	비타민 K(μg/일)				
		평균필요량	권장섭취량	충분섭취량	상한섭취량	만성질환 위험감소섭취량
영아	0~5(개월)			4		
	6~11			6		
유아	1~2(세)			25		
	3~5			30		
남자	6~8(세)			40		
	9~11			55		
	12~14			70		
	15~18			80		
	19~29			75		
	30~49			75		
	50~64			75		
	65~74			75		
	75 이상			75		
여자	6~8(세)			40		
	9~11			55		
	12~14			65		
	15~18			65		
	19~29			65		
	30~49			65		
	50~64			65		
	65~74			65		
	75 이상			65		
임신부[1]				+0		
수유부[1]				+0		

1) 임신부·수유부 부가량

자료: 보건복지부·한국영양학회. 2025 한국인 영양소 섭취기준

7) 급원식품

비타민K는 식품과 장내 박테리아로부터 공급될 수 있다. 식사로부터 섭취한 비타민K는 소장에서 흡수되며 박테리아에 의해 생성된 비타민K는 대장에서 흡수된다. 식사로부터 섭취하는 비타민K는 대부분 필로퀴논 형태이며 시금치, 브로콜리, 양상추 등 잎채소류와 과일에 풍부하다. 식물성 기름에도 필로퀴논이 포함되어 있으나 기름 중의 필로퀴논은 빛에 의해 파괴될 수 있어 저장 상태에 따라 함량의 차이가 많이 나타난다. 간, 동물의 내장, 난황, 버터 등에서 메나퀴논이 함유되어 있으나 동물성 식품은 비타민K의 주요 급원이 되지는 못한다.

표 6-10 **비타민 K 주요 급원식품(100g당 함량)**[1)]

급원식품 순위	급원식품	함량 (μg/100g)	기여율 (%)	급원식품 순위	급원식품	함량 (μg/100g)	기여율 (%)
1	김치, 배추김치	75	17.87	16	오이	20	1.27
2	시금치	450	11.63	17	고춧잎	871	1.06
3	들깻잎	787	8.57	18	부추	92	1.04
4	상추	210	5.86	19	브로콜리	182	0.97
5	미역, 말린 것	1,543	5.20	20	풋고추	54	0.88
6	김치, 열무김치	152	5.10	21	고춧가루	69	0.64
7	파, 대파	88	4.00	22	소고기(살코기)	6	0.63
8	무청	461	3.55	23	취나물	150	0.62
9	채소음료	158	3.40	24	두릅	323	0.61
10	김, 조미김, 구운 것	656	3.11	25	김치, 갓김치	121	0.52
11	배추	95	3.10	26	미나리	127	0.52
12	콩나물	93	3.01	27	양배추	12	0.49
13	달걀, 생것	11	1.99	28	아욱	454	0.47
14	콩기름	105	1.71	29	당근	14	0.46
15	마요네즈	109	1.46	30	고사리	38	0.46

1) 2022년 국민건강영양조사의 식품별 섭취량과 식품별 비타민 K 함량(국가표준식품성분표 DB 10.2) 자료를 활용하여 비타민 K 주요 급원식품 상위 30위 산출

자료: 보건복지부·한국영양학회. 2025 한국인 영양소 섭취기준

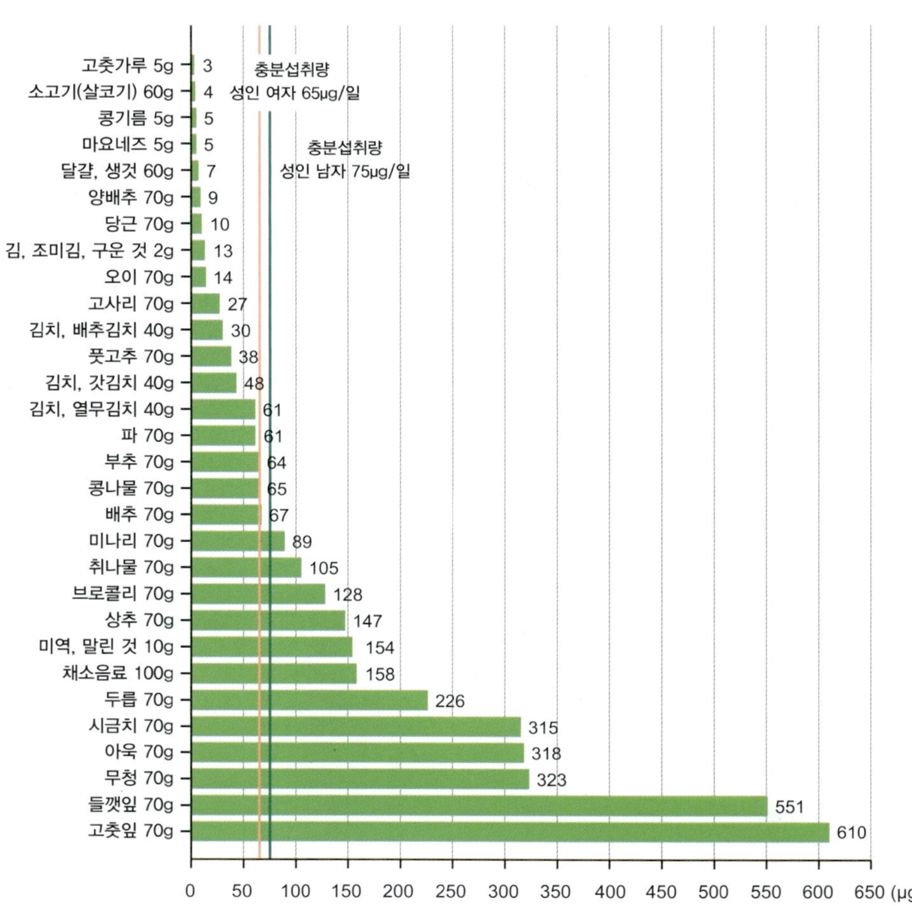

그림 6-19 **비타민 K 주요 급원 식품(1회 분량당 함량)**[1)]

1) 2022년 국민건강영양조사의 식품별 섭취량과 식품별 비타민 K 함량(국가표준식품성분표 DB 10.2) 자료를 활용하여 비타민 K 주요 급원식품 상위 30위 산출 후 1회 분량(2020 한국인 영양소 섭취기준)을 적용하여 1회 분량당 함량 산출, 19~29세 성인 충분섭취량 기준(2025 한국인 영양소 섭취기준)과 비교

자료: 보건복지부·한국영양학회. 2025 한국인 영양소 섭취기준

표 6-11 **지용성 비타민 요약**

비타민	생화학적 기능	1일 영양섭취기준				결핍증	과잉증	급원식품
		EAR	RNI	AI	UL			
비타민A 레티놀	•시력 유지 •각막, 상피세포, 점막, 피부의 정상 유지 •골격과 치아 성장 •생식	남성 (19~29세) 570μg RAE (30~49세) 560μg RAE 여성 (19~29세) 460μg RAE (30~49세) 450μg RAE	남성 (19~29세) 800μg RAE (30~49세) 800μg RAE 여성 (19~29세) (30~49세) 650μg RAE		3,000μg RAE	•야맹증 •안질환(각막건조증) •피부각질화 •성장부진 •면역기능 악화 •생식기능장애 •감염성 질환	•골격 이상 •피부 발진 •탈모증 •선천적 결핍증 •두통, 구토 •간, 췌장 비대	•레티놀: 쇠간, 달걀 노른자 •β-카로틴: 녹황색 채소
비타민D 에르고칼시페롤: D_2 콜레칼시페롤: D_3	•골격 형성(소화관의 칼슘 흡수 촉진) •혈중 칼슘 항상성 유지			남성, 여성 (19~29세) (30~49세) 10μg	100μg	•구루병(어린이) •골연화증(성인) •골다공증(성인)	•칼슘 불균형(연조직의 석회화와 결석 형성) •성장 지연 •구토, 설사 •신장 손상 •체중 감소	•햇빛에 의해 체내 합성됨 •생선간유, 달걀, 비타민D 강화우유
비타민E 토코페롤 토코트리에놀	•항산화작용(세포막 안정화, 다불포화지방산과 비타민A 보호) •리포퓨신(노화물질)의 축적 방지 •동물의 생식에 관여			남성, 여성 (19~29세) (30~49세) 12mg α-TE	540mg α-TE	•적혈구 용혈 •용혈성 빈혈 •신경장애	•흔하지 않음 •근육허약, 두통, 피로, 오심 •비타민K 대사방해	•식물성 기름, 종실류 •녹황색 채소
비타민K 필로퀴논: K_1 메나퀴논: K_2 메나디온: K_3	•프로트롬빈(혈액응고 단백질) 합성 •오스테오칼신 합성			남성 (19~29세) (30~49세) 75μg 여성 (19~29세) (30~49세) 65μg		•출혈(내출혈)	•흔하지 않음 •빈혈, 황달	•장내 박테리아에 의해 합성 •녹황색 채소, 간, 곡류, 과일

CHAPTER 7

수용성 비타민

1. 티아민
2. 리보플라빈
3. 니아신
4. 판토텐산
5. 비오틴
6. 비타민 B_6
7. 엽산
8. 비타민 B_{12}
9. 비타민 C
10. 비타민 유사물질들

CHAPTER 7 수용성 비타민

티아민 thiamin
리보플라빈 riboflavin
니아신 niacin
비오틴 biotin
판토텐산 pantothenic acid
엽산 folate

수용성 비타민은 티아민, 리보플라빈, 니아신, 비오틴, 판토텐산, 비타민 B_6, 엽산, 비타민 B_{12} 등 비타민 B군에 속하는 8가지 비타민과 비타민 C로 구성되어 있다. 수용성 비타민들은 체내에서 특정효소가 작용할 수 있도록 도움을 주는 조효소로 작용한다. 수용성 비타민 중 티아민, 리보플라빈, 니아신, 판토텐산, 비오틴은 열량영양소인 탄수화물·지방·단백질이 에너지를 생성하는 대사 과정에서 조효소로 작용한다. 비타민 B_6는 아미노산의 대사에, 엽산과 비타민 B_{12}는 세포의 증식·분화에 관여한다. 간에 축적되는 비타민 B_{12} 이외의 수용성 비타민은 체내 저장되지 않으며 과량의 수용성 비타민은 신장을 통해 배출된다. 따라서 수용성 비타민의 과잉섭취로 인한 독성은 크게 문제되지 않았으나 보충제 등을 통한 과잉 섭취는 영양 불균형을 초래할 수 있으므로 안전한 섭취 수준을 고려할 필요성이 있다. 수용성 비타민은 지용성 비타민에 비해 매우 불안정해서 티아민, 리보플라빈, 비타민 C는 열과 알칼리에 약하다. 따라서 이들 비타민은 오래 끓이는 조리 과정 중 파괴되기 쉬우며 알칼리인 중조 역시 수용성 비타민을 파괴한다. 수용성 비타민은 친수성으로 물에 녹기 쉬우므로 조리 시 최소한의 물을 사용하는 것이 좋다.

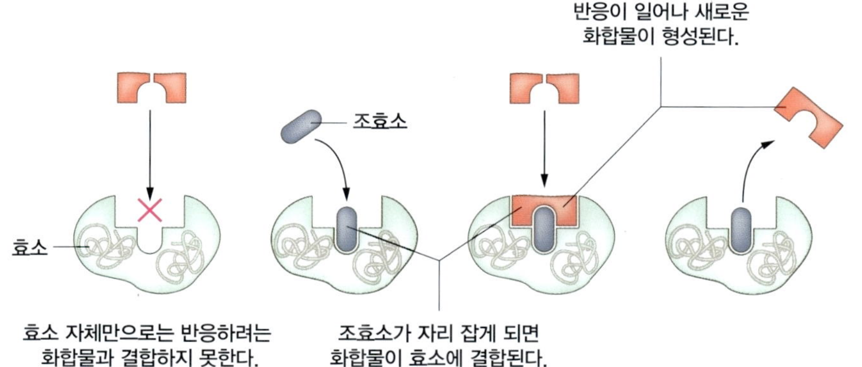

그림 7-1 **조효소와 효소의 상호관계**

조효소

조효소(coenzyme)는 불활성효소(아포효소, apoenzyme)라 불리는 비활성인 단백질과 결합하여 활성형효소(holoenzyme)를 형성하는 물질로 비타민B군은 체내에서 조효소 형태로 전환되어 에너지 대사과정을 비롯한 다른 여러 반응에 관여한다.

1. 티아민

1) 구조와 성질

티아민은 탄소에 황을 포함한 티아졸과 질소를 포함한 피리미딘 고리를 가지고 있으며, 이 두 고리와 탄소원자 사이의 결합이 열에 의해 쉽게 파괴된다. 따라서 식품에 함유된 티아민은 조리 과정 중 손실되기 쉬우며 알칼리 용액도 이 결합을 파괴할 수 있다. 생선에 포함된 티아민 가수분해효소에 의해 티아민이 분해될 수 있지만 이 효소는 조리과정에서 열을 가하면 불활성화된다. 티아민은 체내에서 조효소인 티아민 피로인산(TPP)의 활성화 형태로 탄수화물 대사에 관여한다.

티아졸 thiazole
피리미딘 pyrimidine
티아민 가수분해효소 thiaminase

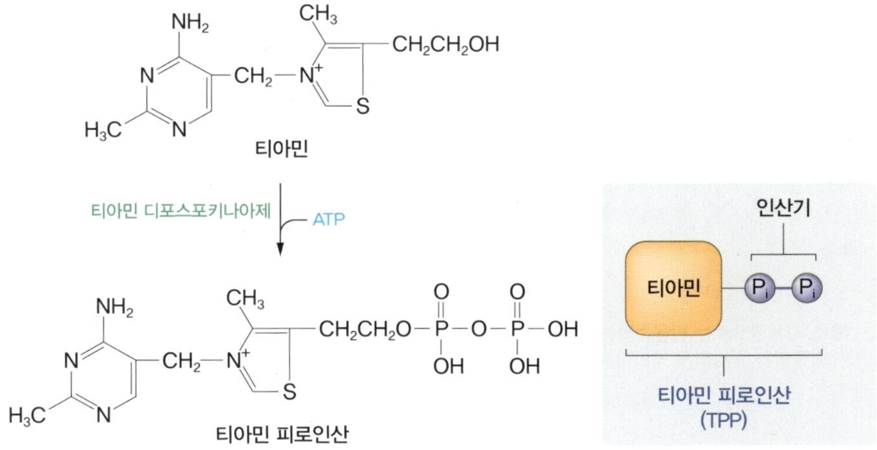

그림 7-2 **티아민의 구조**

티아민의 발견

티아민 부족으로 생기는 각기병(beriberi)은 BC 2600년 중국 고서에도 언급되어 있지만 곡식의 도정과 정제가 시작된 19세기까지는 거의 알려지지 않았다. 1885년 일본의 해군의사였던 타타키 박사는 각기병이 식사로 인한 것이라는 것을 알아내고 고기, 우유, 통곡식을 이용해 치료하였다. 몇 년 후 독일 의사인 에이크만(Christian Eijkman)은 백미를 먹인 새로 각기병을 유도한 뒤 쌀겨를 주어 치료하였다. 이로 인해 항각기인자anti-beriberi factor로 티아민이 발견되었다. 1926년에 화합물이 분리되었으며 황(sulfur)을 의미하는 'thio'와 아민(amine)에서 티아민(thiamin)이라고 명명하였다.

2) 흡수와 대사

티아민 피로인산
thiamin pyrophosphate

티아민은 소장 상부인 공장에서 주로 흡수되며 농도가 낮을 때는 능동적 수송에 의해, 농도가 높을 때는 수동적 확산에 의해 일부 흡수된다. 이후 장점막세포에서 티아민 인산화효소에 의해 인산기와 결합하여 활성형인 티아민 피로인산(TPP) 형태로 전환되고 간으로 이동한 후 각 조직으로 운반된다. 체내 티아민의 대부분은 TPP 형태로 존재한다. 티아민은 체내 저장될 수 있는 양이 매우 소량(25~30mg)으로 지속적으로 식사를 통해 섭취되어야 한다. 저장된 티아민은 TPP의 형태로 근육, 심장, 간, 뇌, 신장에 분포하고 필요량 이상은 신장을 통해 소변으로 배설된다.

3) 생리적 기능

티아민은 티아민 피로인산(TPP) 형태로 에너지 생성 반응의 여러 단계에서 조효소로 작용한다(그림 7-3, 7-4).

(1) 탈탄산반응

티아민 피로인산은 α-케토산에서 이산화탄소(CO_2)가 제거되는 반응에서 조효소로 작용하고, 에너지 대사과정에서 피루브산, α-케토글루타르산, 곁가지 아미노산의 α-케토산의 탈탄산반응을 촉진한다.

α-케토산 α-ketoacid
피루브산 pyruvic acid
α-케토글루타르산 α-ketoglutaric acid
곁가지 케토산 branched chain ketoacid

(2) 오탄당 인산경로

티아민 피로인산은 오탄당 인산경로pentose phosphate pathway에서 케톨전이효소의 조효소로 작용한다. 이 회로를 통해 DNA, RNA 등의 핵산 합성에 사용되는 리보오스와 지방산합성에 이용되는 NADPH가 생성된다.

케톨전이효소 transketolase

(3) 신경자극 조절

티아민 피로인산은 정확한 기전은 밝혀지지 않았으나 신경전달 물질인 아세틸콜린의 합성과정에 작용하여 신경자극의 조절에 관여하는 것으로 알려졌다.

아세틸콜린 acetylcholine

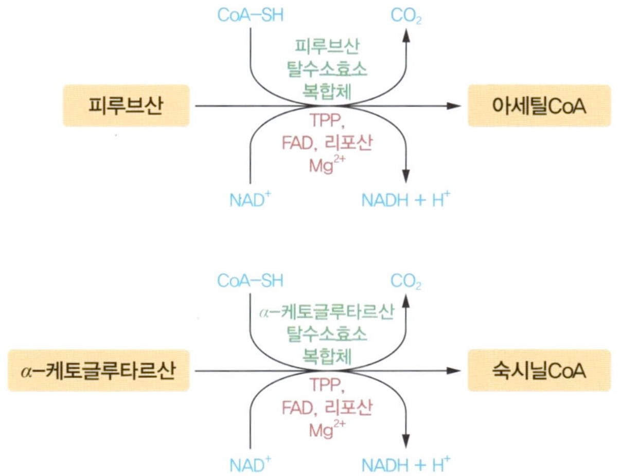

그림 7-3 **TPP가 관여하는 탈탄산 반응**

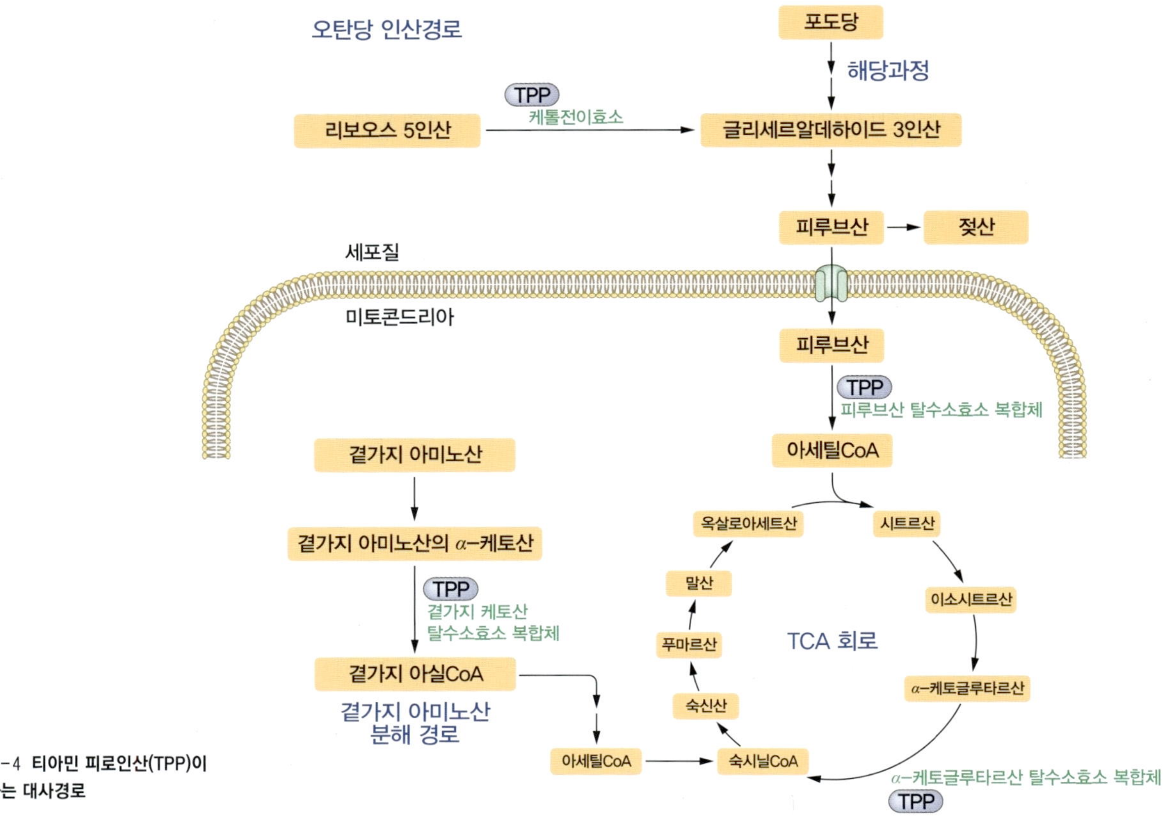

그림 7-4 **티아민 피로인산(TPP)이 관여하는 대사경로**

4) 결핍증

티아민은 체내에서 합성되지 않고 저장량이 많지 않으므로 섭취가 부족할 경우 심장과 신경계의 이상을 동반한 티아민 결핍증이 나타난다. 티아민 결핍의 초기 증상으로는 피로, 불안, 흥분, 구토, 복통 등이 나타나며 결핍이 진행되면 신경계의 이상을 동반하는 건성각기와 심혈관계의 이상을 동반하는 습성각기가 나타날 수 있다. 또한 알코올 섭취와 관련 있는 베르니케-코르사코프 증후군Wernicke-Korsakoff syndrome이 나타나기도 한다.

(1) 각기병

각기병beriberi은 스리랑카 언어로 'I can't, I can't'의 의미에서 유래되었다. 각기병에서는 대부분의 근육이 약해지고 신경이 파괴되는 증상이 나타난다. 티아민 결핍증은 도정된 쌀을 주식으로 하는 지역에서 많이 나타나는데 도정과정에서 티아민이 함유된 쌀겨가 없어지기 때문이다.

티아민 결핍으로 인해 에너지를 제공하기 어려워지면 심혈관계, 근육, 신경 소화기계에 다양한 손상이 발생하게 된다. 특히 뇌신경계는 에너지로 포도당을 사용하므로 티아민 결핍으로 두통, 피로, 우울감 등 뇌신경계와 관련된 증상이 나타난다. 각기병 중 부종을 동반하지 않은 것을 건성각기라고 하는데 신경전달의 이상으로 손발 저림, 근육 소실, 운동기능 장애, 종아리 근육의 통증을 유발한다. 심각한 부종을 동반하는 습성각기는 울혈성 심부전과 유사한 증세를 보이는데 사지의 부종으로 인해 움직임이 어렵고 심장 비대와 호흡곤란 증상이 나타난다.

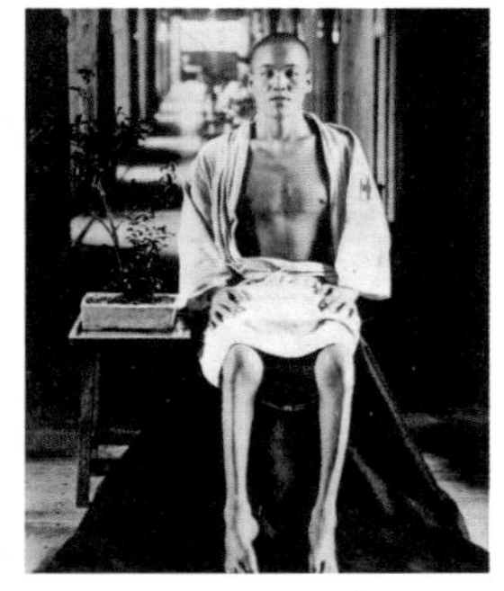

그림 7-5 **건성각기**

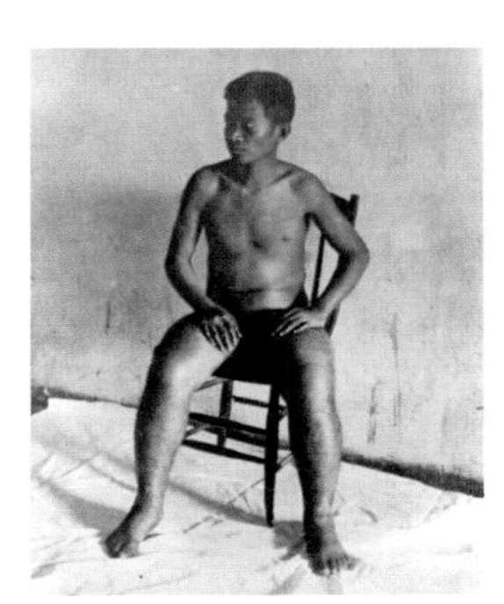

그림 7-6 **습성각기**

(2) 베르니케-코르사코프 증후군

티아민 결핍으로 인한 질환 중 하나인 베르니케-코르사코프 증후군은 알코올로 인한 영양결핍시 주로 발생한다. 알코올은 영양소 없이 칼로리만 가지고 있으며 티아민을 비롯한 다른 비타민들의 흡수를 방해한다. 이 증후군에서는 정신착란, 비틀거림, 빈번한 안구 움직임, 안구근육의 마비, 기억력 장애 등의 증상이 나타난다.

지금까지의 연구로는 식품이나 보충제로부터 장기간 경구적으로 섭취하였을 때 티아민 독성은 거의 보고된 바 없다. 티아민을 한번에 5mg 이상 섭취하면 티아민 소장 내 흡수율이 급격히 감소되며 대부분이 소변으로 배설된다. 따라서 티아민은 상한 섭취량을 설정하지 않고 있다.

5) 영양상태 평가와 섭취기준

티아민의 영양상태는 적혈구에 있는 케톨전이효소의 활성도erythrocyte transketolase activity, ETKA를 측정한 후에 TPP를 첨가하여 다시 활성도를 측정하고 차이를 백분율로 나타내(TPP 효과) 15~24%이면 한계결핍, 25% 이상이면 결핍 수준으로 평가한다.

티아민은 에너지 대사에 관여하므로 에너지 소모량이 증가함에 따라 필요량도 증가하게 된다. 19세 이상 성인 남녀의 티아민 권장량은 각각 1.2mg, 1.1mg이다. 임신부나 수유부는 에너지 필요량이 증가함에 따라 티아민 필요량도 증가하여 하루 1.5mg을 권장한다(2025 한국인 영양소 섭취기준).

표 7-1 **한국인의 1일 티아민 섭취기준**

성별	연령	티아민(mg/일)			
		평균필요량	권장섭취량	충분섭취량	상한섭취량
영아	0~5(개월)			0.2	
	6~11			0.3	
유아	1~2(세)	0.4	0.4		
	3~5	0.4	0.5		
남자	6~8(세)	0.5	0.7		
	9~11	0.7	0.9		
	12~14	0.9	1.1		
	15~18	1.1	1.3		
	19~29	1.0	1.2		
	30~49	1.0	1.2		
	50~64	1.0	1.2		
	65~74	0.9	1.1		
	75 이상	0.9	1.1		
여자	6~8(세)	0.6	0.7		
	9~11	0.8	0.9		
	12~14	0.9	1.1		
	15~18	0.9	1.1		
	19~29	0.9	1.1		
	30~49	0.9	1.1		
	50~64	0.9	1.1		
	65~74	0.8	1.0		
	75 이상	0.7	0.8		
임신부[1]		+0.4	+0.4		
수유부[1]		+0.3	+0.4		

1) 임신부·수유부 부가량

자료: 보건복지부·한국영양학회. 2025 한국인 영양소 섭취기준

6) 급원식품

티아민은 대부분의 식품에서 매우 적은 양이 함유되어 있지만 식품 전반에서 발견된다. 돼지고기는 티아민이 풍부한 식품 중에 하나이며 전곡류, 강화된 시리얼, 콩과 식물, 견과류, 종실류에도 포함되어 있다. 생선류와 해산물도 좋은 급원으로 다양한 식품을 골고루 섭취하는 것이 티아민 섭취를 위해 바람직하다.

표 7-2 **티아민 주요 급원식품(100g당 함량)**[1)]

급원식품 순위	급원식품	함량 (mg/100g)	기여율 (%)	급원식품 순위	급원식품	함량 (mg/100g)	기여율 (%)
1	돼지고기 (살코기)	0.60	22.86	16	고구마	0.09	1.24
2	백미	0.08	8.14	17	찹쌀	0.42	1.15
3	닭고기(살코기)	0.20	5.54	18	현미	0.26	1.12
4	김치, 배추김치	0.08	3.63	19	무	0.06	1.04
5	가공육	0.49	3.23	20	만두	0.27	1.04
6	소고기(살코기)	0.14	2.87	21	국수, 말린 것	0.09	1.01
7	달걀, 생것	0.07	2.22	22	보리	0.23	0.96
8	고추장	0.53	2.14	23	과자	0.14	0.93
9	귤	0.18	2.10	24	라면(조리 전후 통합)	0.09	0.88
10	시리얼	1.85	1.94	25	양파	0.04	0.86
11	옥수수	0.48	1.73	26	고등어	0.30	0.85
12	빵, 식빵	0.08	1.36	27	두유	0.06	0.84
13	된장	0.44	1.35	28	시금치	0.16	0.79
14	라면 스프	1.66	1.34	29	고춧가루	0.43	0.76
15	우유	0.02	1.27	30	밀가루	0.16	0.75

1) 2022년 국민건강영양조사의 식품별 섭취량과 식품별 티아민 함량(국가표준식품성분표 DB 10.2) 자료를 활용하여 티아민 주요 급원식품 상위 30위 산출

자료: 보건복지부·한국영양학회, 2025 한국인 영양소 섭취기준

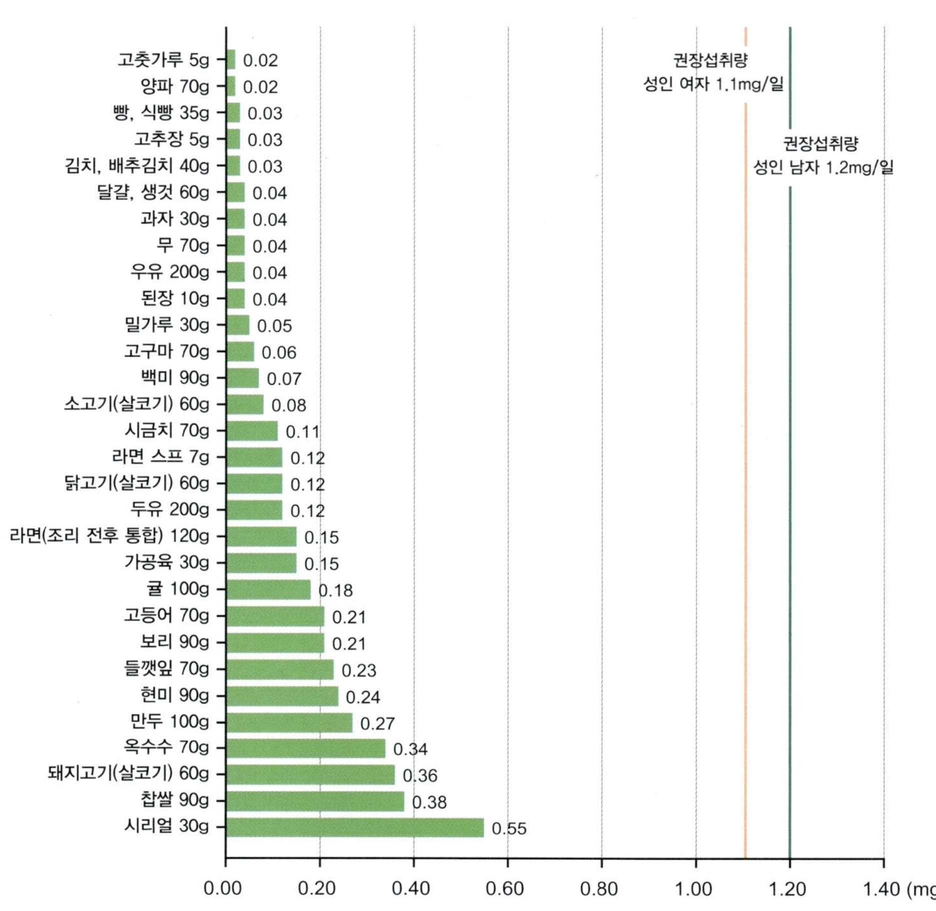

그림 7-7 **티아민 주요 급원식품(1회 분량당 함량)**[1)]

1) 2022년 국민건강영양조사의 식품별 섭취량과 식품별 티아민 함량(국가표준식품성분표 DB 10.2) 자료를 활용하여 티아민 주요 급원식품 상위 30위 산출 후 1회 분량(2020 한국인 영양소 섭취기준)을 적용하여 1회 분량당 함량 산출, 19~29세 성인 권장섭취량 기준(2025 한국인 영양소 섭취기준)과 비교

자료: 보건복지부·한국영양학회. 2025 한국인 영양소 섭취기준

2. 리보플라빈

1) 구조와 성질

리비톨 ribitol

플라빈 모노뉴클레오타이드 flavin mononucleotide

플라빈 아데닌 다이뉴클레오타이드 flavin adenine dinucleotide

리보플라빈은 3개의 고리 구조가 결합된 형태로 중간고리에 리비톨이 결합되어 있다. 리보플라빈은 조효소 형태인 플라빈 모노뉴클레오타이드(FMN)와 플라빈아데닌 다이뉴클레오타이드(FAD)의 형태로 체내 에너지 대사과정의 산화 환원반응에 관여한다. 리보플

라빈은 열에는 안정하지만 자외선에 약한 성질을 갖고 있다.

리보플라빈의 발견

리보플라빈과 티아민은 처음에는 같은 비타민으로 여겨졌으나 항각기인자가 열에 의해 항각기성질을 잃었는데도 성장촉진성질을 가지고 있다는 것이 발견되었다. 1917년 과학자들은 열에 안정한 물질을 비타민 B_2로 명명했다. 리보플라빈의 '플라빈(flavin)'은 라틴어로 노란색을 뜻하며 식품에서는 녹색 또는 약간 푸른빛을 띤다.

2) 흡수와 대사

리보플라빈은 식품 중에 유리된 형태의 리보플라빈 또는 조효소 형태인 FMN이나 FAD의 형태로 존재한다. 체내에서 유리된 형태만이 흡수될 수 있으므로 FMN과 FAD는 소장에서 단백질 분해효소나 인산분해효소에 의해 리보플라빈으로 유리된다. 유리된 리보플라빈은 섭취량이 많을 경우 단순확산에 의해, 섭취량이 적은 경우에는 능동수송에 의해 흡수되어 장점막세포 내에서 FMN을 형성한 다음 간으로 이동된다. 리보플라빈은 많은 양이 저장되지 않는데 간에서 FMN은 FAD로 전환되어 소량 저장되고, 일부는 심장·신장에 저장되며, 과잉의 리보플라빈은 소변으로 배설된다.

3) 생리적 기능

(1) 에너지 생성 과정

리보플라빈은 에너지대사과정에서 전자들을 쉽게 받아들이거나 내주며 산화환원반응에 참여한다. 리보플라빈은 FMN과 FAD 두 조효소의 구성성분으로 작용한다. 이 효소들은 TCA회로와 지방산을 분해하는 β-산화를 포함해서 많은 대사경로에 관여한다. FAD는 수소와 전자를 받아들여 TCA회로에서 $FADH_2$로 환원된다. TCA회로 중에서 숙신산이 푸마르산으로 전환되는 과정은 리보플라빈이 관여하는 대표적인 반응으로 이 과정에서 생성된 $FADH_2$는 고에너지 전자를 미토콘드리아의 전자전달계에 전달하여 ATP를 형성한다. FMN도 수소와 전자를 받아들여 $FMNH_2$를 만든다.

숙신산 succinic acid
푸마르산 fumaric acid

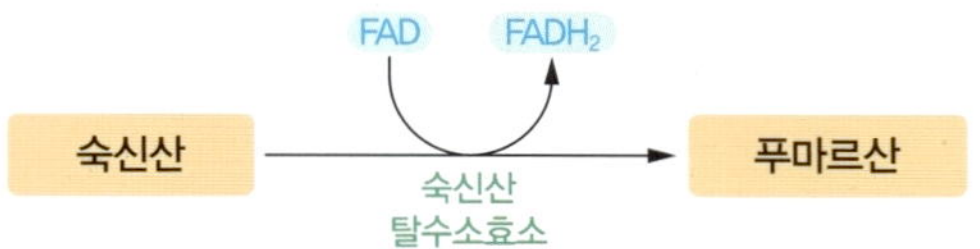

(2) 글루타티온환원효소의 조효소

리보플라빈은 글루타티온환원효소의 보조효소로 지질과산화물의 생성을 억제하는 데 관여한다. 체내 지질과산화물은 글루타티온과산화효소에 의해 알코올로 환원되는데 이

산화된 리보플라빈

환원된 리보플라빈

FAD(플라빈 아데닌 다이뉴클레오타이드)

FMN(플라빈 모노뉴클레오타이드)

그림 7-8 **리보플라빈, FAD, FMN의 구조**

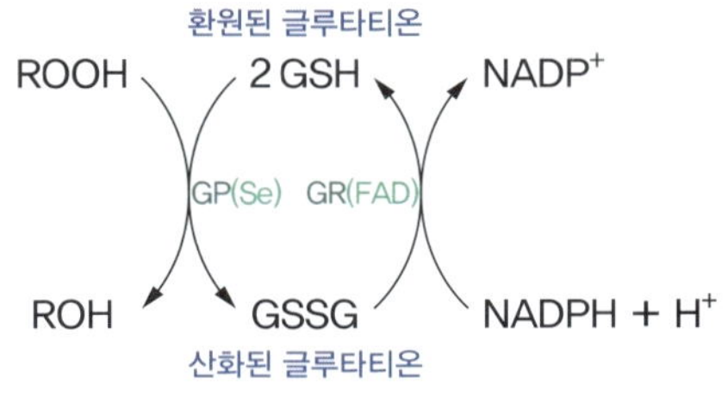

그림 7-9 **글루타티온의 항산화작용**

때 환원형 글루타티온(GSH)이 산화형(GSSG)으로 전환되고 글루타티온환원효소는 GSSG를 GSH로 환원시킨다. 글루타티온환원효소는 FAD를 필요로 하므로 리보플라빈이 부족하면 지질과산화물이 효과적으로 제거되지 못한다(6장 그림 6-14 참조).

글루타티온환원효소
glutathione reductase

(3) 니아신의 합성 및 기타 작용

리보플라빈은 아미노산인 트립토판을 비타민인 니아신으로 전환시키는 반응에 관여한다. 이외에도 엽산과 비타민 B_6의 활성화 반응과 비타민 K의 형성 과정에도 필요하며 리보플라빈을 포함한 조효소는 일부 아미노산의 탈아미노반응 동안 암모니아를 제거하는 반응에 관여한다.

4) 결핍증

리보플라빈의 결핍증은 다른 영양소의 결핍과 더불어 나타나게 되는데 장기간 리보플라빈이 부족한 식사를 하거나 알코올 중독과 같은 영양소 결핍시 발생하기 쉽다. 결핍 증세로는 코와 눈 주변의 피부염증, 입술과 입 가장자리의 구순염과 구각염angular stomatitis, 설염, 생식기 주변의 지루성 피부염, 두통, 각막의 충혈, 빛에 대한 과민증 등이 있다.

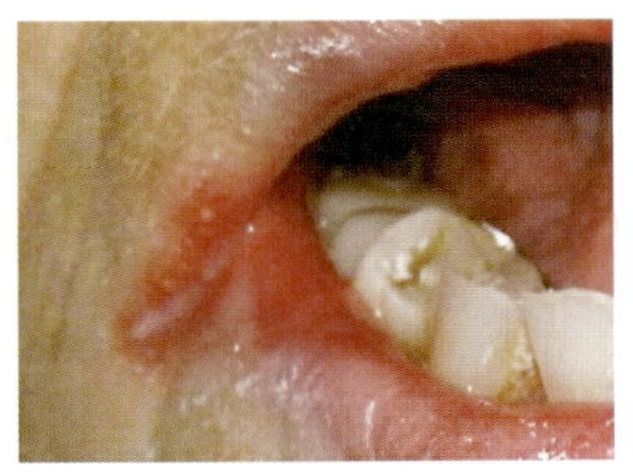

그림 7-10 **구각염**

5) 영양상태 평가와 섭취기준

리보플라빈의 영양상태는 적혈구 글루타티온환원효소, 적혈구의 플라빈 농도, 리보플라빈 소변 배설량 등을 측정하여 평가하며 FAD를 조효소로 이용하는 적혈구 글루타티온환원효소의 활성도를 가장 많이 사용한다. 19세 이상 성인의 권장섭취량은 남자 1.5mg,

여자 1.2mg이다. 남성에게 더 많은 이유는 에너지 필요량이 높기 때문이며 임신기, 수유기에도 에너지 필요량이 증가하므로 임신기에는 0.4mg을 더한 1.6mg을, 수유기에는 0.5mg을 더한 1.7mg을 권장한다(2025 한국인 영양소 섭취기준).

표 7-3 **한국인의 1일 리보플라빈 섭취기준**

성별	연령	리보플라빈(mg/일)			
		평균필요량	권장섭취량	충분섭취량	상한섭취량
영아	0~5(개월)			0.3	
	6~11			0.4	
유아	1~2(세)	0.4	0.5		
	3~5	0.5	0.6		
남자	6~8(세)	0.7	0.9		
	9~11	0.9	1.1		
	12~14	1.2	1.5		
	15~18	1.4	1.7		
	19~29	1.3	1.5		
	30~49	1.3	1.5		
	50~64	1.3	1.5		
	65~74	1.2	1.4		
	75 이상	1.1	1.4		
여자	6~8(세)	0.6	0.8		
	9~11	0.8	1.0		
	12~14	1.0	1.2		
	15~18	1.0	1.2		
	19~29	1.0	1.2		
	30~49	1.0	1.2		
	50~64	1.0	1.2		
	65~74	0.9	1.1		
	75 이상	0.8	1.0		
임신부[1]		+0.3	+0.4		
수유부[1]		+0.4	+0.5		

1) 임신부·수유부 부가량
자료: 보건복지부·한국영양학회. 2025 한국인 영양소 섭취기준

6) 급원식품

리보플라빈은 다양한 식물성 식품과 동물성 식품에 함유되어 있으며 우유, 요거트, 치즈, 강화곡류에 풍부하다. 간과 같은 내장육도 리보플라빈의 좋은 급원이나 과일과 채소에는 적은 양이 포함되어 있다.

리보플라빈은 산, 열, 산화에 티아민보다 안정한 반면 광선에 잘 분해된다. 따라서 리보플라빈이 풍부한 식품은 불투명한 용기에 보관해야 한다. 식품으로부터 리보플라빈의 흡수율은 높은 편으로 우유와 시금치에 포함된 리보플라빈의 60~65% 정도가 흡수된다.

표 7-4 **리보플라빈 주요 급원식품(100g당 함량)**[1)]

급원식품 순위	급원식품	함량 (mg/100g)	기여율 (%)	급원식품 순위	급원식품	함량 (mg/100g)	기여율 (%)
1	달걀, 생것	0.32	8.69	16	요구르트(호상)	0.15	1.46
2	우유	0.15	7.18	17	대두	0.70	1.24
3	돼지 부산물(간)	3.05	6.41	18	닭고기(살코기)	0.05	1.20
4	라면(조리 전후 통합)	0.73	5.67	19	김, 조미김, 구운 것	1.34	0.98
5	소 부산물(간)	3.43	4.78	20	시금치	0.24	0.95
6	간장	1.10	4.60	21	들깻잎	0.51	0.86
7	돼지고기(살코기)	0.14	4.32	22	고등어	0.37	0.86
8	고춧가루	2.16	3.12	23	명태	0.22	0.82
9	시리얼	3.07	2.63	24	짜장	0.98	0.79
10	김치, 배추김치	0.07	2.63	25	고추장	0.22	0.73
11	두부	0.18	2.56	26	아몬드	1.36	0.69
12	빵, 식빵	0.14	2.14	27	파, 대파	0.09	0.67
13	소고기(살코기)	0.11	1.90	28	커피, 당, 프림 등 첨가	0.19	0.65
14	백미	0.02	1.66	29	가공육	0.12	0.64
15	깨, 흰깨	2.93	1.49	30	미꾸라지	1.00	0.62

1) 2022년 국민건강영양조사의 식품별 섭취량과 식품별 리보플라빈 함량(국가표준식품성분표 DB 10.2) 자료를 활용하여 리보플라빈 주요 급원식품 상위 30위 산출

자료: 보건복지부·한국영양학회. 2025 한국인 영양소 섭취기준

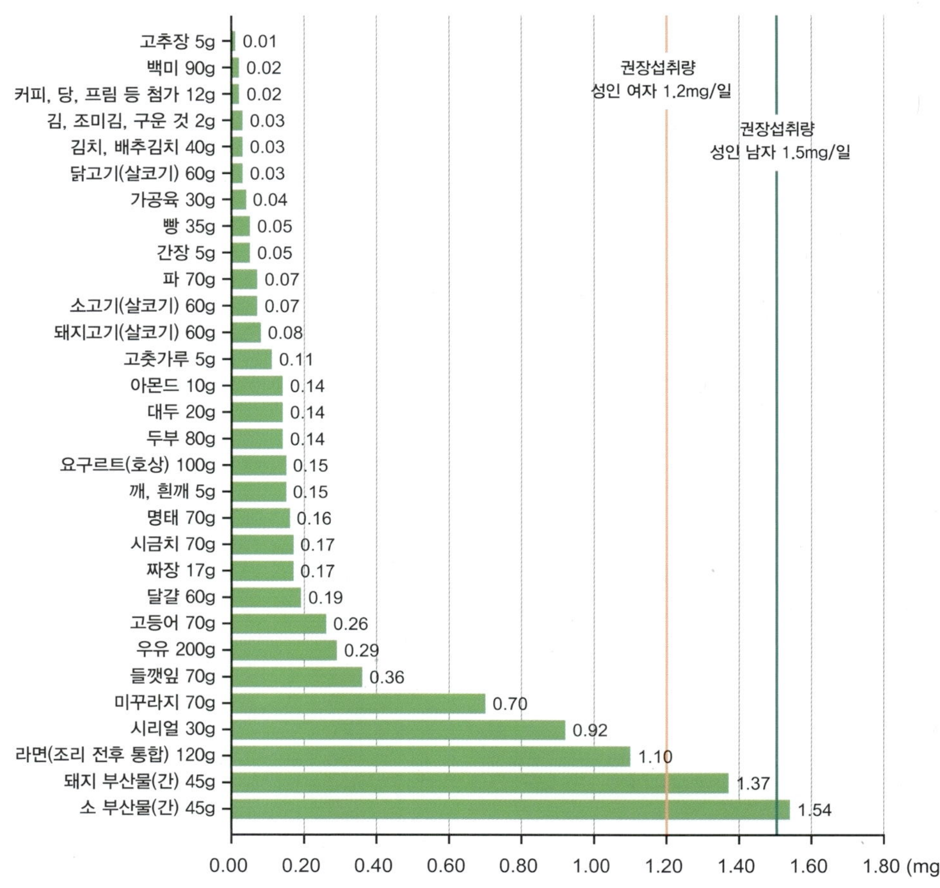

그림 7-11 **리보플라빈 주요 급원식품(1회 분량당 함량)**[1)]

1) 2022년 국민건강영양조사의 식품별 섭취량과 식품별 리보플라빈 함량(국가표준식품성분표 DB 10.2) 자료를 활용하여 리보플라빈 주요 급원식품 상위 30위 산출 후 1회 분량(2020 한국인 영양소 섭취기준)을 적용하여 1회 분량당 함량 산출, 19~29세 성인 권장섭취량 기준(2025 한국인 영양소 섭취기준)과 비교

자료: 보건복지부·한국영양학회. 2025 한국인 영양소 섭취기준

3. 니아신

1) 구조와 성질

니코틴산 nicotinic acid

니코틴아마이드 nicotinamide

니코틴아마이드 아데닌 다이뉴클레오타이드 nicotinamide adenine dinucleotide

니아신은 니코틴산과 니코틴아마이드의 두 가지 형태를 지칭하며 다른 B군의 비타민들과 같이 체내 많은 반응에서 조효소로 작용한다. 니아신은 니코틴아마이드 아데닌 다이뉴클

레오타이드(NAD^+), 니코틴아마이드 아데닌 다이뉴클레오타이드인산($NADP^+$)과 이들의 환원형인 NADH, NADPH의 구성성분으로 체내에서 산화 환원 반응에 관여한다. 니아신은 수용성 비타민 중에서 빛, 열, 산화, 산, 알칼리 등에 가장 안정한 화합물이다.

니코틴아마이드 아데닌 다이뉴클레오타이드인산
nicotinamide adenine dinucleotide phosphate

2) 흡수와 대사

식품 중의 니아신은 조효소의 형태인 NAD^+, $NADP^+$의 구성성분으로 존재한다. 소화과정에서 니아신으로 유리된 후 소장에서 빠르게 흡수되어 체내에서 NAD^+와 $NADP^+$로 전환된다. 니아신은 NAD^+와 $NADP^+$ 형태로 신장, 간장 및 뇌에 소량 저장되며 여분의 니아신은 간에서 N-메틸니코틴아마이드나 2- 또는 4-피리돈산화물과 함께 소변으로 배설된다. 니아신은 간과 신장에서 아미노산인 트립토판으로부터 전환될 수 있는데, 트립토판 60mg이 니아신 1mg으로 전환되며, 이 과정에서 리보플라빈과 비타민B_6, 철을 필요로 한다.

N-메틸니코틴아마이드
N-methyl nicotinamide

니아신과 트립토판의 관계

니아신은 필수아미노산인 트립토판으로부터 합성된다. 따라서 니아신 필요량은 니아신이 풍부한 식품이나 트립토판이 풍부한 식품을 통해 일부 충당될 수 있다. 트립토판 60mg이 니아신 1mg으로 전환된다. 따라서 니아신 섭취량은 니아신과 니아신으로 전환되는 트립토판을 고려하여 니아신 당량(niacin equivalent, NE)으로 나타낸다.

$$\text{트립토판 60mg} \xrightarrow[\text{비타민 }B_6]{\text{리보플라빈, 철}} \text{니아신 1mg}$$

$$\text{니아신 섭취량(NE)} = \text{mg 니아신} + \text{mg 트립토판} / 60$$

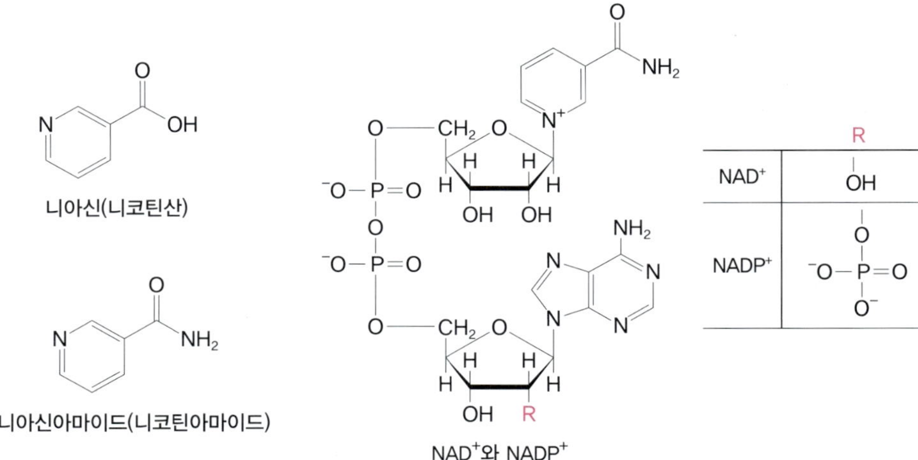

그림 7-12 **니아신, NAD⁺, NADP⁺의 구조**

3) 생리적 기능

니아신은 NAD⁺와 NADP⁺의 구성성분으로 주로 산화 환원반응에 관여하는 탈수소효소의 조효소로 체내에서 여러 대사반응에 관여한다(그림 7-12). NAD⁺는 해당과정과 TCA회로에서 NADH로 환원되고 환원된 NADH는 전자전달계를 통해 ATP를 생성한다. 또한 NADH는 지방산의 β-산화, 아미노산의 탈아미노반응, 알코올의 산화반응 등에도 관여한다. NADPH는 오탄당 인산경로에서 생성되어 지방산, 콜레스테롤의 합성, 스테로이드의 합성 등에 관여한다.

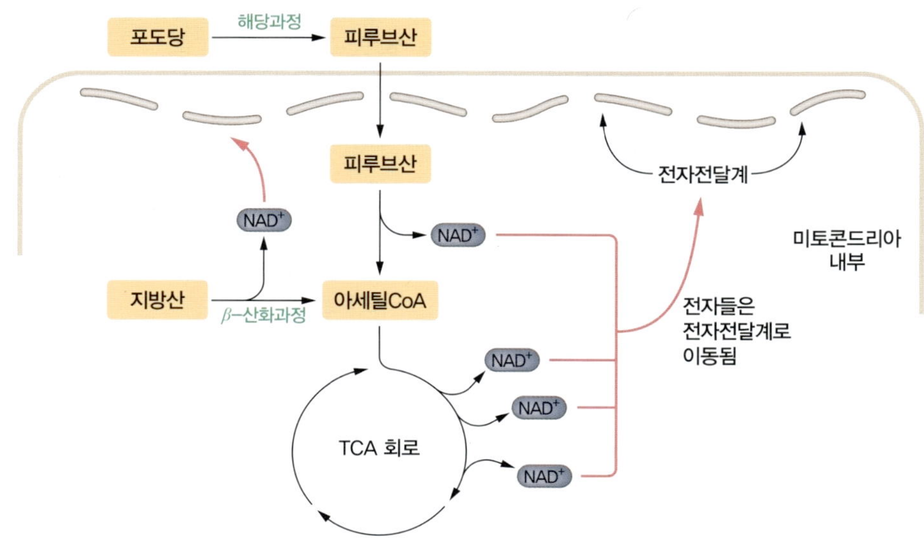

그림 7-13 **대사과정에서 NAD⁺가 관여하는 반응**

NAD$^+$의 관여 반응

- 해당과정: 글리세르알데하이드 3-인산 → 1,3-이인산 글리세레이트
- 피루브산 → 아세틸CoA
- TCA회로: 구연산 → α-케토글루타르산
  α-케토글루타르산 → 숙시닐CoA
  말산 → 옥살로아세트산
- 지방산의 β-산화
- 아미노산의 탈아미노반응

NADP$^+$의 관여 반응

- 오탄당 인산경로

4) 결핍증

니아신 결핍증은 펠라그라pellagra로 알려져 있으며 이탈리아어로 '거친 피부'라는 의미를 지닌다. 니아신이 결핍되면 초기에는 허약함, 피로, 식욕 상실, 소화 불량 등의 증세가 나타난다. 니아신 결핍이 지속되면 혀와 입, 위장에 염증과 빈혈, 구토 등이 발생하며, 수개월이 지나면 펠라그라 증세가 나타나기 시작한다. 펠라그라는 '4D'병이라고도 하는데, 진행되는 증상에 의해 붙여진 이름으로 피부염dermatitis, 설사diarrhea, 치매dementia, 죽음death을 의미한다. 옥수수의 단백질은 니아신과 강하게 결합되어 있어 니아신의 이용률을 매우 감소시키는데 옥수수를 주식으로 하는 미국 남부 지역과 유럽에서는 1900년대 초까지 펠라그라가 발생하기도 하였다. 이후 동물성 식품의 섭취가 증가하면서 펠라그라는 점차 사라졌으나 만성알코올 중독, 영양불량 등으로 전반적인 영양소 결핍인 경우 발병할 수 있다. 트립토판으로부터 니아신이 합성되는 과정에 필요한 철이나 비타민 B_6가 부족하거나 유전적인 이유나 약물로 이 과정이 억제되는 경우 니아신 결핍증이 나타날 수 있다.

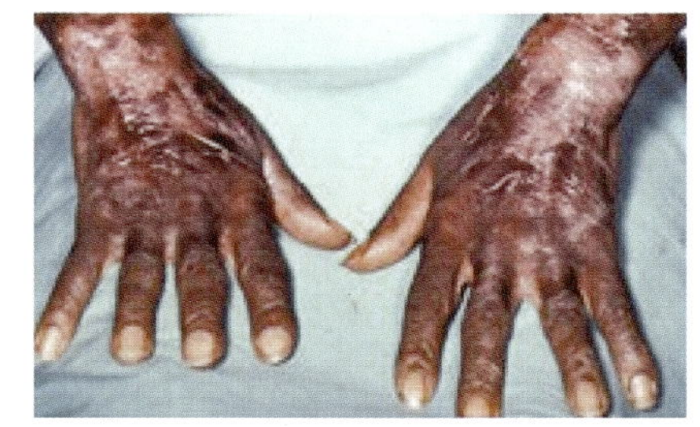

그림 7-14 **펠라그라로 인한 피부염**

5) 과잉증

식품을 통해서는 니아신을 과잉 섭취할 위험이 거의 없으나 보충제를 과잉 섭취하거나 약리적 목적으로 복용할 경우 과잉증세가 나타날 수 있다. 니코틴산은 LDL-콜레스테롤을 낮추고 HDL-콜레스테롤을 증가시키는 효과가 있어 이상지질혈증의 치료를 위해 약리적 목적으로 사용되기도 한다. 과잉 복용의 부작용으로 피부염증, 가려움 등과 모세혈관을 확장시키고 따끔거리는 증세를 나타내는 니아신 홍조 등이 나타날 수 있다. 이외에도 메스꺼움, 간 손상, 시력혼란, 불규칙한 심장 박동 등의 증세가 나타난다. 보충제는 주로 니코틴아미드 형태로 사용되는데, 니코틴아미드 과잉섭취에 대한 연구는 많지 않으며 홍조 증상은 보고되지 않았으나, 일부 연구에서 고용량으로 섭취하는 경우 위장관 장애와 간 독성이 나타난 것으로 보고된 바 있다.

6) 영양상태 평가와 섭취기준

니아신의 영양상태는 소변으로 배설되는 N-메틸니코틴아마이드(MNA) 및 N-메틸-2-피리돈의 양을 측정하여 평가한다. 니아신의 섭취량 단위는 니아신 등가(NE)로 표현되며, 1NE는 니아신 1mg이나 트립토판 60mg에 해당된다. 한국인 영양소 섭취기준(2025)으로 성인 1일 권장섭취량은 남성 14mg NE, 여성 13mg NE이다. 니아신 1일 상한섭취량은 니코틴산은 35mg, 니코틴아마이드는 850mg이다.

7) 급원식품

니아신은 식품에 포함되어 있는 니아신과 필수 아미노산인 트립토판으로부터 공급받을 수 있다. 니아신이 풍부한 식품으로는 쇠고기, 돼지고기, 닭고기, 생선, 달걀, 우유, 전곡, 견과류, 버섯 등이 있다. 필수 아미노산인 트립토판은 단백질 함량이 높은 동물성 식품에 풍부하게 함유돼 있다. 니아신은 열과 빛에 안정하여 조리 과정이나 보관 과정에서 쉽게 파괴되지 않는다.

표 7-5 **한국인의 1일 니아신 섭취기준**

성별	연령	니아신(mg NE/일)[1]			
		평균필요량	권장섭취량	충분섭취량	상한섭취량(니코틴산/니코틴아미드)
영아	0~5(개월)			2	
	6~11			3	
유아	1~2(세)	4	5		10/150
	3~5	5	6		10/200
남자	6~8(세)	7	8		15/300
	9~11	9	11		20/450
	12~14	11	14		25/600
	15~18	13	16		30/650
	19~29	12	14		35/850
	30~49	12	14		35/850
	50~64	12	14		35/850
	65~74	11	13		35/850
	75 이상	10	12		35/850
여자	6~8(세)	7	8		15/300
	9~11	9	11		20/450
	12~14	11	14		25/600
	15~18	11	13		30/650
	19~29	11	13		35/850
	30~49	11	13		35/850
	50~64	11	13		35/850
	65~74	10	12		35/850
	75 이상	9	11		35/850
임신부[2]		+3	+4		35/850
수유부[2]		+2	+3		35/850

1) 1mg NE(니아신 당량) = 1mg 니아신 = 60mg 트립토판
2) 임신부·수유부 부가량. 단, 상한섭취량은 임신부·수유부 부가량 아닌 총량
자료: 보건복지부·한국영양학회. 2025 한국인 영양소 섭취기준

표 7-6 **니아신 주요 급원식품(100g당 함량)[1)]**

급원식품 순위	급원식품	함량 (mg/100g)	기여율 (%)	급원식품 순위	급원식품	함량 (mg/100g)	기여율 (%)
1	닭고기(살코기)	10.82	22.96	16	고춧가루	8.43	1.16
2	돼지고기 (살코기)	3.82	11.32	17	과자	2.06	1.09
3	백미	1.20	9.50	18	새우	4.50	1.00
4	소고기(살코기)	2.87	4.59	19	고구마	0.76	0.85
5	빵, 식빵	2.26	3.20	20	보리	2.02	0.64
6	고등어	13.00	2.88	21	옥수수	2.28	0.64
7	가공육	5.16	2.63	22	새송이버섯	5.26	0.59
8	김치, 배추김치	0.71	2.49	23	현미	1.68	0.56
9	소 부산물(간)	17.53	2.33	24	맥주	0.26	0.54
10	돼지 부산물 (간)	11.32	2.26	25	땅콩	9.89	0.54
11	가다랑어	15.30	2.20	26	오리고기	3.30	0.54
12	시리얼	21.01	1.71	27	간장	1.31	0.52
13	우유	0.30	1.42	28	멸치, 삶아서 말린 것	2.49	0.51
14	명태	3.95	1.39	29	감자	0.45	0.50
15	사과	0.39	1.17	30	김, 조미김, 구운 것	6.89	0.48

1) 2022년 국민건강영양조사의 식품별 섭취량과 식품별 니아신 함량(국가표준식품성분표 DB 10.2) 자료를 활용하여 니아신 주요 급원식품 상위 30위 산출

2) mg NE(니아신당량)이 아닌 mg 단위로 제시되어 있어 단백질(트립토판) 함량이 높은 식품의 경우 니아신 함량이 과소평가 될 수 있음

자료: 보건복지부·한국영양학회. 2025 한국인 영양소 섭취기준

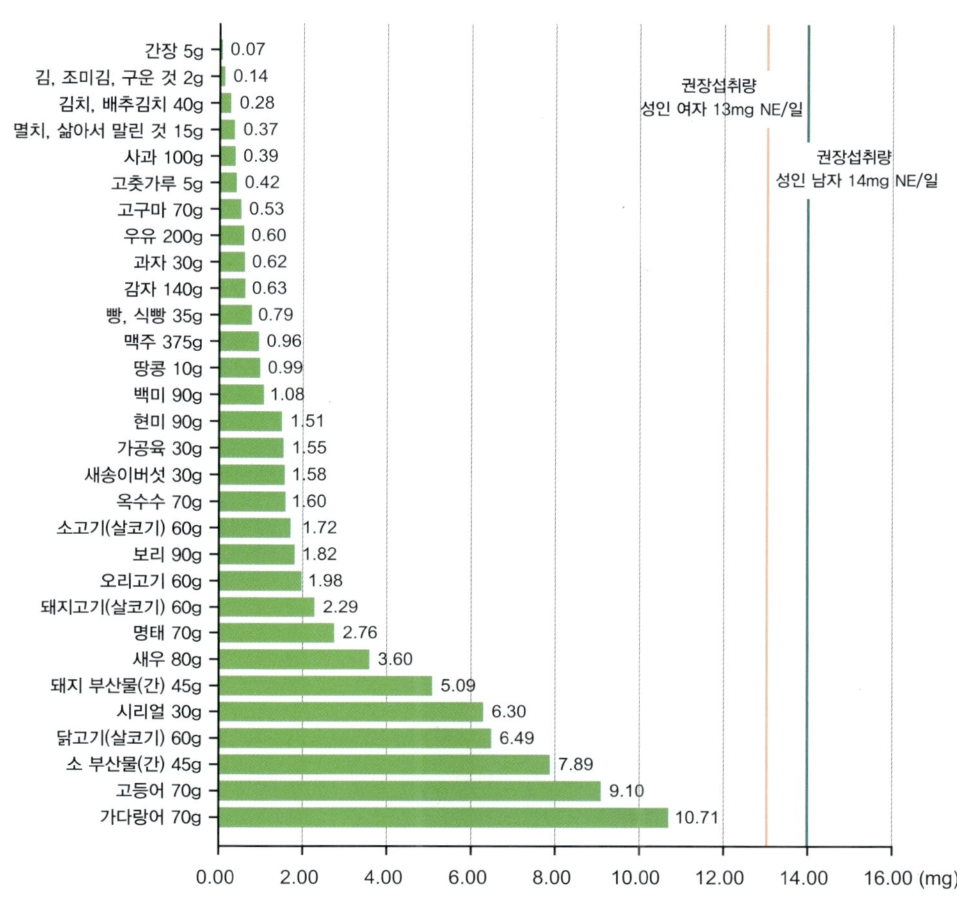

그림 7-15 **니아신 주요 급원식품(1회 분량당 함량)**[1]

1) 2022년 국민건강영양조사의 식품별 섭취량과 식품별 니아신 함량(국가표준식품성분표 DB 10.2) 자료를 활용하여 니아신 주요 급원식품 상위 30위 산출 후 1회 분량(2020 한국인 영양소 섭취기준)을 적용하여 1회 분량당 함량 산출, 19~29세 성인 권장섭취량 기준(2025 한국인 영양소 섭취기준)과 비교

자료: 보건복지부·한국영양학회, 2025 한국인 영양소 섭취기준

4. 판토텐산

1) 구조와 성질

판토텐산 pantothenic acid

판토텐산은 거의 모든 식물성, 동물성 식품에 분포되어 있으며 이름도 'pantos', 즉 그리스어로 '모든 곳everywhere'이란 의미에서 유래하였다. 판토텐산은 코엔자임A$_{CoA}$의 구성성분으로 체내의 다양한 대사과정에 관여한다.

2) 흡수와 대사

판토텐산은 식품 중에 코엔자임A의 구성성분으로 존재하며 소장에서 가수분해효소에 의해 유리된다. 유리된 판토텐산은 능동수송이나 단순확산에 의해 쉽게 흡수되는데 판토텐산의 섭취가 낮을 때는 능동수송을 통해 생체이용률이 증가된다. 흡수된 판토텐산은 혈액을 통해 간으로 운반된 후 조직으로 이동되어 코엔자임A를 형성한다. 혈장 내에서는 유리형태의 판토텐산으로 존재하며 체내에 거의 저장되지 않는다. 조효소인 코엔자임A의 농도는 간, 신장, 부신, 뇌에서 높게 나타난다.

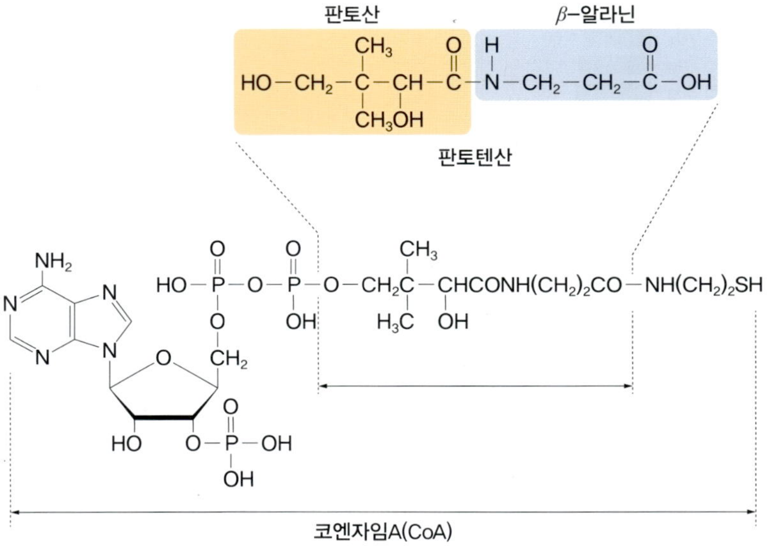

판토산
β-알라닌
$HO-CH_2-C(CH_3)(CH_3)-CH(OH)-C(=O)-NH-CH_2-CH_2-C(=O)-OH$
판토텐산
코엔자임A(CoA)

그림 7-16 **판토텐산과 코엔자임A의 구조**

3) 생리적 기능

판토텐산은 체내에서 코엔자임A와 지방산합성효소 복합체fatty acid synthase system의 일원인 아실 운반단백질acyl carrier protein, ACP의 구성성분으로 작용한다. 코엔자임A를 포함하는 아세틸CoA는 TCA회로를 통해 탄수화물, 지방, 단백질로부터 에너지를 생성하고 케톤체의 전구체로 사용된다. 또한 판토텐산은 아실 운반단백질을 통해 지방산, 콜레스테롤, 스테로이드호르몬의 합성에 관여한다. 판토텐산은 신경전달물질인 아세틸콜린, 헴heme의 합성 등 수많은 대사반응에서 중요한 역할을 담당함으로써 생명유지에 필수적인 영양소이다.

(1) 에너지 생성 과정

판토텐산은 CoA의 구성성분으로 아세틸CoA를 통해 탄수화물, 지질, 단백질의 분해 과정에서 ATP 생성에 관여한다. 에너지를 생성하기 위해 탄수화물, 지질, 일부 아미노산은 아세틸CoA의 형태로 TCA회로를 거쳐 전자전달계로 들어가 ATP를 생성하게 된다.

(2) 지방산, 콜레스테롤, 스테로이드호르몬의 합성

판토텐산은 CoA와 아실 운반단백질(ACP) 구성성분으로 지방산 합성 과정에서 중요한 역할을 담당한다. 또한 콜레스테롤 및 스테로이드 호르몬 합성에 관여한다.

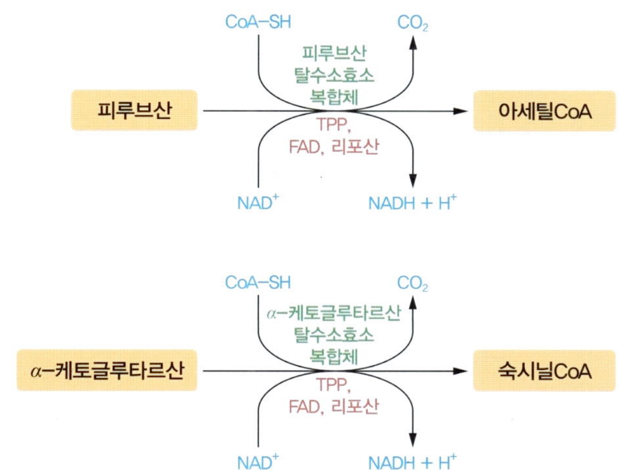

그림 7-17 **CoA의 구성성분으로서 판토텐산의 작용**

(3) 아세틸콜린, 헴의 합성

판토텐산은 CoA의 형태로 아세틸기를 운반하는 운반체로서 아세틸CoA와 콜린이 반응하여 생성되는 신경자극 전달물질인 아세틸콜린 합성에 관여한다. 이외에도 판토텐산은 TCA회로의 중간물질인 숙시닐CoA와 글리신, 글루탐산으로부터 포르피린 고리를 합성하여 헤모글로빈의 헴 구조를 형성하는 데 관여하게 된다. 따라서 판토텐산이 부족할 경우 빈혈이 나타날 수 있다.

4) 결핍증

판토텐산은 모든 동물과 식물세포에 존재하므로 정상적인 식사를 하는 경우 결핍증이 흔하지 않다. 판토텐산의 길항물질을 투여한 후 나타나는 실험적인 결핍증상으로는 과민증, 피로감, 메스꺼움, 두통, 수면장애, 오심, 손의 따끔거림, 복통, 신경계 이상증후군, 인슐린에 대한 민감도 증가, 면역계의 손상 등의 증상이 나타난다.

5) 영양상태 평가와 섭취기준

판토텐산의 영양상태를 판정하는 지표로는 소변으로 배설되는 판토텐산 배설량과 적혈구 판토텐산 농도가 사용된다. 판토텐산은 평균필요량을 산정할 충분한 자료가 없는 상황으로 1일 충분섭취량을 성인 기준 남녀 5mg으로 정하였으며 과량섭취로 인한 급·만성증상의 부작용이 보고되지 않아 상한섭취량이 별도로 설정되어 있지 않다.

6) 급원식품

판토텐산은 거의 모든 동·식물성 식품에 존재한다. 식품 속 판토텐산의 생체이용률은 평균 50% 정도이고 특히 간, 청국장, 오리고기, 참외, 시금치, 오징어, 달걀, 수박, 육류 등에 많이 들어 있다.

표 7-7 **한국인의 1일 판토텐산 섭취기준**

성별	연령	판토텐산(mg/일)			
		평균필요량	권장섭취량	충분섭취량	상한섭취량
영아	0~5(개월)			1.7	
	6~11			2.0	
유아	1~2(세)			2	
	3~5			2.5	
남자	6~8(세)			3	
	9~11			4	
	12~14			5	
	15~18			5	
	19~29			5	
	30~49			5	
	50~64			5	
	65~74			5	
	75 이상			5	
여자	6~8(세)			3	
	9~11			4	
	12~14			5	
	15~18			5	
	19~29			5	
	30~49			5	
	50~64			5	
	65~74			5	
	75 이상			5	
임신부[1]				+1	
수유부[1]				+2	

1) 임신부·수유부 부가량
자료: 보건복지부·한국영양학회. 2025 한국인 영양소 섭취기준

표 7-8 **판토텐산 주요 급원식품(100g당 함량)[1]**

급원식품 순위	급원식품	함량 (mg/100g)	기여율 (%)	급원식품 순위	급원식품	함량 (mg/100g)	기여율 (%)
1	백미	0.66	14.01	16	오징어	1.13	1.15
2	달걀, 생것	1.38	9.68	17	두유	0.38	1.08
3	김치, 배추김치	0.83	7.82	18	김치, 열무김치	0.79	1.05
4	맥주	0.89	5.08	19	콩나물	0.78	1.01
5	돼지고기 (살코기)	0.61	4.80	20	수박	0.54	1.00
6	소고기(살코기)	1.09	4.65	21	고구마	0.31	0.93
7	닭고기(살코기)	0.80	4.56	22	된장	1.46	0.92
8	우유	0.27	3.37	23	가당음료(과일 음료 포함)	0.24	0.83
9	소 부산물(간)	7.11	2.53	24	오리고기	1.84	0.81
10	빵, 식빵	0.47	1.79	25	요구르트(호상)	0.31	0.78
11	청국장	11.50	1.75	26	마늘	1.08	0.78
12	시금치	1.53	1.57	27	양배추	0.49	0.76
13	파, 대파	0.84	1.52	28	오이	0.30	0.76
14	돼지 부산물 (간)	2.76	1.48	29	과자	0.50	0.71
15	참외	0.73	1.18	30	애호박	0.52	0.69

1) 2022년 국민건강영양조사의 식품별 섭취량과 식품별 판토텐산 함량(국가표준식품성분표 DB 10.2) 자료를 활용하여 판토텐산 주요 급원식품 상위 30위 산출

자료: 보건복지부·한국영양학회. 2025 한국인 영양소 섭취기준

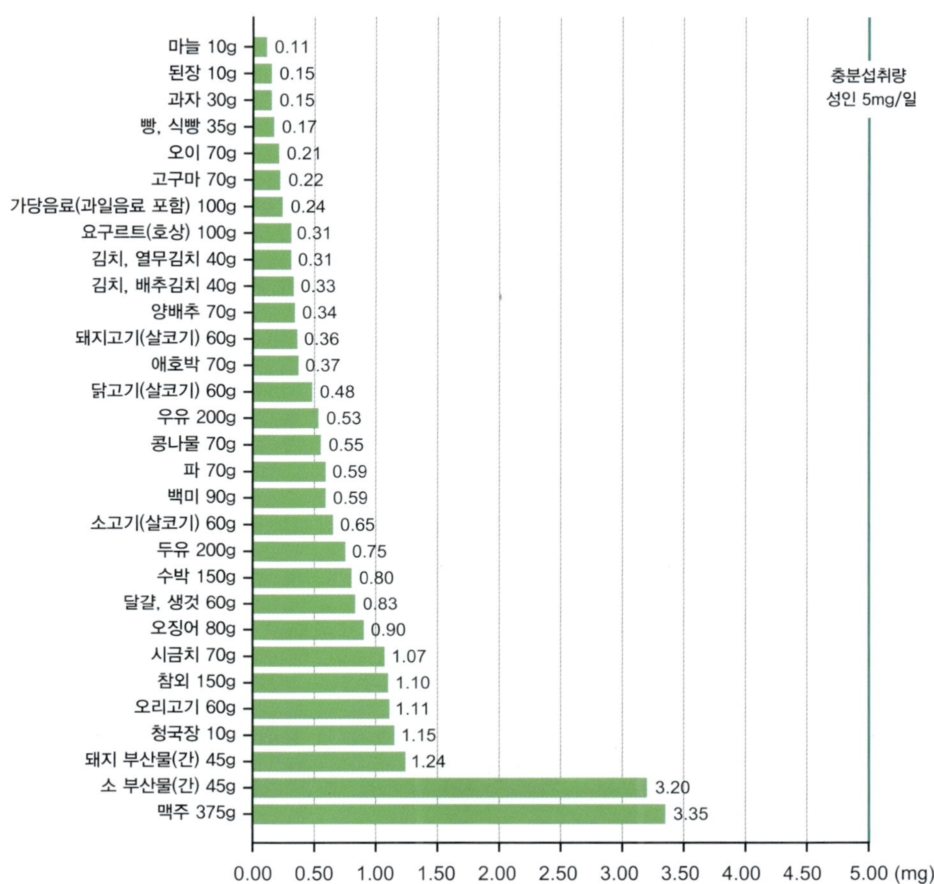

그림 7-18 **판토텐산 주요 급원 식품(1회 분량당 함량)**[1)]

1) 2022년 국민건강영양조사의 식품별 섭취량과 식품별 판토텐산 함량(국가표준식품성분표 DB 10.2) 자료를 활용하여 판토텐산 주요 급원식품 상위 30위 산출 후 1회 분량(2020 한국인 영양소 섭취기준)을 적용하여 1회 분량당 함량 산출, 19~29세 성인 충분섭취량 기준(2025 한국인 영양소 섭취기준)과 비교

자료: 보건복지부·한국영양학회. 2025 한국인 영양소 섭취기준

5. 비오틴

1) 구조와 성질

비오시틴 biocytin
라이신 lysine

비오틴은 두 개의 고리와 황을 함유하는 비타민으로 비오틴과 비오시틴의 형태가 있다. 비오틴은 식사와 대장의 박테리아를 통해 공급받을 수 있다. 비오시틴은 아미노산인 라이신과 결합되어 있으며, 식품 중에는 유리형 또는 단백질과 결합하여 함유되어 있다. 비오틴은 포도당, 지방산, 아미노산 대사에서 중요한 조효소로 작용한다.

2) 흡수와 대사

비오시틴은 소장 내 단백질 분해효소에 의해 라이신과 분리되어 유리 비오틴이 된다. 대장의 박테리아에 의해 합성된 비오틴은 대장에서 흡수된다. 박테리아에 의해 합성되는 비오틴은 체내 필요량을 충족시키지 못하므로 식품을 통해 섭취해야 한다. 흡수된 비오틴은 혈액을 통해 간으로 이동되고 카르복실화 반응에 관계하는 여러 효소의 조효소로 작용하며 간, 근육, 뇌에 소량 저장된다.

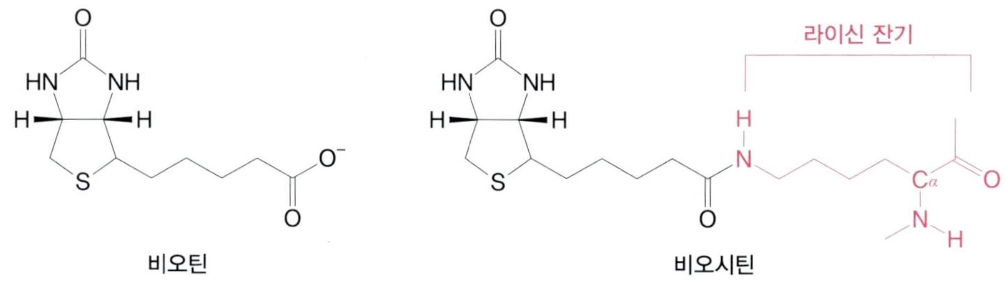

라이신 잔기

비오틴

비오시틴

그림 7-19 **비오틴의 구조**

3) 생리적 기능

비오틴은 포도당, 아미노산, 지방산 대사의 주요 단계에서 이산화탄소를 첨가하는 카르복실화 반응에 관여함으로써 포도당 신생, 지방산 합성, 류신 분해과정에 사용된다. 또한 카르복실기 전이효소인 메틸말로닐CoA 카르복실기전이효소, 탈탄산효소인 옥살로아세트산 탈탄산효소의 조효소로도 작용한다.

피루브산 카르복실화효소는 피루브산에 이산화탄소를 첨가하여 옥살로아세트산으로 전환시키는 반응에 관여한다. 이 반응은 주로 간에서 일어나며 포도당신생반응의 첫 단계이다. 아세틸CoA 카르복실화효소는 아세틸CoA를 지방산 합성의 준비단계인 말로닐CoA로 전환시켜 지방산 합성과 미토콘드리아에서 지방산의 산화를 조절한다. 프로피오닐CoA 카르복실화효소는 홀수개 탄소 지방산의 β-산화물인 프로피오닐CoA를 메틸말로닐CoA를 거쳐 숙시닐CoA로 전환하여 TCA회로에 들어가도록 한다. 메틸크로토닐CoA 카르복실화효소는 메틸크로토닐CoA를 메틸글루타코닐CoA로 전환시키는데 이 반응은 아미노산인 류신의 분해 과정에서 일어난다. 비오틴이 관여하는 효소반응과 카르복실기 운반반응은 표 7-9와 같다.

또한 비오틴은 세포성장과 발달에 관여하는 유전자의 발현에 관여하는 것으로 알려져 있으며 사이토카인 및 종양유전자의 발현을 조절하는 것으로 보고됐다.

류신 leucine

메틸말로닐CoA 카르복실기전이효소 methylmalonyl-CoA carboxyltransferase

옥살로아세트산 탈탄산효소 oxaloacetate decarboxylase

피루브산 카르복실화효소 carboxylase

옥살로아세트산 oxaloacetic acid

아세틸CoA 카르복실화효소 acetyl CoA carboxylase

말로닐CoA malonyl CoA

프로피오닐CoA 카르복실화효소 carboxylase

메틸말로닐CoA methylmalonyl CoA

숙시닐CoA succinyl CoA

메틸크로토닐CoA 카르복실화효소 methylcrotonyl CoA carboxylase

메틸글루타코닐CoA methylglutaconyl CoA

사이토카인 cytokine

표 7-9 **비오틴을 함유하는 카르복실화효소와 반응**

분류	효소	반응	체내 역할
카르복실화 반응	피루브산 카르복실화효소	피루브산 → 옥살로아세트산	포도당 신생
	아세틸CoA 카르복실화효소	아세틸CoA → 말로닐CoA	지방산 합성
	프로피오닐CoA 카르복실화효소	프로피오닐CoA → 메틸말로닐CoA	지방산 대사
	메틸크로토닐CoA 카르복실화효소	메틸크로토닐CoA → 메틸글루타코닐CoA	류신의 이화
카르복실기 전이반응	메틸말로닐CoA 카르복실기전이효소	메틸말로닐CoA + 피루브산 → 옥살로아세트산+프로피오닐CoA	탄수화물 발효
탈탄산 반응	옥살로아세트산 탈탄산효소	옥살로아세트산 → 피루브산 + CO_2	포도당 신생

4) 결핍증

비오틴 결핍증은 매우 드물지만 아비딘avidin을 포함하고 있는 달걀 흰자를 날것으로 과량 섭취하거나 지속적으로 비오틴 함량이 낮은 식사를 하는 경우, 유전적으로 비오틴 분해 효소가 부족한 경우, 장기간 정맥주사를 통한 영양지원을 받는 경우 등에서 비오틴 결핍이 나타날 수 있다. 비오틴이 결핍되면 비늘이 일어나는 붉은 피부발진, 탈모, 식욕상실, 우울증, 설염 등의 증세가 나타난다. 달걀 흰자에는 비오틴의 흡수를 방해하는 '아비딘'이란 단백질이 존재하므로 다량의 조리하지 않은 다량의 달걀 흰자로 인해 비오틴 결핍증이 나타날 수 있는데 이를 '생난백상해'라고 한다.

아비딘

비오틴과 결합하여 비오틴의 흡수를 방해하는 단백질로, 달걀 흰자를 날것으로 하루 12~24개 이상 매일 먹을 경우 아비딘으로 인한 비오틴 결핍이 나타날 수 있으나 일상적인 달걀 섭취는 큰 문제가 되지 않는다. 아비딘은 고온에서 파괴되므로 조리된 달걀은 비오틴의 생체이용률을 감소시키지 않는다.

5) 영양상태 평가와 섭취기준

비오틴의 소변배설량으로 비오틴의 초기 결핍을 판정할 수 있으며 일반적으로 비오틴과 비오틴 대사물의 소변배설량을 단독 또는 함께 사용한다. 비오틴은 식품에 광범위하게 포함되어 있고 일부 장내세균에 의해 합성되므로, 사람의 경우 결핍증이 드물기 때문에 1일 30μg을 충분섭취량으로 정하고 있다. 비오틴의 독성은 알려져 있지 않다.

표 7-10 **한국인의 1일 비오틴 섭취기준**

성별	연령	비오틴(μg/일)			
		평균필요량	권장섭취량	충분섭취량	상한섭취량
영아	0~5(개월)			5	
	6~11			7	
유아	1~2(세)			9	
	3~5			12	
남자	6~8(세)			15	
	9~11			20	
	12~14			25	
	15~18			30	
	19~29			30	
	30~49			30	
	50~64			30	
	65~74			30	
	75 이상			30	
여자	6~8(세)			15	
	9~11			20	
	12~14			25	
	15~18			30	
	19~29			30	
	30~49			30	
	50~64			30	
	65~74			30	
	75 이상			30	
임신부[1]				+0	
수유부[1]				+5	

1) 임신부·수유부 부가량

자료: 보건복지부·한국영양학회. 2025 한국인 영양소 섭취기준

6) 급원식품

비오틴은 동·식물성 식품에 널리 분포하고 있으나 채소·과일류는 좋은 급원은 아니다. 비오틴은 세발나물, 꽃게, 청경채, 달걀, 굴, 고등어, 우유, 두유 등에 많이 함유되어 있다.

표 7-11 **비오틴 주요 급원식품(100g당 함량)[1)]**

급원식품 순위	급원식품	함량 (μg/100g)	기여율 (%)	급원식품 순위	급원식품	함량 (μg/100g)	기여율 (%)
1	달걀, 생것	24.3	37.96	16	토마토	2.4	1.08
2	우유	2.2	6.30	17	된장	7.4	1.04
3	고춧가루	75.2	6.17	18	땅콩	28.9	0.94
4	맥주	4.1	5.12	19	가공육	2.9	0.89
5	닭고기(살코기)	3.8	4.82	20	아몬드	27.9	0.80
6	게, 꽃게	98.2	3.63	21	감	1.9	0.72
7	고추장	19.2	3.60	22	양파	0.6	0.65
8	돼지고기 (살코기)	1.8	3.18	23	현미	3.2	0.63
9	케이크	12.4	1.90	24	마늘	3.8	0.61
10	두유	2.6	1.67	25	오이	1.0	0.57
11	세발나물	537.1	1.59	26	마요네즈	4.0	0.47
12	빵, 식빵	1.7	1.44	27	메추라기알	14.1	0.40
13	바나나	3.6	1.26	28	굴	12.2	0.37
14	요구르트(호상)	2.1	1.21	29	청경채	42.4	0.37
15	고등어	8.2	1.08	30	부추	3.7	0.37

1) 2022년 국민건강영양조사의 식품별 섭취량과 식품별 비오틴 함량(국가표준식품성분표 DB 10.2) 자료를 활용하여 비오틴 주요 급원식품 상위 30위 산출

자료: 보건복지부·한국영양학회. 2025 한국인 영양소 섭취기준

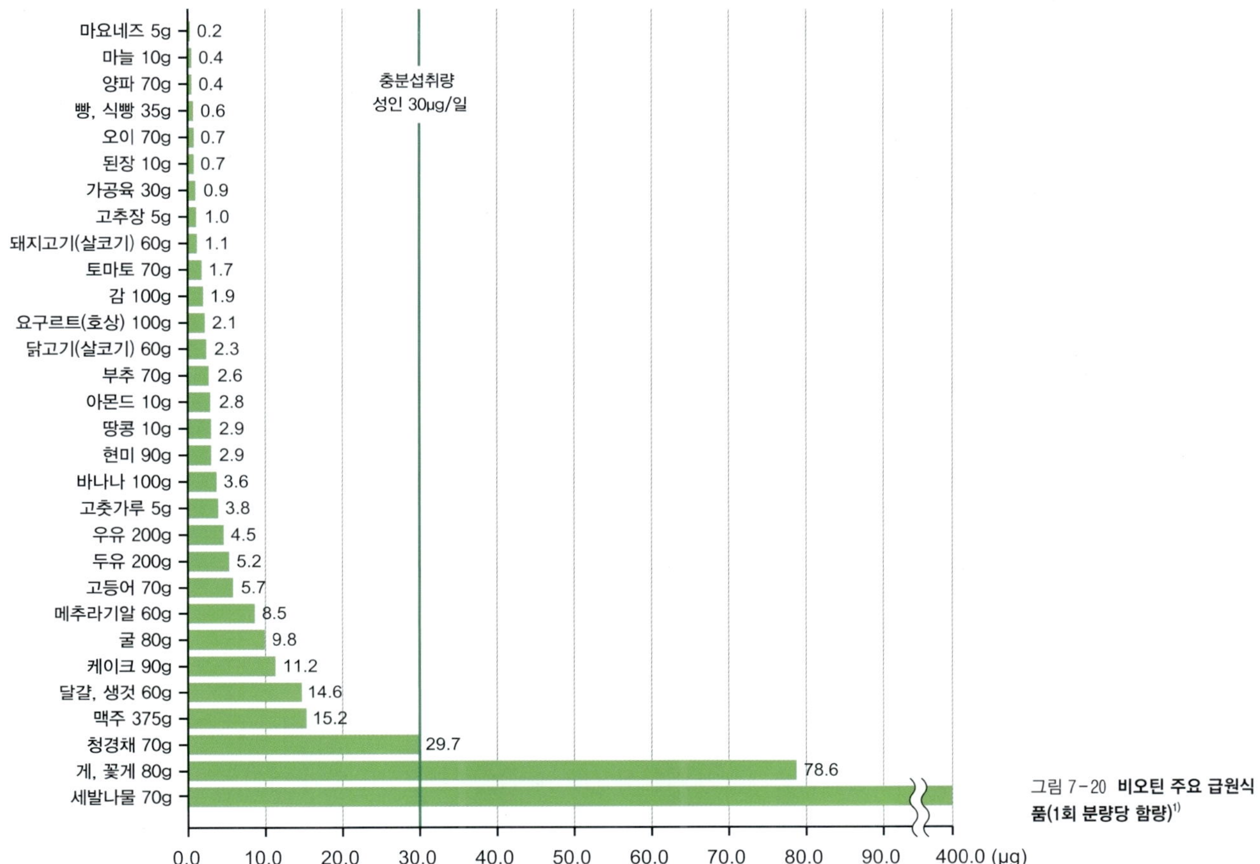

그림 7-20 **비오틴 주요 급원식품(1회 분량당 함량)**[1)]

1) 2022년 국민건강영양조사의 식품별 섭취량과 식품별 비오틴 함량(국가표준식품성분표 DB 10.2) 자료를 활용하여 비오틴 주요 급원식품 상위 30위 산출 후 1회 분량(2020 한국인 영양소 섭취기준)을 적용하여 1회 분량당 함량 산출, 19~29세 성인 충분섭취량 기준(2025 한국인 영양소 섭취기준)과 비교

자료: 보건복지부·한국영양학회, 2025 한국인 영양소 섭취기준

6. 비타민 B_6

1) 구조와 성질

피리독신 pyridoxine
피리독살 pyridoxal
피리독사민 pyridoxamine

비타민 B_6는 피리독신(PN), 피리독살(PL), 피리독사민(PM)과 5번 탄소 위치에 인산이 결합된 피리독신인산(PNP), 피리독살인산(PLP), 피리독사민인산(PMP)의 형태로 존재한다. 이들 중 피리독살인산의 활성도가 가장 높다. 비타민 B_6는 조효소로써 100여 개 이상의 아미노산 대사 반응을 비롯하여 헴 생성, 니아신 생성, 지질 및 핵산대사, 신경전달물질 및 스테로이드 호르몬의 합성 등 다양한 체내 화학반응에 관여한다.

2) 흡수와 대사

동물성 식품 중의 비타민 B_6는 피리독살인산(PLP), 피리독사민인산(PMP)으로 단백질에 결합된 형태로 존재하며 식물성 식품에서는 피리독신(PN)과 피리독신인산(PNP)으로 당과 결합한 형태로 존재한다. 여러 유도체로 섭취된 비타민 B_6는 소장 내에서 인산분해효소에 의해 탈인산화된 후 흡수되어 간으로 운반된다. 비타민 B_6는 간에서 인산이 결합되어 조효소 형태인 피리독살인산으로 전환되는데 간보다 주로 근육에 저장되며 체내 피리독살인산의 2/3 정도는 글리코겐 인산화효소와 결합한 형태로 저장된다. 비타민 B_6는 간과 신장에서 4-피리독신산으로 전환되어 배설되며 피리독신, 피리독살, 피리독사민의 형태로도 소량 배설된다.

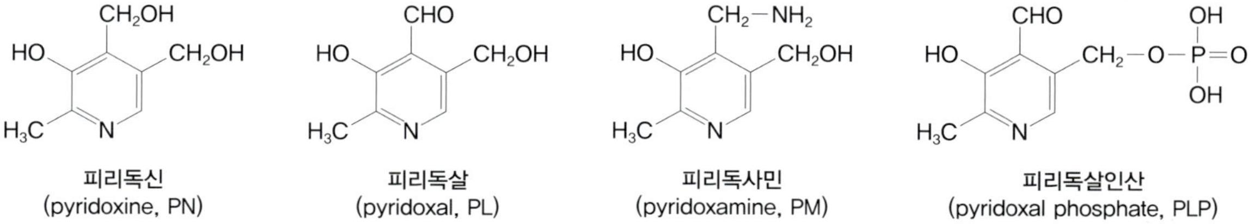

그림 7-21 **비타민 B_6의 구조**

3) 생리적 기능

(1) 아미노산 대사

비타민 B_6는 조효소인 PLP의 형태로 아미노산의 아미노기 전이반응, 탈아미노반응, 탈탄산반응에 관여한다. 비타민 B_6는 아미노산의 아미노기를 한 화합물로부터 제거하여 다른 화합물에 첨가하는 아미노기 전이반응에 관여하며, 이 반응을 통해 필수아미노산으로부터 비필수아미노산을 합성한다. 또한 세린, 트레오닌으로부터 아미노기를 제거하는 탈아미노반응을 통해 TCA회로의 중간물질로 전환시킨다.

> **호모시스테인뇨증**
>
> 메티오닌 대사에서 발생한 대사물질인 호모시스테인은 혈관 내피세포를 자극하여 혈관벽을 파괴시키고 혈관수축 및 혈전 형성을 촉진하여 동맥경화를 일으키는 물질이다. 호모시스테인은 시스테인으로 전환하여 대사되는데, 이 과정은 B_6 의존효소에 의해 진행되므로, 비타민 B_6 부족시 혈액의 호모시스테인 함량이 높아지고 동맥경화 위험이 증가된다.

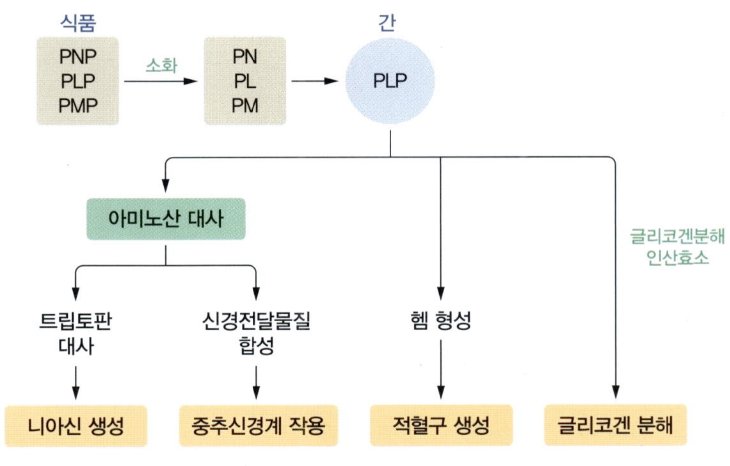

그림 7-22 **비타민 B_6와 피리독살인산(PLP)의 체내 기능**

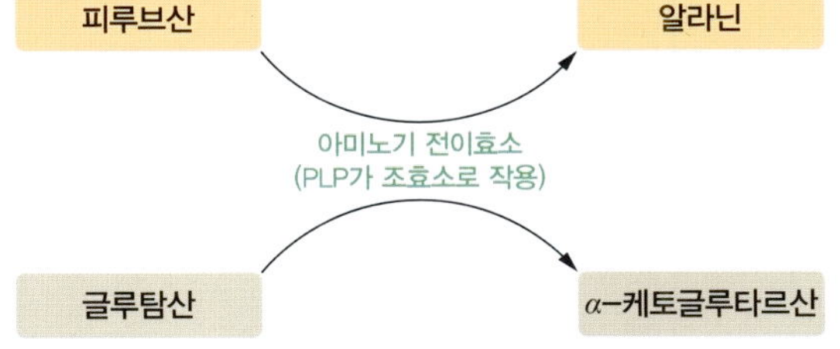

그림 7-23 **아미노기 전이반응의 예**

(2) 탄수화물 대사

비타민 B_6는 글리코겐 분해대사에 관여하는 효소의 조효소로 작용하여 글리코겐을 포도당으로 분해시키며, 아미노기가 전이되고 남은 아미노산의 탄소골격으로부터 포도당을 생성하는 포도당신생 반응에 관여한다.

(3) 신경전달물질의 합성

세로토닌 serotonin
티로신 tyrosine
도파민 dopamine
노르에피네프린 norepinephrine
히스티딘 histidine
히스타민 histamine

비타민 B_6는 아미노산의 카르복실기를 떼어내는 탈탄산반응의 조효소로 작용한다. 트립토판으로부터 세로토닌을, 티로신으로부터 도파민과 노르에피네프린을, 히스티딘으로부터 히스타민을 형성하는 등 신경전달물질들의 합성과정에 관여한다.

(4) 혈구세포의 합성

비타민 B_6는 헤모글로빈의 포르피린 고리구조 형성에 관여하여 적혈구의 형성을 도우며 백혈구 등 면역세포의 형성에도 필요하다. 비타민 B_6가 결핍되면 적혈구의 크기가 작아지고 산소운반에 필요한 헤모글로빈 농도가 낮아지는 '소혈구저색소성 빈혈'이 나타난다.

(5) 니아신의 형성

비타민 B_6는 트립토판이 니아신으로 전환되는 과정에서 조효소로 작용한다.

4) 결핍증

비타민 B_6가 결핍되면 구각염, 설염, 구내염, 근육경련, 신경장애, 신경과민, 피로감, 비정상적 뇌파, 신결석, 빈혈(소혈구저색소성 빈혈) 등이 나타난다. 비타민 B_6 결핍은 경구피임약 복용자, 노인, 만성 알코올 중독자, 고단백식사, 결핵치료제(INH)나 류마티스 관절염 치료제를 장기간 복용하는 사람 등에서 나타날 수 있다.

5) 과잉증

비타민 B_6는 체내 저장되어 다른 수용성 비타민들에 비해 독성이 나타날 수 있다. 식품으로 섭취한 경우 과잉 독성이 나타나지 않으나 보충제로 섭취하였을 때 문제가 될 수 있다. 과잉 독성은 손발이 무감각해지고 관절이 경직되며 보행 장애와 손발 저림과 같은 신경 장애를 일으킬 수 있다.

6) 영양상태 평가와 섭취기준

비타민 B_6의 영양상태를 판정하는 방법에는 직접적으로 혈액과 소변의 피리독신 대사산물을 측정하는 방법과 간접적으로 트립토판 부하검사나 피리독신 의존효소의 활성도를 측정하는 기능적인 검사방법 등이 있다. 피리독살인산은 혈장내의 주된 순환형태로 총 비타민 B_6의 70~90%를 차지하므로 혈장 PLP를 측정하는 방법이 가장 많이 사용된다. 한국인 성인의 1일 비타민 B_6 권장섭취량은 남자 1.5mg, 여자 1.4mg이다(2025 한국인 영양소 섭취기준). 피리독신의 과잉섭취는 신경장애를 초래하므로 1일 상한섭취량인 50mg을 초과하지 않도록 한다.

7) 급원식품

비타민 B_6는 주로 단백질이 풍부한 육류, 생선류, 가금류에 많이 들어 있으며, 이외에도 전곡, 콩류, 말린 과일, 종실류, 견과류, 바나나와 채소들도 좋은 급원이다. 일반적으로 동물성 식품이 식물성 식품에 비해 비타민 B_6의 생체이용률이 높으며 가열, 냉동 등의 과정에서 파괴될 수 있다.

표 7-12 **한국인의 1일 비타민 B_6 섭취기준**

성별	연령	비타민 B_6(mg/일)			
		평균필요량	권장섭취량	충분섭취량	상한섭취량
영아	0~5(개월)			0.1	
	6~11			0.3	
유아	1~2(세)	0.5	0.6		10
	3~5	0.6	0.7		15
남자	6~8(세)	0.7	0.9		20
	9~11	0.9	1.1		30
	12~14	1.3	1.5		40
	15~18	1.3	1.5		45
	19~29	1.3	1.5		50
	30~49	1.3	1.5		50
	50~64	1.3	1.5		50
	65~74	1.3	1.5		50
	75 이상	1.3	1.5		50
여자	6~8(세)	0.7	0.9		20
	9~11	0.9	1.1		30
	12~14	1.2	1.4		40
	15~18	1.2	1.4		45
	19~29	1.2	1.4		50
	30~49	1.2	1.4		50
	50~64	1.2	1.4		50
	65~74	1.2	1.4		50
	75 이상	1.2	1.4		50
임신부[1]		+0.7	+0.8		50
수유부[1]		+0.7	+0.8		50

1) 임신부·수유부 부가량. 단, 상한섭취량은 임신부·수유부 부가량 아닌 총량
자료: 보건복지부·한국영양학회. 2025 한국인 영양소 섭취기준

표 7-13 **비타민 B_6 주요 급원식품(100g당 함량)[1)]**

급원식품 순위	급원식품	함량 (mg/100g)	기여율 (%)	급원식품 순위	급원식품	함량 (mg/100g)	기여율 (%)
1	백미	0.12	25.88	16	김치, 총각김치	0.13	1.00
2	소고기(살코기)	0.39	17.05	17	포도	0.07	0.78
3	달걀, 생것	0.12	8.28	18	표고버섯	0.21	0.72
4	바나나	0.40	6.34	19	상추	0.06	0.65
5	우유	0.03	4.11	20	된장	0.10	0.65
6	소 부산물(간)	1.02	3.68	21	요구르트(호상)	0.02	0.55
7	고등어	0.54	3.25	22	새우	0.08	0.48
8	돼지 부산물(간)	0.59	3.19	23	연어	0.41	0.47
9	명태	0.33	3.15	24	토마토케첩	0.13	0.47
10	무	0.07	2.64	25	오리고기	0.10	0.45
11	귤	0.09	2.26	26	찹쌀	0.08	0.45
12	김치, 열무김치	0.16	2.11	27	새송이버섯	0.14	0.43
13	빵, 식빵	0.03	1.27	28	느타리버섯	0.18	0.42
14	떡	0.05	1.15	29	귀리	0.22	0.34
15	김치, 깍두기	0.07	1.03	30	오이	0.01	0.33

1) 2022년 국민건강영양조사의 식품별 섭취량과 식품별 비타민 B_6 함량(국가표준식품성분표 DB 10.2) 자료를 활용하여 비타민 B_6 주요 급원식품 상위 30위 산출

자료: 보건복지부·한국영양학회. 2025 한국인 영양소 섭취기준

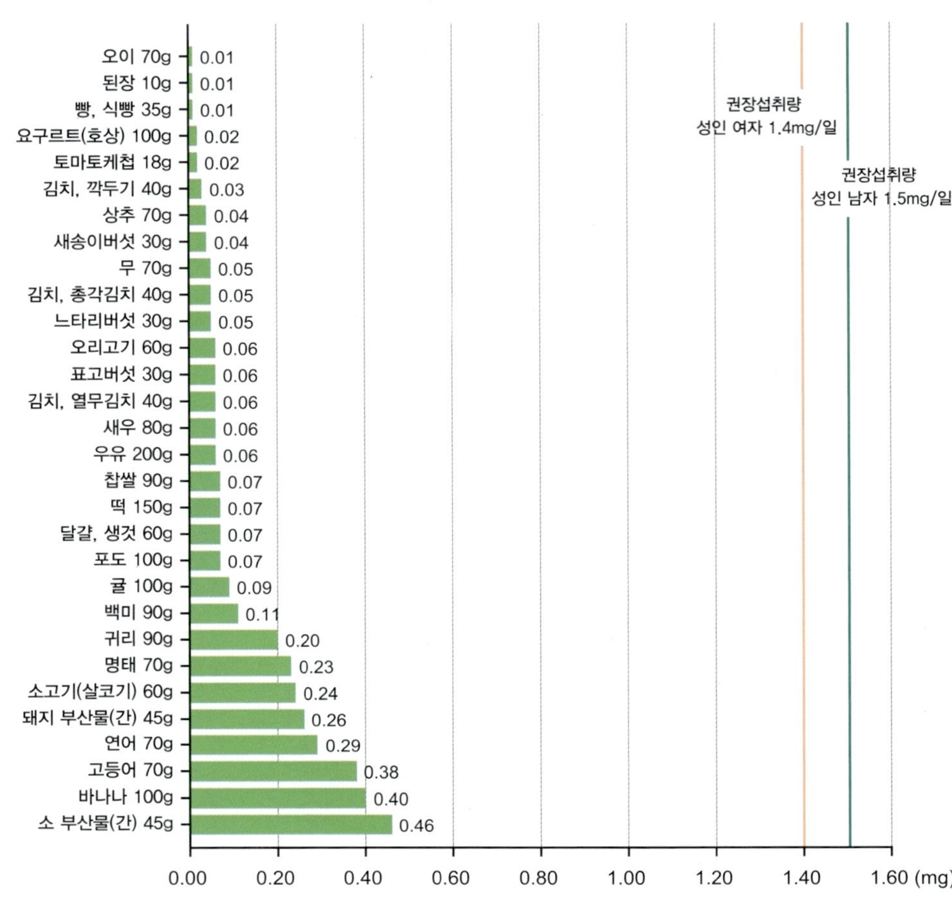

그림 7-24 **비타민 B_6 주요 급원 식품(1회 분량당 함량)**[1)]

1) 2022년 국민건강영양조사의 식품별 섭취량과 식품별 비타민 B_6 함량(국가표준식품성분표 DB 10.2) 자료를 활용하여 비타민 B_6 주요 급원식품 상위 30위 산출 후 1회 분량(2020 한국인 영양소 섭취기준)을 적용하여 1회 분량당 함량 산출, 19~29세 성인 권장섭취량 기준(2025 한국인 영양소 섭취기준)과 비교

자료: 보건복지부·한국영양학회. 2025 한국인 영양소 섭취기준

7. 엽산

1) 구조와 성질

프테리딘 pteridine

파라-아미노벤조산 p-aminobenzoic acid

엽산folate의 이름은 잎을 의미하는 라틴어 'Folium'에서 유래됐다. 시금치 등의 녹색 잎 채소에 널리 분포되어 있다. 엽산의 구조는 프테리딘, 파라-아미노벤조산(PABA), 글루탐산의 세 부분으로 구성되어 있다. 식품에는 3~11개의 글루탐산이 결합된 폴리글루탐

산 형태로 존재하며 섭취된 엽산은 소장에서 흡수되기 전에 1개의 글루탐산만 남은 모노글루탐산 형태로 분리되어 체내에 흡수된다. 엽산의 활성화된 조효소 형태는 수소가 4개 결합된 테트라하이드로엽산(THF)이다.

테트라하이드로엽산 tetrahydrofolic acid

2) 흡수와 대사

엽산은 소장의 점막세포에 있는 γ-글루타밀 카르복시펩티데이즈에 의해 가수분해되어 폴리글루탐산형에서 글루탐산 하나만 남게 된 모노글루탐산형으로 흡수된다. 흡수된 모노글루탐산형의 엽산은 소장세포에서 환원형의 테트라하이드로엽산(THF)으로 전환되고 다시 메틸기와 결합한 5-메틸-THF 형태로 혈액을 통해 간으로 이동된다. 간으로 이동된 엽산은 폴리글루탐산형으로 전환되어 저장되거나 모노글루탐산형으로 다시 가수분해된 후 혈액으로 방출된다. 조직으로 이동된 엽산은 다시 폴리글루탐산 형태로 전환된 후 조효소로 사용된다. 과잉의 엽산은 대부분 담즙으로 분비되고 장간순환에 의해 재흡수되거나 대변으로 배설된다.

3) 생리적 기능

엽산은 단일 탄소기($-CH_3$)를 운반하는 단일탄소 전이반응의 조효소로 작용하며 이러한 반응을 통해 생명 유지에 필요한 많은 물질을 합성하는 데 관여한다. 엽산의 활성형 조효소 형태인 테트라하이드로엽산은 메틸기, 포르밀기, 메틸렌기 등의 단일탄소와 결합하여 5-메틸-THF, 10-포르밀-THF, 5,10-메틸렌기-THF 등의 형태로 단일 탄소 운반체의 역할을 담당한다.

(1) 퓨린과 피리미딘 염기의 합성

엽산은 비타민 B_{12}와 함께 DNA와 RNA를 구성하는 퓨린과 피리미딘 염기를 합성하는 단일 탄소 운반반응에 관여한다. 이러한 과정은 새로운 세포가 만들어질 때마다 필요한 과정으로 성장, 발달 시기와 짧은 수명을 지닌 세포에서 매우 중요하다. 엽산이나 비타민 B_{12} 어느 한 가지라도 부족하면 DNA가 정상적으로 합성되지 못하고 세포의 분열과

퓨린 purine

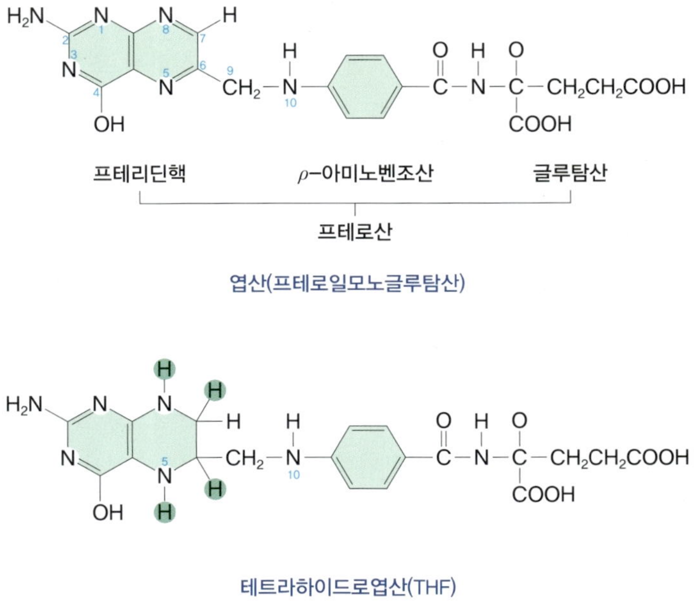

엽산(프테로일모노글루탐산)

테트라하이드로엽산(THF)

그림 7-25 **엽산과 테트라하이드로엽산(THF)의 구조**

성숙이 제대로 이루어지지 않는다. 엽산이 부족할 경우 적혈구를 생성하는 골수에서 세포분열이 제대로 이루어지지 않아 비정상적으로 커다란 적아구를 생성하게 되어 거대적아구성 빈혈이 나타난다.

(2) 메티오닌의 합성

엽산은 비타민B_{12}와 함께 호모시스테인을 메티오닌으로 전환시키는 반응에 관여한다. 엽산의 조효소 형태인 메틸-THF는 메틸기를 호모시스테인으로 전달하여 메티오닌을 생성한다. 이 반응은 비타민B_{12}가 관여하는 반응이 동시에 일어나는 짝지음반응coupled reaction이다. 이 반응에서 메틸기는 메틸-THF에서 비타민B_{12}로 운반되고 비타민B_{12}가 이 메틸기를 호모시스테인에게 전달함으로써 메티오닌이 생성된다. 이 두 비타민 중 한 가지라도 부족하면 체내 호모시스테인이 축적되고 호모시스테인 농도의 상승은 심장병의 위험 증가와 관련이 있다(그림 7-26).

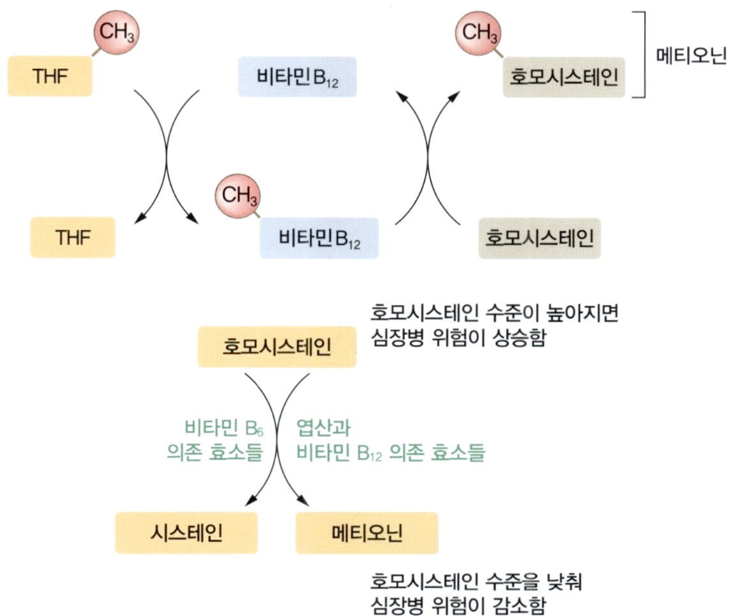

그림 7-26 **호모시스테인의 생성과 심장병**

4) 결핍증

심하지 않은 엽산 결핍 상태에서는 피로, 두통 등의 증상을 나타날 수 있으며 심한 엽산 결핍은 태아의 신경관 손상, 위장관 세포손상(빈혈, 위장관 퇴행), 거대적아구성빈혈(피로, 허약감, 두근거림) 등을 초래한다. 엽산은 세포분열시 DNA 합성에 영향을 주므로 엽산이 부족하면 적혈구가 정상적으로 성숙하지 못하고 크기가 크고 산소운반 능력이 떨어지는 미성숙한 거대적아구로 존재하게 된다. 거대적아구가 적혈구를 대치하면 거대적아구성빈혈megaloblastic anemia이 된다(그림 7-27). 태아의 성장분열 속도가 매우 빠르게 진행되는데 임신초기에 엽산이 부족하면 무뇌증, 이분척추 등이 나타나는 신경관 손상의 기형아를 출산할 가능성이 있다(그림 7-28). 또한 알코올 중독, 혈액 손실, 위장관 내막의 손상, 만성적인 아스피린과 제산제 사용 시 엽산 결핍증이 나타날 수 있다.

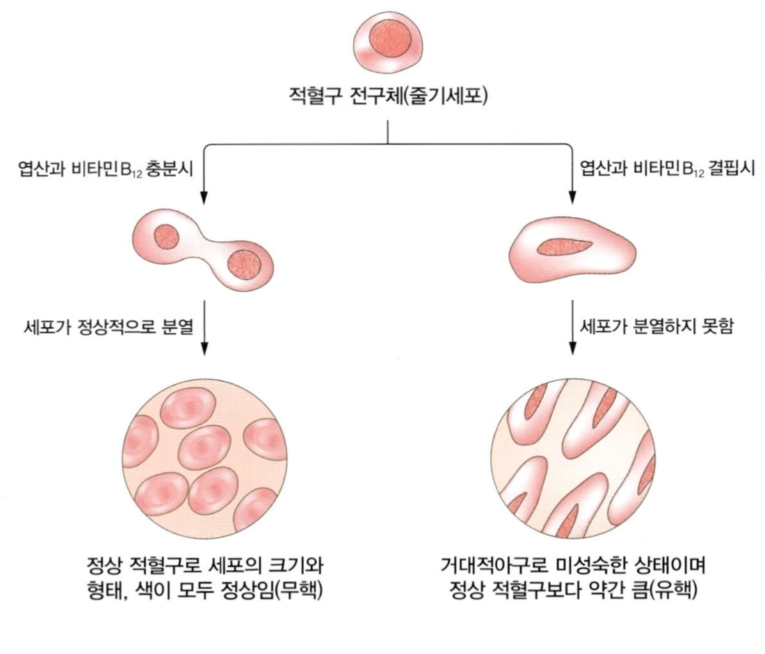

그림 7-27 **거대적아구성 빈혈**

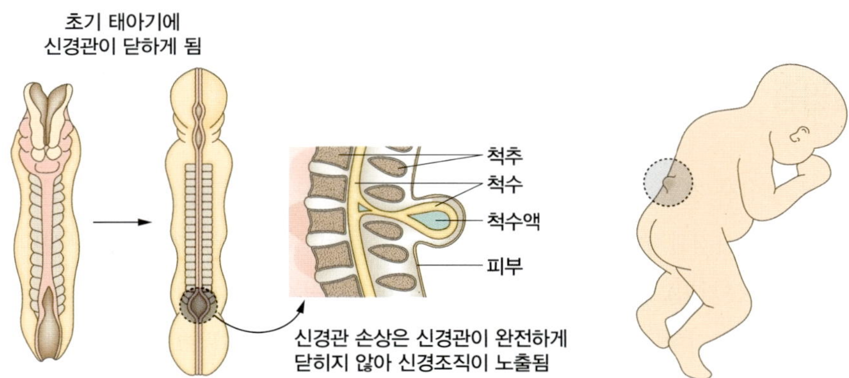

그림 7-28 **신경관 손상**

엽산, 임신 알고 난 뒤 먹으면 효과 떨어져

대한산부인과학회는 '임신 확인 후엔 신경관 결손증 예방을 위한 엽산 투여가 이미 늦을 수 있다'며 '임신을 계획하는 단계부터 복용하라'고 권한다. 임산부에게 필요한 체내 농도까지 도달하는 데 일정 시간이 걸리기 때문이다. 임신하기 최소 한 달 전부터 엽산을 보충하는 것이 필요하다.

5) 영양상태 평가와 섭취기준

엽산의 영양상태는 혈청 엽산 농도나 적혈구 엽산 농도를 측정하여 평가한다. 혈청 엽산 농도는 단기간의 식이 섭취량을 반영하는 반면, 적혈구 엽산 농도는 조직의 저장량을 반영하는 좋은 지표가 된다. 적혈구 엽산, 혈장 호모시스테인, 혈청 엽산 등의 혈중 농도를 정상으로 유지하는 데 필요한 엽산의 성인 남녀의 1일 평균필요량은 320μg DFE이며, 1일 권장섭취량은 400μg DFE이다. 임신기와 수유기에는 엽산의 필요량이 증가하므로 임신기에는 220μg DFE를, 수유기에는 150μg DFE을 추가로 섭취하도록 권장하고 있다. 엽산의 상한섭취량은 보충제 또는 강화식품의 형태로 섭취하였을 때 성인 기준 1일 1,000μg이다(2025 한국인 영양소 섭취기준).

식이엽산당량

엽산은 화학적인 형태와 공복 여부에 따라 생체이용률이 다르므로 식이엽산당량(dietary folate equivalent, DFE) 단위를 만들어 사용하고 이를 기준으로 섭취기준을 설정했다.

식품 속 엽산 1μg = 1μg DFE
공복 시 섭취한 보충제 중의 엽산 1μg = 2μg DFE
강화식품 또는 식품과 함께 섭취한 보충제 중의 엽산 1μg = 1.7μg DFE

식이엽산당량(DFE) = 식품 속 엽산
+ (2 × 공복시 엽산보충제 중 엽산)
+ (1.7 × 강화식품 또는 식품과 함께 섭취한 보충제 중의 엽산)

표 7-14 **한국인의 1일 엽산 섭취기준**

성별	연령	엽산(μg DFE/일)[1]			
		평균필요량	권장섭취량	충분섭취량	상한섭취량[2]
영아	0~5(개월)			65	
	6~11			90	
유아	1~2(세)	120	150		300
	3~5	150	180		400
남자	6~8(세)	180	220		500
	9~11	250	300		600
	12~14	300	360		800
	15~18	330	400		900
	19~29	320	400		1,000
	30~49	320	400		1,000
	50~64	320	400		1,000
	65~74	320	400		1,000
	75 이상	320	400		1,000
여자	6~8(세)	180	220		500
	9~11	250	300		600
	12~14	300	360		800
	15~18	330	400		900
	19~29	320	400		1,000
	30~49	320	400		1,000
	50~64	320	400		1,000
	65~74	320	400		1,000
	75 이상	320	400		1,000
임신부[3]		+200	+220		1,000
수유부[3]		+130	+150		1,000

1) 엽산의 평균필요량, 권장섭취량, 충분섭취량은 식품, 강화식품, 보충제 등의 섭취에 따른 흡수율의 차이를 반영한 식이엽산당량(μg DFE/일)에 해당

2) 엽산의 상한섭취량은 강화식품, 보충제 등으로 섭취한 엽산(μg/일)에 해당(가임기 여성의 경우 400μg/일의 엽산보충제 섭취를 권장)

3) 임신부·수유부 부가량. 단, 상한섭취량은 임신부·수유부 부가량 아닌 총량

자료: 보건복지부·한국영양학회. 2025 한국인 영양소 섭취기준

6) 급원식품

엽산은 열에 의해 쉽게 파괴되고 빛과 산소에 의해 산화되기도 쉬우므로 삶는 조리법이나 열 가공 중에 손실되기 쉽다. 따라서 조리하거나 가공과정을 거치지 않은 신선한 과일과 채소에 풍부하다. 특히 푸른 잎채소, 간, 콩류, 딸기, 현미, 과일주스 등이 좋은 급원식품이다. 또한 식품 중의 비타민C는 엽산의 산화를 방지한다.

표 7-15 **엽산 주요 급원식품(100g당 함량)[1]**

급원식품 순위	급원식품	함량 (μg DFE/ 100g)	기여율 (%)	급원식품 순위	급원식품	함량 (μg DFE/ 100g)	기여율 (%)
1	돼지 부산물(간)	686	7.43	16	김, 조미김, 구운 것	346	1.32
2	달걀, 생것	45	6.38	17	들깻잎	150	1.31
3	시금치	272	5.65	18	두유	22	1.28
4	백미	12	5.15	19	우유	5	1.28
5	대두	485	4.45	20	닭고기(살코기)	10	1.15
6	빵, 식빵	41	3.13	21	양파	11	1.14
7	김치, 배추김치	15	2.86	22	배추	43	1.13
8	고구마	43	2.61	23	가당음료(과일음료 포함)	19	1.08
9	무	33	2.44	24	딸기	54	1.07
10	소 부산물(간)	253	1.82	25	귤	21	1.06
11	김치, 열무김치	63	1.69	26	감	26	0.92
12	두부	21	1.55	27	짜장	221	0.91
13	상추	66	1.48	28	애호박	33	0.88
14	마늘	92	1.33	29	현미	49	0.88
15	옥수수	88	1.33	30	김치, 총각김치	50	0.79

1) 2022년 국민건강영양조사의 식품별 섭취량과 식품별 엽산 함량(국가표준식품성분표 DB 10.2) 자료를 활용하여 엽산 주요 급원식품 상위 30위 산출

자료: 보건복지부·한국영양학회. 2025 한국인 영양소 섭취기준

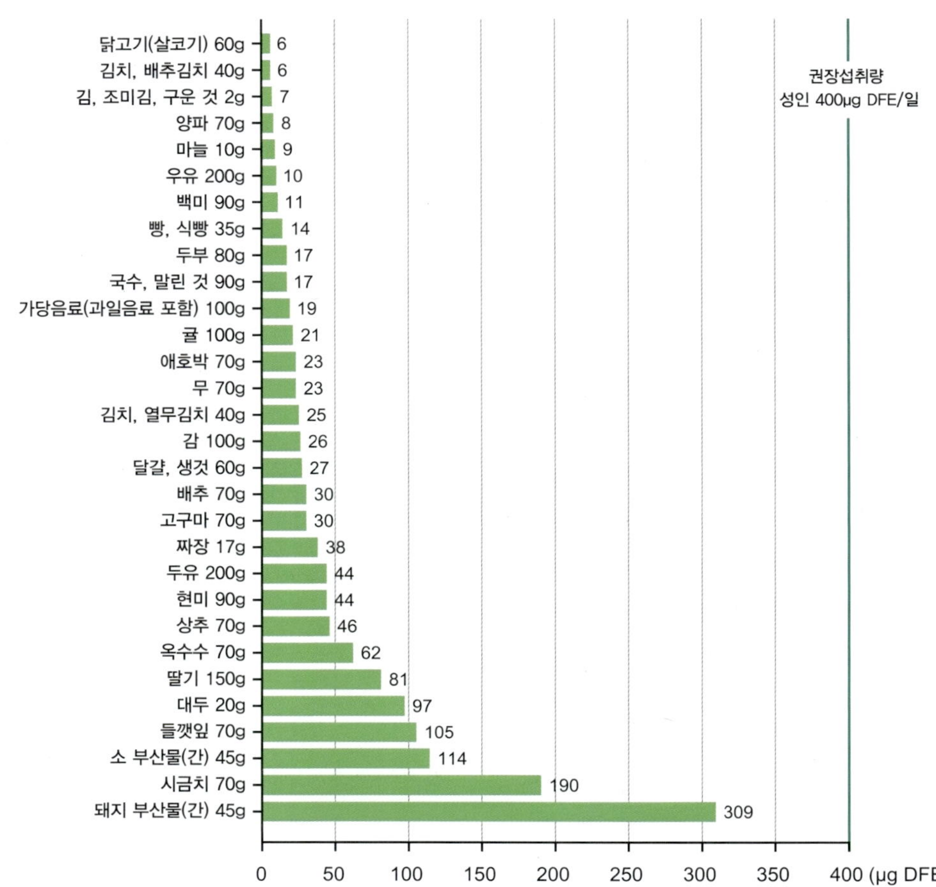

그림 7-29 **엽산 주요 급원식품 (1회 분량당 함량)**[1)]

1) 2022년 국민건강영양조사의 식품별 섭취량과 식품별 엽산 함량(국가표준식품성분표 DB 10.2) 자료를 활용하여 엽산 주요 급원식품 상위 30위 산출 후 1회 분량(2020 한국인 영양소 섭취기준)을 적용하여 1회 분량당 함량 산출, 19~29세 성인 권장섭취량 기준(2025 한국인 영양소 섭취기준)과 비교

자료: 보건복지부·한국영양학회, 2025 한국인 영양소 섭취기준

8. 비타민 B_{12}

1) 구조와 성질

비타민 B_{12}는 식물과 고등동물에서는 합성되지 않고 박테리아 같은 미생물에서만 합성되는 물질이다. 식품 속의 비타민 B_{12}는 식품 자체에서 합성된 것이 아니라 주변 환경이나

장내의 미생물에서 얻게 되므로 동물성 식품에만 존재한다. 비타민 B_{12}는 헤모글로빈의 포르피린과 유사한 코린 고리구조 중앙에 미량원소인 코발트(Co)를 함유하고 있어 코발라민이라고 한다. 코발트 원자에는 시안기($-CN$), 하이드록실기($-OH$), 니트로기($-NO_2$), 메틸기($-CH_3$) 등이 결합할 수 있다. 비타민 B_{12}의 활성형 조효소 형태는 메틸코발라민과 5-디옥시아데노실코발라민으로 혈장과 조직에 존재한다.

코발라민 cobalamin

메틸코발라민 methylcobalamin

5-디옥시아데노실코발라민 5-deoxyadenosylcobalamin

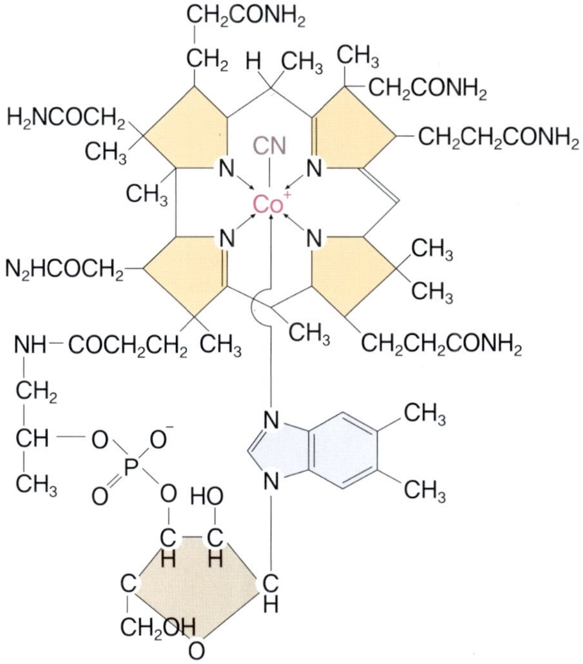

그림 7-30 **비타민 B_{12}(시아노코발라민)의 구조**

2) 흡수와 대사

식품 중의 비타민 B_{12}는 대부분 단백질을 비롯한 다른 물질과 결합되어 있으며 흡수되기 전에 분해된다. 이 단백질은 위에서 위산과 펩신에 의해 가수분해되므로 비타민 B_{12}가 유리되고, 유리된 비타민 B_{12}는 침샘에서 분비된 R-단백질과 결합하여 R-단백질$-B_{12}$복합체의 형태로 소장으로 이동한다. 소장에서 트립신에 의해 R-단백질이 제거된 비타민 B_{12}는 위산과 함께 분비된 당단백질인 내적인자와 결합하여 비타민 B_{12}-내적인자 결합체의 형태로 회장에 있는 수용체까지 이동한다(그림 7-31). 회장에서 내적인자와 분리된 후 흡수된 비타민 B_{12}는 운반단백질인 트랜스코발라민과 결합되어 혈액을 통해 간으

트랜스코발라민 transcobalamin

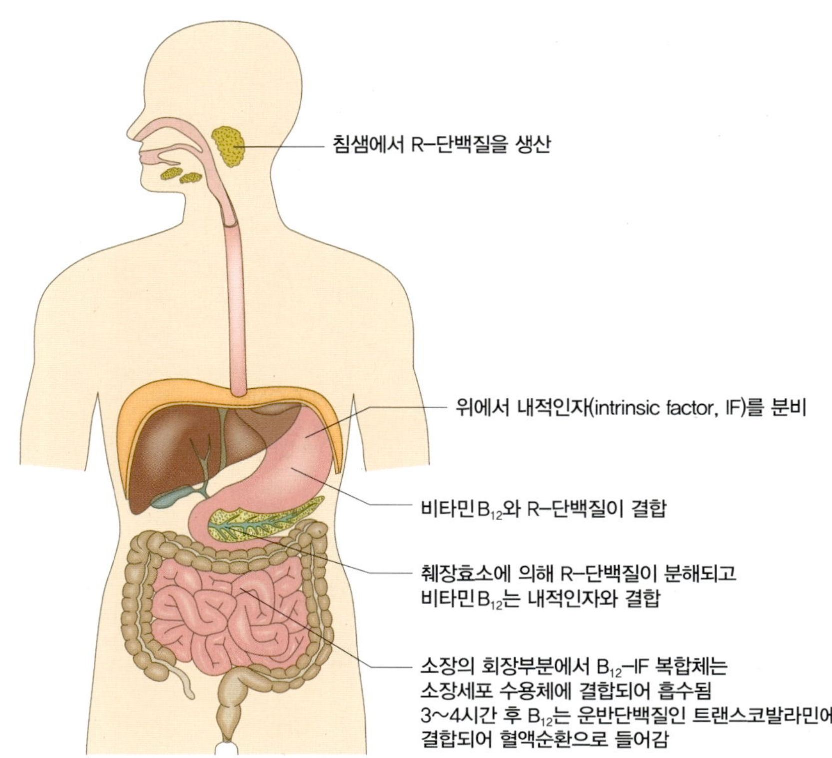

그림 7-31 **비타민 B_{12}의 흡수**

로 운반된다. 비타민 B_{12}는 다른 수용성 비타민과는 달리 대부분이 간에 저장된다.

3) 생리적 기능

(1) 퓨린과 피리미딘의 합성

비타민 B_{12}의 조효소는 엽산 조효소와 함께 퓨린과 피리미딘을 합성하는 데 관여한다. 엽산이나 비타민 B_{12} 어느 한 가지라도 부족하면 DNA가 정상적으로 합성되지 못하고 세포분열이 제대로 이루어지지 못한다. DNA 합성 장애로 적혈구의 세포 분열이 정상적으로 이뤄지지 못하면 거대적아구성 빈혈이 나타날 수 있다.

(2) 메티오닌의 합성

비타민 B_{12}는 엽산과 함께 호모시스테인이 메티오닌으로 전환하는 데 관여한다. 비타민 B_{12}는 이 과정에서 엽산의 조효소 형태인 메틸-THF의 메틸기를 호모시스테인으로

옮겨주어 메티오닌을 생성한다(그림 7-26). 이 과정은 엽산과 비타민B_{12}가 상호 연관된 과정으로 비타민B_{12}가 부족하면 엽산이 메틸화된 형태로 남아 있게 되므로 체내 필요한 THF가 부족하게 된다. 따라서 2차적으로 엽산 결핍을 초래하여 엽산 결핍으로 인한 거대적아구성 빈혈이 나타날 수 있다.

(3) 신경세포의 수초 유지

비타민B_{12}는 신경세포의 축삭돌기를 감싸 절연체 역할을 하는 수초$_{\text{myelin}}$를 형성하고 유지시키는 데 필요하다. 비타민B_{12}가 결핍되면 수초가 손상될 수 있다.

(4) 메틸전이반응

비타민B_{12}는 메틸말로닐CoA를 숙시닐CoA로 전환시키는 메틸전이효소의 조효소로 작용한다. 이 반응을 통해 말로닐CoA가 TCA회로에서 대사되도록 돕는다.

4) 결핍증

(1) 악성빈혈

비타민B_{12} 결핍으로 인한 빈혈을 악성빈혈$_{\text{pernicious anemia}}$이라고 한다. 주로 내적인자의 부족으로 인해 주로 나타나므로 비타민B_{12}의 섭취부족이라기보다는 부적절한 흡수에 의해 나타난다. 식사로 충분한 비타민B_{12}를 취한다고 해도 유전적인 결함으로 내적인자가 합성되지 않거나 위절제 수술 등으로 내적인자가 분비되지 않을 경우, 비타민B_{12} 흡수부위인 회장을 절제하거나 회장질환이 있는 경우 나타날 수 있다. 비타민B_{12}는 동물성 식품에 존재하므로 오랜 기간 철저한 채식을 하면 비타민B_{12}의 섭취 부족으로 인한 악성빈혈이 생길 수도 있다. 악성빈혈은 엽산 부족시 나타나는 거대적아구성 빈혈과 같은 혈액변화와 같으며 피로, 무기력, 창백, 식욕 상실, 숨 가쁨, 체중감소, 우울, 무감각, 운동장애 등의 증상이 나타난다.

(2) 신경 장애

비타민 B_{12}는 신경세포의 수초 형성에 관여하므로 비타민 B_{12}가 결핍되면 신경섬유의 수초가 손실되어 신경자극이 제대로 전달되지 못한다. 이로 인해 신경과 근육은 점진적인 마비가 올 수 있으며, 마비 증세는 사지에서 시작하여 신체 전반으로 파급된다.

5) 영양상태 평가와 섭취기준

비타민 B_{12}는 수용성 비타민 중에서 유일하게 체내 저장이 가능한 수용성 비타민으로 주로 간에 저장 가능하다. 비타민 B_{12}의 영양상태 판정 방법으로는 혈청 비타민 B_{12} 체내의 저장량을 반영할 수 있는 혈청 비타민 B_{12}를 측정하여 평가한다.

악성빈혈 환자 또는 식이 비타민 B_{12}를 매우 적게 섭취하는 사람이 적절한 혈청 비타민 B_{12}를 유지하는 데 필요한 성인 남녀의 1일 평균 필요량은 2μg이며, 1일 권장섭취량은 평균필요량의 120%인 2.4μg으로 정하였다(2025 한국인 영양소 섭취기준). 비타민 B_{12}의 보충제나 식품으로 섭취하는 수준으로는 독성이 나타나지 않아 상한섭취량은 설정되어 있지 않다.

6) 급원식품

비타민 B_{12}는 거의 동물성 식품에만 들어 있으며, 특히 간을 비롯한 내장육이 가장 풍부한 급원이고, 육류, 어류, 조개류, 달걀, 우유, 강화시리얼 등도 좋은 급원이다. 또한 비타민 B_{12}는 장내세균에 의해 일부 합성되기도 한다.

표 7-16 **한국인의 1일 비타민 B_{12} 섭취기준**

성별	연령	비타민 B_{12}(μg/일)			
		평균필요량	권장섭취량	충분섭취량	상한섭취량
영아	0~5(개월)			0.3	
	6~11			0.5	
유아	1~2(세)	0.8	0.9		
	3~5	0.9	1.1		
남자	6~8(세)	1.1	1.3		
	9~11	1.5	1.7		
	12~14	1.9	2.3		
	15~18	2.0	2.4		
	19~29	2.0	2.4		
	30~49	2.0	2.4		
	50~64	2.0	2.4		
	65~74	2.0	2.4		
	75 이상	2.0	2.4		
여자	6~8(세)	1.1	1.3		
	9~11	1.5	1.7		
	12~14	1.9	2.3		
	15~18	2.0	2.4		
	19~29	2.0	2.4		
	30~49	2.0	2.4		
	50~64	2.0	2.4		
	65~74	2.0	2.4		
	75 이상	2.0	2.4		
임신부[1)]		+0.2	+0.2		
수유부[1)]		+0.3	+0.4		

1) 임신부·수유부 부가량
자료: 보건복지부·한국영양학회. 2025 한국인 영양소 섭취기준

표 7-17 **비타민 B_{12} 주요 급원식품(100g당 함량)**[1)]

급원식품 순위	급원식품	함량 (μg/100g)	기여율 (%)	급원식품 순위	급원식품	함량 (μg/100g)	기여율 (%)
1	소 부산물(간)	70.6	16.95	16	오리고기	3.3	0.96
2	바지락	74.0	11.06	17	새우	2.0	0.80
3	멸치, 삶아서 말린 것	24.2	8.90	18	연어	9.4	0.72
4	고등어	22.0	8.79	19	미꾸라지	6.3	0.67
5	김, 조미김, 구운 것	66.2	8.40	20	조기	4.8	0.66
6	돼지 부산물(간)	19.5	7.04	21	가리비	22.9	0.59
7	달걀, 생것	1.2	5.54	22	꽁치	16.0	0.56
8	소고기(살코기)	1.8	5.11	23	게, 꽃게	4.3	0.48
9	꼬막	45.9	3.15	24	치즈, 체다	1.0	0.40
10	오징어	4.4	3.00	25	가공육	0.4	0.40
11	우유	0.4	2.98	26	어묵	0.6	0.37
12	돼지고기 (살코기)	0.5	2.73	27	요구르트(호상)	0.2	0.36
13	굴	28.4	2.61	28	메추라기알	3.7	0.32
14	명태	3.7	2.32	29	어패류 부산물	60.0	0.29
15	닭고기(살코기)	0.3	1.00	30	매생이	10.3	0.22

1) 2022년 국민건강영양조사의 식품별 섭취량과 식품별 비타민 B_{12} 함량(국가표준식품성분표 DB 10.2) 자료를 활용하여 비타민 B_{12} 주요 급원식품 상위 30위 산출

자료: 보건복지부·한국영양학회. 2025 한국인 영양소 섭취기준

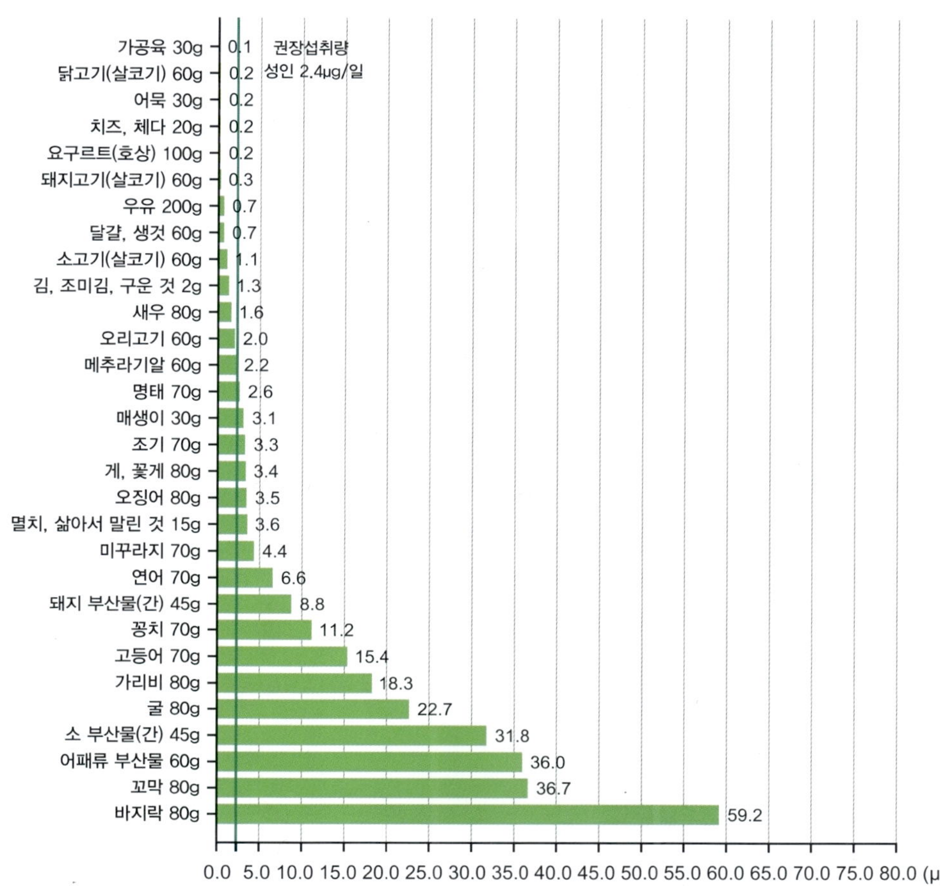

그림 7-32 **비타민 B_{12} 주요 급원식품(1회 분량당 함량)**[1)]

1) 2022년 국민건강영양조사의 식품별 섭취량과 식품별 비타민 B_{12} 함량(국가표준식품성분표 DB 10.2) 자료를 활용하여 비타민 B_{12} 주요 급원식품 상위 30위 산출 후 1회 분량(2020 한국인 영양소 섭취기준)을 적용하여 1회 분량당 함량 산출. 19~29세 성인 권장섭취량 기준(2025 한국인 영양소 섭취기준)과 비교

자료: 보건복지부·한국영양학회. 2025 한국인 영양소 섭취기준

9. 비타민 C

1) 구조와 성질

비타민 C는 괴혈병을 예방하는 인자$_{\text{antiscorbutic}}$라는 의미를 지닌 다른 이름으로 아스코르브산이라고도 한다. 비타민 C는 단당류인 포도당과 유사한 구조의 간단한 화합물로 백색 결정형 물질이다. 대부분의 동식물들은 포도당으로부터 비타민 C를 합성할 수 있지만 사

아스코르브산 ascorbic acid

람을 포함하는 영장류, 기니피그, 일부 조류와 생선류, 박쥐 등은 포도당에서 비타민C로 전환되는 최종단계의 효소인 굴로노락톤산화효소가 결핍되어 비타민C를 합성하지 못한다. 비타민C는 6개의 탄소로 이루어진 락톤 형태로 활성형태는 아스코르브산(환원형)과 디하이드로아스코르브산(산화형)이다. 이 두 물질은 세포 내에서 쉽게 상호 전환이 가능하다. 산화형인 디하이드로아스코르브산은 환원형의 80% 활성을 나타내며, 더 산화되면 다이케토굴론산이 생성되면서 비타민C의 활성이 사라진다.

굴로노락톤산화효소 gulonolactone oxidase

락톤 lactone

디하이드로아스코르브산 dehydroascorbic acid

비타민C는 화학적으로 매우 불안정한 물질로 일반적으로 산에는 안정하나 산화, 빛, 알칼리와 열에 쉽게 파괴된다.

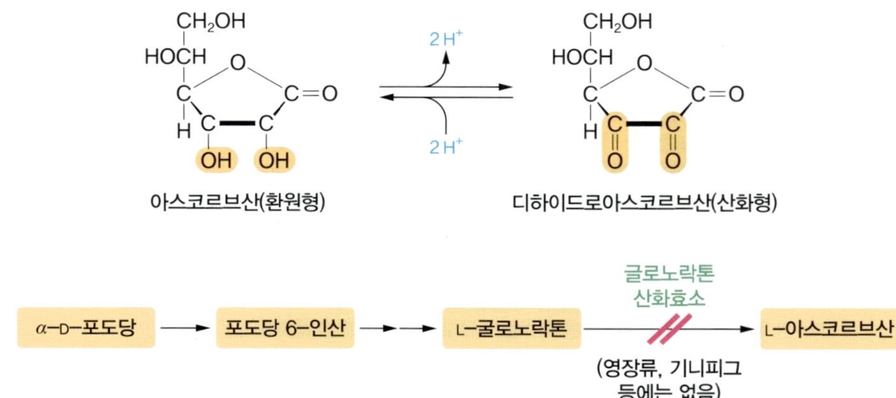

그림 7-33 **비타민C의 구조 및 합성과정**

2) 흡수와 대사

식품에 포함된 비타민C의 70~80%는 환원형인 아스코르브산으로, 나머지는 산화형인 디하이드로아스코르브산 형태로 존재한다. 섭취된 아스코르브산은 주로 포도당 운반 단백질을 사용하며 능동수송에 의해 흡수된다. 비타민C는 소장 상부인 공장에서 모세혈관을 통해 흡수되며 일부는 단순확산에 의해서도 흡수된다. 비타민C는 섭취량에 따라 흡수율이 달라져 하루 비타민C 섭취량이 100mg 이하일 때는 흡수율이 80~90%이지만 비타민C 섭취량이 100mg 이상일 때는 흡수율이 감소된다. 흡수된 비타민C는 혈액을 통해 각 조직으로 운반되고 과잉섭취된 여분의 비타민C는 대사되지 않고 그대로 소변으로 배설된다. 조직 중에 비타민C의 농도가 높은 곳은 뇌하수체와 부신, 수정체로 혈청농도의 50배 정도가 되며 그 외에 뇌, 신장, 폐, 간에 혈청농도의 5~30배 정도가 존재한다. 산화형인 디하이드로아스코르브산은 더 산화되면 다이케토글론산을 거쳐 옥살산(수산)과 트레온산으로 대사되고 대사되지 않은 비타민C와 함께 소변으로 배설된다.

다이케토글론산 diketogulonic acid
옥살산 oxalic acid
트레온산 threonic acid

3) 생리적 기능

(1) 항산화작용

체내에서는 정상적인 세포의 대사과정 동안 또는 흡연, 약물, 등 외부 환경 요인에 의해서 전하를 띤 불안정한 유리라디칼free radical이 생산된다. 유리라디칼은 바깥 전자껍질에 쌍을 이루지 못한 불안정한 전자를 가지고 있어 다른 분자로부터 전자를 뺏음으로써 다른 분자들을 산화시킬 수 있는데 유리라디칼에 의한 산화반응은 세포막, DNA, 단백질 등을 손상시킬 수 있다. 비타민C는 유리라디칼에 전자를 주고 자신이 산화됨으로써 항산화제로 작용할 수 있다. 비타민E와 β-카로틴도 이러한 항산화 기능을 가지고 있어서 유리기에 의한 세포 내 여러 손상을 막아 주는 작용을 한다. 비타민C는 항산화작용을 통해 DNA의 손상을 막아 암을 예방하고 심장 질환 및 기타 만성질환의 발병을 억제할 수 있다(6장 그림 6-14 참조).

(2) 콜라겐의 합성

비타민C는 피부, 뼈, 연골, 치아, 결체조직, 혈관벽 등의 결합조직을 구성하는 단백질인 콜라겐의 합성에 필수적이다. 콜라겐은 다른 단백질에 비해 하이드록시프롤린과 하이드록시라이신이 많은데, 아미노산인 프롤린과 라이신이 수산화되어 하이드록시프롤린과 하이드록시라이신이 형성된 것이다. 이들이 서로 수소결합을 하여 망상구조의 콜라겐을 완성한다. 비타민C는 이 과정에 관여하는 수산화효소의 철을 환원형으로 유지시켜 효소를 활성화시킴으로써 콜라겐 구조를 형성하는 데 중요한 역할을 한다(그림 7-34).

하이드록시프롤린 hydroxyproline
하이드록시라이신 hydroxylysine

(3) 철, 칼슘 등의 생체이용률 향상

비타민C는 철, 구리, 크롬 등 무기질을 환원 상태로 만들어 흡수율을 높인다. 식품 중에 존재하는 비헴철은 제2철(Fe^{3+})의 형태로 소장에서 흡수되기 위해서는 제1철(Fe^{2+})의 형태로 환원되어야 한다. 이때 비타민C는 Fe^{3+}를 Fe^{2+}로 환원시킴으로써 철의 흡수를 돕는다. 또한 장내에서 칼슘이 불용성염을 형성하는 것을 방지함으로써 Ca의 흡수를 돕는다.

항산화제

항산화제(antioxidant)는 불안정한 유리라디칼을 지닌 물질로부터 유리라디칼을 제거함으로써 다른 물질이 산화되는 것을 막아주는 물질을 말한다. 유리라디칼에 의한 산화반응은 세포막의 손상, 노화과정을 촉진한다. 항산화반응에 관여하는 대표적인 항산화제는 비타민E, 비타민C 등의 비타민과 셀레늄, β-카로틴, 플라보노이드 등이 있다. 비타민C는 체내 항산화체계에서 비타민E의 유리기 형태를 정상 상태로 환원시켜 비타민E에 대한 절약작용을 한다(6장 그림 6-14 참조).

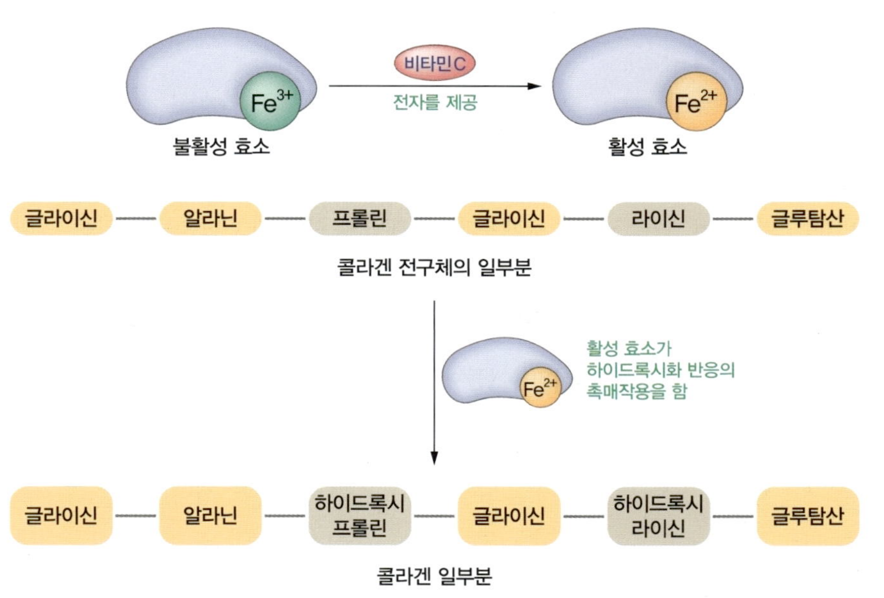

그림 7-34 **비타민C와 콜라겐 합성**

(4) 카르니틴 생합성

비타민C는 트라이메틸라이신이 수산화반응에 의해 카르니틴으로 전환되는 반응에 관여함으로써 카르니틴의 생합성에 필수적이다. 카르니틴은 지방산이 세포질로부터 미토콘드리아로 이동하는 데 필요한 수송 화합물로, 지방산이 산화되어 에너지를 생성하는 데 반드시 필요하다.

트라이메틸라이신 trimethyllysine
카르니틴 carnitine

(5) 신경전달물질 및 세포구성물질의 합성

비타민C는 도파민으로부터 노르에피네프린이 생성될 때나 트립토판으로부터 세로토닌이 생성될 때 필요한 수산화효소의 작용을 돕는다. 이외에도 엽산의 활성화 및 유지, 헤모글로빈, 티록신, 스테로이드 호르몬의 합성, 담즙산 생성에 관여하며 피부에 멜라닌 색소 생성을 억제하고 면역력을 강화시켜 질병을 예방한다.

4) 결핍증

비타민C가 결핍되면 콜라겐 합성이 정상적으로 이뤄지지 못하므로 결합조직 이상으로 인한 잇몸출혈, 피하 모세혈관의 출혈로 인한 멍, 동맥경화성 플라그 침착 등의 증세가 나타난다. 장기간 비타민C의 결핍이 지속되면 괴혈병이 나타나며 괴혈병의 증세로는 심한 잇몸출혈, 심장근육 등의 근육 퇴화, 거칠고 건조한 피부, 상처치유 지연, 뼈의 재형성 억제, 치아탈락, 빈혈, 관절통증 등이 있다. 괴혈병은 과일과 채소의 섭취가 증가하면서 발병률이 줄었으나 알코올 중독, 흡연, 당뇨병, 갑상선 기능항진 등의 경우 비타민C 결핍이 나타날 수 있다.

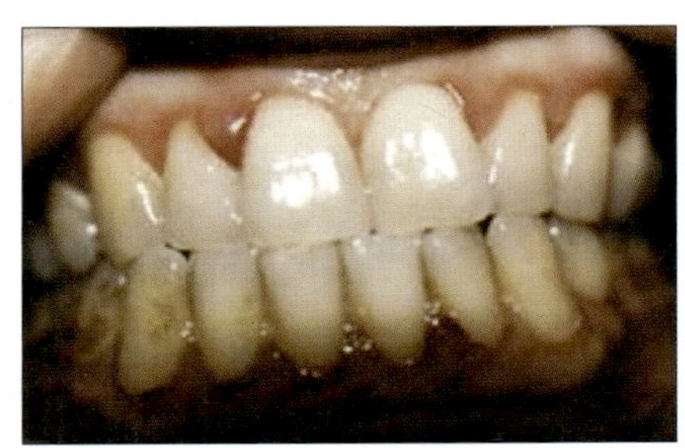

그림 7-35 **괴혈병 환자의 잇몸**

5) 과잉증

비타민C를 식품으로 섭취하는 수준에서는 과잉으로 인한 유해 증상이 나타나지 않으나 보충제로 과량섭취할 경우 메스꺼움, 구토, 복부팽만, 설사 등의 증세가 나타날 수 있다.

또한 요산 배설량 증가, 과도한 철 흡수, 비타민B_{12} 수준 저하, 신장결석 등의 증상이 보고된 바 있다.

6) 영양상태 평가와 섭취기준

비타민C의 영양상태는 임상적인 결핍증세를 관찰하고 혈청과 백혈구의 비타민 농도를 측정하여 판정한다. 혈청 비타민C 농도는 최근의 비타민C의 섭취량을 반영하는 반면, 백혈구의 비타민C는 세포의 저장량이나 체내 저장량을 반영하는 지표가 된다. 비타민C의 성인 남녀 1일 평균필요량은 75mg이며, 권장섭취량은 100mg이다(2025 한국인 영양소 섭취기준). 흡연자, 알코올 중독자, 약물복용, 저소득층, 노년층, 스트레스, 수술환자 등은 특히 결핍되기 쉬우므로 비타민C를 충분히 섭취할 필요가 있다. 위장장애 가능성을 피하기 위한 비타민C의 상한섭취량은 1일 2,000mg으로 설정했다.

7) 급원식품

비타민C는 다양한 과일과 채소에 함유돼 있으며 귤, 오렌지, 레몬, 자몽 등의 감귤류, 키위, 딸기 등의 과일과 파프리카, 풋고추, 시금치, 배추, 양배추, 부추 등의 녹색 잎채소, 토마토 등이 좋은 급원이다. 비타민C의 생체이용률은 높은 편이나 열, 산소, 알칼리에 의해 쉽게 파괴된다. 따라서 조리, 가공되지 않은 과일과 채소의 비타민C 함량이 높으며 식품 중의 비타민C를 잘 보존하기 위해서는 자른 단면이 장시간 공기에 노출되지 않도록 하며 중조를 첨가하여 조리하거나 장시간 가열하는 것은 피해야 한다.

표 7-18 **한국인의 1일 비타민 C 섭취기준**

성별	연령	비타민 C(mg/일)			
		평균필요량	권장섭취량	충분섭취량	상한섭취량
영아	0~5(개월)			40	
	6~11			55	
유아	1~2(세)	30	40		340
	3~5	35	45		510
남자	6~8(세)	40	50		750
	9~11	55	70		1,100
	12~14	70	90		1,400
	15~18	80	100		1,600
	19~29	75	100		2,000
	30~49	75	100		2,000
	50~64	75	100		2,000
	65~74	75	100		2,000
	75 이상	75	100		2,000
여자	6~8(세)	40	50		750
	9~11	55	70		1,100
	12~14	70	90		1,400
	15~18	80	100		1,600
	19~29	75	100		2,000
	30~49	75	100		2,000
	50~64	75	100		2,000
	65~74	75	100		2,000
	75 이상	75	100		2,000
임신부[1]		+10	+10		2,000
수유부[1]		+35	+40		2,000

1) 임신부·수유부 부가량. 단, 상한섭취량은 임신부·수유부 부가량 아닌 총량

자료: 보건복지부·한국영양학회. 2025 한국인 영양소 섭취기준

표 7-19 비타민 C 주요 급원식품(100g당 함량)[1)]

급원식품 순위	급원식품	함량 (mg/100g)	기여율 (%)	급원식품 순위	급원식품	함량 (mg/100g)	기여율 (%)
1	귤	30.7	7.19	16	풋고추	44.0	2.69
2	가당음료(과일 음료 포함)	27.4	6.82	17	오이	11.3	2.63
3	딸기	67.1	6.18	18	키위	86.5	2.36
4	시금치	50.4	4.86	19	감	14.0	2.28
5	고구마	14.5	4.07	20	파프리카	91.8	1.85
6	오렌지	55.9	4.06	21	유산균 음료	24.4	1.67
7	시리얼	190.9	3.91	22	김, 조미김, 구운 것	78.1	1.38
8	가공육	28.1	3.59	23	감자	4.5	1.26
9	배추	24.4	2.97	24	사과	1.4	1.07
10	무	8.7	2.97	25	상추	9.5	0.99
11	참외	19.4	2.90	26	바나나	6.6	0.96
12	양배추	19.6	2.89	27	우유	0.8	0.93
13	양파	5.9	2.82	28	부추	15.2	0.64
14	김치, 배추김치	3.2	2.79	29	요구르트(호상)	2.6	0.61
15	토마토	14.2	2.72	30	돼지고기 (살코기)	0.8	0.61

1) 2022년 국민건강영양조사의 식품별 섭취량과 식품별 비타민 C 함량(국가표준식품성분표 DB 10.2) 자료를 활용하여 비타민 C 주요 급원식품 상위 30위 산출

자료: 보건복지부·한국영양학회. 2025 한국인 영양소 섭취기준

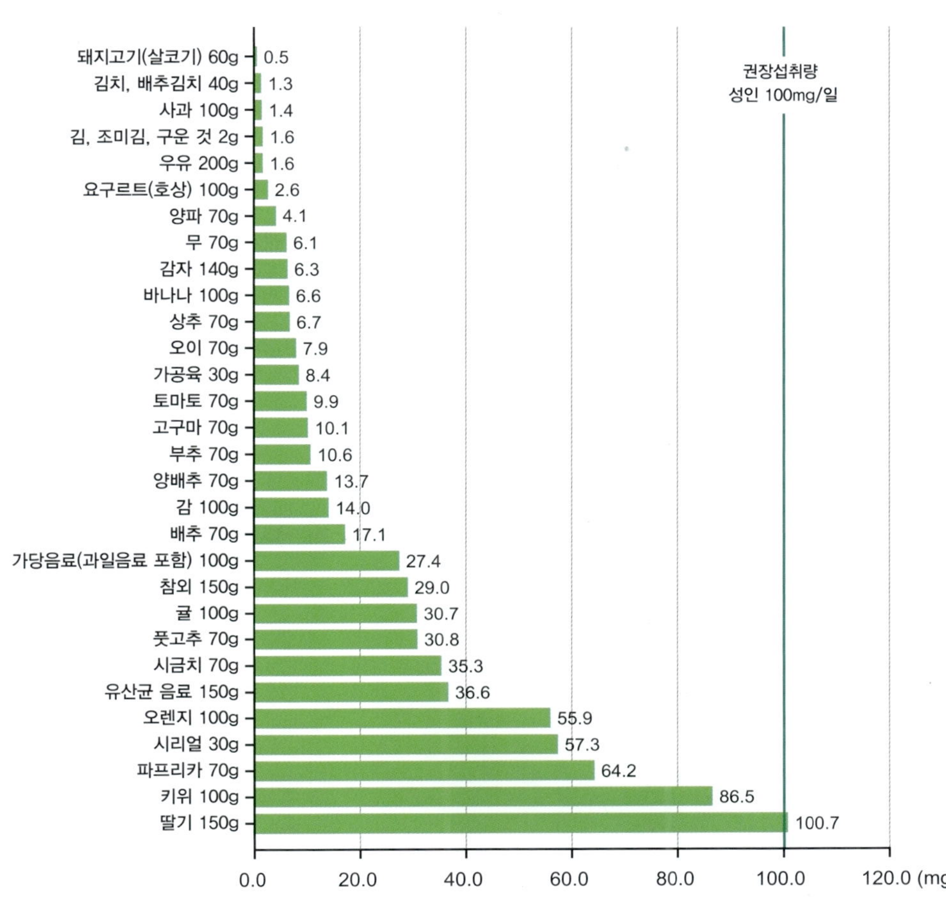

그림 7-36 **비타민 C 주요 급원 식품(1회 분량당 함량)**[1)]

1) 2022년 국민건강영양조사의 식품별 섭취량과 식품별 비타민 C 함량(국가표준식품성분표 DB 10.2) 자료를 활용하여 비타민 C 주요 급원식품 상위 30위 산출 후 1회 분량(2020 한국인 영양소 섭취기준)을 적용하여 1회 분량당 함량 산출, 19~29세 성인 권장섭취량 기준(2025 한국인 영양소 섭취기준)과 비교

자료: 보건복지부·한국영양학회. 2025 한국인 영양소 섭취기준

10. 비타민 유사물질들

1) 콜린 choline

콜린은 체내에서 합성될 수 있으나 그 양이 제한적이므로 식사를 통한 섭취가 필요하다. 콜린은 필수아미노산인 메티오닌으로부터 엽산, 비타민 B_{12}의 도움을 받아 합성된다.

콜린은 세포막인지질(특히 포스파티딜콜린)의 핵심 구성성분이며, 체내에서 신경전달물질인 아세틸콜린 합성, 호모시스테인 감소, 지질 운반 및 신호전달에 관여하는 필수영양소이다. 콜린은 항지방간 인자로 부족하면 간 손상을 초래하며, 과잉섭취하면 불쾌한 체취, 발한, 저혈당, 성장률의 저하 등이 발생된다. 콜린은 우유, 달걀, 땅콩, 간, 돼지고기 등에 풍부하다. 또한 레시틴이 포함된 마요네즈 같은 제품을 통해서도 섭취할 수 있다.

콜린은 2025년 한국인 영양소 섭취기준에서 처음으로 섭취 기준치를 제정하였다. 성인의 경우 남자는 480mg/일, 여자는 390mg/일을 충분섭취량으로 설정하였다.

표 7-20 **한국인의 1일 콜린 영양소 섭취기준**

성별	연령	콜린(mg/일)			
		평균필요량	권장섭취량	충분섭취량	상한섭취량
영아	0~5(개월)			110	
	6~11			150	
유아	1~2(세)			160	700
	3~5			190	1,000
남자	6~8(세)			260	1,000
	9~11			350	1,500
	12~14			450	2,000
	15~18			480	2,500
	19~29			480	3,000
	30~49			480	3,000
	50~64			480	3,000
	65~74			480	3,000
	75 이상			480	3,000
여자	6~8(세)			250	1,000
	9~11			330	1,500
	12~14			390	1,500
	15~18			390	2,000
	19~29			390	2,500
	30~49			390	2,500

(계속)

성별	연령	콜린(mg/일)			
		평균필요량	권장섭취량	충분섭취량	상한섭취량
여자	50~64			390	2,500
	65~74			390	2,500
	75 이상			390	2,500
임신부[1)]				+80	2,500
수유부[1)]				+110	2,500

1) 임신부·수유부 부가량. 단, 상한섭취량은 임신부·수유부 부가량 아닌 총량
자료: 보건복지부·한국영양학회. 2025 한국인 영양소 섭취기준

2) 이노시톨 inositol

이노시톨은 포도당과 유사한 화학구조를 가지고 있으며 세포질에 이노시톨 3-인산의 형태로 존재하거나 인지질의 구성성분으로 존재한다. 신부전증, 암 등의 질환이 있을 때 이노시톨의 대사가 정상적으로 이뤄지지 않아 외부로부터 공급이 필요하다.

3) 카르니틴 carnitine

카르니틴은 아미노산인 라이신과 메티오닌으로부터 간에서 생성되며, 지방산이 산화되기 위해 미토콘드리아로 이동할 때 운반체로 사용된다. 육류와 우유 및 유제품 등 거의 동물성 식품에 많이 들어 있으며 단백질 섭취가 부족한 경우 카르니틴 합성이 잘 이뤄지지 않아 지방산 대사에 지장이 초래된다. 신생아는 카르니틴을 충분히 합성하지 못하나 모유로부터 카르니틴을 공급받을 수 있다.

4) 타우린 taurine

타우린은 체내에서 함황아미노산인 시스테인과 메티오닌으로부터 생성되며 담즙산의 성분으로 근육, 신경조직, 혈소판 등에 존재한다. 확실한 작용기전은 아직 규명되지 않았으나 혈구 내 항산화작용, 혈소판 응집, 중추신경 기능, 눈의 광수용 기능에 관여한다.

5) 리포산 lipoic acid

리포산은 인체에서 합성할 수 있으며 피루브산 및 α-케토글루타르산 탈수소효소복합체를 형성하는 아세틸전이효소가 리포산을 필요로 한다.

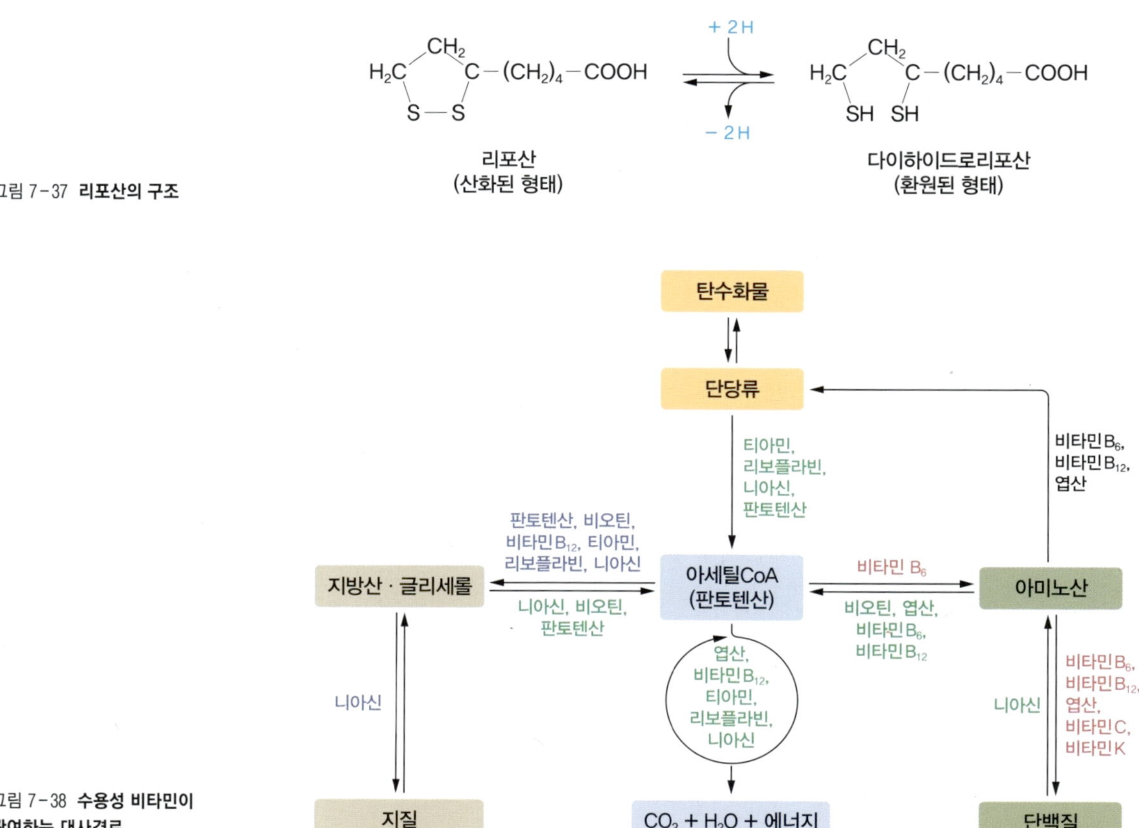

그림 7-37 **리포산의 구조**

그림 7-38 **수용성 비타민이 관여하는 대사경로**

표 7-21 **수용성 비타민 요약**

비타민	조효소	생화학적 기능	1일 영양섭취기준				결핍증	과잉증	급원식품
			EAR	RNI	AI	UL			
티아민	TPP	• 에너지 대사 과정의 조효소 TPP의 구성성분 • 탈탄산반응(해당과정, TCA회로) • 오탄당 인산경로 • 아세틸콜린 합성 과정	남성 (19~29세) (30~49세) 1.0mg 여성 (19~29세) (30~49세) 0.9mg	남성 (19~29세) (30~49세) 1.2mg 여성 (19~29세) (30~49세) 1.1mg			각기병	보고된 바 없음	돼지고기, 전곡, 강화곡류, 내장육, 땅콩, 두류
리보플라빈	FMN FAD	• 에너지 대사에서 조효소 FMN, FAD의 구성성분 • 산화, 환원반응에서 수소 전달 • 지방산 분해	남성 (19~29세) (30~49세) 1.3mg 여성 (19~29세) (30~49세) 1.0mg	남성 (19~29세) (30~49세) 1.5mg 여성 (19~29세) (30~49세) 1.2mg			구각염, 설염, 각막충혈, 코·입 주위의 피부염, 눈부심	보고된 바 없음	우유 및 유제품, 전곡, 강화곡류, 녹색채소(브로콜리, 무청, 시금치 등), 간
니아신	NAD^+ $NADP^+$	• 에너지대사 과정의 조효소 NAD^+, $NADP^+$의 구성성분 • 전자, 수소이온 전달 • 포도당, 알코올, 지질대사에 기여	남성 (19~29세) (30~49세) 12mg NE 여성 (19~29세) (30~49세) 11mg NE	남성 (19~29세) (30~49세) 14mg NE 여성 (19~29세) (30~49세) 13mg NE		니코틴산 35mg 니코틴아마이드 850mg NE	펠라그라(피부염, 설사, 치매, 사망)	피부발진, 간 손상, 내당능 손상	단백질 함량이 높은 식품(참치, 닭고기, 육류 육류), 간, 버섯, 땅콩, 완두콩, 밀기울
판토텐산	CoA	• CoA 구성성분으로 에너지 대사에 광범위한 관여 • ACP 구성성분 • 스테로이드호르몬, 아세틸콜린, 헴 구조 합성에 관여			남성, 여성 (19~29세) (30~49세) 5mg		신체의 전반적인 기능부전(불면증, 피로, 우울증, 불안감, 무기력증, 두통, 복통)	보고된 바 없음	대부분의 식품(난황, 간, 치즈, 버섯, 땅콩, 생선, 전곡)
비오틴	비오시틴	• CO_2를 운반하는 카르복실화 효소의 조효소			남성, 여성 (19~29세) (30~49세) 30 μg		각질화, 피부염, 탈모, 식욕감퇴, 메스꺼움, 환각, 우울증	보고된 바 없음	난황, 간, 이스트, 땅콩(소화기관 내 미생물에 의해 합성됨)

(계속)

비타민	조효소	생화학적 기능	1일 영양섭취기준				결핍증	과잉증	급원식품
			EAR	RNI	AI	UL			
비타민 B_6	PLP	• PLP, PMP의 구성성분 • 아미노기전이반응, 단백질, 요소 합성에 관여 • 신경전달물질 생성 • 헤모글로빈 합성	남성 (19~29세) (30~49세) 1.3mg 여성 (19~29세) (30~49세) 1.2mg	남성 (19~29세) (30~49세) 1.5mg 여성 (19~29세) (30~49세) 1.4mg		남성, 여성 (19~29세) (30~49세) 50mg	피부염, 설염, 발작, 구토, 두통, 빈혈	신경관 퇴화, 피부 손상	육류, 닭고기, 연어, 바나나, 해바라기씨, 감자, 시금치, 밀배아
엽산	THF	• 새로운 세포 성장을 위한 DNA 합성에 관여(퓨린, 피리미딘 염기 생성) • 비타민 B_{12}에 메틸기를 제공하여 메티오닌 형성	남성, 여성 (19~29세) (30~49세) 320 μgDFE	남성, 여성 (19~29세) (30~49세) 400 μgDFE		1,000μg	거대적아구성 빈혈, 설염, 설사, 성장장애, 정신질환, 신경관 결함	비타민 B_{12} 결핍을 가림	시금치, 진한 푸른 잎채소, 내장육, 오렌지 주스, 밀배아, 아스파라거스, 멜론
비타민 B_{12}	메틸 코발 아민	• 새로운 세포 성장 위한 DNA 합성 • 신경세포의 수초 형성	남성, 여성 (19~29세) (30~49세) 2μg	남성, 여성 (19~29세) (30~49세) 2.4μg			악성빈혈, 거대적아구성 빈혈, 신경 섬유의 파괴, 신경계 손상	보고된 바 없음	동물성 식품 (특히 내장육), 굴, 조개류
비타민 C		• 콜라겐, 카르니틴, 호르몬, 신경전달물질의 합성 • 항산화 작용 • 철 흡수 증가	남성, 여성 (19~29세) (30~49세) 75mg	남성, 여성 (19~29세) (30~49세) 100mg		2,000mg	괴혈병, 빈혈	위장관 질환, 설사, 철 흡수 증가 등	감귤류, 오렌지, 자몽, 토마토, 딸기, 레몬, 콩, 양배추, 케일, 고추

CHAPTER 8

다량 무기질

1. 칼슘
2. 인
3. 마그네슘
4. 나트륨
5. 칼륨
6. 염소
7. 황

CHAPTER 8

다량 무기질

무기질은 동식물을 태웠을 때 회분의 형태로 남는 것으로 인체를 구성하는 원소 중 유기물의 구성원소인 탄소(C), 수소(H), 산소(O), 질소(N)를 제외한 원소들을 총칭한다. 무기질은 열, 빛, 알칼리성 등에 의해 파괴되지 않고, 소화되는 동안이나 몸에 사용될 때도 변하지 않는다. 체중의 약 4~5%를 차지하는 무기질은 탄소를 함유하지 않고 있고 에너지를 생성할 수는 없으나 체내 여러 생리기능의 조절 및 유지에 필수적이다. 무기질은 체내 함량과 필요량에 따라 다량무기질과 미량 무기질로 분류되며, 다량무기질은 체중의 0.05% 이상이거나 하루 필요량이 100mg 이상이고, 미량 무기질은 체중의 0.05% 이하이거나 하루 필요량이 100mg 이하이다. 다량 무기질에는 칼슘(Ca), 인(P), 나트륨(Na), 칼륨(K), 염소(Cl), 황(S), 마그네슘(Mg)이 있고, 미량 무기질에는 철(Fe), 아연(Zn), 구리(Cu), 요오드(I), 망간(Mn), 불소(F), 셀레늄(Se), 몰리브덴(Mo), 크롬(Cr), 코발트(Co) 등이 있다.

동·식물식품 모두 무기질의 급원이지만 동물 조직은 동물에게 필요한 비율로 무기질을 함유하고 있어서 동물성 식품에 무기질 함량이 풍부하다. 식물성 식품은 몇 가지 무기질의 우수한 급원이지만 식물이 자란 토양의 무기질 함량에 따라 함량의 차이가 크다. 또한 채소, 과일, 곡류의 성숙도도 무기질 함량에 영향을 끼친다. 마시는 물도 다양한 무기질 함량을 가지며, 나트륨, 마그네슘, 불소의 중대한 급원이 되기도 한다. 무기질의 흡수율이 비타민보다 낮은 이유는 과량 흡수된 무기질은 몸에서 배설되기 어렵기 때문이다.

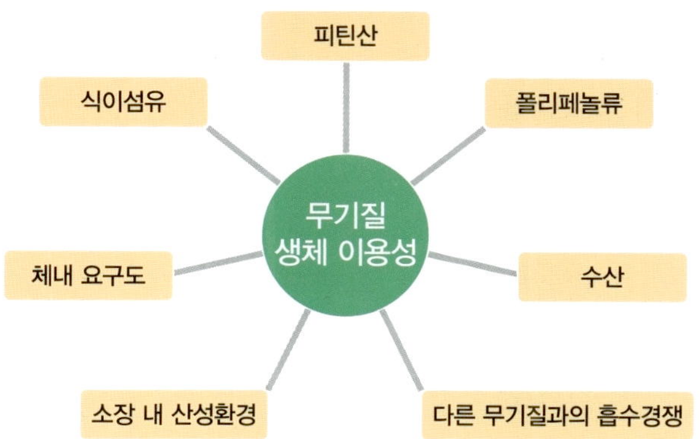

그림 8-1 **무기질 생체 이용성에 영향을 끼치는 인자들**

우리 몸은 필요에 따라 흡수를 효과적으로 조절하며, 특정 무기질이 결핍된 사람은 더 쉽게 그 무기질을 흡수한다. 한 개 무기질을 대량 투여하면 다른 무기질 흡수를 방해할 수 있다. 칼슘, 철, 아연, 마그네슘은 유사한 화학적 특성을 가지고 있어서 흡수를 위해 경쟁한다. 식이섬유와 식품의 다른 성분들은 무기질의 생물학적 이용에 영향을 끼치는데, 고식이섬유는 철, 칼슘, 아연, 마그네슘의 흡수를 감소시키고, 통곡류의 성분인 피틴산과 시금치에 들어 있는 수산은 무기질과 결합하여 흡수를 감소시킨다.

피틴산 phytic acid

1. 칼슘 calcium, Ca

칼슘calcium은 체내에 가장 많은 무기질로서 체중의 1.5~2.2%를 차지하여 70kg 성인의 경우 체내칼슘은 1.4kg 정도이다. 칼슘의 99%는 골격과 치아에 존재하고, 나머지는 혈액을 포함한 세포외액과 근육조직 등의 연조직soft tissue에 있다.

1) 흡수와 대사

칼슘은 섭취량이 적을 경우에는 주로 능동흡수되고, 섭취량이 많을 때는 확산으로 흡수된다. 흡수되지 않은 칼슘은 대변으로 배설되고, 그 외 소변·땀을 통해 배설된다.

(1) 흡수

칼슘은 체내 요구도가 높으면 흡수율이 증가하여, 성인의 칼슘 흡수율은 10~30%이지만 성장기 75%, 임신기에는 60%까지 증가한다.

십이지장에서의 능동수송에는 비타민D가 중요한 역할을 한다. 비타민D는 소장 점막세포에서 칼슘결합단백질인 칼빈딘calbindin의 합성을 촉진하여 칼슘 흡수를 돕는다.

칼슘 흡수를 높이는 요인에는 체내 요구도를 높이는 성장, 임신, 수유, 칼슘 결핍상태와 부갑상선 호르몬, 소장상부의 산성 환경 같은 생리적 요인이 있다. 또한, 식이요인인 비타민 D, 비타민 C, 유당, 아미노산(리신, 아르기닌), 칼슘과 인의 비슷한 비율도 칼슘 흡수를 증진시킨다. 유당은 유산균에 의해 젖산으로 전환되어 장내를 산성화시키고, 비

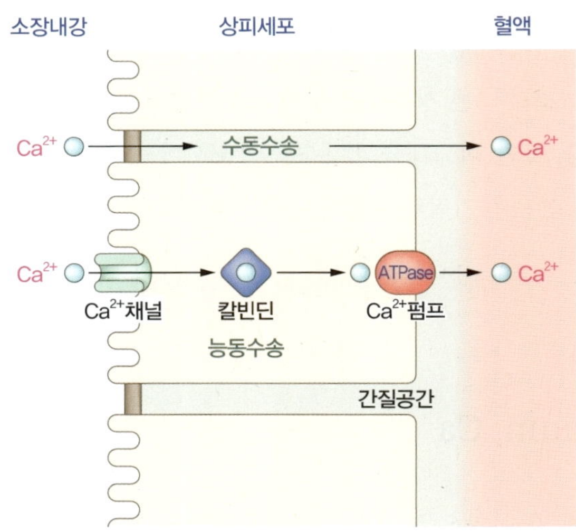

그림 8-2 **칼슘의 흡수과정, 칼빈딘(칼슘결합단백질)**

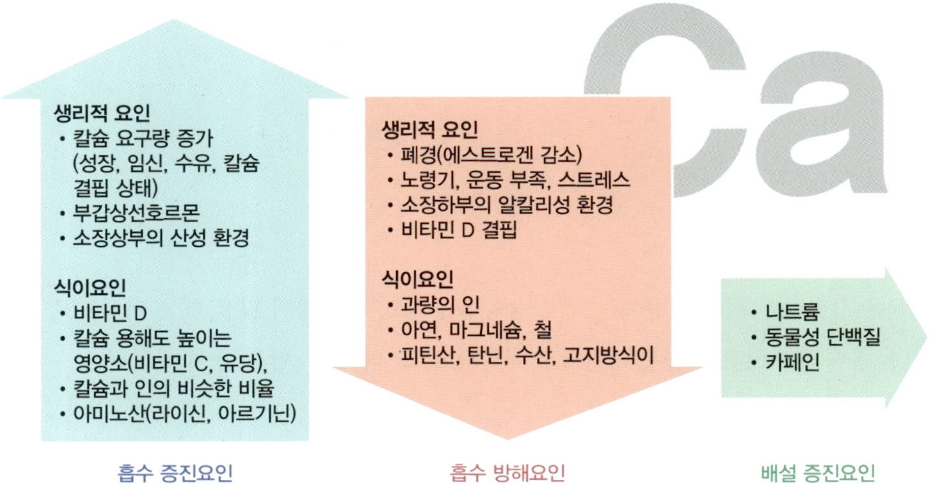

흡수 증진요인

생리적 요인
- 칼슘 요구량 증가 (성장, 임신, 수유, 칼슘 결핍 상태)
- 부갑상선호르몬
- 소장상부의 산성 환경

식이요인
- 비타민 D
- 칼슘 용해도 높이는 영양소(비타민 C, 유당),
- 칼슘과 인의 비슷한 비율
- 아미노산(라이신, 아르기닌)

흡수 방해요인

생리적 요인
- 폐경(에스트로겐 감소)
- 노령기, 운동 부족, 스트레스
- 소장하부의 알칼리성 환경
- 비타민 D 결핍

식이요인
- 과량의 인
- 아연, 마그네슘, 철
- 피틴산, 탄닌, 수산, 고지방식이

배설 증진요인

- 나트륨
- 동물성 단백질
- 카페인

그림 8-3 **칼슘 흡수에 영향을 미치는 요인**

타민 C는 칼슘이온화를 촉진시켜 용해도를 높여 흡수를 증진시킨다.

칼슘 흡수 방해요인에는 비타민 D 결핍, 폐경, 노령, 운동 부족, 스트레스 등의 생리적 요인과 칼슘을 불용성 염으로 만드는 수산, 피틴산, 지방, 식이섬유, 과량의 인 등의 식이 요인과 소장의 알칼리성 환경 등이 있다. 식사 내 칼슘보다 인이 더 많으면 인산칼슘을 형성하여 대변으로 배설한다.

나트륨, 단백질, 카페인은 칼슘의 소변 배설을 증진시키며, 동물성 단백질을 많이 섭취할 때 동물성 단백질에 많이 들어 있는 황아미노산의 산성 대사물질이 중화되는 과정에서 소변을 통한 칼슘의 손실이 많아진다.

(2) 대사

식사 중에 칼슘이 800mg 있을 때를 예로 든다면, 300mg 정도는 흡수되고, 흡수되지 않은 칼슘 500mg과 소화액, 소장점막이 떨어져 나가면서 배설되는 150mg이 합해져서 대변으로 650mg이 배설되며, 땀으로 20mg, 소변으로 130mg 정도가 배설된다.

(3) 항상성 homeostasis

혈중 칼슘농도는 부갑상선호르몬(PTH)parathyroid hormone, 비타민 D, 칼시토닌calcitonin에 의해 9~11mg/dL 수준으로 항상 일정하게 유지된다. 혈중 칼슘농도가 낮아지면, 부갑

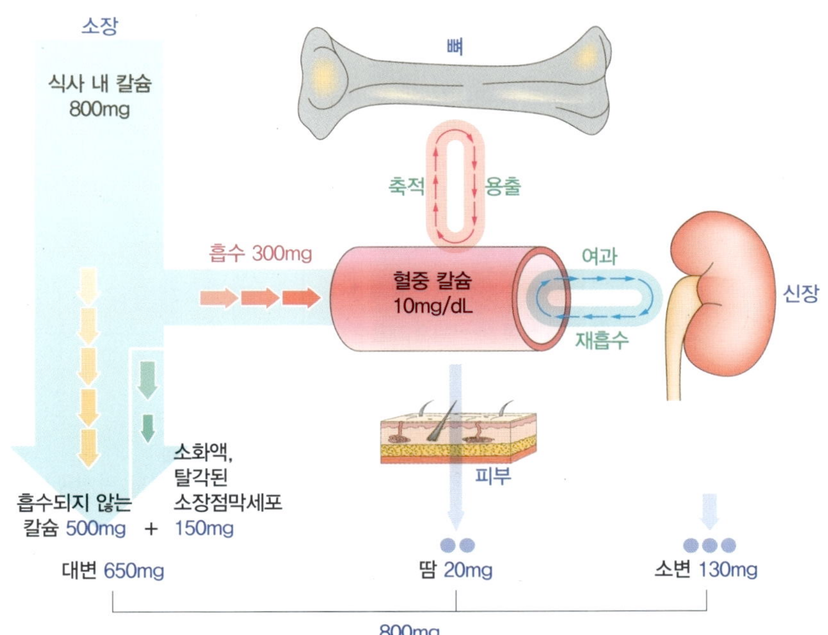

그림 8-4 **칼슘 대사과정**

상선호르몬이 분비되어 신장에서 비타민D를 1,25-$(OH)_2$비타민D_3 dihydroxycholecalciferol로 활성화시키며, 소장에서 칼빈딘 합성을 촉진하여 칼슘 흡수를 증가시킨다. 또한 부갑상선호르몬은 신장에서 칼슘의 재흡수를 증가시키고, 뼈에서의 칼슘 용출을 촉진하여 혈중농도를 증가시켜 정상치로 올려 준다. 정상치 이상으로 혈중칼슘이 증가되면, 갑상선에서 칼시토닌이 분비되어 부갑상선호르몬 분비를 억제시켜 뼈의 칼슘용출을 억제하고, 신장에서의 비타민D 활성화와 칼슘 재흡수를 감소시켜 혈중 칼슘농도를 일정하게 유지시킨다.

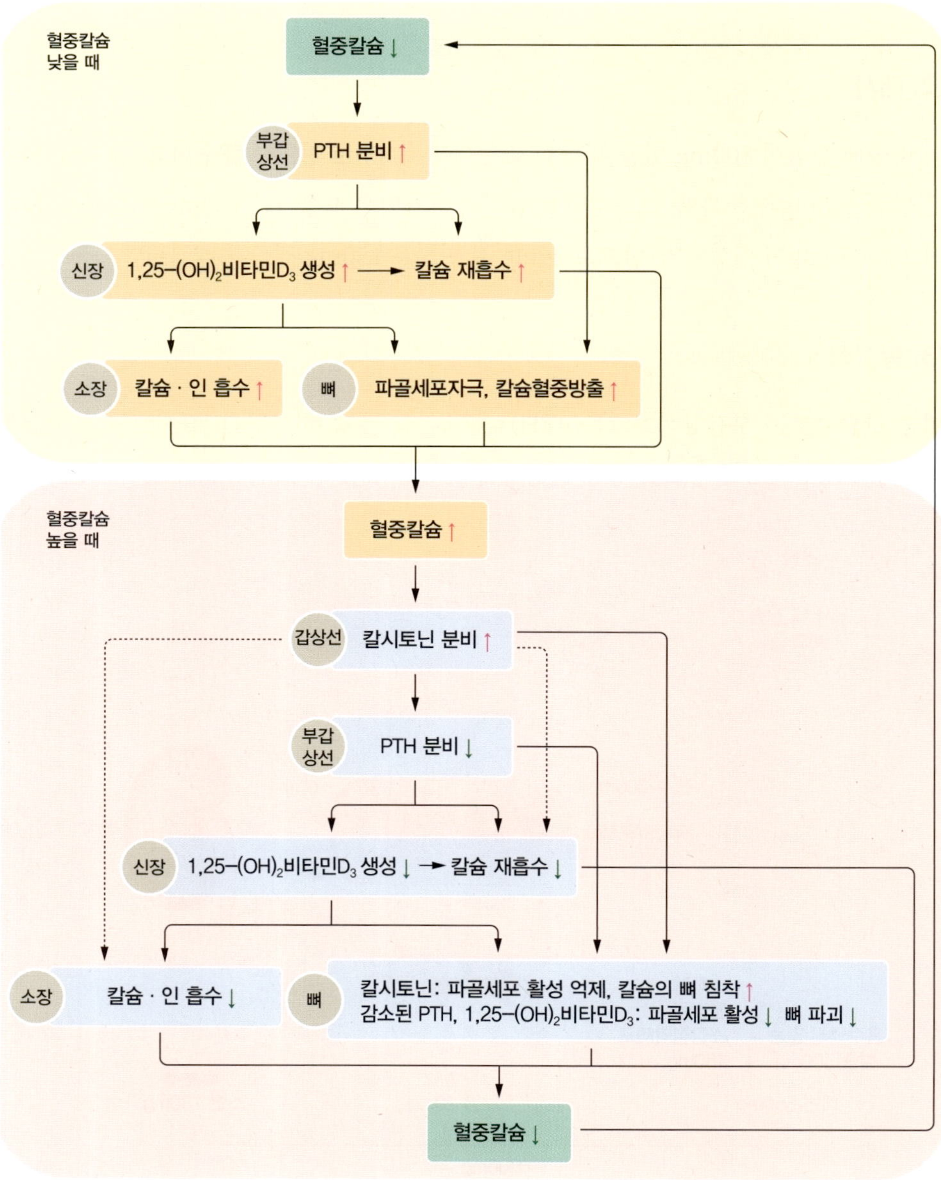

그림 8-5 **칼슘 항상성**

2) 생리적 기능

칼슘은 골격과 치아의 구성성분일 뿐 아니라, 혈액과 연조직에서 신경의 자극전달, 근육이나 혈관의 수축 및 이완조절, 혈액응고 등의 대사과정에 관여한다.

(1) 골격과 치아 구성

골격과 치아는 뼈의 그물모양의 콜라겐 틀에 칼슘과 인이 주성분인 하이드록시아파타이트가 축적된 조직이다. 하이드록시아파타이트(수산화인회석)는 인산칼슘염과 수산화칼슘염의 복합염으로 골격의 단백질기질에 침착하여 뼈를 단단하게 하는 역할을 하고 체내 칼슘을 저장하기도 한다.

하이드록시아파타이트 hydroxyapatite $Ca_{10}(PO_4)_6(OH)_2$

> 하이드록시아파타이트는 $Ca_5(PO_4)_3(OH)$식을 가지는 자연에서 발생한 광물이지만, 결정단위셀(crystal unit cell)이 두 개체(entities)로 이루어져 있어서 대개 $Ca_{10}(PO_4)_6(OH)_2$로 쓴다.

(2) 혈액응고

출혈을 하면 혈액 중의 혈소판이 트롬보플라스틴을 방출하여 Ca^{2+}와 함께 불활성형의 프로트롬빈을 활성형인 트롬빈으로 전환시키고, 트롬빈은 피브리노겐을 피브린으로 전환시키며, 피브린은 주변물질과 중합체를 이루어 불용성이 되어 혈액이 응고된다.

프로트롬빈 prothrombin
트롬빈 thrombin
피브리노겐 fibrinogen
피브린 fibrin

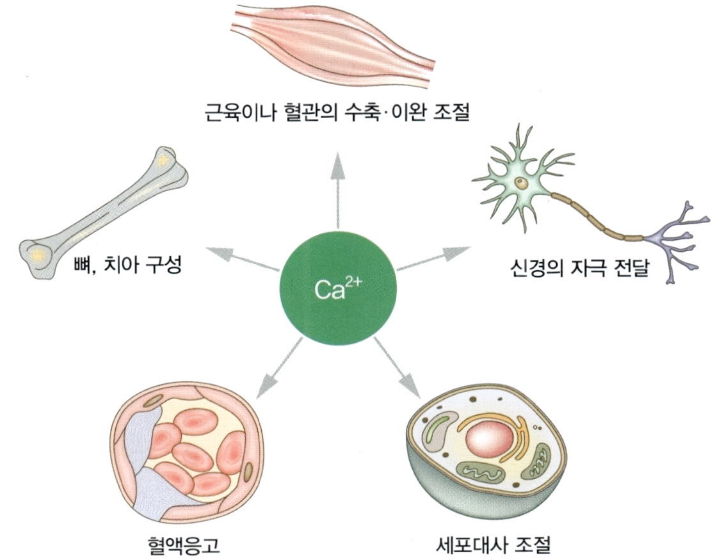

그림 8-6 **칼슘의 기능**

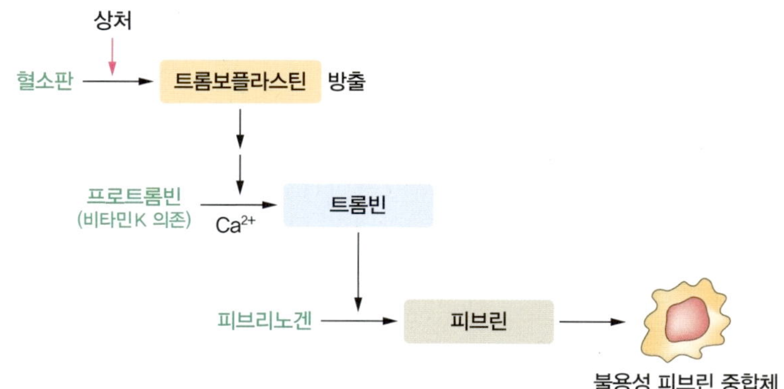

그림 8-7 **혈액의 응고과정**

(3) 신경자극 전달

칼슘이온은 신경자극 전달에 필요한 신경전달물질의 분비를 촉진한다. 신경세포에 활동전위가 전달되면 세포외액에서 신경세포 안으로 칼슘 유입이 촉진되어 신경전달물질인 아세틸콜린acetylcholine, 도파민dopamine 등이 방출되어 신경자극을 전달한다. 자극에 의해 신경세포가 흥분하여 생리활동전위가 시냅스전 신경세포의 축삭말단에 전달되면 세포막 칼슘이온 채널이 열려서 세포외액의 칼슘이온이 세포 내로 들어온다. 이 결과로 시냅스소포synaptic vesicle가 축삭말단 막에 융합해 세포 밖으로 유출되어 시냅스소포에 들어 있던 신경전달물질이 방출된다. 신경전달물질은 시냅스 후 신경 세포막에 결합하여 신경자극이 뇌에 전달되고, 근육에 전달되어 행동으로 이어진다.

시냅스
신경세포의 신경돌기말단이 다른 신경세포와 접합하는 부위

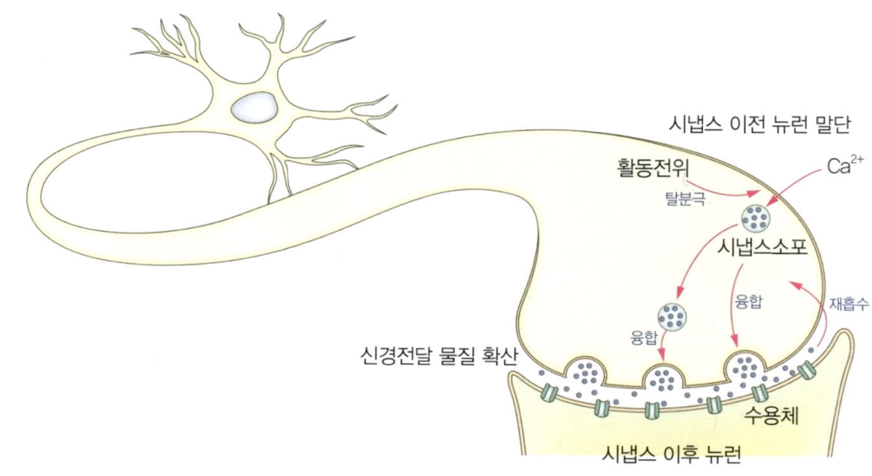

그림 8-8 **신경전달물질 방출**

아세틸콜린

아세틸콜린은 부교감신경에서 분비되는 신경자극 전달물질로 혈압강하, 심장박동 억제, 장관 수축, 골격근을 수축한다.

도파민

티로신에서 유도되는 신경전달물질인 노르에피네프린과 에피네프린 합성체의 전구물질로, 뇌신경 세포의 흥분 전달 역할을 한다.

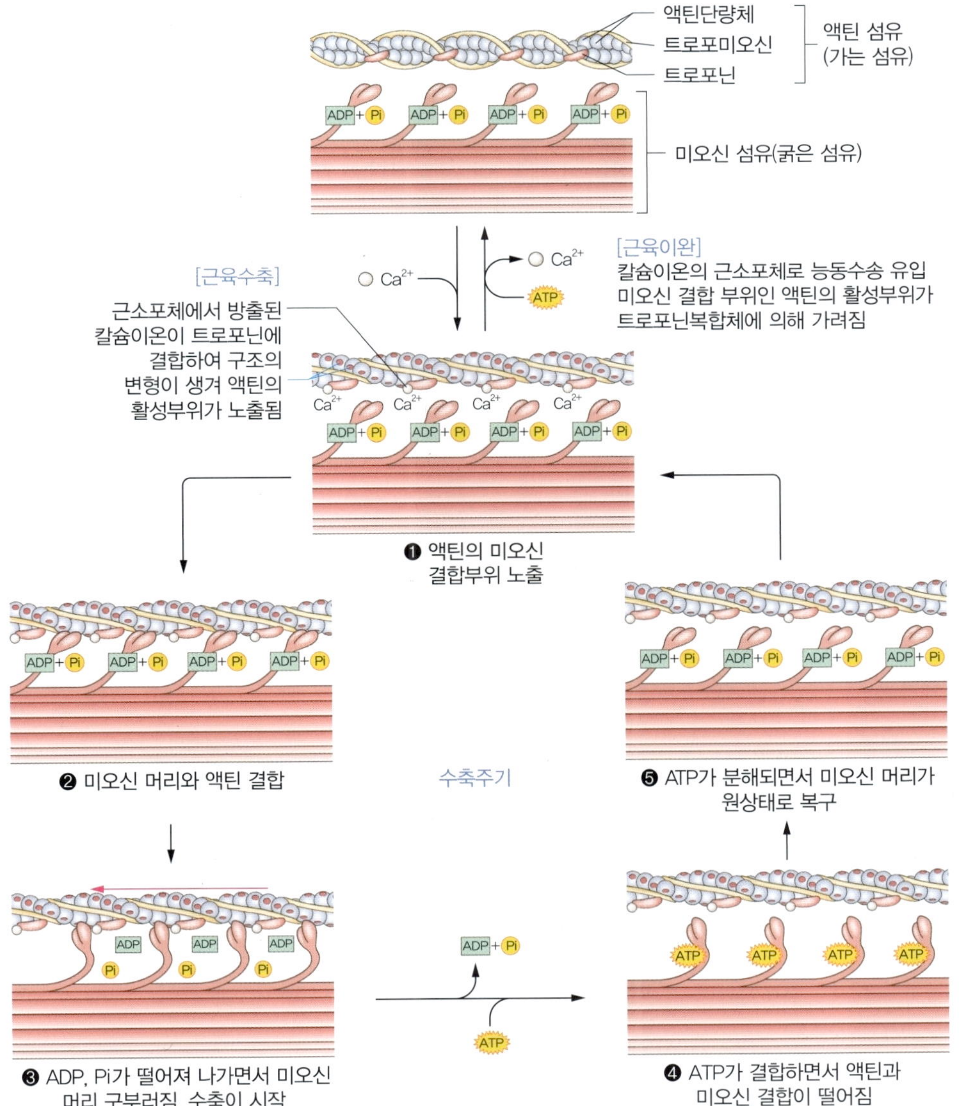

그림 8-9 **칼슘이온 작용에 의한 골격근의 수축이완**

(4) 근육수축 및 이완

액틴 actin
미오신 myosin

액틴(가는 섬유)은 트로포미오신, 트로포닌, 액틴단량체로 구성되는데, 근소포체에서 방출된 칼슘이 트로포닌에 결합하면 트로포미오신에 가려져 있던 미오신(굵은 섬유) 결합부위가 액틴에서 노출된다. 이렇게 노출된 부위에 미오신 머리가 결합하고, ADP와 Pi가 떨어져 나가면서 미오신 머리가 구부러져 수축이 시작된다. 다시 ATP가 미오신 머리에 결합하고, ADP와 Pi로 분해되면서 미오신 머리가 뻗어 원상태로 돌아간다. 이후 수축과정이 반복되다가 방출된 칼슘이온이 세포 내의 저장고인 소포체로 되돌아가면 액틴과 미오신이 분리되어 수축되었던 근육이 이완된다.

(5) 세포대사 조절

칼모듈린 calmodulin, calcium–modulated protein

칼슘과 결합하여 세포 내 호르몬의 활성에 영향을 주는 단백질. 근소포체에서 칼슘을 저장하기도 함

칼슘은 특정 조절단백질과 결합하여 세포 내 신호전달과 대사과정을 돕는다. 칼슘이 호르몬 등의 작용으로 세포 내에 들어오면 칼모듈린과 복합체를 만들어 글리코겐 합성효소를 비롯한 여러 효소의 활성을 조절한다. 칼모듈린은 염증, 대사작용, 세포자살, 평활근 수축, 면역반응 등 중요한 작용에 필요하다.

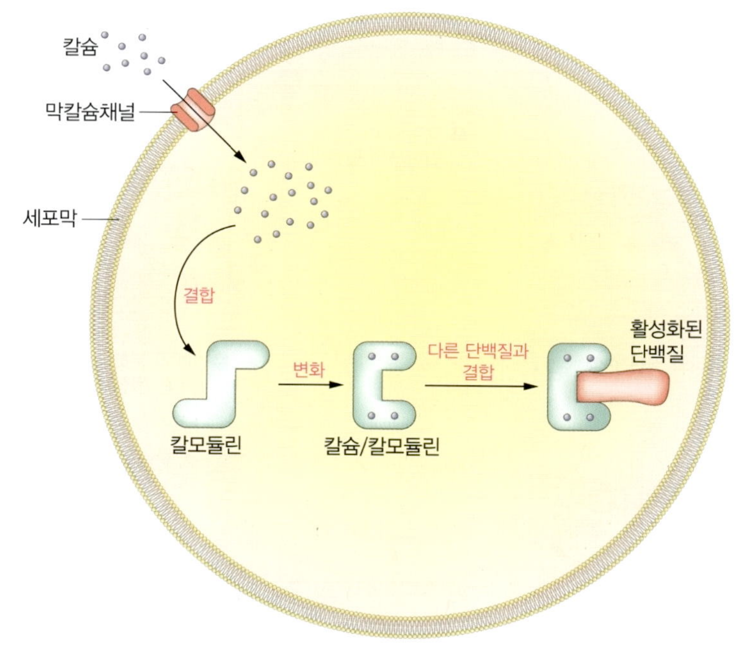

그림 8-10 **칼슘이 칼모듈린과 결합하여 효소(단백질)를 활성화하는 과정**

(6) 기타

칼슘은 비타민 B_{12} 흡수에 관여하며, 유리지방산이나 담즙산과 결합하여 대장암의 위험도를 낮추고, LDL과 혈압을 낮추는 효과가 있다. 하루 800~1,200mg의 칼슘을 섭취하는 사람의 경우 400mg 섭취할 때보다 혈압이 낮았다.

3) 결핍증

칼슘의 부적절한 섭취, 흡수불량 또는 과량의 손실에 의해 결핍증이 생길 수 있다. 칼슘 섭취 부족은 대부분 뼈와 근육에 영향을 준다.

(1) 구루병

구루병rickets은 소아기에 뼈기질의 칼슘 침착과 관련하여 나타나는데, 칼슘 결핍뿐만 아니라 비타민D의 결핍으로 인해 연골 골단 성장판의 석회화 부족으로 발생한다. 성장기 어린이의 칼슘의 섭취 및 흡수가 부족하면 뼈의 석회화가 감소되어 뼈가 얇아지고 강도가 저하되어 O자형 다리, 성장지연, 두개골 형태변화가 일어난다.

(2) 골연화증

골연화증osteomalacia은 성인구루병으로서 뼈기질의 칼슘 침착 부족으로 인한 골밀도 감소를 보이는 질환으로 햇빛을 충분히 받지 못하거나 출산을 많이 한 여성에게 흔하다. 주로 비타민D 부족으로 발생하며, 뼈에서 칼슘과 인이 점차 소실되어 뼈의 강도가 저하되므로 뼈가 휘고, 앞가슴뼈가 튀어나오거나 보행시 좌우로 흔들리기도 하고 뼈의 통증, 근육약화가 증상으로 나타난다.

(3) 골다공증

성인의 칼슘섭취가 부족하면 골다공증osteoporosis이 발생한다. 골다공증은 '골질량의 감소와 미세구조의 이상을

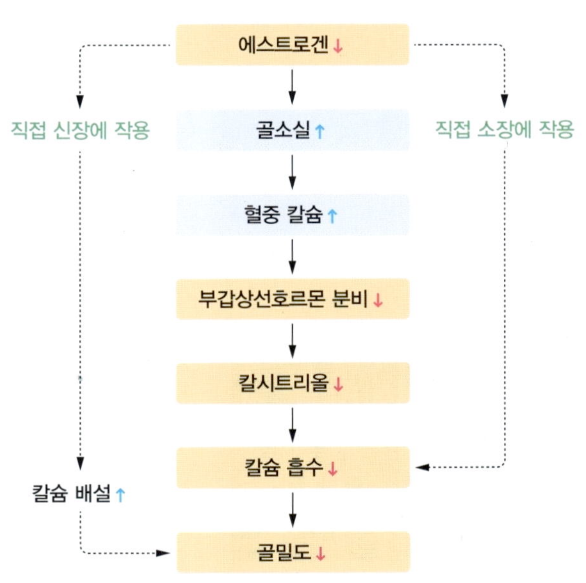

그림 8-11 **폐경 후 골다공증 발병기전**

노인성 골다공증 골절은 주로 대퇴경부 상부의 고관절 부위에서 발생하고, 폐경 후 여성의 골다공증의 경우 척추뼈 파열골절 증후가 특징이다.

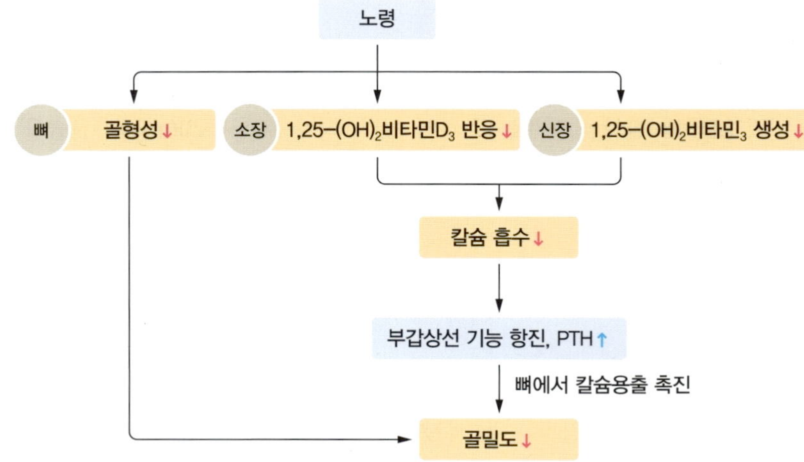

그림 8-12 **노인성 골다공증 발병기전**

특징으로 하는 전신적인 골격계 질환으로서 결과적으로 뼈가 약해져서 부러지기 쉬운 상태가 되는 질환'으로, 골밀도를 측정하여 진단된다. 골다공증은 일차성과 이차성으로 분류되는데, 일차성은 원발성으로 폐경 후 에스트로겐 부족으로 인한 제1형 골다공증과 노화로 인한 골형성 감소, 비타민 D 활성화 감소와 부갑상선 호르몬 분비 항진 등에 의한 제2형 골다공증으로 나뉘며, 발생기전은 그림 8-8, 8-9와 같다. 이차성 골다공증은 특정 질병, 수술, 약물에 의해 최대 골질량 형성 장애가 있거나 골소실이 증가해 발생한다.

중년기 이후의 성인, 특히 폐경기 여성은 에스트로겐이 부족하여 조골세포osteoblast를 잘 생성하지 않는다. 또한 비타민D가 결핍되면서 칼슘흡수율 저하와 뼈의 용해도가 증가되어 뼈의 기질collagen matrix과 석회화가 감소되면서 골질량이 감소하며, 척추·골반의

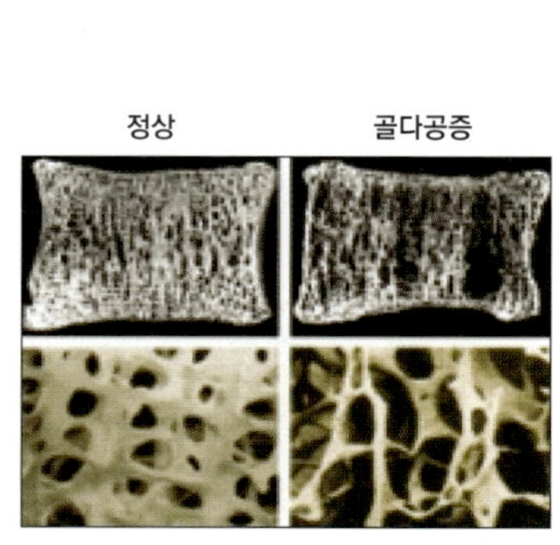

그림 8-13 **정상인과 골다공증 환자의 뼈**
자료: http://www.ksbmr.org/info/index2.php

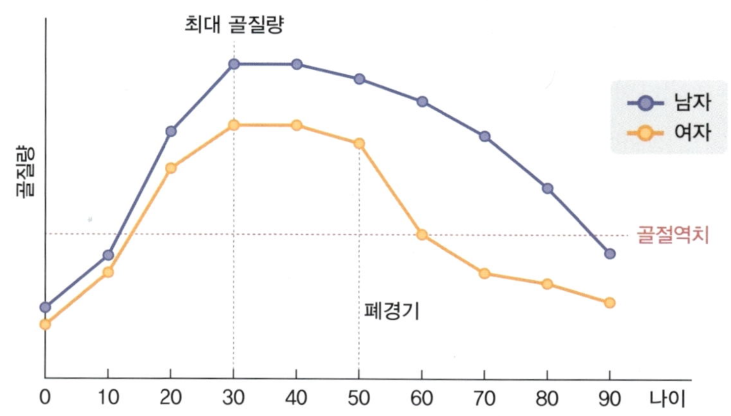

그림 8-14 **최대 골질량의 형성과 나이에 따른 골소실**
자료: 대한골대사학회 지침서편찬위원회. 골다공증의 진단 및 치료지침. 2020

골절이 쉽게 발생한다. 저체중과 운동 부족시 골밀도가 저하되어 골다공증의 발병빈도가 높다고 알려져 있으니, 최대 골밀도에 도달할 수 있도록 어릴 때부터 균형식과 규칙적 운동을 생활화하는 것이 중요하다.

골 재형성

골 재형성(bone remodeling)은 낡은 뼈를 제거하는 골흡수와 새로운 뼈를 만드는 골생성이 순차적으로 발생하여 골 항상성을 유지하려는 현상이다. 골 재형성에 관여하는 세포에는 골용해 작용을 하는 파골세포(osteoclast), 골생성 작용을 하는 조골세포(osteoblast), 완성된 골조직 내에 존재하는 골세포(osteocyte)가 있다. 수많은 조골세포가 골기질을 만들며 점차 기질이 무기질화되면서 골생성이 마무리된다.

최대골질량을 형성하는 30대 초반 전까지는 골생성이 골용출보다 많아 전체적으로 골질량이 증가되며, 가장 왕성하게 증가하는 시기는 사춘기이다. 30~40세의 성인기에는 대체로 골용해와 골형성이 평형을 이루다가, 40세 이후에 점차 골용해가 촉진되어 골질량이 완만히 감소한다. 그러나 50세 이후에는 골용해속도가 빨라지면서 골질량은 많이 감소한다. 특히 노년기나 폐경기에는 골용해가 골생성보다 훨씬 많아져 골질량이 현저히 감소한다.

치밀골과 해면골

치밀골(compact cortical bone)은 뼈의 바깥층을 구성하며 전체 뼈의 80%를 차지하며 해면골(trabecular bone)은 척추 · 골반 등의 양쪽 말단에 있는 스펀지처럼 부드러운 조직으로 전체 뼈의 20%이다. 해면골은 필요시 혈액으로 칼슘을 용출하여 혈액칼슘농도를 일정하게 유지하는 역할을 하므로 칼슘 부족시 골다공증과 골절이 잘 발생할 수 있다. 뼈의 중앙은 골수로 채워져 혈구를 생산한다.

(4) 근육경련

혈중 칼슘이 낮으면 신경과 근육에 칼슘공급이 부족해져 신경자극전달에 장애가 생겨 간헐적으로 근육수축과 이완이 잘 되지 않는 테타니$_{tetany}$가 발생한다. 테타니는 팔다리 사지근육에 주로 발생하며, 증상은 근육통증, 근육 경련, 무감각, 마비, 손발의 쑤심 등이다.

(5) 고혈압, 대장암

유리지방산과 담즙이 대장암을 촉진할 수 있는데, 칼슘은 유리지방산이나 담즙과 결합하여 배설시킴으로써 대장암을 예방하는 효과가 있다.

4) 과잉증

과량의 칼슘 섭취는 고칼슘혈증, 변비, 신장결석, 신장기능 손상 등을 초래한다. 특히 고칼슘혈증은 심장이나 신장과 같은 연조직에 칼슘을 축적시킴으로써 생명에 지장을 줄 수도 있다. 과량의 우유를 제산제와 함께 복용하는 경우, 우유-알칼리증이 초래되어 혈중 칼슘농도가 매우 증가하므로 조직에 칼슘이 침착되어 국소조직의 파괴가 일어날 수 있다. 상한섭취량 이상의 칼슘섭취는 철, 아연 등 기타 무기질의 장내 흡수를 방해한다.

5) 영양섭취기준

임신·수유부의 경우 태아의 성장 및 모체 조직의 증가, 수유로 인한 체내 칼슘 필요량의 증가에 대한 생리적인 적응 반응이 일어나기 때문에 임신부와 수유부의 경우 추가량을 설정하지 않고 여자 성인 각 연령대별 칼슘 권장섭취량 그대로를 반영한다. 그러나 우리나라 성인 여성의 경우, 평균 칼슘 섭취량이 1일 약 400mg 정도로 매우 낮은 편이어서, 임신·수유부를 대상으로 이 시기에 일반 성인 여성에게 필요한 칼슘 권장섭취량을 충족할 수 있도록 적극적으로 홍보하고, 태아의 성장발달과 모체의 뼈 건강에 부정적인 결과를 초래할 위험을 줄이는 노력을 강화해야 한다.

칼슘의 1일 권장섭취량은 남성의 경우 19세 이상 800mg이고, 여성의 경우 19~49세에서는 650mg이었다가, 50세 이상에서는 750mg으로 증가한다. 상한섭취량은 19~29세에서는 남녀 각각 3,000mg과 2,500mg이고, 30세 이상에서는 남녀 각각 2,500mg과 2,000mg이다.

6) 영양상태 평가

혈청 칼슘 수준은 칼슘 섭취와 무관하게 거의 일정하게 유지되는데, 변화가 있다면 주로 대사의 문제이다. 소변의 칼슘 수준이 혈청 수준보다 칼슘섭취량 변화를 더욱 잘 반영한다. 칼슘 혈청 수준이 9mg/dL 이하인 저칼슘혈증은 부갑상선기능저하증, 신장병, 급성 췌장염일 때 나타나며, 11mg/dL 이상인 고칼슘혈증은 부갑상선기능항진증, 갑상선기능항진증과 비타민D의 과잉섭취로 소장에서의 흡수 증가, 뼈에서의 용출resorption 증가, 신장에서 칼슘의 재흡수가 증가될 때 일어난다.

표 8-1 **한국인의 1일 칼슘 섭취기준**

성별	연령	칼슘(mg/일)			
		평균필요량	권장섭취량	충분섭취량	상한섭취량
영아	0~5(개월)			200	1,000
	6~11			300	1,000
유아	1~2(세)	400	450		1,500
	3~5	450	550		2,500
남자	6~8(세)	600	700		3,000
	9~11	700	800		3,000
	12~14	800	950		3,000
	15~18	700	800		3,000
	19~29	650	800		3,000
	30~49	650	800		2,500
	50~64	650	800		2,500
	65~74	650	800		2,500
	75 이상	650	800		2,500
여자	6~8(세)	600	700		2,500
	9~11	700	800		2,500
	12~14	700	850		2,500
	15~18	550	700		2,500
	19~29	500	650		2,500
	30~49	500	650		2,000
	50~64	650	750		2,000
	65~74	600	750		2,000
	75 이상	600	750		2,000
임신부[1]		+0	+0		±0[2]
수유부[1]		+0	+0		±0[2]

1) 임신부·수유부 부가량. 단, 상한섭취량·만성질환위험감소섭취량은 임신부·수유부 부가량 아닌 총량
2) 해당 연령 여성의 상한섭취량과 동일함
자료: 보건복지부·한국영양학회. 2025 한국인 영양소 섭취기준

7) 급원식품

칼슘의 주요 급원식품은 우유, 치즈, 요구르트와 같은 유제품이다. 우리나라는 서구 국가들보다 우유 및 유제품 섭취가 낮아 뼈째 먹는 생선류, 미역, 김, 깻잎, 상추, 김치 등의 채소류, 두부, 대두 등이 칼슘의 주요 급원이다. 우유 한 잔에는 약 200mg 정도의 칼슘이 함유돼 있다. 우유와 유제품은 칼슘 함량이 높을 뿐 아니라 칼슘의 흡수를 촉진시키는 유당을 함유하고 있으므로 칼슘의 체내 이용률도 높다. 멸치, 뱅어포와 같은 뼈째 먹는 생선도 칼슘의 좋은 급원식품이지만, 우유보다는 칼슘 흡수율이 낮다. 녹색채소류도 다량의 칼슘을 함유하고 있으나 흡수율이 좋지 못하며, 육류와 곡류는 칼슘의 함량이 비교적 낮은 식품이다.

칼슘의 흡수율은 식품별로 차이가 많이 나는데, 채소류 중에서 칼슘흡수를 방해하는 수산이 많은 시금치의 칼슘흡수율은 겨우 5%이고, 우유의 칼슘흡수율이 32% 정도인 데 비해 브로콜리는 50%, 콜리플라워는 69% 정도로 높아 브로콜리와 콜리플라워는 칼슘의 좋은 급원이다.

한국인의 칼슘 주요 급원식품은 우유, 멸치, 배추김치, 체다치즈, 호상요구르트, 식빵 순이었고, 성인 권장량과 비교해 1회 분량 칼슘 함량이 높은 식품은 우렁이 1,202mg, 미꾸라지 840mg 순이었다.

표 8-2 식품의 칼슘흡수율

종류	칼슘흡수율(%)	mg/100g
콜리플라워	69	22
양배추(초록)	65	29
브로콜리	50	69
우유	32	105
두유	31	17
참깨	21	1,066
시금치	5	43

자료: Adapted from Weaver CM. Plawecki KL. Dietary calcium: adequacy of a vegetarian diet. Art J Clin Nutr. 1994:59(suppl) 1238S–1241S; http://www.foodnara.go.kr/kisna/index.do?nMenuCode=18#kissnaNutriListWrap, 재구성

표 8-3 **칼슘 주요 급원식품(100g당 함량)[1)]**

급원식품 순위	급원식품	함량 (mg/100g)	기여율 (%)	급원식품 순위	급원식품	함량 (mg/100g)	기여율 (%)
1	우유	118	15.11	16	상추	103	1.16
2	멸치	2,486	13.77	17	흰깨	854	1.13
3	배추김치	50	4.79	18	백미	5	1.08
4	치즈, 체다	626	3.91	19	무	23	0.85
5	요구르트(호상)	136	3.53	20	채소음료	95	0.83
6	식빵	91	3.49	21	양파	15	0.78
7	달걀	46	3.27	22	된장	114	0.73
8	라면	126	2.53	23	대두	158	0.73
9	두부	64	2.37	24	배추	55	0.72
10	과자	137	1.97	25	양배추	45	0.72
11	미꾸라지	1,200	1.93	26	콩나물	53	0.69
12	열무김치	115	1.55	27	명태	72	0.69
13	건미역	1,109	1.51	28	두유	23	0.67
14	들깻잎	296	1.3	29	가당음료	21	0.66
15	어패류젓	874	1.16	30	우렁이	1,202	0.65

1) 2022년 국민건강영양조사의 식품별 섭취량과 식품별 칼슘 함량(국가표준식품성분표 DB 10.2) 자료를 활용하여 칼슘 주요 급원식품 상위 30위 산출

자료: 보건복지부·한국영양학회. 2025 한국인 영양소 섭취기준

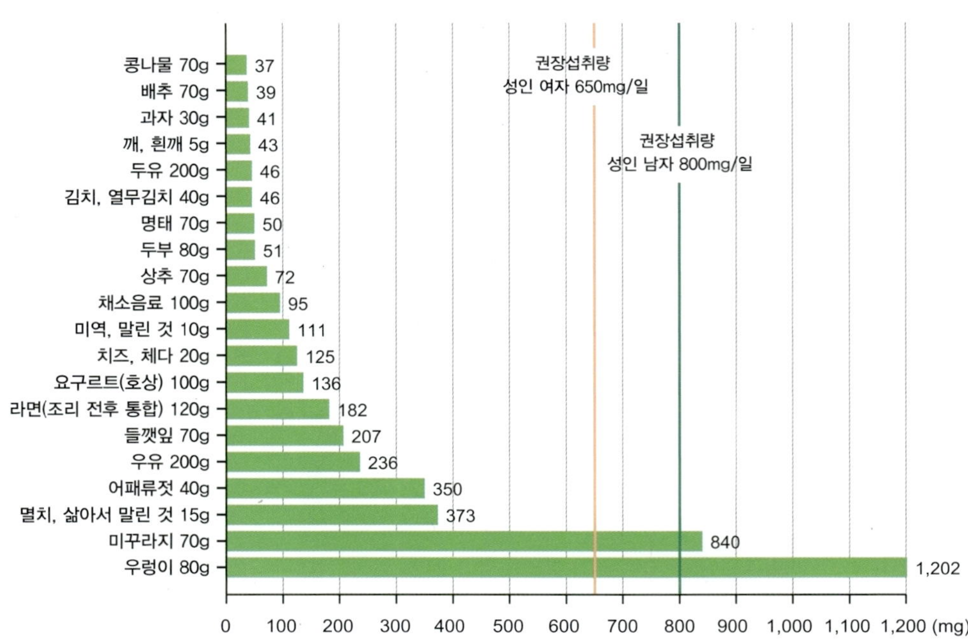

그림 8-15 **칼슘 주요 급원식품 (1회 분량당 함량)**[1)]

1) 2022년 국민건강영양조사의 식품별 섭취량과 식품별 칼슘 함량(국가표준식품성분표 DB 10.2) 자료를 활용하여 칼슘 주요 급원식품 상위 30위 산출 후 1회 분량(2020 한국인 영양소 섭취기준)을 적용하여 1회 분량당 함량 산출, 19~29세 성인 권장섭취량 기준(2025 한국인 영양소 섭취기준)과 비교

자료: 보건복지부·한국영양학회. 2025 한국인 영양소 섭취기준

2. 인 phosphorus, P

1) 체내 분포

인phosphorus은 칼슘 다음으로 체내에 많은 무기질이며, 체중의 0.8~1.1%을 차지한다. 체내 인의 85% 정도는 인산칼슘염과 하이드록시아파타이트 형태로 골격과 치아에, 15%는 연조직의 세포 내에 존재하고, 0.1% 정도는 혈액 등 세포외액에 존재한다. 체내 인 70%는 유기인 형태로, 30%는 무기인으로 존재한다. 혈중 무기질은 HPO_4^{2-} 형태로 80%, $H_2PO_4^-$가 20%를 차지한다. 혈중 인은 활성형 비타민D와 부갑상선호르몬의 조절에 의해 4mg/dL로 일정하게 유지되며, 식품을 통한 인 섭취가 적을 경우 소장에서의 인의 흡수와 신장에서 재흡수를 증가시킨다.

2) 흡수와 대사

식사 중 인은 55~70%가 흡수된다. 흡수되지 않은 인은 대변으로 배설되며, 신장은 과량의 인을 소변으로 배출한다. 인의 체내 수준이 낮아져 체내요구도가 커지면 인 흡수가 증가한다.

음식물에 함유된 인은 무기인산염(H_3PO_4)과 유기인산염(인지질, 인단백질 등)의 형태로 존재한다. 식품 중 인산염형태는 알칼리 조건에서는 용해되지 않고, 산성 조건에서 용해되므로 위와 소장 상부에서 용해된다. 유기인산염은 소장 내의 알칼리성 탈인산화효소에 의해 가수분해되어 무기인으로 유리되어 주로 십이지장과 공장에서 흡수된다. 대부분은 촉진확산에 의해 흡수되고, 식사 중 인 함량이 낮을 때는 능동수송에 의한 흡수가 증가한다. 그러나 곡류와 콩류에 있는 피틴산 안의 인은 잘 유리되지 않는다. 활성형 비타민D인 1,25-$(OH)_2$비타민D_3은 소장에서 칼슘과 인의 흡수를 모두 높이는 데 비해, 부갑상선호르몬은 신장에서 칼슘 재흡수를 자극하지만 인은 소변으로 배설하게 한다. 소변으로의 인 배출 조절인자는 부갑상선호르몬과 식사 중 인 함량이다. 신장기능이 정상일 때는 섭취량의 2/3 정도가 소변으로 배설된다.

알칼리성 탈인산화효소
alkaline phosphatase

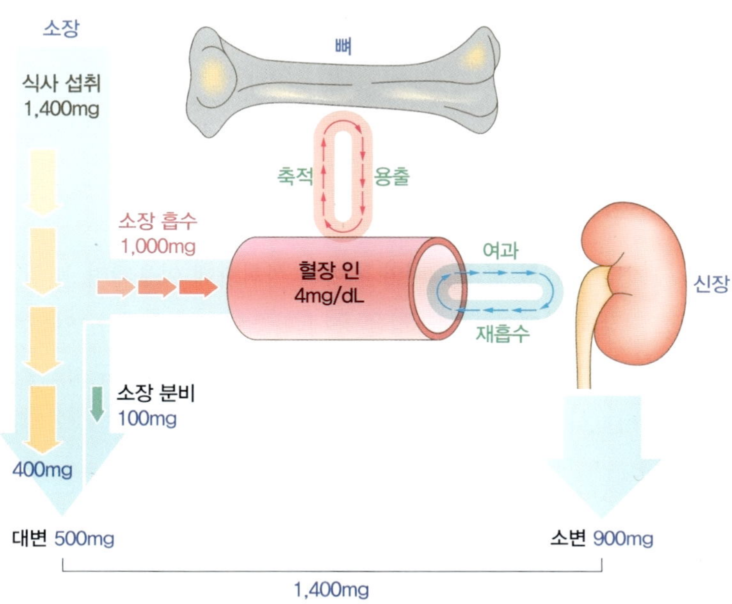

그림 8-16 **인의 대사과정**

피틴산

곡류의 외피와 종자에 들어 있는 인은 주로 저장형인 피틴산(phytic acid)으로 존재한다. 식물은 발아 시 인을 필요로 하지만 대부분의 토양 속에는 인이 부족하기 때문에 발아시 최대한의 인을 공급하기 위하여 저장형태인 피틴산으로 인을 보유한다. 피틴산은 피틴산 가수분해효소(phytase)에 의해 분해되어 인을 유리할 수 있으나, 사람은 이 효소가 없어 가수분해시키지 못하고, 대장 미생물에 의해 소량 분해되어 흡수된다. 반면, 발효된 곡류 제품은 효모에 의해 피틴산이 분해되므로 인의 흡수에 지장을 초래하지 않는다. 피틴산은 철, 아연, 마그네슘과 결합해 이들 무기질의 흡수를 저하시킨다.

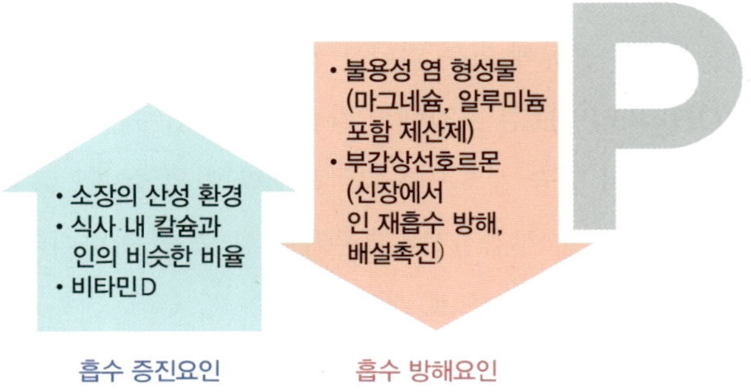

그림 8-17 **인 흡수에 영향을 미치는 요인**

3) 생리적 기능

(1) 골격과 치아 구성

체내 인의 85%는 인산칼슘의 형태로 뼈와 치아의 석회화에 이용되며, 뼈의 형성과정을 통해 계속적으로 저장되고 뼈의 용해과정을 통해 혈중으로 용출된다. 인은 칼슘과 결합하여 치아와 골격의 석회화의 주성분인 하이드록시아파타이트를 구성하는데, 골격 내 하이드록시아파타이트의 칼슘과 인은 1.7 : 1로 존재한다.

(2) 에너지 대사

크레아틴인산
creatine phosphate

인은 주로 에너지원인 ATP, 크레아틴인산, 포스포에놀피루브산 등에서 고에너지 인산결합 형태로 존재한다.

(3) 비타민과 효소의 활성화

비타민들이 조효소로 활성화되기 위해 인이 필요한데, 티아민의 조효소인 TPP, 니아신의 조효소인 NAD^+, $NADP^+$로 활성화될 때이다. 또한 세포질에서 에너지 대사에 관여하는 효소의 인산화와 탈인산화로 인한 효소 활성 조절을 통해 세포 내 여러 반응들이 조절된다.

니아신 niacin

(4) 신체 구성성분

인은 DNA, RNA 등 핵산을 구성하며, 인지질의 구성요소로서 세포막과 지단백질을 구성한다. 혈장 및 신경계의 구성성분이기도 하다.

(5) 완충작용

인은 혈액과 세포 내에서 인산과 인산염의 형태로 체액이 산성화되면 수소이온과 결합하고, 체액이 알칼리화되면 수소이온을 방출하여 산·알칼리 균형을 유지한다.

H_3PO_4

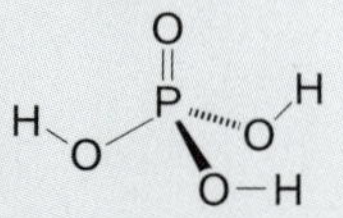

$H_3PO_4 \rightarrow$ $3H^+$(알칼리와 결합) + PO_4^{3-}(산과 결합)

PO_4^{3-}	HPO_4^{2-}	$H_2PO_4^-$	H_3PO_4
인산이온	인산수소이온	인산이수소이온	인산

4) 결핍증

정상인의 인 결핍은 상당히 드물지만 만성질환이나 완전정맥영양total parenteral nutrition, 투병기간이 길어지는 환자에게 인이 결핍되기 쉽다. 식사량이 불충분하거나 음이온을 결합하는 약제들을 투여받는 노인의 경우에게도 인 결핍증이 나타날 수 있다. 인이 부족하면 ATP나 인 함유 생리활성 물질들의 합성이 저하되어 신경계, 근골격계, 혈액, 신장 기능에 영향을 줄 수 있다. 인 부족 증상은 식욕저하, 근무력증, 뼈의 통증, 운동실조, 골연화증, 구루병, 빈혈, 면역력 약화, 감각이상, 혼돈 등이 있다. 장기간의 제산제 복용으로 혈청의 인 수준이 감소하면 소변을 통한 인의 배설량이 감소하고 칼슘과 마그네슘, 칼륨의 배설량을 증가시켜 골질량이 감소할 수 있다. 부갑상선 기능 저하증, 당뇨병 환자의 산독증 치료시, 미숙아에게 부족한 영양소를 보충하지 않은 유즙을 공급할 때 인 부족증이 나타날 수 있다.

5) 과잉증

정상인의 경우 혈액에 인이 과량 존재하는 경우 신장은 이를 충분히 제거할 수 있기 때문에 별 문제가 되지 않으나 신장질환자의 부갑상선기능항진증, 비타민D 보충제 과다복용, 인이 포함된 완하제 남용 등은 고인산혈증hyperphosphatemia을 일으킨다. 우리 몸에서는 칼슘의 항상성으로 혈중 칼슘 농도가 더 잘 유지되므로, 인의 혈중농도에 따라 임상증상이 나타난다. 혈중 과다한 인은 칼슘과 결합하여 혈중 칼슘농도를 낮추어 신경전달계 장애가 생기면서 심각한 근육경련과 부정맥 증상을 일으킬 수 있다. 만약 식사 중 인이 과다하고 칼슘이 충분하지 않다면 뼈 손실이 증가할 위험이 있다. 우유 대신 콜라를 지속적으로 섭취하면 칼슘 섭취는 감소시키고 인 섭취를 증가시켜 골다공증을 일으킬 수 있다.

6) 영양섭취기준

1일 권장섭취량은 성인 남녀 모두 650mg이고, 임신·수유기에 가산되는 양은 없다. 과량섭취나 신장기능 이상으로 인한 고인산혈증은 부갑상선호르몬의 분비를 과도하게 하고 혈중 칼슘농도를 감소시켜 근육경련tetany을 일으킬 수 있어 주의해야 하며, 상한섭취량을 3,500mg으로 제시하고 있다.

표 8-4 **한국인의 1일 인 섭취기준**

성별	연령	인(mg/일)			
		평균필요량	권장섭취량	충분섭취량	상한섭취량
영아	0~5(개월)			100	
	6~11			300	
유아	1~2(세)	380	450		3,000
	3~5	480	600		3,000
남자	6~8(세)	500	600		3,000
	9~11	1,000	1,200		3,500
	12~14	1,000	1,200		3,500
	15~18	900	1,100		3,500
	19~29	540	650		3,500
	30~49	540	650		3,500
	50~64	540	650		3,500
	65~74	540	650		3,500
	75 이상	540	650		3,000
여자	6~8(세)	500	600		3,000
	9~11	1,000	1,200		3,500
	12~14	950	1,100		3,500
	15~18	850	1,000		3,500
	19~29	540	650		3,500
	30~49	540	650		3,500
	50~64	540	650		3,500
	65~74	540	650		3,500
	75 이상	540	650		3,000
임신부[1)]		+0	+0		3,000
수유부[1)]		+0	+0		3,500

1) 임신부·수유부 부가량. 단, 상한섭취량·만성질환위험감소섭취량은 임신부·수유부 부가량 아닌 총량
자료: 보건복지부·한국영양학회. 2025 한국인 영양소 섭취기준

7) 영양상태 평가

인의 영양상태 평가에 가장 흔히 쓰는 방법은 혈중 인 함량을 측정하는 것이다. 그러나 부갑상선호르몬, 성장호르몬 등과 일시적 근육 골격의 이화작용에 의해 영향을 받기 때문에 실제로는 혈중 인 함량을 적절한 평가지표라고 할 수 없다. 소변 중 인 함량도 식이의 영향을 많이 받아 지표로 사용하기 어렵고, 혈중 알칼리성 탈인산화효소의 활성증가도 체내 인 보유량을 정확히 반영하지는 않는다.

8) 급원식품

피틴산 phytic acid

인은 우유, 육류, 달걀 등에 많으며, 가공육과 청량음료도 인을 상당량 공급한다. 식품가공시 수분을 보유하게 하고 덩어리 없이 고루 잘 섞이고 매끄럽게 하기 위해 인산염을 종종 사용한다. 그래서 가공식품을 많이 먹으면 인 섭취가 많아지는 것이다. 우유에도 인이 많아서, 유제품을 많이 섭취하면 인 섭취가 높아진다. 대부분의 식품은 인 함량이 높으나 대두, 완두콩, 곡류, 견과류 등의 식물의 씨는 피틴산 형태로 인을 함유하는데, 우리 몸은 피틴산을 분해할 수 있는 효소가 없지만, 대장의 균이 피틴산을 분해하여 나온 인의 50%를 흡수할 수 있다. 이스트도 피틴산을 깰 수 있어서 무발효빵보다 발효된 빵 재료로 들어간 통곡류에 들어 있는 인이 더 잘 흡수된다. 건강한 사람에게 인이 부족할 확률은 거의 없고, 오히려 과다 섭취로 칼슘의 흡수이용을 저해할 우려가 있다.

표 8-5 **인 주요 급원식품(100g당 함량)**[1)]

급원식품 순위	급원식품	함량 (mg/100g)	기여율 (%)	급원식품 순위	급원식품	함량 (mg/100g)	기여율 (%)
1	백미	95	9.78	16	명태	267	1.22
2	돼지고기(살코기)	186	7.16	17	현미	275	1.18
3	닭고기(살코기)	251	6.92	18	새우	390	1.13
4	우유	104	6.37	19	돼지 부산물(간)	393	1.02
5	달걀, 생것	169	5.75	20	국수, 말린 것	92	1
6	멸치, 삶아서 말린 것	1867	4.95	21	감자	62	0.9
7	소고기(살코기)	150	3.11	22	소 부산물(간)	497	0.86
8	두부	158	2.8	23	고등어	280	0.8
9	치즈, 체다	857	2.56	24	고구마	55	0.8
10	빵, 식빵	129	2.37	25	두유	57	0.8
11	김치, 배추김치	50	2.29	26	간장	145	0.75
12	가공육	266	1.76	27	양파	27	0.67
13	오징어	270	1.34	28	보리	161	0.67
14	요구르트(호상)	105	1.3	29	된장	208	0.64
15	대두	570	1.26	30	라면(조리 전후 통합)	342	0.61

1) 2022년 국민건강영양조사의 식품별 섭취량과 식품별 인 함량(국가표준식품성분표 DB 10.2) 자료를 활용하여 인 주요 급원식품 상위 30위 산출

자료: 보건복지부·한국영양학회. 2025 한국인 영양소 섭취기준

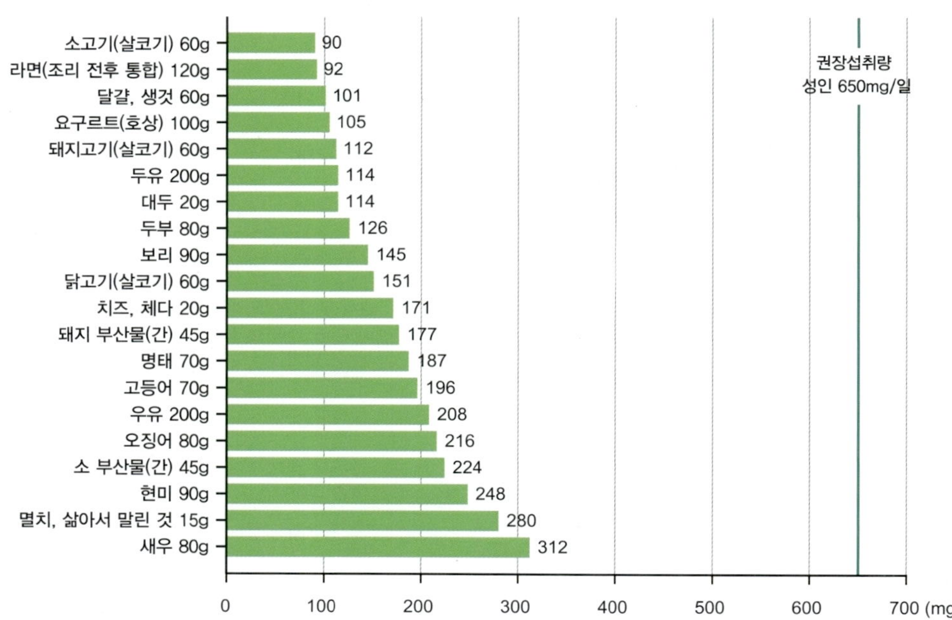

그림 8-18 **인 주요 급원식품 (1회 분량당 함량)**[1)]

1) 2022년 국민건강영양조사의 식품별 섭취량과 식품별 인 함량(국가표준식품성분표 DB 10.2) 자료를 활용하여 인 주요 급원식품 상위 30위 산출 후 1회 분량(2020 한국인 영양소 섭취기준)을 적용하여 1회 분량당 함량 산출, 19~29세 성인 권장섭취량 기준(2025 한국인 영양소 섭취기준)과 비교

자료: 보건복지부·한국영양학회, 2025 한국인 영양소 섭취기준

3. 마그네슘 magnesium, Mg

1) 체내 분포

마그네슘magnesium은 체내에 20~28g이 있으며, 그중 50~60%는 칼슘, 인과 함께 뼈와 치아를 구성하고 연조직과 체액에 40~45% 함유된다. 정상적인 혈중농도는 1.7~2.4mg/dL으로 동식물의 모든 체세포에 존재한다.

2) 흡수와 대사

마그네슘 흡수율은 30~40% 정도이다. 마그네슘 섭취량이 많으면 단순확산으로 흡수되며 흡수율이 낮아지고, 적게 섭취하여 소장내 마그네슘 농도가 낮을 때는 능동수송으로 흡수율이 증가한다.

흡수된 마그네슘 일부는 조직에 남거나 땀과 피부탈피로 손실되고, 소변으로 배설된다.

알도스테론은 신장에서 마그네슘 배설을 촉진시키며, 알코올, 카페인, 이뇨제는 마그네슘 배설을 촉진한다.

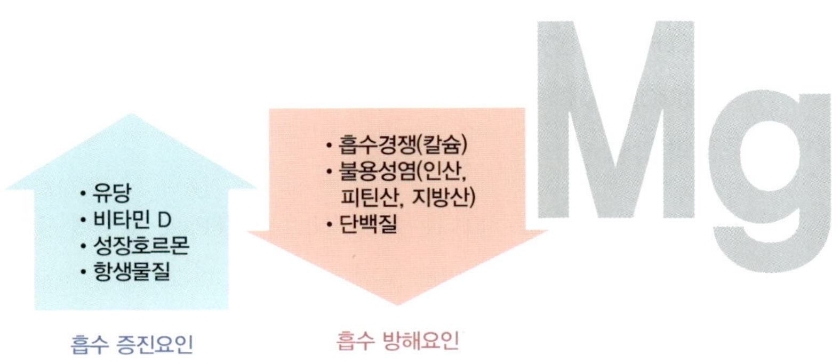

그림 8-19 **마그네슘 흡수 증진 및 방해 요인**

3) 생리적 기능

(1) 골격과 치아 구성

체내 존재하는 마그네슘은 약 50~60%가 뼈와 치아에 존재하면서 골강도 유지 기능을 하며, 뼈의 표면에 존재하는 마그네슘은 혈청 마그네슘 농도 조절 기능을 한다.

(2) 에너지 대사

마그네슘은 ATP와 1:1 복합체인 마그네슘-ATP를 형성하여 ATP 구조를 안정화시킨다. 마그네슘은 대사에 관여하는 300개 이상의 효소의 보조인자로 작용하는데, 지방산·단백질 합성 및 해당작용 등의 인산화반응에 관여한다. 예를 들면, 인산화반응에서 헥소카이네이즈, 포스포프럭토카이네이즈 보조인자로 기여하며, 탈인산화 반응에서 탈인산화효소

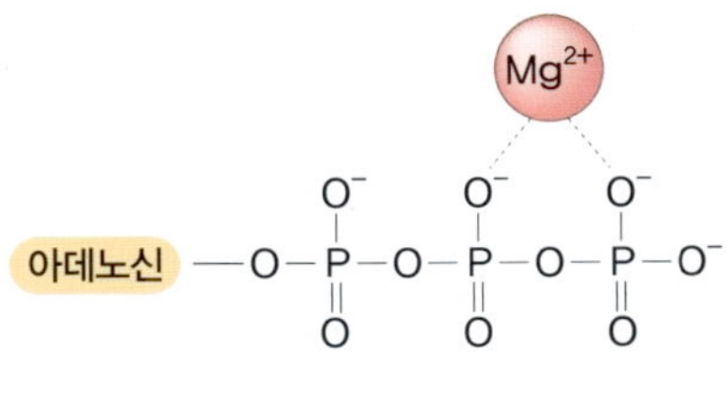

Mg^{2+}

아데노신 —O—P—O—P—O—P—O^- (각 P에 O^-와 O 결합)

그림 8-20 **Mg-ATP복합체의 구조**

헥소카이네이즈 hexokinase

포스포프럭토카이네이즈 phosphofructokinase

탈인산화효소 phosphatase

피로탈인산화효소
pyrophosphatase

와 피로탈인산화효소 활성제 역할을 한다. 탄수화물의 대사에 관여하는 많은 효소들의 활성화에도 관여한다.

(3) 신경자극 전달과 근육의 수축·이완

칼슘, 칼륨, 나트륨과 함께 신경자극전달과 근육의 수축이완에 관여한다. 칼슘은 근육수축을 자극하고 신경을 흥분시키는 반면, 마그네슘은 근육을 이완시키고 신경을 안정시킨다. 마그네슘은 신경전달물질인 아세틸콜린의 분비를 감소하고 분해를 촉진함으로써 신경안정성과 근육이완에 기여한다.

(4) 신체 여러 물질의 합성

마그네슘은 핵산과 단백질 합성, 글루타티온 합성, Na/K ATPase 활성에 필요하며, 심장근육세포 내에서 세포 외로 칼륨의 운반을 조절한다. 또한, 마그네슘은 호르몬이 전하는 정보를 세포 내에 전달하여 대사와 세포 내 반응이 일어나게 하는 2차 전령인 cAMP의 생성에 관여한다.

4) 결핍증

보통의 경우 마그네슘 결핍은 뚜렷이 나타나지 않지만 영양부족을 수반한 만성 알코올중독, 마그네슘이 제거된 비경구적인 급식이 지속되거나 화상, 급성 혹은 만성 신장질환인 경우에 발생한다. 이때 신경자극 전달에 장애가 생겨 근육수축·이완의 조절이 안되어 신경이나 근육에 심한 경련증세가 나타날 수 있는데, 이를 마그네슘 테타니라 한다. 그 외에 불규칙한 심장박동과 근육약화, 발작, 정신착란 등이 발생할 수 있다.

5) 과잉증

건강한 신장은 과잉 섭취된 마그네슘 이온을 신속히 배설하여 체내 마그네슘 수준을 조절하지만 신부전환자의 경우 혈청 마그네슘농도가 상승할 수 있다. 마그네슘을 함유한 항생제와 하제 목적의 약물과 보충제를 통해 마그네슘을 과잉섭취하면 삼투에 의한 설사, 구토, 복부경련을 일으킬 수 있고 고마그네슘혈증에서는 구역질, 홍조, 복시, 언어장애, 근육위축 등의 증상을 보인다.

6) 영양섭취기준

마그네슘 권장량은 성인 남자 19~29세의 경우 360mg, 30세 이상은 380mg이고 성인 여자 19세 이상은 280mg이다. 식품을 통한 마그네슘 과잉 섭취는 유해하지 않고, 식품 이외의 급원을 통해 과잉 섭취했을 때는 설사와 같은 위장관 증상이 유발될 수 있다. 약물이나 보충제로 마그네슘염을 과잉 섭취하면 과잉 증상이 나타내며, 상한섭취량 350mg은 식품 외 급원의 마그네슘의 양이다.

7) 영양상태 평가

혈중 마그네슘은 항상성이 유지되므로 세포 내 마그네슘 이용을 반영해 주지 못함에도 마그네슘 영양상태 평가에 가장 많이 사용되고 있다. 마그네슘을 정맥주사로 일정량 주입한 후 소변 중의 마그네슘 함량을 측정하여 배설량이 감소하면 세포 내 결핍을 의미하는 것이고, 림프구 내 마그네슘 양을 측정하여 직접 세포 내 마그네슘 함량을 측정할 수 있다.

8) 급원식품

마그네슘은 엽록소의 구성성분이므로 녹색채소에 많이 함유되어 있고 견과류, 두류, 곡류, 코코아 등에 풍부하다. 일상적 식사에서 마그네슘 결핍은 흔하지 않으나, 곡류 중의 마그네슘은 도정과정 중 80~90%가 손실되므로 정제된 식품이나 가공식품 의존도가 높은 경우 마그네슘 섭취량이 낮아질 수 있다. 또한, 전곡과 시금치는 마그네슘 함량은 높지만 피틴산이 함유되어 마그네슘 흡수를 방해할 수 있다. 한국인의 1회 분량에서 마그네슘 함량이 높은 식품에는 들깻잎(106mg/70g), 건미역(90mg/10g), 현미(90mg/90g)가 있다.

표 8-6 **한국인의 1일 마그네슘 섭취기준**

성별	연령	마그네슘(mg/일)			
		평균필요량	권장섭취량	충분섭취량	식품 외 급원 상한섭취량
영아	0~5(개월)			25	
	6~11			55	
유아	1~2(세)	60	70		60
	3~5	90	110		90
남자	6~8(세)	130	150		130
	9~11	190	220		190
	12~14	260	320		270
	15~18	340	410		330
	19~29	300	360		350
	30~49	310	380		350
	50~64	310	380		350
	65~74	310	380		350
	75 이상	310	380		350
여자	6~8(세)	130	150		130
	9~11	180	220		190
	12~14	240	290		270
	15~18	290	340		330
	19~29	240	280		350
	30~49	240	280		350
	50~64	240	280		350
	65~74	240	280		350
	75 이상	240	280		350
임신부[1]		+30	+40		350
수유부[1]		+0	+0		350

1) 임신부·수유부 부가량. 단, 상한섭취량·만성질환위험감소섭취량은 임신부·수유부 부가량 아닌 총량
자료: 보건복지부·한국영양학회. 2025 한국인 영양소 섭취기준

표 8-7 **마그네슘 주요 급원식품(100g당 함량)[1)]**

급원식품 순위	급원식품	함량 (mg/100g)	기여율 (%)	급원식품 순위	급원식품	함량 (mg/100g)	기여율 (%)
1	백미	23	9.2	16	달걀, 생것	11	1.46
2	소금	1,150	5.62	17	명태	81	1.44
3	두부	80	5.5	18	간장	69	1.39
4	김치, 배추김치	25	4.45	19	소고기(살코기)	17	1.37
5	닭고기(살코기)	32	3.43	20	들깻잎	151	1.23
6	돼지고기(살코기)	21	3.14	21	두유	22	1.19
7	멸치, 삶아서 말린 것	304	3.13	22	감자	20	1.13
8	우유	10	2.38	23	고춧가루	155	1.08
9	된장	192	2.3	24	국수, 말린 것	25	1.06
10	미역, 말린 것	901	2.28	25	메밀 국수, 말린 것	83	1
11	빵, 식빵	29	2.07	26	옥수수	68	0.96
12	대두	209	1.79	27	바나나	32	0.94
13	현미	100	1.67	28	오징어	47	0.9
14	시금치	84	1.63	29	보리	54	0.87
15	고구마	27	1.53	30	깨, 흰깨	353	0.87

1) 2022년 국민건강영양조사의 식품별 섭취량과 식품별 마그네슘 함량(국가표준식품성분표 DB 10.2) 자료를 활용하여 마그네슘 주요 급원식품 상위 30위 산출

자료: 보건복지부·한국영양학회. 2025 한국인 영양소 섭취기준

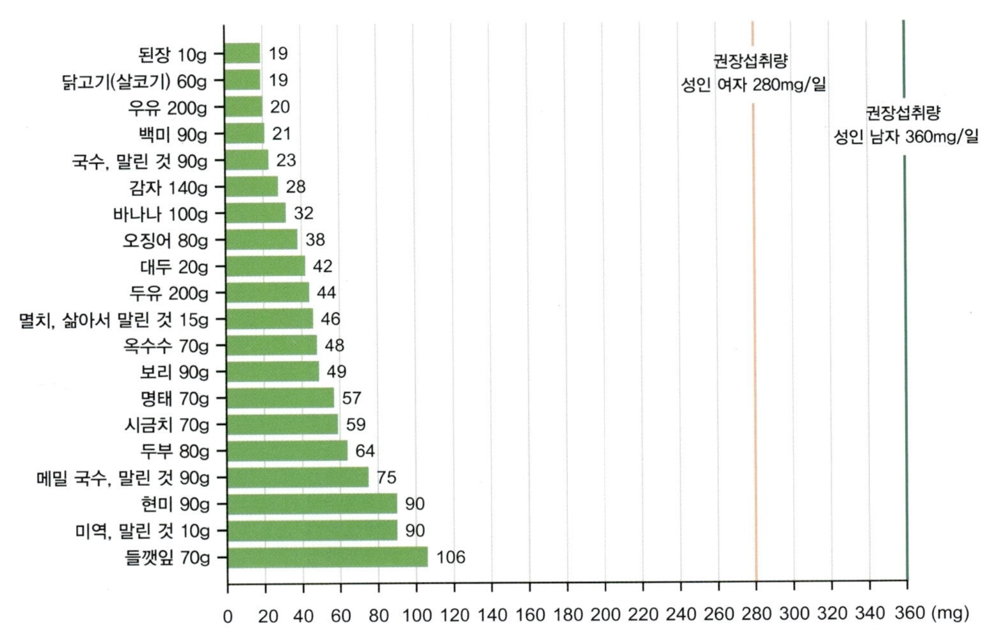

그림 8-21 **마그네슘 주요 급원 식품(1회 분량당 함량)**[1)]

1) 2022년 국민건강영양조사의 식품별 섭취량과 식품별 마그네슘 함량(국가표준식품성분표 DB 10.2) 자료를 활용하여 마그네슘 주요 급원식품 상위 30위 산출 후 1회 분량(2020 한국인 영양소 섭취기준)을 적용하여 1회 분량당 함량 산출, 19~29세 성인 권장섭취량 기준(2025 한국인 영양소 섭취기준)과 비교

자료: 보건복지부·한국영양학회. 2025 한국인 영양소 섭취기준

4. 나트륨 sodium, Na

1) 체내 분포

나트륨$_{\text{sodium}}$은 세포외액의 주요 양이온이고, 체중의 0.2%를 차지한다. 체내 나트륨의 2/3는 세포외액에 있고, 1/3은 저장고 역할을 하는 골격 표면에 있으며, 신경조직과 근육에도 소량 존재한다.

2) 흡수와 대사

소장에서 섭취량의 95%가 흡수되고, 5%는 대변으로 배설된다. 흡수된 나트륨은 신장으로 운반되어 필요한 양만 재흡수되고, 나머지는 소변으로 배설된다. 신장에서 나트륨의 재흡수는 신장에서 분비되는 레닌과 부신에서 분비되는 알도스테론에 의해 조절된다(그림 8-22). 알도스테론 부족인 에디슨병 환자의 경우 소변으로 나트륨을 과다 배설한다. 신장은 Na^+/K^+의 재흡수를 통해 혈액의 전해질 농도를 조절하고, HCO_3^-/H^+의 재흡수를 통해 산-염기 평형을 유지한다.

레닌 renin
알도스테론 aldosterone

혈중 나트륨 농도가 적정수준(혈청 140mmol/L) 이하로 떨어져 혈장량이 감소하면 신장으로 들어오는 혈류량도 감소하는데, 이때 신장에서 레닌을 분비하여 간에서 생성된 안지오텐시노겐을 안지오텐신Ⅰ으로 활성화한다. 폐에서 안지오텐신Ⅰ은 안지오텐신Ⅱ로 전환하여 혈관수축제로 즉각적으로 작용해 혈압을 상승시킨다. 장기적으로 안지오텐신Ⅱ는 부신피질에서 알도스테론을 분비시켜 신장에서 나트륨과 물의 재흡수를 촉진하여 나트륨과 혈액량을 증가시킴으로써 체액량과 혈압의 항상성을 유지한다.

안지오텐시노겐 angiotensinogen
안지오텐신 angiotensin

혈중 나트륨 농도가 적정수준보다 높아지면서 혈장량이 증가하면 레닌과 알도스테론 분비가 감소되면서 신장의 나트륨 재흡수를 감소시키고, 소변을 통해 배설을 증가시키며, 시상하부 갈증중추를 자극해 삼투압을 낮추고 과량의 나트륨을 배설시키는 데 필요한 수분을 섭취한다. 이것이 짠 음식을 먹고 나면 수분을 많이 섭취하게 되는 이유이다.

3) 생리적 기능

세포내액과 세포간질액 사이에 위치한 세포막은 자유로이 물을 투과시키는 성질이 있으며, 세포 내외의 삼투압은 항상성 기전에 의하여 평형을 이루고 있다. 나트륨 이온은 세포 내외의 삼투압 유지에 중요한 인자로 작용한다.

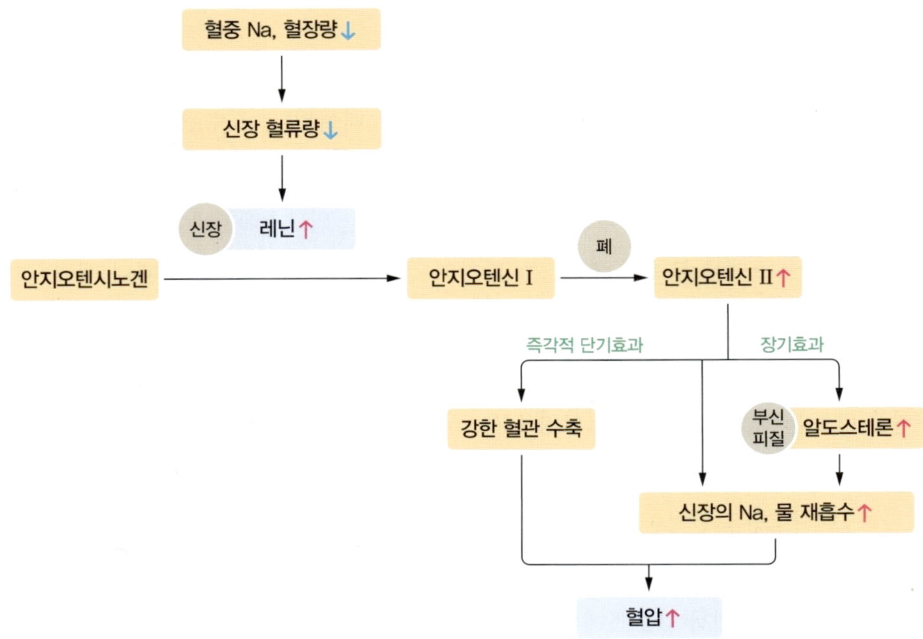

그림 8-22 **나트륨 혈압조절**

(1) 신경자극 전달

나트륨은 세포외액에 많고, 칼륨은 세포내액에 많다. 이러한 세포막 사이의 나트륨과 칼륨의 농도 차이에 의하여 막전위가 형성되어 신경자극전달, 근육수축이 조절되고 심장 기능이 유지된다.

(2) 산·염기 및 수분평형 조절

나트륨은 양이온으로서 체내에서 수소이온과 교환이 가능한 염기를 형성하여 산·염기 평형에 관여함으로써 체액의 정상적인 pH 유지를 돕는다. 또한, 세포외액인 혈장의 부피를 조절함으로써 혈압유지에 관여하는데, 나트륨 이온농도가 약간만 증가하여도 동맥혈압에 큰 영향을 준다. 세포내외의 나트륨과 칼륨의 농도 차에 의해 생성되는 삼투압에 의해 수분평형이 조절되는데, 세포외액의 나트륨 : 칼륨 이온비율은 28:1, 세포내에서는 1:10일 때 삼투압이 정상적으로 유지된다.

(3) 영양소의 흡수

나트륨이 포도당, 아미노산 등과 함께 세포막의 운반체에 결합한 후, 이들 영양소와 함께 세포 안으로 들어간다. 이때 나트륨-칼륨 펌프가 관여한다(44쪽 참조).

4) 결핍증

나트륨의 결핍증은 드물지만 심한 설사, 구토, 과다한 땀 손실 뒤 물만 보충한 경우나 나트륨 섭취가 심하게 제한된 경우, 심혈관계나 심장질환 치료, 부신피질 기능저하 등의 상황에서 발생할 수 있다. 저나트륨혈증은 탈수증상과 비슷하여 혈중 나트륨농도를 올리기 위해 혈중 수분이 세포 안으로 이동하여 세포외액인 혈액량이 감소하고 세포는 팽화되어 혈압저하, 무기력, 메스꺼움, 구토, 설사, 성장감소, 근육경련, 짜증 등이 생긴다. 심각한 저나트륨혈증을 치료하지 않으면 세포외액이 세포 안으로 들어가 세포가 부풀게 되어 뇌세포가 부풀어 두통, 혼란, 발작, 혼수상태가 발생할 수 있다.

5) 과잉증

많은 양의 나트륨을 섭취하거나 바닷물을 급히 마시면 혈액 내 나트륨과 수분이 저류하게 되어 고나트륨혈증이나 혈액량이 비정상적으로 증가한다. 혈중 나트륨농도를 내리기 위해 세포 안의 수분이 세포 사이로 이동하여 부종을 초래하며, 세포외액에 해당하는 혈액량도 증가하여 고혈압을 유발할 수 있다. 정상기능을 하는 신장을 가진 건강한 사람은 충분한 물을 마셔서 과도한 나트륨을 재빨리 배출하지만, 울혈성 심부전이나 신장질환이 있는 환자는 이러한 대처가 어려워 고나트륨혈증이 나타난다.

Na^{+}-K^{+}펌프의 활성 감소로 세포 안의 나트륨 농도가 높아지고 칼륨농도가 낮아져 심근수축이 증가하여 위험하며, 나트륨 과량섭취로 인해 소변으로의 칼슘배설이 증가되므로 신장 결석과 골다공증의 위험도 증가한다.

나트륨과 칼륨이상증의 발생원인

이상증	발생원인
고나트륨혈증	쿠싱병*, 뇌손상, 나트륨 과다섭취(Na:배설감소)
저나트륨혈증	다뇨(polyuria), 산성뇨증(aciduria), 에디슨병*
고칼륨혈증	조직손상, 신부전
저칼륨혈증	설사, 구토, 산성뇨증, 쿠싱병, 식사 중 칼륨 부족

* 쿠싱병(cushing's disease): 부신피질호르몬이 과다 분비되는 질환으로 체지방의 분포가 달라져서 달모양 얼굴(moon face)이 된다.

* 에디슨병(Addison's disease): 부신피질호르몬의 분비가 감소되는 질환으로 혈압감소, 혈장의 나트륨 저하, 근무력증 등의 증상이 나타난다.

6) 영양섭취기준

성인의 1일 나트륨 충분섭취량은 1,500mg이고, 만성질환위험감소섭취량은 2,300 mg인데, 2.5를 곱하여 구한 소금의 만성질환위험감소섭취량은 5,750mg이 된다(나트륨은 소금에 40% 함유되어 있으므로, 소금 100mg에는 나트륨 40mg이 있다). 이는 건강한 인구집단에서 만성질환의 위험을 감소시킬 수 있는 영양소의 최저 수준의 섭취량으로 이보다 적게 섭취하면 만성질환 위험을 낮출 수 있다.

표 8-8 한국인의 1일 나트륨과 염소 섭취기준

성별	연령	나트륨(mg/일)				염소(mg/일)			
		평균 필요량	권장 섭취량	충분 섭취량	만성질환 위험감소 섭취량	평균 필요량	권장 섭취량	충분 섭취량	상한 섭취량
영아	0~5(개월)			110				170	
	6~11			370				560	
유아	1~2(세)			630	1,000			1,000	
	3~5			1,000	1,500			1,500	
남자	6~8(세)			1,100	1,700			1,700	
	9~11			1,300	2,000			2,000	
	12~14			1,500	2,300			2,300	
	15~18			1,500	2,300			2,300	
	19~29			1,500	2,300			2,300	
	30~49			1,500	2,300			2,300	
	50~64			1,500	2,300			2,300	
	65~74			1,300	1,900			1,900	
	75 이상			1,200	1,800			1,800	
여자	6~8(세)			1,100	1,700			1,700	
	9~11			1,300	2,000			2,000	
	12~14			1,500	2,300			2,300	
	15~18			1,500	2,300			2,300	
	19~29			1,500	2,300			2,300	
	30~49			1,500	2,300			2,300	
	50~64			1,500	2,300			2,300	
	65~74			1,300	1,900			1,900	
	75 이상			1,200	1,800			1,800	
임신부[1)]				+0	2,300			+0	
수유부[1)]				+0	2,300			+0	

1) 임신부·수유부 부가량. 단, 상한섭취량·만성질환위험감소섭취량은 임신부·수유부 부가량 아닌 총량
자료: 보건복지부·한국영양학회. 2025 한국인 영양소 섭취기준

7) 급원식품

나트륨 급원은 자연식품에서 10%, 요리 중이나 식탁 위에서 첨가되는 양이 15%, 가공식품 이용으로 첨가되는 양이 75%에 달한다. 소금을 함유한 가공식품인 된장, 간장, 고추장, 케첩 등과 절인 생선, 육류, 면, 빵, 케이크 등에 많다. 식품을 가공할수록 나트륨 비율은 증가하고 칼륨비율은 감소한다.

나트륨 섭취를 줄이기 위해서는 나트륨 함량이 높은 양념류와 김치류, 젓갈류, 가공식품과 떡류 등의 섭취를 줄이고, 국·찌개·탕류와 라면·국수 등 면류의 국물섭취를 줄이는 것이 필요하다.

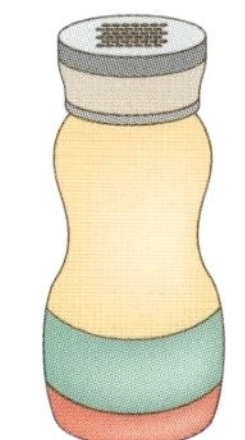

그림 8-23 **나트륨 급원**

표 8-9 **나트륨의 주요 급원식품(100g당 함량)**[1]

급원식품 순위	급원식품	함량 (mg/100g)	기여율 (%)	급원식품 순위	급원식품	함량 (mg/100g)	기여율 (%)
1	소금	33,417	15.95	16	김치, 열무김치	583	1.43
2	김치, 배추김치	548	9.55	17	김치, 깍두기	523	1.37
3	간장	4,783	9.43	18	짜장	3,399	1.28
4	된장	5,152	6.03	19	어묵	699	1.28
5	국수, 말린 것	1,279	5.28	20	분말조미료	12,682	1.25
6	라면 스프	13,212	4.1	21	떡	261	1.19
7	고추장	2,486	3.87	22	치즈, 체다	928	1.05
8	라면(조리 전후 통합)	920	3.37	23	우유	40	0.93
9	빵, 식빵	480	3.35	24	김치, 총각김치	630	0.91
10	멸치, 삶아서 말린 것	2,377	2.39	25	청국장	3,083	0.86
11	가공육	759	1.91	26	메밀 국수, 말린 것	707	0.83
12	미역, 말린 것	7,535	1.86	27	어패류액젓	8,188	0.77
13	달걀, 생것	137	1.77	28	돼지고기(살코기)	50	0.73
14	과자	577	1.51	29	명태	419	0.73
15	쌈장	2,619	1.44	30	토마토케첩	1,056	0.67

1) 2022년 국민건강영양조사의 식품별 섭취량과 식품별 나트륨 함량(국가표준식품성분표 DB 10.2) 자료를 활용하여 나트륨 주요 급원식품 상위 30위 산출

자료: 보건복지부·한국영양학회. 2025 한국인 영양소 섭취기준

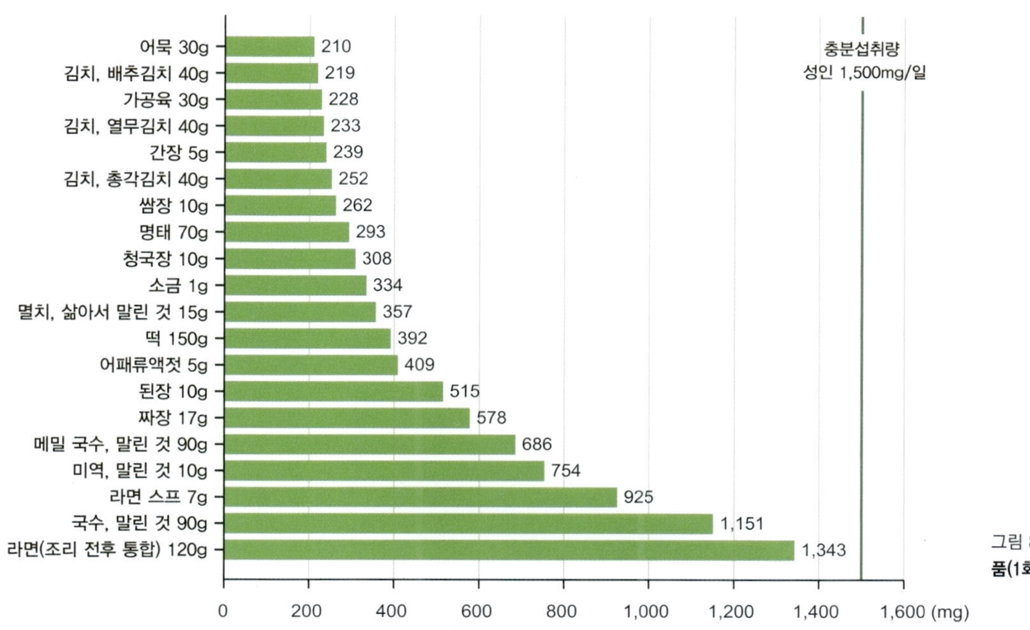

그림 8-24 **나트륨 주요 급원식품(1회 분량당 함량)**[1)]

1) 2022년 국민건강영양조사의 식품별 섭취량과 식품별 나트륨 함량(국가표준식품성분표 DB 10.2) 자료를 활용하여 나트륨 주요 급원식품 상위 30위 산출 후 1회 분량(2020 한국인 영양소 섭취기준)을 적용하여 1회 분량당 함량 산출, 19~29세 성인 충분섭취량 기준(2025 한국인 영양소 섭취기준)과 비교

자료: 보건복지부·한국영양학회. 2025 한국인 영양소 섭취기준

5. 칼륨 potassium, K

1) 체내 분포

칼륨은 세포내액의 중요한 양이온(K^+)으로, 신체 총량의 98%가 세포 내에 존재한다. 칼륨 이온은 나트륨 이온과 함께 정상적인 삼투압을 유지시켜 수분평형을 이루므로, 세포 내외의 이들 전해질 농도조절이 중요하다.

2) 흡수와 대사

섭취된 칼륨의 약 85% 이상은 소장에서 확산에 의해 흡수되고, 신장에서 대부분 재흡수되며, 소변과 땀으로 배설되는 양은 매우 적다. 신장은 칼륨의 균형을 유지시키는 주요 조절장기인데, 부신피질호르몬인 알도스테론과 이뇨제, 알코올, 커피, 설탕의 과잉섭취는 칼륨배설을 촉진시킨다. 혈중 칼륨이 증가하면 알도스테론이 신장에서 칼륨배설을 촉진한다.

3) 생리적 기능

(1) 혈압 저하

칼륨섭취를 충분히 하면 혈압을 낮추고, 뇌졸중과 심근경색을 예방한다. 혈압과 관련해 칼륨은 나트륨과 반대작용을 하는데, 칼륨은 과잉섭취한 나트륨 배설을 촉진한다. 따라서 식사 중 나트륨 대비 칼륨 섭취비율은 1에 가까운 수준이 적절하다.

(2) 신경자극 전달과 근육의 수축·이완

나트륨과 함께 세포내외의 농도·전위차를 형성하여 신경자극을 전달하고, 근육과 심장의 수축이완에 관여하여 기능유지에 중요한 역할을 한다. 특히 칼륨은 심장근육을 이완시킨다.

(3) 수분평형과 산·염기 평형조절

칼륨은 나트륨과 함께 세포 안팎의 농도차이로 생성되는 삼투압에 의해 수분평형을 조절하고, 나트륨·수소 이온과 함께 산·염기 평형을 조절한다.

(4) 탄수화물 대사와 단백질 합성

칼륨은 글리코겐과 단백질 합성에 필요하다. 혈당이 글리코겐을 저장할 때 칼륨을 함께 저장하므로 글리코겐이 빠른 속도로 저장될 때 적정량의 칼륨이 공급되지 못 할 경우 저칼륨혈증이 초래될 수 있다. 또한 칼륨은 세포성장에 필요하며, 근육단백질과 세포단백질 내에 질소가 저장될 때에도 필요하다.

4) 결핍증

칼륨은 식품 내에 골고루 함유되어 있어서 정상적 식사로는 칼륨 결핍증이 잘 일어나지 않지만 지속적 구토, 만성적 설사, 당뇨병성 산독증, 이뇨제 과용, 심각한 영양실조, 수술로 인해 칼륨 고갈과 결핍 등의 상황에서 생길 수 있다. 저칼륨혈증hypokalemia이 되면 근육이완장애로 호흡약화, 소화기능약화, 근육약화, 근육경련, 심장박동이 빨라지고 불규칙적이 되는 심장이상인 부정맥arrhythmia 등을 초래할 수 있다. 부정맥은 맥박이 정상범위 내의 빈도를 벗어난 상태이다.

5) 과잉증

건강한 사람은 일상적 식사로 칼륨의 과잉증은 나타나지 않으나 보충제로 칼륨을 과다 섭취하면 위장장애를 나타낼 수 있고, 심장에 부담을 줄 수 있다. 또한 신장기능이 좋지 않을 때는 칼륨배설이 잘 되지 않아 고칼륨혈증hyperkalemia을 일으킬 수 있다. 고칼륨혈증이 되면 근육이완이 지나쳐 근육이 마비되고 손발이 저리며, 다리가 무겁고 혈압이 떨어진다. 심장박동이 느려지는 부정맥, 심장마비 등의 심장장애가 나타날 수도 있다.

6) 영양섭취기준

칼륨의 충분섭취량은 소금 섭취로 인한 혈압상승을 완화시키고 신결석 발병 위험도와 염분 감수성을 감소시키는 수준으로 설정되었다. 바람직한 나트륨과 칼륨의 적절한 비율을 반영하여, 고혈압 예방을 고려한 칼륨의 충분섭취량은 남녀 동일하게 1일 3,500mg이다. 노인은 성인에 비해 에너지 섭취량이 적으나 연령의 증가에 따른 고혈압 발생 위험 증가 및 이에 따른 칼륨의 요구량 증가를 고려하여 노인의 칼륨 충분섭취량은 성인과 동일한 양이다. 임신부의 칼륨 충분섭취량은 성인의 양과 같은 반면, 수유부의 경우에는 6개월간 모유를 통해 분비되는 칼륨의 함량(400mg/일)과 식사를 통해 섭취한 칼륨의 모유 전환율(100%)을 고려하여, 성인 여성의 충분섭취량보다 400mg이 많다.

표 8-10 **한국인의 1일 칼륨 섭취기준**

성별	연령	칼륨(mg/일)			
		평균필요량	권장섭취량	충분섭취량	상한섭취량
영아	0~5(개월)			400	
	6~11			700	
유아	1~2(세)			1,500	
	3~5			2,300	
남자	6~8(세)			2,600	
	9~11			3,100	
	12~14			3,500	
	15~18			3,500	
	19~29			3,500	
	30~49			3,500	
	50~64			3,500	
	65~74			3,500	
	75 이상			3,500	
여자	6~8(세)			2,600	
	9~11			3,100	
	12~14			3,500	
	15~18			3,500	
	19~29			3,500	
	30~49			3,500	
	50~64			3,500	
	65~74			3,500	
	75 이상			3,500	
임신부[1)]				+0	
수유부[1)]				+400	

1) 임신부·수유부 부가량
자료: 보건복지부·한국영양학회. 2025 한국인 영양소 섭취기준

7) 급원식품

칼륨은 두류, 견과류, 채소류, 과일류에 많이 함유되어 있지만, 생활환경과 식습관에 따라 나라별 자주 섭취하는 식품에 차이가 있어 국가별 급원식품도 달라진다. 우리나라 사람의 칼륨 주요 급원식품은 배추김치, 돼지고기(살코기), 닭고기(살코기), 우유, 백미, 소고기(살코기)였고, 1인 1회 섭취량 중 칼륨 함량이 높은 식품은 시금치, 감자, 대두, 두유, 바나나, 우유이다.

표 8-11 **칼륨의 주요 급원식품(100g당 함량)[1)]**

급원식품 순위	급원식품	함량 (mg/100g)	기여율 (%)	급원식품 순위	급원식품	함량 (mg/100g)	기여율 (%)
1	김치, 배추김치	312	6.6	16	양파	145	1.67
2	돼지고기(살코기)	318	5.65	17	빵, 식빵	193	1.64
3	닭고기(살코기)	371	4.73	18	바나나	355	1.24
4	우유	162	4.58	19	간장	480	1.15
5	백미	89	4.23	20	토마토	250	1.1
6	소고기(살코기)	267	2.56	21	두유	178	1.15
7	고구마	379	2.55	22	오이	196	1.09
8	감자	335	2.25	23	두부	132	1.08
9	무	261	2.14	24	김치, 열무김치	353	1.05
10	고춧가루	2,541	2.1	25	요구르트(호상)	176	1.01
11	달걀, 생것	125	1.96	26	배추	331	0.96
12	사과	107	1.94	27	멸치, 삶아서 말린 것	770	0.94
13	대두	1,804	1.84	28	명태	430	0.91
14	시금치	790	1.82	29	가공육	280	0.86
15	가당음료(과일음료 포함)	243	1.8	30	마늘	531	0.85

1) 2022년 국민건강영양조사의 식품별 섭취량과 식품별 칼륨 함량(국가표준식품성분표 DB 10.2) 자료를 활용하여 칼륨 주요 급원식품 상위 30위 산출

자료: 보건복지부·한국영양학회. 2025 한국인 영양소 섭취기준

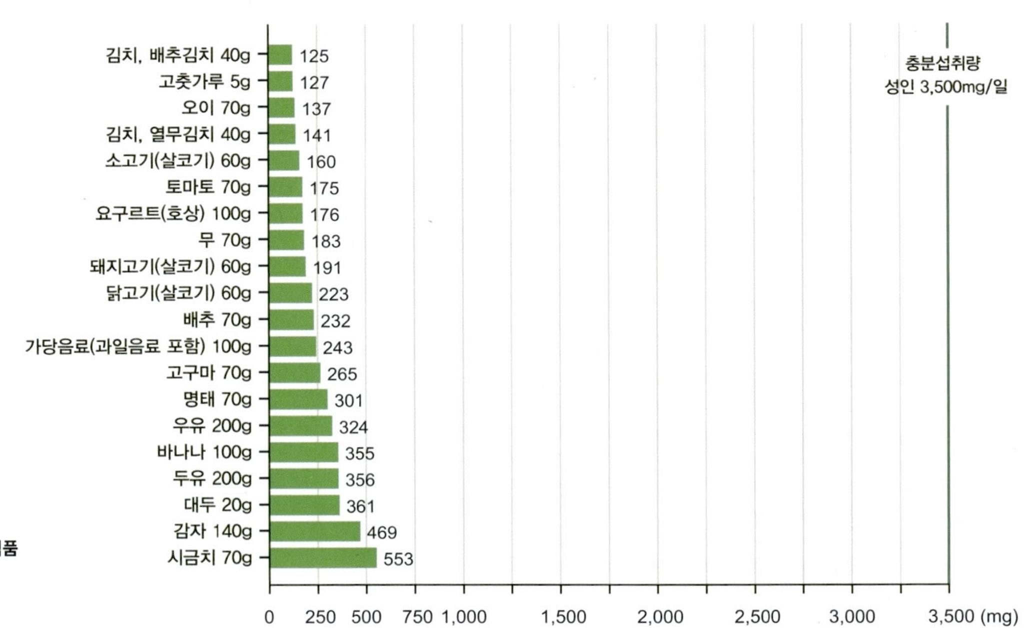

그림 8-25 **칼륨 주요 급원식품 (1회 분량당 함량)**[1)]

1) 2022년 국민건강영양조사의 식품별 섭취량과 식품별 칼륨 함량(국가표준식품성분표 DB 10.2) 자료를 활용하여 칼륨 주요 급원식품 상위 30위 산출 후 1회 분량(2020 한국인 영양소 섭취기준)을 적용하여 1회 분량당 함량 산출, 19~29세 성인 충분섭취량 기준(2025 한국인 영양소 섭취기준)과 비교

자료: 보건복지부·한국영양학회. 2025 한국인 영양소 섭취기준

6. 염소 chlorine, Cl

세포외액의 주된 음이온인 염소는 체중의 0.15%인 약 100g 정도가 체내에 함유되어 있고, 나트륨이나 칼륨이온의 짝이온으로 작용한다. 뇌척수액에 가장 많은 124mEq/L가 함유되며, 정상적인 혈청농도는 95~105mEq/L이다. 특히 위액에 다량 존재한다.

1) 흡수와 대사

염소는 주로 소장을 통해 흡수되고, 소량이 대변으로 배설되며, 과잉염소는 신장을 통해 소변으로 배설된다. 알도스테론의 영향을 받아 나트륨과 같이 조절되며, 땀·구토·설사 등에 의해 소실되기도 한다. 염소는 체내 과잉의 나트륨이나 칼륨과 함께 염의 형태로 배설된다.

2) 생리적 기능

수소이온과 결합하여 염산(HCl)으로서 위액의 주요성분이며, 나트륨과 함께 수분-전해질 평형, 삼투압과 산·염기 평형을 조절한다.

3) 결핍증

장기간 심한 구토, 무분별한 이뇨제 사용, 엄격한 채식식이에 의해 결핍증이 발생한다. 알칼리혈증, 느리고 약한 호흡, 무관심, 근육경련, 식욕부진, 체중감소 등이 증상이다.

4) 영양섭취기준과 급원식품

염소에 대한 성인의 1일 충분섭취량은 2,300mg이고, 대부분 소금으로 섭취하며 가공식품이나 식사시 소금 첨가로 얻는다.

7. 황 sulfur, S

1) 체내 분포

체내 황은 이온형태가 아니라 비타민이나 아미노산의 구성성분으로 존재한다. 황은 체중의 0.25%(175~200g), 체내 무기질량의 약 10%를 차지하며, 결체조직, 손톱, 발톱, 모발, 연골, 힘줄, 뼈 등에 함황 아미노산의 성분으로 존재한다.

2) 흡수와 대사

황은 식품에서 주로 함황 아미노산의 성분으로 있는데, 이들 아미노산이 소장으로 흡수되어 필요한 조직으로 운반된 뒤 이용된다. 소변으로 배설되는 황의 85~90%는 함황 아미노산의 대사산물로 황산 음이온을 생성하는데, 이 물질은 신장에서 칼슘의 재흡수를 낮춘다. 이런 이유로 함황 아미노산이 많은 동물성 단백질을 과잉섭취하면 소변으로 칼슘배설이 증가한다.

3) 생리적 기능

황은 시스테인 간의 이황화disulfide결합을 통해 단백질의 3차 구조를 가능하게 하고, 몇몇 효소의 활성화에 중요하다.

메티오닌 methionine
시스테인 cysteine
시스틴 cystine
글라이신 glycine
글루탐산 glutamic acid
글루타티온 glutathione
티아민 thiamin
비오틴 biotin
헤파린 heparin

황은 함황 아미노산인 메티오닌, 시스테인, 시스틴의 구성성분으로서 시스테인, 글라이신, 글루탐산의 트라이펩타이드인 글루타티온을 이루며 산화환원반응에 필수적이다. 글루타티온은 강력한 항산화영양소로 간의 해독작용을 돕는다. 또한 황은 뇌, 골격, 피부, 심장판막에서 발견되는 콘드로이틴 황산염chondroitin sulfate과 같은 점성다당류의 구성성분이며 황산염의 형태로 산·염기 평형을 조절하는 데 관여한다. 황은 티아민, 비오틴, 코엔자임A, 인슐린의 구성성분이고, 항응고제인 헤파린도 황을 함유한다. 황은 페놀류, 크레졸류 등 독성 물질과 결합하여 비독성 물질로 전환시켜 소변으로 배설시키는 약물해독작용에 관여한다.

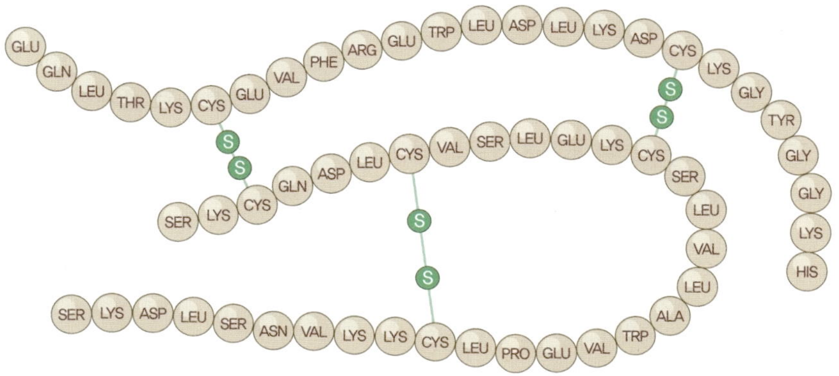

그림 8-26 **인슐린 분자구조 내 S-S 결합**

4) 결핍증과 영양섭취기준

황을 함유한 메티오닌과 시스테인이 풍부한 식사를 할 경우 결핍증은 잘 일어나지 않으나, 결핍시엔 성장지연이 나타난다.

권장섭취량은 정해지지 않았고, 메티오닌과 시스틴의 섭취가 적절한 경우 황은 충분히 공급된다.

5) 급원식품

황은 함황 아미노산의 형태로 단백질 함량에 비례하여 섭취되는 경향이 크다. 단백질의 주요 급원식품인 고기, 생선, 달걀, 콩류에 풍부하며, 주식으로 섭취되는 백미 또한 섭취량에 따라 황의 공급원이 될 수 있다. 알리신 등 유황화합물을 포함하는 마늘과 같은 채소류도 황의 주요 급원식품이다.

표 8-12 **황의 주요 급원식품(100g당 함량)**

식품군	식품명	함량(mg/100g)	비고
고기, 생선, 달걀, 콩류	돼지고기(안심, 생것)	약 230~250	고단백 부위
	소고기(등심, 생것)	약 210~230	
	닭고기(가슴살, 생것)	약 220~240	
	고등어(생것)	약 240~260	
	오징어(생것)	약 200~220	
	달걀(전란, 생것)	약 180~200	노른자에 더 집중됨
	대두(노란콩, 말린 것)	약 350~400	식물성 단백질원
	아몬드(말린 것)	약 140~160	
곡류	백미(멥쌀)	약 30~50	주식으로 섭취 시 의미
채소류	마늘(생것)	약 150~180	알리신 등 유황화합물
	양파(생것)	약 30~50	

자료: 농촌진흥청 국립농업과학원. 국가표준식품성분표 제10개정판. 2021

표 8-13 **다량 무기질의 대사 · 기능 · 결핍증 · 과잉증 · 영양섭취기준 · 급원**

종류	대사	기능	결핍증	과잉증	19~29세 성인의 영양섭취기준 (1일)	급원
칼슘	• 흡수: 소장(10~30%) • 흡수 돕는 인자: 비타민D • 단백질, 유당, 비타민C, 위의 산도 • 방해인자: 비타민D의 부족 • 칼슘과 인의 불균형, 피틴산, 수산, 식이섬유, 과잉지방 • 배설: 섭취량의 70~80% • 혈중 칼슘농도의 조절: 부갑상선호르몬, 비타민D, 칼시토닌	• 골격과 치아형성 • 혈액응고 • 근육의 수축과 이완작용 • 신경의 전달 • 세포벽의 투과성 조절 • 효소(ATPase)의 활성화	• 성장지연 • 골격의 약화 • 치아의 기형아 • 구루병(어린이) • 골연화증(성인) • 골다공증(노인) • 경련(tetany)	• 신결석	• 권장섭취량: 남자 800mg, 여자 650mg • 상한섭취량: 남자 3,000mg, 여자 2,500mg	우유, 치즈, 달걀 노른자, 멸치, 푸른 잎채소, 전곡, 뱅어포
인	• 흡수: 소장(70%) • 흡수 돕는 인자: 유당, 비타민D, 성장호르몬, 항생물질 • 흡수방해인자: 마그네슘, 칼슘, 인산염, 장쇄포화 지방산 등의 과잉섭취 • 배설: 신장에 의해 조절 • 혈중 인의 농도조절: 부갑상선호르몬	• 골격형성(80%) • 세포의 구성성분 • 포도당과 글리세롤의 흡수 • 지방산의 이동 • 에너지대사(효소, ATP) • 완충작용	• 식욕부진 • 근육약화 • 뼈의 약화 • 뼈의 통증 • 전신무기력감	• 신부전이 있는 사람에게서 골격손실가능	• 권장섭취량: 650mg • 상한섭취량: 3,500mg	우유 및 유제품, 육류, 전곡, 달걀 노른자, 콩류, 견과류
마그네슘	• 흡수: 소장(35~40%) • 흡수 돕는 인자: 체내 필요량, 유당 Ca:P의 비율, 비타민D, 소장 내의 pH • 흡수방해인자: 비타민D의 부족, Ca:P의 불균형, 칼슘·철·망간·알루미늄 등의 과잉섭취 • 배설: 섭취량의 30%	• 골격·치아 형성 • 당질과 단백질 대사의 활성 • 근육의 이완작용 • 신경의 흥분성 조절 • 특정 peptide 활성 • 세포내액의 양이온	• 근육경련 • 심장박동항진 • 식욕부진 • 환각과 혼동 • 오심과 구토 • 무관심	• 신장기능이 상실 경우 허약증세 야기	• 권장섭취량: 남자 360mg, 여자 280mg • 상한섭취량[1]: 350mg	커피, 코코아, 참깨, 밀, 배아, 호두, 땅콩, 전곡
나트륨	• 흡수: 소장에서 쉽게 흡수 • 배설: 신장 • 배설조절: 알도스테론에 의해 조절	• 수분평형 조절 • 산-염기 균형 • 세포외액의 양이온 • 신경자극전달 • 포도당 흡수	• 성장감소 • 식욕감퇴 • 설사 • 근육경련 • 메스꺼움	• 고혈압, 요중 칼슘 손실증가	• 충분섭취량: 1.5g • 만성질환위험감소섭취량: 2.3g	소금, 간장, 된장, 젓갈, 육류

(계속)

종류	대사	기능	결핍증	과잉증	19~29세 성인의 영양섭취기준 (1일)	급원
칼륨	• 흡수: 소장(90% 이상) • 배설: 신장 • 조절: 알도스테론에 의해 배설증가	• 세포내액의 양이온 • 산-염기의 균형 • 신경근육의 흥분조절과 근육수축 • 글리코겐과 단백질 합성에 관여	• 심장박동항진 • 근육약화 • 구토 및 설사	• 신장기능이상 시 심장박동이 느려짐	• 충분섭취량: 3.5g	건조과일, 감자전분, 전곡, 채소, 콩가루, 육류
염소	• 흡수: 대부분 소장에서 흡수됨 • 배설: 신장 • 알도스테론에 의해 배설 증가	• 세포외액의 음이온 • 산-염기 균형 • 신경자극 전달 • 염산 형성	• 알칼리증 • 약한 호흡 • 근육경련 • 식욕감퇴 • 체중감소	• 나트륨과 결합하여 고혈압발생	• 충분섭취량: 2.3g	소금, 가공식품
황	• 흡수: 함황 아미노산에서 분리되어 유황은 소장으로 흡수되어 문맥으로 이동 • 배설: 단백질 섭취량과 조직의 이화작용에 연관되어 신장으로 배설	• 세포단백질 구성 • 효소의 활성화 • 고열량 유황결합: 에너지대사 • 해독작용 • 신체의 구성성분 • 비타민의 구성성분	• 성장지연	• 흔치 않음		육류, 달걀, 콩류

1) 식품 외 급원의 마그네슘에만 해당

CHAPTER 9

미량 무기질

1. 철
2. 아연
3. 구리
4. 요오드
5. 불소
6. 셀레늄
7. 망간
8. 몰리브덴
9. 크롬
10. 코발트

CHAPTER 9 미량 무기질

미량 무기질은 신체에 아주 작은 양이지만 대사경로를 포함한 신체기능에 절대적으로 필요하다. 미량 무기질은 효소의 보조인자, 호르몬의 구성분이고, 산화 환원 반응에 참여하며, 성장과 면역계 정상적 기능에 필수적이다. 미량 무기질들이 결핍되면 성적 성숙이 늦어지고, 성장부진, 부족한 일수행, 불완전한 면역기능, 이빨 썩음, 변형된 호르몬 기능들을 일으킨다.

1. 철 iron, Fe

철은 세계적으로 가장 결핍되는 영양소로 세계 인구의 30% 이상인 20억 인구가 철결핍에 의한 빈혈이다. 반면 혈색소침착증이라는 철의 과다 흡수에 의한 질환은 가장 흔한 유전질환 중 하나이다. 만약 초기에 발견하지 않으면 이 질환은 기관들을 심각하게 손상하여 조기사망할 수 있다.

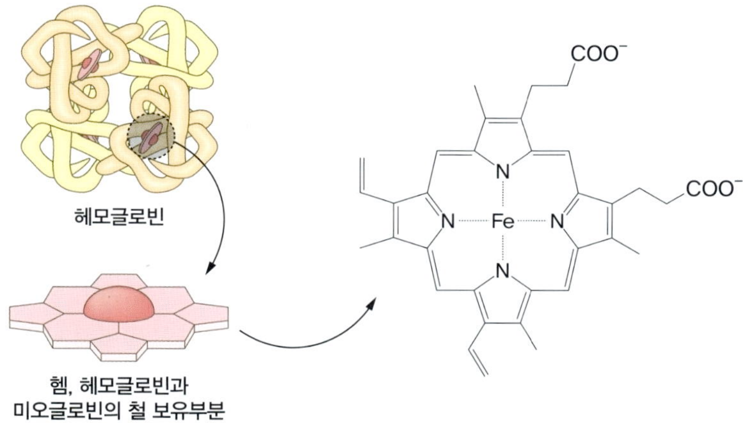

그림 9-1 **헤모글로빈에 있는 헴**

1) 체내 분포

철은 체중의 0.004%, 체중 kg당 40~50mg이 포함되어 약 3~4g이 체내에 함유되는데 남성의 경우 4g, 여성의 경우 2g 정도 보유한다. 총 체내 철의 67~70%는 적혈구의 헤모글로빈의 헴을 구성하고, 3.5~5%는 근육의 미오글로빈에, 20~30%는 간·비장·골수 등에 페리틴과 헤모시데린과 같은 형태로 저장하고, 나머지 2.5~5%는 전자전달계 시토크롬에 포함된다.

헤모글로빈 hemoglobin
헴 heme
미오글로빈 myoglobin
페리틴 ferritin
헤모시데린 hemosiderin
시토크롬 cytochrome

2) 흡수와 대사

신체는 장내 흡수조절을 통해 철 수준을 조절한다. 십이지장이나 공장 상부에서 흡수되어 혈중 철운반단백질인 트랜스페린에 결합하여 필요한 조직으로 운반되고, 간, 비장, 골수 등에 페리틴과 헤모시데린 형태로 저장된다. 흡수율은 평균 10% 정도로서 헴철$_{\text{heme iron}}$과 비헴철$_{\text{non-heme iron}}$에 따라 다르다. 식사 중 철 흡수 능력은 체내 철 상태와 필요, 정상적 위장관 기능, 식사 중 철 양과 종류, 철 흡수를 증가시키거나 감소시키는 식사 중 요인들에 따라 달라진다.

트랜스페린 transferrin

(1) 철 흡수 조절

철 독성을 피하기 위해 신체는 철 흡수를 조절한다. 장세포는 문지기 역할을 하여 과도하게 많거나 잠재적으로 위험한 철을 버리는 최초의 장벽 역할을 한다. 장세포에 한번 들어온 철은 세포 자체에서 사용되거나, 혈액으로 들어가 주요 철 운반단백질인 트랜스페린에 의해 다른 조직으로 운반되거나, 페리틴으로 저장될 수 있다. 체내 철 요구도가 높은 경우 더 많은 트랜스페린이 철과 결합하여 골수나 다른 조직으로 운반된다. 만약 철 저장량이 충분하다면 여분의 철은 장세포에 남고, 세포 수명이 다하여 떨어져 나갈 때 점막세포와 함께 배설된다.

트랜스페린은 철을 장에서 조직으로 운반하고 저장소에서 다양한 신체기관으로 재분배한다. 각 세포는 세포막에 위치한 트랜스페린 수용체를 통해 트랜스페린이 운반해온 철을 받아들인다. 트랜스페린 수용체는 세포들의 철 요구도에 따라 다양하다. 골수, 간, 태반 같은 철 요구도가 높은 조직에는 트랜스페린 수용체가 매우 많다. 사용하고 남은 철을 수용성 단백질 복합체인 페리틴이나 불용성 단백질 복합체인 헤모시데린 형태로 저장한다. 건강한 사람에게 저장되는 철 대부분은 페리틴 형태이다. 장기간 철이 부족하면 철 저장량이 고갈되고, 부족이 시작된다.

페리틴 ferritin

성인 남자의 경우 적혈구 생성에 사용되는 철의 95%는 오래된 적혈구 파괴로부터 공급되고, 나머지 5%는 식사로부터 공급된다. 반면 성장 요구도가 큰 유아의 경우 적혈구 파괴분에서 70%, 식사 중에서 30%의 철을 공급한다. 성인은 매일 장과 피부세포가 떨어져 나가거나 변으로 나와 철 1mg을 잃는다.

(2) 철 흡수에 영향을 주는 요인들

헴철의 흡수율은 20~30% 정도이고, 비헴철의 흡수율은 4~10% 정도이다. 헴철은 헤모글로빈과 미오글로빈의 구성성분으로 동물조직에 들어 있으며, 동물성 식품의 철 40%는 헴철이다. 식물성 식품의 철은 100% 비헴철이다. 혼합식이에서 철의 흡수율은 14~18%, 채식에서는 12% 정도로 추정되고 있다.

철 흡수를 높이는 요인은 육류, 가금류, 어류의 헴철, 비타민 C, 위산, 유기산 등이다. 구연산, 젖산 등의 유기산은 철과 킬레이트(2가의 철을 안정시킴)를 형성하여 흡수되기 좋게 해준다. 철 흡수방해요인은 충분한 체내 철저장량, 철과 불용성 염을 형성하는 피틴산·옥살산·탄닌·식이섬유·칼슘·아연·망간 과잉섭취, 위액분비 저하, 감염, 위장질환

킬레이트 chelate
피틴산 phytic acid
옥살산 oxalic acid
탄닌 tannin

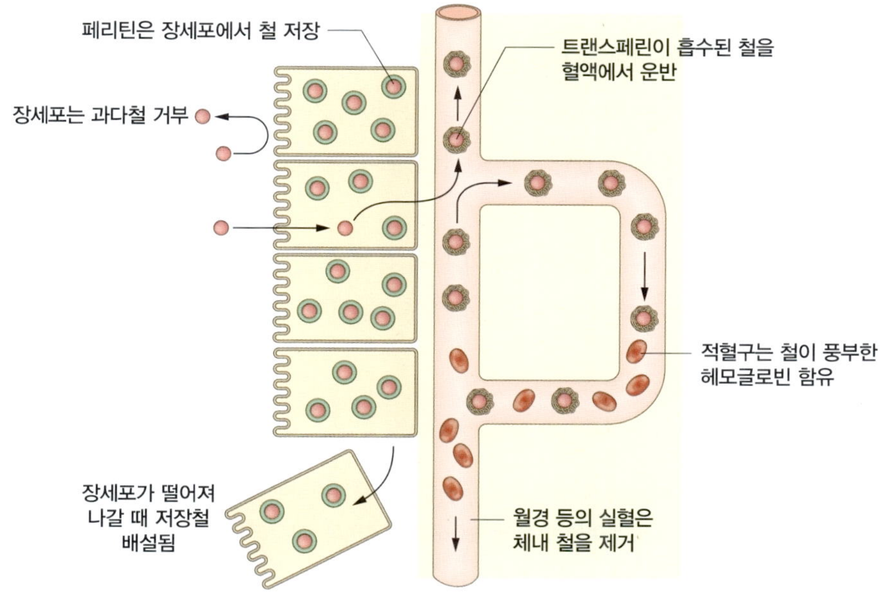

그림 9-2 **철 흡수**

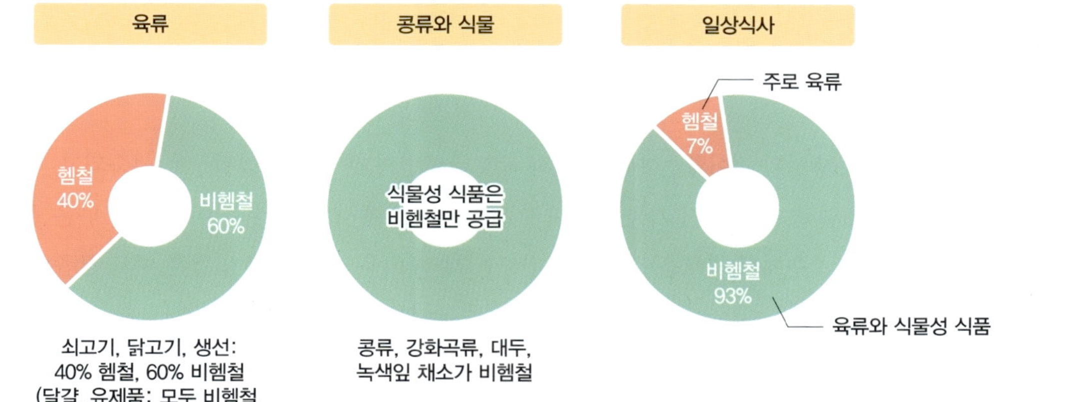

그림 9-3 **헴철, 비헴철 급원**

등이다. 칼슘, 아연, 철, 망간은 흡수를 위해 경쟁하기 때문에 서로 흡수를 방해한다. 많은 여성들이 골다공증의 위험을 낮추기 위해 칼슘 보충제를 섭취하는데, 철 흡수 방해를 최소화하기 위해 잠자기 전이나 식사와 식사 사이에 칼슘 보충제를 섭취하는 것이 좋다. 신체 철 저장량에 따라 식사 중 철 흡수율은 1%보다 낮을 수도 있고, 50%보다 높을 수도 있다. 위장관은 체내 철 저장이 낮을 때 흡수를 증가시키고, 체내 저장이 충분하면 흡수를 감소시킨다.

이와 같이 철의 영양상태와 식사의 구성에 따라 철의 흡수율이 달라지는데, 2025 한국인 영양소 섭취기준에서는 식이 철 흡수율을 12~49세 가임기 여성은 18%, 남성과 비가임기 여성은 16%로 적용하고 있다. 여성은 남성보다 철 섭취가 낮거나 월경으로 철 손실이 크다.

폴리페놀 polyphenol

전곡에 함유된 피틴산과 차의 탄닌, 커피 등의 음료에 들어 있는 폴리페놀은 적은 양으로도 철 흡수를 방해한다. 식사 중 비타민C가 풍부하다면 이 효과가 상쇄된다.

철 흡수와 채식주의

채식주의자들은 철과 아연 섭취에 신경을 써야 한다. 콩과식물과 전곡에 포함된 피틴산 섭취가 많은 채식주의자는 식사 중 철과 아연을 적게 흡수하기 때문이다. 선진국에서는 풍부하고 다양한 식품이 공급되므로 채식주의자들도 보통은 충분한 철을 섭취하지만 곡류를 주로 먹는 개발도상국의 채식주의자들의 경우는 철 결핍이 우려된다.

3) 배설

골수에서 생성된 적아구는 세포분열과 헤모글로빈의 생성으로 적혈구로 성숙되고, 혈액에서 120일간 여러 가지 기능을 하다가 간이나 비장에서 파괴된다. 이때 빠져 나온 철의 대부분은 골수에서 새로운 적혈구를 만드는 데 재이용되고, 나머지 철은 주로 담즙의 분

- 철 결핍
- 헴철 (육류 · 가금류 · 생선)
- 위소장의 산성환경 (위산)
- 비타민C, 시트르산, 말산, 주석산
- 신체요구 증가 (성장, 여성)

흡수 증진요인

- 충분한 철 저장량
- 철과 불용성염 형성하여 흡수 방해(탄닌, 피틴산, 수산, 폴리페놀류)
- 칼슘, 아연, 망간 흡수에 필요한 세포막 운반체를 철과 공유하므로 이들 무기질의 과량섭취는 철 흡수를 방해
- 장 통과시간 단축
- 위절제수술이나 노화에 의한 위산분비 감소로 철 흡수↓

흡수 방해요인

그림 9-4 **철 흡수에 영향을 미치는 요인**

비나 장점막세포가 떨어져 나갈 때 함께 배설된다.

소장 점막세포에서 철은 페리틴과 결합된다. 체내 철의 영양 상태가 좋을 때는 철이 흡수되기 전 소장의 점막세포가 떨어져 나가면서 철은 흡수되지 못한다. 이는 체내에서 철의 흡수를 조절하는 기전으로 특히 비헴철의 경우에 그렇다.

4) 생리적 기능

철은 환원철(제1철, Fe^{2+})ferrous iron과 산화철(제2철, Fe^{3+})ferric iron 사이에서 쉽게 변할 수 있다. 이 특징은 수많은 산화 환원반응에서 필수적이며 철이 산소, 질소, 황과 결합할 수 있게 한다. 이러한 쉬운 전환 때문에 철은 파괴적인 유리라디칼free radical 생성을 촉진할 수도 있다.

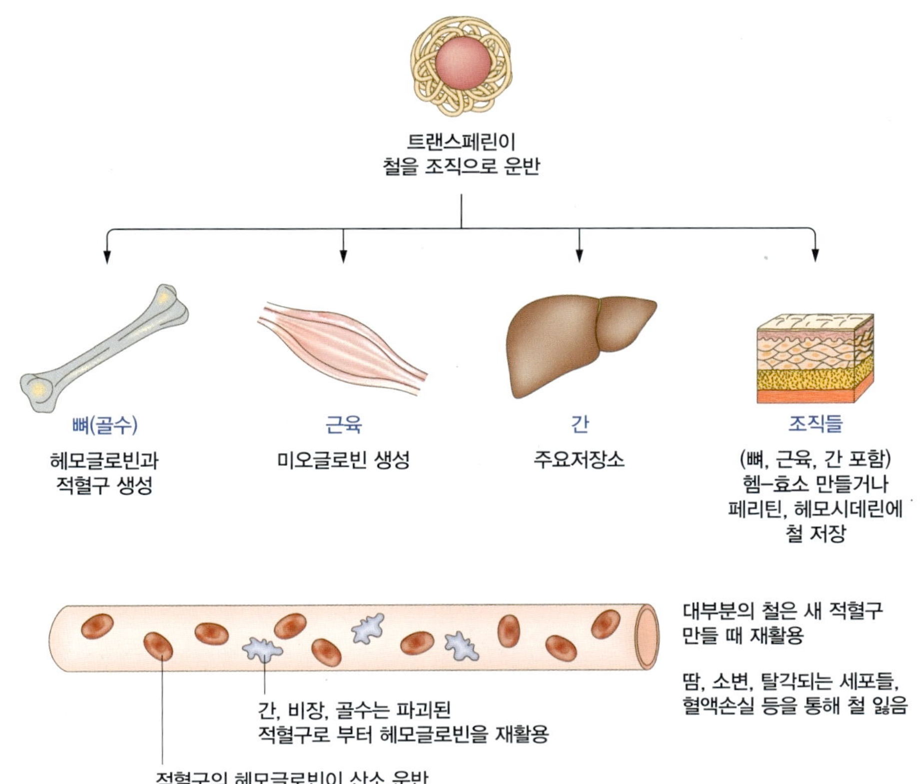

그림 9-5 **체내 철**

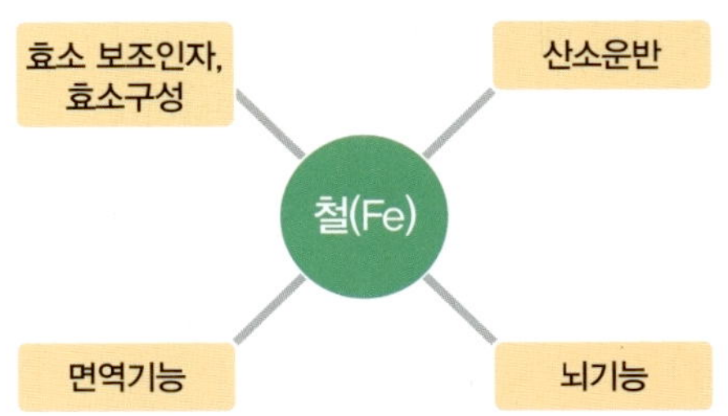

그림 9-6 철의 주요 기능

(1) 산소 운반과 저장

체내 철의 70%는 헤모글로빈 성분으로서 폐에서 조직으로 산소를 운반하고, 체내 철의 5%는 근육의 미오글로빈 성분으로, 근육조직에서 산소를 저장한다. 헴 중앙에 있는 철은 독특한 특징을 가지고 있어서 산소를 싣고, 내려놓을 수 있다. 적혈구에 있는 헤모글로빈은 산소를 모세혈관 그물에서 조직으로 운반한다.

(2) 효소의 보조인자

수백 개의 효소들이 철을 구성분 또는 반응의 보조인자로 필요로 한다. 가장 잘 알려진 효소성분으로서 철을 함유하는 시토크롬은 전자전달계에서 매우 중요한 역할을 하고, 당신생반응에서 속도를 제한하는 효소도 철을 필요로 한다. 또한 철은 유리라디칼 손상으로부터 세포를 보호하는 항산화효소들의 보조인자이다. 그러나 과도한 철은 반응성이 큰 파괴적인 라디칼의 생성을 촉진하기도 한다. 철은 카탈레이즈catalase, 과산화효소peroxidase, NADH탈수소효소, 숙신산 탈수소효소 등의 보조인자이다. 라이신과 메티오닌의 수산화반응을 통한 카르니틴 합성, 라이신·프롤린의 수산화반응을 통한 콜라겐 합성에 필요한 수산화효소도 철을 함유한다. 비타민C는 철을 3가에서 2가로 환원시켜 수산화효소의 활성화에 필요하다.

라이신 lysine
메티오닌 methionine
카르니틴 carnitine
프롤린 proline

(3) 뇌기능 유지

철은 수초형성에 역할하여 최상의 뇌신경계 발달과 기능에 필수적이다. 철 결핍 빈혈인 아이들은 학습과 행동문제를 일으킬 수 있다. 철은 도파민, 에피네프린, 노르에피네프린, 세로토닌 등의 신경전달물질 합성에 관여하는 수산화효소의 보조인자로 정상적인 뇌기능에 필요하다. 세로토닌 합성에 필요한 트립토판 수산화효소는 철함유효소로 철 결핍 시 세로토닌 합성과 신경발달이 저하되어 행동이상이 나타날 수 있다.

도파민 dopamine
에피네프린 epinephrine
노르에피네프린 norepinephrine
세로토닌 serotonin

(4) 면역기능 유지

트랜스페린과 락토페린은 미생물 성장에 필요한 철과 결합함으로써 감염발생을 막아 주고, 철 결핍시에는 T세포수와 자연살상세포의 활성이 감소된다.

락토페린 lactoferrin

최적의 면역기능에 철이 필요하지만 철 결핍 지역에서는 철 보충의 딜레마에 빠지기도 한다. 왜냐하면 철이 특정세균의 영양분이 되므로 철 보충시 감염을 악화시킬 수 있기 때문이다.

5) 결핍증

철 결핍증은 세계적으로 가장 흔한 영양결핍증의 하나로 영유아, 여자 청소년, 가임기 여성, 임신중 여성들이 특별히 취약하다. 철 결핍은 생후 6~24개월 된 아이에게 가장 일반적이다. 이 시기의 아이들은 철 저장량이 부족하고 빠른 뇌 발달과 인지 및 운동기술이 발달되는 시기이다. 이때 주에너지원으로 철 함유량이 부족한 우유를 주로 먹기 때문이다.

빈혈의 초기에는 자각증상이 없으나, 중등도나 심한 빈혈이 되면 피로, 허약, 안면창백, 호흡곤란, 가슴 두근거림 등의 증세가 나타난다. 아동의 경우 철 결핍이 되면 신장과 체중 증가속도가 감소되며, 집중력과 학습능력이 감소되기도 한다. 이외에 작업수행능력 저하, 감염에 대한 저항력 감퇴, 추운 환경에서의 체온유지능력 손상 등이 나타날 수 있다. 상해, 출혈, 기생충 감염, 위장관 질환 등의 경우에도 철 결핍이 발생하는데 황산제

표 9-1 철 영양상태 판정의 지표로 사용되는 인자들

지표	의의	정상범위(성인)
헤모글로빈 농도	혈액의 산소운반능력에 대한 지표	• 남자: 14~18g/dL • 여자: 12~16g/dL
헤마토크리트	혈액에서 적혈구가 차지하는 백분율	• 남자: 40~54% • 여자: 37~47%
혈청페리틴 농도	조직내 철 저장정도(페리틴)를 알아보기 위한 지표로 혈청 페리틴 측정	• 100±60g/L
트랜스페린 포화도	철로 포화된 트랜스페린의 비율(%)	• 35±15%
적혈구 프로토포피린 함량	헴의 전구체로 철 결핍으로 인해 헴의 생성이 제한될 때 적혈구에 프로토포피린이 축적됨	• 0.62±0.27mol/L(적혈구)

체내 철 함유 단백질 구분

철 구분	철 함유 단백질
저장 철	페리틴, 헤모시데린
기능성 철	헤모글로빈
	마이오글로빈
	철 함유 효소
이동 철	트랜스페린

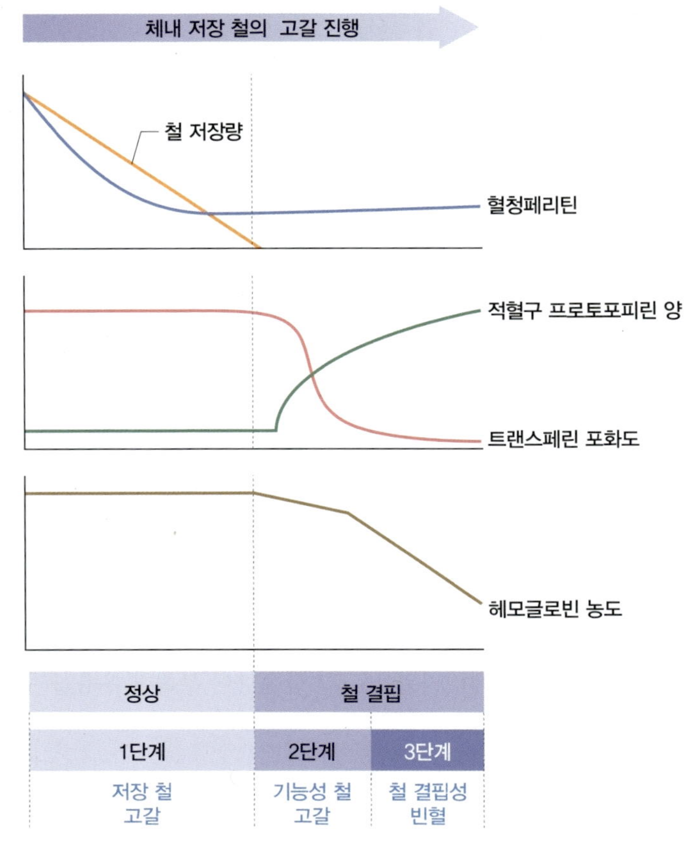

그림 9-7 **체내 철 결핍 단계**

일철ferrous sulfate이나 글루콘산제일철ferrous gluconate 같은 철 영양 보충제를 공급하여 치료할 수 있다.

철 결핍 첫 단계는 철 저장이 고갈되는 단계로, 혈청 페리틴이 체내 총 철에 비례하므로 철 결핍을 측정하는 좋은 도구가 된다. 빈혈단계에서는 적혈구가 불충분하거나 결함

표 9-2 **철 결핍 단계**

단계	생화학적 변화	기능적 변화
1단계: 저장 철의 고갈	• 페리틴 감소	• 없음
2단계: 기능성 철의 고갈	• 트랜스페린 포화도 감소 • 적혈구 프로토포피린 증가	• 정신적·신체적 수행능력 손상
3단계: 철 결핍성 빈혈	• 헤모글로빈 감소 • 헤마토크리트 감소 • 적혈구 크기 감소	• 인지장애, 성장부진 • 운동 수행능력 감소

표 9-3 **조혈과 관련된 영양소: 결핍증**

영양소	빈혈 유형
철, 구리, 비타민C	소혈구저색소성 (microcytic hypochromic)
엽산과 비타민B_{12}	거대적아구성 (macrocytic)
비타민B_6	소혈구성
비타민E	용혈성
단백질	저색소성빈혈

이 있다. 철 부족은 정상적 적혈구 생산을 방해하여 정상 세포의 교체가 원활하게 이뤄지지 않아 적혈구의 부족을 초래한다. 적혈구 생산이 불안정해지고 저색소이고 작은 적혈구를 생산한다. 또한 헤모글로빈과 헤마토크리트(혈액 내 적혈구 농도)도 낮다. 이를 소적혈구저혈색소빈혈microcytic hypochromic anemia이라 한다.

헤마토크리트 hematocrit

소적혈구저혈색소빈혈의 증상은 심각도와 진행속도에 따라 차이를 보이며, 피로, 창백, 호흡부진, 추위에 못 견디는 것, 행동의 변화, 면역기능 손상, 인지장애, 일 수행능력 감소, 성장장애 등이다. 어린이의 철 결핍은 무관심, 주의력 결핍, 불안, 학습능력 감소 등과 관련이 있다.

6) 과잉증

성인이 50~220mg의 과량의 철을 섭취하면 변비, 메스꺼움, 구토, 설사 등의 위장장애를 나타낸다. 장기간 철을 과잉섭취하거나 수혈을 자주 받으면 과잉의 철이 간에 축적된 헤모시데린 침착증hemosiderosis이 발생할 수 있다.

(1) 철 중독

사고에 의한 철 과량 섭취가 중독성 죽음의 원인이다. 어른들은 약물을 아이들의 손이 닿지 않게 두려고 애쓰면서도, 의사의 처방없이 살 수 있는 멀티무기질 보충제나 임산부용 철 보충제를 부주의하게 보관하거나 방치하는 경우가 있다. 아이들이 이런 보충제를 사탕이나 과자인줄 알고 먹을 수 있는데 아이들의 경우, 몇 알만 먹어도 철 중독으로 사망할 수 있으므로 매우 주의해야 한다. 철 중독증상은 메스꺼움, 구토, 설사, 빠른 심박동,

어지러움, 경련을 포함한다. 만약 철 중독이 의심되면 아이를 즉각 응급 의학적 처치를 받게 해야 한다.

(2) 혈색소침착증

아프리카 특정 지역 성인은 철드럼에서 양조한 맥주를 먹는 습관이 있어서 철과부하가 흔하다. 철드럼에 양조한 맥주는 철이 많고, 알코올은 철 흡수를 증가시키기 때문이다.

유전적 혈색소침착증은 만성적 철 과부하의 한 형태이다. 유전적 손상으로 지나치게 철을 흡수하여 오랫동안 철이 신체의 많은 부분에 쌓이면 심각한 손상을 일으키고 사망할 수 있다. 설사, 심장질환, 간경화, 간암, 관절염이 혈색소침착증에 의해 발생할 수 있는데 심각한 혈색소침착증의 합병증은 남성이 여성보다 5~10배 흔하다. 여성은 월경·임신과 관련해 실혈(失血)할 수 있기 때문이다. 치료는 철 섭취를 최소화하고, 혈액에 있는 철을 어느 정도 제거하기 위해 자주 사혈(瀉血)한다. 초기에 진단하고 치료하면 기관 손상과 다른 합병증을 피하고 정상적 수명을 다할 수 있다.

7) 영양섭취기준

대부분 남성의 철 섭취량은 권장섭취량보다 많은 반면, 여성의 철 섭취량은 권장섭취량보다 적은 경우가 많은데, 이는 여성들의 에너지 섭취가 적기 때문이다.

성장이 왕성한 유아의 철 섭취는 중요한데, 임신 마지막 주 동안 태아는 간, 골수, 비장 및 헤모글로빈이 풍부한 혈액에 철을 충분히 저장하여 생애 첫 6주 동안 사용할 수 있도록 한다. 만약 엄마의 철 영양이 부족하거나 아기가 빨리 태어난다면 철 저장량이 적어서 유아가 잘 성장하지 않는다. 따라서 유아용 시리얼과 아기용 유동식은 철이 강화되어 있다. 임산부는 하루 철 권장량에 맞게 충분히 섭취해야 한다.

철의 1일 권장섭취량은 19~49세 성인 남자 8mg, 성인 여자 12mg으로 성인 여자가 성인 남자보다 권장량이 많은 유일한 영양소이다. 임신부는 추가분 9mg을 더해 21mg을 권장하지만 수유부에게는 추가해서 권장하지 않는다. 남자는 50~74세에도 8mg, 75세 이후에는 7mg을 권장하고 여자는 폐경 후인 50~64세에는 7mg, 65세 이후에는 6mg을 권장한다.

표 9-4 **한국인의 1일 철 섭취기준**

성별	연령	철(mg/일)			
		평균필요량	권장섭취량	충분섭취량	상한섭취량
영아	0~5(개월)			0.3	40
	6~11	4	6		40
유아	1~2(세)	4	6		40
	3~5	4	6		40
남자	6~8(세)	5	7		40
	9~11	6	8		40
	12~14	8	11		40
	15~18	8	11		45
	19~29	6	8		45
	30~49	6	8		45
	50~64	6	8		45
	65~74	6	8		45
	75 이상	5	7		45
여자	6~8(세)	5	7		40
	9~11	6	8		40
	12~14	8	13		40
	15~18	7	12		45
	19~29	7	12		45
	30~49	7	12		45
	50~64	5	7		45
	65~74	4	6		45
	75 이상	4	6		45
임신부		+8	+9		45
수유부		+0	+0		45

자료: 보건복지부·한국영양학회. 2025 한국인 영양소 섭취기준

8) 급원식품

쇠고기, 간, 굴, 달걀은 철의 우수한 급원이다. 가금류, 생선, 돼지고기, 양고기, 두부, 콩과 식물도 좋은 급원이다. 전곡과 강화 곡류제품은 고기보다는 생체이용성이 떨어지지만 우리 식사의 대부분을 차지하므로 여전히 철의 상당한 급원이다. 유제품은 철 함유량이 적다. 적절한 열량과 충분한 과일·채소, 소량의 살코기로 이뤄진 다양한 식사는 보통 적절한 철을 공급한다. 동물조직을 전혀 소비하지 않는 채식주의자도 비타민C가 풍부한 과일과 채소를 식사 때마다 섭취하면 다른 급원에서 철 생체이용성을 극대화할 수 있다.

표 9-5 **철 주요 급원식품(100g당 함량)**[1)]

급원식품 순위	급원식품	함량 (mg/100g)	기여율 (%)	급원식품 순위	급원식품	함량 (mg/100g)	기여율 (%)
1	백미	0.80	10.19	16	만두	2.27	1.11
2	달걀, 생것	1.90	8.01	17	고춧가루	4.89	1.08
3	소고기(살코기)	2.65	6.81	18	국수, 말린 것	0.78	1.05
4	돼지 부산물(간)	19.40	6.24	19	간장	1.63	1.05
5	멸치, 삶아서 말린 것	12.00	3.94	20	메밀 국수, 말린 것	2.54	0.97
6	두부	1.54	3.37	21	과자	1.14	0.97
7	김치, 배추김치	0.51	2.89	22	닭고기(살코기)	0.28	0.96
8	돼지고기 (살코기)	0.60	2.86	23	고구마	0.52	0.94
9	대두	7.68	2.10	24	파, 대파	0.82	0.89
10	시금치	2.73	1.69	25	순대	2.56	0.82
11	시리얼	11.95	1.57	26	두유	0.42	0.73
12	소 부산물(간)	6.54	1.40	27	감자	0.40	0.72
13	빵, 식빵	0.60	1.36	28	굴	8.72	0.71
14	된장	3.25	1.24	29	홍합	6.10	0.70
15	보리	2.40	1.23	30	김, 조미김, 구운 것	5.78	0.65

1) 2022년 국민건강영양조사의 식품별 섭취량과 식품별 철 함량(국가표준식품성분표 DB 10.2) 자료를 활용하여 철 주요 급원식품 상위 30위 산출

자료: 보건복지부·한국영양학회. 2025 한국인 영양소 섭취기준

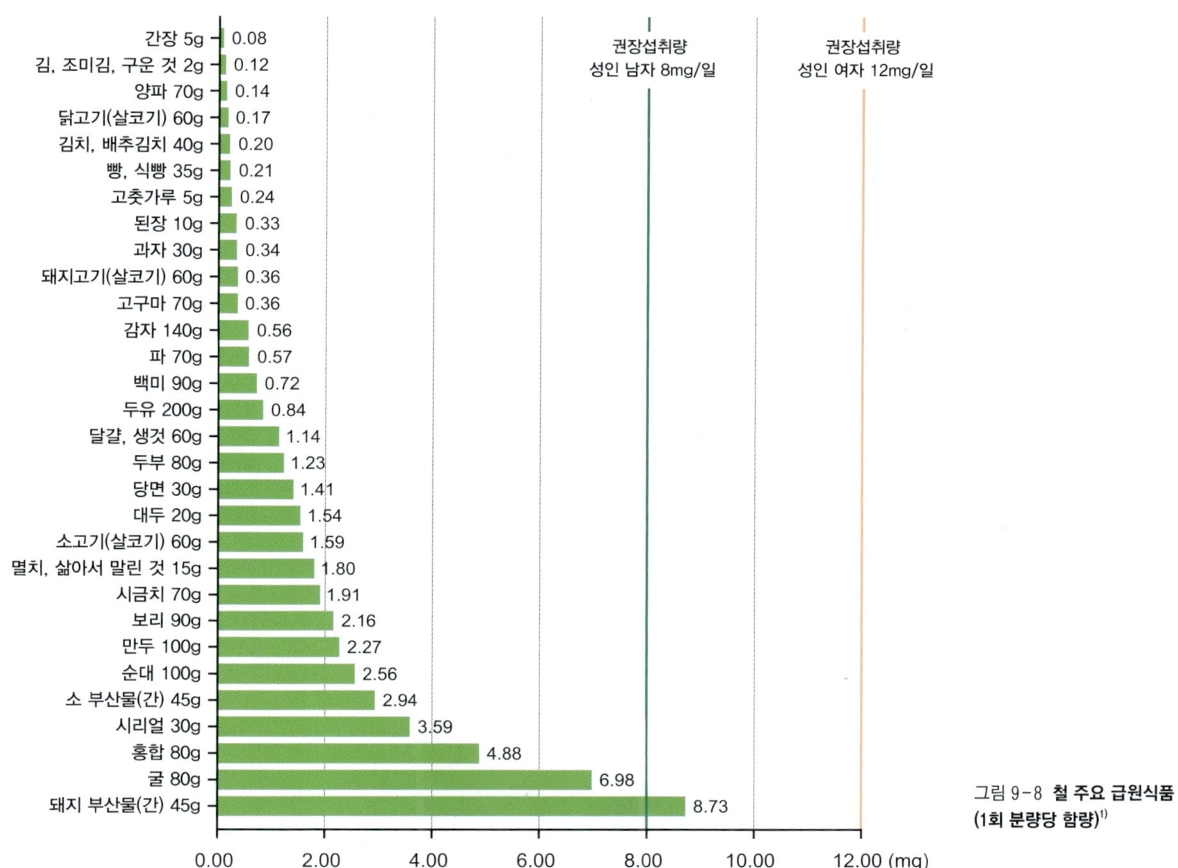

그림 9-8 **철 주요 급원식품 (1회 분량당 함량)**[1]

1) 2022년 국민건강영양조사의 식품별 섭취량과 식품별 철 함량(국가표준식품성분표 DB 10.2) 자료를 활용하여 철 주요 급원식품 상위 30위 산출 후 1회 분량(2020 한국인 영양소 섭취기준)을 적용하여 1회 분량당 함량 산출, 19~29세 성인 권장섭취량 기준(2025 한국인 영양소 섭취기준)과 비교

자료: 보건복지부·한국영양학회. 2025 한국인 영양소 섭취기준

2. 아연 zinc, Zn

1) 체내 분포

성인 남자의 체내에는 2.5g, 여자는 1.5g, 신생아는 60mg의 아연을 함유하고 있다. 아연은 간, 췌장, 모발, 안구, 피부, 내분비선 등 많은 조직에 함유되어 있으며 효소의 구성성분이다.

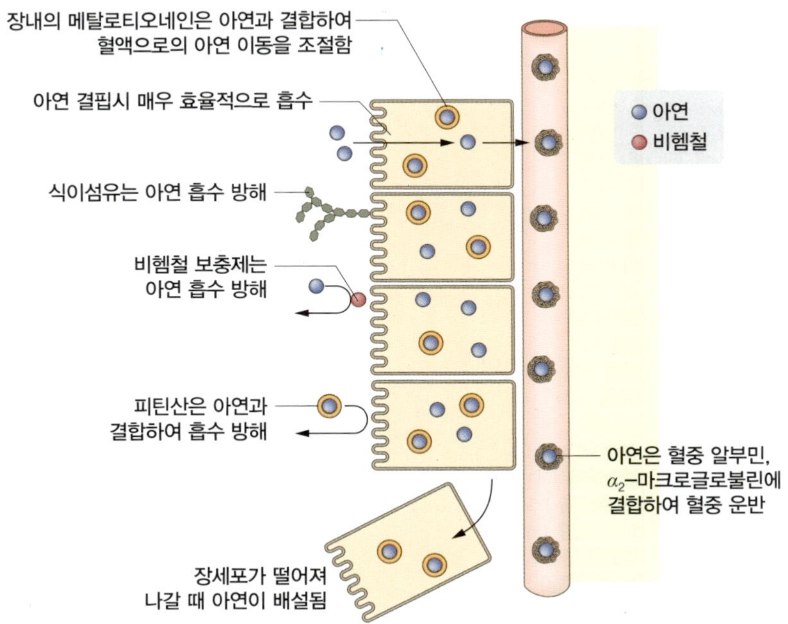

그림 9-9 **아연 흡수**

2) 흡수와 대사

메탈로티오네인
metallothionein

α-마크로글로불린
α-macroglobulin

아연의 흡수율은 10~30%이다. 소장에서 흡수된 아연은 점막세포 내에서 혈액으로 방출되어 이동하거나, 점막세포에서 메탈로티오네인 단백질과 결합하여 저장되었다가 필요시 유리되어 이용되거나, 유리되지 않고 남아 있는 경우 소장세포가 떨어져 나갈 때 흡수되지 않고 배출된다. 혈액에서 아연은 알부민이나 α-마크로글로불린과 결합하여 간이나 다른 조직으로 이동해 이용된다. 근육과 뼈가 체내 아연 90%를 보유하고, 간, 신장, 췌장, 뇌, 피부, 전립선 등에도 아연이 저장된다. 아연의 흡수율은 아연의 상태와 필요 정도, 식사 중 아연 함량, 경쟁 무기질의 존재 등에 따라 다르다.

아연의 흡수는 아연의 결핍 상태, 성장기, 임신, 수유기 같은 체내 요구도가 높을 때 흡수율이 증가한다. 또한 아연의 흡수는 육류나 조개류 같은 동물성 단백질, 시스테인, 히스티딘, 구연산에 의해 증진되는데, 동물성 단백질은 아연-아미노산 화합물을 형성하여 아연의 흡수를 촉진한다.

반면, 우유 단백질인 카제인은 아연과 결합하여 아연의 흡수를 방해한다. 피틴산, 식이

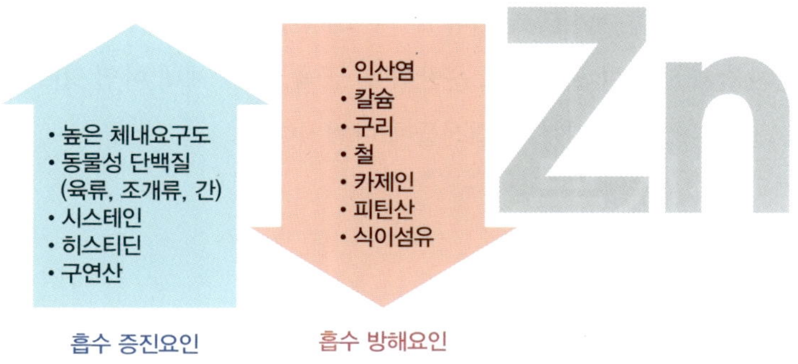

그림 9-10 **아연 흡수에 영향을 미치는 요인**

섬유는 아연과 결합하여 불용성 복합체를 만들어 아연 흡수를 방해한다. 그러므로 식물성 식품으로 구성된 채식주의 식사를 할 경우에는 아연 필요량이 권장량보다 많아질 수 있다.

비헴철 보충제를 통한 철의 과량 섭취는 아연 흡수를 방해하고 구리도 메탈로티오네인 metallothionein에 아연과 경쟁적으로 결합하므로 아연의 흡수를 방해한다. 칼슘과 인산염, 카제인도 아연의 흡수를 방해하는 요인이다.

메탈로티오네인

황 함유 단백질로서 소장 점막세포 내에 존재하며, 아연, 구리 등의 섭취로 합성이 유도되며 아연 · 구리와 결합하여 흡수를 조절한다. 과량의 아연을 섭취하면 메탈로티오네인에 구리와 아연이 경쟁적으로 결합하여 구리의 흡수율이 감소된다. 아연의 필요량이 낮을 때는 대변으로의 배설이 증가한다.

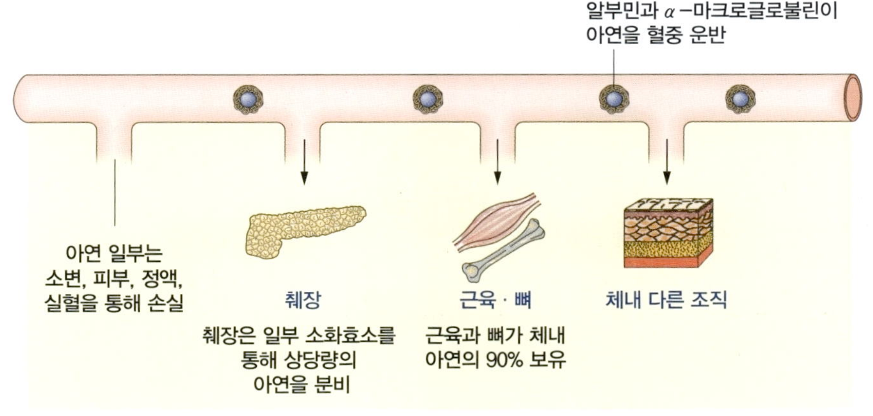

그림 9-11 **체내 아연**

아연은 알부민에 느슨하게 결합되거나 α-마크로글로불린에는 결합되어 혈류에서 순환한다. 아연은 간과 필요한 조직으로 운반된다. 근육, 뼈가 체내 아연 90%를 보유하고, 나머지는 간, 신장, 췌장, 뇌, 피부, 전립선들에 나눠진다.

3) 생리적 기능

(1) 효소의 구성성분

아연은 세포의 증식과 성장, 열량 영양소의 에너지 대사, 체내 유해한 유리기를 제거하는 과정 등 체내 주요한 대사과정에 관여하는 200여 종 효소의 구성성분이다. 또한 탈탄산수소효소, 말단 카르복실기 분해효소, 항산화효소인 슈퍼옥사이드 디스뮤테이즈(SOD)의 구성성분이다.

슈퍼옥사이드 디스뮤테이즈
superoxide dismutase

(2) 핵산 합성

아연은 DNA, RNA 합성에 관여하여 단백질 대사와 합성을 조절한다.

(3) 생체막의 구조와 기능 유지

아연은 생체막의 구조와 기능에 중요한 역할을 하므로, 아연이 부족하면 생체막의 산화적 손상, 영양소나 특정물질의 수용체나 운반체 장애가 나타난다.

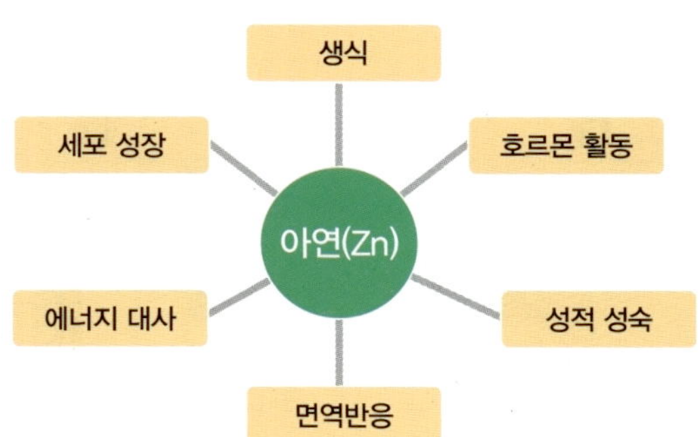

그림 9-12 **아연의 기능**

(4) 면역과 생식기관 발달

아연은 T세포의 발달, T세포의 의존성 B세포 기능 유지, 림프세포의 분화에 관여하여 면역기능을 증진시키고, 상처와 화상의 회복을 돕는다. 또한 아연은 인슐린과 복합체를 이뤄 인슐린 기능을 증가시키고, 식욕, 미각, 비타민A의 이용, 갑상선 기능, 정자생성, 생식기관과 뼈의 발달 등에도 관여한다.

4) 결핍증

아연 결핍증의 주된 특징은 성장장애와 성적성숙의 지연이며 미각감퇴증hypogeusia, 상처회복의 지연, 피부염, 탈모, 면역기능 감소 등의 증상이 나타난다. 어린이의 성장부진 및 두뇌발달 부진, 성기관의 위축, 임신능력의 저하, 머리칼의 색이 연해짐, 손톱에 흰 반점, 말단피부염 등이 나타난다.

곡류를 주로 먹는 개발도상국에서 아연 결핍이 주로 나타나며, 이런 지역에 아연을 보충해주었을 때 급성 하부 호흡기 감염, 설사, 아이들의 말라리아 감염 등이 감소되었다.

표 9-6 **아연 결핍의 원인**

식사 중 결핍	단백질–에너지 영양실조, 부족한 식품선택, 채식주의 식사, 아연이 없는 정맥 영양
필요량 증가	화상환자, 성장기, 임신기와 수유기, 만성 감염
흡수장애	피부염, 셀리악병, 크론병, 낭포성 섬유종, 토식증 또는 이식증, 고 피틴산 식사, 만성 철 보충
손실 증가	겸상 적혈구병, 당뇨병, 신장질환, 화상과 수술, 만성 설사

표 9-7 **아연 결핍의 영향**

심각한 결핍	중간 정도 결핍
생식선저하증(hypogonadism) 성장 정지 머리카락의 군데군데 소실 피부상처와 발진 미각감퇴증(hypogeusia) 설사 갑상선호르몬 합성 저하 야맹증 반복되는 감염	성적 성숙의 지연 성장 지연 임신 합병증 여드름 감염 증가

5) 과잉증

과잉 섭취한 아연은 효과적으로 제거되기 때문에 아연의 과잉증은 드물지만 산성식품이나 음료를 아연도금한 용기에 저장했다가 과량 먹게 되면 급성 아연 독성이 일어날 수 있다. 과량의 아연은 급성 위장관 장애, 메스꺼움, 구토, 경련을 유발한다.

보충제로 권장량 이상의 아연을 지속적으로 섭취하면 구리 흡수 방해, 혈중 LDL 증가, HDL 감소, 면역기능 저하가 나타나고, 철 흡수를 방해하며 적혈구의 수명이 단축되어 빈혈이 나타날 수 있다.

만성적으로 아연을 과량 섭취하면 구리 흡수를 방해하여 구리 결핍을 일으킬 수 있다. 이런 상호작용을 이용하여 유전적으로 구리를 과다 흡수하여 축적하는 윌슨병 환자에게 적용한다. 아연은 구리흡수를 방해하고 배설을 증가시켜, 체내 축적을 막을 수 있다.

6) 영양섭취기준

아연의 하루 권장섭취량은 19~29세 성인 남녀 각각 10mg, 8mg이고, 임신부와 수유부의 아연 요구증가량은 각각 2.5mg, 5.0mg이며 상한섭취량은 35mg이다.

7) 급원식품

아연은 주로 붉은 고기나 굴, 조개 등의 해산물에 풍부하다. 가금류 중 짙은 색 고기가 흰색 고기보다 아연이 더 풍부하다. 동물성 식품에서 아연은 보통 잘 흡수되지만 전곡은 배아와 외피에 아연 함량이 높지만 흡수는 부실하고 과일, 채소 및 정제된 식품에는 아연 함량이 낮은 편이다. 아연은 굴, 조개류, 간, 육류, 게, 새우 등 고단백질 식품과 전곡류, 콩류 등에 많다. 1회 섭취분량에서 아연 함량이 높은 식품은 굴, 돼지고기(간), 시리얼, 소고기(살코기) 등의 순서로 나타났다.

표 9-8 한국인의 1일 아연 섭취기준

성별	연령	아연(mg/일)			
		평균필요량	권장섭취량	충분섭취량	상한섭취량
영아	0~5(개월)			2	
	6~11	2	3		
유아	1~2(세)	2	3		6
	3~5	3	4		9
남자	6~8(세)	4	5		13
	9~11	7	8		19
	12~14	7	8		27
	15~18	8	10		33
	19~29	9	10		35
	30~49	8	10		35
	50~64	8	10		35
	65~74	8	9		35
	75 이상	7	9		35
여자	6~8(세)	4	5		13
	9~11	7	8		19
	12~14	7	8		27
	15~18	7	9		33
	19~29	7	8		35
	30~49	7	8		35
	50~64	6	8		35
	65~74	6	7		35
	75 이상	6	7		35
임신부		+2.0	+2.5		35
수유부		+4.0	+5.0		35

자료: 보건복지부·한국영양학회. 2025 한국인 영양소 섭취기준

표 9-9 **아연 주요 급원식품(100g당 함량)**[1)]

급원식품 순위	급원식품	함량 (mg/100g)	기여율 (%)	급원식품 순위	급원식품	함량 (mg/100g)	기여율 (%)
1	백미	1.40	17.64	16	대두	4.49	1.21
2	소고기(살코기)	4.54	11.53	17	소 부산물(간)	5.30	1.12
3	돼지고기 (살코기)	1.99	9.37	18	현미	2.05	1.08
4	달걀, 생것	1.23	5.12	19	보리	2.05	1.04
5	김치, 배추김치	0.56	3.14	20	가공육	1.14	0.92
6	돼지 부산물(간)	8.54	2.72	21	무	0.41	0.89
7	우유	0.35	2.62	22	치즈, 체다	2.37	0.87
8	두부	1.17	2.53	23	파, 대파	0.79	0.85
9	닭고기(살코기)	0.61	2.06	24	오징어	1.40	0.85
10	빵, 식빵	0.82	1.84	25	콩나물	1.02	0.78
11	멸치, 삶아서 말린 것	4.64	1.51	26	요구르트(호상)	0.50	0.76
12	굴	15.90	1.29	27	된장	1.91	0.72
13	시리얼	9.72	1.26	28	감자	0.38	0.68
14	떡	0.86	1.26	29	국수, 말린 것	0.49	0.65
15	시금치	2.01	1.23	30	찹쌀	1.88	0.64

1) 2022년 국민건강영양조사의 식품별 섭취량과 식품별 아연 함량(국가표준식품성분표 DB 10.2) 자료를 활용하여 아연 주요 급원식품 상위 30위 산출

자료: 보건복지부·한국영양학회. 2025 한국인 영양소 섭취기준

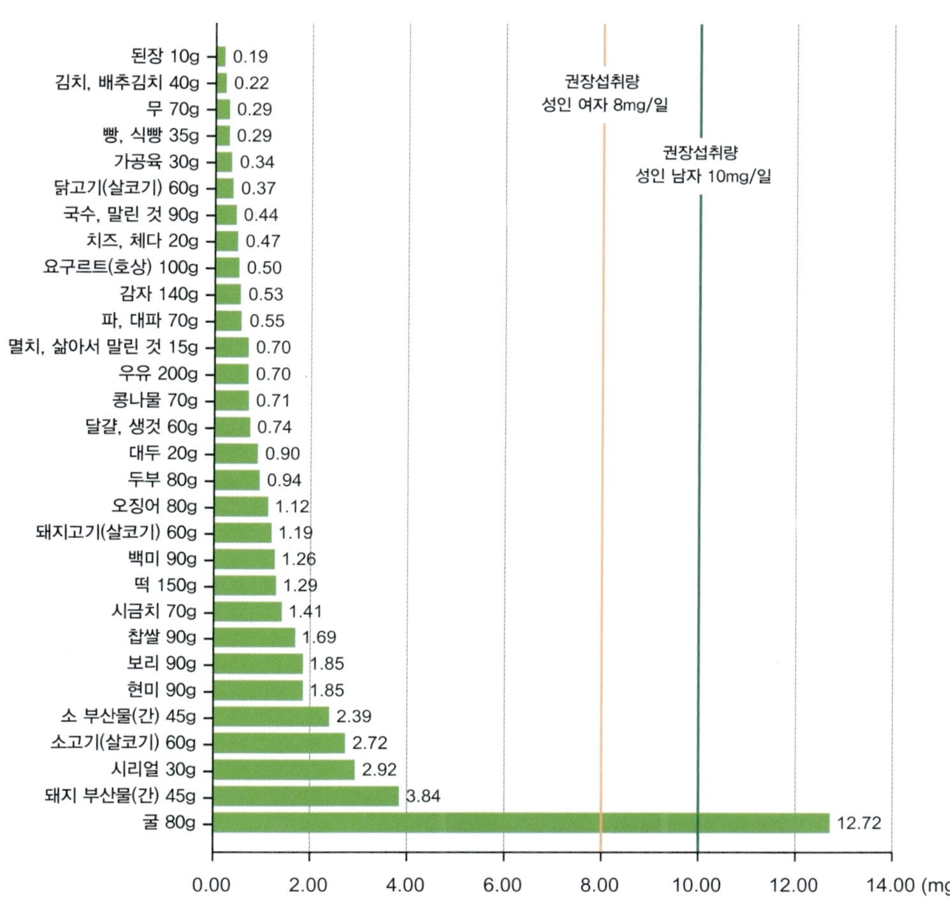

그림 9-13 **아연 주요 급원식품 (1회 분량당 함량)**[1)]

1) 2022년 국민건강영양조사의 식품별 섭취량과 식품별 아연 함량(국가표준식품성분 DB 10.2) 자료를 활용하여 아연 주요 급원식품 상위 30위 산출 후 1회 분량(2020 한국인 영양소 섭취기준)을 적용하여 1회 분량당 함량 산출, 19~29세 성인 권장섭취량 기준(2025 한국인 영양소 섭취기준)과 비교

자료: 보건복지부·한국영양학회. 2025 한국인 영양소 섭취기준

3. 구리 copper, Cu

1) 체내 분포

체내 100~150mg로 간, 뇌, 신장, 심장에 가장 많고, 혈청에는 변동이 많으나 70~140 μg/dL 범위에 있다.

2) 흡수, 운반 및 대사

구리흡수율은 섭취량이나 체내 구리필요량에 따라 다른데, 약 30% 정도가 소장에서 흡수된다. 구리는 섭취량이 적을 경우에는 능동적으로, 많을 경우에는 확산에 의해 흡수된다.

구리는 소장점막세포 내에서 메탈로티오네인에 결합하여 혈액 쪽으로 이동하고, 혈액에서 알부민과 결합하여 간으로 운반된다. 간에서 α-글로불린과 결합하여 세룰로플라스민을 합성하여 이 형태로 혈액을 통해 필요한 조직으로 이동한다. 구리의 흡수는 메탈로티오네인에 의해 조절되며, 칼슘이나 철과 같은 다른 +2가 양이온들은 구리의 흡수를 방해한다. 담즙을 통해서 대변으로 배설되는데, 이것을 통하여 체내 구리의 균형을 조절한다.

세룰로플라스민
ceruloplasmin

3) 생리적 기능

(1) 빈혈 예방

세룰로플라스민은 철을 +2가에서 +3가로 산화시켜 혈중 철 결합 단백질인 트랜스페린과의 결합을 촉진시킴으로써 철의 이동을 돕고, 이로 인해 결국 철의 흡수도 돕는다. 즉, 구리 결핍시에는 혈장 세룰로플라스민이 감소하므로 트랜스페린에 의한 철의 이동이 감

표 9-10 **구리 함유효소의 종류와 기능**

기능	효소	관여 반응
철 이동 촉진	세룰로플라스민	• Fe^{2+}을 Fe^{3+}으로 산화하여 트랜스페린에 결합하게 함 • 철을 혈구생성장소로 이동시킴
결합조직 합성	라이실산화효소	• 콜라겐과 엘라스틴의 교차결합에 관여함 • 골격, 뼈 형성과 심장·혈관의 결합조직을 유지하는 데 필요
에너지 대사	시토크롬 산화효소	• ATP 생산에 관여함
항산화작용	슈퍼옥사이드 디스뮤테이즈 (SOD)	• 초과산화물 라디칼을 SOD가 과산화수소로 전환 • 과산화수소는 카탈레이즈나 글루타티온 과산화효소에 의해 물로 환원되므로 체내 유리라디칼 제거에 필요함
	세룰로플라스민	• 산화적 손상을 유발하는 구리이온(Cu^{3+}) 및 철이온(Fe^{3+})과 결합함으로써 산화적 손상을 방지함 • 철이 트랜스페린에 결합하는 것을 촉진함으로써 철이온에 의한 유리라디칼 생성반응을 차단

소되어 철이 간 등의 조직에 축적되고, 적혈구 생성장소로 이동하지 못해 헤모글로빈 합성에 필요한 철이 부족하게 되어 수명이 단축된 비정상적인 적혈구가 생성된다.

(2) 결합조직 합성

구리는 여러 효소의 구성성분으로 결합조직 단백질인 콜라겐과 엘라스틴의 라이신 교차결합을 하는 데 관여하는 효소인 라이실산화효소의 성분이다. 따라서, 구리는 골격형성과 심장순환계의 결합조직을 정상으로 유지하는 데 필수적이다.

라이실산화효소 lysyl oxidase

(3) 에너지 대사

구리는 미토콘드리아의 시토크롬 산화효소의 성분으로 에너지 생성에 관여한다.

(4) 항산화작용

항산화효소인 슈퍼옥사이드 디스뮤테이즈의 성분으로 세포의 산화적 손상방지에 기여한다.

4) 결핍증

세룰로플라스민이 감소하므로 철의 이동이 저해되어 빈혈이 나타날 수 있고, 멜라닌을 합성하는 티로시네이즈가 구리 함유효소여서 구리 결핍시에는 탈색증이 나타난다. 그 외에 성장부진, 심장순환계의 장애, 백혈구 감소, 뼈 손실, 성장저하, 심장질환, 피부탈색, 빈혈, 골격기형, 수초형성 부진, 모발의 색소형성 부족, 생식능력 저하, 신경계 퇴화 등의 증상이 있다.

티로시네이즈 tyrosinase

5) 과잉증

대표적 구리과잉증인 윌슨병$_{\text{Wilson's disease}}$은 세룰로플라스민을 형성하기 위하여 구리가 아포단백질과 결합하는 과정에서 퇴행성 결함이 오는 질환으로 구리가 이동되지 못하고 간, 뇌, 신장, 각막에 침착하는 유전적 질환이다.

6) 영양섭취기준

구리의 1일 권장섭취량은 19~29세 성인 남자 850μg, 성인 여자 650μg, 임신부와 수유부의 추가권장량은 각각 130μg과 480μg이고, 상한섭취량은 10,000μg이다.

표 9-11 **한국인의 1일 구리 섭취기준**

성별	연령	구리(μg/일)			
		평균필요량	권장섭취량	충분섭취량	상한섭취량
영아	0~5(개월)			240	
	6~11			330	
유아	1~2(세)	220	290		1,700
	3~5	270	350		2,600
남자	6~8(세)	360	460		3,700
	9~11	470	600		5,500
	12~14	600	800		7,500
	15~18	700	900		9,500
	19~29	650	850		10,000
	30~49	650	850		10,000
	50~64	650	850		10,000
	65~74	600	800		10,000
	75 이상	600	800		10,000
여자	6~8(세)	310	410		3,700
	9~11	420	550		5,500
	12~14	500	650		7,500
	15~18	550	750		9,500
	19~29	500	650		10,000
	30~49	500	650		10,000
	50~64	500	650		10,000
	65~74	460	600		10,000
	75 이상	460	600		10,000
임신부		+100	+130		10,000
수유부		+370	+480		10,000

자료: 보건복지부·한국영양학회. 2025 한국인 영양소 섭취기준

7) 급원식품

구리는 조개류, 견과류, 두류, 간(내장고기) 등에 풍부하게 함유되어 있다. 또한 말린 과일류, 초콜릿 등은 구리의 함유량이 높다. 1회 분량 섭취기준 구리 함량이 높은 식품은 소고기(간), 굴, 게, 낙지 순이었고, 간, 굴, 게는 1회 분량 섭취 시 성인 남자 권장 섭취기준인 850μg/일보다 초과하게 된다.

표 9-12 **구리 주요 급원식품(100g당 함량)**[1)]

급원식품 순위	급원식품	함량 (μg/100g)	기여율 (%)	급원식품 순위	급원식품	함량 (μg/100g)	기여율 (%)
1	소 부산물(간)	14,283	22.19	16	보리	306	1.14
2	백미	220	20.36	17	고춧가루	694	1.12
3	빵, 식빵	165	2.72	18	돼지고기 (살코기)	32	1.11
4	돼지 부산물(간)	1,040	2.43	19	소고기(살코기)	54	1.01
5	오징어	530	2.36	20	낙지	1,000	0.93
6	대두	1,147	2.27	21	떡	83	0.89
7	두부	126	2.01	22	현미	229	0.88
8	무	121	1.93	23	고사리	399	0.83
9	감자	134	1.75	24	게, 꽃게	1,080	0.78
10	김치, 배추김치	40	1.65	25	굴	1,300	0.77
11	새우	620	1.61	26	깨, 흰깨	1,103	0.63
12	고구마	111	1.45	27	멸치, 삶아서 말린 것	252	0.60
13	두유	114	1.43	28	콩나물	103	0.58
14	된장	465	1.29	29	시금치	128	0.57
15	달걀, 생것	38	1.16	30	가당음료(과일 음료 포함)	39	0.57

1) 2022년 국민건강영양조사의 식품별 섭취량과 식품별 구리 함량(국가표준식품성분표 DB 10.2) 자료를 활용하여 구리 주요 급원식품 상위 30위 산출

자료: 보건복지부·한국영양학회. 2025 한국인 영양소 섭취기준

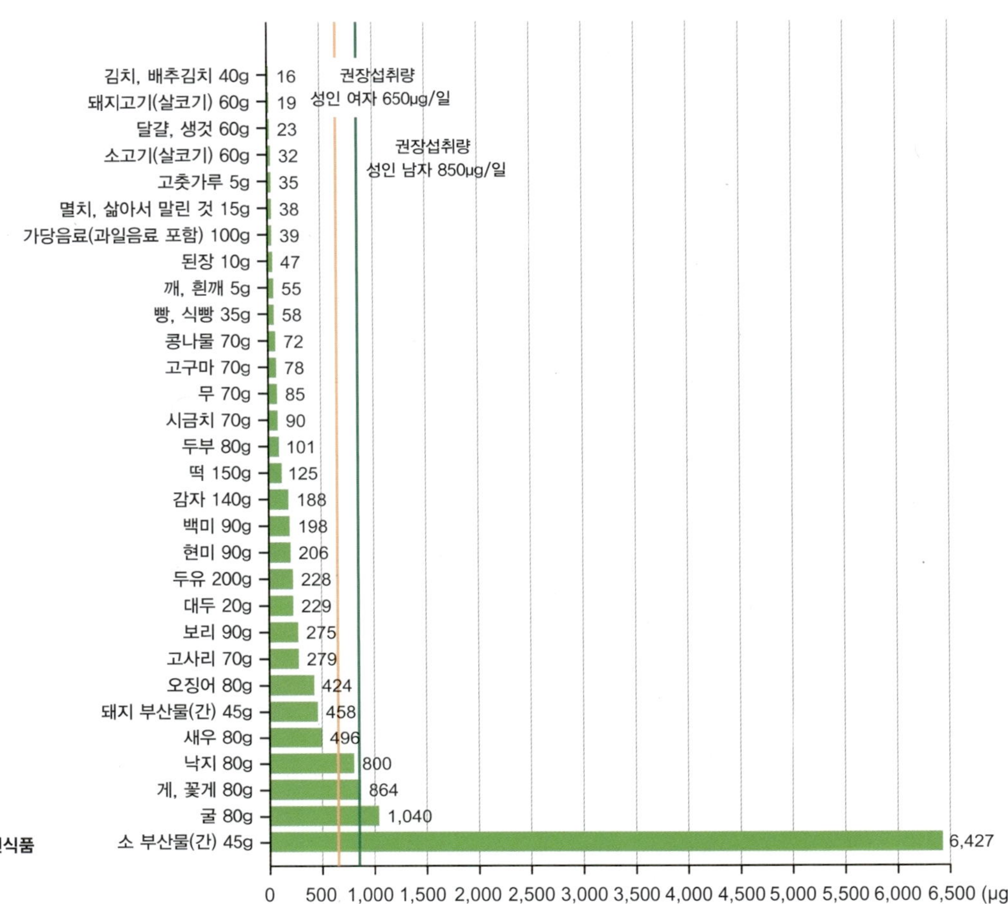

그림 9-14 **구리 주요 급원식품 (1회 분량당 함량)**[1)]

1) 2022년 국민건강영양조사의 식품별 섭취량과 식품별 구리 함량(국가표준식품성분표 DB 10.2) 자료를 활용하여 구리 주요 급원식품 상위 30위 산출 후 1회 분량(2020 한국인 영양소 섭취기준)을 적용하여 1회 분량당 함량 산출, 19~29세 성인 권장섭취량 기준(2025 한국인 영양소 섭취기준)과 비교

자료: 보건복지부·한국영양학회, 2025 한국인 영양소 섭취기준

4. 요오드 iodine, I

1) 체내 분포

체내 15~30mg 함유되며, 이중 70~80%는 갑상선에, 나머지는 근육·피부·골격 및 다른 내분비조직에 존재한다.

2) 흡수와 대사

소장에서 흡수되어 단백질과 결합된 상태로 갑상선으로 운반된다. 갑상선자극호르몬 thyroid stimulating hormone, TSH은 갑상선 세포에서의 요오드 흡수를 조절하여 균형을 유지하게 한다.

소장은 96~100%의 요오드를 흡수하며, 매일 60~120μg의 요오드를 티로글로불린(갑상선글로불린)의 티로신기와 결합하여 갑상선호르몬을 합성하는 데 사용한다. 갑상선호르몬인 티록신(T_4)을 활성이 더욱 강한 트라이요오드티로닌(T_3)으로 변환시키는 효소가 셀레늄에 의존하므로 셀레늄 결핍은 요오드를 비효율적으로 사용하게 한다.

과도한 요오드는 신장을 통해 소변으로, 일부는 땀으로 배출한다.

티로글로불린 thyroglobulin
티록신 thyroxine
트라이요오드티로닌 triiodothyronine
셀레늄 selenium

3) 생리적 기능

요오드는 트라이요오드티로닌(T_3)과 티록신(T_4)의 필수 구성분이다. 갑상선호르몬은 기초대사조절과 생식, 성장, 지능발달에 관여한다. 갑상선호르몬이 갑상선에서 분비될 때 티록신이 95%로 대부분이고, 트라이요오드티로닌은 5%에 불과하지만, 트라이요오드티로닌이 티록신보다 약 4배 더 강력하다. 분비된 후 며칠 내에 대부분의 티록신은 더 활성이 있는 트라이요오드티로닌으로 변환된다.

(1) 갑상선호르몬의 구성성분

티로신에 요오드가 붙어서 합성되는 갑상선호르몬에는 트라이요오드티로닌(T_3)과 티록신(T_4)이 있고, 비율은 1:20이다. 2개의 티로신과 4개의 요오드이온이 티로퍼록시데이즈에 의해 티록신(T_4)이 된 후 활성형인 T_3로 전환되는데, 이때 Se이 필요하다.

티로퍼록시데이즈 thyroperoxidase

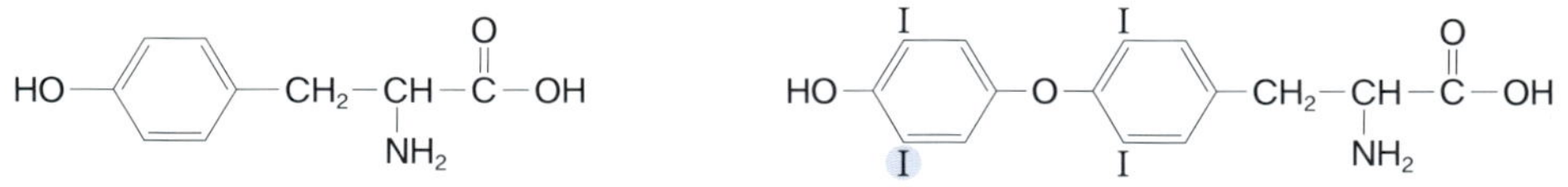

HO—(C₆H₄)—CH₂—CH(NH₂)—C(=O)—OH

티로신

HO—(I, I)—O—(I, I)—CH₂—CH(NH₂)—C(=O)—OH

T_3: 트라이요오드티로닌(3I)
T_4: 티록신(3I + I)

그림 9-15 **티로신과 갑상선호르몬의 구조**

(2) 갑상선호르몬의 작용

산소나 포도당을 이용하는 효소계의 반응속도를 높이고, 세포 내 산화를 촉진하며, 기초대사율과 체온을 조절하는 등 체내 대사에 많은 영향을 준다.

4) 결핍증

(1) 단순갑상선종

요오드가 결핍되면 갑상선호르몬인 티록신 생성이 부족하여 시상하부hypothalamus에서 갑상선자극호르몬 방출호르몬thyroid stimulating hormone releasing hormone, TRH을 분비하여 뇌하수체pituitary gland를 자극하고, 뇌하수체에서 갑상선자극호르몬thyroid stimulating hormone, TSH을 분비하여 갑상선으로의 요오드 유입을 일으켜 갑상선호르몬 합성을 자극한다. 요오드가 결핍된 상태에서는 갑상선호르몬이 여전히 부족하게 되고, 계속 위와 같은 자극이 계속되므로 갑상선이 비대·확장되면서 단순갑상선종simple goiter이 되어 기관지에 압박을 가해 호흡곤란 및 쉰 목소리 등이 나타난다. 갑상선호르몬이 부족하므로 권태감, 무기력, 월경불순이 나타나고 추위에 민감하다.

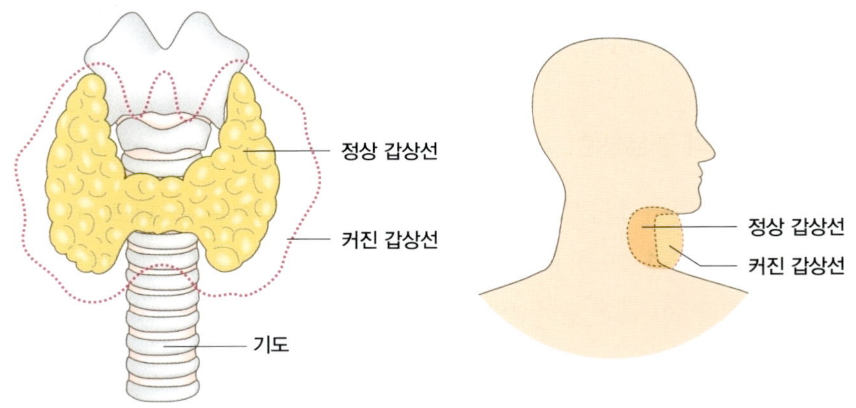

그림 9-16 **갑상선종의 확대된 갑상선**

(2) 크레틴병

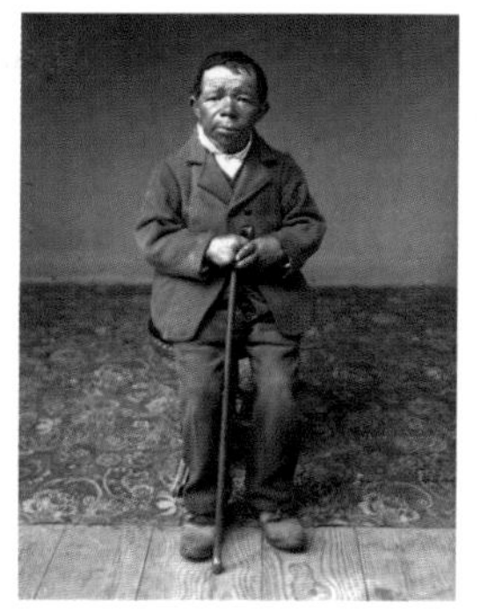

그림 9-17 **크레틴병**

요오드가 결핍한 임신부에게서 태어난 태아는 발육저하로 출생 후 정신박약, 성장장애, 왜소증을 나타내는 크레틴병cretinism이 생길 수 있다.

5) 과잉증

요오드의 섭취량이 하루 2mg 이상이 되면 과잉증이 발생하는데, 일상적 식품섭취로는 이런 수준이 될 수 없지만, 해조류나 어패류를 다량 섭취하거나 오염된 요오드를 섭취한 경우, 건강보조식품이나 보충제 과다복용시 갑상선의 과도한 자극으로 인해 갑상선기능항진증hyperthyroidism, 바제도우씨병Basedow's disease이 유발된다. 이는 단순갑상선종과 달리 중독성 갑상선종toxic goiter, exophthalmic goiter이라고 부른다. 증상은 기초대사율 항진, 안구돌출, 체중감소, 불규칙한 월경주기와 자율신경계 장애가 나타난다.

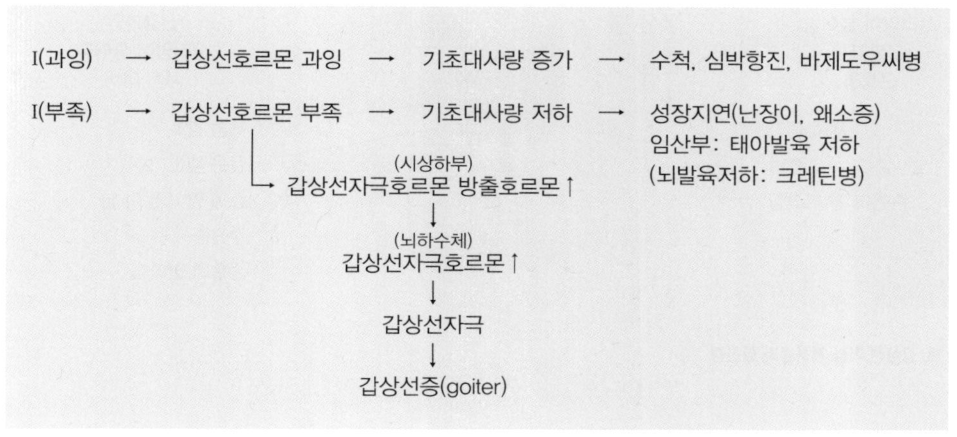

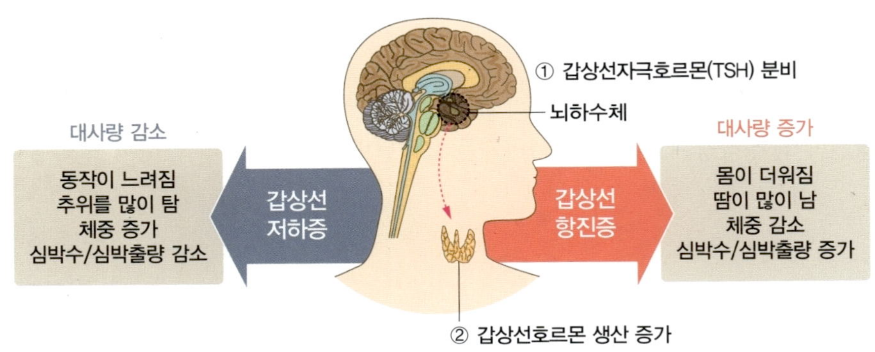

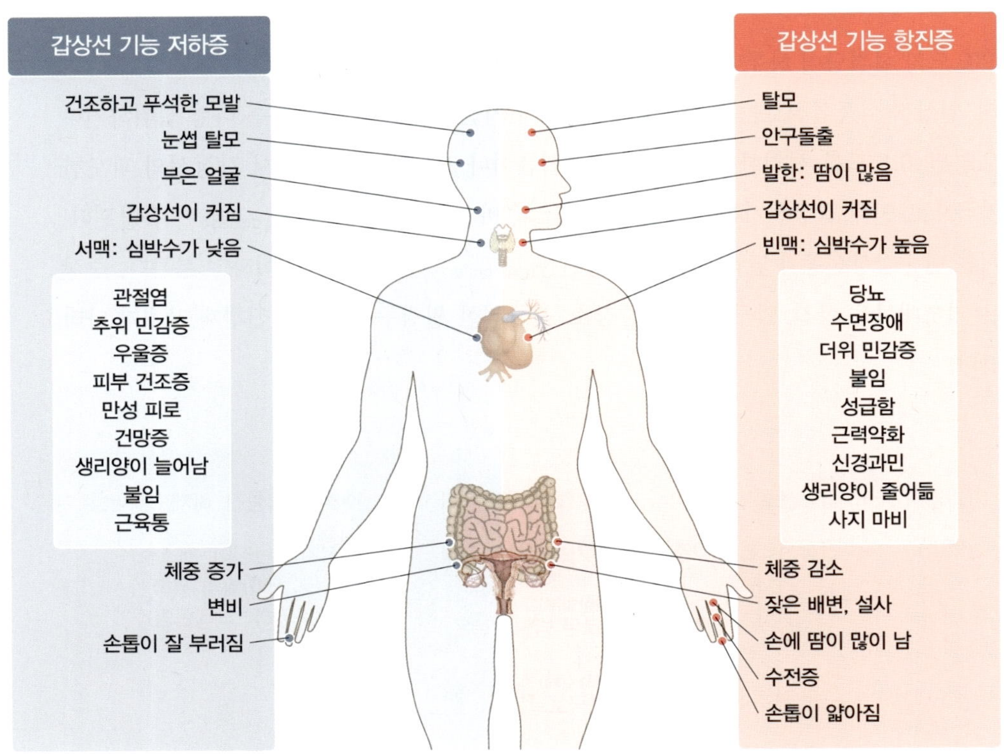

그림 9-18 **갑상선 기능 저하증과 항진증**

6) 영양섭취기준

성인의 1일 권장섭취량은 150μg, 임신부와 수유부의 하루 추가권장량은 각각 90μg, 190μg이며, 상한섭취량은 2,400μg이다.

표 9-13 **한국인의 1일 요오드 섭취기준**

성별	연령	요오드(μg/일)			
		평균필요량	권장섭취량	충분섭취량	상한섭취량
영아	0~5(개월)			130	250
	6~11			180	250
유아	1~2(세)	50	70		300
	3~5	65	90		300
남자	6~8(세)	75	100		500
	9~11	80	110		500
	12~14	100	140		1,900
	15~18	100	140		2,200
	19~29	100	150		2,400
	30~49	100	150		2,400
	50~64	100	150		2,400
	65~74	100	150		2,400
	75 이상	100	150		2,400
여자	6~8(세)	75	100		500
	9~11	80	110		500
	12~14	100	140		1,900
	15~18	100	140		2,200
	19~29	100	150		2,400
	30~49	100	150		2,400
	50~64	100	150		2,400
	65~74	100	150		2,400
	75 이상	100	150		2,400
임신부		+60	+90		
수유부		+90	+190		

자료: 보건복지부·한국영양학회. 2025 한국인 영양소 섭취기준

7) 급원식품

바다가 가장 좋은 요오드의 급원이므로 해산물인 미역, 김, 다시마 같은 해조류와 굴, 멸치 등의 어패류가 좋은 급원이다. 바다물고기가 민물고기보다 요오드 농도가 높고, 요오드화 소금을 요리에 사용하면 주요 요오드 급원이 된다.

표 9-14 **요오드의 주요 급원식품(100g당 함량)[1)]**

급원식품 순위	급원식품	함량 (μg/100g)	기여율 (%)	급원식품 순위	급원식품	함량 (μg/100g)	기여율 (%)
1	미역, 말린 것	14,459	58.96	16	라면(조리 전후 통합)	7	0.43
2	김, 조미김, 구운 것	1,700	9.73	17	아이스크림	22	0.36
3	달걀, 생것	42	8.97	18	돼지고기(살코기)	1	0.26
4	우유	17	6.71	19	소고기(살코기)	2	0.23
5	과자	36	1.54	20	어묵	7	0.22
6	멸치, 삶아서 말린 것	89	1.48	21	빵, 식빵	2	0.22
7	김치, 배추김치	5	1.34	22	치즈, 체다	11	0.21
8	김치, 총각김치	54	1.29	23	고구마	2	0.20
9	김치, 열무김치	23	0.93	24	케이크	9	0.20
10	요쿠르트(호상)	10	0.79	25	배추	5	0.19
11	라면 스프	149	0.77	26	보리	6	0.17
12	메추리알	181	0.70	27	핫도그	24	0.16
13	김치, 깍두기	13	0.55	28	김치, 고들빼기	173	0.16
14	파, 대파	9	0.52	29	쥐치, 조미하여 말린 것	123	0.12
15	고등어	24	0.43	30	청국장	26	0.12

1) 2022년 국민건강영양조사의 식품별 섭취량과 식품별 요오드 함량(국가표준식품성분표 DB 10.2) 자료를 활용하여 요오드 주요 급원식품 상위 30위 산출

자료: 보건복지부·한국영양학회. 2025 한국인 영양소 섭취기준

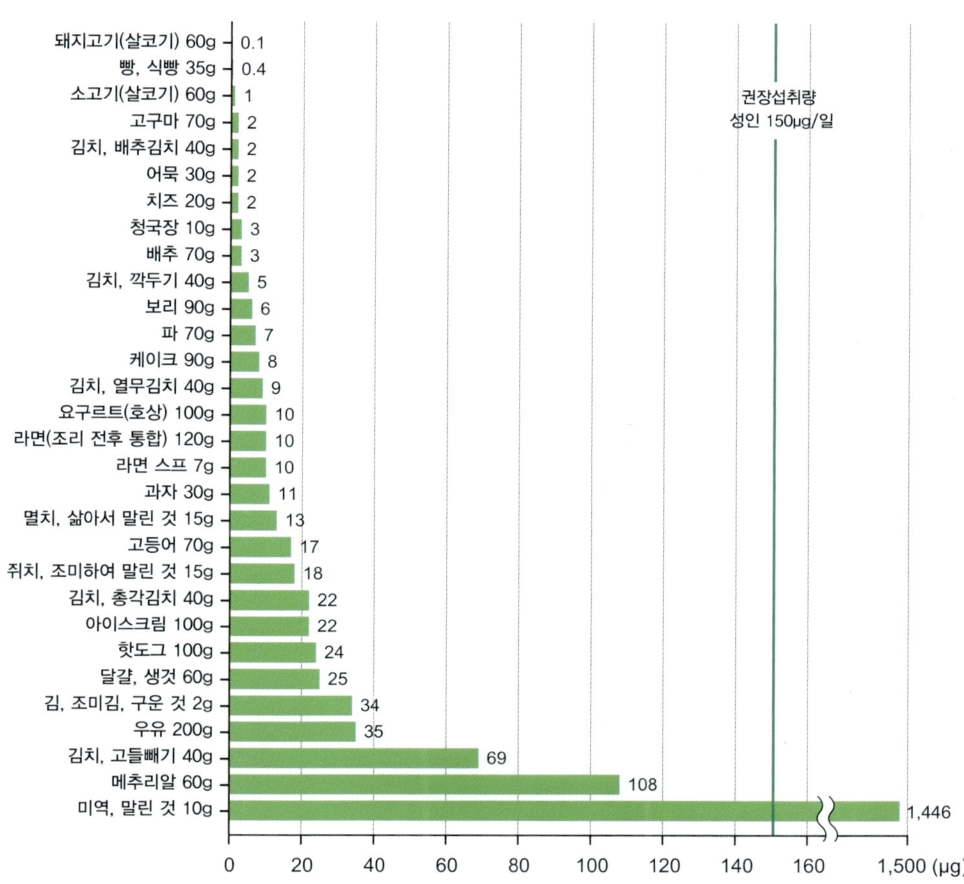

그림 9-19 **요오드 주요 급원식품(1회 분량당 함량)**[1)]

1) 2022년 국민건강영양조사의 식품별 섭취량과 식품별 요오드 함량(국가표준식품성분표 DB 10.2) 자료를 활용하여 요오드 주요 급원식품 상위 30위 산출 후 1회 분량(2020 한국인 영양소 섭취기준)을 적용하여 1회 분량당 함량 산출. 19~29세 성인 권장섭취량 기준(2025 한국인 영양소 섭취기준)과 비교

자료: 보건복지부·한국영양학회. 2025 한국인 영양소 섭취기준

고이트로젠(갑상선종유발물질)

양배추, 상추, 땅콩, 콩, 기장 등과 같은 식품 중에 존재하는 성분으로 요오드의 흡수와 이용을 방해하는 물질이다. 이들 식품을 과다 섭취시에는 요오드 결핍이 올 수 있으므로, 요오드 결핍이 우려될 때는 고이트로젠(goitrogen)을 가열하여 불활성시켜 섭취하도록 한다.

5. 불소 fluorine, fluoride, F

1) 체내 분포

하이드록시아파타이트
hydroxyapatite
$Ca_{10}(PO_4)_6(OH)_2$

플루오르아파타이트
fluorapatite
$Ca_{10}(PO_4)_6F_2$

불소는 인체에 아주 미량 존재하고 불소의 95% 정도는 골격과 치아에 존재한다. 하이드록시아파타이트의 수산기가 불소로 대치되어 플루오르아파타이트를 형성하면, 충치를 예방하고 노인들의 골손실을 지연시킨다.

2) 흡수와 대사

불소는 흡수율이 좋아서 80~90%가 주로 소장에서 흡수된다. 50%의 불소는 이용되지 않고 소변으로 배설되고, 연령이 증가할수록 배설량은 많아진다.

3) 생리적 기능

(1) 충치예방

플루오르아파타이트는 하이드록시아파타이트에 비해 산에 대한 용해도가 낮고, 골격의 무기질 용출속도가 더디다. 치아의 에나멜층을 견고하게 만들어 충치를 예방하는데, 뼈와 치아의 발달과정에 칼슘·인과 결합하여 산에 대한 저항력이 강한 플루오르아파타이트 결정을 형성하기 때문이다. 성인도 불소를 섭취하면 충치예방 효과를 볼 수 있는데, 충치를 일으키는 박테리아나 효소의 작용을 억제하여 산 생성량을 줄이고 산에 의한 치아 에나멜층의 손상을 줄이기 때문이다.

(2) 골다공증 예방

뼈에서 무기질 용출을 방지하여 골다공증 진행을 지연시키고, 적당한 골격유지에 관여한다. 불소는 뼈의 신생합성을 자극하는 것으로 알려져 골다공증 치료에 사용되기도 한다. 불소함량이 높은 지역에서는 골다공증 발생률이 낮다.

4) 결핍증

불소 섭취가 결핍되면 충치가 유발될 수 있고, 노인의 경우 골다공증의 발병률을 증가시킨다.

5) 과잉증

불소가 0.8ppm 이상 녹아 있는 물을 먹으면 치아와 골격의 기형이 나타나고, 치아가 약하게 되며, 불소증이 발생한다. 불소증은 뼈나 치아에 불소가 과다하게 침착되어 갈색반점이 생기는 것이다. 치아불소증의 위험은 유치가 나기 전 시기에 가장 크다. 반면 치아 발달이 끝난 9세 이후에는 치아불소증이 큰 문제가 되지 않는다.

반점치

반점치(dental fluorosis)는 대표적인 치아불소증으로 치아표면에 백색이나 황색 또는 갈색반점이 불규칙하게 나타나는 현상으로, 법랑질 형성 시기에 적정량 이상의 불소를 섭취하여 법랑질 형성이 정상적으로 이루어지지 않아 생기는 에나멜 형성부전증의 한 종류이다.

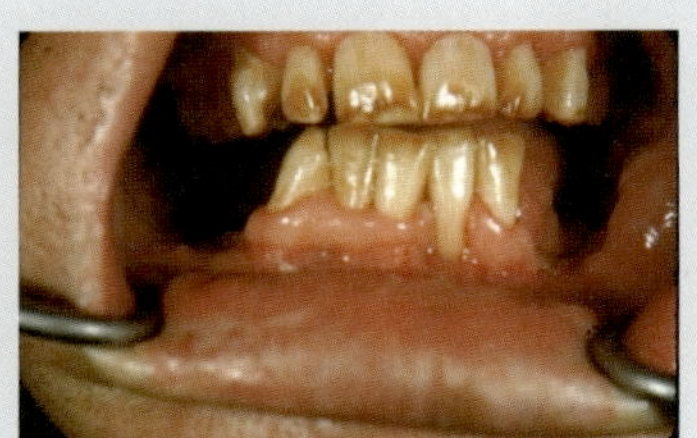

자료: https://www.flickr.com/photos/medicalmuseum/4724507933/in/photostream

6) 영양섭취기준

불소의 1일 충분섭취량은 19~29세 성인 남녀 각각 3.5mg, 2.8mg이고, 상한섭취량은 10mg이다.

표 9-15 **한국인의 1일 불소 섭취기준**

성별	연령	불소(mg/일)			
		평균필요량	권장섭취량	충분섭취량	상한섭취량
영아	0~5(개월)			0.01	0.3
	6~11			0.4	0.5
유아	1~2(세)			0.6	0.7
	3~5			0.9	1.1
남자	6~8(세)			1.3	1.5
	9~11			1.9	10.0
	12~14			2.6	10.0
	15~18			3.2	10.0
	19~29			3.5	10.0
	30~49			3.4	10.0
	50~64			3.2	10.0
	65~74			3.1	10.0
	75 이상			3.0	10.0
여자	6~8(세)			1.3	1.5
	9~11			1.8	10.0
	12~14			2.4	10.0
	15~18			2.7	10.0
	19~29			2.8	10.0
	30~49			2.7	10.0
	50~64			2.6	10.0
	65~74			2.5	10.0
	75 이상			2.3	10.0
임신부				+0	10.0
수유부				+0	10.0

자료: 보건복지부·한국영양학회. 2025 한국인 영양소 섭취기준

7) 급원식품

불소의 급원은 차와 해산물 등을 들 수 있고, 곡류에도 포함되어 있는데, 불소를 첨가한 수돗물도 불소의 급원이다.

표 9-16 **불소 고함량 식품(100g당 함량)**[1)]

급원식품 순위	급원식품	함량 (mg/100g)	급원식품 순위	급원식품	함량 (mg/100g)
1	홍차(차)	0.373	16	닭고기 (살코기 구운 것)	0.015
2	녹차(차)	0.115	17	고구마	0.014
3	적포도주	0.105	18	요구르트	0.009
4	커피	0.091	19	포도	0.008
5	콜라	0.078	20	상추	0.005
6	옥수수전분	0.051	21	복숭아	0.004
7	백미	0.041	22	딸기	0.004
8	체다 치즈	0.035	23	사과	0.0033
9	참치통조림	0.031	24	당근	0.003
10	초콜릿 아이스크림	0.023	25	버터	0.003
11	케이크	0.022	26	바나나	0.0022
12	쇠고기(등심)	0.022	27	고추, 토마토	0.002
13	쌀밥	0.019	28	양파, 오이	0.001
14	스파게티(건면)	0.018	29	수박	0.001
15	고등어, 꽁치, 삼치, 참치, 민어(구운 것)	0.018	30	달걀	0.001

1) 한국영양학회 CAN pro DB 자료를 활용하여 불소 주요 급원식품 상위 30위 산출
자료: 보건복지부·한국영양학회. 2025 한국인 영양소 섭취기준

6. 셀레늄 selenium, Se

1) 체내 분포

셀레노메티오닌 selenomethionine
셀레노시스테인 selenocysteine

셀레늄은 체내에 약 1.5mg이 존재하며, 주로 간·심장·골격 및 적혈구 등에 저장되고, 지방조직을 제외한 모든 신체조직에 존재한다. 셀레늄을 가진 단백질을 거의 50개 정도를 확인하였으나, 2개 아미노산 유도체인 셀레노메티오닌과 셀레노시스테인에 대부분의 체내 셀레늄이 함유되어 있다. 셀레노메티오닌은 셀레늄의 저장고이고, 셀레노시스테인은 생물학적 활성 형태이다. 셀레노시스테인은 항산화제 보호와 갑상선호르몬 대사에 관여하는 효소의 구성분이다.

2) 흡수와 대사

글루타티온 glutathione

식품 중에 셀레노메티오닌과 셀레노시스테인으로 존재해 주로 이 형태로 섭취하며, 셀레늄의 50~90%를 흡수한다. 비타민A, C, E가 있을 때 환원된 글루타티온은 셀레늄 흡수를 증가시킨다. 그러나 피틴산과 중금속 중 수은은 셀레늄의 생체 이용성을 방해한다.

매우 반응성이 큰 유리 셀레노시스테인은 저농도로 유지되면서, 과도한 양은 배설시켜 항상성을 이룬다. 셀레늄 배설의 주경로는 소변과 대변이고, 많이 섭취했을 때 피부, 폐 등으로도 배설된다.

3) 생리적 기능

(1) 세포의 산화적 손상방지

글루타티온 과산화효소 glutathion peroxidase
산화글루타티온 glutathione disulfide
글루타티온 환원효소 glutathione reductase

셀레늄을 활성제로 가지는 글루타티온 과산화효소(GSH-Px)는 환원형의 글루타티온(GSH)을 산화형의 글루타티온(산화글루타티온, GSSG)으로 만들면서 과산화수소를 물로, 유기과산화물(과산화지질)은 알코올로 환원시킨다. 이후 글루타티온 환원효소는 산

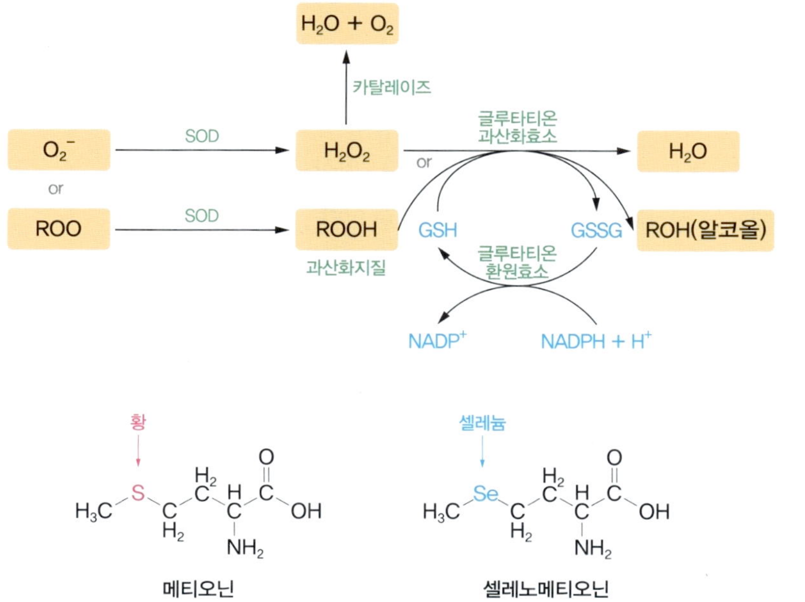

그림 9-20 **셀레늄 포함한 항산화효소(글루타티온 과산화효소)**

그림 9-21 **셀레노메티오닌 구조**

화형 글루타티온을 환원형으로 만들어 지속적으로 세포손상물질인 지질과산화물과 유리라디칼free radical 생성을 막아 산화적 손상으로부터 세포를 보호한다. 이러한 역할을 통해 심장병을 줄이고 신체조직의 노화와 변성 속도를 지연시키는 데 기여한다.

(2) 비타민 E의 항산화작용을 도움

셀레늄과 비타민E는 지질과산화와 막손상을 모두 예방하는 효과가 있다. 비타민E는 지용성 천연항산화제로 이미 생성된 유리라디칼이 더 이상 작용할 수 없도록 하므로 인지질의 산화를 방지하는 1차적 방어선 역할을 하고, 셀레늄은 생성된 과산화물을 제거해주므로 세포막과 세포 내의 산화를 막는 2차적 방어선 역할을 한다. 비타민E는 유리라디칼이 세포막에 손상을 주지 못하도록 과산화물 생성을 억제함으로써 과산화물을 분해시키는 글루타티온 과산화효소의 필요량을 감소시켜 셀레늄을 절약한다.

(3) 갑상선 기능 조절

셀레늄은 갑상선호르몬을 활성화시키거나 비활성화시키는 갑상선호르몬 탈아이오딘화효소deiodinase의 보조인자로 작용하여 갑상선 기능을 조절한다.

4) 결핍증

셀레늄은 신체방어물질에 해당되며, 결핍되면 근육통, 근육소모, 심근증 등이 나타날 수 있고, 크레틴병과 갑상선종에 걸릴 수 있다. 임산부에게는 유산, 조산, 사산 등의 위험, 신생아에게는 성장과 발생 장애를 가져올 수 있다.

만성 셀레늄 결핍은 케산병에 잘 걸리게 한다. 케산병은 중국 케산지역 아이들에게 나타난 심장질환인데 셀레늄을 보충해주어 이 질병을 예방할 수 있었다. 셀레늄 결핍이 원인은 아니었으나, 특정 바이러스 감염 후 아이들이 심장 손상을 입었으나, 셀레늄 섭취가 적절할 때는 바이러스가 케산병을 일으키지 않았다. 가임기 여성에게 셀레늄이 결핍되었을 때에는 울혈성 심장병이 나타난다.

5) 과잉증

보통의 식사로는 안정량을 초과하지 않고, 셀레늄 함량이 높은 지역에서 재배한 식품을 섭취한 경우나 셀레늄 보충제를 과다복용한 경우에 독성이 나타난다. 셀레늄이 많은 토양에서 자란 식물을 섭취한 가축들이 알칼리병에 걸려 간경화, 절름발이 증상, 탈모, 쇠약증 등의 증세를 보이며 사람의 경우 피부발진, 치아변색, 구토, 설사, 피로, 손톱·발톱의 변화, 신경계의 손상, 간경변 등이 발생할 수 있다.

6) 영양섭취기준

성인 남녀의 1일 셀레늄 60μg이고, 상한섭취량은 400μg이다. 임신부와 수유부의 추가 권장량은 각각 4μg, 10μg이다.

표 9-17 **한국인의 1일 셀레늄 섭취기준**

성별	연령	셀레늄(μg/일)			
		평균필요량	권장섭취량	충분섭취량	상한섭취량
영아	0~5(개월)			9	40
	6~11			12	65
유아	1~2(세)	19	23		70
	3~5	22	25		100
남자	6~8(세)	30	35		150
	9~11	40	45		200
	12~14	50	60		300
	15~18	55	65		300
	19~29	50	60		400
	30~49	50	60		400
	50~64	50	60		400
	65~74	50	60		400
	75 이상	50	60		400
여자	6~8(세)	30	35		150
	9~11	40	45		200
	12~14	50	60		300
	15~18	55	65		300
	19~29	50	60		400
	30~49	50	60		400
	50~64	50	60		400
	65~74	50	60		400
	75 이상	50	60		400
임신부		+3	+4		400
수유부		+9	+10		400

자료: 보건복지부·한국영양학회. 2025 한국인 영양소 섭취기준

7) 급원식품

식물성 식품의 셀레늄은 토양의 셀레늄 양에 따라 달라지나, 동물성 식품은 셀레늄을 축적하므로 비교적 안정하다. 내장고기와 해산물이 셀레늄의 좋은 급원이다. 한국인의 셀레늄 주요 급원식품은 달걀, 돼지고기, 국수, 식빵의 순서였고, 1회 분량 기준 셀레늄이 가장 많은 식품은 국수(말린 것), 돼지 간, 명태, 오리고기 등의 순서였다.

표 9-18 **셀레늄 주요 급원식품(100g당 함량)**[1)]

급원식품 순위	급원식품	함량 (μg/100g)	기여율 (%)	급원식품 순위	급원식품	함량 (μg/100g)	기여율 (%)
1	달걀, 생것	27.0	13.39	16	라면(조리 전후 통합)	11.1	1.55
2	돼지고기(살코기)	19.6	10.97	17	고추장	23.2	1.38
3	국수, 말린 것	43.0	6.81	18	과자	10.3	1.04
4	빵, 식빵	22.2	5.94	19	짜장	70.8	1.02
5	소고기(살코기)	15.2	4.60	20	감자	4.4	0.94
6	닭고기(살코기)	10.1	4.06	21	미역, 말린 것	96.8	0.92
7	우유	4.5	4.06	22	소금	50.0	0.92
8	멸치, 삶아서 말린 것	102.7	3.97	23	소 부산물(간)	36.1	0.91
9	가공육	33.2	3.20	24	고등어	21.0	0.88
10	돼지 부산물(간)	82.8	3.14	25	오리고기	27.8	0.86
11	명태	44.1	2.94	26	요구르트(호상)	4.2	0.77
12	어묵	36.8	2.58	27	고구마	3.5	0.74
13	된장	42.9	1.93	28	시리얼	45.4	0.70
14	밀가루	25.5	1.77	29	김치, 깍두기	6.0	0.60
15	김치, 배추김치	2.6	1.75	30	라면 스프	49.4	0.59

1) 2022년 국민건강영양조사의 식품별 섭취량과 식품별 셀레늄 함량(국가표준식품성분표 DB 10.2) 자료를 활용하여 셀레늄 주요 급원식품 상위 30위 산출

자료: 보건복지부·한국영양학회. 2025 한국인 영양소 섭취기준

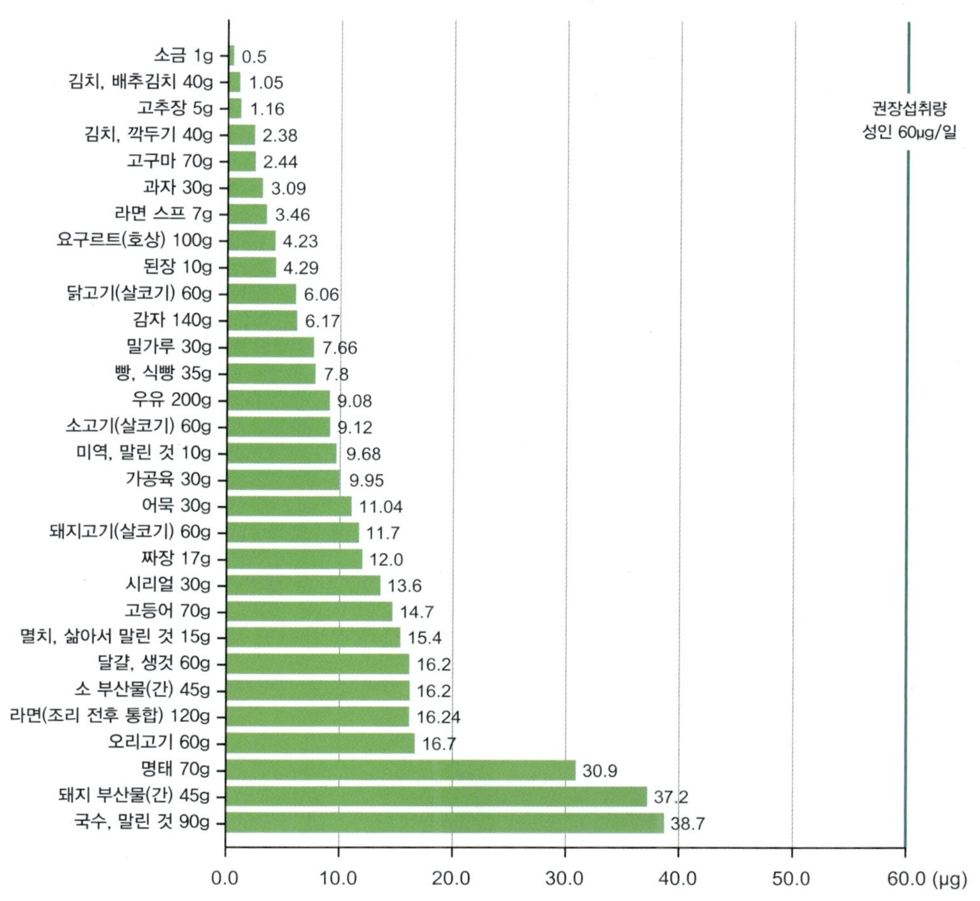

그림 9-22 **셀레늄 주요 급원식품 (1회 분량당 함량)**[1)]

1) 2022년 국민건강영양조사의 식품별 섭취량과 식품별 셀레늄 함량(국가표준식품성분표 DB 10.2) 자료를 활용하여 셀레늄 주요 급원식품 상위 30위 산출 후 1회 분량(2020 한국인 영양소 섭취기준)을 적용하여 1회 분량당 함량 산출, 19~29세 성인 권장섭취량 기준(2025 한국인 영양소 섭취기준)과 비교

자료: 보건복지부·한국영양학회. 2025 한국인 영양소 섭취기준

7. 망간 manganese, Mn

1) 체내 분포

망간은 체내에 약 12~20mg이 함유되어 있으며 간, 골격, 췌장, 뇌하수체에 비교적 많다. 세포 내에서는 핵과 미토콘드리아에, 혈청에는 약 2.5/dL 정도로 소량 함유된다.

2) 흡수와 대사

트랜스망가닌 transmanganin

망간은 흡수율이 매우 낮아 1~5%가 소장을 통해 흡수되며, 흡수된 망간은 혈중 트랜스망가닌과 결합하여 운반된다. 흡수된 망간의 상당량은 담즙을 통해 배설되는데, 담즙을 통한 배설이 망간농도조절의 주요기전이다. 망간은 철과 운반단백질을 공유하기 때문에 철 섭취가 많으면 망간의 흡수가 저해된다. 칼슘, 인, 피틴산도 망간의 흡수를 방해한다.

3) 생리적 기능

카이네이즈 kinase
아르기네이즈 arginase
피루브산 카르복실화효소 pyruvate carboxylase
글루타민 합성효소 glutamine synthetase
슈퍼옥사이드 디스뮤테이즈 superoxide dismutase

망간은 망간금속효소의 구성성분으로 대사 관련 카이네이즈(인산화효소)의 활성화에 필요하다. 또 골격 형성과 결합조직의 형성, 지방산과 콜레스테롤 합성에 관여한다. 요소 형성에 관여하는 아르기네이즈(아르기닌 가수분해효소), 피루브산 카르복실화효소, 글루타민 합성효소의 구성성분이며, 슈퍼옥사이드 디스뮤테이즈(SOD)의 구성성분으로 항산화작용을 하고, 인슐린의 작용을 돕는다. 마그네슘을 대체할 수 있다.

4) 결핍증

망간에 의해 활성화되는 효소의 대부분은 마그네슘 같은 다른 이온에 의해서도 활성화되기 때문에 망간의 결핍에 큰 영향을 받지 않아 건강한 성인에게서는 결핍증이 거의 발견되지 않는다. 그러나 간혹 운동실조ataxia, HDL-콜레스테롤 감소, 내당능력 손상 등의 증상이 나타날 수 있다. 신생아의 경우에는 성장지연, 골격이상, 운동실조 등의 증세가 나타날 수 있다.

5) 과잉증

망간의 흡수율이 매우 낮고 담즙을 통해 배설되어 과잉증은 거의 나타나지 않으나 탄광, 건전지 공장 등에서 과량의 망간에 노출될 경우 식욕감소, 생식능력 손상, 운동신경 및 학습능력 장애 등의 증세가 나타날 수 있다. 망간이 간과 중추신경계에 많이 축적되면 파킨슨씨병 같은 신경근육계 증상을 보인다. 망간의 투여는 인의 보유를 방해하며 몰리브덴과 철의 길항제로 작용하여 헤모글로빈 생성과 혈청 철 농도를 현저히 감소시킨다.

파킨슨씨병

중뇌의 뇌세포가 서서히 죽어가면서 신경전달물인 도파민이 부족해져서 신경세포 사이의 정보전달에 이상이 생기는 것으로, 주 증상은 손발이 떨리고 행동이 느려지면서 근육이 굳어지는 만성퇴행성 뇌질환이다.

6) 영양섭취기준

우리나라 성인의 하루 망간의 충분섭취량은 남성 4mg, 여성 3.5mg, 임신부와 수유부에게 가산되는 양은 없다. 상한섭취량은 11mg으로, 식품, 보충제와 식수 등을 통해 섭취하는 총량이 이를 넘지 않도록 한다.

표 9-19 한국인의 1일 망간 섭취기준

성별	연령	망간(mg/일)			
		평균필요량	권장섭취량	충분섭취량	상한섭취량
영아	0~5(개월)			0.01	
	6~11			0.8	
유아	1~2(세)			1.5	2.0
	3~5			2.0	3.0
남자	6~8(세)			2.5	4.0
	9~11			3.0	6.0
	12~14			4.0	8.0
	15~18			4.0	10.0
	19~29			4.0	11.0
	30~49			4.0	11.0
	50~64			4.0	11.0
	65~74			4.0	11.0
	75 이상			4.0	11.0
여자	6~8(세)			2.5	4.0
	9~11			3.0	6.0
	12~14			3.5	8.0
	15~18			3.5	10.0
	19~29			3.5	11.0
	30~49			3.5	11.0
	50~64			3.5	11.0
	65~74			3.5	11.0
	75 이상			3.5	11.0
임신부				+0	11.0
수유부				+0	11.0

자료: 보건복지부·한국영양학회. 2025 한국인 영양소 섭취기준

7) 급원식품

망간은 식물성 식품에 많이 함유되어 있는데, 도정되지 않은 곡류, 녹색채소, 과일류가 주요 급원이다. 현미, 호두, 밀기울, 당밀, 상추, 콩류, 땅콩, 해바라기씨, 밀가루 등이 망간의 급원식품이다. 1회 분량당 망간 함량은 귀리, 파인애플, 밤 순으로 높다. 귀리를 1회 분량 섭취하면 성인 남성과 여성의 충분섭취량을 모두 충족할 수 있다.

표 9-20 **망간 주요 급원식품(100g당 함량)**[1)]

급원식품 순위	급원식품	함량 (mg/100g)	기여율 (%)	급원식품 순위	급원식품	함량 (mg/100g)	기여율 (%)
1	백미	0.59	20.95	16	양파	0.18	1.51
2	김치, 배추김치	0.33	5.23	17	빵, 식빵	0.24	1.51
3	두부	0.77	4.71	18	메밀 국수, 말린 것	1.39	1.48
4	현미	2.53	3.74	19	된장	1.27	1.35
5	멸치, 삶아서 말린 것	3.04	2.78	20	무	0.21	1.29
6	고구마	0.47	2.35	21	밤	4.45	1.19
7	국수, 말린 것	0.613	2.30	22	과자	0.49	1.16
8	파, 대파	0.75	2.29	23	두유	0.23	1.13
9	대두	2.69	2.05	24	밀가루	0.62	1.01
10	감	0.69	2.03	25	찹쌀	1.02	0.98
11	보리	1.36	1.95	26	고춧가루	1.47	0.90
12	떡	0.45	1.83	27	고사리	1.05	0.84
13	간장	0.96	1.72	28	만두	0.58	0.79
14	귀리	6.54	1.65	29	파인애플	3.63	0.78
15	시금치	0.92	1.59	30	라면(조리 전후 통합)	0.23	0.78

1) 2022년 국민건강영양조사의 식품별 섭취량과 식품별 망간 함량(국가표준식품성분표 DB 10.2) 자료를 활용하여 망간 주요 급원식품 상위 30위 산출

자료: 보건복지부·한국영양학회. 2025 한국인 영양소 섭취기준

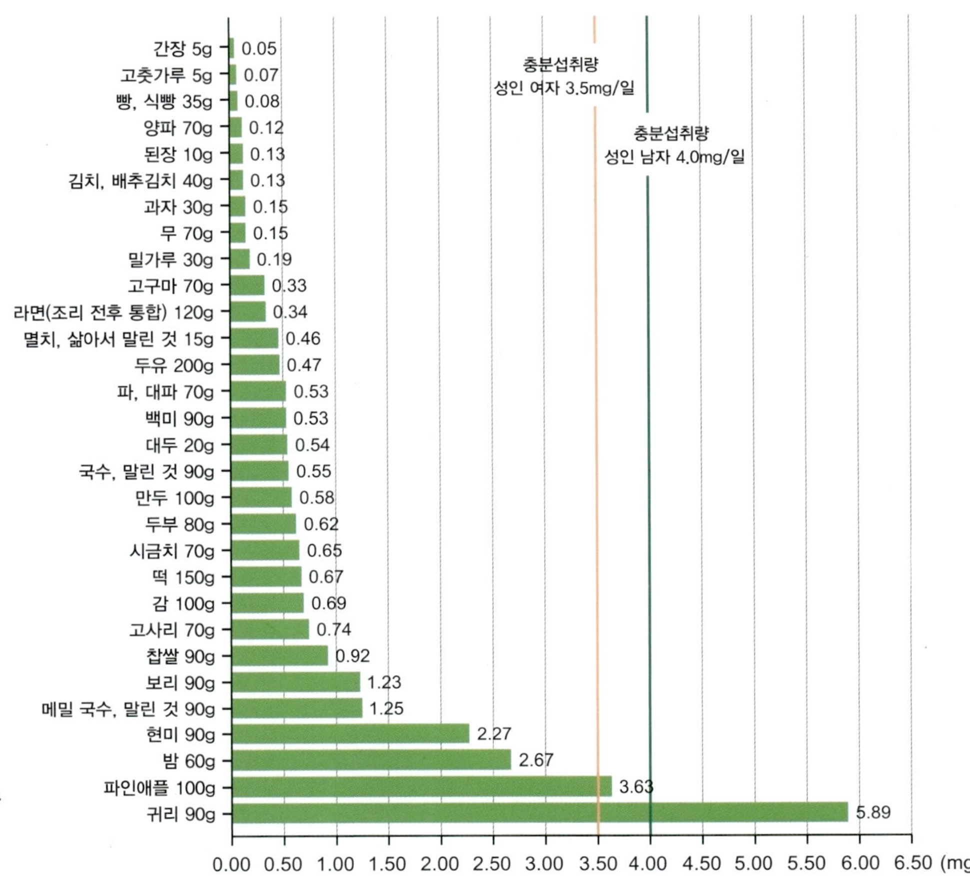

그림 9-23 **망간 주요 급원식품 (1회 분량당 함량)**[1)]

1) 2022년 국민건강영양조사의 식품별 섭취량과 식품별 망간 함량(국가표준식품성분표 DB 10.2) 자료를 활용하여 망간 주요 급원식품 상위 30위 산출 후 1회 분량(2020 한국인 영양소 섭취기준)을 적용하여 1회 분량당 함량 산출, 19~29세 성인 충분섭취량 기준(2025 한국인 영양소 섭취기준)과 비교

자료: 보건복지부·한국영양학회. 2025 한국인 영양소 섭취기준

8. 몰리브덴 molybdenum, Mo

1) 생리적 기능

인체에 몰리브덴은 체중 1kg당 약 0.07mg 존재하고, 주로 신장과 간에 있다. 생물체 내에서 산화환원 반응에 관여하는 50종 이상의 금속효소의 보조인자$_{\text{cofactor}}$에 들어 있다.

몰리브덴은 몰리브덴산 음이온(MoO_4^{2-})의 형태로 체내에서 전달되며, 몰리브덴 보조인자는 몰리브도프테린molybdopterin과 MoO_4^{2-}가 반응하여 만들어진다. 이때 몰리브도프테린은 몰리브덴 또는 텅스텐과 결합하여 금속효소의 보조인자가 되는 화합물이다.

몰리브덴 보조인자가 필요한 효소에는 아황산산화효소sulfite oxidase, 잔틴산화효소xanthine oxidase, 알데히드산화효소aldehyde oxidase들이고, 잔틴을 요산으로 산화시키는 반응에 관여한다.

2) 결핍증과 과잉증

정상적인 식사를 하는 경우에 몰리브덴의 결핍증은 생기지 않으나, 몰리브덴의 농도가 낮은 토양지역에 사는 사람들에게 식도암 발병률이 높았다는 보고가 있었다. 선천성 몰리브덴 보조인자 결핍증이 있는 영아가 가끔 나타나는데, 이런 경우 혈중 아황산염과 요산염의 수치가 증가하고 신경이 손상되기도 한다.

이와 반대로 혈액 내 몰리브덴 농도가 높을 때는 구리 흡수가 방해되어 구리 결핍증이 나타날 수 있다.

3) 영양섭취기준과 급원식품

몰리브덴의 성인 남녀 권장섭취량은 각각 30μg, 25μg이고, 상한섭취량은 남녀 각각 600μg, 500μg이다.

몰리브덴은 콩류, 잡곡, 견과류, 간, 우유 및 유제품에 많이 함유되어 있다. 한국인의 몰리브덴의 주요 급원식품은 두부, 된장, 두유, 돼지 간, 식빵이다. 1회 분량을 기준으로 샌드위치/햄버거/피자, 팥, 돼지 간, 두유, 옥수수, 강낭콩, 두부, 찹쌀 등은 단일섭취만으로도 성인 남자의 권장섭취량을 충족할 수 있다.

표 9-21 **한국인의 1일 몰리브덴 섭취기준**

성별	연령	몰리브덴(μg/일)			
		평균필요량	권장섭취량	충분섭취량	상한섭취량
영아	0~5(개월)				
	6~11				
유아	1~2(세)	8	10		100
	3~5	10	13		150
남자	6~8(세)	15	20		250
	9~11	20	25		350
	12~14	25	30		500
	15~18	30	40		600
	19~29	25	30		650
	30~49	25	30		600
	50~64	25	30		600
	65~74	25	30		600
	75 이상	20	25		550
여자	6~8(세)	15	20		250
	9~11	15	20		350
	12~14	20	25		450
	15~18	20	25		500
	19~29	20	25		500
	30~49	20	25		500
	50~64	20	25		500
	65~74	20	25		500
	75 이상	15	20		450
임신부		+0	+0		500
수유부		+3	+5		500

자료: 보건복지부·한국영양학회. 2025 한국인 영양소 섭취기준

표 9-22 **몰리브덴 주요 급원식품(100g당 함량)**[1)]

급원식품 순위	급원식품	함량 (μg/100g)	기여율 (%)	급원식품 순위	급원식품	함량 (μg/100g)	기여율 (%)
1	두부	44.1	10.41	16	샌드위치/햄버거/피자	228.0	1.30
2	된장	209.7	8.62	17	찹쌀	34.2	1.28
3	두유	32.6	6.08	18	라면(조리 전후 통합)	9.45	1.21
4	돼지 부산물(간)	146.6	5.08	19	대두	38.0	1.12
5	빵, 식빵	14.9	3.66	20	닭고기(살코기)	3.0	1.09
6	옥수수	73.0	3.52	21	쌈장	55.1	1.06
7	떡	19.8	3.16	22	강낭콩	239.9	1.04
8	우유	3.7	3.02	23	만두	18.2	0.95
9	땅콩	249.2	2.37	24	국수	6.5	0.95
10	상추	32.3	2.31	25	팥	295.0	0.94
11	간장	33.1	2.29	26	짜장	68.7	0.91
12	사과	4.4	2.28	27	바나나	9.0	0.91
13	김치, 배추김치	3.3	2.03	28	밀가루	13.8	0.87
14	현미	32.7	1.87	29	무	3.7	0.87
15	달걀, 생것	3.9	1.76	30	청국장	88.1	0.87

1) 2022년 국민건강영양조사의 식품별 섭취량과 식품별 몰리브덴 함량(국가표준식품성분표 DB 10.2) 자료를 활용하여 몰리브덴 주요 급원식품 상위 30위 산출

자료: 보건복지부·한국영양학회. 2025 한국인 영양소 섭취기준

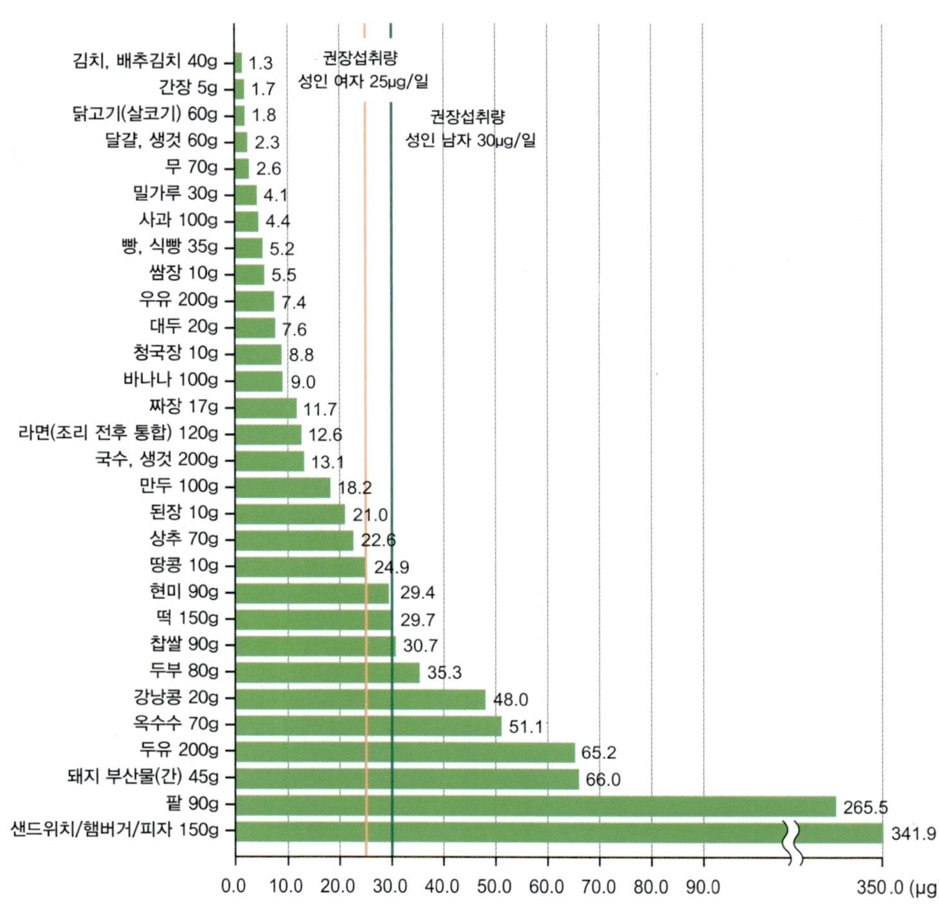

그림 9-24 **몰리브덴 주요 급원 식품(1회 분량당 함량)**[1]

1) 2022년 국민건강영양조사의 식품별 섭취량과 식품별 몰리브덴 함량(국가표준식품성분표 DB 10.2) 자료를 활용하여 몰리브덴 주요 급원식품 상위 30위 산출 후 1회 분량(2020 한국인 영양소 섭취기준)을 적용하여 1회 분량당 함량 산출, 19~29세 성인 권장섭취량 기준(2025 한국인 영양소 섭취기준)과 비교

자료: 보건복지부·한국영양학회. 2025 한국인 영양소 섭취기준

9. 크롬 chromium, Cr

1) 체내 분포

체내에 6mg 이하이고, 피부·부신·두뇌·근육·지방에 많이 함유되며, 정상혈청농도는 0.14~0.15ng/mL이다.

2) 흡수와 대사

식사를 통하여 공급된 크롬은 거의 흡수되지 않고, 98% 정도가 변으로 배설되어 흡수율이 0.5~2% 정도이고, 흡수된 것은 주로 소변으로 배설된다. 아연과 상호 경쟁관계로 흡수되고 비타민C는 크롬의 흡수를 높여주며, 단당류보다 전분형태로 섭취했을 때 조직 크롬 보유량이 높다. 크롬은 혈장 트랜스페린에 결합되어 운반된다. 크롬 섭취량이 많거나, 스트레스, 운동(특히 유산소 운동)은 크롬 배설을 증가시키며, 당뇨병 환자가 연령이 많아질수록 크롬 배설량이 감소한다.

3) 생리적 기능

당내성인자$_{\text{glucose tolerance factor, GTF}}$의 필수성분으로 세포 내에서 인슐린의 수용체를 증가시키고, 인슐린과 인슐린 수용체 사이에 복합체를 형성하여 인슐린작용을 원활하게 하므로 탄수화물, 지질, 단백질 대사에 관여한다. 세포 내로 포도당이 유입되는 것을 도울 뿐 아니라 혈청 콜레스테롤을 낮추고, HDL 콜레스테롤을 증가시키며, DNA와 RNA 같은 핵산의 안정성에 도움을 줄 것으로 보고된 바 있다.

4) 결핍증

크롬 결핍증은 내당능 손상, 혈당 증가, 당뇨 발생, 성장장애, 당질 · 지방 · 단백질 대사 이상 등이다.

5) 영양섭취기준과 급원식품

크롬의 1일 19~29세 성인 남녀 충분섭취량은 각각 30μg, 20μg이다. 식품 속의 크롬 함량은 매우 낮아 100g당 1μg 미만이다. 전곡류는 도정된 곡류에 비하여 크롬 함량이 많으며 육류의 가공 중 크롬이 유입되기도 하여 신선한 육류보다 가공육의 크롬 함량이 높다. 설탕의 정제과정 중에도 크롬이 유입될 가능성이 있고, 스테인레스스틸 제품이 산에 노출되었을 때 크롬이 용출된다. 몇몇 종류의 맥주에도 크롬이 포함되어 있다.

표 9-23 **한국인의 1일 크롬 섭취기준**

성별	연령	크롬(μg/일)			
		평균필요량	권장섭취량	충분섭취량	상한섭취량
영아	0~5(개월)			0.2	
	6~11			4.0	
유아	1~2(세)			9	
	3~5			11	
남자	6~8(세)			15	
	9~11			20	
	12~14			30	
	15~18			35	
	19~29			30	
	30~49			30	
	50~64			30	
	65~74			25	
	75 이상			25	
여자	6~8(세)			15	
	9~11			20	
	12~14			20	
	15~18			20	
	19~29			20	
	30~49			20	
	50~64			20	
	65~74			20	
	75 이상			20	
임신부				+5	
수유부				+20	

자료: 보건복지부·한국영양학회. 2025 한국인 영양소 섭취기준

10. 코발트 cobalt, Co

1) 체내 분포, 흡수와 대사

코발트는 체내에 1.1mg 정도로 주로 근육이나 골격 등에 분포하고 있다. 코발트는 소장에서 흡수되어 간과 신장에 저장되고, 대부분 소변으로 배설된다. 사람의 대장에서 대장균*E.coli*에 의해 코발트를 함유한 비타민 B_{12}가 합성되나 극히 미량이다.

2) 생리적 기능

코발트는 신장에서 분비되는 적혈구 형성인자인 에리트로포이에틴 생성을 증가시키고, 이것의 파괴를 감소시키므로 과량의 코발트는 다혈구혈증polycythemia을 유발시킨다. 코발트가 비타민 B_{12}의 구성성분이므로, 결핍시 비타민 B_{12} 부족에 의한 성장부진이나 악성빈혈 등과 관련된다.

에리트로포이에틴
erythropoietin

3) 결핍증과 과잉증

코발트의 결핍증은 아직 사람에게서 보고되지 않았으나, 비타민 B_{12}의 부족에 의해 성장부진 및 악성빈혈을 유발한다.

코발트 과잉증은 보충제의 과다복용이나 산업현장에서 코발트의 과다노출로 발생하며, 적혈구 수의 증가, 심장근육 손상, 수초형성 문제 등이 그 증상이다.

4) 급원식품

코발트는 비타민 B_{12} 함량이 높은 식품에 많이 들어 있고, 주로 동물의 간과 신장, 달걀, 우유, 굴, 콩, 녹색채소 등이 좋은 급원이다.

표 9-24 **미량 무기질의 대사 · 기능 · 결핍증 · 과잉증 · 영양섭취기준 · 급원**

종류	대사	기능	결핍증	과잉증	19~29세 성인의 영양섭취기준(1일)	급원
철	•흡수: 비헴철 4~10%, 헴철 20~30% •흡수증진요소: 환원형철, 위산, 비타민 C, 체내 필요량 증가 •흡수방해요소: 인산염, 피틴산, 비헴철, 염산감소, 탄닌 •수송: 트렌스페린 •저장: 페리틴, 헤모시데린 •배설: 출혈, 땀, 소변, 담즙 및 대변	•헤모글로빈 합성 •세포의 산화 •효소의 구성성분 •정상적인 면역기능 •산소의 이동 •산소의 저장	•빈혈 •체내 철량 감소 •성장장애(어린이)	•혈색소증(심장·췌장 등에 철 축적되며 심부전·당뇨병 등 유발 가능)	•권장섭취량: 남자 8mg, 여자 12mg •상한섭취량: 45mg	쇠고기, 달걀노른자, 간, 푸른 잎채소
아연	•흡수: 10~30%, 아연 결합 단백질과 함께 흡수 •수송: 알부민과 함께 운반 •배설: 대변과 소변	•효소의 구성요소 •인슐린의 기능 증가 •상처회복	•식욕상실 •성장부실 •맛감각상실 •상처회복지연 •면역저하	•철·구리 흡수저하, 설사, 구토, 면역기능 억제, HDL 낮춤	•권장섭취량: 남자 10mg, 여자 8mg •상한섭취량: 35mg	해산물, 간, 육류, 우유, 치즈, 달걀
구리	•흡수: 약 30%, 메탈로티오네인에 결합해 흡수 •수송: 히스티딘·알부민에 의해 혈중 운반됨 •배설: 담즙을 통해 대변으로 배설	•철의 산화작용 •헤모글로빈합성 •금속효소의 구성성분	•골격기형 •빈혈 •모발의 색소 부족 •Menke's 병	•복통, 오심, 구토, 혼수, 간질환, 윌슨병	•권장섭취량: 남자 850μg, 여자 650μg •상한섭취량: 10,000μg	굴, 메생이, 육류, 치즈, 땅콩버터
요오드	•갑상선자극 호르몬에 의해 조절 •배설: 신장	•갑상선호르몬 합성	•갑상선종 •크레틴병	•갑상선 기능항진증	•권장섭취량: 150μg •상한섭취량: 2,400μg	해산물, 유제품, 달걀
불소	•흡수: 90% •배설: 50% 이상 신장을 통해 배설됨	•충치예방 •골격유지	•충치 •빈혈 •골다공증	•불소증, 위장장애, 치아반점	•충분섭취량: 남자 3.5mg, 여자 2.8mg •상한섭취량: 10mg	차, 생선, 해산물
셀레늄	•흡수: 80% 이상 •수송: 단백질과 결합하여 운반 •배설: 신장	•항산화작용(비타민 E와 함께) •치아의 구성성분 •글루타티온 과산화효소의 구성성분	•근육통 •근육약화	•구토, 설사, 피부 손상, 신경계 손상	•권장섭취량: 60μg •상한섭취량: 400μg	버터, 새우, 땅콩, 통밀

(계속)

종류	대사	기능	결핍증	과잉증	19~29세 성인의 영양 섭취기준(1일)	급원
망간	• 흡수: 3~4% • 수송: 트랜스망가닌과 결합하여 운반 • 배설: 담즙을 통해 대변으로 배설	• 골격형성 • 당질·지방·단백질 대사에 관련된 효소 활성 • 아르기닌 분해효소 등 효소구성원	• 인간: 모름 • 동물: 생식기능 저하, 성장부진	• 신경근육계 증세 (파킨슨병과 유사, 정신장애)	• 충분섭취량: 남자 4.0mg, 여자 3.5mg • 상한섭취량: 11mg	현미, 호두, 상추, 대두
몰리브덴	• 흡수: 식이에 영향 • 배설: 신장	• 효소성분 • 잔틴 산화효소의 조효소	• 인간: 모름 • 동물: 호흡 및 신경 곤란	• 요산증가, 통풍유발	• 권장섭취량: 남자 30μg, 여자 25μg • 상한섭취량: 남자 650μg, 여자 500μg	콩, 간, 통밀
크롬	• 흡수: 아연과 함께 흡수됨 • 배설: 신장	• 당질대사를 도움 • GTF의 구성성분	• 당뇨병 • 성장장애	• 산업체에서 과다 노출시 피부염·기관지암 발생	• 충분섭취량: 남자 30μg, 여자 20μg	치즈, 달걀, 간
코발트	• 흡수: 소장에서 거의 흡수 • 배설: 신장	• 비타민 B_{12}의 구성 원소	• 악성빈혈			

CHAPTER 10

수분과 전해질

1. 수분
2. 전해질

CHAPTER 10 수분과 전해질

1. 수분

수분은 신체를 구성하는 주요 성분이며 생명유지와 대사과정에 반드시 필요한 매우 중요한 물질이다. 수분은 2개의 수소 원자와 1개의 산소 원자로 구성되어 있으며 에너지를 제공하지 않지만 생명을 유지하는 데 필수적이어서 6대 영양소에 포함되기도 한다.

수분은 인체의 주된 구성성분으로 체중의 50~70%를 차지한다. 인체에서 수분이 차지하는 비율은 성별, 연령, 체조직의 구성에 따라 다르다. 일반적으로 신생아는 약 75%의 수분을 함유하며, 연령이 증가할수록 서서히 감소하여 성인 남자는 60% 정도 수분을 함유한다. 여성은 같은 체중의 남성보다 근육량이 적은 대신 지방조직이 많으므로 수분함량이 50% 정도이다. 비만한 사람(50%)이 마른 사람(70%)보다 수분함량이 더 적다.

또한 각 기관과 조직에 따라 수분 함유량이 다르다. 혈액은 83%의 수분을 함유하고 있으며, 간·근육·신장·신경조직은 70% 이상, 그리고 뼈와 지방조직은 약 20%의 수분을 함유하고 있다.

수분은 체내에서 대사과정을 통해 생성되기도 하지만, 생성되는 양이 미량이므로 반드시 외부로부터 섭취해야 한다.

물은 물리적 · 화학적 성질이 매우 특이하다. 물분자가 쌍극구조를 갖고 있고, 서로 쉽게 수소결합을 이룰 수 있는 성질이 있기 때문이다. 물의 산소원자는 수소원자보다 전자친화성이 크기 때문에 전기적 음성을 띠고 수소 부분은 전기적 양성을 띠는 쌍극구조를 가지고 있어서 여러 가지 이온을 쉽게 수화물로 만들 수 있다.

1) 체내 분포

체내에 있는 수분에 각종 전해질과 유기물질이 녹아 있는 것이 체액body fluid이다. 체액은 인체 세포를 중심으로 세포 안에 있는 세포내액intracellular fluid, ICF과 세포 밖에 있는 세포외액extracellular fluid, ECF으로 구분되고, 세포외액은 다시 혈액과 세포간질액으로 나뉜다(그림 10-1).

체내 총 수분량의 약 60%가 세포내액에 존재하며, 나머지 40% 정도는 세포외액에 존재한다. 체내에서 일어나는 대사반응은 세포내액에서 이루어지며, 세포외액은 주로 산소 및 영양소와 노폐물을 운반하는 역할을 한다.

(1) 세포내액

세포내액은 체중의 약 30~40%를 차지하며 체내에서 일어나는 모든 생화학적 반응이 이곳에서 일어난다. 세포내액에는 대부분이 유기물이고, 무기질이 소량 함유되어 있는데, 주요 무기질은 칼륨(K^+), 마그네슘(Mg^{2+}), 인산(PO_4^{3-}) 등이며, 나트륨(Na^+), 염소(Cl^-), 중탄산염(HCO_3^-)도 소량 들어 있다. 세포내액은 수분평형, 산-염기 평형유지, 능동 수송 등 중요한 역할을 한다.

(2) 세포외액

세포외액은 체중의 약 20%에 해당된다. 세포외액에는 세포간질액interstitial fluid, ISF(체중의 약 16%, 세포외액의 75%), 혈장(체중의 4%, 세포외액의 25%), 세포횡단액transcellular fluid, 그리고 림프액이 있다.

세포간질액은 세포와 세포 사이에 위치하여 세포를 둘러싸고 있는 액체이며, 혈장은 혈관 내에 있는 액체이다. 혈관벽에 의해 혈장과 세포간질액이 구분된다. 혈액은 온몸을

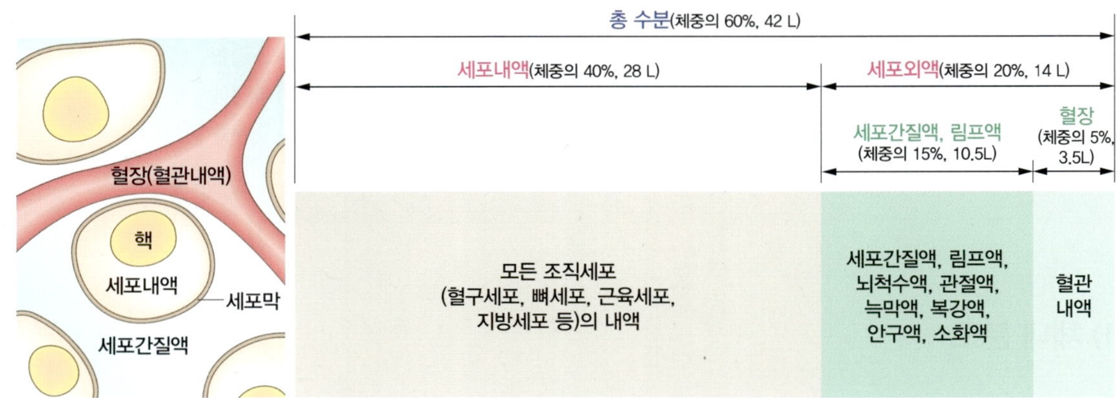

그림 10-1 **체액의 구분과 분포(체중 70kg, 남자)**

순환하면서 산소와 영양물질을 세포간질액에 공급하며, 세포간질액은 혈장에서 받은 물질을 세포에 공급하고, 세포 내에서 생산된 대사물질이나 노폐물을 혈장으로 전달한다. 유아의 체액량이 성인보다 많은 이유는 유아가 성인보다 세포외액, 특히 세포간질액(체중의 약 25%)이 많기 때문이다. 세포횡단액에는 뇌척수액, 관절액, 늑막액, 복강액, 안구액, 소화액 등이 있으며 그 양은 극히 적다(체중의 약 2%).

세포외액은 세포가 필요로 하는 산소 및 영양물질을 공급해 주고, 세포에서 생성된 노폐물을 외부로 제거해 줄 뿐만 아니라 전해질 농도, pH 및 삼투질 농도 등을 일정하게 유지하며, 세포의 기능을 원활하게 해준다. 세포외액의 주된 양이온은 나트륨(Na^+)과 칼슘(Ca^{2+})이며, 주요 음이온은 염소(Cl^-)와 중탄산염(HCO_3^-)이다.

체중 70kg인 성인 남자의 체내 수분분포는 그림 10-1과 같다.

2) 생리적 기능

(1) 영양소와 노폐물의 운반

소화관에서 흡수된 각종 영양소는 필요에 따라 혈액이나 림프액에 의해 필요한 조직으로 운반되어 사용되거나 저장된다. 대사과정에서 생성된 요소, 요산 같은 질소화합물, 이산화탄소 등의 노폐물은 혈액을 통해 신장이나 폐로 운반되어 소변과 호흡을 통해 체외로 배출되고, 극히 소량이 피부에서 땀으로 배출된다.

(2) 화학 및 대사과정의 용매

체내에서 여러 가지 대사반응이 일어나려면 화학반응 물질이 물에 용해된 상태로 존재해야 한다. 물 분자는 전기적으로는 중성이지만, 물 분자 내의 산소원자는 약한 음전하(δ-)를, 수소원자는 약한 양전하(δ+)를 띠는 극성물질이어서 체내 각 조직에서 여러 물질을 쉽게 용해시키는 용매로 작용한다. 가수분해는 소화 과정에서 물이 반응에 참여하여 복합 영양소가 더 작은 단위로 분해되는 화학 반응이다.

(3) 정상체온 유지

체내에서 에너지 대사가 일어나면 열이 발생하는데, 체온을 정상으로 유지하려면 필요 이상의 열을 체외로 발산시켜야 한다. 심한 운동이나 발열, 고온으로 체온이 높아지면 인체는 체표면을 통해 땀의 형태로 수분을 증발시키며, 이때 기화열이 체온을 낮춰서 체온을 정상으로 유지시킨다. 수분은 열전도가 좋으므로 의식하지 않는 동안에도 계속해서 피부와 폐로 열을 발산시키며, 그 양은 하루에 350~700mL 정도이다.

1L의 땀이 피부에서 증발할 때 약 600kcal의 열에너지가 배출된다. 축구선수는 한 경기를 하는 동안 땀을 많이 흘리게 되는데, 이때 체중이 4.5~5kg 정도 감소한다.

(4) 윤활작용 및 신체보호

수분은 음식의 삼킴을 매끄럽게 해주는 타액, 음식물이 쉽게 소화되도록 해주는 위액, 담즙, 췌장액, 장액 등 소화액의 구성성분이며 1일 소화액 분비량은 7L 정도이다.

1일 소화액 분비량

타액 1~1.5L 위액 1.5~2L 담즙 0.5~1L 췌장액 1~1.5L 장액 1.5~1.8L

수분은 점액의 구성성분으로 눈, 코, 호흡기관 등의 점막을 부드럽게 해주고, 관절액은 관절의 움직임을 원활하게 하여 연골과 뼈가 쉽게 마모되지 않게 하며 부드럽게 해준다. 이와 같이 수분은 소화액, 점액, 관절액 등의 구성성분으로 윤활작용을 한다.

또한 수분은 외부 충격을 흡수하여 내장기관을 보호해 준다.

뇌척수액은 뇌와 척수를 둘러싸 뇌신경과 척수신경을 보호하며, 임신부의 양수는 태아를 둘러싸 외부의 충격으로부터 보호한다.

(5) 전해질 균형 및 삼투압과 pH 유지

수분은 인체의 전해질 농도와 삼투압 그리고 pH를 일정하게 유지시킴으로써 세포의 기능을 원활하게 한다. 전해질 중 나트륨, 칼륨, 염소 등은 세포내외액의 균형을 유지하는 데 중요한 역할을 한다. 나트륨과 염소는 세포외액에 많으며, 칼륨은 주로 세포내액에 많다. 세포내외에 존재하는 전해질의 농도에 따라 삼투현상에 의해 세포 안과 밖으로 수분이 빠르게 이동함으로써 전해질의 균형을 조절한다.

또한 수분은 체내 pH가 7.4(7.35~7.45)로 유지되도록 산·염기 평형에 관여하는 체내 기전의 필수성분으로 작용한다. 탄산-중탄산염 완충계가 한 예이다. 혈액에 염기가 들어오면 용해된 이산화탄소가 물과 반응해서 탄산을 생성하고($CO_2 + H_2O \rightarrow H_2CO_3$), 생성된 탄산은 다시 수소이온($H^+$)과 중탄산이온($HCO_3^-$)으로 해리되며, 이때 생성된 수소이온이 염기와 반응해서 혈액의 염기화를 막아 pH를 유지시킨다.

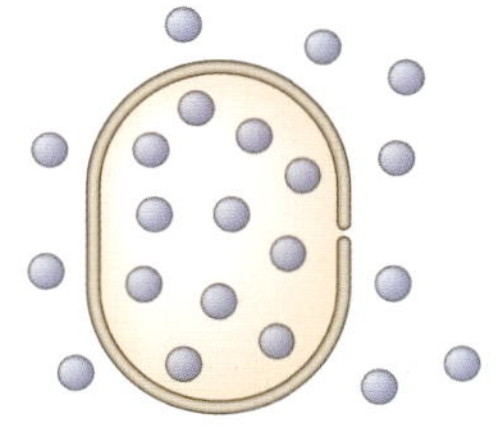

등장액(Isotonic solution)
세포내액 농도 = 세포외액 농도
물의 이동 없음

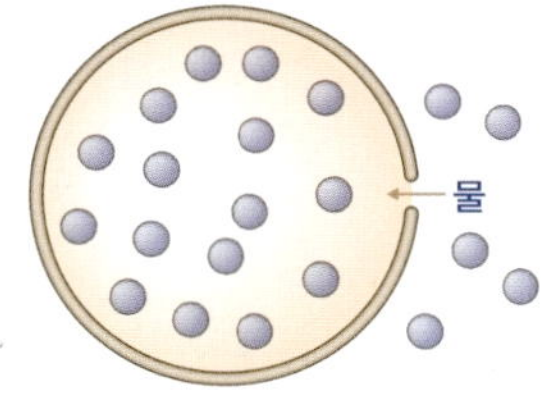

저장액(Hypotonic solution)
세포내액 농도 > 세포외액 농도
세포 외 물이 세포 내로 이동

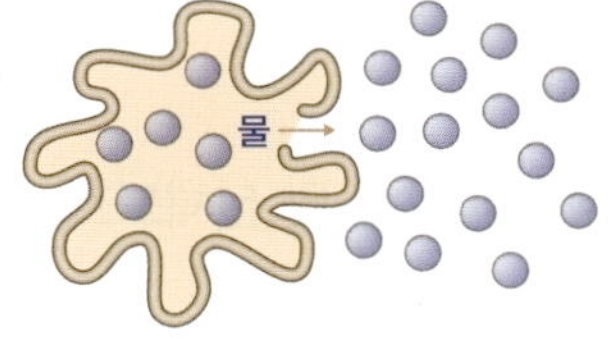

고장액(Hypertonic solution)
세포내액 농도 < 세포외액 농도
세포 내 물이 세포 외로 이동

그림 10-2 **삼투현상**

3) 수분평형

인체는 호르몬, 효소, 신경자극 등의 방법을 통해 생리적 상태, 활동 정도, 외부 환경의 변화 등에 대처하여 수분의 섭취량과 배설량을 조절함으로써 체내 수분 함량을 일정하게 유지한다(그림 10-3). 신체의 수분평형water balance이란 수분의 섭취와 배설 간의 균형을 말한다.

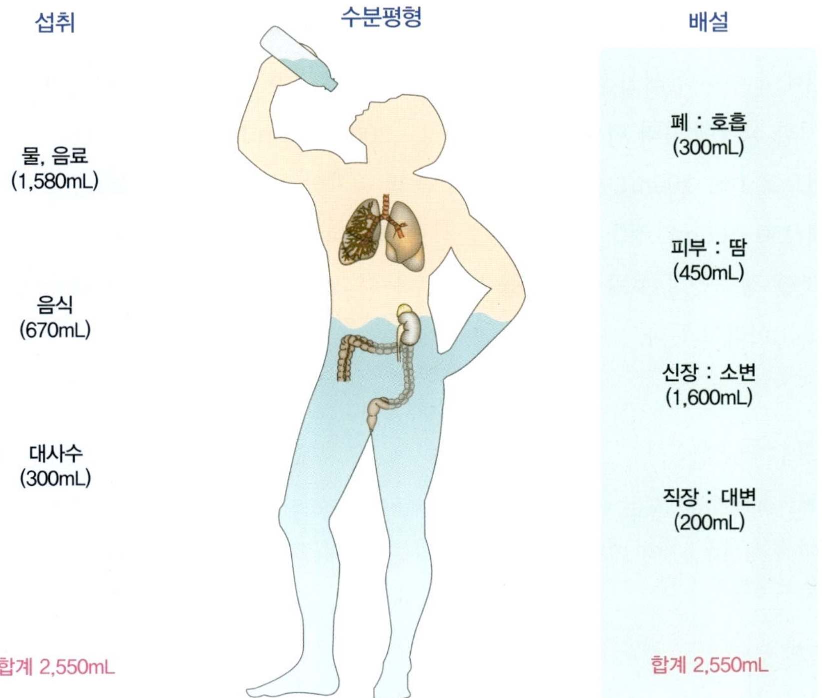

그림 10-3 **성인의 수분평형의 예**
자료: Jequier & Constant, 2010

수분의 원천은 섭취한 수분과 대사수로, 대사수는 주로 에너지영양소의 대사과정에서 생기고, 섭취한 수분은 음료수와 식품 중의 수분을 말한다. 또한 체내의 수분은 소변, 피부, 호흡 및 대변을 통해 배설된다.

(1) 수분 섭취

수분은 대부분 마시는 물과 음료 및 음식의 섭취를 통해 체내에 공급된다. 또한 체내에서 에너지영양소인 탄수화물, 지질, 단백질이 대사될 때 에너지 발생과 함께 생성되는 수분을 대사수metabolic water라고 하는데, 하루에 200~400mL 정도 생성된다. 탄수화물, 지질, 단백질 각각 100g이 연소될 때 생성되는 대사수는 55mL, 107mL, 41mL이다.

(2) 수분 배설

체내에서 수분의 배설은 소변, 대변, 피부 및 호흡을 통해 이루어진다. 일반적으로 신체가 처한 상황에 따라 다르지만 하루에 약 1,200~1,700mL의 수분이 소변으로 배설되며, 대변으로 100~200mL 정도, 피부에서 땀 및 증발의 형태로 450~900mL, 폐에서 호흡을 통해 250~500mL 정도 손실된다. 특히 호흡과 피부로 손실되는 수분의 양은 거의 느끼지 못할 정도인데, 호흡과 피부를 통한 수분의 지속적인 손실을 불감수분손실량insensible water loss이라고 한다.

> **불감수분손실량**
>
> 폐와 피부로 손실되는 수분량을 말한다. 땀 배출량은 정상적으로 하루에 약 100mL이지만 심한 고온 혹은 심한 운동시 시간마다 1~2L의 수분이 손실되고, 심한 설사 시 대변으로 1일 2~3L의 수분이 손실될 수 있다.

안정 상태에서는 수분평형의 결과로 수분 섭취량과 배설량이 같아 체수분에는 큰 변동이 없지만, 수분이 부족하면 물을 섭취하여 갈증을 해소하고 소변량을 줄이거나 늘림으로써 수분을 조절한다.

(3) 수분 평형 조절

체수분의 평형을 유지하기 위해 그림 10-4와 같이 혈액량이 감소하면 항이뇨호르몬이 소변의 배출량을 조절하며, 신장에서 알도스테론이 나트륨 재흡수를 증가시켜 수분을 보유하게 하고, 뇌의 갈증중추를 자극하여 수분을 섭취하게 한다.

① 수분 섭취 조절

수분의 섭취는 갈증에 의해 조절된다. 설사나 땀을 많이 흘려서 혈액량이 감소하거나 짠 음식의 섭취로 체내 혈액의 삼투압이 증가하면 수분이 타액선에서 빠져나와 구강이 건조해지고, 혈액의 삼투압이 높아진 것을 시상하부의 삼투수용체osmoreceptor에서 감지하여 갈증을 느끼게 된다. 이때 물을 마시면 구강 점막이 적셔지고 위장관이 확대되면서 서서히 혈액에 수분이 공급되어 갈증이 사라지게 된다(그림 10-4).

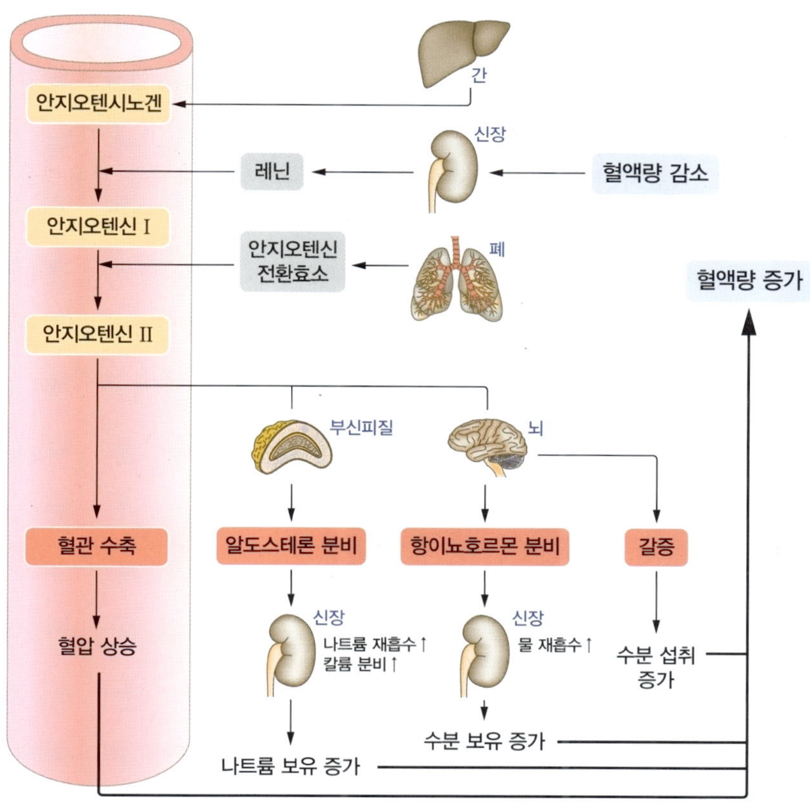

그림 10-4 **수분평형 조절**

수분섭취량이 충분하면 거의 갈증을 느끼지 않고 소변색은 무색이나 옅은 노란색을 띤다.

② 수분 배설 조절

수분 배설은 항이뇨호르몬antidiuretic hormone, ADH과 알도스테론aldosterone에 의해 조절된다. 수분이 부족하여 혈액량이 감소하거나 소금(나트륨) 섭취량이 많아지면, 혈액의 삼투압이 높아져서 뇌하수체 후엽으로부터 항이뇨호르몬이 분비된다. 항이뇨호르몬은 신장의 원위세뇨관과 집합관에서 수분의 재흡수를 촉진하여 체내 수분 보유량을 증가시킨다.

또한 설사나 출혈, 나트륨 섭취 감소 등으로 혈액량이 감소하여 신장을 통과하는 혈류량이 줄어들면 신장에서 레닌renin이 혈액으로 분비되어 간에서 합성된 비활성형의 안지오텐시노겐을 활성형의 안지오텐신 I 으로 전환시킨다. 안지오텐신 I 은 폐에서 분비된 안지오텐신전환효소에 의해 안지오텐신 II 로 전환되어 직접 혈관을 수축시키고, 부신피질

안지오텐시노겐 angiotensinogen
안지오텐신 angiotensin

을 자극하여 알도스테론의 분비를 촉진한다. 알도스테론은 신장의 원위세뇨관에서 나트륨의 재흡수를 촉진하여 체내 나트륨의 보유를 증가시키며, 이로 인해 수분도 함께 체내에 보유된다. 안지오텐신 II는 시상하부에도 작용하여 갈증으로 수분 섭취를 늘리고, 뇌하수체 후엽에도 작용하여 항이뇨호르몬의 분비를 자극해서 체내 수분 보유량을 증가시킨다(그림 10-4).

항이뇨호르몬이나 알도스테론의 작용에 의한 체내 수분 유지는 그 양에 한계가 있다. 피부와 폐를 통해 수분이 끊임없이 손실되므로 수분을 보충하지 않으면 탈수 증세가 나타날 수 있으므로 갈증을 느끼지 않더라도 수시로 의도적으로 수분을 섭취하는 것이 매우 중요하다.

4) 결핍증과 과잉증

(1) 탈수

탈수$_{\text{dehydration}}$는 체내 수분이 지나치게 손실되는 현상으로 출혈, 화상, 설사, 지속적인 구토, 고열 및 심한 운동으로 인한 땀 배출, 이뇨작용 등에 의해 나타날 수 있다. 정상 체중의 1~2%에 해당하는 수분이 손실되면 갈증이 생기는데 이는 탈수의 첫 번째 증상으로 체내 수분이 이미 소실되어 보충이 필요하다는 신호이다. 4%의 수분이 손실되면 근육의 강도와 지구력이 떨어져 근육피로감을 쉽게 느끼게 되며, 10~12%의 수분이 손실되면 탈수로 인해 근육경련이나 무기력 상태에 빠진다. 체중의 20% 이상에 해당하는 수분이 손실되면 혼수상태에 빠지거나 사망할 수 있다(그림 10-5).

특히 고열, 구토, 설사 등이 지속되는 영아나 장시간 비행기 여행을 하는 사람에게서 탈수증이 나타나기 쉽다. 한편 체내 수분 공급이 부족했던 사람은 회복이 되어도 신장에 쌓였던 대사산물 때문에 신장기능이 손상되기도 한다.

(2) 수분중독(저나트륨혈증)

수분중독$_{\text{water intoxication}}$은 흔하진 않지만 단시간에 특히 전해질의 섭취 없이 수분을 지나치게 많이 섭취한 경우에 발생한다. 체내 수분이 과잉상태가 되면 세포외액의 전해질 농도가 낮아져서 세포내액의 칼륨이 세포외액으로, 세포외액의 물이 세포내액으로 이동하

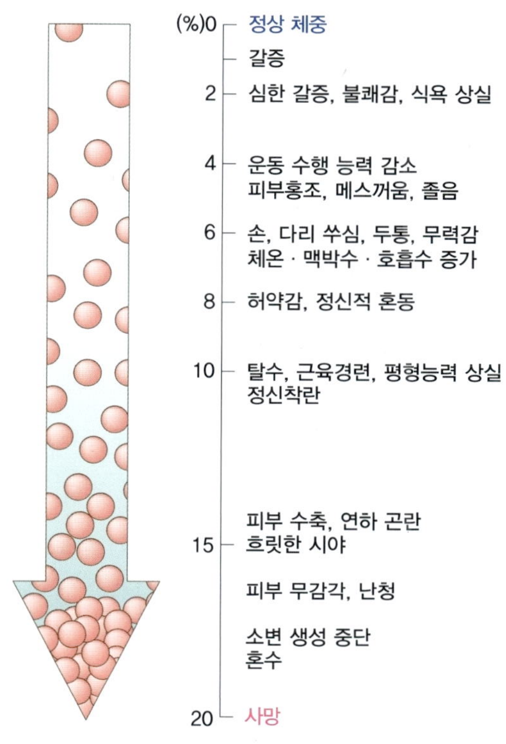

그림 10-5 **수분손실과 인체의 영향**

게 된다. 그 결과 중추신경계 부종으로 두통, 메스꺼움, 구토 등을 일으키고, 근육경련 등이 생긴다. 또한 세포외액의 감소로 혈압이 떨어지며, 심하면 혼수상태에 빠지거나 사망하게 된다.

수분중독(저나트륨혈증)은 자발적으로 수분을 과잉섭취하는 심리질환자나 지구력을 필요로 하는 운동선수(예: 마라톤, 울트라마라톤, 철인3종경기)에서 나타날 수 있으므로 운동 중에 적절한 전해질 공급이 필요하다.

(3) 부종

부종edema은 세포간질액에 수분이 비정상적으로 축적되어 있는 상태로, 단백질 결핍에 의한 저알부민혈증이나 보상기전에 의한 나트륨 과잉 보유 등에 의해서 발생한다.

혈장 단백질 중 알부민은 혈액의 삼투압을 세포 간질액보다 높게 유지시켜 수분을 혈관 내에 보유시킨다. 장기간 단백질 섭취가 부족하거나 신장기능의 이상으로 인한 단백뇨로 혈장의 단백질 농도가 감소하면, 혈장 삼투압이 떨어져 혈액 내 수분이 세포간질액으로 이동한다. 그 결과 부종이 생기게 되며, 특히 말초모세혈관이 있는 조직(손, 발 등)

에서 나타난다. 또한 체내에 나트륨이 과잉 보유되면 세포외액의 삼투압이 증가하므로 삼투압을 낮추기 위해 뇌하수체 후엽에서 항이뇨호르몬이 분비되어 체내에 수분을 저장하게 된다. 이때 체내 수분은 주로 세포간질액에 축적되므로 부종이 발생한다.

5) 영양섭취기준과 급원식품

(1) 수분섭취기준

수분 필요량은 연령, 체표면적, 활동 정도, 기온, 건강상태, 식사 등의 영향을 받는다. 나이가 어릴수록, 체표면적이 클수록, 운동량이 많을수록, 주위 환경의 온도가 높을수록 단위체중당 수분 필요량이 증가한다. 또한 고열, 지속적인 구토, 설사, 방광염, 요로결석 및 임신·수유 등의 생리적 상태, 고단백질·고나트륨 식사의 경우에 수분 필요량이 증가한다.

일반적으로 수분 필요량은 소비한 에너지의 양에 비례한다. 일반 성인의 경우 소비에너지 1kcal당 1.0mL, 유아나 운동선수의 경우는 1.5mL의 수분을 섭취하도록 권장하고 있다.

우리나라 성인에 대한 수분의 충분섭취량은 액체인 물, 음료섭취량과 음식으로 섭취하는 수분량을 합한 총수분섭취량으로 구분하여 제시하고 있다.

수분의 충분섭취량은 성인 남자의 경우 물, 음료, 우유를 포함한 액체 섭취량 1,200mL를 포함하여 총수분량이 19~29세는 2,600mL, 30~49세는 2,500mL이고, 50~64세는 액체 섭취량 1,000mL를 포함하여 총 2,200mL이다. 성인 여자의 경우 물, 음료, 우유를 포함한 액체 섭취량 1,000mL를 포함하여 총수분량이 19~29세는 2,100mL, 30~49세는 2,000mL, 50~64세는 1,900mL이다. 이후에는 연령이 증가함에 따라 감소한다(표 10-1).

음료수와 갈증 해소

갈증이 났을 때 탄산음료나 주스를 마시면 처음에는 갈증이 해소되는 것 같지만 시간이 지나면 다시 갈증이 생긴다. 이는 이들 음료에 다량 함유된 설탕이나 염류가 혈장의 삼투 농도를 증가시킨 결과이다. 또한 알코올 음료(술)나 카페인 음료(커피, 차 등)의 섭취는 항이뇨호르몬의 분비를 억제하여 소변량을 증가시키므로 갈증을 더욱 느끼게 한다. 따라서 갈증을 해소하기 위해서는 인체에 필요한 수분을 순수한 물의 형태로 충분히 섭취하는 것이 가장 바람직하다.

표 10-1 한국인의 1일 수분섭취기준

성별	연령	수분(mL/일)			
		충분섭취량		상한섭취량	만성질환 위험감소섭취량
		액체[1]	총수분[2]		
영아	0~5(개월)	700	700		
	6~11	500	800		
유아	1~2(세)	700	1,000		
	3~5	1,100	1,500		
남자	6~8(세)	800	1,700		
	9~11	900	2,000		
	12~14	1,100	2,400		
	15~18	1,200	2,600		
	19~29	1,200	2,600		
	30~49	1,200	2,500		
	50~64	1,000	2,200		
	65~74	1,000	2,100		
	75 이상	1,100	2,100		
여자	6~8(세)	800	1,600		
	9~11	900	1,900		
	12~14	900	2,000		
	15~18	900	2,000		
	19~29	1,000	2,100		
	30~49	1,000	2,000		
	50~64	1,000	1,900		
	65~74	900	1,800		
	75 이상	1,000	1,800		
임신부[3]			+200		
수유부[3]		+500	+700		

1) 물, 음료, 우유를 포함하는 액체에 대한 충분섭취량
2) 음식 수분과 액체를 포함하는 총수분에 대한 충분섭취량
3) 임신부·수유부 부가량
자료: 보건복지부·한국영양학회, 2025 한국인 영양소 섭취기준

그림 10-6 **식품의 수분 함량**

(2) 급원식품

체내 수분 급원으로는 물과 음료, 식품 등이 있다. 물과 음료는 액체수분급원으로 일상적으로 섭취하는 물에는 생수, 보리차 등이 있으며, 음료로는 우유, 두유, 녹차나 커피와 같은 차류, 주스, 술 등이 있다. 대부분의 음료에는 당류, 나트륨, 카페인, 알코올 등이 있어 비만, 심혈관질환 등의 발생 위험을 높이므로 음료보다는 주로 순수한 물로 섭취하는 것이 바람직하다.

식품 중의 수분 함량은 그림 10-6과 같이 매우 다양하다. 오이의 경우 95%가 수분인 반면, 감자 81%, 쌀밥 65%이고, 비스킷은 3%의 수분을 함유하고 있다. 음식 중에는 국물이 많은 국, 찌개, 죽 등이 수분을 많이 함유하고 있다.

우리가 마시는 물과 다양한 형태의 음료를 통한 액체 수분섭취량은 총 수분섭취량의 50~70%에 해당되며, 음식을 통한 수분섭취량은 총 수분섭취량의 30~50%에 해당된다.

2. 전해질

1) 산·염기 평형

정상적 세포대사과정에서 다량의 산성물질이 형성되는데, 탄산이 가장 많고 젖산, 케토산도 생성된다. 이들은 계속적으로 세포외액으로 배출되지만 세포외액의 pH에는 변화가 없다. 그 이유는 세포외액 중에 존재하는 완충제buffer인 단백질, 헤모글로빈, 인산염 및 중탄산염(HCO_3^-)bicarbonate의 작용 때문인데 HCO_3^-의 완충역할이 가장 크다.

$$HA(산) \rightleftharpoons H^+ + A^-(염기)$$

산은 용액에서 수소이온H^+을 유리하는 물질로 용액 내의 H^+ 농도를 증가시키며, 염기는 용액에서 H^+와 결합하는 물질로, 용액 내의 H^+ 농도를 감소시킨다.

정상 혈장의 pH는 7.4(7.35~7.45)인데, $[HCO_3^-]/Pco_2$은 일정하게 유지된다.

$[HCO_3^-]$ 중탄산염의 농도

$[H_2CO_3] = Pco_2$ 이산화탄소 분압

Pco_2는 폐에 의해, $[HCO_3^-]$는 신장에 의해 적절히 조절된다. $[HCO_3^-]/Pco_2$가 정상보다 커지면 동맥혈의 pH가 정상보다 높아져 알칼리증alkalosis이 되고, 작아지면 동맥혈의 pH가 정상보다 낮아져 산증acidosis이 된다. 산증과 알칼리증은 pH 변화를 일으킨 원인에 따라 대사성metabolic과 호흡성respiratory으로 나뉜다. 동맥혈의 pH 변화가 Pco_2의 변화 때문이면 체내 CO_2 축적에 의한 호흡성 산증, Pco_2 감소에 의한 호흡성 알칼리증이라 한다. pH 변화가 염기의 변화로 인한 것이면 염기 과다의 대사성 알칼리증, 염기 부족인 대사성 산증이라고 한다.

표 10-2 **완충제의 주요 기능**

완충제	주요 기능
중탄산염-탄산 완충제	비탄산 변화에 대항하는 주요 세포외액의 완충작용
단백질 완충제	세포내액과 세포외액의 주요 완충용액
헤모글로빈 완충제	탄산 변화에 대항하는 주요 완충용액
인산완충제	중요한 세포내액의 완충작용

2) 혈액의 pH 조절

(1) 호흡성 산증

- **원인**: 만성폐질환이나 신경계 장애로 인해 호흡부진이 되면 폐를 통한 CO_2의 체외 방출이 잘 되지 않아 Pco_2가 증가되고 $[HCO_3^-]/Pco_2$가 감소하여 호흡성 산성증이 발생한다.
- **증상**: 초조감, 불안, 불면증, 경증의 진전, 혼수, 두통, 피부홍조, 호흡 곤란, 허약감, 청색증이 나타난다.
- **치료**: 이를 보상하기 위해 신장에서의 HCO_3^- 재흡수와 CO_2로부터 HCO_3^-의 생성이 증가되어 $[HCO_3^-]/Pco_2$가 정상이 된다.

(2) 호흡성 알칼리증

- **원인**: 고지대에 올라갔을 때 같은 저산소증hypoxia, 체온상승, 살리실산salicylate 같은 호흡중추 자극 약물을 복용하는 경우 호흡 과다로 폐를 통한 CO_2 배출이 증가되어 Pco_2가 급격히 감소하여 호흡성 알칼리증이 발생한다.
- **증상**: 빈맥, 원인성 과호흡, 현기증, 기절, 경련 또는 혼수, 허약감, 감각 이상, 저칼륨혈증, 저칼슘혈증이 나타난다.
- **치료**: 이에 대한 보상으로 신장에서의 HCO_3^-의 재흡수가 감소하여 $[HCO_3^-]/Pco_2$가 재조정되며, 호흡률을 감소시켜 Pco_2를 올림으로써 치료할 수 있다.

(3) 대사성 산증

- **원인**: 당뇨병으로 인한 케톤체 합성 증가, 신기능 부전에 의해 산 배설 장애로 체내 산이 축적되는 경우, HCO_3^-가 다량 함유된 췌장액이나 장액이 손실된 경우에 혈장 HCO_3^-가 감소되어 발생한다.
- **증상**: 보상성 과호흡, 깊은 호흡, 스트레스 반응 후 기면, 졸림, 허약감, 두통, 혼돈, 혼수, 오심, 구토, 복통, 위장관 팽만, 서맥, 부정맥, 심박출량 저하, 저혈압이 나타난다.
- **치료**: HCO_3^- 손실로 인해 $[HCO_3^-]/Pco_2$가 낮아진 경우, 호흡 증가를 통해 체내 CO_2 방출을 증가시켜 혈중 Pco_2를 감소시킴으로서 보상한다. 병인치료와 함께 HCO_3^-를 공급하여 치료한다.

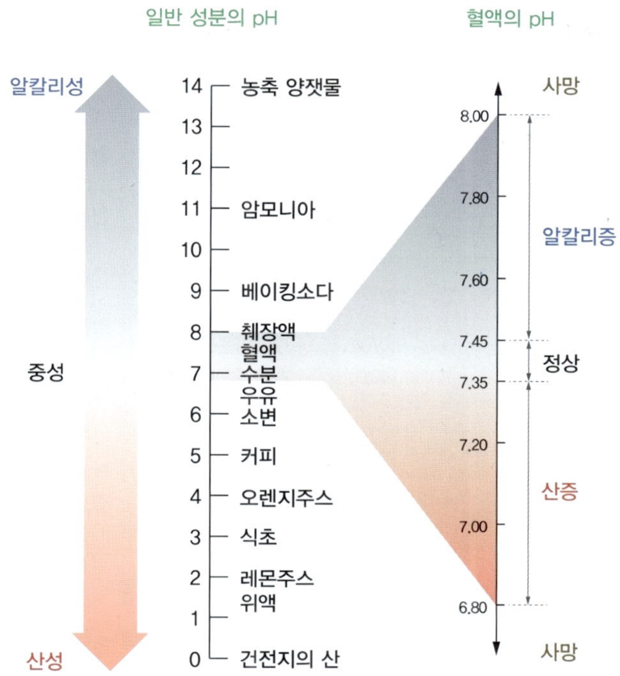

그림 10-7 **일반 성분의 pH와 혈액의 pH 비교**

(4) 대사성 알칼리증

- **원인**: 구토로 위산 HCl이 손실되었거나 탄산수소나트륨($NaHCO_3$)을 섭취한 경우 HCO_3^-가 증가되어 발생한다.
- **증상**: 혼돈, 의식수준 저하, 현기증, 손과 얼굴 입 주위의 무감각과 저림, 근육경련, 근육강직, 부정맥, 심박출량 저하, 저혈압이 나타난다.
- **치료**: 이를 보상하기 위해 폐를 통해 CO_2의 체외방출을 감소시켜, 체내 Pco_2를 증가시킴으로써 $[HCO_3^-]/Pco_2$를 정상으로 조절한다.

표 10-3 **산-염기 장애 평가에 필요한 주요한 요소**

산염기 불균형		원인	영향	혈청	$[HCO_3^-]/[CO_2]$	보상기전	보상시 동맥혈액가스 수치
호흡성	산증	느리고 얕은 호흡, 폐울혈, 수술 후 환자 (마취제에 의한 호흡 억제)	Pco_2증가 (>45mmHg) 중탄산염이온 정상	<7.35	20/2 (10/1)	신장이 더 많은 수소이온을 배출하고 보다 많은 중탄산염이온을 재흡수	혈청 중탄산염 증가 $[HCO_3^-]/[CO_2]$=40/2(20/1) 혈청 pH=7.35~7.4
	알칼리증	과다 환기 (불안, 아스피린의 과다 복용)	Pco_2감소 (<35mmHg) 중탄산염이온 정상	>7.45	20/0.5 (40/1)	신장이 더 적은 수소이온을 배출하고 중탄산염이온을 적게 재흡수	혈청 중탄산염 감소 $[HCO_3^-]/[CO_2]$=10/0.5(20/1) 혈청 pH=7.4~7.45
대사성	산증	당뇨병, 케톤산증, 신부전, 설사	혈청 중탄산염 감소 (<24mEq/L) Pco_2정상	<7.35	10/1	빠르고 깊은 호흡, 신장이 많은 산을 배출하고 중탄산염이온의 재흡수를 증가시킴	Pco_2 감소 혈청 중탄산염 증가 $[HCO_3^-]/[CO_2]$=15/0.75(20/1) 혈청 pH=7.35~7.4
	알칼리증	구토(초기), 과도한 제산제 섭취	혈청 중탄산염 증가 (>28mEq/L) Pco_2정상	>7.45	40/1	느리고 얕은 호흡, 신장에서 산을 적게 배출하고 중탄산염이온의 재흡수를 감소시킴	Pco_2 증가 혈청 중탄산염 감소 $[HCO_3^-]/[CO_2]$=25/1.25(20/1) 혈청 pH=7.4~7.45

CHAPTER 11

알코올과 영양

1. 알코올의 정의와 특성
2. 알코올 대사
3. 알코올과 영양
4. 알코올이 신체 기관에 미치는 영향

CHAPTER 11 알코올과 영양

알코올 alcohol

알코올은 체내에서 에너지를 발생하지만 인체에 필수적인 기능은 하지 않으며 체내에 알코올 형태로 저장되지 않으므로 영양소라고 할 수는 없다. 적당한 음주는 사회활동에 윤활유 역할을 하기도 하고, 적당량의 알코올 섭취는 지단백질 중 HDL 수준을 높여 심장병 발생위험을 줄이는 것으로 알려져 있으며, 와인 같은 일부 알코올음료들이 함유하고 있는 항산화물질antioxidant은 건강에 도움을 주는 것으로 알려져 있다. 그러나 알코올은 체내 대부분의 장기, 특히 뇌와 신경조직, 간 그리고 소화기관에 영향을 미치며, 과음heavy drinking은 지방간fatty liver을 비롯한 여러 질병의 원인이 된다. 알코올을 과다 섭취한 경우에 영양불량malnutrition이 자주 나타나는데, 알코올 섭취가 많은 경우에는 다양한 식품을 섭취하는 것이 어렵게 되고 알코올이 다른 영양소들의 흡수와 대사를 방해하기 때문이다.

알코올과 지방간

지방간은 간에 중성지방이 과도하게 축적된 것으로 지방산 합성이 증가하거나 간의 중성지방이 간 이외의 조직으로 운반되지 못하는 경우로 인해 발생한다. 알코올이나 탄수화물을 과다 섭취하는 경우에 간에서 지방산 합성이 증가하며, 과음과 함께 단백질의 섭취가 부족한 경우에는 지단백질 합성이 감소되어 지방이 간에 축적되어 지방간이 발생한다.

1. 알코올의 정의와 특성

알코올에는 여러 가지 형태가 있는데, 일반적으로 맥주나 소주 또는 과일주에 들어 있는 에탄올을 말한다. 에탄올은 이스트가 설탕과 같은 당을 발효fermentation하는 과정에서 이산화탄소와 함께 발생해 만들어지며 과일, 곡류, 꿀 등이 발효하는 과정에서도 만들어진다.

에탄올 ethanol, ethyl alcohol

음식과 술에 들어있는 알코올은 탄수화물, 지질, 단백질처럼 체내에서 대사하여 1g당 7kcal의 에너지를 발생한다. 각종 술의 알코올 함량은 다양한데, 맥주는 4~6%, 와인은 8~14%, 소주는 20~25%, 그리고 위스키는 35~45%의 알코올을 함유하고 있다. 이들 술에는 약간의 칼슘, 인, 철 같은 무기질이나 니아신 같은 수용성 비타민이 미량 함유되어 있지만, 에너지 이외에는 다른 영양소가 거의 함유돼 있지 않아 영양가가 없으므로 빈 열량 식품empty calorie food이라고 부른다. 소량을 섭취하는 경우에는 기분을 좋게 하는 효과를 나타내지만 장기적으로 과음을 하는 경우에는 중독addiction이 된다. 각 술의 1잔에는 약 15g의 알코올을 함유하고 있으며 이를 1회 섭취량이라고 하는데, 적당한 알코올 섭취량은 남자는 2잔, 여자는 1잔 이하를 마시는 것을 말한다.

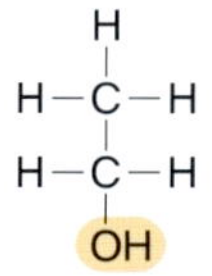

```
     H
     |
 H - C - H
     |
 H - C - H
     |
     OH
```

그림 11-1 에탄올의 구조

표 11-1 각 알코올음료의 에너지 함량

알코올음료의 종류	1잔의 부피(mL)	칼로리(kcal)
맥주(일반)	355	155
맥주(라이트)	355	105
백포도주	150	120
적포도주	150	125
스위트 디저트 와인	105	165
진, 럼, 보드카, 위스키	45	95

자료: 미국 농무성(USDA)

2. 알코올 대사

알코올은 분자량이 작아서 별도의 소화 작용을 거치지 않고 그대로 단순 확산에 의해 흡수된다. 흡수는 구강부터 시작하여 위, 소장, 대장의 모든 소화기관을 거치는 동안 이뤄진다. 알코올 흡수의 약 20%는 위에서 이뤄지고 나머지는 대부분 소장 상부에서 흡수된다. 1~2%의 알코올은 호흡 시 폐를 통해 배출되고 20% 정도는 근육조직으로 운반된다. 지질을 포함한 음식을 함께 섭취하면 알코올의 흡수가 늦춰지고 빈속에 알코올을 섭취하면 흡수가 즉시 일어난다. 흡수된 알코올은 간 문맥을 거쳐 간으로 운반되어 대부분이 간에서 대사된다. 간에서 일어나는 알코올의 대사 속도는 알코올분해효소의 수준에 따라 개인차가 있는데, 알코올 분해효소의 수준은 개인별이나 성별에 따라 차이가 있다. 또한 알코올은 소량을 적당히 마셨을 때와 과량 섭취했을 때에 대사과정에 차이가 있다.

1) 알코올 탈수소효소에 의한 대사

간은 알코올 대사를 다른 열량영양소들의 대사보다 우선적으로 처리하는데, 알코올을 소량으로 적당히 마셨을 때에는 알코올 탈수소효소에 의해 에탄올이 아세트알데하이드로 산화된다. 아세트알데하이드는 독성물질이며 인체는 이를 제거하기 위해 아세트알데하이드 탈수소효소에 의해 아세트알데하이드를 아세트산으로 산화시킨다. 이 과정은 소화기관으로부터 간에 걸쳐 전반적으로 일어나는데, 알코올을 과음하는 경우엔 소화기관에서 아세트산으로 완전히 전환되지 못한 아세트알데하이드가 소화기 점막에 손상을 주기도 한다. 그러므로 잦은 과음은 소화성 궤양ulcer을 유발하는 원인이 된다. 생성된 아세트산은 아세틸CoA로 전환하여 에너지를 발생하고, 나머지는 지방산을 합성하여 체지방을 증가시키거나 지방간을 유발하게 된다. 아세트알데하이드를 산화하는 능력은 개인별로 차이가 있어서 빠르게 제거하지 못하는 경우에는 일부 아세트알데하이드가 혈액을 순환하며 두통 등의 독성을 나타낸다. 아세트알데하이드는 알코올이 통과하는 구강과 식도, 그리고 알코올 대사가 일어나는 간으로부터 혈류를 통해 전신에 퍼져 독성 작용을 나타낸다. 활성산소free radical를 만들어 DNA와 세포 속 소기관 및 주요 단백질을 변형시키고, 이것에 노출되는 부위에 암을 유발시킬 수 있고 노화에 영향을 준다.

알코올 탈수소효소 alcohol dehydrogenase

아세트알데하이드 acetaldehyde

아세트알데하이드 탈수소효소 acetaldehyde dehydrogenase

아세트산 acetic acid

알코올 탈수소효소

세포질에 존재하며 에탄올을 산화하여 알데하이드나 케톤을 생성하는 것을 촉진하는 효소로서 NAD^+를 조효소로 필요로 한다.

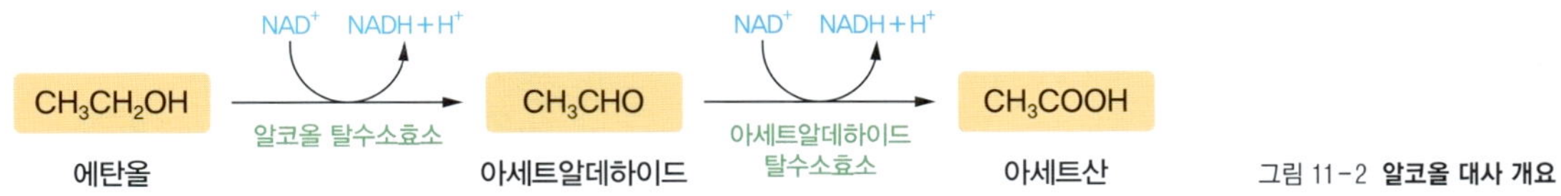

그림 11-2 **알코올 대사 개요**

2) 마이크로좀 에탄올 산화계에 의한 대사

알코올을 과량 섭취한 경우에 인체는 알코올을 이물질로 간주해 약이나 이물질을 해독하는 데 사용하는 간의 다른 효소 체계인 마이크로좀 에탄올 산화계(MEOS)microsomal ethanol-oxidizing system를 이용해 알코올을 대사시킨다. 알코올을 오랜 기간 동안 많이 마시게 되면, 이로 인해 약물이나 이물질의 해독작용이 영향을 받아 알코올과 항생제 등에 대한 내성이 증가하게 된다. MEOS에 의해 알코올이 산화되는 경우에는 NADH가 생성되지 않고 NADPH를 소모하게 되므로 에너지가 발생하는 대신 에너지를 소모하게 된다. 알코올 중독자는 MEOS를 통해 알코올을 대사하므로 섭취하는 알코올에 비해 체중이 증가하지 않는다.

아세트알데하이드

CH_3CHO. 알코올 탈수소효소에 의해 에탄올이 대사되어 생긴 독성을 가진 알코올 대사 중간물질

아세트알데하이드 탈수소효소

아세트알데하이드를 아세트산으로 전환시키는 효소로 NAD^+ 를 조효소로 함. 생성된 아세트산은 아세틸CoA가 되어 대사한다.

마이크로좀 에탄올 산화계

간에 존재하는 효소계로 에너지를 사용하여 작용하며 약물과 다른 독성물질을 대사한다. 알코올을 과량 섭취 시, 알코올 탈수소 효소가 알코올을 충분히 빠르게 대사하지 못하는 경우에 여분의 알코올은 MEOS에 의해 대사된다.

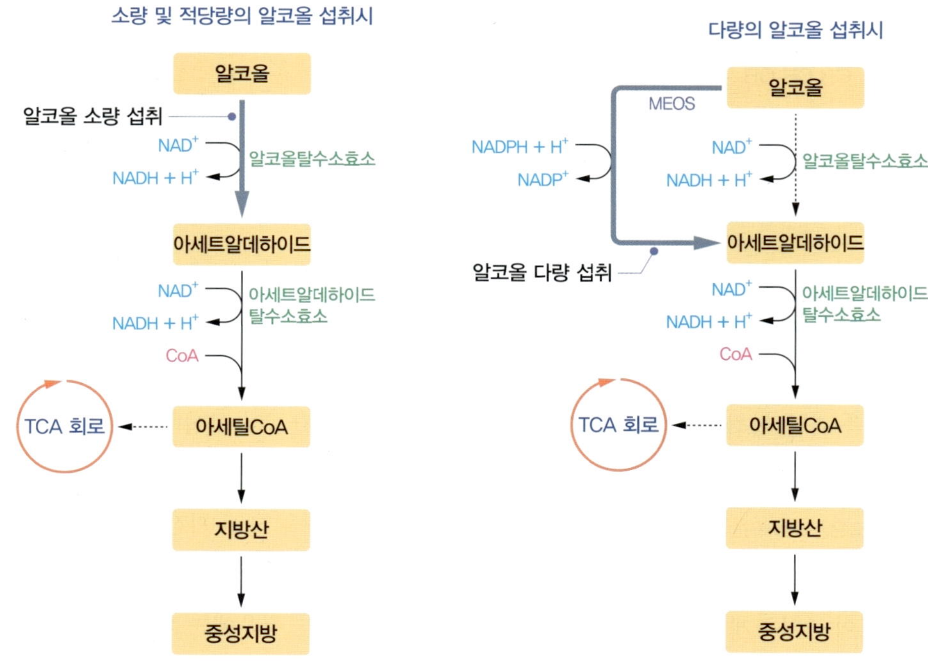

그림 11-3 **알코올 탈수소효소에 의한 대사**

그림 11-4 **마이크로좀 에탄올 산화계에 의한 대사**

3) 숙취 현상

알코올을 섭취한 후 약 30분 후에 혈액 알코올 농도는 최대치가 된다. 알코올을 간이 처리할 수 있는 용량보다 많이 섭취한 경우에는 알코올이 모든 체액으로 확산되어 들어간다. 임신한 경우에는 태반과 태아에게도 확산되어 들어간다. 알코올 섭취 과다는 뇌의 산소 부족현상을 일으켜 의식을 잃게 되고 호흡과 심장 박동 이상을 일으킬 수 있다.

숙취hangover는 술 마신 후 몇 시간 후에 혈액 알코올 수준이 떨어지는 시점에 나타나기 시작하는 염증작용이다. 숙취의 원인 물질은 아세트알데하이드로 두통과 구강 건조, 위통과 구토를 일으키며, 구토와 설사 등으로 인해 체액 손실body fluid loss과 전해질 불균형electrolytes imbalance을 일으킨다.

숙취를 줄이는 방법

숙취는 시간이 지나면 자연적으로 없어지지만, 알코올은 적당히 마시는 것이 가장 중요하다. 알코올을 섭취하기 전에 충분히 음식을 먹으면 알코올의 흡수 시간을 지연시켜서 인체가 알코올을 처리하는 데 충분한 시간을 갖게 된다. 또한 알코올 섭취 후 죽이나 무알코올 음료를 마시면 저혈당이나 탈수를 일부 예방할 수 있다.

여성이 남성보다 알코올에 약한 이유

여성은 남성에 비해 간의 크기가 작고, 여성의 알코올 탈수소효소 활성은 남성의 60% 정도로 알려져 있다. 또한 신체 조성 중 체지방이 많고 체수분이 적어 알코올을 희석하는 능력이 적어 여성의 알코올 처리 능력이 떨어진다.

3. 알코올과 영양

우리나라의 경우 알코올에 의한 영양불량 사례가 많지는 않으나, 알코올 중독자들은 부적절한 영양을 섭취하고 저하된 간기능과 함께 설사나 흡수불량 같은 알코올의 독성으로 인해 영양불량을 나타내기 쉽다. 특히, 알코올 과량 섭취가 심각한 경우에는 섭취에너지의 절반 정도를 알코올로부터 섭취하기 때문에 비타민이나 무기질의 섭취가 부족하기 쉽다.

1) 비타민

알코올 중독자는 부적절한 식사로 인해 비타민의 섭취가 충분하지 않으며 흡수 불량, 체내 비타민 파괴 증가, 소변으로의 배설 증가 등으로 인해 비타민 결핍vitamin deficiency이 일어날 수 있다. 또한 간에서 비타민 전구체vitamin precursor가 비타민으로 전환되는 것이 방해되기도 한다. 비타민A와 비타민D, 비타민B군과 엽산이 알코올 중독자alcoholics에게 부족하기 쉬운 영양소이다.

만성적인 음주로 알코올성 간질환이 생긴 경우에는 간의 비타민A 저장량과 혈액 비타민A 농도가 감소한다. 또한 비타민D의 섭취와 활성화가 방해되어 골절의 위험이 증가한다. 알코올이 산화되는 에너지 대사과정에는 티아민과 니아신 등이 조효소로 필요한데, 장기간의 음주를 하는 경우에 부적절한 섭취와 활성화 저하로 인한 티아민 결핍으로 베르니케-코르사코프 증후군Wernicke-Korsakoff Syndrome에서 나타나는 뇌 손상과 신경염neuritis, 심근염myocarditis 등이 나타난다. 또한 리보플라빈과 비타민B_6의 결핍이 흔하게 나타나고, 엽산 부족으로 인해 혈장 호모시스테인 농도가 증가하고 거대적아구성 빈혈megaloblastic anemia과 대장암colon cancer 발생이 증가한다.

티아민 thiamin
니아신 niacin
리보플라빈 riboflavin
호모시스테인 homocysteine

2) 무기질

알코올 중독자는 무기질 섭취가 충분하지 않으며, 신장에서의 재흡수가 감소하고 배설은 증가하게 되어 무기질의 결핍이 나타날 수 있다. 마그네슘이 결핍되는 경우에는 부정맥arrhythmia이 나타날 수 있으며, 칼슘대사 이상으로 칼슘부족 증상이 나타나게 된다. 아연은 알코올대사관련 효소인 알코올탈수소효소를 구성하므로, 아연 결핍은 알코올의 대사를 저해하여 해독작용detoxification을 방해할 수 있다.

3) 열량 영양소 대사

알코올이 탄수화물 대사에 미치는 영향으로는 굶은 상태에서 알코올을 과다 섭취 시 포도당신생작용이 억제되어 저혈당hypoglycemia을 초래하는 것이다. 알코올을 산화하는 데 필요한 NAD^+를 지속적으로 공급하기 위해서는 피루브산과 옥살로아세트산을 각각 젖산과 말산으로 전환시키게 되는데, 그 결과 포도당 신생작용에 필요한 포스포에놀 피루브산의 생성이 억제되기 때문이다.

피루브산 pyruvic acid
옥살로아세트산 oxaloacetic acid
포스포에놀 피루브산 phosphoenol pyruvate

알코올은 아미노산 흡수를 방해하는 것으로 알려져 있고, 간에서 알부민 합성을 감소시키므로 알코올 과다 섭취의 경우에 혈장 알부민 농도 저하로 부종edema이 나타날 수 있다.

지질은 산화되어 아세틸CoA를 생성하여 에너지를 내는데, 알코올과 지질을 함께 섭

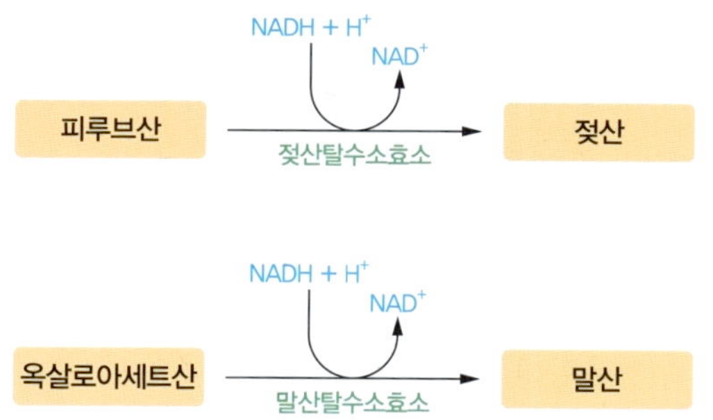

그림 11-5 **알코올 대사 시 NAD$^+$ 공급 경로**

취하는 경우에는 알코올 대사가 지질 대사보다 우선적으로 일어나므로 산화되지 못한 지질이 중성지방 형태로 간에 그대로 축적되어 지방간을 유발하기도 한다. 과다한 알코올을 섭취하는 경우에 지방산 산화 감소로 인한 중성지방 합성 증가와 지단백질 지방분해효소lipoprotein lipase 활성 감소로 인한 VLDL 제거 감소로 인해 혈액 중성지방 수치가 증가하게 된다. 반면에 적당한 알코올 섭취는 HDL-콜레스테롤 농도를 높여 심장질환 예방에 효과가 있다. 이는 알코올이 간에서 아포단백질 생산과 분비를 증가시키고 말초에서 지단백질 간의 상호 지질교환을 촉진시켜 LDL 내의 콜레스테롤을 HDL로 전달하게 하여 HDL의 생성을 증가시키기 때문이다.

4. 알코올이 신체 기관에 미치는 영향

알코올은 인체의 다양한 기관에 영향을 미치는데, 단기간 음주는 뇌의 신경전달물질neurotransmitter 수준에 영향을 미치고, 오랜 기간 동안 과음을 하는 경우에는 간, 심장, 뇌 등에 악영향을 미친다.

1) 뇌와 신경계

술을 마시면, 알코올은 단순 확산에 의해 혈액을 통해 뇌로 이동하여 신경세포에 작용함으로써 기억력 저하와 단기 의식불명 등을 일으킨다. 알코올은 뇌의 신경 간에 소통작용

세로토닌 serotonin
엔도르핀 endorphin

을 저하하고 신경전달 물질인 세로토닌과 엔도르핀의 합성에도 영향을 미쳐 이 물질들 작용의 균형을 잃게 하여 수면을 유도하기도 하고, 판단과 정서능력을 저하시킨다.

또한 공복이나 오랜 기아 후에 갑자기 많은 양의 알코올을 섭취하게 되면 급성으로 저혈당을 일으켜서 혼수상태나 사망을 초래하는 위험한 상태에 빠지기도 한다. 알코올 중독자에게서 나타나는 다발성 신경염multiple neuritis은 다양한 정신장애를 보이는데, 주로 비타민B군 결핍에 의한 영양불량의 경우 증상이 더욱 심각하게 나타난다.

2) 간

알코올의 대사와 해독작용이 주로 간에서 일어나므로, 간은 알코올의 영향을 가장 많이 받는 장기이며 알코올의 과다 섭취는 간 손상을 유발한다. 알코올을 과다 섭취하면 간에 $NADH/NAD^+$ 비율이 증가하게 되어 알코올 분해로 생성된 아세틸CoA가 TCA회로로 들어가 산화되기보다는 지방산 합성에 이용된다. 이로 인해 중성지방 합성이 증가되고, 중성지방이 간에 축적되므로 지방간을 유발하게 된다. 또한 과량의 알코올 섭취는 염증작용을 일으켜 알코올성 간염alcoholic hepatitis을 유발하기도 한다. 알코올성 지방간과 알코올성 간염은 간경화증liver cirrhosis이나 간암으로 발전하기도 한다. 간질환 초기에 알코올 섭취를 중단하고 적절한 영양을 섭취하면 간은 회복될 수 있지만, 간경화증이 되면 정상으로 회복되는 것이 어렵게 된다.

3) 소화기계

만성적으로 알코올과 아세트알데하이드가 소화기계에 노출되어 소화기 점막이 손상되면 식도염esophagitis, 식도 폐쇄, 연하곤란증dysphagia 등의 식도 장애와 위염 등을 일으키고 그 결과 미량 영양소의 흡수장애가 나타나 영양불량증을 초래하게 된다. 알코올 중독자는 소화기계 손상으로 인해 잦은 설사와 흡수 불량을 보이며, 소화기계 암의 발생 위험도 증가한다.

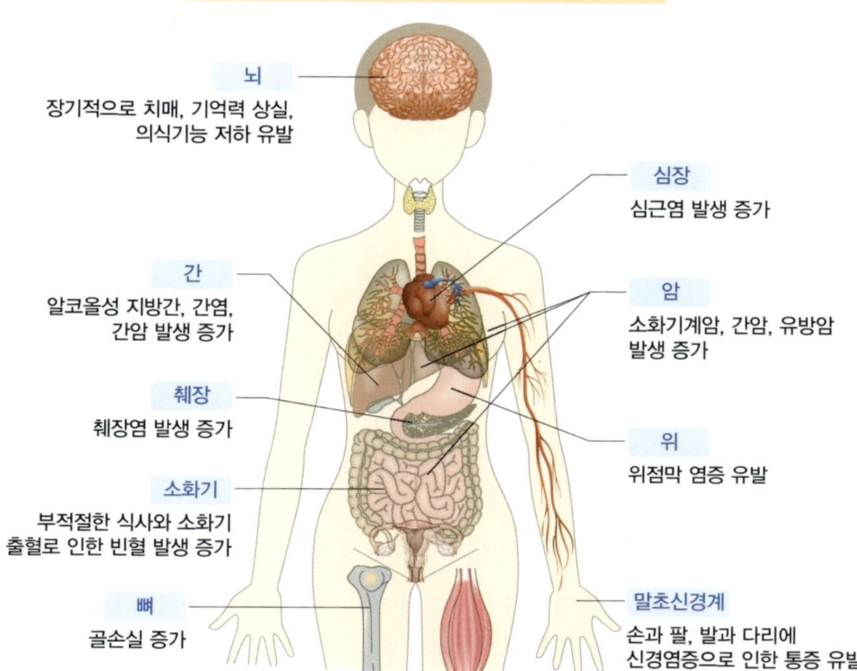

그림 11-6 **알코올 과량 섭취의 유해성**

4) 심장 혈관계

알코올은 혈압을 상승시켜 고혈압hypertension에 의한 뇌졸중stroke 위험을 증가시키고, 지속적인 과음은 혈액 중성지방 수치를 높인다. 반면에 적당한 알코올 섭취는 HDL 콜레스테롤 농도를 높이고 혈소판 응집을 방지하여 혈전 생성을 억제하므로 심장질환 예방에 효과가 있는 것으로 알려져 있다. 그러므로 적당한 음주는 심장 혈관계에 해롭지 않고 오히려 유익한 효과도 있다. 그러나 알코올의 심장질환 예방효과는 음주와 흡연을 함께 하는 경우에는 나타나지 않는다.

5) 체중

알코올 섭취는 체중을 증가시키는 것으로 알려져 있다. 알코올 자체의 열량과 함께 술을 마시는 경우 영양밀도가 높은 음식보다는 단순 열량이 높은 음식을 먹는 경향이 크기 때문에 체지방이 증가하여 체중이 증가한다.

6) 태아 알코올 증후군

임신 기간 동안 지속적으로 음주를 계속하면 태아 알코올 증후군fetal alcohol syndrome, FAS이 발생하여 태어난 영아는 눈이 작고 코의 길이가 짧으며 턱이 덜 발달된 안면이상을 보인다. 그 외에도 태아의 신경계 발달에 악영향을 주어 지적장애와 신체 동작 조정력 저하가 나타나고 심장, 눈, 요로계의 기능부진 및 성장부진 등이 나타난다. 특히 임신 초반기에는 알코올이 쉽게 태반을 통과하여 산소와 영양소 운반에 장애를 초래하여 태아의 발달에 치명적인 악영향을 미치기 때문에 소량의 알코올 섭취도 위험하다. 그러므로 가임기 여성의 경우에는 알코올 섭취에 특히 유의해야 한다.

태아 알코올 증후군

임신기간 중에 알코올을 남용한 임산부에서 태어난 유아에게 나타나는 신체적 · 정신적 비정상 증후군. 해당 유아는 성장 부진, 특징적인 비정상적 얼굴형태, 손과 눈의 조정능력 저하, 정신지체 등을 나타낸다.

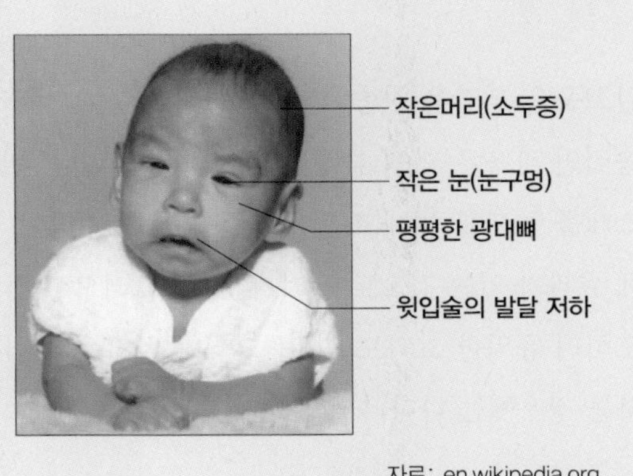

자료: en.wikipedia.org

2025 한국인 영양소 섭취기준

2025 한국인 영양소 섭취기준 주요내용

대상 영양소는 총 40종(에너지 및 다량 영양소 12종, 비타민 13종, 무기질 15종)이며, 비타민 유사물질 콜린의 섭취기준도 제정되었다.

영양소별로 과학적 근거에 따라 다음의 섭취 기준을 제시하며, 에너지의 경우 기술적인 문제 등으로 필요량을 측정할 수 없어, 에너지 소비량을 통해 필요량을 추정한다.

- 평균필요량: 건강한 사람들의 일일 필요량의 중앙값으로부터 산출한 수치, 에너지 평균필요량이란 용어 대신에 필요추정량이란 용어를 사용
- 권장섭취량: 약 97~98%에 해당하는 사람들의 영양소 필요량을 충족시키는 섭취수준으로, 평균필요량에 표준편차 또는 변이계수의 2배를 더하여 산출

- 충분섭취량: 영양소의 필요량을 추정하기 위한 과학적 근거가 부족할 경우, 대상 인구집단의 건강을 유지하는 데 충분한 양을 설정
- 상한섭취량: 인체에 유해한 영향이 나타나지 않는 최대 영양소 섭취기준으로, 과량을 섭취할 때 유해영향이 나타날 수 있다는 과학적 근거가 있을 때 설정
- 만성질환위험감소섭취량: 건강한 인구집단에서 만성질환의 위험을 감소시킬 수 있는 영양소의 최저 수준의 섭취량, 이 기준치보다 높게 섭취할 경우 전반적으로 섭취량을 줄이면 만성질환 위험을 감소시킬 수 있다는 근거로 도출

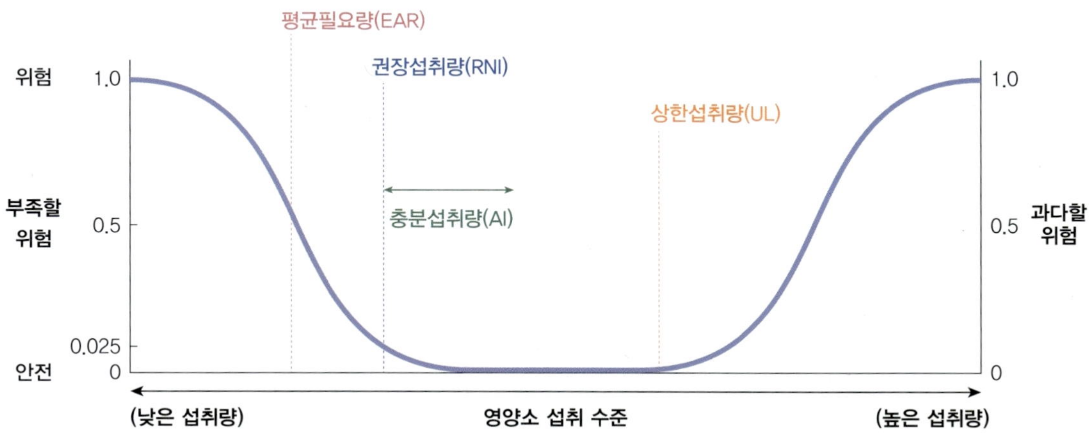

2025 한국인 영양소 섭취기준 제·개정 대상 영양소

영양소		영양소 섭취기준					
		평균필요량	권장섭취량	충분섭취량	상한섭취량	만성질환위험감소를 고려한 섭취량	
						에너지적정비율	만성질환위험감소섭취량
에너지	에너지	○[1]					
다량영양소	탄수화물	○	○			○	
	총당류						○[3]
	식이섬유			○			
	단백질	○	○			○	
	아미노산	○	○				
	지방			○		○	
	리놀레산			○			
	알파-리놀렌산			○			
	EPA+DHA			○[2]			
	콜레스테롤						○[3]
	수분			○			
지용성 비타민	비타민 A	○	○		○		
	비타민 D			○	○		
	비타민 E			○	○		
	비타민 K			○			
수용성 비타민	비타민 C	○	○		○		
	티아민	○	○				
	리보플라빈	○	○				
	니아신	○	○		○		
	비타민 B_6	○	○		○		
	엽산	○	○		○		
	비타민 B_{12}	○	○				
	판토텐산			○			
	비오틴			○			
비타민 유사영양소	콜린			○	○		
다량 무기질	칼슘	○	○		○		
	인	○	○		○		
	나트륨			○			○
	염소			○			
	칼륨			○			
	마그네슘	○	○		○		
미량 무기질	철	○	○		○		
	아연	○	○		○		
	구리	○	○		○		
	불소			○	○		
	망간			○	○		
	요오드	○	○		○		
	셀레늄	○	○		○		
	몰리브덴	○	○		○		
	크롬			○			

1) 에너지필요추정량
2) 0-5개월과 6-11개월 영아의 경우 DHA 단일성분으로 충분섭취량 설정
3) 권고치

2025 한국인 영양소 섭취기준 요약 (자료: 보건복지부, 2025)

2025 한국인 영양소 섭취기준 제정을 위한 체위기준

연령	2025 체위기준					
	신장 (cm)		체중 (kg)		BMI (kg/m^2)	
0-5 (개월)	58.3		5.5		16.2	
6-11	70.3		8.4		17.0	
1-2 (세)	85.8		11.7		15.9	
3-5	105.4		17.6		15.8	
	남자	여자	남자	여자	남자	여자
6-8 (세)	124.6	123.5	25.6	25.0	16.7	16.4
9-11	141.7	142.1	37.4	36.6	18.7	18.1
12-14	161.2	156.6	52.7	48.7	20.5	20.0
15-18	172.4	160.3	64.5	53.8	21.9	21.0
19-29	174.8	161.5	69.1	55.9	22.6	21.4
30-49	173.4	160.0	68.0	54.8	22.6	21.4
50-64	169.2	156.7	64.7	52.5	22.6	21.4
65-74	166.5	153.0	62.7	50.1	22.6	21.4
75 이상	163.5	146.9	60.4	46.2	22.6	21.4

2025 한국인 영양소 섭취기준 - 에너지적정비율

보건복지부, 2025

성별	연령	에너지적정비율 (%)				
		탄수화물	단백질	지질[1]		
				지방	포화지방산	트랜스지방산
영아	0-5 (개월)	-	-	-	-	-
	6-11	-	-	-	-	-
유아	1-2 (세)	50-65	10-20	20-35	-	-
	3-5	50-65	10-20	15-30	8 미만	1 미만
남자	6-8 (세)	50-65	10-20	15-30	8 미만	1 미만
	9-11	50-65	10-20	15-30	8 미만	1 미만
	12-14	50-65	10-20	15-30	8 미만	1 미만
	15-18	50-65	10-20	15-30	8 미만	1 미만
	19-29	50-65	10-20	15-30	7 미만	1 미만
	30-49	50-65	10-20	15-30	7 미만	1 미만
	50-64	50-65	10-20	15-30	7 미만	1 미만
	65-74	50-65	10-20	15-30	7 미만	1 미만
	75 이상	50-65	10-20	15-30	7 미만	1 미만
여자	6-8 (세)	50-65	10-20	15-30	8 미만	1 미만
	9-11	50-65	10-20	15-30	8 미만	1 미만
	12-14	50-65	10-20	15-30	8 미만	1 미만
	15-18	50-65	10-20	15-30	8 미만	1 미만
	19-29	50-65	10-20	15-30	7 미만	1 미만
	30-49	50-65	10-20	15-30	7 미만	1 미만
	50-64	50-65	10-20	15-30	7 미만	1 미만
	65-74	50-65	10-20	15-30	7 미만	1 미만
	75 이상	50-65	10-20	15-30	7 미만	1 미만
임신부		50-65	10-20	15-30		
수유부		50-65	10-20	15-30		

[1] 콜레스테롤: 19세 이상 300 mg/일 미만 권고

2025 한국인 영양소 섭취기준 - 당류

보건복지부, 2025

총당류 섭취량을 총 에너지섭취량의 20% 이내로 제한하고, 특히 식품의 조리 및 가공 시 첨가된 첨가당은 총 에너지 섭취량의 10% 이내로 제한한다. 첨가당에는 설탕, 액상과당, 물엿, 당밀, 꿀, 시럽, 농축과일주스 등이 포함되며, 특히, 주요급원인 가당음료의 섭취는 가능한 줄인다.

2025 한국인 영양소 섭취기준 - 에너지와 다량영양소

보건복지부, 2025

성별	연령	에너지 (kcal/일)				탄수화물 (g/일)				식이섬유 (g/일)			
		필요추정량	권장섭취량	충분섭취량	상한섭취량	평균필요량	권장섭취량	충분섭취량	상한섭취량	평균필요량	권장섭취량	충분섭취량	상한섭취량
영아	0-5 (개월)	500						55					
	6-11	600						85					
유아	1-2 (세)	900				100	130					10	
	3-5	1,400				100	130					15	
남자	6-8 (세)	1,700				100	130					20	
	9-11	2,000				100	130					20	
	12-14	2,500				100	130					25	
	15-18	2,700				100	130					25	
	19-29	2,600				100	130					30	
	30-49	2,500				100	130					30	
	50-64	2,200				100	130					30	
	65-74	2,000				100	130					30	
	75 이상	1,900				100	130					30	
여자	6-8 (세)	1,500				100	130					15	
	9-11	1,800				100	130					20	
	12-14	2,000				100	130					20	
	15-18	2,000				100	130					20	
	19-29	2,000				100	130					20	
	30-49	1,900				100	130					20	
	50-64	1,700				100	130					25	
	65-74	1,600				100	130					25	
	75 이상	1,500				100	130					25	
임신부[1]		+0 +340 +450				+35	+45					+5	
수유부[1]		+340				+55	+70					+5	

성별	연령	지방 (g/일)				리놀레산 (g/일)				알파-리놀렌산 (g/일)				EPA+DHA (mg/일)			
		평균필요량	권장섭취량	충분섭취량	상한섭취량	평균필요량	권장섭취량	충분섭취량	상한섭취량	평균필요량	권장섭취량	충분섭취량	상한섭취량	평균필요량	권장섭취량	충분섭취량	상한섭취량
영아	0-5 (개월)			25				4				0.4				100[2]	
	6-11			25				6				0.6				150[2]	
유아	1-2 (세)							6				0.6				150	
	3-5							6				0.6				200	
남자	6-8 (세)							7				0.8				200	
	9-11							9				1.0				200	
	12-14							11				1.2				200	
	15-18							11				1.3				200	
	19-29							11				1.2				250	
	30-49							10				1.2				250	
	50-64							8				1.0				250	
	65-74							6				0.8				250	
	75 이상							4				0.6				250	
여자	6-8 (세)							6				0.7				200	
	9-11							7				0.8				200	
	12-14							8				0.9				200	
	15-18							8				0.8				200	
	19-29							8				0.9				250	
	30-49							7				0.9				250	
	50-64							6				0.8				250	
	65-74							4				0.5				250	
	75 이상							2				0.4				250	
임신부[1]								+0				+0				300 (200)[2]	
수유부[1]								+0				+0				300 (200)[2]	

[1] 임신부·수유부 부가량, 단, 에너지: 임신부 1,2,3 분기별 부가량, EPA+DHA(DHA): 임신부·수유부 부가량 아닌 총량

[2] DHA

보건복지부, 2025

성별	연령	단백질 (g/일)				메티오닌+시스테인 (g/일)				류신 (g/일)			
		평균 필요량	권장 섭취량	충분 섭취량	상한 섭취량	평균 필요량	권장 섭취량	충분 섭취량	상한 섭취량	평균 필요량	권장 섭취량	충분 섭취량	상한 섭취량
영아	0-5 (개월)			10				0.4				1.1	
	6-11	12	15			0.3	0.4			0.6	0.8		
유아	1-2 (세)	15	20			0.3	0.4			0.6	0.8		
	3-5	20	25			0.3	0.4			0.7	0.8		
남자	6-8 (세)	30	35			0.5	0.6			1.1	1.3		
	9-11	40	50			0.7	0.8			1.5	1.9		
	12-14	50	60			0.9	1.2			2.1	2.6		
	15-18	55	65			1.1	1.4			2.4	3.0		
	19-29	50	65			1.1	1.4			2.4	3.1		
	30-49	50	65			1.1	1.3			2.4	3.1		
	50-64	50	60			1.1	1.3			2.3	2.8		
	65-74	50	60			1.0	1.3			2.2	2.8		
	75 이상	50	60			0.9	1.1			2.1	2.7		
여자	6-8 (세)	30	35			0.4	0.6			1.0	1.3		
	9-11	40	45			0.7	0.8			1.5	1.8		
	12-14	45	55			0.8	1.0			1.8	2.3		
	15-18	45	55			0.8	1.1			1.9	2.4		
	19-29	45	55			0.8	1.0			2.0	2.5		
	30-49	40	50			0.8	1.0			1.9	2.4		
	50-64	40	50			0.8	1.0			1.9	2.3		
	65-74	40	50			0.7	0.9			1.8	2.2		
	75 이상	40	50			0.7	0.9			1.7	2.1		
임신부[1]		+8 +25	+10 +30			1.1	1.4			2.5	3.1		
수유부[1]		+20	+25			1.1	1.5			3.0	3.7		

성별	연령	이소류신 (g/일)				발린 (g/일)				라이신 (g/일)			
		평균 필요량	권장 섭취량	충분 섭취량	상한 섭취량	평균 필요량	권장 섭취량	충분 섭취량	상한 섭취량	평균 필요량	권장 섭취량	충분 섭취량	상한 섭취량
영아	0-5 (개월)			0.6				0.6				0.8	
	6-11	0.3	0.4			0.3	0.5			0.6	0.8		
유아	1-2 (세)	0.3	0.4			0.3	0.5			0.6	0.8		
	3-5	0.3	0.4			0.4	0.5			0.7	0.8		
남자	6-8 (세)	0.5	0.6			0.6	0.8			1.1	1.4		
	9-11	0.7	0.8			0.9	1.1			1.6	1.9		
	12-14	0.9	1.2			1.2	1.5			2.1	2.6		
	15-18	1.1	1.4			1.4	1.7			2.5	3.1		
	19-29	1.1	1.4			1.4	1.7			2.5	3.1		
	30-49	1.1	1.4			1.4	1.7			2.4	3.1		
	50-64	1.1	1.3			1.3	1.6			2.3	2.9		
	65-74	1.0	1.3			1.3	1.6			2.2	2.9		
	75 이상	0.9	1.1			1.1	1.5			2.2	2.7		
여자	6-8 (세)	0.4	0.6			0.6	0.7			1.0	1.3		
	9-11	0.7	0.8			0.8	1.0			1.5	1.9		
	12-14	0.8	1.0			1.0	1.3			1.9	2.4		
	15-18	0.8	1.1			1.1	1.3			2.0	2.5		
	19-29	0.8	1.1			1.1	1.3			2.1	2.6		
	30-49	0.8	1.0			1.0	1.3			2.0	2.5		
	50-64	0.8	1.0			1.0	1.3			1.9	2.4		
	65-74	0.7	0.9			0.9	1.3			1.8	2.3		
	75 이상	0.7	0.9			0.9	1.1			1.7	2.1		
임신부[1]		1.1	1.4			1.4	1.7			2.3	2.9		
수유부[1]		1.3	1.7			1.6	1.9			2.7	3.4		

[1] 임신부·수유부 부가량, 단, 단백질: 임신부 2, 3 분기별 부가량, 아미노산: 임신부·수유부 부가량 아닌 총량

보건복지부, 2025

성별	연령	페닐알라닌+티로신 (g/일)				트레오닌 (g/일)				트립토판 (g/일)			
		평균 필요량	권장 섭취량	충분 섭취량	상한 섭취량	평균 필요량	권장 섭취량	충분 섭취량	상한 섭취량	평균 필요량	권장 섭취량	충분 섭취량	상한 섭취량
영아	0-5 (개월)			0.9				0.5				0.2	
	6-11	0.5	0.7			0.3	0.4			0.1	0.1		
유아	1-2 (세)	0.6	0.8			0.3	0.4			0.1	0.1		
	3-5	0.8	0.9			0.3	0.4			0.1	0.1		
남자	6-8 (세)	1.2	1.5			0.5	0.6			0.1	0.2		
	9-11	1.7	2.2			0.7	0.9			0.2	0.2		
	12-14	2.4	3.0			1.0	1.2			0.3	0.3		
	15-18	2.8	3.5			1.2	1.5			0.3	0.4		
	19-29	2.8	3.6			1.1	1.5			0.3	0.3		
	30-49	2.7	3.5			1.1	1.5			0.3	0.3		
	50-64	2.7	3.4			1.1	1.4			0.3	0.3		
	65-74	2.5	3.3			1.1	1.3			0.2	0.3		
	75 이상	2.5	3.1			1.0	1.3			0.2	0.3		
여자	6-8 (세)	1.1	1.4			0.5	0.6			0.1	0.2		
	9-11	1.7	2.1			0.7	0.9			0.2	0.2		
	12-14	2.1	2.7			0.9	1.1			0.2	0.3		
	15-18	2.2	2.8			0.9	1.1			0.2	0.3		
	19-29	2.3	2.9			0.9	1.1			0.2	0.3		
	30-49	2.3	2.8			0.9	1.1			0.2	0.3		
	50-64	2.2	2.7			0.8	1.1			0.2	0.3		
	65-74	2.1	2.6			0.8	1.0			0.2	0.2		
	75 이상	2.0	2.4			0.7	0.9			0.2	0.2		
임신부[1]		3.0	3.8			1.2	1.5			0.3	0.4		
수유부[1]		3.7	4.7			1.3	1.7			0.4	0.5		

성별	연령	히스티딘 (g/일)				수분 (mL/일)		
		평균 필요량	권장 섭취량	충분 섭취량	상한 섭취량	충분섭취량		상한 섭취량
						액체[2]	총수분[3]	
영아	0-5 (개월)			0.3		700	700	
	6-11	0.2	0.3			500	800	
유아	1-2 (세)	0.2	0.3			700	1,000	
	3-5	0.2	0.3			1,100	1,500	
남자	6-8 (세)	0.4	0.4			800	1,700	
	9-11	0.5	0.6			900	2,000	
	12-14	0.7	0.8			1,100	2,400	
	15-18	0.8	1.0			1,200	2,600	
	19-29	0.8	1.0			1,200	2,600	
	30-49	0.7	1.0			1,200	2,500	
	50-64	0.7	1.0			1,000	2,200	
	65-74	0.7	0.9			1,000	2,100	
	75 이상	0.7	0.8			1,100	2,100	
여자	6-8 (세)	0.3	0.4			800	1,600	
	9-11	0.5	0.6			900	1,900	
	12-14	0.6	0.8			900	2,000	
	15-18	0.6	0.8			900	2,000	
	19-29	0.6	0.8			1,000	2,100	
	30-49	0.6	0.8			1,000	2,000	
	50-64	0.6	0.7			1,000	1,900	
	65-74	0.5	0.7			900	1,800	
	75 이상	0.5	0.7			1,000	1,800	
임신부[1]		0.8	1.0				+200	
수유부[1]		0.9	1.1			+500	+700	

1) 임신부·수유부 부가량, 단, 아미노산: 임신부·수유부 부가량 아닌 총량
2) 물, 음료, 우유를 포함하는 액체에 대한 충분섭취량
3) 음식 수분과 액체를 포함하는 총수분에 대한 충분섭취량

2025 한국인 영양소 섭취기준 - 지용성비타민

보건복지부, 2025

성별	연령	비타민 A (μg RAE/일)[2)				비타민 D (μg/일)			
		평균 필요량	권장 섭취량	충분 섭취량	상한 섭취량	평균 필요량	권장 섭취량	충분 섭취량	상한 섭취량
영아	0-5 (개월)			350	600			5	25
	6-11			450	600			5	25
유아	1-2 (세)	190	250		600			5	30
	3-5	230	300		750			5	35
남자	6-8 (세)	310	450		1,100			5	40
	9-11	410	600		1,600			5	60
	12-14	540	750		2,300			10	100
	15-18	620	850		2,800			10	100
	19-29	570	800		3,000			10	100
	30-49	560	800		3,000			10	100
	50-64	530	750		3,000			10	100
	65-74	520	700		3,000			15	100
	75 이상	500	700		3,000			15	100
여자	6-8 (세)	290	400		1,100			5	40
	9-11	390	550		1,600			5	60
	12-14	480	650		2,300			10	100
	15-18	450	650		2,800			10	100
	19-29	460	650		3,000			10	100
	30-49	450	650		3,000			10	100
	50-64	430	600		3,000			10	100
	65-74	410	600		3,000			15	100
	75 이상	410	600		3,000			15	100
임신부[1)		+50	+70		3,000			+0	100
수유부[1)		+350	+490		3,000			+0	100

성별	연령	비타민 E (mg α-TE/일)[3)				비타민 K (μg/일)			
		평균 필요량	권장 섭취량	충분 섭취량	상한 섭취량	평균 필요량	권장 섭취량	충분 섭취량	상한 섭취량
영아	0-5 (개월)			3				4	
	6-11			4				6	
유아	1-2 (세)			5	100			25	
	3-5			6	150			30	
남자	6-8 (세)			7	200			40	
	9-11			9	300			55	
	12-14			11	400			70	
	15-18			12	500			80	
	19-29			12	540			75	
	30-49			12	540			75	
	50-64			12	540			75	
	65-74			12	540			75	
	75 이상			12	540			75	
여자	6-8 (세)			7	200			40	
	9-11			9	300			55	
	12-14			11	400			65	
	15-18			12	500			65	
	19-29			12	540			65	
	30-49			12	540			65	
	50-64			12	540			65	
	65-74			12	540			65	
	75 이상			12	540			65	
임신부[1)				+0	540			+0	
수유부[1)				+3	540			+0	

[1) 임신부·수유부 부가량, 단, 상한섭취량은 임신부·수유부 부가량 아닌 총량

[2) 1 μg RAE = 1 μg 레티놀 = 2 μg 보충제용 베타카로틴 = 12 μg 식품유래 베타카로틴 = 24 μg 기타 식이 프로비타민 A 카로티노이드 (알파카로틴, 베타크립토잔틴)

[3) α-TE: 비타민 E 동족체 상대적 생물학적 활성 기준 산출 (KDRI, 2015), α-TE = (α-토코페롤) + 0.5 (β-토코페롤) + 0.1 (γ-토코페롤) + 0.01 (δ-토코롤) + 0.3 (α-토코트리)

2025 한국인 영양소 섭취기준 - 수용성비타민

보건복지부, 2025

성별	연령	비타민 C (mg/일)				티아민 (mg/일)			
		평균 필요량	권장 섭취량	충분 섭취량	상한 섭취량	평균 필요량	권장 섭취량	충분 섭취량	상한 섭취량
영아	0-5 (개월)			40				0.2	
	6-11			55				0.3	
유아	1-2 (세)	30	40		340	0.4	0.4		
	3-5	35	45		510	0.4	0.5		
남자	6-8 (세)	40	50		750	0.5	0.7		
	9-11	55	70		1,100	0.7	0.9		
	12-14	70	90		1,400	0.9	1.1		
	15-18	80	100		1,600	1.1	1.3		
	19-29	75	100		2,000	1.0	1.2		
	30-49	75	100		2,000	1.0	1.2		
	50-64	75	100		2,000	1.0	1.2		
	65-74	75	100		2,000	0.9	1.1		
	75 이상	75	100		2,000	0.9	1.1		
여자	6-8 (세)	40	50		750	0.6	0.7		
	9-11	55	70		1,100	0.8	0.9		
	12-14	70	90		1,400	0.9	1.1		
	15-18	80	100		1,600	0.9	1.1		
	19-29	75	100		2,000	0.9	1.1		
	30-49	75	100		2,000	0.9	1.1		
	50-64	75	100		2,000	0.9	1.1		
	65-74	75	100		2,000	0.8	1.0		
	75 이상	75	100		2,000	0.7	0.8		
임신부[1]		+10	+10		2,000	+0.4	+0.4		
수유부[1]		+35	+40		2,000	+0.3	+0.4		

성별	연령	리보플라빈 (mg/일)				니아신 (mg NE/일)[2]			
		평균 필요량	권장 섭취량	충분 섭취량	상한 섭취량	평균 필요량	권장 섭취량	충분 섭취량	상한섭취량 니코틴산/니코틴아미드
영아	0-5 (개월)			0.3				2	
	6-11			0.4				3	
유아	1-2 (세)	0.4	0.5			4	5		10/150
	3-5	0.5	0.6			5	6		10/200
남자	6-8 (세)	0.7	0.9			7	8		15/300
	9-11	0.9	1.1			9	11		20/450
	12-14	1.2	1.5			11	14		25/600
	15-18	1.4	1.7			13	16		30/650
	19-29	1.3	1.5			12	14		35/850
	30-49	1.3	1.5			12	14		35/850
	50-64	1.3	1.5			12	14		35/850
	65-74	1.2	1.4			11	13		35/850
	75 이상	1.1	1.4			10	12		35/850
여자	6-8 (세)	0.6	0.8			7	8		15/300
	9-11	0.8	1.0			9	11		20/450
	12-14	1.0	1.2			11	14		25/600
	15-18	1.0	1.2			11	13		30/650
	19-29	1.0	1.2			11	13		35/850
	30-49	1.0	1.2			11	13		35/850
	50-64	1.0	1.2			11	13		35/850
	65-74	0.9	1.1			10	12		35/850
	75 이상	0.8	1.0			9	11		35/850
임신부[1]		+0.3	+0.4			+3	+4		35/850
수유부[1]		+0.4	+0.5			+2	+3		35/850

1) 임신부·수유부 부가량, 단, 상한섭취량은 임신부·수유부 부가량 아닌 총량

2) 1 mg NE(니아신 당량) = 1 mg, 니아신 = 60 mg 트립토판

보건복지부, 2025

성별	연령	비타민 B_6 (mg/일)				엽산 (μg DFE/일)[2]			엽산 (μg/일)[3]
		평균 필요량	권장 섭취량	충분 섭취량	상한 섭취량	평균 필요량	권장 섭취량	충분 섭취량	상한 섭취량[3]
영아	0-5 (개월)			0.1				65	
	6-11			0.3				90	
유아	1-2 (세)	0.5	0.6		10	120	150		300
	3-5	0.6	0.7		15	150	180		400
남자	6-8 (세)	0.7	0.9		20	180	220		500
	9-11	0.9	1.1		30	250	300		600
	12-14	1.3	1.5		40	300	360		800
	15-18	1.3	1.5		45	330	400		900
	19-29	1.3	1.5		50	320	400		1,000
	30-49	1.3	1.5		50	320	400		1,000
	50-64	1.3	1.5		50	320	400		1,000
	65-74	1.3	1.5		50	320	400		1,000
	75 이상	1.3	1.5		50	320	400		1,000
여자	6-8 (세)	0.7	0.9		20	180	220		500
	9-11	0.9	1.1		30	250	300		600
	12-14	1.2	1.4		40	300	360		800
	15-18	1.2	1.4		45	330	400		900
	19-29	1.2	1.4		50	320	400		1,000
	30-49	1.2	1.4		50	320	400		1,000
	50-64	1.2	1.4		50	320	400		1,000
	65-74	1.2	1.4		50	320	400		1,000
	75 이상	1.2	1.4		50	320	400		1,000
임신부[1]		+0.7	+0.8		50	+200	+220		1,000
수유부[1]		+0.7	+0.8		50	+130	+150		1,000

성별	연령	비타민 B_{12} (μg/일)				판토텐산 (mg/일)				비오틴 (μg/일)			
		평균 필요량	권장 섭취량	충분 섭취량	상한 섭취량	평균 필요량	권장 섭취량	충분 섭취량	상한 섭취량	평균 필요량	권장 섭취량	충분 섭취량	상한 섭취량
영아	0-5 (개월)			0.3				1.7				5	
	6-11			0.5				2.0				7	
유아	1-2 (세)	0.8	0.9					2.0				9	
	3-5	0.9	1.1					2.5				12	
남자	6-8 (세)	1.1	1.3					3.0				15	
	9-11	1.5	1.7					4.0				20	
	12-14	1.9	2.3					5.0				25	
	15-18	2.0	2.4					5.0				30	
	19-29	2.0	2.4					5.0				30	
	30-49	2.0	2.4					5.0				30	
	50-64	2.0	2.4					5.0				30	
	65-74	2.0	2.4					5.0				30	
	75 이상	2.0	2.4					5.0				30	
여자	6-8 (세)	1.1	1.3					3.0				15	
	9-11	1.5	1.7					4.0				20	
	12-14	1.9	2.3					5.0				25	
	15-18	2.0	2.4					5.0				30	
	19-29	2.0	2.4					5.0				30	
	30-49	2.0	2.4					5.0				30	
	50-64	2.0	2.4					5.0				30	
	65-74	2.0	2.4					5.0				30	
	75 이상	2.0	2.4					5.0				30	
임신부[1]		+0.2	+0.2					+1.0				+0	
수유부[1]		+0.3	+0.4					+2.0				+5	

1) 임신부·수유부 부가량, 단, 상한섭취량은 임신부·수유부 부가량 아닌 총량

2) 엽산의 평균필요량, 권장섭취량, 충분섭취량은 식품, 강화식품, 보충제 등의 섭취에 따른 흡수율의 차이를 반영한 식이엽산당량 (Dietary Folate Equivalents, μgDFE/일)에 해당, 1.0 μgDFE = 1 μg 식품 중 엽산 = 0.6 μg 강화식품 또는 식품과 함께 섭취한 보충제 중 엽산 = 0.5 μg 공복에 섭취한 보충제 중 엽산

3) 엽산의 상한섭취량은 강화식품, 보충제 등으로 섭취한 엽산 (μg/일)에 해당. 가임기 여성의 경우 400 μg/일의 엽산보충제 섭취 권장

2025 한국인 영양소 섭취기준 - 비타민 유사 영양소 (제정)

성별	연령	콜린 (mg/일)			
		평균 필요량	권장 섭취량	충분 섭취량	상한 섭취량
영아	0-5 (개월)			110	
	6-11			150	
유아	1-2 (세)			160	700
	3-5			190	1,000
남자	6-8 (세)			260	1,000
	9-11			350	1,500
	12-14			450	2,000
	15-18			480	2,500
	19-29			480	3,000
	30-49			480	3,000
	50-64			480	3,000
	65-74			480	3,000
	75 이상			480	3,000
여자	6-8 (세)			250	1,000
	9-11			330	1,500
	12-14			390	2,000
	15-18			390	2,000
	19-29			390	2,500
	30-49			390	2,500
	50-64			390	2,500
	65-74			390	2,500
	75 이상			390	2,500
임신부[1)]				+80	2,500
수유부[1)]				+110	2,500

[1)] 임신부·수유부 부가량, 단, 상한섭취량은 임신부·수유부 부가량 아닌 총량

2025 한국인 영양소 섭취기준 - 다량무기질

보건복지부, 2025

성별	연령	칼슘 (mg/일)				인 (mg/일)				나트륨 (mg/일)			
		평균필요량	권장섭취량	충분섭취량	상한섭취량	평균필요량	권장섭취량	충분섭취량	상한섭취량	필요추정량	권장섭취량	충분섭취량	만성질환위험감소섭취량
영아	0-5 (개월)			200	1,000			100				110	
	6-11			300	1,000			300				370	
유아	1-2 (세)	400	450		1,500	380	450		3,000			630	1,000
	3-5	450	550		2,500	480	600		3,000			1,000	1,500
남자	6-8 (세)	600	700		3,000	500	600		3,000			1,100	1,700
	9-11	700	800		3,000	1,000	1,200		3,500			1,300	2,000
	12-14	800	950		3,000	1,000	1,200		3,500			1,500	2,300
	15-18	700	800		3,000	900	1,100		3,500			1,500	2,300
	19-29	650	800		3,000	540	650		3,500			1,500	2,300
	30-49	650	800		2,500	540	650		3,500			1,500	2,300
	50-64	650	800		2,500	540	650		3,500			1,500	2,300
	65-74	650	800		2,500	540	650		3,500			1,300	1,900
	75 이상	650	800		2,500	540	650		3,000			1,200	1,800
여자	6-8 (세)	600	700		2,500	500	600		3,000			1,100	1,700
	9-11	700	800		2,500	1,000	1,200		3,500			1,300	2,000
	12-14	700	850		2,500	950	1,100		3,500			1,500	2,300
	15-18	550	700		2,500	850	1,000		3,500			1,500	2,300
	19-29	500	650		2,500	540	650		3,500			1,500	2,300
	30-49	500	650		2,000	540	650		3,500			1,500	2,300
	50-64	650	750		2,000	540	650		3,500			1,500	2,300
	65-74	600	750		2,000	540	650		3,500			1,300	1,900
	75 이상	600	750		2,000	540	650		3,000			1,200	1,800
임신부[1]		+0	+0		±0[2]	+0	+0		3,000			+0	2,300
수유부[1]		+0	+0		±0[2]	+0	+0		3,500			+0	2,300

성별	연령	염소 (mg/일)				칼륨 (mg/일)				마그네슘 (mg/일)			
		평균필요량	권장섭취량	충분섭취량	상한섭취량	평균필요량	권장섭취량	충분섭취량	상한섭취량	평균필요량	권장섭취량	충분섭취량	식품 외 급원 상한섭취량
영아	0-5 (개월)			170				400				25	
	6-11			560				700				55	
유아	1-2 (세)			1,000				1,500		60	70		60
	3-5			1,500				2,300		90	110		90
남자	6-8 (세)			1,700				2,600		130	150		130
	9-11			2,000				3,100		190	220		190
	12-14			2,300				3,500		260	320		270
	15-18			2,300				3,500		340	410		330
	19-29			2,300				3,500		300	360		350
	30-49			2,300				3,500		310	380		350
	50-64			2,300				3,500		310	380		350
	65-74			1,900				3,500		310	380		350
	75 이상			1,800				3,500		310	380		350
여자	6-8 (세)			1,700				2,600		130	150		130
	9-11			2,000				3,100		180	220		190
	12-14			2,300				3,500		240	290		270
	15-18			2,300				3,500		290	340		330
	19-29			2,300				3,500		240	280		350
	30-49			2,300				3,500		240	280		350
	50-64			2,300				3,500		240	280		350
	65-74			1,900				3,500		240	280		350
	75 이상			1,800				3,500		240	280		350
임신부[1]				+0				+0		+30	+40		350
수유부[1]				+0				+400		+0	+0		350

[1] 임신부·수유부 부가량, 단, 상한섭취량·만성질환위험감소섭취량은 임신부·수유부 부가량 아닌 총량
[2] 해당 연령 여성의 상한섭취량과 동일함

2025 한국인 영양소 섭취기준 - 미량무기질

보건복지부, 2025

성별	연령	철 (mg/일)				아연 (mg/일)				구리 (μg/일)			
		평균필요량	권장섭취량	충분섭취량	상한섭취량	평균필요량	권장섭취량	충분섭취량	상한섭취량	평균필요량	권장섭취량	충분섭취량	상한섭취량
영아	0-5 (개월)			0.3	40			2				240	
	6-11	4	6		40	2	3					330	
유아	1-2 (세)	4	6		40	2	3		6	220	290		1,700
	3-5	4	6		40	3	4		9	270	350		2,600
남자	6-8 (세)	5	7		40	4	5		13	360	460		3,700
	9-11	6	8		40	7	8		19	470	600		5,500
	12-14	8	11		40	7	8		27	600	800		7,500
	15-18	8	11		45	8	10		33	700	900		9,500
	19-29	6	8		45	9	10		35	650	850		10,000
	30-49	6	8		45	8	10		35	650	850		10,000
	50-64	6	8		45	8	10		35	650	850		10,000
	65-74	6	8		45	8	9		35	600	800		10,000
	75 이상	5	7		45	7	9		35	600	800		10,000
여자	6-8 (세)	5	7		40	4	5		13	310	410		3,700
	9-11	6	8		40	7	8		19	420	550		5,500
	12-14	8	13		40	7	8		27	500	650		7,500
	15-18	7	12		45	7	9		33	550	750		9,500
	19-29	7	12		45	7	8		35	500	650		10,000
	30-49	7	12		45	7	8		35	500	650		10,000
	50-64	5	7		45	6	8		35	500	650		10,000
	65-74	4	6		45	6	7		35	460	600		10,000
	75 이상	4	6		45	6	7		35	460	600		10,000
임신부[1)]		+8	+9		45	+2.0	+2.5		35	+100	+130		10,000
수유부[1)]		+0	+0		45	+4.0	+5.0		35	+370	+480		10,000

성별	연령	불소 (mg/일)				망간 (mg/일)				요오드 (μg/일)			
		평균필요량	권장섭취량	충분섭취량	상한섭취량	평균필요량	권장섭취량	충분섭취량	상한섭취량	평균필요량	권장섭취량	충분섭취량	상한섭취량
영아	0-5 (개월)			0.01	0.3			0.01				130	250
	6-11			0.4	0.5			0.8				180	250
유아	1-2 (세)			0.6	0.7			1.5	2.0	50	70		300
	3-5			0.9	1.1			2.0	3.0	65	90		300
남자	6-8 (세)			1.3	1.5			2.5	4.0	75	100		500
	9-11			1.9	10.0			3.0	6.0	80	110		500
	12-14			2.6	10.0			4.0	8.0	100	140		1,900
	15-18			3.2	10.0			4.0	10.0	100	140		2,200
	19-29			3.5	10.0			4.0	11.0	100	150		2,400
	30-49			3.4	10.0			4.0	11.0	100	150		2,400
	50-64			3.2	10.0			4.0	11.0	100	150		2,400
	65-74			3.1	10.0			4.0	11.0	100	150		2,400
	75 이상			3.0	10.0			4.0	11.0	100	150		2,400
여자	6-8 (세)			1.3	1.5			2.5	4.0	75	100		500
	9-11			1.8	10.0			3.0	6.0	80	110		500
	12-14			2.4	10.0			3.5	8.0	100	140		1,900
	15-18			2.7	10.0			3.5	10.0	100	140		2,200
	19-29			2.8	10.0			3.5	11.0	100	150		2,400
	30-49			2.7	10.0			3.5	11.0	100	150		2,400
	50-64			2.6	10.0			3.5	11.0	100	150		2,400
	65-74			2.5	10.0			3.5	11.0	100	150		2,400
	75 이상			2.3	10.0			3.5	11.0	100	150		2,400
임신부[1)]				+0	10.0			+0	11.0	+60	+90		–[2)]
수유부[1)]				+0	10.0			+0	11.0	+130	+190		–[2)]

1) 임신부·수유부 부가량, 단, 상한섭취량은 임신부·수유부 부가량 아닌 총량

2) 근거가 부족하여 미설정

보건복지부, 2025

성별	연령	셀레늄 (μg/일)				몰리브덴 (μg/일)				크롬 (μg/일)			
		평균 필요량	권장 섭취량	충분 섭취량	상한 섭취량	평균 필요량	권장 섭취량	충분 섭취량	상한 섭취량	평균 필요량	권장 섭취량	충분 섭취량	상한 섭취량
영아	0-5 (개월)			9	40							0.2	
	6-11			12	65							4.0	
유아	1-2 (세)	19	23		70	8	10		100			9	
	3-5	22	25		100	10	13		150			11	
남자	6-8 (세)	30	35		150	15	20		250			15	
	9-11	40	45		200	20	25		350			20	
	12-14	50	60		300	25	30		500			30	
	15-18	55	65		300	30	40		600			35	
	19-29	50	60		400	25	30		650			30	
	30-49	50	60		400	25	30		600			30	
	50-64	50	60		400	25	30		600			30	
	65-74	50	60		400	25	30		600			25	
	75 이상	50	60		400	20	25		550			25	
여자	6-8 (세)	30	35		150	15	20		250			15	
	9-11	40	45		200	15	20		350			20	
	12-14	50	60		300	20	25		450			20	
	15-18	55	65		300	20	25		500			20	
	19-29	50	60		400	20	25		500			20	
	30-49	50	60		400	20	25		500			20	
	50-64	50	60		400	20	25		500			20	
	65-74	50	60		400	20	25		500			20	
	75 이상	50	60		400	15	20		450			20	
임신부[1)]		+3	+4		400	+0	+0		500			+5	
수유부[1)]		+9	+10		400	+3	+5		500			+20	

[1)] 임신부·수유부 부가량, 단, 상한섭취량은 임신부·수유부 부가량 아닌 총량

참고문헌

국내

구재옥 외. 고급영양학. 파워북, 2019

농촌진흥청 국립농업과학원. 국가표준식품성분표. 2019

보건복지부·한국영양학회. 2020 한국인 영양소 섭취기준. 2020

보건복지부·한국영양학회. 2025 한국인 영양소 섭취기준. 2025

식품의약품안전처 식품영양안전국 영양안전정책과. 외식영양성분자료집 통합본(2012~2017)

이상선 외. New 영양과학. 지구문화사, 2008

이양자. 고급영양학. 신광출판사, 2013

장유경 외. 기초영양학. 교문사, 2016

질병관리청. 2024 국민건강통계. 2025

질병관리청·대한소아과학회. 2017 소아청소년 성장도표. 2017

최혜미 외. 21세기 영양학. 교문사, 2021

최혜미 외. 21세기 영양학원리. 교문사, 2021

한국보건산업진흥원. 2014 국민영양통계: 국민건강영양조사 제6기 2차년도 영양조사부문에 근거. 2017

한국지질·동맥경화학회. 이상지질혈증 진료지침 제5판. 2022

국외

Devlin TM. *Textbook of Biochemistry with Clinical Correlations*, 5/E. Wiley-Liss, 2002

Dunn C. *Nutrition Decisions: Eat Smart, Move More*. Jones & Bartlett, 2012

Fink HH, Mikesky AE, Burgoon LA. *Practical Applications in Sports Nutrition*, 3/E. Jones & Bartlett, 2011

Gropper SS, Smith JL. *Advanced Nutrition and Human Metabolism*, 8/E. Cengage, 2022

Insel P, Ross D, McMahon K, Bernstein M. *Nutrition*, 4/E. Jones & Bartlett, 2010

McGuire M, Beerman KA. *Nutitional Science: From fundamentals to Food*, 3/E. Brooks Cole, 2012

McKee T, McKee JR. *Biochemistry an Introduction*, 2/E. WCB & McGraw Hill, 1999

Medeiros DM, Wildman REC. *Advanced Human Nutrition*, 2/E. Jones & Bartlett, 2012

Murray RK, Granner DK, Mayes PA, Rodwell VW. *Harper's Biochemistry*, 23/E. Appelation & Lange, 1993

Schiff W. *Nutrition for Healthy Living*. McGraw-Hill, 2009

Seizer FS, Whitney E. *Nutrition: Concepts & Controversies*, 13/E. Brooks cole, 2013

Wardlaw G, Hampl J. *Perspectives in Nutrition*, 7/E. McGraw-Hill, 2006

Wardlaw GM, Smith AM. *Contemporary Nutrition: A Functional Approach*, 2/E. McGrawHill, 2012

Whitney E, Rolfes SR. *Understanding Nutrition*, 12/E. Cengage, 2011

Williams MH. *Nutrition for Health, Fitness, & Sport*, 8/E. McGraw-Hill, 2007

웹사이트

질병관리청 국가건강정보포털. http://healty.kdca.go.kr

식품안전정보포털. http://www.foodsafetykorea.go.kr

식품의약품안전처 식품영양성분 데이터베이스. http://www.foodsafetykorea.go.kr/fcdb/

의학검색엔진. http://www.kmle.co.kr

찾아보기

가스트린 100, 101, 174
가인산분해효소 57
각기병 286
간 113
간경화증 492
간상세포 249
간성혼수 184
간접 열량측정법 218
갈락탄 32
갈락토세레브로시드 99
갈락토오스 32
갈락토오스 대사 64
갈락토올리고당 35
감마-글로불린 172
감마-리놀렌산 93, 134
γ-글루타밀 카르복시펩티데이스 323
갑상선기능항진증 433
갑상선호르몬 66, 171, 431
강글리오시드 99
거대적아구성 413
거대적아구성빈혈 325
검 72
게실증 76
경화유 96
곁가지 아미노산 61
곁가지 케토산 285
고리산소화효소 134
고밀도 지단백질(HDL) 107
고에너지 인산 결합 114
고이트로젠 437
고인산화혈증 374
고중성지방혈증 75
고지혈증 75
고카로틴혈증 253
고칼륨혈증 393
고칼슘혈증 366
고혈당증 66
골다공증 199, 363
골세포 365
골연화증 261, 363
과당 32
과당 대사 63
과당인산 인산화효소 63
과체중 229
관상동맥경화증 136
구각염 293
구루병 261, 363
구리 425
구성 영양소 17
구순염 293
구아검 73
구연산 회로 50
구형 단백질 169
굴로노락톤산화효소 338
글라이신 166, 398
글로불린 160, 172
글루카곤 23, 56, 57, 60, 65, 66, 113, 171
글루코세레브로시드 99
글루코코르티코이드 66
글루쿠론산 회로 62
글루타민 분해효소 188
글루타민 합성효소 188
글루타티온 190, 293, 442
글루타티온 과산화효소 293, 442
글루타티온 환원효소 292, 293, 442
글루탐산 166, 322, 398
글루텔린 160
글리세롤 20, 21, 113
글리세롤 3-인산 113
글리세롤인산 셔틀 48, 54
글리아딘 163
글리코겐 23, 36
글리코겐 가인산분해효소 56
글리코겐 부하 234
글리코겐 분해 57, 65
글리코겐 인산화효소 316
글리코겐 저장량 57
글리코겐 합성 56
글리코겐 합성효소 56
기질수준의 인산화 55
기초대사량 212
기초대사량 산출공식 221

긴사슬 중성지방 102
긴사슬지방산 90, 91, 94, 106
긴사슬화효소 121

나트륨 384

나트륨-칼륨 펌프 42, 44
노르에피네프린 57, 171, 190, 318, 341, 410
뇌 21
뇌졸중 136
능동수송 40, 43, 176
니아신 296
니코틴산 296
니코틴아마이드 296
니코틴아마이드 아데닌 디뉴클레오타이드 296
니코틴아마이드 아데닌 디뉴클레오타이드인산 297

다당류 36

다량무기질 17, 354
다발성 신경염 492
다불포화 94
다불포화지방산 91, 96
다이글리세라이드 89, 101
다이케토글론산 339
다이호모 감마-리놀렌산 93, 133, 134
다혈구혈증 459
단당류 30
단백질 17, 160, 195
단백질 분말 236
단백질 실이용률 194
단백질 에너지 영양불량(PEM) 196
단백질의 변성
단백질의 재생 169
단백질 전환 178
단백질 전환율 179
단백질 절약작용 67
단백질 효율비 193
단순갑상선종 432
단순단백질 160
단순지질 88
단순확산 40, 43, 105
단일불포화 94
단일불포화지방산 91, 96
담즙산 102, 124, 130
당내성인자 457
당뇨병 76
당신생 25
당질코르티코이드 65
대사성 산증 477
대사성 알칼리증 477
대사에너지 211
대사질환 227
덱스트린 38
도코사 헥사 에논산 93
도파민 190, 318, 341, 410
동화과정 113
동화작용 113
디옥시리보오스 33
디쿠마롤 245
디하이드로아스코르브산 338, 339

라이신 166, 339, 410

락타아제 34, 39
락토페린 411
락트알부민 162
레닌 385
레시틴 97, 102, 129
레시틴 콜레스테롤 아실전이효소 112
레티날 246, 251
레티노산 246
레티노이드 246
레티놀 246
레티놀결합단백질 248
레티놀활성당량 246
로돕신 250
루코트리엔 135
류신 166, 311
류코트리엔 134
리그닌 72
리놀레산 17, 91, 93, 131, 133, 134, 137

리놀렌산 17
리보솜 189
리보오스 33
리보플라빈 290, 293
리비톨 290
리소인지질 103
리포산 51, 348
리폭시제네이스 134
림프관 110
림프관 순환 46

마그네슘 378

마라스무스 196
마이크로좀 에탄올 산화계 487
막관통 단백질 129
만난 33
만노오스 33
말로닐CoA 120, 311, 333
말산-아스파르트산 셔틀 48, 54
말산운반체 54
말타아제 39
망간 448
맥아당 33
메나디온 273
메발론산 123
메탈로티오네인 426
메티오닌 166, 324, 398, 399, 410
메틸기 90
메틸말로닐CoA 333
메틸말로닐CoA 카르복실기전이효소 311
메틸전이효소 333
메틸코발라민 331
메틸크로로닐CoA 311
메틸크로토닐CoA 카르복실화효소 311
면역 171
모낭각화증 252
모노글리세라이드 19, 89
몰리브덴 452
무기질 17, 354
문맥 23
문맥 순환 46
뮤실리지 72
미각감퇴증 421
미량무기질 17, 354, 404
미셀 98
미오글로빈 161, 169, 405, 410
미오신 169
미토콘드리아 20, 114
미토콘드리아 내막 52

바제도우씨병 433

반점치 439
발린 166
방향족 아미노산 176
배상세포 252
백색지방조직 215
베르니케-코르사코프 증후군 286, 287, 490
베타세포 23
β-병풍구조 168
β-산화과정 116
β-카로틴 245, 248, 252
변성 169
보조인자 22
복부비만 230
복합단백질 161
복합지질 97
복합체 52
부갑상선호르몬 260, 357
부분적 불완전단백질 162
부신피질호르몬 124, 171
부정맥 393
부종 173, 197
불소 438
불소인회석 438
불완전단백질 163
불용성 식이섬유 37, 71, 72
불포화지방산 91, 96, 117
불포화효소 122
비단백호흡상 220
비만 227, 229

비만 판정법 230
비오시틴 310
비오틴 120, 170, 310, 398
비타민 17
비타민 전구체 245
비타민 B_6 316
비타민 B_{12} 330
비타민 D 124, 258, 356, 357
비타민 D_2 258
비타민 D_3 259
비타민 E 443
비토반점 252
비필수아미노산 166, 191
비헴철 339, 405
비환원당 34
빈 열량 식품 485
빈혈 411

사이토카인 311

산도 173
산독증 124
산-염기 장애 475, 480
산·염기 평형 170, 477
산증 477
산패 96
산화적 인산화 55
산화철 409
산화환원작용 190
삼투압 172
상호보완효과 195
생물가 162, 194
서당 34
설염 293
섬유형 단백질 169
성장호르몬 66
성호르몬 124, 171
세레브로시드 99
세로토닌 186, 318, 410
세룰로플라스민 426
세린 97, 166
세크레틴 39, 101, 102, 175
세팔린 97
세포간질액 465
세포내액 391, 465
세포막 129, 130, 132
세포외액 384, 465, 477
세포질 114
세포횡단액 465
셀레노메티오닌 442
셀레노시스테인 442
셀레늄 431, 442, 443
셀룰로오스 72
소혈구저색소성 413
소혈구저색소성 빈혈 318
소화에너지 211
소화율을 고려한 아미노산가 192
수분 464
수분 배설 470
수분 섭취 469
수분 평형 172, 468
수산화인회석 359
수용성 비타민 17
수용성 식이섬유 37, 71, 72
수지방산 122
수초 333, 334
수크라아제 39
숙신산 탈수소효소 복합체 53
숙취 488
슈퍼옥시드 디스뮤타아제 420, 427, 448
스타틴계 약물 124
스테로이드 호르몬 124, 130
스테아르산 91, 118, 137
스포츠빈혈 237
스포츠 음료 238
스핑고미엘린 99
스핑고신 99
스핑고지질 99
시스테인 166, 398
시스틴 398, 399
시스형 95
시토크롬 215, 405

시토크롬a 산화환원효소 53
시트룰린 183
식사성 발열효과 214
식이섬유 37, 71
식이엽산당량 327
식이 콜레스테롤 123
식품에너지 211, 217
신경성 거식증 196
신경전달물질 190
신체활동대사량 213
신체활동수준 224
심플리스 156
심혈관계 질환 136

아라키돈산 93, 131, 133, 134
아르기나아제 448
아르기노숙신산 183
아르기닌 166
아르기닌 가수분해효소 183
아미노기 164
아미노기 전이반응 186
아미노기 전이효소 186
아미노산 17, 160
아미노산가 192
아미노산 보충제 236
아미노산 풀 179
아미노펩티다아제 176
아밀라아제 38
아밀로오스 36
아밀로펙틴 36
아비딘 170, 312
아세토아세트산 126
아세토아세틸CoA 181
아세톤 126
아세트산 486
아세트알데히드 486
아세트알데히드 탈수소효소 486
아세틸전이효소 348
아세틸CoA 19, 21, 116, 118, 120, 305
아세틸CoA 카르복실화효소 311
아스코르브산 337
아스파르트산 166
아실 운반단백질 120, 304
아실CoA 114
아연 417
아이오돕신 250
아이코사노이드 133
아이코사트리에논산 132
아이코사 펜타 에논산 92
아포단백질 107
아포효소 283
악성빈혈 333
안구건조증 252
안지오텐시노겐 385
안지오텐신 385
알긴산 72, 73
알도스테론 385, 392
알도오스 32
알라닌 61
알부미노이드 160
알부민 160, 172
알칼리성 탈인산화효소 371
알칼리증 477
알코올 18
알코올 대사 486
알코올분해효소 486
알코올성 간염 492
알코올성 지방간 492
알코올 중독 489
알코올 탈수소효소 486
알파-리놀렌산 92
α-2-마크로글로불 418
α-나선구조 168
α-리놀렌산 131, 133, 137
α-케토글루타르산 20, 285
α-케토글루타르산 탈수소효소복합체 348
암 138
야맹증 250
양의 질소평형 199
양쪽성 이온 173
에고스테롤 100

에너지 18
에너지 균형 227
에너지 대사 19
에너지 불균형 227
에너지 소비량 221
에너지 영양소 17, 18
에너지 체계 231
에너지 필요추정량 223
에르고스테롤 245
에르고칼시페롤 258
에리트로포이에틴 459
에스테르 결합 88
에스트로겐 130
에탄올 485
에탄올아민 97
에피네프린 56, 57, 58, 65, 66, 113, 171, 190, 410
엔테로키나아제 175
엘라스틴 163
연소열 218
열생산 216
염산(HCl) 174
염소 396
엽산 322
오르니틴 183
오메가-3 92, 133
오메가-3 지방산 92
오메가-6 92, 133
오메가-9 92
오메가-9 지방산 95
오브알부민 162
오스테오칼신 275
오탄당 30
오탄당 인산경로 61, 285, 298
오탄당 인산회로 120
옥살로아세트산 20, 51
옥살로아세트산 탈탄산효소 311
옥살산 406
옥살산화인회석 438
올레산 91, 95, 132, 137
올리고당 35
올리브유 137
옵신 250
와파린 275
왁스 96
완전단백질 162
완전정맥영양 373, 444
완충제 477
요산 185
요소 173
요오드 430
운동과 에너지 231
원추세포 249
윌슨병 427
유당 34
유당 불내증 76
유도단백질 162
유도지질 99
유리라디칼 267, 409, 443
유미즙 38
유화제 124
육탄당 30
육탄당 일인산 경로 61
음성 되먹임저해작용 123
음의 질소평형 199
이노시톨 97, 347
이눌린 32
이상지질혈증 137
이소말타아제 39
이화과정 113
이화작용 113
이황화결합 168
인 370
인공 감미료 69
인슐린 56, 65, 66, 171
인지질 97, 107, 129
인지질분해효소A_2 134
인체 에너지 대사량 212

자일리톨 75

잔틴산화효소 453
장간순환 104, 124

저나트륨혈증 387
저밀도 지단백질(LDL) 107
저장지방 21
저체중 228
저칼륨혈증 393
저칼슘혈증 366
저혈당증 66
적응대사량 214
적혈구 프로토포피린 함량 411
전분 36
전자전달계 19, 20, 52, 118
전화당 34
젖산 60
젖산 에너지 체계 232
젖산회로 60
제인 163
제한아미노산 192, 195
젤라틴 162, 195
조건적 필수아미노산 166
조골세포 365
조절 영양소 17
조효소 22, 283
중간사슬 중성지방 102
중간사슬지방산 90, 91, 94, 105
중성지방 20, 23, 88, 107
지구력스포츠 238
지단백질 107, 173
지단백질 지질분해효소 111
지방간 484, 491
지방산 19, 113
지방산 생합성 119
지방산 합성효소 120
지방산합성효소 복합체 304
지방세포 23
지방세포 비대형 비만 230
지방세포 증식형 비만 230
지방조직 23, 62, 113
지용성 비타민 17
지질 17, 19
지질 대사 112
지질 대용품 156
지질 분해 113
지질산소화효소 134
지질 운반 107
지질 합성 118
직접 열량측정법 218
질 보충효과 195
질소계수 203
질소평형 199
짧은사슬 중성지방 102
짧은사슬지방산 73, 90, 91, 94, 105

철 404

철 중독 413
체격지수 229
체액 170, 465
체지방 21
체지방량 측정 230
체지방 분포 측정 230
체지방 합성 62
체질량지수 229, 230
초저밀도 지단백질(VLDL) 107
촉진확산 40, 43, 176
충치 75
췌장 23
췌장 아밀라아제 39

카로티노이드 246, 251, 252

카르니틴 114, 347, 410
카르복시펩티다아제 175
카르복실기 90, 164
카바모일 인산 183
카세인 162
카일로마이크론 107, 108, 244
카일로마이크론 잔존물 110
카테콜아민 190
칼로리 217
칼륨 391
칼모듈린 362
칼슘 355

칼시토닌 260, 357
칼시트리올 358
캘리퍼 230
케라틴 163, 171
케산병 444
케토오스 32
케토전이효소 287
케톤증 69
케톤체 25, 68, 124, 126, 181
코르티솔 60
코리파아제 102, 103
코리회로 60
코발라민 331
코발트 459
코엔자임A 304
콜라겐 163, 169, 171, 341
콜레스테롤 100, 107, 123, 133, 137, 173
콜레스테롤에스테르 100, 107
콜레스테롤 합성 123
콜레시스토키닌 39, 101, 102, 175
콜레칼시페롤 259
콜린 97, 345
콰시오커 196
크레아티닌 184
크레아틴 185
크레아틴인산 231, 372
크레틴병 433
크롬 456
키나아제 448
키모트립시노겐 175
키모트립신 175
키토산 72
키틴 72
킬레이트 406
킬로칼로리(kcal) 217

타우린 190, 347

탄닌 406
탄소골격 20
탄수화물 17
탄수화물과 운동 234
탄수화물 부하 234
탈수 472
탈아미노반응 293
탈인산화효소 379
태아 알코올 증후군 494
테스토스테론 130
테타니 365
테트라하이드로엽산 323
토코트리에놀 266
토코페롤 265
통풍 199
트라이메틸라이신 341
트랜스망가닌 448
트랜스에노일CoA 117
트랜스지방산 96
트랜스코발라민 331
트랜스페린 405, 406, 411, 426
트랜스페린 포화도 411
트랜스형 95
트레오닌 166, 317
트레온산 339
트롬보플라스틴 274
트롬복산 134, 135
트롬빈 274, 359
트리글리세라이드 89, 101
트리요오드티로닌 431
트립시노겐 175
트립신 175
트립토판 166, 186, 245, 293, 297
티로글로불린 431
티로시나아제 427
티로신 166, 318
티로퍼록시다아제 431
티록신 431
티아민 398
티아민 가수분해효소 283
티아민 인산화효소 284
티아민 피로인산(TPP) 51, 283, 284
티아졸 283

파골세포 365

파라-아미노벤조산 322
판토텐산 303, 304, 398
팔미트산 91, 117, 137
페닐알라닌 166
페닐케톤뇨증(PKU) 166
페리틴 405, 406
펙틴 72, 73
펠라그라 299
펩시노겐 174
펩톤 174
펩티드 결합 164, 168
포도당 31
포도당신생 58, 60, 113, 173
포도당 신생합성 65
포도당-알라닌회로 61, 186
포스파티딜세린 97, 130
포스파티딜에탄올아민 97, 130
포스파티딜이노시톨 97
포스파티딜콜린 97
포스포리파아제 103
포스포프럭토키나아제 379
포화 94
포화지방산 91, 96
폭발열량계 217
폴리글루탐산형 323
폴리페놀 408
푸마르산 183
퓨린 323, 332
프락토올리고당 35
프로게스테론 130
프로비타민 A 255
프로스타글란딘 134, 135
프로스타노이드 134, 135
프로스타사이클린 134, 135
프로카르복시펩티다아제 175
프로트롬빈 274, 359
프로피오닐CoA 311
프로피오닐CoA 카르복실화효소 311
프롤라민 163
프롤린 164, 166, 339, 410
프테리딘 322
플라빈 모노뉴클레오타이드(FMN) 290
플라빈 아데닌 다이뉴클레오타이드(FAD) 290
플라크 136
피루브산 285
피루브산 카르복실화효소 311, 448
피루브산탈수소효소 복합체 51
피리독사민 316
피리독사민인산 316
피리독살 316
피리독살인산 186, 316
피리독신 316
피리독신인산 316
피리미딘 283, 323, 332
피브리노겐 172, 359
피토스테롤 100
피틴산 355, 406
피하지방 128
피하지방 두께 230
필로퀴논 272
필수아미노산 166, 191
필수지방산 128, 131

하이드록시라이신 339

하이드록시부티르산 126
하이드록시프롤린 339
한국인 영양소 섭취기준 221
한천 72
항상성 357
항원 172
항응집 작용 135
항체 171
해당과정 47, 113
해리스-베네딕트 공식 222
해면골 365
헤마토크릿 411, 413
헤모글로빈 161, 405, 410, 413
헤모글로빈 농도 411
헤모시데린 405
헤미셀룰로오스 72

헴 190, 405
헴철 405
혈당 조절 65
혈색소침착증 414
혈소판 응집 135
혈장 465
혈장단백질 173
혈중 콜레스테롤 123
혈청 지단백질의 종류 109
혈청 지단백질의 특징 109
혈청페리틴 농도 411
호르데인 163
호르몬 170, 171
호모시스테인 317, 324
호모시스테인뇨증 317
호흡상 219
호흡성 산증 477
호흡성 알칼리증 477
화학가 191
환원당 34
환원철 409
활동대사량 산출 222
황 397
효소 170, 171
후천성면역결핍증 196
휴식대사량 213
흡수율 176
히스타민 190
히스티딘 166, 318

영문 및 숫자

AMP 114
apoenzyme 283
ATP 49, 114
ATP-크레아틴인산 231
cAMP 56, 380
CoA 51
CoQ 52
CoQ-시토크롬c 산화환원효소 53
DHA 93, 130, 131, 133
DNA 33, 189
EPA 92, 131, 133
FAD 51, 291
$FADH_2$ 117
FMN 291
GIP 101, 102
HDL 111
HDL-콜레스테롤 138, 491
HMG CoA 123
HMG CoA 환원효소 123
LDL-콜레스테롤 138
mRNA 189
N-메틸-2-피리돈 300
N-메틸니코틴아마이드 297, 300
Na^+-K^+ 펌프 173
NAD^+ 51
NADH 117
NADH 탈수소효소 복합체 53
NADPH 120
PLP 317
R-단백질-B_{12}복합체 331
RNA 33
TCA회로 19, 50, 118
TPP 51
tRNA 189
TSH 갑상선자극호르몬 431
UTP 56
VLDL 111
1,25-$(OH)_2$-비타민 D_3 260
25-OH-비타민 D_3 260, 262
7-디하이드로콜레스테롤 131, 245, 259

저자 소개

변기원
서울대학교 가정대학 식품영양학과 학사
서울대학교 대학원 식품영양학과 석사
서울대학교 대학원 식품영양학과 박사
(전) 부천대학교 식품영양학과 교수

이보경
서울대학교 가정대학 식품영양학과 학사
서울대학교 대학원 식품영양학과 석사
한양대학교 대학원 식품영양학과 박사
(현) 유한대학교 식품영양학과 명예교수

권종숙
서울대학교 가정대학 식품영양학과 학사
미국 오하이오주립대학교 대학원 식품영양학과 석사
미국 오하이오주립대학교 대학원 식품영양학과 박사
(현) 신구대학교 식품영양학과 교수

김경민
서울대학교 가정대학 식품영양학과 학사
서울대학교 대학원 식품영양학과 석사
서울대학교 대학원 식품영양학과 박사
(현) 배화여자대학교 식품영양학과 명예교수

김숙희
서울대학교 가정대학 식품영양학과 학사
서울대학교 대학원 식품영양학과 석사
서울대학교 대학원 식품영양학과 박사
(현) 혜전대학교 제과제빵과 교수

이윤나
서울대학교 가정대학 식품영양학과 학사
서울대학교 대학원 식품영양학과 석사
서울대학교 대학원 식품영양학과 박사
(현) 신구대학교 식품영양학과 교수

김미현
숙명여자대학교 가정대학 식품영양학과 학사
숙명여자대학교 대학원 식품영양학과 석사
숙명여자대학교 대학원 식품영양학과 박사
(현) 국립공주대학교 식품영양학과 교수

김주혜
서울대학교 생활과학대학 식품영양학과 학사
서울대학교 대학원 식품영양학과 석사
서울대학교 대학원 식품영양학과 박사
(현) 호서대학교 식품영양학과 교수

이애진
서울대학교 생활과학대학 식품영양학과 학사
서울대학교 대학원 식품영양학과 석사
미국 오하이오주립대학교 대학원 식품영양학과 박사
(현) 명지대학교 식품영양학과 교수